Pflanzenzelle

T0175439

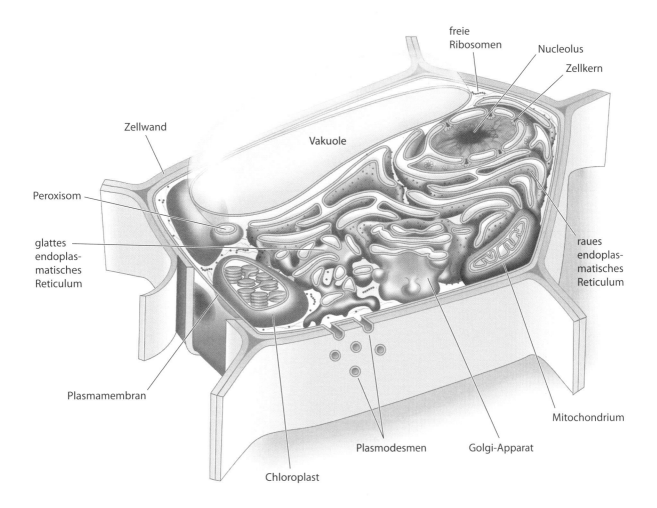

Die Zelle ist die kleinste Einheit des Lebens. Obwohl tierische und pflanzliche Zellen komplexer gebaut sind als die viel kleineren Bakterienzellen, funktionieren sie alle nach den gleichen Prinzipien.

Biologie für Einsteiger

Olaf Fritsche

Biologie für Einsteiger

Prinzipien des Lebens verstehen

2., neu bearbeitete Auflage

Olaf Fritsche
Mühlhausen, Deutschland

Ergänzendes Material zu diesem Buch finden Sie auf http://www.springer.com/de/book/9783662462775

ISBN 978-3-662-46277-5   ISBN 978-3-662-46278-2 (eBook)
DOI 10.1007/978-3-662-46278-2

Die Deutsche Nationalbibliothek verzeichnet diese Publikation in der Deutschen Nationalbibliografie; detaillierte bibliografische Daten sind im Internet über http://dnb.d-nb.de abrufbar.

Springer Spektrum
© Springer-Verlag Berlin Heidelberg 2015
Das Werk einschließlich aller seiner Teile ist urheberrechtlich geschützt. Jede Verwertung, die nicht ausdrücklich vom Urheberrechtsgesetz zugelassen ist, bedarf der vorherigen Zustimmung des Verlags. Das gilt insbesondere für Vervielfältigungen, Bearbeitungen, Übersetzungen, Mikroverfilmungen und die Einspeicherung und Verarbeitung in elektronischen Systemen.

Die Wiedergabe von Gebrauchsnamen, Handelsnamen, Warenbezeichnungen usw. in diesem Werk berechtigt auch ohne besondere Kennzeichnung nicht zu der Annahme, dass solche Namen im Sinne der Warenzeichen- und Markenschutz-Gesetzgebung als frei zu betrachten wären und daher von jedermann benutzt werden dürften.

Der Verlag, die Autoren und die Herausgeber gehen davon aus, dass die Angaben und Informationen in diesem Werk zum Zeitpunkt der Veröffentlichung vollständig und korrekt sind. Weder der Verlag noch die Autoren oder die Herausgeber übernehmen, ausdrücklich oder implizit, Gewähr für den Inhalt des Werkes, etwaige Fehler oder Äußerungen.

Planung: Merlet Behncke-Braunbeck
Redaktion und Bildredaktion: Andreas Held
Grafiken: Dr. Martin Lay, Breisach
Satz: klartext, Heidelberg

Gedruckt auf säurefreiem und chlorfrei gebleichtem Papier.

Springer Berlin Heidelberg ist Teil der Fachverlagsgruppe Springer Science+Business Media
(www.springer.com)

Inhalt

Eine neue Sicht auf das Phänomen Leben

Die ruhigen Zeiten sind vorüber. Die Biologie ist dabei, sich zur bestimmenden Wissenschaft des 21. Jahrhunderts zu entwickeln. Nach den Epochen des Sammelns, Beschreibens und Analysierens macht sie die ersten Schritte in eine neue Phase: Immer häufiger greifen Biologen aktiv in die Prozesse des Lebens ein, verändern und vernetzen es – ja, manche streben sogar danach, neues Leben zu schaffen.

Zwar hat der Mensch schon zu Beginn aller Zivilisation durch gezielte Auswahl aus wilden Pflanzen ertragreichere Kulturformen gezüchtet, doch erst die Gentechnik erlaubt ihm, Organismen innerhalb einer einzigen Generation mit völlig neuen Eigenschaften auszustatten. Dabei überschreitet er Grenzen, die unter natürlichen Bedingungen nicht zu überwinden wären, indem er beispielsweise Ziegen und Kartoffeln dazu bringt, das Protein der Spinnenseide zu produzieren. Andere Forscher belassen die Zellen in ihrem eigenen Zustand, versetzen sie jedoch in eine völlig neue Umgebung. So verknüpfen sie Nervenzellen mit elektronischen Schaltkreisen und erarbeiten Bedingungen, unter denen beide miteinander kommunizieren können. Das ehrgeizigste Ziel, an dem Biologen derzeit forschen, dürfte aber die Schaffung künstlichen Lebens sein. Noch beschränken sich die Erfolge der Wissenschaftler darauf, die Ausstattung natürlicher Zellen auf ein Minimum zu reduzieren oder sie mit synthetischem Erbmaterial zu versehen. Es bleibt abzuwarten, ob der Sprung von der Modifikation bestehenden Lebens zur wirklichen Kreation aus unbelebter Materie eines Tages wirklich gelingt. Auf jeden Fall liefern die Ergebnisse schon jetzt wertvolle Informationen für einen ganz anderen neuen Zweig der Biologie. Die Astrobiologie oder Exobiologie entwickelt Modelle, wie Leben auf anderen Planeten als der Erde aussehen könnte, und Experimente, mit denen es sich nachweisen ließe.

Alle genannten Ansätze – und auch die Abschätzung, welche Chancen und Risiken mit ihnen verbunden sind – erfordern ein tiefes Verständnis für die Prinzipien des Lebens. Heutige und mehr noch zukünftige Biologinnen und Biologen stützen sich weniger auf ein umfangreiches Faktenwissen als vielmehr auf einen soliden Überblick, der auch andere Disziplinen einschließt. Sie sehen Lebewesen, Zellen und selbst Moleküle nicht mehr als isolierte Systeme an, sondern als Agitatoren in einem komplexen Kontext, in dem sie von ihrer Umgebung beeinflusst werden und ihrerseits auf die Umgebung einwirken. Um dieses Wechselspiel und damit die möglichen Folgen von Eingriffen einigermaßen abschätzen zu können, müssen wir die Gründe, weshalb das Leben so ist, wie es ist, so weit wie möglich begreifen.

Die *Biologie für Einsteiger* vermittelt uns darum vor allem die grundlegenden Prinzipien, nach denen die Prozesse des Lebens ablaufen. In dem Buch arbeiten wir zu Beginn einen Katalog von Eigenschaften heraus, die das Leben von nichtlebendigen Systemen unterscheiden. Anschließend untersuchen wir Schritt für Schritt Merkmale des Lebens, die sich fast zwangsläufig aus diesem Eigenschaftskatalog ergeben. So folgt aus der Forderung, dass Leben geordnete Strukturen benötigt, die Verpackung der Moleküle in eine Hülle, in welcher die biochemischen Bausteine in höherer Konzentration vorliegen können als im Umgebungsmedium. Die Ummantelung darf jedoch nicht völlig undurchlässig sein, damit neue Baustoffe aufgenommen und Abfallprodukte abgegeben werden können. Dafür sind Transportmechanismen notwendig, die sich bei einfachen Zellen wie auch bei komplexen Vielzellern finden. Die chemischen Umbauschritte, mit denen aus Nährstoffen eigene Bausteine werden, bilden zusammen einen Baustoffwechsel. Da sie häufig nur unter Zufuhr von Energie ablaufen, ist ein ergänzender Energiestoffwechsel notwendig. Die geeigneten Materialien lassen sich am besten aufspüren, wenn Sinne Informationen über die Beschaffenheit der Umgebung liefern und verarbeitende Strukturen diese interpretieren. Kapitelweise erschließen wir uns das Wissen zu den genannten Fähigkeiten sowie Mechanismen, mit denen sich Leben bewegt, verteidigt, Informationen speichert und weitergibt, sich fortpflanzt und als heranwachsendes Individuum sowie als Art entwickelt. Durch den logischen Aufbau begreifen wir dabei auch komplizierte Vorgänge, da sie stets im biologischen Kontext stehen und direkt zur Lösung eines Problems beitragen, vor dem das Leben steht. Auf diese Weise sind viele Aspekte der Ökologie und Evolution, die sonst abstrakt und im Rückblick statisch wirken, bereits auf Ebene der Moleküle, Zellen und Organismen integriert und erhalten ihre Dynamik zurück.

Durch die konsequente Orientierung an den Prinzipien des Lebens hat die *Biologie für Einsteiger* auch eine besondere inhaltliche Struktur, die das Verstehen erleichtert. Herkömmliche Lehrbücher beginnen üblicherweise mit Kapiteln über chemische Grundlagen, kleine und große Moleküle, gefolgt von einem Überblick über die Zelle und ihre Bestandteile, woran sich Abschnitte zum Stoffwechsel, zur Vererbung und weitere spezielle Kapitel anschließen. Als Folge dieser synthetischen Gliederung nach Hierarchien werden funktionell zusammenhängende Inhalte oft auseinandergerissen und weit voneinander entfernt behandelt. So ist die Beschreibung des Erbmoleküls DNA etwa in Kapitel 3 zu finden, die Vererbung jedoch erst im Kapitel 11! Würden wir diesen Aufbau auf ein Buch zur Funktionsweise von Autos übertragen, gäbe es zu Beginn ein Kapitel über Schrauben, danach eines über Ventile, eines zu Kolben und Pleuelstangen und so fort, bis endlich in Kapitel 11 der Motor an die Reihe käme.

Die *Biologie für Einsteiger* ist hingegen nicht hierarchisch geordnet, sondern funktionell. In ihren Kapiteln begegnen uns alle Strukturen, die zur Erfüllung einer Aufgabe erforderlich sind – angefangen mit der vorherrschenden Sorte von Molekül über die beteiligten Zellbestandteile bis hin zu den entsprechenden Organen höherer Vielzeller. Den Aufbau der DNA finden wir beispielsweise direkt vor ihrer Funktion als Informationsspeicher und Erbmolekül in einem gemeinsamen Kapitel. Dadurch werden Zusammenhänge betont und Parallelen zwischen den verschiedenen Hierarchien aufgezeigt, die sonst allzu leicht übersehen werden.

Mit ihrer Konzentration auf die Prinzipien erleichtert uns die *Biologie für Einsteiger* schließlich auch das Faktenlernen für anstehende Prüfungen. Statt Formeln und Strukturen einfach zu reproduzieren, können wir zusätzliches Wissen durch Analogien und Anwendung der Prinzipien selbst dann schlussfolgern, wenn wir die eigentliche Information noch nicht nachgelesen oder in der Vorlesung mitbekommen haben. Bereits im Grundstudium erschließen wir uns auf diese Weise eine Herangehensweise, die sich sonst erst nach jahrelangem intensivem Studium einstellt.

Die konsequente Fokussierung auf die Funktion und die Prinzipien spiegelt sich auch in der Gestaltung der *Biologie für Einsteiger* wider. Der durchgehende Haupttext bleibt gut lesbar und leicht verständlich, weil komplexe Aspekte und Zusatzinformationen in Kästen ausgelagert sind. Innerhalb der Absätze sind einzelne Wörter oder Wortgruppen **durch Fettdruck hervorgehoben**. Sie sind so ausgewählt, dass sie den Inhalt des jeweiligen Absatzes knapp ansprechen, und erleichtern es dadurch, schnell bestimmte Abschnitte wiederzufinden. Schemata im Stil von Pulldown-Menüs bringen Ordnung und Überblick in die Vielfalt der Moleküle, Strukturen und Zellen. Am Ende jedes Kapitels sind die wesentlichen Prinzipien des Lebens noch einmal in kurzen Sätzen aufgeführt.

Die Kästen sind in verschiedene Typen unterteilt, die sich farblich unterscheiden:

Fachwörterlexikon
(*dictionary of biological terms*)
Kurze Beschreibung einiger biologischer Fachbegriffe, die häufig im Englischen und Deutschen unterschiedlich sind. Als Übersetzungshilfe beim Lesen englischsprachiger Bücher und Artikel.

Genauer betrachtet

Zusätzliche Informationen für ein tieferes Verständnis

Schwierige Zusammenhänge, weiterführende Informationen oder Wissen aus Nebenfächern wie Chemie und Physik halten diese Kästen bereit. Da manche der Themen im herkömmlichen Lehrbuchstil für sich ganze Kapitel füllen würden, sind die Texte in diesen Kästen teilweise recht anspruchsvoll geschrieben. Sie dienen dann mehr der Erinnerung und Auffrischung des Stoffs aus den entsprechenden Vorlesungen.

1 für alle

Ebenen des Lebens

In der Regel stehen alle Arten von Lebewesen – vom einzelligen Bakterium bis zum Menschen – vor den gleichen Herausforderungen, die sie bewältigen müssen, um am Leben zu bleiben. Häufig finden sie dabei trotz ihrer unterschiedlichen Komplexität die gleichen Lösungen. Der Kastentyp „1 für alle" zeigt einige der Parallelen zwischen den unterschiedlichen Ebenen des Lebens auf.

Offene Fragen

Ziele für die Zukunft

Die Wissenschaft ist kein fertiges Denkgebäude, sondern eine ständige Baustelle von Modellen, Experimenten und Theorien. Gerade das Leben ist ein so komplexer Prozess, dass wir viele Abläufe und Zusammenhänge noch nicht kennen. Unter „Offene Fragen" sprechen wir einige davon kurz an – als Beispiel für lohnenswerte Forschungsgebiete zukünftiger Wissenschaftler.

Prinzip verstanden?

Die *Biologie für Einsteiger* vermittelt zwar eine Menge Fakten, der Schwerpunkt liegt aber auf den grundlegenden Prinzipien, nach denen das Leben funktioniert. Inwieweit diese verstanden sind, lässt sich am besten mit Fragestellungen testen, deren Antworten nicht einfach im jeweiligen Kapitel stehen, sondern ein wenig spielerische Überlegung erfordern.

Köpfe und Ideen

Menschen und Gedanken hinter dem Wissen

Das Wissen aus einem Lehrbuch ist nicht vom Himmel gefallen – es wurde in hartnäckiger Forschung, durch geniale Experimente und manch plötzlichen Geistesblitz von Wissenschaftlerinnen und Wissenschaftlern entdeckt und geschaffen. In den Boxen „Köpfe und Ideen" stellen einige von ihnen selbst ihre eigenen Ergebnisse oder die Arbeit von Kollegen vor. Ihre Erzählungen machen die Forschung lebendig und geben der Wissenschaft ein Gesicht.

Weil gerade bei komplexen Themen ein Bild mehr sagt als noch so ausgefeilte Beschreibungen, ist die *Biologie für Einsteiger* großzügig mit Zeichnungen und Fotos ausgestattet, wie es sonst nur bei weit umfangreicheren Werken üblich ist. Das Buch setzt auch in dieser Hinsicht neue Maßstäbe und ist durch den Wechsel der Elemente erfreulich leicht zu lesen.

Die *Biologie für Einsteiger* stammt – mit Ausnahme der Kästen „Köpfe und Ideen" – aus einer Feder, doch an ihrer Realisierung hat ein ganzes Team äußerst engagiert gearbeitet. Von Spektrum Akademischer Verlag hat Merlet Behncke-Braunbeck als Programmplanerin Life Sciences voll ansteckender Begeisterung zusammen mit mir das neuartige Konzept für das Buch entworfen. Außerdem hat sie zahlreiche Wissenschaftler als Autoren für die angesprochenen „Köpfe und Ideen" gewonnen. Dr. Meike Barth hat die *Biologie für Einsteiger* als Lektorin geduldig und mit Elan zugleich betreut und die Arbeitsschritte koordiniert. Andreas Held hat nicht nur mit kompetentem Blick die Suche nach geeigneten Bildern übernommen und einige besonders schöne Fotos aus seiner eigenen Arbeit als Naturfotograf beigesteuert, sondern auch mit viel Fingerspitzengefühl die Texte redigiert. Die eindrucksvollen Grafiken und Schemata hat Dr. Martin Lay erstellt und dabei an den passenden Stellen sein eigenes Fachwissen einfließen lassen.

Einen wertvollen Blick hinter die Kulissen der wissenschaftlichen Forschung haben mit ihren Beiträgen für die Kästen „Köpfe und Ideen" die folgenden Wissenschaftler und Wissenschaftlerinnen geleistet: PD Dr. Gerrit Begemann (Universität Konstanz), Prof. Dr. Hynek Burda (Universität Düsseldorf), Prof. Dr. Stefan Dübel (Universität Braunschweig), Prof. Dr. Hans-Walter Heldt (Universität Göttingen), Prof. Dr. Brigitte M. Jockusch (Universität Braunschweig), PD Dr. Andrea Kruse (Universität Lübeck), Prof. Dr. Birgit Piechulla (Universität Rostock), Prof. Dr. Reinhard Renneberg (The Hongkong University of Science and Technology), Prof. Dr. Helge Ritter (Universität Bielefeld), Prof. Dr. Peter H. Seeberger (Max-Planck-Institute of Colloids and Interfaces, Potsdam-Golm), Prof. Dr. Ernst Wagner (Universität München) und Prof. Dr. Michael Thomm (Universität Regensburg).

Zur fachlichen Richtigkeit des Textes haben folgende Wissenschaftler aus Forschung und Wissenschaftskommunikation durch Hinweise und Vorschläge beigetragen: PD Dr. Björn Brembs (Freie Universität Berlin), Prof. Dr. Hynek Burda (Universität Düsseldorf), Prof. Dr. Stefan Dübel (Universität Braunschweig), Dr. Birgit Eschweiler (Medical Wri-

Eines Nachts im Labor für synthetische Biologie

ting Services, Lage), Dr. Jürgen R. Hoppe (Universität Ulm), PD Dr. Andrea Kruse (Universität Lübeck), Dr. Katja Reuter (Communications Manager, University of California, San Francisco, und Buchautorin), Dr. Olaf Schmidt (Wissenschaftsjournalist, Essen) und Prof. Dr. Uwe Sonnewald (Universität Erlangen-Nürnberg).

Allen Genannten möchte ich an dieser Stelle ganz herzlich für ihren Einsatz, ihr Engagement und ihre Unterstützung danken! Ohne sie wäre dieses Buch nicht möglich gewesen! Danke auch an alle nicht namentlich aufgeführten Helfer in den Sekretariaten, im Außendienst und im Marketing!

Mein ganz besonderer Dank gilt meiner Ehefrau Stefanie, die das gesamte Projekt von der ersten Idee bis hin zur letzten Durchsicht der Druckfahne in routiniert konstruktiver Weise begleitet und jedes einzelne Kapitel kritisch gelesen hat, bevor es als Manuskript an die weiteren Teammitglieder ging. Wieder einmal ist ein Text durch ihre Hilfe sehr viel lockerer und lesbarer geworden.

Gewidmet ist die *Biologie für Einsteiger* allen Lernenden und Lehrenden an den Schulen, Hochschulen und Universitäten sowie allen interessierten Laien, die voller Enthusiasmus über die Rätsel des Lebens nachdenken und vielleicht einmal mit ihrer eigenen Forschung ein weiteres Geheimnis aufdecken werden.

Dr. Olaf Fritsche   Heidelberg, Juni 2010

Eine neue Auflage für neues Wissen

Seit dem Erscheinen von *Biologie für Einsteiger* waren die Wissenschaftler auf der ganzen Welt fleißig und erfolgreich. Sie haben neue Arten entdeckt und neue Mechanismen entschlüsselt. Vor allem die Regulation der Aktivität der Gene verstehen wir inzwischen viel besser als noch vor wenigen Jahren. Gleichzeitig steht einst sicher geglaubtes Wissen überraschend wieder in Frage. So lässt die Entdeckung weiterer Riesenviren die früher scharfe Unterscheidung zwischen Leben und Nichtleben immer unsicherer werden.

Diese Entwicklungen haben den Verlag und mich dazu bewogen, anstelle eines einfachen korrigierten Nachdrucks gleich eine aktualisierte und ergänzte Auflage von *Biologie für Einsteiger* herauszugeben. Damit das Buch Schritt hält mit einer Disziplin, die noch immer fundamentale Erkenntnisse zu den Prinzipien des Lebens zutage fördert und damit spannend bleibt wie keine andere Naturwissenschaft.

Mein Dank gilt all den Lesern, die mich auf Fehler in der ersten Auflage hingewiesen haben, und Carola Lerch, die im Verlag die reibungslose Betreuung der Neuauflage übernommen hat.

Dr. Olaf Fritsche   Heidelberg, Juni 2015

Genauer betrachtet

Die Grafiken der *Biologie für Einsteiger* sind für Dozenten unter www.springer.com/ISBN 978-3-662-46277-5 herunterladbar.

---

1 für alle

Internet-Adressen abzutippen ist mühselig und fehleranfällig. Darum sind alle Web-Tipps des Buches auch als Link zu finden unter www.springer.com/ISBN 978-3-662-46277-5.

1 Leben – was ist das?

Die Biologie ist die Wissenschaft vom Leben – und weiß dennoch nicht genau, was „Leben" eigentlich ist. Daher behilft sie sich mit Auflistungen der Eigenschaften, die lebendige von unbelebten Systemen unterscheiden sollen. Doch nicht immer ist die Grenze wirklich eindeutig zu ziehen.

In der Wissenschaft sind die naheliegendsten Fragen manchmal am schwierigsten zu beantworten. *Was ist Leben?* ist so eine Frage. Und sie ist keineswegs neu. Spätestens Thales von Milet machte sich um 600 v. Chr. Gedanken über den besonderen Zustand, den wir *Leben* nennen. Aber obwohl wir 2600 Jahre später die Bausteine dieses Lebens mit atomarer Auflösung darstellen, ihre Bewegungen in Zeiträumen von Milliardstel Sekunden bis Milliarden Jahren verfolgen und die Baupläne vieler Lebewesen gezielt verändern können, haben wir noch immer keine **Definition des Lebens**. Mehr noch – je detaillierter unser Wissen ist und je allgemeiner wir Biologie betreiben, umso unsicherer werden wir bei der Beantwortung dieser Grundfrage. Denn in neuerer Zeit fordert die Exobiologie, die nach Lebensformen auf anderen Planeten als der Erde sucht, universelle Kriterien, nach denen sie zwischen unbelebter Chemie und echtem Leben unterscheiden kann. Gleichzeitig entstehen in technischen Laboratorien künstliche irdische Systeme, die so komplex sind, dass sie in nicht mehr allzu ferner Zukunft Eigenschaften zeigen werden, die wir heute nur von Lebewesen kennen.

System (*system*)

Eine gedachte Gesamtheit aus mehreren Einzelelementen, die miteinander in einer bestimmten Beziehung stehen. Ein System wird je nach Fragestellung festgelegt und als Einheit betrachtet. In der Biologie untersuchen wir beispielsweise Systeme auf den Ebenen von Molekülen, Molekülkomplexen, Zellbestandteilen, Zellen, Zellverbänden, Geweben, Organen, Lebewesen, Gemeinschaften und Ökosystemen.

Wir kennen nur ein Beispiel für Leben

Eines der zentralen Probleme beim Aufstellen einer Definition besteht darin, dass wir **nur ein einziges Beispiel für Leben** kennen – nämlich das Leben auf der Erde. Dessen Formen sind zwar sehr vielfältig und erscheinen auf den ersten Blick äußerst variantenreich, doch die Unterschiede schwinden, sobald wir unter dem Mikroskop und mit biochemischen und biophysikalischen Methoden die grundlegenden Bausteine betrachten. Dann zeigt sich, dass alle bekannten irdischen Lebensformen – vom schwefelatmenden Tiefseebakterium bis zum Afrikanischen Elefanten – prinzipiell gleich aufgebaut sind.

- **Die kleinste Einheit des Lebens** ist bei allen Lebewesen die Zelle. Es handelt sich dabei um ein abgegrenztes Volumen, das von einer Hülle umgeben ist und in dem die essenziellen Bestandteile des Lebens angesammelt sind. Relativ einfach aufgebaute Organismen bestehen nur aus einer einzigen Zelle, wohingegen ein Mensch aus etwa 70 Billionen Zellen aufgebaut ist. Leben unterhalb des Zellniveaus ist hingegen nicht bekannt. Verliert eine Zelle ihre Hülle und damit den Zusammenhalt, stirbt sie.
- Die Strukturen der verschiedenen Zellen sind stets **aus den gleichen Sorten von Molekülen aufgebaut**. Im Wesentlichen bestehen sie aus Lipiden, Proteinen, Kohlenhydraten und Nucleinsäuren. Jede dieser Molekülgruppen übernimmt in allen Lebewesen die gleichen Funktionen. So sind immer Lipide am Aufbau der Zellhülle beteiligt, und Proteine halten in allen Zellen den Stoffwechsel in Schwung.

1.1 Trotz der Vielfalt des irdischen Lebens gehen alle Formen auf einen gemeinsamen Ursprung zurück und sind deshalb im Grunde nur verschiedene Varianten eines einzigen Beispiels für das Phänomen Leben. Hier sind das Bakterium *Campylobacter*, als Pflanze ein Buschwindröschen, als Vertreter der Pilze ein Flaschenstäubling und der Tiere eine Garten-Bänderschnecke gezeigt.

- Die Information für den Aufbau und die Organisation des Lebens ist bei allen Lebewesen in Form langkettiger Nucleinsäuren gespeichert. Chemisch betrachtet gibt es eine Vielfalt dieser Moleküle, aber Lebewesen nutzen lediglich fünf Varianten. Ihre Erbinformation steckt sogar in der Reihenfolge von nur vier verschiedenen Basen. Sie ist nach den Regeln des **genetischen Codes** verschlüsselt, der wiederum mit geringen Abweichungen in allen Lebensformen gleich ist.

Wenn vom Sandfloh bis zum Mammutbaum alle Organismen solche grundsätzlichen Merkmale gemeinsam haben, liegt der Schluss nahe, dass sämtliches Leben auf der Erde **einen einzigen gemeinsamen Ursprung** hat (Abbildung 1.4). Wäre es hingegen unabhängig voneinander mehrfach entstanden, sollten wir erwarten, dass die verschiedenen Formen auch unterschiedliche Lösungen entwickelt hätten, um erfolgreich in ihrer unbelebten Umgebung zu bestehen. Wie wir in den folgenden Kapiteln sehen werden, entwickeln sich zwar einige Eigenschaften

von Leben fast zwangsläufig – etwa die Organisation in einer umhüllten Zelle. Andere Probleme ließen sich aber durchaus auf ganz andere Art lösen, als wir es vom irdischen Leben kennen. Die Erbinformation könnte beispielsweise wie bei einem Computer ebenso gut mit nur zwei anstelle von vier Symbolen codiert werden. Prinzipiell könnte sie auch in besonderen Proteinen, Kohlenhydraten oder ganz anderen Molekülen abgelegt sein. Selbst wenn es aus einem unbekannten Grund unbedingt Nucleinsäuren sein

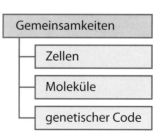

1.2 Die grundlegenden Ähnlichkeiten aller Lebensformen lassen den Schluss zu, dass sie einen gemeinsamen Ursprung haben.

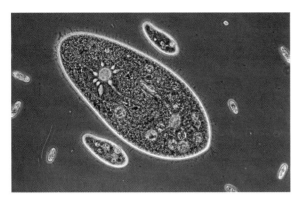

1.3 Die Zelle ist die kleinste Einheit des Lebens. Alle bekannten Lebewesen bestehen aus mindestens einer Zelle (hier zu sehen: *Paramecium*). Große und komplexe Organismen sind sogar aus vielen Billionen Zellen aufgebaut.

müssten, gäbe es immer noch eine ungeheure Vielzahl von Kombinationsmöglichkeiten, sodass es extrem unwahrscheinlich wäre, dass alle Neuschöpfungen des Lebens zufällig den gleichen Code wählen.

[?!]

Prinzip verstanden?

1.1 In Science-Fiction-Abenteuern kommen häufig Lebensformen aus reiner Energie vor. Vor welchen Problemen stünde ein derartiges „Wesen aus Licht"?

Vermutlich geht deshalb das gesamte bekannte Leben auf einen einzigen Entstehungsvorgang zurück. Da prinzipiell aber unter den gleichen Bedingungen auch anders organisierte Lebensformen hätten entstehen können und in anderen Umgebungen wiederum noch andere Varianten, ist das singuläre irdische Beispiel eine eher magere Basis für eine allgemeingültige Definition von *Leben*. Das Dilemma der Biologie besteht nun darin, dass wir leider gegenwärtig kein zweites Beispiel zur Verfügung haben.

Eine Checkliste soll helfen, Leben zu erkennen

Dieser Sackgasse versucht die Biologie zu entfliehen, indem sie anstelle einer abstrakten Definition ganz praktische **Listen von Eigenschaften** erstellt und sich bemüht, damit Leben und nicht lebende Systeme voneinander zu unterscheiden. Um als lebend zu gelten, muss ein System zumindest auf Zellebene einige, nach Möglichkeit aber alle der folgenden Kriterien zeitweilig oder dauerhaft erfüllen (Tabelle 1.1, Abbildung 1.5).

- Eines der wesentlichen Merkmale von Lebewesen ist ihr hoher Organisationsgrad. Er wird durch einen Begriff aus der Thermodynamik und statis-

Tabelle 1.1 Leben zeichnet sich durch eine Kombination besonderer Eigenschaften aus, die auch bei nicht lebenden Systemen vorkommen.

Eigenschaft	Beispiel bei Lebewesen	Beispiel bei nicht lebendigen Systemen
niedrige Entropie	strukturierter Aufbau und erhöhte Stoffkonzentrationen im Zellinnern	regelmäßige Struktur von Kristallen
Energieaustausch	Aufnahme von Lichtenergie bei der Photosynthese und chemischer Energie durch Nahrung; Abgabe von Wärmeenergie	Wärmespeicherung von Gesteinen und Ozeanen am Tag und Wärmeabgabe bei Nacht; Motoren
Stoffwechsel	Fixierung von Kohlenstoff und Abgabe von Sauerstoff bei der Photosynthese; Synthese von zelleigenem Material aus Nahrungsstoffen	Verbrennungsprozesse; Oxidation von Metallen
Informationsaufnahme und -verarbeitung	Sinneswahrnehmungen	technische Systeme wie Rauchmelder
Wachstum	frühe Stadien einer befruchteten Eizelle	Kristallwachstum
Fortpflanzung	Vermehrung von Hefe	Computerviren
Evolution	Entwicklung von Landtieren	evolutives Design technischer Bauteile mit geringem Gewicht und hoher Belastbarkeit am Computer

Genauer betrachtet

Der Ursprung des Lebens

Die ältesten **fossilen Spuren** für Leben auf der Erde sind etwa 3,5 Milliarden Jahre alte Sedimentgesteine in Australien, sogenannte Stromatolithen, an deren Bildung vermutlich bakterienähnliche Mikroorganismen beteiligt waren. Das Leben muss sich demnach schon früh nach der Entstehung des Planeten vor rund 4,5 Milliarden Jahren entwickelt haben. Allerdings ist unser Wissen über die damaligen Bedingungen begrenzt, sodass wir anstelle gut belegbarer Theorien nur Hypothesen über die lebensschaffende **chemische Evolution** haben, die von wenigen Experimenten und Beobachtungen gestützt werden.

Begonnen hat der Prozess wahrscheinlich mit der **Synthese kleinerer organischer Verbindungen**. Viele davon sind bereits im interplanetaren Staub und auf Kometen vorhanden, darunter Methan, Ameisensäure, Methanol, Ethanol, Essigsäure, Glykolaldehyd und Dihydroxyaceton. Selbst Aminosäuren und Basen, wie sie in den Nucleinsäuren DNA und RNA (siehe Kapitel 11 „Leben speichert Wissen") vorkommen, haben Forscher in Meteoriten nachgewiesen.

Alternativ oder ergänzend dazu können die Grundbausteine in den Ur-Ozeanen selbst entstanden sein, angetrieben durch die Energie aus Blitzen und der intensiven UV-Strahlung. Bereits 1953 wiesen Stanley Miller und Harold Urey mit einem Experiment nach, dass aus einer Mischung von Wasser, Methan, Ammoniak und Wasserstoff eine „Ursuppe" mit Biomolekülen wie Aminosäuren und Fettsäuren hervorgehen kann. Andere Wissenschaftler erhielten in ähnlichen Versuchen noch weitere organische Substanzen.

Einen dritten Ansatz schlug in den 1980er-Jahren der Münchner Patentanwalt Günter Wächtershäuser vor. Nach seiner Hypothese einer „Eisen-Schwefel-Welt" fanden die Reaktionen an Mineralien statt, deren Eisen-Schwefel-Verbindungen elementaren Wasserstoff oxidierten und da-

Stromatolithen in Australien

durch die notwendige Energie lieferten, um die Syntheseschritte zu ermöglichen. Die Entdeckung heißer Tiefseeschlote am Meeresgrund stützt ein derartiges Szenario. An diesen Schloten dringen Schwefelverbindungen ins umgebende kühle Wasser und bilden die Grundlage für kleine Ökosysteme. Das Modell erscheint damit plausibel, ob es wirklich auf die Entwicklung in der Frühzeit zutrifft, ist dennoch weiterhin umstritten.

Noch schwieriger zu erklären ist die **Polymerisation der Grundbausteine zu Makromolekülen**. Um aus kleinen Molekülen längere Ketten zu bilden, ist ein Katalysator notwendig, der die energetisch ungünstige Reaktion ermöglicht. Außerdem muss das entstandene Produkt vor der UV-Strahlung geschützt werden, die ansonsten alle Bindungen wieder aufbrechen könnte. Beide Anforderungen sind in Hohlräumen von Gesteinen mit bestimmten Mineralien oder offenliegenden Kristalloberflächen erfüllt. Mit ihren elektrisch

---

tischen Mechanik beschrieben – die **Entropie** (siehe Kasten „Entropie als Maß der Beliebigkeit" auf Seite 11). Sie gibt an, wie beliebig die Einzelelemente eines Systems angeordnet sind. So verteilen sich die Teilchen eines Tropfens Tinte in einem Wasserglas weiträumig, weil die Anzahl der möglichen Aufenthaltsorte in einem Glas sehr viel höher ist als in einem Tropfen (Abbildung 1.6). Als Antrieb reicht dabei

> **Entropie** (*entropy*)
> Maß für die Beliebigkeit eines Zustands. Die Entropie nimmt bei spontan ablaufenden realen Prozessen stets zu. Lebewesen können aber ihre eigene Entropie senken, indem sie die Entropie ihrer Umgebung erhöhen.

die Wärmeenergie der Moleküle aus, die sich auf mikroskopischer Ebene in Zitterbewegungen und zufälligen Wanderungen mit zahlreichen Kollisionen manifestiert. Das System strebt dadurch auf einen Zustand mit maximaler Entropie zu, in dem alle beliebigen Verteilungen der Farbmoleküle erlaubt sind. Der umgekehrte Weg – bei dem sich die verteilten Farbpigmente spontan wieder zu einem Tropfen zusammenballen – ist zwar hypothetisch denkbar, in der Realität jedoch so unwahrscheinlich, dass er praktisch nicht auftritt. Dies beschreibt der **2. Hauptsatz der Thermodynamik**, nach welchem die Entropie eines Systems bei realen Abläufen stets zunimmt.

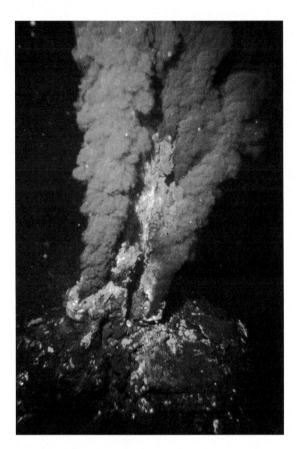

Schwarzer Raucher am Meeresgrund

Kristalle wie Calcit, die verschieden gestaltete Oberflächen am selben Kristall aufweisen, können außerdem selektiv räumliche Varianten von Aminosäuren (die sogenannten L- und D-Formen) unterscheiden und eine Form bevorzugt binden. Dank dieser Fähigkeit wäre es möglich, dass nur eine Version in die Makromoleküle eingebaut wird – so wie heute in Proteinen nur die L-Variante von Aminosäuren vorkommt (siehe Kasten „Stereoisomere" auf Seite 47).

Wie auch immer der Start ausgesehen haben mag, irgendwann muss ein Molekültyp entstanden sein, der eine besondere Eigenschaft besaß – er konnte sich selbst nachbauen. Ein guter Kandidat für so eine chemische Vorform des Lebens ist der DNA-Verwandte RNA, von dem sich manche Versionen tatsächlich selbst replizieren können. Aber auch Peptid-Nucleinsäuren, die teilweise Protein- und teilweise RNA-Charakter haben, könnten diese Vorreiterrolle übernommen haben.

Damit die chemische Zusammensetzung sich dauerhaft von der Komposition der Umgebung unterscheiden konnte, müssen schließlich **zellartige Strukturen** entstanden sein. Für diesen Entwicklungsschritt haben wir bislang nicht mehr als recht unvollkommene Modelle. So hat der russische Biochemiker Alexander Oparin festgestellt, dass sich biologische Makromoleküle in Salzwasser zu kleinen, als Coazervate bezeichneten Tröpfchen zusammenfinden, in denen chemische Reaktionen ablaufen können. Andere Wissenschaftler fanden heraus, wie erwärmte Aminosäuren Ketten bilden, die Mikrosphären formen, winzige Hohlkügelchen, in denen ebenfalls ein bescheidener Stoffwechsel stattfinden kann.

Von Lipiden (siehe Kasten „Lipide" auf Seite 30) ist schließlich bekannt, dass sie sich in wässriger Lösung spontan zu ebenen Schichten und runden Vesikeln zusammenlagern. Doch keine dieser Strukturen kann sich gezielt selbst reparieren und vervielfältigen und wäre so über längere Zeit haltbar.

geladenen Bereichen fixieren diese kleine Moleküle und konzentrieren sie auf. Am Tonmineral Montmorillonit sind so im Experiment bereits Aminosäureketten von mehr als 50 Grundeinheiten gewachsen.

Für das Leben wäre es allerdings fatal, wenn sich seine Bestandteile zufällig im Raum verteilen würden. Es wären keine zielgerichteten Prozesse mehr möglich, jede Information würde binnen Kurzem verloren gehen und geordnete Strukturen würden zerfallen. Wie wir in Kapitel 2 „Leben ist konzentriert und verpackt" sehen werden, schützt das Leben sich mit abgrenzenden Membranen vor dem Verdünnungstod. Dementsprechend ist die **Entropie von Lebewesen** tatsächlich sehr niedrig. Dennoch verstößt das Leben nicht gegen die Regeln der Thermodynamik. Denn diese beziehen sich auf das Gesamtsystem und erlauben lokale Abweichungen. Ein Lebewesen kann deshalb seine eigene Entropie niedrig halten, wenn es dafür jene der Umgebung erhöht. In diesem Entropiehandel fungiert Energie als eine Art „Währung" – das Leben nimmt sie auf, setzt damit seine Entropie herab und gibt die Energie in Form von Wärme wieder frei.

Prinzip verstanden?

1.2 Vermischen wir Wasser und Öl miteinander, trennen sich die beiden Stoffe mit der Zeit von selbst. Wie lässt sich dies mit steigender Entropie vereinbaren?

Köpfe und Ideen

Craig Venter: Bio-Visionär schafft „Leben" aus der Retorte

Von Reinhard Renneberg

J. Craig Venter

„Kleg Wentel 4 p. m.!"… Nach meiner ängstlich-besorgten Rückfrage stellte sich heraus, dass alle meine chinesischen Studenten in die Hongkonger Nachbaruni pilgern wollten, um den „Mann mit der goldenen DNA-Nase" zu sehen: den Genpionier, Multimillionär, Weltumsegler und Lebenskreator J. Craig Venter.

Ich traf Craig Venter zum ersten Mal. Er hielt einen Showvortrag vor restlos begeisterten chinesischen Studenten. Ich hatte ihn mir unglaublich arrogant vorgestellt. An der Hong Kong University standen die Studenten Schlange wie letztes Mal nur bei Stephen Hawking. Venter gab Autogramme, scherzte und signierte einen herangekarrten DNA-Sequenzierer. Ein Visionär in der Stadt des Geldes! *Das* Vorbild für meine Studenten! Und: Er war jedenfalls ganz einfach nett! Auch so sehen *heute* Biologen aus!!

Der US-Amerikaner Venter hatte seinerzeit das Rennen um das Humangenom dramatisch beschleunigt, indem er mit privatem Kapital begann, dem staatlichen Projekt von Francis Collins Konkurrenz zu machen. Das Ziel seiner Firma Celera war, gefundene menschliche Gene zu patentieren.

Das wurde in letzter Minute verhindert. Am 26. Juni 2000 verkündete Bill Clinton Arm in Arm mit Staatswissenschaftler Collins und Privatmann Venter in scheinbarer Harmonie emphatisch das gemeinsame Ergebnis: „Nun verstehen wir die Sprache, in der Gott das Leben geschrieben hat."

Venter war zu dieser Zeit der wohl meistgehasste und -bewunderte DNA-Forscher in den USA. Unbestritten ist, dass er die Entschlüsselung des Humangenoms um Jahre beschleunigte. Dann wurde es stiller um ihn. Nun steht Venter wieder im Rampenlicht, das er so liebt.

Nach dem DNA-Geldregen hatte sich der Millionär und leidenschaftliche Segler zunächst die 90-Foot-Segelyacht *Sorcerer II* („Zauberer II") gekauft. Im Sommer 2002 unternahm Venter mit seiner Crew eine Testfahrt an die Sargassosee bei den Bermudainseln. Die Sargassosee, wo bekanntlich unsere Aale laichen, ist als „biologische Wüste"

im Meer bekannt. Die erstaunliche Ausbeute: Allein in den ersten sechs Proben steckten mehr als 1,2 Millionen neuer Gene – fast zehnmal mehr, als bis dahin weltweit bekannt waren. Darunter fanden sich 782 Photorezeptorgene. Mit deren Hilfe gelingt es winzigen Meeresbewohnern, Energie aus Sonnenlicht zu gewinnen. Immerhin 50 000 Gene für die Verarbeitung von Wasserstoff wurden entdeckt. „Energie aus Sonnenlicht und Wasser ist ein bislang wenig erfolgreiches Projekt … das kann sich ändern!", meint Venter.

Statt die Mikroben – wie bislang üblich – einzeln zu kultivieren (was viele Arten verweigern), fütterten die Forscher daheim ihre DNA-Sequenzierautomaten mit dem Erbgut, das sie aus etwa 1500 Litern Wasser gefiltert hatten. 70 000 Gene waren völlig unbekannt. In vielen Fällen gelang es, aus den unsortierten Einzelstücken die vollständigen Gensequenzen (Genome) ganzer Organismen zusammenzusetzen. Demnach waren in den Proben mindestens 1800 Arten vertreten. Obwohl die Sargassosee zu den bestuntersuchten Meeresregionen zählt, entdeckte Venter gleich 148 neue Bakterienarten.

Spezielle Computerprogramme verglichen die neuen Sequenzen mit Datenbankinformationen über die Funktion bereits bekannter Gene. Mit der Anwendung hochautomatisierter genetischer Techniken auf ökologische Fragestellungen schlägt Venter eine ganz neue Richtung ein, Ökologische Metagenomik. Zunehmend richteten Biologen und speziell die Genforscher ihren Blick auf die Gene ganzer Lebensgemeinschaften.

Die Yacht *Sorcerer II* durchpflügte den Ozean vom Nordatlantik durch den Panamakanal bis zum Südpazifik (nachvollziehbar im Internet unter www.sorcerer2expedition.org). Kein geringerer als Charles Darwin hatte auf der H.M.S. *Beagle* und der H.M.S. *Challenger* ebenfalls Teile dieser Reiseroute befahren. Das Meer ist eine Goldgrube für Entdecker und Wissenschaftler!

Venters Analysemittel zum Zweck war die „Schrotschussmethode". Sie hatte auch schon beim Humangenomprojekt wertvolle Dienste geleistet. Dabei wird die DNA-Flut zweimal mittels verschiedener Verfahren in kleinere Segmente fragmentiert und in Bakterien millionenfach vermehrt. Ist dann die Sequenz der einzelnen DNA-Stückchen bekannt, kommt ein Super-Computerprogramm zum Einsatz. Es vergleicht überlappende DNA-Fragmente und rekonstruiert die Originalreihenfolge.

Craig Venter plant bereits das nächste Metagenomprojekt. Sein neues Ziel ist die Luft über New York.

Doch nun hat Venter die Welt noch einmal geschockt – mit der weltweiten Anmeldung eines Patents auf ein künstliches Bakterium. Kann das funktionieren: nach einem eigenen Bauplan Gen für Gen ein Chromosom zusammenzubauen und in eine Bakterienhülle zu stecken? Venter ist überzeugt: „Es" würde leben! Als Modell dient *Mycoplasma genitalium*, ein harmloser Bewohner der menschlichen Harnwege. Es besitzt nur ein winzig kleines Genom, ein Zehntel der Genanzahl von *Escherichia coli*, dem Haustier der Gentechniker. Venter und seine Frau Claire Fraser sequenzierten es bereits 1995.

Venter heute, in aller Bescheidenheit: „... ich glaube, man muss an den Film *Superman* denken ... Das Ziel ist, den Planeten zu retten." Die Aufgabe des patent-erheischenden neuen „*Mycobacterium laboratorium*" soll nämlich der Abbau von schädlichem Kohlendioxid und die Produktion von Wasserstoff zur Energieerzeugung sein. Der Totalverzehr allen Kohlendioxids auf der Erde würde durch die ausschließliche Lebensfähigkeit in Spezialtanks verhindert. Kann man sich darauf verlassen?

Venters Vorgehen ist typisch reduktionistisch: Zuerst alles zerlegen, dann die Wechselwirkungen verstehen, schließlich das Ganze nach eigenen Vorstellungen neu zusammenbauen. Doch ist das Verständnis der Lebensprozesse noch zu rudimentär, um einen Organismus wirklich planen zu können.

Venter schlug deshalb auch in Hongkong gut begründete Skepsis entgegen: die Synthetische Biologie sei eine sehr junge Disziplin mit nur wenigen echten Meistern. Meister Venter antwortet, er habe von Bakterien eigentlich keine Ahnung, genau deswegen (!) jedoch traue er es sich zu. Den Plan stellte Venter bereits 1999 zur Diskussion und forderte, „die Gesellschaft" möge sich damit auseinandersetzen, Arten erschaffen zu können – nicht durch Zucht, sondern durch Design. Diese Auseinandersetzung ist aber offenbar nicht erfolgt.

Also erfolgte am 31.5.07 der Paukenschlag – die Anmeldung der Patentrechte am synthetischen Bakterium *Mycoplasma laboratorium* durch das Craig Venter Institute. Das künstliche Bakterium enthält 101 Gene weniger als sein natürliches Vorbild.

Vertreter der ETC Group, einer amerikanischen Organisation zur Bewertung von Biowissenschaften, schlugen Alarm: Das Patent sei vor allem der Versuch, sich eine marktbeherrschende Stellung für kommerzielle Nutzung der Synthetischen Biologie zu verschaffen. Tatsächlich beansprucht Venter den Patentschutz für alle 381 Gene von *Mycoplasma laboratorium* sowie für alle Organismen, die auf Basis dieses Minimalgenoms hergestellt werden. Zusätzlich soll der Antrag alle Varianten des natürlichen Bakteriums schützen, die auf mindestens 55 der 101 unbenötigten Gene verzichten. Da es über 100 Arten von *Mycoplasma*-Bakterien gibt, würden auch veränderte Varianten verwandter Formen unter den Patentschutz fallen – für Forscher der Biotech-Konkurrenz ein schwer zu knackendes Monopol.

Ein künstliches Bakterium stellt die Welt vor vollendete Tatsachen: Synthetische Lebensformen würden ohne Debatte durch die Hintertür eingeführt. Wie reagiert die akademische Synthetische Biologie darauf? Bis jetzt eher ungeschickt, als Zauberlehrling!

Vom 24. bis zum 26. Juni 2007 traf sich an der ETH die Forschungsgemeinde der Synthetischen Biologie zu ihrem Dritten Internationalen Kongress. Hier eine Einschätzung: „... wir bekommen es mit der explosiven Mischung von mächtigen Konzernen, patentgeschützten Monopolen und Allmachtsfantasien zu tun. Es sollte sich niemand wundern, wenn das mehr Ängste als Hoffnungen auslöst." Heute gibt es weltweit etwa zwölf Syn-Bio-Firmen. Zudem stellen beinahe 100 Firmen synthetische DNA und Gene für den industriellen Gebrauch her. Der Kongress appellierte etwas lahm an die Regierungen, „die Sache zu regulieren und zu kontrollieren".

„In die Ecke, Besen, Besen ... sei's gewesen!" So klingt es aber nicht. Außerdem müsste es vom Hexenmeister kommen und nicht vom Zauberlehrling. Und der Meister heißt immer noch ... Craig Venter!

(Unter Verwendung des Vortrags von Venter in Hongkong und eines Interviews der SZ vom 14.10.2009.)

Reinhard Renneberg ist seit 1995 Professor für Analytische Biotechnologie an der Hong Kong University of Science and Technology (www.ust.hk). Er ist Autor von Biotechnologie-Sach- und Lehrbüchern, darunter der *Biotechnologie für Einsteiger*, und Urheber von 20 Patenten. Darüber hinaus ist er an zwei Biotechnologiefirmen in Deutschland und China beteiligt.

Genauer betrachtet

Kohlenstoff als flexibler Grundbaustein

Alles bekannte Leben ist an Materie gebunden. Vor allem ein chemisches Element kommt in fast allen biologisch wichtigen Verbindungen vor – der Kohlenstoff. Der Grund dafür liegt in der außerordentlichen **Flexibilität seiner Bindungselektronen.**

Von den vier Außenelektronen eines Kohlenstoffatoms befinden sich zwei im 2s-Orbital, das damit vollständig besetzt ist, eines im $2p_x$- und eines im $2p_y$-Orbital, während das $2p_z$-Orbital leer ist. In diesem Zustand könnte das Atom nur mit den beiden halb belegten p-Orbitalen Bindungen eingehen. Es wäre so aber lediglich an sechs Elektronen auf der Außenschale beteiligt und würde gegen die Oktettregel verstoßen, wonach Atome eine Besetzung mit genau acht Elektronen anstreben.

Die Lösung besteht darin, eines der s-Elektronen in das freie p-Orbital zu verschieben und dann das 2s-Orbital und die drei 2p-Orbitale miteinander zu vermischen. Durch diese **Hybridisierung** entstehen sp-Orbitale, die untereinander gleichwertig sind. Werden beispielsweise alle drei p-Orbitale mit dem s-Orbital hybridisiert, resultieren daraus vier sp^3-Orbitale, die in die vier Ecken eines Tetraeders weisen und mit jeweils einem bindungsfreudigen Elektron besetzt sind. Das hybridisierte Atom könnte somit **vier Einfachbindungen** ausbilden und die Oktettregel erfüllen.

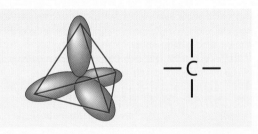

Kohlenstoff kann aber noch mehr. Er hat die besondere Fähigkeit, die Anzahl der p-Orbitale, die an der Hybridisierung teilnehmen, vom jeweiligen Bindungspartner abhängig

zu machen. Verlangt dieser – wie beispielsweise Sauerstoff – nach einer Doppelbindung, werden nur das s- und zwei p-Orbitale zu drei sp^2-Orbitalen vermischt, die in einer Ebene angeordnet sind und ebenfalls Einfachbindungen eingehen. Das übrig gebliebene dritte p-Orbital kann gleichzeitig die **Doppelbindung** aufbauen.

Sind zwei Doppelbindungen oder gar eine **Dreifachbindung** erforderlich, stehen nur ein p-Orbital und das s-Orbital für die Hybridisierung zur Verfügung. Die beiden sp^1-Orbitale liegen auf einer Achse und weisen in entgegengesetzte Richtungen.

Kohlenstoff kann so eine unüberschaubare Vielfalt an Molekülen aufbauen, wobei er sich mit Vorliebe mit seinesgleichen verbindet.

Silicium, das manchmal als mögliche alternative Grundlage für eine Chemie des Lebens genannt wird, steht zwar im Periodensystem der Elemente direkt unter Kohlenstoff in der 4. Hauptgruppe. Ihm fehlt aber die Variabilität bei der Hybridisierung seiner Orbitale. Deshalb bildet es in allen natürlichen Stoffen immer nur vier Einfachbindungen aus, die in die Ecken eines Tetraeders weisen. Entsprechend geringer ist die Vielfalt der Siliciumverbindungen.

- Nach dem **Energieerhaltungssatz** und dem **1. Hauptsatz der Thermodynamik** kann Energie weder aus dem Nichts erzeugt noch vernichtet werden. Darum müssen Lebewesen alle Energie, die sie benötigen, von außen aufnehmen. Dafür haben sie zwei grundlegende Varianten entwickelt: Photosynthetische Organismen absorbieren mit speziellen Pigmenten die elektromagnetische Energie des Lichts, während Lebensformen, die dazu nicht in der Lage sind, chemische Substanzen

aufnehmen und die Bindungsenergie der Nahrungsmoleküle nutzen.

Beide Methoden sind möglich, weil Energie in verschiedenen Formen auftritt, die sich ineinander überführen lassen. Diese Umwandlungen können ziemlich komplex sein, wie einige Beispiele in Kapitel 7 „Leben ist energiegeladen" zeigen. So wird bei der Photosynthese die Energie elektromagnetischer Wellen zunächst in elektrische Spannung und dann über mechanische Bewegung

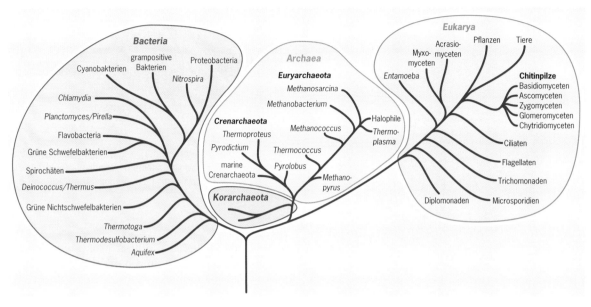

1.4 Wahrscheinlich ging alles irdische Leben von einer einzigen Urform aus, deren biochemische Grundzüge und zellulärer Aufbau noch heute in allen Lebensformen zu beobachten sind. Die Unterschiede und die Vielfalt entwickelten sich erst später in einer noch heute andauernden Evolution.

von Molekülen in chemische Bindungsenergie transformiert. Bei jedem Teilschritt verschwindet dabei ein wenig der ursprünglich aufgenommenen Energie als Wärme, die der Organismus wieder an die Umgebung abstrahlt. Somit steht Leben in einem ständigen **Energieaustausch** mit seiner Umwelt.

Die **nutzbare Energie** verwenden Lebewesen weitgehend, um ihre Strukturen zu bewegen, zu erhalten, zu reparieren, zu modifizieren und neue Strukturen aufzubauen. Sie treiben dafür Prozesse an, die ihre Entropie verringern und somit ohne Zwang nicht stattfinden würden. Nur durch den Einsatz der von außen gewonnenen Energie gelingt es Lebewesen beispielsweise, kleinere Moleküle zu großen Komplexen zu verbinden und diese dann dort aufzukonzentrieren, wo sie ihre Aufgabe erfüllen sollen. Fällt die Energiezufuhr nach

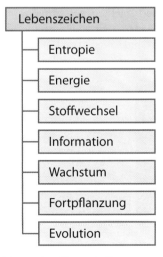

1.5 Leben hat besondere Eigenschaften.

1.6 Die Farbmoleküle von Tinte verteilen sich in Wasser, weil dabei die Entropie ansteigt. Lebewesen brauchen Mechanismen, um ihre Entropie niedrig zu halten und nicht den Verdünnungstod zu sterben.

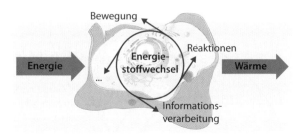

1.9 Leben nimmt externe Energie auf, um verschiedene Prozesse anzutreiben, die von alleine nicht ablaufen würden. Die dabei anfallende Wärme strahlen Organismen wieder an ihre Umgebung ab.

1.7 Nur wenigen nicht lebenden Systemen gelingt es, ihre Entropie herabzusenken. In einem wachsenden Kristall werden dessen Teilchen weitgehend ihrer Beweglichkeit beraubt. Durch die Anlagerung geben sie aber die Moleküle des Lösungsmittels frei, das zuvor um sie herum gebunden war und sich nun beliebiger verteilen kann. In der Bilanz ist die Entropiezunahme des Mediums dadurch größer als die Entropieabnahme des Kristalls, der somit auf Kosten seiner Umgebung wächst.

- Auch das Material für ihre Strukturen nehmen Lebewesen aus ihrer Umgebung auf. In den seltensten Fällen können sie die Substanzen direkt verwenden, meistens müssen sie die Stoffe umbauen. Der dafür notwendige **Stoffwechsel** umfasst selbst bei einfachen Lebensformen eine unübersehbare Vielzahl von biochemischen Einzelreaktionen, die strengstens kontrolliert und reguliert sind. In Kapitel 6 „Leben wandelt um" werden wir jedoch feststellen, dass sich die Komplexität auf eine begrenzte Anzahl grundlegender Prinzipien stützt, die das Verständnis bedeutend erleichtern.

> **Metabolismus** (*metabolism*)
> Stoffwechsel, bei dem Substanzen als Bausteine für eigenes Material und zur Energiegewinnung aufgenommen, umgewandelt und ausgeschieden werden.

dem Tod des Organismus aus, zerstreuen sich die Komplexe und zerfallen in kleinere Bruchstücke, die sich noch beliebiger verteilen können, wodurch die Entropie ansteigt.

Ein erheblicher Anteil der Energie, die Leben aufnimmt, ist also in seinen Strukturen gespeichert. Für deren Synthese benötigen Lebewesen allerdings außer Energie noch eine Zutat – geeignete Baustoffe.

Im Wesentlichen können wir die Stoffwechselwege in zwei große Gruppen unterteilen. In den Prozessen des **Katabolismus** zerlegt ein Organismus die verschiedenen aufgenommenen Substanzen in kleine Grundbausteine, die universell einsetzbar sind. Aus diesen baut er im **Anabo-**

1.8 Leben braucht Energie von außen. Bei der Photosynthese nutzt es die elektromagnetische Strahlung der Sonne (links). Tierische Organismen sind vollständig auf die Energie in chemischen Bindungen angewiesen (Mitte). Bakterien haben eine unübertroffene Vielzahl unterschiedlicher Energiequellen erschlossen, darunter Rohöl und schweflige Heißwasserquellen (rechts).

Genauer betrachtet

Entropie als Maß der Beliebigkeit

Wir können uns die abstrakte Definition für die Entropie als Maß der Beliebigkeit eines Systems am besten mithilfe eines Beispiels verdeutlichen. Dazu stellen wir uns vor, wir hätten Pappkarten, auf denen die 26 Buchstaben des Alphabets (ohne Umlaute und ß) aufgedruckt sind, und sollten sie mit verbundenen Augen hintereinander in eine Reihe legen. An die erste Stelle käme ein beliebiger von 26 Buchstaben, an die zweite eines der verbliebenen 25 Zeichen, an die dritte eines von 24 und so fort. Insgesamt hätten wir $26! = 4,03 \cdot 10^{26}$ mögliche Anordnungen. Würde unsere Aufgabe lauten, einfach alle Buchstaben in beliebiger Folge abzulegen, wäre sie leicht zu erfüllen, da jede Anordnung erlaubt und die Entropie somit maximal wäre. Sie lässt sich sogar mithilfe einer Formel aus der statistischen Mechanik exakt berechnen:

$$S = k_B \cdot \ln(A)$$

Darin ist die Entropie S das Produkt aus der Boltzmann-Konstanten k_B ($k_B = 1,38 \cdot 10^{-23}$ Joule/Kelvin) und dem Logarithmus der Anzahl möglicher Zustände des Systems A.

Die Wahrscheinlichkeit, durch Zufall eine passende Reihe zu bilden, nimmt aber drastisch ab, wenn wir bestimmte Vorgaben einhalten müssen. So könnte die Regel lauten, dass die vorderen Plätze ausschließlich mit Vokalen belegt sein dürfen. Die Beliebigkeit und damit die Entropie würde dadurch stark eingeschränkt. Es existieren lediglich $5! \cdot 21! = 6,13 \cdot 10^{21}$ derartige Ketten mit reinem Vokalanfang, was bedeutet, dass wir bei einer zufälligen Anordnung im Durchschnitt nur in einem von 65 780 Fällen die Regel einhalten würden. Und selbst diese sind gefährdet. Denn sollte jemand bei einer solchen fertigen Reihe zwei beliebige Kärtchen gegeneinander austauschen, würde das Ergebnis fast immer gegen die Regel verstoßen. Unsere Buchstabenkette würde also allein aufgrund der ungleichen Anzahl von Möglichkeiten zu der regelloseren Anordnung mit der höheren Entropie tendieren. Je geringer die Entropie des gewünschten Zustands dagegen ist, umso unwahrscheinlicher ist es, ihn zufällig zu erreichen.

An diesem Beispiel sehen wir auch, dass wir Entropie nicht einfach als „Grad der Unordnung" interpretieren können. Denn nach wie vor ist die Wahrscheinlichkeit für jede (!) einzelne Buchstabenfolge gleich groß. Eine völlig „chaotische" Reihe wie *KENZGPWS...* hat keinen Vor- oder Nachteil gegenüber der regelkonformen Reihe *EOAUIPFWJ...* mit mittlerem Ordnungsgrad oder der hochgeordneten alphabetischen Folge *ABCDEFG...* Beim Streben nach einer Kette mit Vokalen am Anfang finden wir das geordnete Alphabet in der Menge der unpassenden Reihen, deren Entropie als Ganzes höher ist als jene der weniger geordneten regelkonformen Folgen. Entscheidend für die Entropie sind folglich die Gesamtzahlen oder Wahrscheinlichkeiten der Zustände, nicht ihre menschlich empfundene Ordentlichkeit.

Die Entropie gibt an, wie beliebig die Elemente eines Systems (hier Kärtchen mit Buchstaben) angeordnet sein dürfen. Je strenger die Regeln sind, umso weniger mögliche Anordnungen gibt es, die ihnen entsprechen, und umso geringer ist die Entropie eines solchen Zustands.

Auf der Ebene von Atomen und Molekülen bleiben Systeme meist nur für extrem kurze Zeit im gleichen Zustand. Durch die Umgebungswärme befinden sich ihre Teilchen ständig in Bewegung. Sie vibrieren, rotieren und legen kleine Strecken zurück, bis sie mit anderen Teilchen zusammenstoßen. Dadurch ändern sich die Zustände ständig, und weil deren Anzahl bei hoher Entropie größer ist als bei niedriger, nimmt die Entropie eines Systems mit der Zeit spontan zu (2. Hauptsatz der Thermodynamik).

Lebewesen scheinen auf den ersten Blick gegen diesen Trend zu verstoßen, da sich ihre Moleküle in einem höchst unwahrscheinlichen Zustand befinden, in dem sie sich an strikte Regeln halten. Das gelingt nur, indem die Lebensvorgänge dafür sorgen, dass die Entropie des Gesamtsystems – das den Organismus und seine Umgebung umfasst – ungleich verteilt ist. Lebewesen setzen Energie ein, um ihren Zustand stabil und damit ihre Entropie niedrig zu halten. Diese Energie entnehmen sie aber ihrer Umgebung, deren Entropie dadurch stärker ansteigt. Eine Zelle, die Zucker zu sich nimmt, nutzt beispielsweise die Energie in dessen chemischen Bindungen, um damit ihre Reparaturmechanismen zu betreiben. Ihre eigene Entropie bleibt dadurch niedrig. Ein Teil der Energie geht jedoch als Wärme verloren, und die ausgeschiedenen Moleküle von Kohlendioxid und Wasser können sich in weit mehr Anordnungen verteilen als die Zuckermoleküle, aus denen sie beim Abbau hervorgegangen sind. Ihre Entropie ist darum stark angestiegen. Alles zusammen betrachtet folgen deshalb auch Lebewesen dem 2. Hauptsatz der Thermodynamik.

Offene Fragen

Radioaktive Strahlung als Energiespender?

Kaum ein Ort mag lebensfeindlicher erscheinen als der Unglücksreaktor von Tschernobyl, in dessen Reaktor es 1986 zu einer Explosion und einer Kernschmelze kam. Dennoch haben Wissenschaftler in Proben aus dem radioaktiv verstrahlten Betonsarkophag lebende Schimmelpilze der Art *Cladosporium sphaerospermum* entdeckt. Daraufhin setzten Forscher um Arturo Casadevall vom New Yorker Albert Einstein College of Medicine verschiedene Sorten von Schimmelpilzen extrem hohen Dosen von Gammastrahlung aus – wodurch die Pilze schneller und besser wuchsen. Den genauen Grund konnten Casadevall und seine Kollegen nicht ermitteln, aber sie vermuten, dass dem Farbstoff Melanin, den die Pilze in ihren Zellhüllen einlagern, eine Schlüsselrolle zukommt. Er absorbiert die Strahlung und verändert seine elektronische Struktur – ähnlich wie Chlorophyll bei der Photosynthese. Betreiben melaninhaltige Schimmelpilze also eine Art „Radiosynthese"?

---

lismus die jeweils benötigten Makromoleküle und Strukturen auf. Was er nicht sofort oder gar nicht braucht, legt er für den späteren Gebrauch in einem Speicher ab bzw. scheidet es aus.

Durch diesen Stoffaustausch verändert Leben die chemische Zusammensetzung seiner Umgebung, was in Experimenten als Indikator für biologische Prozesse dienen kann. Beispielsweise gehen Astrobiologen davon aus, dass die Anwesenheit von Sauerstoff in der Atmosphäre eines Planeten am leichtesten mit einer erdähnlichen Photosynthese erklärt werden könnte, bei der das Element als „Abfallprodukt" abgegeben wird. Ohne eine derartige Quelle sollte der gesamte Sauerstoff längst mit anderen Substanzen wie Metallen zu Oxiden reagiert haben und damit völlig aus der Atmosphäre verschwunden sein.

- Energie und Materie mit der Umgebung auszutauschen, ist für Lebewesen absolut notwendig und lässt sich viel leichter durchführen, wenn sie über eine Fähigkeit verfügen, die an sich nicht unbedingt obligatorisch ist – die **Aufnahme von Informationen und deren Verarbeitung** (siehe Kapitel 8 „Leben sammelt Informationen").

Nahrung aufzuspüren, einen helleren Platz ausfindig zu machen, Gefahren rechtzeitig wahrzunehmen – all dies erhöht die Überlebenschancen. Allerdings sind die damit verbundenen Abläufe selbst bei einfachen Aufgaben reichlich komplex. Zunächst müssen spezialisierte Sensoren äußere Reize aufnehmen und in ein inneres Signal umwandeln, das zwischengespeichert und eventuell mit zuvor ermittelten Daten oder Sollwerten verglichen wird. Dieser Rechenschritt liefert eine Entscheidung, die als neues Signal an motorische

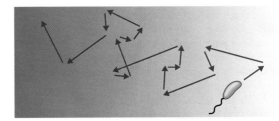

1.10 Bakterien sind in der Lage, sich auf eine Nahrungsquelle zuzubewegen. Spezielle Rezeptoren auf der Zelloberfläche messen dafür die Konzentration in der Umgebung. Weil so kleine Organismen dabei keinen nennenswerten räumlichen Unterschied zwischen ihren beiden Enden feststellen können, vergleichen sie die zeitlichen Veränderungen während einer geraden Schwimmstrecke. Nimmt die Konzentration der Futtermoleküle unterwegs zu, schwimmt das Bakterium länger geradeaus, sinkt sie ab, legt es nur ein kurzes Stück zurück und stoppt dann. Bei jedem Halt vollführt es Taumelbewegungen, nach denen es in eine zufällig bestimmte Richtung neu startet. Auf diese Weise nähert es sich im Zickzack der Nahrungsquelle.

---

1 für alle

Wechsel im Kreis

Durch ihren Stoffwechsel verändern Lebewesen mit der Zeit auch die Zusammensetzung ihrer Umgebung. Selbst unbedeutend erscheinende Eingriffe können globale Auswirkungen haben. So reicherte sich vor etwa 2,5 Milliarden Jahren Sauerstoff aus der Photosynthese winziger Einzeller in der Atmosphäre an und stellte das Leben vor die Aufgabe, mit dem aggressiven Element umzugehen. Erst nachdem sich die Atmung als sauerstoffverbrauchender Prozess etabliert hatte, konnte sich ein dynamisches Gleichgewicht einstellen. Der Stoffwechsel muss deshalb mit Blick auf das Gesamtsystem in Kreisläufen stattfinden, um konstante Bedingungen zu gewährleisten.

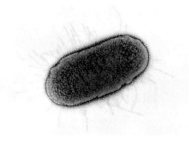 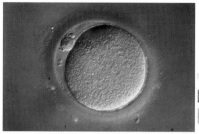 

2 mm

1.11 Zellen wachsen zu sehr unterschiedlichen Größen heran. Bakterien (links) messen meist nur wenige Mikrometer im Durchmesser. Die menschliche Eizelle (Mitte) erreicht etwa ein bis zwei Zehntel Millimeter. Bei Grünalgen der Gattung *Caulerpa* (rechts) besteht sogar die gesamte Pflanze von mehreren Zentimetern bis Metern Größe aus einer einzigen Zelle mit vielen Kernen, einem sogenannten Syncytium.

Strukturen weitergegeben wird. Durch deren Aktivität reagiert der Organismus schließlich auf den Reiz. Eine derart aufwendige Kaskade zu errichten, lohnt sich natürlich nur für Lebewesen, die sich aktiv auf Veränderungen der Bedingungen einstellen können.

Es ist darum unwahrscheinlich, dass die ersten Lebensformen bereits über Informationssysteme verfügt haben. Allerdings dürften diese sich ziemlich bald entwickelt haben, denn heutzutage besitzen selbst viele Bakterienarten einfache Sinne, beispielsweise um auf eine Nahrungsquelle zuzuschwimmen (Abbildung 1.10). Die Reaktion auf äußere Reize gehört deshalb anscheinend durchaus zu einem typischen Kennzeichen für Leben.

- Sind die Bedingungen günstig und liegen ausreichend Nährstoffe vor, produzieren Zellen mehr Strukturen, als sie benötigen, um ihren aktuellen Zustand zu erhalten. Sie nehmen an Volumen zu, bis das **Wachstum** einen Schwellenwert erreicht (Abbildung 1.11). Während nämlich bei einer kugeligen Zelle das Volumen kubisch mit dem Radius ansteigt (r^3), wächst die Oberfläche nur quadratisch (r^2). Dadurch ist rechnerisch jedes Stückchen der Oberfläche für ein immer größeres Teilvolumen zuständig, das es versorgen und dessen Abfallstoffe es absondern muss. Selbst Tricks wie gefurchte oder gelappten Formen, die eine größere Oberfläche schaffen, ändern wenig daran, dass die Lebensvorgänge sich irgendwann nicht mehr organisieren lassen. Dann kann die Zelle entweder ihr Wachstum einstellen oder sich in kleinere Einheiten teilen.
- Auf Ebene der Zellen ist Teilung eine häufige Art der **Fortpflanzung**. Dabei entstehen aus einer Mutterzelle zwei eigenständige Tochterzellen. Es müssen also alle lebensnotwendigen Strukturen und Molekülen rechtzeitig mindestens in zweifa-

cher Ausführung vorliegen und dann gerecht verteilt werden. Um dies zu gewährleisten, bereitet sich die Mutterzelle häufig in einer speziellen Phase vor, in welcher sie Material verdoppelt und Komponenten synthetisiert, die nur für den Teilungsprozess gebraucht werden (Abbildung 1.12). In Kapitel 12 „Leben pflanzt sich fort" werden wir diesen Vorgang genauer kennenlernen und weitere Prinzipien der Vermehrung untersuchen.

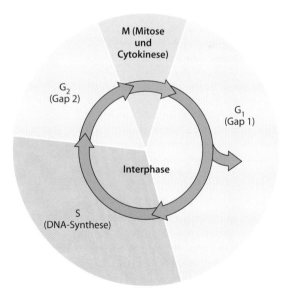

1.12 Der Zellzyklus unterteilt den Wechsel von Wachsen und Teilen einer Zelle mit Zellkern schematisch in mehrere Phasen. Kurz nach der Teilung konzentrieren sich die Tochterzellen darauf, zu wachsen und verschiedene Zellkomponenten nachzuproduzieren (G_1-Phase). Anschließend verdoppeln sie ihr Erbmaterial, die DNA (S-Phase), und schließlich bereiten sie die nächste Teilung vor (G_2-Phase). Während der M-Phase finden dann die Verteilung der Zellbestandteile und die Teilung statt.

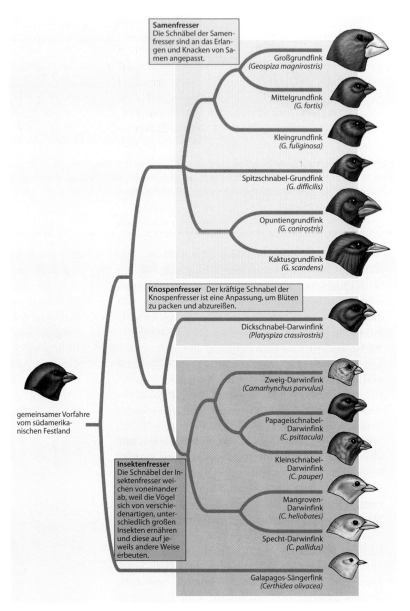

Samenfresser
Die Schnäbel der Samenfresser sind an das Erlangen und Knacken von Samen angepasst.

Großgrundfink
(*Geospiza magnirostris*)

Mittelgrundfink
(*G. fortis*)

Kleingrundfink
(*G. fuliginosa*)

Spitzschnabel-Grundfink
(*G. difficilis*)

Opuntiengrundfink
(*G. conirostris*)

Kaktusgrundfink
(*G. scandens*)

Knospenfresser Der kräftige Schnabel der Knospenfresser ist eine Anpassung, um Blüten zu packen und abzureißen.

Dickschnabel-Darwinfink
(*Platyspiza crassirostris*)

Zweig-Darwinfink
(*Camarhynchus parvulus*)

Papageischnabel-Darwinfink
(*C. psittacula*)

Kleinschnabel-Darwinfink
(*C. pauper*)

Mangroven-Darwinfink
(*C. heliobates*)

Specht-Darwinfink
(*C. pallidus*)

Galapagos-Sängerfink
(*Certhidea olivacea*)

gemeinsamer Vorfahre vom südamerikanischen Festland

Insektenfresser
Die Schnäbel der Insektenfresser weichen voneinander ab, weil die Vögel sich von verschiedenartigen, unterschiedlich großen Insekten ernähren und diese auf jeweils andere Weise erbeuten.

1.13 Als die Vorfahren der Darwinfinken auf die vulkanisch entstandenen Galapagosinseln kamen, fanden sie sehr unterschiedliche Formen von Nahrung vor. Viele Mutationen, die sich auf die Schnabelform ausgewirkt haben und die Aufnahme einer bestimmten Nahrung erleichterten, boten einen Selektionsvorteil. So entstanden durch Evolution aus einer kleinen Ursprungsgruppe die heute dort lebenden 13 verschiedenen Arten.

Allen gemeinsam ist, dass eine Lebensform nur dann einigermaßen sicher fortdauert, wenn sie sich fortpflanzt. Bei einem einzelnen Individuum besteht ständig ein hohes Risiko, durch veränderte Umweltbedingungen oder Fraßfeinde zu sterben – wodurch gleichzeitig die gesamte Art verschwunden wäre. Eine Lebensform, die sich vermehrt, verteilt hingegen das Risiko auf viele Exemplare. Es reicht im Extremfall aus, wenn wenige oder sogar nur eines davon die schlechte Zeit überdauern oder sich an neue Gegebenheiten anpassen kann. Diese Überlebenden sind dann der Ausgangspunkt für eine neue Population.

- Neues Leben passt sich mit der Zeit immer besser an seine Umgebung an. Ohne diese **Evolution** müsste es schon bei seiner Entstehung voll ausgestattet und optimiert sein. Da sich aber praktisch jeder Lebensraum verändert – unter anderem auch durch die Aktivitäten des Lebens selbst –, haben Lebensformen, die flexibel sind, einen großen Vorteil. Wenn sich die Individuen einer Art nicht vollständig gleichen, sondern leichte Abweichungen vorkommen, besteht die Möglichkeit, dass manche dieser Variationen unter geänderten Bedingungen vorteilhafter sind als das bisherige Durchschnittsmodell. Sie würden sich im Laufe der Zeit stärker vermehren und schließlich den neuen Standard bilden.

Die Variabilität der Individuen entsteht durch Fehler bei der Vermehrung des Erbmaterials, die **Mutationen** (siehe Kapitel 11 „Leben speichert Wissen"). Diese zufälligen Veränderungen haben meist keine Auswirkungen, sind manchmal tödlich und nur selten nützlich. In welche Kategorie eine Mutation fällt, erweist sich erst, wenn sie sich im biologischen Alltag bewähren muss. Setzt sie etwa eine lebenswichtige Funktion außer Betrieb, stirbt der Organismus mit dieser Mutation. Verbessert sie hingegen die Fähigkeit, Nährstoffe aufzunehmen, kann er schneller wachsen und sich entsprechend früher vermehren. Die **Selektion** misst somit die Brauchbarkeit einer Variante mit einer Art Alltagstest. Nur, was sich unter den tatsächlich vorhandenen Bedingungen bewährt, hat eine Chance, weitergegeben zu werden. Wobei das Spektrum der Lebensstrategien vom anspruchslosen Generalisten bis hin zum spezialisierten Nutzer einer kleinen Nische reicht.

Da sich Veränderungen der Lebensbedingungen üblicherweise nicht ankündigen, sondern jederzeit auftreten können, ist es für eine Lebensform wichtig, stets über ausreichend unterschiedliche Individuen zu verfügen. Darum besteht eine Art in der Realität nicht aus vielen Exemplaren eines „Standardmodells" und einigen wenigen Abweichlern, sondern jedes Einzelwesen ist ein bisschen anders und trägt damit zur Breite der Art bei. Die Selektion sorgt dafür, dass die Abweichungen nicht zu groß werden. Dadurch gewährleistet die Evolution einer Lebensform ein ausgewogenes **Gleichgewicht von Flexibilität und Stabilität**. In Kapitel 14 „Leben breitet sich aus" betrachten wir die Mechanismen der Anpassung und Evolution genauer.

[?]
Prinzip verstanden?

1.3 Wann ist Leben erfolgreich? Was ist sozusagen der ultimative Maßstab?

Die Punkte dieser Liste charakterisieren zweifellos viele Eigenschaften des Lebens – ob sie wirklich ausreichend sind, ist allerdings zweifelhaft. Es fällt zumindest nicht schwer, sich ein zukünftiges technisches System vorzustellen, das aus seiner Umgebung gezielt Substanzen aufnimmt und zersetzt, um mit der Energie und den Grundbausteinen eigene Strukturen zu erzeugen und sich selbst nachzubauen. Unterläuft ihm zufällig Fehler beim Kopieren des Programms, würde solch ein System praktisch alle Kriterien für Leben erfüllen. Dennoch würden wir es vermutlich nicht als lebendig ansehen – was zeigt, wie unsicher unser Urteil in dieser Frage weiterhin ist.

Gratwanderungen und Grenzfälle stellen die Regeln auf die Probe

Zweifelsfälle, ob etwas lebendig ist oder nicht, gibt es jedoch auch innerhalb der Biologie. Und manche offensichtlich lebenden Wesen nehmen unter ungünstigen Bedingungen einen Zustand ein, den man als **Kryptobiose** bezeichnet und der es schwer hat, vor unserem Kriterienkatalog des Lebens zu bestehen.

> **Kryptobiose** (*cryptobiosis*)
> Lebenszustand mit gestopptem Stoffwechsel. Die Kryptobiose wird durch ungünstige Lebensbedingungen ausgelöst wie extreme Trockenheit, Kälte oder Sauerstoffmangel.

Tiere können das Leben vorübergehend anhalten

Ein extremes Beispiel unter den Vielzellern ist das **Bärtierchen**, das seinen Namen der Ähnlichkeit mit einem Kuscheltier verdankt (Abbildung 1.14). Die Tiere leben in Gewässern sowie an Land in feuchten Umgebungen wie Moosen, wo sie sich von Pflanzenteilen und kleinen Tieren ernähren. Die Landlebensräume trocknen jedoch gelegentlich aus, woran sich die betroffenen Arten der Bärtierchen mit einer speziellen **Überlebensstrategie** angepasst haben. Zunächst verringern sie den Flüssigkeitsverlust, indem sie ihre Oberfläche durch Einziehen der Beine verkleinern und die Körperporen mit wasserundurchlässigen Lipiden (siehe Kasten „Lipide" auf Seite 30) verschließen. Außerdem tauschen sie in ihren Zellen Wassermoleküle gegen den Zucker Trehalose aus, der lebenswichtige Strukturen konserviert.

Nach einigen Stunden haben die Bärtierchen so einen tönnchenförmigen Zustand erreicht, in dem alle Lebensfunktionen drastisch reduziert sind. Die Stoffwechselaktivität ist unter die Nachweisgrenze gefallen und das Leben gewissermaßen angehalten.

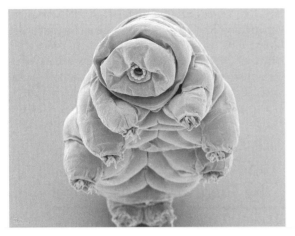

1.14 Bärtierchen sind weniger als einen Millimeter groß und leben in Gewässern und wasserreichen Biotopen. Trocknet ihr Lebensraum aus, wechseln sie in einen Zustand, in dem sie keinen messbaren Stoffwechsel mehr betreiben.

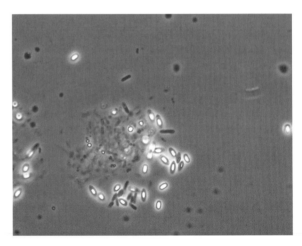

1.15 Verschlechtern sich die Lebensbedingungen für *Bacillus subtilis*, bildet das Bakterium Endosporen, die lange Zeit ohne messbare Lebenszeichen überdauern können. In dieser Mikroskopaufnahme erscheinen die Endosporen hell und nehmen fast das gesamte Volumen der Zellen ein, in denen sie gebildet werden.

Viele Jahre und Jahrzehnte können Bärtierchen so überstehen. Extreme Temperaturen von $-270\,°C$ bis $+150\,°C$ vermögen ihnen ebenso wenig etwas anzuhaben wie Salze, Alkohol, Vakuum und radioaktive Strahlendosen, die tausendfach höher sind als die für einen Menschen tödliche Menge.

Sobald die Umgebung wieder ausreichend Feuchtigkeit bietet, kehren die Bärtierchen die Anpassungen um und leben auf herkömmliche Weise weiter. Einige erreichen allerdings nicht mehr den Normalzustand. Anscheinend balancieren die Bärtierchen in ihrer Tönnchenform auf einem schmalen Grat zwischen Leben und Tod.

Bakterien überstehen schlechte Zeiten in einer Rettungskapsel

Noch konsequenter als die Tönnchenform des Bärtierchens ist der Notfallmodus, den verschiedene Bakterien entwickelt haben. Sie bilden bei Nährstoffmangel innerhalb ihrer einzelnen Zelle **Endosporen** aus (Abbildung 1.15). Wie bei einer Rettungskapsel werden die wichtigsten Bestandteile darin besonders geschützt verpackt. Die **Hülle** besteht dabei aus mehreren Schichten (Abbildung 1.16). Ganz außen befindet sich häufig das Exosporium – eine dünne und relativ lockere Schicht. Beim darunter liegenden Sporenmantel handelt es sich dagegen um eine oder mehrere Lagen aus wasserabweisenden Proteinen, die toxische Moleküle zurückhalten. Es folgt der dicke

Cortex aus modifiziertem Zellwandmaterial. Die Kernwand ist schließlich die übliche bakterielle Zellwand, darunter liegt eine Membran, die den Kern umhüllt.

Auch in diesem **Kern** ist alles auf ein schwieriges Überleben eingestellt. Hier ist die gesamte Ausstattung verpackt, die später für eine neue vegetative

---

1 für alle

Halbe Kraft in schlechten Zeiten

Auch manche höhere Tiere fahren ihren Stoffwechsel in schlechten Zeiten herunter. Insekten, Fische, Amphibien und Reptilien fallen als wechselwarme Organismen in eine Kältestarre, in welcher Herzschlag und Atmung auf ein Minimum reduziert und die Tiere bewegungsunfähig sind. Bei zu hohen Temperaturen gibt es analog eine Wärmestarre.

Einige gleichwarme Tiere halten Winterruhe mit vermindertem Stoffwechsel. Ihr Schlaf ist lediglich vertieft, die Körpertemperatur bleibt aber gleich, und es treten aktive Zwischenphasen auf, in denen die Tiere Nahrung suchen. Auf diese Weise überwintern beispielsweise Bären und Eichhörnchen.

Im Winterschlaf sinkt die Körpertemperatur fast auf $0\,°C$ ab. Kreislauf und Atmung sind stark verlangsamt, die Energie wird aus angefressenen Fettreserven gewonnen. Außer Säugetieren wie Igel und Siebenschläfer halten auch einige wenige Vögel Winterschlaf, beispielsweise die amerikanische Winternachtschwalbe.

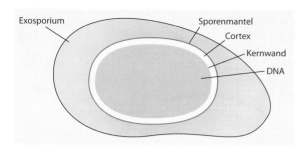

1.16 Der Aufbau einer Endospore im Schema. Im Kern befinden sich alle wichtigen Bestandteile einer Zelle, geschützt von mehreren Schichten, die dafür sorgen, dass diese Art der Dauerform beständig gegen Hitze, Kälte, Trockenheit, Strahlung und viele chemische Substanzen ist.

Zelle notwendig ist. Zusätzlich befinden sich im Inneren der Endospore viel Calcium und Dipicolinsäure, die ansonsten nicht in der Zelle vorkommt. Beide Substanzen bilden vermutlich miteinander Komplexe und stabilisieren dadurch die DNA in der Endospore. Ist die Rettungskapsel fertig, löst sich ihre Mutterzelle auf und gibt sie frei.

Während der **kryptobiotischen Phase** ist in der Endospore kein Stoffwechsel nachzuweisen. Bis zu mehrere Millionen Jahre kann das Bakterium in dieser Form überdauern und Hitze, Kälte, Chemikalien und Strahlung widerstehen. Da zu den Endosporenbildenden Bakterien mehrere Krankheitserreger wie *Bacillus anthracis*, *Clostridium tetani* und *Clostridium*

1.17 Endosporen sind weit härter im Nehmen als die empfindliche Elektronik von Raumsonden. Trotz intensiver Sterilisation bei extremen Temperaturen und in aggressivem Wasserstoffperoxid befanden sich auf dem Marslander *Beagle 2* beim Start noch schätzungsweise knapp unter 300 Mikroben pro Quadratmeter auf der Außenseite und etwa 300 000 im Inneren. Der Großteil starb – vermutlich – auf der langen Reise durch das Weltall ab.

botulinum gehören, werden Sterilisationsverfahren benötigt, die dennoch wirksam sind. Je nach Anwendungsfall lassen sich die Endosporen durch längere Hitzebehandlung bei Überdruck, Abflammen und lang andauernde Bestrahlung mit Röntgen- oder Gammastrahlung abtöten.

Verbessern sich die Umweltbedingungen für das Bakterium wieder, kann sich aus der Endospore eine neue vegetative Zelle entwickeln. Dieser Prozess beginnt mit einer Aktivierung, die etwa durch einen „Hitzeschock" bei 60 bis 70 °C erfolgen kann. Anschließend ist die Endospore empfänglich für Induktionsstoffe aus der Umgebung wie Zucker oder Aminosäuren. Sie lösen die **Keimung** aus, in deren Verlauf der Stoffwechsel erneut anspringt. Zum Schluss sprengt die neue Zelle beim Auswachsen ihre Sporenhülle und nimmt das übliche Leben eines Bakteriums auf.

> **vegetative Zelle** (*vegetative cell*) Lebende Zelle, die sich nicht teilt und bei Vielzellern nicht der Fortpflanzung dient.

Manche Viren stehen an der Grenze zum Leben

Bärtierchen und bakterielle Endosporen haben zwar zeitweise ihren Stoffwechsel auf Null heruntergefahren, dennoch erkennen wir sie weiterhin als Lebensformen an, da sie grundsätzlich in der Lage sind, die einzelnen Merkmale des Lebens zu zeigen. Etwas anders sieht es hingegen bei **Viren** aus. Sie bestehen in der Regel lediglich aus einem Molekül Erbmaterial, das zusammen mit einigen wenigen Proteinen in einer Hülle verpackt ist. Einen eigenen Stoffwechsel haben Viren in keiner Phase ihres Vermehrungszyklus und können sich darum nicht selbst fortpflanzen. Stattdessen dringen sie in echte Zellen ein und programmieren diese für ihre Zwecke um (Abbildung 1.18). Aus biologischer Sicht gehören Viren deshalb nicht zu den Lebewesen. Vermutlich handelt es sich bei ihnen eher um Erbmaterial, das ursprünglich zum Wirt gehörte und sich selbstständig gemacht hat. Aus diesem Grund ist ein Virus für alle biologischen Funktionen weiterhin auf seine ganz spezielle Wirtsart angewiesen.

Dank ihrer **parasitären Lebensweise** kommen Viren für gewöhnlich mit einem kargen Satz eigener Moleküle aus und sind entsprechend winzig. Darum ist es nicht verwunderlich, dass Forscher die rund 400 Nanometer großen Strukturen, die sie in der einzelli-

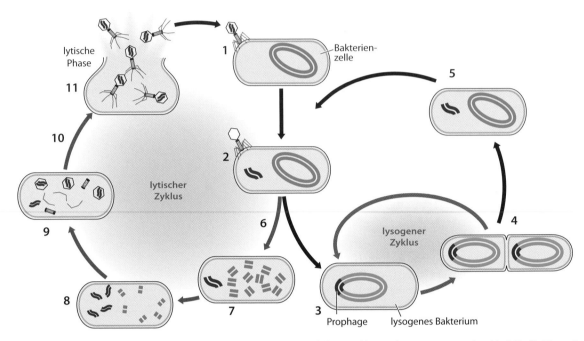

1.18 Bakteriophagen oder kurz „Phagen" sind Viren, die Bakterien befallen, und besonders gut untersuchte Modelle für Viren. Ihr Lebenszyklus beginnt mit dem Anheften an eine passende Wirtszelle (1) und der Injektion des Erbmaterials (2). Anschließend gibt es zwei unterschiedliche Wege. Im lysogenen Zyklus integriert sich die DNA des Phagen in das Bakteriengenom (3) und wird als inaktiver Prophage bei jeder Teilung der Wirtszelle mit vermehrt und an die Tochterzellen weitergegeben (4). Löst sich ein Prophage aus der Wirts-DNA heraus (5), kann dadurch der lysogene in den lytischen Zyklus übergehen. Der lytische Zyklus kann allerdings auch direkt nach der Viren-DNA-Injektion beginnen. Die Zellmaschinerie des Wirts setzt dabei die Erbinformation des Virus um (6). Diese veranlasst, dass die zelleigene DNA abgebaut (7) und aus den Bruchstücken virale DNA aufgebaut wird (8). Außerdem synthetisiert die umprogrammierte Zelle Proteine und Hüllen für neue Phagen (9). Sobald die Viren zusammengesetzt sind (10), bringen sie die Zelle zum Platzen (Lyse) (11), womit der nächste Zyklus beginnen kann.

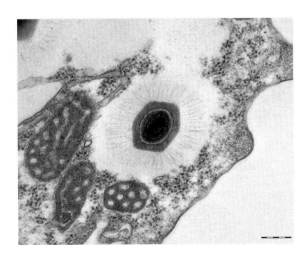

1.19 Das Mimivirus ist größer als alle anderen bekannten Viren und sogar als manche Bakterien. Im Elektronenmikroskop ist seine ikosaedrische Struktur als Sechseck zu erkennen, von dem lange Fäden ausgehen. Der Balken entspricht einer Länge von 200 nm.

gen Amöbe *Acanthamoeba polyphaga* gefunden hatten, zunächst für ein Bakterium hielten. Erst 2003 identifizierten Wissenschaftler das Objekt als ein Virus und gaben ihm den offiziellen Namen *Acanthamoeba polyphaga mimivirus* – kurz: Mimivirus (Abbildung 1.19).

Aber es geht noch größer. Die ebenfalls Amöben befallenden Pandoraviren und *Megavirus chilensis* erreichen mit rund 700 nm Durchmesser tatsächlich in etwa die Größe eines kleinen Bakteriums. *Pithovirus sibericum*, das Mikrobiologen aus mehr als 30 000 Jahre gefrorenem Permafrostboden isoliert haben, ist mit einer Länge von 1500 nm und einer Breite von 500 nm sogar schon unter dem Lichtmikroskop zu sehen.

Die riesigen Viren beeindrucken nicht nur durch ihre Ausmaße, sondern auch mit ihrer genetischen Ausstattung. Ihre DNA ist länger als die einiger Zellen und trägt die Informationen zum Bau von über 450 (*Pithovirus*) oder gar 2556 (*Pandoravirus salinus*)

Biologisches Nicht-Leben

Die Biologie untersucht auch Systeme, die selbst nicht lebendig, aber eng mit lebenden Zellen verbunden sind. Die meisten waren vermutlich ursprünglich Teile von Zellen, die sich irgendwann aus dem Gesamtkomplex herausgelöst und eigene Strategien zum Fortbestand entwickelt haben.

Der zentrale Bestandteil eines **Virus** ist seine Erbsubstanz in Form von DNA oder RNA. Sie ist in eine schützende Hülle (Capsid) aus Proteinen verpackt, deren zweite Aufgabe darin besteht, den Kontakt zur passenden Wirtszelle herzustellen. Das Virus gibt seine Erbsubstanz in den Wirt und lässt dessen Syntheseapparate neue Viren produzieren, die beim Entweichen häufig die Wirtszelle zerstören. Die freien Viruspartikel werden auch als **Virionen** bezeichnet.

Viroide bestehen einzig aus einem Faden RNA. Sie befallen nur Pflanzenzellen, von denen sie sich vermehren lassen. In tierischen Zellen wurden noch keine Viroide nachgewiesen.

Prionen sind Proteine mit einer fehlerhaften dreidimensionalen Struktur. Die Reihenfolge ihrer Einzelbausteine entspricht zwar jener von funktionstüchtigen Zellproteinen, doch durch die falsche räumliche Anordnung hat das Prion

nicht nur seine eigentliche Funktion verloren, sondern kann sogar korrekt gefaltete Proteine „anstecken". Prionen lösen bei Menschen und Tieren eine Reihe von Krankheiten aus, darunter die Creutzfeld-Jakob-Krankheit, Scrapie und BSE.

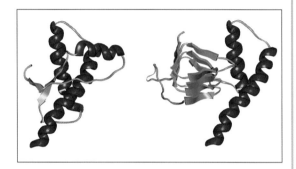

Gesunde Proteine (links) und pathogene Prionen (rechts) unterscheiden sich nur in ihrer dreidimensionalen Struktur voneinander.

Proteinen. Beim Mimivirus sind viele dieser Proteine für Stoffwechselprozesse zuständig, wie sie in echten, zellulären Organismen vorkommen. Trotzdem ist das Virus weiterhin auf einen Wirt angewiesen, denn ausgerechnet die Komplexe zur Produktion der Proteine fehlen ihm. Und noch ein weiteres Merkmal unterscheidet es von lebenden Organismen: Während diese sich durch Teilung vermehren, wird das Mimivirus wie ein typisches Virus aus fertigen Bauelementen zusammengesetzt.

Dennoch zeigt uns das Mimivirus mit seiner Komplexität, dass die Entscheidung zwischen lebendig und nicht lebendig nicht immer einfach zu treffen ist. Und dass sogar Viren zum Opfer von Parasiten werden können. Der kleine **Virophage Sputnik** kann sich nämlich nur dann in Amöben vermehren, wenn diese auch vom Mimivirus befallen sind. Dann aber lässt er nicht nur sich selbst vervielfältigen, sondern stört die Produktion neuer Mimiviren, was als Nebeneffekt die Überlebensdauer der befallenen Amöbe verlängert.

Offene Fragen

Viren oder keine Viren?

Ob die Pandoraviren wirklich zu den Viren gehören oder eine ganz eigene Gruppe aufmachen, ist noch nicht entschieden. Einerseits leben sie wie andere Riesenviren als Schmarotzer in Amöben. Andererseits sind über 90 Prozent ihrer Gene so einmalig, dass in den Datenbanken keine entsprechenden Gene von anderen Viren oder echten Lebewesen verzeichnet sind. Einige Wissenschaftler spekulieren daher, ob es sich bei den Pandoraviren um die Überreste einer vierten Domäne von Lebewesen (neben Eukaryoten, Eubakterien und Archaeen) handeln könnte, die irgendwann die Fähigkeit verloren haben, eigenständig zu leben.

„Meinst du nicht, dass du zu viel Wert auf Entropie legst?"

Prinzipien des Lebens im Überblick

- Die Biologie hat noch keine allgemeingültige Definition für den Zustand „Leben". Stattdessen versucht sie, mit Kriterienkatalogen lebendige und nicht lebendige Systeme voneinander zu unterscheiden.
- Die Checkliste des Lebens umfasst eine niedrigere Entropie als die tote Umgebung, den Austausch von Energie und chemischen Substanzen mit der Umwelt, die Aufnahme und Verarbeitung von Informationen, Wachstum, Fortpflanzung und eine evolutive Anpassung der Lebensform an Veränderungen.
- Da die Kriterien anhand eines einzigen Beispiels – des Lebens auf der Erde – aufgestellt wurden, ist nicht sicher, ob sie generell für Leben anzuwenden sind.
- Überlebensformen von Tieren, Pflanzen und Bakterien, die ihren Stoffwechsel fast oder vollständig eingestellt haben, sind ebenso Grenzfälle wie komplexe Viren, die über einen großen Teil der biochemischen Ausstattung von Zellen verfügen.
- Mit großer Wahrscheinlichkeit sind alle bekannten Lebensformen auf der Erde von einer einzigen „Urzelle" ausgegangen. Deren Entstehungsgeschichte ist aber noch weitgehend ungeklärt.

📖 Bücher und Artikel

Paul Davies: *Aliens auf der Erde?* in „Spektrum der Wissenschaft" 4/2008
Die Suche nach Lebensformen auf der Erde, die nicht auf die allgemeine „Urzelle" zurückgehen.

Bernhard Epping: *Leben vom Reißbrett* in „Spektrum der Wissenschaft" 11/2008
Der Stand menschlicher Bemühungen, Leben selbst zu schaffen.

Olaf Fritsche: *Leben im All.* (2007) Rowohlt Verlag
Übersicht des aktuellen Wissensstands zu Leben auf anderen Planeten und den dort herrschenden Bedingungen.

Robert Hazen: *Was ist Leben?* in „Spektrum der Wissenschaft" 10/2007
Vergleich verschiedener Definitionsversuche für Leben aus unterschiedlichen Blickwinkeln.

Erwin Schrödinger: *Was ist Leben?* (1999) Piper
Ein Buch aus dem Jahr 1944, das aber immer noch überzeugend die Bedeutung der Entropie für Leben herausstreicht.

Internetseiten

whatislife.stanford.edu/Homepage/LoCo_files/What-is-Life.pdf
Erwin Schrödingers Buch im pdf-Format – kostenlos, aber auf Englisch.

www.astrobio.net/news/article226.html
Gedanken aus der Abteilung *Astrobiology* der NASA zu der Frage, was Leben prinzipiell ausmacht.

www.nbi.dk/~emmeche/cePubl/97e.defLife.v3f.html
Ein Aufsatz, der über die biologische Definition von *Leben* hinausgeht.

❗ Antworten auf die Fragen

1.1 Ein Lebewesen aus Licht hätte große Schwierigkeiten, sich nicht augenblicklich in alle Richtungen zu verteilen und auszudünnen, denn Licht breitet sich ständig aus. Es kann nicht gespeichert werden, allenfalls seine Energie lässt sich absorbieren und anschließend gleich wieder emittieren. Dafür muss sie allerdings mit Materie wechselwirken, was der Vorgabe einer „reinen" Lichtgestalt widerspricht. Ähnliche Argumente treffen auch auf andere Energieformen zu, sodass Leben ohne Materie kaum vorstellbar ist.

1.2 Wenn Öl und Wasser miteinander vermischt sind, gibt es für die Moleküle eine gewaltige Vielfalt von Anordnungsmöglichkeiten. Dennoch schränken die großen Ölteilchen die kleineren Wasserpartikel in ihrer Freiheit ein. In einer reinen Wasserumgebung haben sie noch weit mehr Auswahl, wo sie sich aufhalten können und wohin sie sich bewegen. Darum ist es viel wahrscheinlicher, dass ein Wassermolekül aus dem öligen Bereich hinaus wandert als in ihn hinein. Die Entropie des Wassers nimmt deshalb zu, wenn die Phasen sich trennen, und bestimmt die zeitliche Entwicklung des Gemischs.

1.3 Wir können eine Lebensform einfach dann als erfolgreich ansehen, wenn sie noch vorhanden ist. Dann hat sie sich über eine Milliarde Jahre andauernde Evolution immer wieder an veränderte Umweltbedingungen angepasst. Andere Kriterien sind mit Blick auf lange Zeiträume weniger überzeugend. Etwa die Größe. Zwar beherrschten Dinosaurier, von denen es riesige Formen gab, die Erde über viele Millionen Jahre, doch überforderte eine dramatische Veränderung der Lebensbedingungen vor etwa 65 Millionen Jahren ihre Flexibilität. Und ob die Intelligenz des Menschen ausreicht, um noch lange als Art zu bestehen, wird erst die Zukunft zeigen.

2 Leben ist konzentriert und verpackt

Lebensvorgänge können nur ablaufen, wenn die dafür notwendigen Stoffe räumlich dicht beieinander liegen und aufeinandertreffen. Gleichzeitig müssen Prozesse, die in entgegengesetzte Richtungen verlaufen, voneinander getrennt bleiben. Spezielle Hüllstrukturen separieren darum das lebendige Innere vom toten Äußeren und aufbauende von abbauenden Vorgängen. Auf diese Weise schafft sich das Leben eigene Bedingungen, unter denen seine typischen Prozesse optimal stattfinden können.

Leben muss konzentriert und beweglich sein

Fast alle Indizien für Leben, die wir im vorherigen Kapitel erarbeitet haben, setzen voraus, dass sich die Bestandteile eines lebenden Systems bewegen, miteinander reagieren und sich gegenseitig verändern. Obwohl diese Forderungen auf der Erde, wo mittlere Temperaturen und Drücke herrschen, anscheinend recht einfach zu erfüllen sind, schränken sie die Möglichkeiten, wie ein Organismus aufgebaut sein kann, bereits erheblich ein. Sie zwingen dem Leben beispielsweise für die wesentlichen Prozesse einen **Aggregatzustand** auf.

- So sind die **Moleküle eines Gases** durchaus beweglich. Die Anziehungskräfte zwischen ihnen sind sogar so gering, dass sie sich weitgehend unabhängig voneinander bewegen und über das gesamte zur Verfügung stehende Volumen ausbreiten. Dadurch dünnen Gase schnell aus, und ihre Moleküle treffen sich zu selten und zu unkontrolliert für eine biologische Chemie. Obwohl Gase deshalb

> **Lösungsmittel** (*solvent*)
> Substanz, die Moleküle eines anderen Stoffs vereinzelt und umschließt, ohne dass es dabei zu einer chemischen Reaktion kommt. Die Teilchen des gelösten Stoffs sind in dem entstandenen homogenen Gemenge auch unter dem Mikroskop optisch nicht mehr zu erkennen.

nicht als Basis für Leben in Frage kommen, nutzen viele Organismen sie gerade wegen ihrer außerordentlichen Mobilität für verschiedene Aufgaben. Etwa als stets verfügbaren Rohstoff, sich selbst verbreitendes Signal oder als bequeme Entsorgungsform von kleinen Abfallprodukten.

- Genau das entgegengesetzte Problem hätten Organismen, die aus **Festkörpern** bestehen. In ihnen hat jedes Teilchen engen Kontakt zu seiner Nachbarschaft, die sich jedoch praktisch nie ändert. Starke Bindungen halten jedes Atom und Molekül an seinem Platz und verhindern größere Bewegungen oder gar Wanderungen. Das Repertoire an realisierbaren chemischen Reaktionen und Veränderungen ist dementsprechend gering. Für eine lebendige Dynamik wären reine Festkörper deshalb zu unflexibel.

- Viel besser sieht es für **Flüssigkeiten** aus. Die Anziehungskräfte zwischen deren Molekülen sorgen für einen gewissen Zusammenhalt, brechen aber hinreichend leicht auf und formen sich an anderer Stelle neu, was Verschiebungen und Strömungen zulässt – ein idealer Kompromiss zwischen Stabilität und Flexibilität. Die Auswahl an flüssigen Substanzen ist allerdings eher bescheiden, doch dieser Nachteil wird dadurch ausgeglichen, dass sich die unterschiedlichsten Stoffe in Flüssigkeiten lösen lassen. Sie werden dadurch annähernd so beweglich wie das Lösungsmittel selbst, sind aber an dieses gebunden und können sich nicht verflüchtigen. Das ermöglicht eine

2.1 Grundsätzlich stehen dem Leben drei Aggregatzustände offen.

2.2 Der Lebensraum Erde ist reich an Verbindungen in fester, flüssiger und gasartiger Form.

Aufgabenteilung: Das Lösungsmittel sorgt als Medium für die Beweglichkeit, und die gelösten Substanzen übernehmen die Funktionen des Lebens.

Wasser hat besondere Eigenschaften

Die mit Abstand häufigste Flüssigkeit auf der Erde ist Wasser, und schon wenige Hundert Millionen Jahre nach der Entstehung des Planeten gab es Tümpel, Seen und Ozeane, in denen sich eine zaghafte chemische Biologie entwickeln konnte. Wasser war und ist aber nicht nur leicht verfügbar, es hat für Lebewesen außerdem eine ganze Reihe von Vorteilen, die sich aus seiner besonderen Chemie und Physik ergeben.

Jedes **Wassermolekül** besteht aus einem Sauerstoffatom, das über je eine kovalente Bindung (siehe Kasten „Chemische Bindungen" auf Seite 23) mit zwei Wasserstoffatomen verknüpft ist (H_2O). Die gemeinsamen Elektronenpaare in diesen Bindungen sind jedoch im zeitlichen Mittel stark zum Sauerstoff verschoben (siehe Kasten „Elektronegativität und Polarität" auf Seite 24). Als Folge sind die Wasserstoffatome leicht elektrisch positiv geladen und der Sauerstoff elektrisch negativ. Anders als im Fall von Ionen, bei denen ein oder mehrere Elektronen ganz vom einen Partner auf den anderen übergehen, tragen die Atome im Wassermolekül keine volle Ladung, sondern nur eine Teil- oder **Partialladung**, was in Formeln manchmal mit einem kleinen griechischen Delta und dem Vorzeichen der jeweiligen Ladung (δ^+ bzw. δ^-) gekennzeichnet wird. Entsprechend werden die asymmetrischen Elektronenpaarbindungen mitunter durch einen Keil (▶) dargestellt und als polare Bindungen bezeichnet, die chemische Gruppe als **Dipol** (Abbildung 2.3).

Wären die drei Atome des Wassers in einer geraden Reihe mit dem Sauerstoff in der Mitte angeordnet, würden sich die Teilladungen nach außen hin weitgehend gegenseitig aufheben und kaum auswir-

ken. In der äußeren Elektronenschale des Sauerstoffatoms befinden sich allerdings noch zwei **freie Elektronenpaare**, die nicht an den Bindungen beteiligt, wohl aber negativ geladen sind und Platz benötigen. Durch die Abstoßungskräfte zwischen ihnen und den Bindungselektronen nimmt das Molekül die Form eines Tetraeders an – einer Pyramide mit dreieckiger Grundfläche. Im Zentrum dieser geometrischen Figur befindet sich der Sauerstoff, während die Wasserstoffatome an zwei der vier Ecken sitzen und die freien Elektronenpaare zu den beiden anderen Ecken weisen. In dieser räumlichen Konfiguration überlagern sich die elektrischen Felder der (Teil-)Ladungen nicht mehr richtig, und die Polarisierung dringt nach außen. Das Wasser wird so zu einem **polaren Molekül** mit negativen und positiven Bereichen.

Weil elektrisch entgegengesetzte Ladungen sich anziehen, richten benachbarte Wassermoleküle sich bevorzugt so aus, dass die positiven Wasserstoffatome in Richtung der negativen Elektronenpaare der Sauerstoffatome weisen. Es entsteht eine **Wasserstoffbrückenbindung** (Abbildung 2.4). Ganz allge-

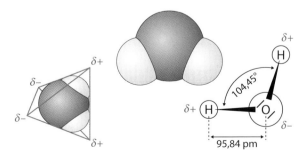

2.3 Das Wassermolekül ist gewinkelt und trägt Teilladungen, die in die Ecken eines Tetraeders weisen.

Chemische Bindungen

Chemische Bindungen halten Atome zusammen. Die Übergänge zwischen den verschiedenen Typen sind fließend.

Am stärksten ist die **kovalente Bindung** (auch Atombindung oder Elektronenpaarbindung genannt). Bei ihr teilen sich zwei Atome ein oder mehrere Elektronenpaare, wodurch ein (neues) Molekül entsteht. Je mehr kovalente Bindungen zwischen den Atomen bestehen, umso enger sind sie miteinander verknüpft. Dies macht sich sowohl im Abstand der Atome voneinander als auch in der Stärke ihres Zusammenhalts bemerkbar. Die folgende Tabelle zeigt als Beispiel die Werte von Kohlenstoffbindungen:

Bindung	Abstand in pm (Pikometer, 10^{-12} m)	Bindungsenergie in kJ/mol
C−C	154	348
C=C	134	614
C≡C	120	839

Bei kovalenten Bindungen stehen die Partner immer in einer festen Orientierung zueinander, die von der Elektronenstruktur der jeweiligen Atome vorgegeben wird. Während eine Einfachbindung noch Rotationen um die Verbindungsachse durch die Atome zulässt, sind Doppel- und Dreifachbindungen starr.

Ionenbindungen entstehen, wenn geladene Atome oder Moleküle (Ionen) durch ihre elektrostatische Anziehung zusammengehalten werden. Ihre Stärke hängt vom Abstand und dem Umgebungsmedium ab. In wässrigen Lösungen schirmen die Wassermoleküle als Hydrathülle die Ionenladungen effektiv ab und schwächen die Bindung dadurch auf weniger als ein Zehntel der Stärke einer kovalenten Bindung. Da das elektrische Feld einer Ladung sich in alle Richtungen erstreckt, haben Ionenbindungen keine bevorzugte Ausrichtung.

Auch die **Wasserstoffbrückenbindung** ist eine elektrostatische Anziehung. Sie verbindet eine Donorgruppe und einen Akzeptor. Der Donor besteht aus einem stark elektronegativen Atom wie Sauerstoff, an dem über eine kovalente Bindung ein Wasserstoffatom hängt. Das gemeinsame Elektronenpaar ist weit zum elektronegativeren Partner verschoben, wodurch dieser partiell negativ geladen wird und der Wasserstoff partiell positiv. Die positive Teilladung des Wasserstoffs sorgt für die elektrostatische Anziehung zum freien Elektronenpaar des Akzeptors. In Biomolekülen handelt es sich dabei häufig um ein Stickstoff- oder ein weiteres Sauerstoffatom.

Die Wasserstoffbrückenbindung ist mit 20 kJ/mol oder weniger sehr schwach und zusätzlich sehr winkelabhängig. Am stärksten wirkt sie, wenn die drei beteiligten Atome auf einer geraden Verbindungslinie liegen. Dann beträgt der Abstand zwischen dem Wasserstoffatom und dem Akzeptoratom etwa 150 pm bis 260 pm, zwischen Akzeptor und elektronegativerem Atom des Donors 240 pm bis 350 pm. In Formeln werden Wasserstoffbrückenbindungen häufig durch Punkte zwischen Donor und Akzeptor angedeutet: –O–H·····N–

Die **van-der-Waals-Wechselwirkung** entsteht zwischen eigentlich unpolaren Partnern. Der Ladungsschwerpunkt der Elektronenhülle eines Atoms schwankt aber leicht und fällt häufig kurzzeitig nicht mit dem positiv geladenen Atomkern zusammen. Deshalb sind auch neutrale Atome vorübergehend immer wieder elektrische Dipole. Nähern sich zwei solche Atome einander an, stimmen sich ihre temporären Dipole aufeinander ab, und die Elektronenhüllen synchronisieren ihre Verschiebungen. Das Ergebnis ist eine schwache Anziehungskraft, die mit weniger als 5 kJ/mol noch geringer ist als eine Wasserstoffbrückenbindung und nur über extrem kurze Distanzen wirkt. Da im Prinzip aber jedes Atom in der Lage ist, an einer van-der-Waals-Wechselwirkung teilzunehmen, treten diese oft in großen Mengen auf und summieren sich zu beachtenswerten Bindungskräften.

Hydrophobe Wechselwirkungen gehen auf keine Anziehungskraft zurück, sondern sind ein Entropie-Effekt (siehe Kasten „Entropie als Maß der Beliebigkeit" auf Seite 11). In Wasser können unpolare Moleküle nur äußerst wenige und schwache Bindungen zum Medium aufbauen, auch untereinander haben sie kaum Zusammenhalt. Bedeutender ist die Freiheitsbeschränkung der Wassermoleküle, wenn diese sich um alle vereinzelten unpolaren Teilchen lagern müssen. Sammeln die unpolaren Moleküle sich zu einem gemeinsamen größeren Komplex, bleibt dem Wasser deutlich mehr Spielraum. Dieser Anstieg der Entropie des Wassers übersteigt die Entropieabnahme der unpolaren Substanz und die Beiträge der verschiedenen Bindungen. Er sorgt dafür, dass unpolare Gruppen und Moleküle so weit wie möglich vom Kontakt mit dem Wasser ausgeschlossen werden.

Genauer betrachtet

Elektronegativität und Polarität

Die Elektronegativität eines Elements gibt an, wie stark dessen Atome innerhalb einer kovalenten Bindung die Bindungselektronen zu sich heranziehen. Sie hängt von der positiven Ladung des Atomkerns und dem Radius des Atoms ab. Im Periodensystem der Elemente nimmt die Elektronegativität darum von links nach rechts (steigende Kernladung) und von unten nach oben (sinkender Atomradius) zu.

Es existieren verschiedene Tabellen mit den Elektronegativitätswerten der Elemente, die leicht unterschiedliche Angaben enthalten, da die Werte nicht direkt experimentell gemessen, sondern ganz oder teilweise auf theoretischer Grundlage errechnet werden müssen. In der Biologie ist die Skala nach Linus Pauling am gebräuchlichsten. Darin ist die Elektronegativität von Fluor willkürlich auf den Wert 4,0 gesetzt und von Lithium auf 1,0. Für die wichtigsten biologisch relevanten Elemente ergeben sich dann folgende Elektronegativitäten:

Sauerstoff	3,5	Phosphor	2,1
Stickstoff	3,0	Wasserstoff	2,1
Kohlenstoff	2,5	Natrium	0,9
Schwefel	2,5	Kalium	0,8

Je höher der Wert ist, umso elektronegativer ist das Element und umso stärker ziehen seine Atome Bindungselektronen an sich heran. Bei unterschiedlich elektronegativen Atomen verschiebt sich dadurch die Aufenthaltswahrscheinlichkeit der Bindungselektronen und damit ihr mittlerer Ladungsschwerpunkt. Die Bindung wird polar, und die beteiligten Atome tragen eine Teil- oder Partialladung. Je größer die Elektronegativitätsdifferenz ist, umso stärker sind die Polarität und die Ladung. Bei einer Differenz von mehr als 1,7 gehen die Bindungselektronen überwiegend ganz auf den elektronegativeren Partner über, und der Bindungscharakter entspricht mehr einer Ionenbindung als einer kovalenten Bindung.

mein werden dabei zwei negativ geladene Bereiche von Molekülen (beim Wasser sind dies die Sauerstoffatome) über die „Brücke" eines positiv geladenen Wasserstoffatoms miteinander verbunden. Wasserstoffbrückenbindungen treten sowohl zwischen verschiedenen Molekülen als auch innerhalb eines größeren Moleküls auf. Sie sind ziemlich schwach und erlangen meist erst dadurch Bedeutung, dass sie in großer Zahl vorkommen. Weil jedes Sauerstoffatom gleich zu zwei Wasserstoff-

Wasserstoffbrückenbindung
(*hydrogen bond*)
Schwache chemische Bindung, bei der ein positiv geladenes Wasserstoffatom die Verbindung zwischen dem elektronegativeren Bindungspartner, mit dem es durch eine kovalente Bindung verknüpft ist, und einem freien Elektronenpaar eines anderen Atoms herstellt. Sie kann innerhalb eines Moleküls oder zwischen verschiedenen Molekülen auftreten.

atomen Brücken schlagen kann, ist jedes Molekül mit bis zu vier Nachbarn verbunden, wobei ständig Brücken aufbrechen und neue entstehen. Typischerweise liegt die Lebensdauer einer solchen Wasserstoffbrückenbindung nur im Bereich weniger Pikosekunden. Die räumlichen Gebilde vorübergehend verknüpfter Moleküle werden als **Cluster** bezeichnet.

Die **biologisch nützlichen Eigenschaften des Wassers** gehen überwiegend auf die Polarität des Moleküls und seine Tendenz, Wasserstoffbrückenbindungen zu bilden, zurück.

- Die Wasserstoffbrücken halten die Wassermoleküle zusammen und sorgen so dafür, dass Wasser unter normalen Bedingungen überhaupt **flüssig** ist. Ohne diese Bindungen würden die kleinen Moleküle angetrieben von der Wärmeenergie der Umgebung als Gas umherfliegen, wie beispiels-

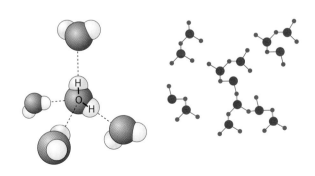

2.4 Die positiv geladenen Wasserstoffatome und die negativ geladenen freien Elektronenpaare benachbarter Wassermoleküle ziehen einander an. Es entstehen Wasserstoffbrückenbindungen (links), über welche sich die Wassermoleküle zu Clustern vereinigen (rechts).

Eigenschaften von Wasser
- flüssig
- dichter als Eis
- Wärmespeicher
- nicht komprimierbar
- polares Lösungsmittel
- strukturgebend
- Reaktionsteilnehmer

2.5 Wasser hat viele lebensfreundliche Eigenschaften.

weise der ein wenig größere Schwefelwasserstoff (H_2S).
- Wenn Wasser zu Eis gefriert, bilden sich zwischen seinen Molekülen alle vier möglichen Wasserstoffbrücken aus und bleiben bestehen. Es entsteht ein starrer Kristall, in dem die Moleküle von den Brücken auf größerem Abstand zueinander gehalten werden als im flexibleren flüssigen Zustand. Dadurch enthält Eis im gleichen Volumen weniger Moleküle als flüssiges Wasser und hat somit eine geringere Dichte. Diese **Dichteanomalie des Wassers** ist der Grund dafür, dass Eis schwimmt und sich im Winter auf Gewässern eine isolierende Eisschicht bildet, die den direkten Wärmeverlust an die Atmosphäre verhindert. Organismen können so in den weiterhin flüssigen Regionen unter dem Eis überleben.

- Die Temperatur von Wasser ändert sich nur träge. Auf molekularer Ebene ist Wärme nämlich nichts anderes als Bewegung der Moleküle. Führt man Wasser aber Energie zu, wird erst einmal ein großer Teil davon benötigt, um bestehende Wasserstoffbrückenbindungen aufzubrechen. Nur der Rest steigert tatsächlich das Ausmaß der Wärmebewegung. Die **spezifische Wärmekapazität** des Wassers – die notwendige Wärmeenergie, um die Temperatur von einem Kilogramm Wasser um 1 °C zu erhöhen – ist darum recht hoch. Wasser bietet deshalb Lebewesen eine weitgehend konstante Temperatur.
- Wasser lässt sich im biologisch relevanten Bereich so gut wie gar **nicht komprimieren**. Statt enger zusammenzurücken, üben seine Moleküle höheren Druck auf die Umgebung aus. Aus diesem

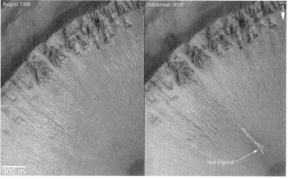

2.6 Auf der Erde (links) ist Wasser eine unverzichtbare Grundlage für Leben. Darum fahnden Forscher bei der Suche nach Leben auf anderen Planeten stets nach Anzeichen für flüssiges Wasser. Beim Mars glauben sie, in diesem abgerutschten Teilstück eines Steilhangs den entscheidenden Hinweis gefunden zu haben (rechts).

Grund eignet es sich gut, um Hohlräume auch ohne Gerüst in Form zu bringen.

- Wassermoleküle lagern sich leicht mit ihrer passenden Seite an polare oder geladene Bereiche anderer Moleküle. Sie umschließen diese dabei und bringen sie dadurch in **Lösung**. Weil die meisten biologisch wichtigen Moleküle nach außen elektrisch geladene Regionen präsentieren, sind sie hervorragend in Wasser löslich.
- Größere Biomoleküle haben meist auch Abschnitte, die unpolar sind und weniger gut mit Wasser wechselwirken. Bei der räumlichen Faltung solcher Moleküle werden diese Bereiche oft in die wasserabgewandten Innenbereiche verlegt. Auf diese Weise beeinflusst das Wasser die **Struktur der Makromoleküle**.
- Schließlich nimmt Wasser an vielen **chemischen Reaktionen** teil. Beispielsweise indem es die Bindung eines anderen Moleküls aufbricht, beim Verschmelzen einer neuen Bindung als überflüssiges kleines Molekül abgespalten wird oder indirekt eine Reaktion unterstützt, indem es die entstehenden Produkte umschließt und somit die Rückreaktion erschwert.

Zufallsbewegungen verteilen Biomoleküle

Wasser ist also ein sehr geeignetes Medium für Lebensprozesse. Dennoch stellt gerade die Beweglichkeit, die es den Biomolekülen verleiht, ein Problem dar. Angetrieben von der Umgebungswärme vollführen sowohl die Wassermoleküle als auch die biochemischen Substanzen heftige Zitterbewegungen, bei denen sie ständig zusammenstoßen, aber gelegentlich auch kleinere Strecken ohne Kollision zurücklegen. Durch diese Zufallsbewegungen verteilen sich die gelösten Moleküle mit der Zeit im gesamten Wasserkörper. Sinkt ihre Konzentration dabei zu sehr ab, begegnen sie sich kaum noch, und die chemischen Reaktionen, die das Leben auszeichnen, finden zu selten statt.

Um den Verdünnungstod zu vermeiden, müssen die Biomoleküle deshalb auf ein kleines Volumen beschränkt werden. Schon ein Wassertropfen wäre für diesen Zweck zu groß. Gleichzeitig muss dafür gesorgt sein, dass eine derart winzige Menge Wasser nicht einfach verdunstet. Zwei Bedingungen, die sich am besten erfüllen lassen, indem das Wasser mitsamt der gelösten Stoffe in eine Hülle verpackt wird.

Prinzip verstanden?

2.1 Wie entsteht die Oberflächenspannung des Wassers?
2.2 Warum bildet Wasser auf vielen Untergründen Tropfen, statt wie Öle zu verlaufen?

Lebewesen müssen verpackt sein

Das Leben braucht somit ein **Verpackungsmaterial**, das wässrige Lösungen möglichst gut zusammenhält, also selbst nicht wasserlöslich ist. Außerdem sollte es eine flexible Bauweise erlauben, damit die Lebenseinheit bei Bedarf vergrößert, verkleinert oder umgebaut werden kann. Ein einzelnes Riesenmolekül wäre dafür schlecht geeignet. Besser ist ein Baukastensystem mit kleinen Bausteinen, die je nach Aufgabe sogar unterschiedliche Eigenschaften haben können.

Lipide haben zwei Gesichter

Idealerweise sollte solch ein Baustein aus zwei unterschiedlichen Bereichen bestehen:

- Ein wasserabstoßender (hydrophober) Teil übernimmt die eigentliche Sperrfunktion gegenüber Wasser und den darin gelösten Stoffen.
- Damit sich die Grenzmoleküle im Wasser nicht einfach wie Öl zu Tropfen zusammenschließen, brauchen sie auch eine wasseranziehende (hydrophile) Domäne.

Dieser **amphiphile Aufbau** sorgt dafür, dass sich die Moleküle in Wasser automatisch mit ihren hydrophoben Abschnitten zusammenfinden und ihre hydrophilen Regionen zum Wasser hin ausrichten. Wie wir weiter unten sehen werden, organisiert sich das System dadurch selbst.

Den geforderten funktionellen Doppelcharakter finden wir bei einigen Vertretern der **Lipide** (siehe Kasten „Lipide" auf Seite 30). Vor allem die **Phospholipide** sind für den Aufbau einer flächigen Grenzschicht geeignet, denn sie haben neben einem „Schwanz" aus langen hydrophoben Ketten auch einen deutlich kürzeren „Kopf" mit hydrophilen chemischen Gruppen, deren genaue Zusammensetzung je nach Anforderung variiert. Zusammengehalten

Genauer betrachtet

Kurzschreibweise für Moleküle

Biologische Moleküle sind häufig komplex aufgebaut und nur schwierig in Formeln aufzuzeichnen. Um etwas mehr Übersicht zu gewinnen, haben sich verschiedene Kurzschreibweisen durchgesetzt, die manchmal schwer zu unterscheiden sind.

- Bei der einfachsten Variante fehlt das H für Wasserstoff, wenn es mit einem Kohlenstoffatom verbunden ist. Der Bindungsstrich endet blind. Alle anderen Atome sind aufgeführt.
- Das Formelzeichen C für Kohlenstoff wird weggelassen. Für Wasserstoff fällt bei dieser Version außer dem H auch der dazugehörige Bindungsstrich weg. Vor allem für lange Kohlenstoffketten ist diese Schreibweise zum Standard geworden. Läuft in einer so geschriebenen Formel ein Bindungsstrich scheinbar „ins Leere", macht er einen

Knick oder gibt es eine Kreuzung, befindet sich an den entsprechenden Stellen ein Kohlenstoffatom. Freie Bindungsplätze sind mit Wasserstoff aufgefüllt.
- Bei einer besonders knappen Schreibweise für Kohlenhydrate (siehe Kapitel 3 „Leben ist geformt und geschützt") hängen an verwaisten Bindungsstrichen anstelle von Kohlenstoffatomen Hydroxylgruppe (–OH). Wir erkennen dies daran, dass in der gesamten Strukturformel keine Hydroxylgruppen ausgewiesen sind, obwohl diese einen wesentlichen Bestandteil der Kohlenhydrate darstellen.

Die Formel für die Aminosäure Glycin $C_2H_5NO_2$ in verschiedenen Schreibweisen.

Für Glucose und andere Kohlenhydrate gibt es eine zusätzliche Ultakurzform.

werden Kopf und Schwanz meistens durch eine Glycerolrückgrat (ein anderer Name für Glycerol ist Glycerin).

Schauen wir uns den **atomaren Aufbau der Phospholipide** einmal genauer an, um zu verstehen, wie es

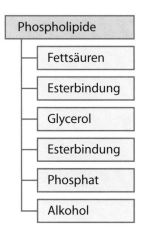

2.7 Phospholipide bestehen aus Komponenten mit unterschiedlichen Eigenschaften.

zu dem unterschiedlichen Verhalten gegenüber Wasser kommt (Abbildung 2.8).

- Den Schwanz der Phospholipide stellen **Fettsäuren** (Abbildung 2.9). Sie bestehen aus langen unverzweigten Ketten von Kohlenstoffatomen, an deren freien Bindungsplätzen Wasserstoff angelagert ist, bis jedes Kohlenstoffatom insgesamt vier Bindungen hat. Da Kohlenstoff und Wasserstoff ähnliche Elektronegativitäten aufweisen, sind die Ketten unpolar und bieten dem Wasser keine Ansatzpunkte für Wasserstoffbrücken. Auch untereinander können die Ketten nur schwache van-der-Waals-Wechselwirkungen aufbauen. Dennoch ist es für eine Mischung aus Wasser und Fettsäuren günstiger, wenn die Fettsäuren sich zusammenschließen, weil das Wasser dadurch mehr Spielraum für verschiedene Anordnungen hat. Diese erhöhte Entropie des Lösungsmittels ist der eigentliche Antrieb für die sogenannten **hydrophoben Wechselwirkungen** zwischen unpolaren Molekülen im polaren Wasser.

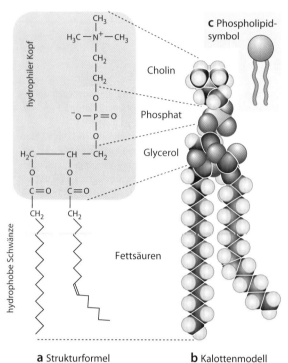

c Phospholipid-
symbol

hydrophiler Kopf

Cholin

Phosphat

Glycerol

Fettsäuren

hydrophobe Schwänze

a Strukturformel   **b** Kalottenmodell

2.8 Die langen Kohlenwasserstoffketten bilden den hydrophoben Schwanz eines Phospholipids, die Phosphatgruppe und
der daran gebundene Rest den hydrophilen Kopf. Das Rückgrat
stammt bei Phosphoglyceriden vom Glycerol. Hier am Beispiel
von Phosphatidylcholin (Lecithin).

Fettsäuren können „gesättigt" oder „ungesättigt"
sein (Tabelle 2.1). Das Attribut bezieht sich auf das
zahlenmäßige Verhältnis von Wasserstoffatomen
zu Kohlenstoffatomen in der Kette. In **gesättigten
Fettsäuren** ist jedes Kohlenstoffatom mit so vielen
Wasserstoffatomen wie möglich verbunden, also
am Ende mit drei ($-CH_3$) und in der Mitte mit
zwei ($-CH_2-$). Zu seinen Kohlenstoffnachbarn hat
es nur Einfachbindungen. Eine derartige Kette ist
wegen der räumlichen Anordnung der Bindungs-

orbitale an den Kohlenstoffatomen zickzackför-
mig lang gestreckt. Anders bei **ungesättigten Fettsäuren.** Dort „fehlen" Wasserstoffatome. Stattdessen treten eine, in mehrfach ungesättigten Fettsäuren zwei oder noch mehr Doppelbindungen
zwischen den Kohlenstoffatomen auf. Jede dieser
Doppelbindungen führt in die Kette einen Knick
um etwa 30° ein. Das Molekül ist darum nicht
mehr so gerade gestreckt wie bei den gesättigten
Fettsäuren.

Freie Fettsäuren
enden auf einer
Seite mit einer
Carboxylgruppe
($-COOH$). Darin
zieht der elektro-

> **Fettsäure** (fatty acid)
> Molekül mit einer langen unverzweig-
> ten Kohlenwasserstoffkette und einer
> Carboxylgruppe ($-COOH$),

negative Sauerstoff die Bindungselektronen zum
Kohlenstoff und vor allem zum Wasserstoff so
stark zu sich herüber, dass der Wasserstoff leicht
als Kation abgegeben wird. Da das Kation des Wasserstoffs ein Proton ist und es sich bei Protonen-
donatoren per Definition um Säuren handelt, ist
das gesamte Molekül eine Säure.

$$\ldots-COOH \rightleftarrows \ldots-COO^- + H^+$$

- In den Phospholipiden haben die Fettsäuredomä-
nen jedoch ihren Säurecharakter verloren, denn
bei der Lipidbildung reagiert die Carboxylgruppe
mit der Hydroxylgruppe ($-OH$) des Glycerols und
bildet unter Abgabe von Wasser eine **Esterbindung** ($\ldots-CO-O-\ldots$) (Abbildung 2.10).
- Das **Glycerol** bildet mit seinen drei Kohlenstoffatomen eine Art Rückgrat der Phospholipide.
Solange das Molekül eigenständig ist, befindet sich
an jedem C-Atom eine Hydroxylgruppe ($-OH$).
Das Glycerol gehört darum chemisch zu den drei-
wertigen Alkoholen. In Phospholipiden sind dagegen die Hydroxylgruppen an den Kohlenstoffatomen C-1 und C-2 (siehe Kasten „Nummerierung
von Kohlenstoffatomen" auf Seite 42) durch Fettsäuren ersetzt.

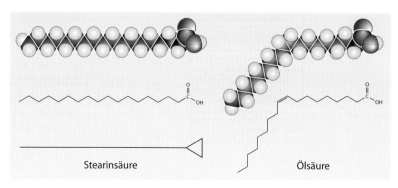

2.9 Bei gesättigten Fettsäuren wie der
Stearinsäure (links) hat jedes Kohlenstoffatom zu seinen Nachbarn nur Einfachbindungen, wodurch das Molekül
sehr flexibel ist. In ungesättigten Fettsäuren wie der Ölsäure (rechts) „fehlt"
Wasserstoff, sodass es eine oder mehrere starre Doppelbindungen gibt, die
Knicke in der Kette verursachen.

Stearinsäure

Ölsäure

Tabelle 2.1 Einige häufige Fettsäuren in Phospholipiden

Name	Anzahl der Kohlenstoffatome	Formel
Palmitinsäure	16	$H_3C(CH_2)_{14}COOH$
Stearinsäure	18	$H_3C(CH_2)_{16}COOH$
Palmitoleinsäure	16	$H_3C(CH_2)_5CH=CH(CH_2)_7COOH$
Ölsäure	18	$H_3C(CH_2)_7CH=CH(CH_2)_7COOH$
Linolsäure	18	$H_3C(CH_2)_4CH=CHCH_2CH=CH(CH_2)_7COOH$

2.10 Aus einer Säure und einem Alkohol entsteht durch Abtrennung von Wasser ein Ester.

- An das C-3-Atom des Glycerolgerüsts ist über eine weitere Esterbindung eine **Phosphatgruppe** angeknüpft, die sich von der Phosphorsäure ableitet. Vier Sauerstoffatome umgeben darin ein Phosphoratom. Wegen der Elektronegativitätsdifferenz ist die Gruppe sehr polar. Unter biologisch relevanten Bedingungen wird sogar ein Wasserstoffkern ohne sein Elektron abgespalten, sodass das Phosphat eine negative Überschussladung trägt. Dadurch ist es stark hydrophil und markiert den Beginn des Kopfteils eines Phospholipids.
- Die abschließende Gruppe bildet einer von mehreren **Alkoholen** (Tabelle 2.2). Am häufigsten handelt es sich um Serin, Ethanolamin, Cholin oder Inositol, die über eine Estergruppe an das Phosphat gebunden sind. Sie alle weisen polare Bereiche auf, das Cholin sogar ein positiv geladenes Stickstoffatom, und sind entsprechend gut in Wasser löslich.

Lipide bilden spontan Schichten

Durch ihren amphiphilen Aufbau sind Phospholipide gut geeignet, um das konzentrierte Innere des Lebens einzuhüllen, denn sie finden sich im Wasser spontan zu Schichten und Bläschen zusammen. Haben die unpolaren Kohlenwasserstoffketten einmal Kontakt zueinander aufgenommen, bleiben sie wegen der hydrophoben Wechselwirkungen und zahlreicher van-der-Waals-Bindungen zwischen den Ketten (siehe Kasten „Chemische Bindungen" auf

Tabelle 2.2 Die häufigsten Alkohole, die als Kopfgruppe in Phospholipiden auftreten

Serin

Ethanolamin

Cholin

Inositol

Genauer betrachtet

Funktionelle Gruppen

Funktionelle Gruppen bestimmen die chemischen Eigenschaften und das Reaktionsverhalten eines Moleküls. In biologischen Systemen kommen vor allem folgende Gruppen häufig vor:

Stoffklasse	funktionelle Gruppe	chemische Formel
Aldehyd	Aldehydgruppe	$-CH=O$
Alkohol	Hydroxylgruppe	$-OH$
Amin	Aminogruppe	$-NH_2$
Carbonsäure	Carboxylgruppe	$-COOH$
Keton	Ketogruppe	$-CO-$
Sulfid, Thiol	Sulfhydrylgruppe	$-SH$
Phosphat	Phosphatgruppe	$-O-PO_3H_2$

Genauer betrachtet

Lipide

Lipide sind Kohlenwasserstoffe, die ganz oder zum größten Teil wasserunlöslich sind.

Bei **Fettsäuren** handelt es sich um Kohlenwasserstoffketten, die an einem Ende eine Carboxylgruppe tragen. Gesättigte Fettsäuren weisen zwischen den Kohlenstoffatomen nur Einfachbindungen auf und sind darum lang gestreckt. Bei ungesättigten Fettsäuren gibt es eine oder mehrere Doppelbindungen, die jeweils einen starren Knick in das Molekül einführen.

In **Triglyceriden** sind drei Fettsäuremoleküle über Esterbindungen an ein Molekül Glycerol gebunden. Die Fettsäuren bestimmen dabei die Eigenschaften des Triglycerids. Sind sie lang und gesättigt, handelt es sich um ein Fett, das bei Raumtemperatur fest ist. In den flüssigen Ölen sind hingegen vermehrt kurze und ungesättigte Fettsäuren zu finden. Lebewesen nutzen Triglyceride häufig als Energiespeicher.

Wachse bestehen aus einer gesättigten Fettsäure und einem ebenfalls gesättigten Alkohol, die über eine Esterbindung miteinander verknüpft sind. Das langkettige Molekül ist stark hydrophob und dient Organismen unter anderem als wasserabweisende Schutzschicht.

Phospholipide haben einen hydrophoben Schwanz aus langen unpolaren Kohlenwasserstoffketten und einen hydrophilen Kopf aus polaren oder geladenen Gruppen. Zu ihnen zählen die Phosphoglyceride und die Sphingomyeline. Bei den Phosphoglyceriden bilden Fettsäuren den Schwanzteil, die über ein Glycerolrückgrat mit dem Kopf aus einer Phosphatgruppe und einem hydrophilen Alkohol verbunden sind. Bei den Sphingomyelinen übernimmt das Sphingosin die Rolle des Rückgrats und einer Fettsäure. Dieses Molekül verfügt selbst über eine lange Kohlenwasserstoffkette sowie eine Aminogruppe (–NH$_2$), über die eine Fettsäure gebunden wird, und eine Hydroxylgruppe, an die sich der Kopfteil koppelt.

Sphingosin

Phospholipide sind ein wichtiger Grundbaustein biologischer Membranen. Außerdem sind sie an der Signalleitung beteiligt.

Sphingolipide setzen auf Sphingosin als Grundgerüst, an das sich eine Fettsäure und ein hydrophiler Rest lagern. Die oben besprochenen Sphingomyeline gehören damit sowohl zu den Sphingolipiden als auch zu den Phospholipiden. Alle übrigen Sphingolipide enthalten keine Phosphat-

gruppe. Sphingolipide sind vor allem am Bau der Nervenzellen beteiligt.

Bei **Glykolipiden** besteht die Kopfgruppe aus Kohlenhydraten (Zuckern), die immer auf der Außenseite der Membran liegen. Als hydrophober Unterbau kommen bei Bakterien und Pflanzen hauptsächlich Glycerol und Fettsäuren vor, bei Tieren fast ausschließlich Sphingosin. Die Kohlenhydratanteile sind Erkennungssignale für andere Zellen.

Isoprenoide leiten sich vom Grundbaustein Isopren ab. Von biologischer Bedeutung sind vor allem Steroide und Carotinoide.

Isopren

Steroide sind an einem Kohlenstoff-Ringsystem aus drei Sechser- und einem Fünfring zu erkennen, das allen gemeinsam ist.

Steran

Die Vertreter dieser Stoffgruppe übernehmen viele unterschiedliche Aufgaben in Organismen. Beispielsweise kommt Cholesterol (Cholesterin) in tierischen Membranen vor, Gallensäuren sind an der Fettverdauung beteiligt, Cortisol, Estrogene (Östrogene) und Testosteron steuern als Hormone verschiedene Körperfunktionen.

Carotinoide sind lang gestreckte Moleküle mit Kohlenstoffketten, in denen sich Einfach- und Doppelbindungen ablösen. Diese Bindungsstruktur ermöglicht es ihnen, Licht zu absorbieren, wodurch sie uns farbig erscheinen. Sie sind darum an der Photosynthese und am Sehvorgang beteiligt und können aggressive Formen von Sauerstoff unschädlich machen.

β-Carotin

1 für alle

Lipidvariationen bei Archaea

Die Archaea (früher Archaebakterien genannt) bilden neben den Bakterien (Bacteria) und den Eukaryoten (Eukarya) eine der drei großen Domänen im Stammbaum des Lebens. Einige ihrer Besonderheiten sind bei ihren Membranlipiden zu finden. Die unpolaren Kohlenwasserstoffketten sind verzweigt und nicht über eine Esterbindung mit dem Glycerolrückgrat verbunden, sondern über eine stabilere Etherbindung (...–C–O–...). Möglicherweise sind dies Anpassungen an die extremen Lebensräume, die manche Archaea besiedeln und zu denen sehr saure, salzhaltige und heiße Standorte zählen. Die funktionelle Unterteilung in einen Schwanz- und einen Kopfteil gilt dennoch genauso für die Archaea-Lipide.

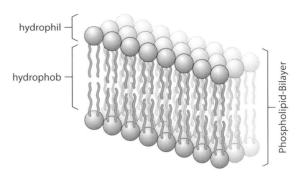

2.12 Im Wasser ordnen sich Phospholipide zu einer doppelschichtigen Membran an. Die hydrophilen Kopfteile sind dem Wasser zugewandt und schirmen so die hydrophoben Kohlenwasserstoffketten im Inneren ab. Etwa 6 nm bis 8 nm dick ist so ein Bilayer.

Seite 23) eng beieinander. Das Streben des Wassers, die unpolaren Molekülteile auszuschließen, sorgt schließlich dafür, dass dünne **Membranen** heranwachsen, in denen sich die Lipide parallel aneinander drängen.

Damit auch die Endstücke der Fettsäureschwänze nicht mit dem Wasser in Berührung kommen, lagern sich zwei solcher Einfachschichten mit ihren hydrophoben Teilen aufeinander und bilden eine **Doppelschicht**, auch **Bilayer** genannt (Abbildung 2.12). Die hydrophilen Kopfgruppen stehen bei diesen Membranen nach außen und sind dem Wasser zugewandt, während das Innere wegen seiner Hydrophobizität eine **effektive Barriere** für alle polaren oder geladenen Moleküle darstellt. Eine ebene Membran, die sich nicht unendlich ausdehnt, hätte aber an ihren Rändern weiterhin Kontakt zum Wasser. Weil sie jedoch als Aggregat zahlreicher Einzelbausteine flexibel ist, kann sich die Membran krümmen und zu einem **Vesikel** genannten Bläschen schließen (Abbildung 2.13). Auf diese Weise umgrenzt sie einen Hohlraum,

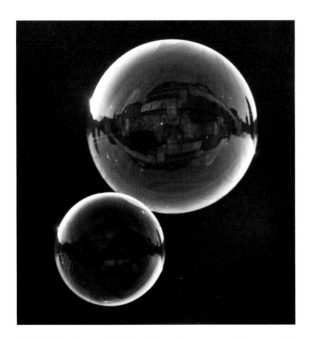

2.11 Seifenblasen sind wie Zellmembranen aus dünnen Lipidschichten aufgebaut. Allerdings umgeben die Lipide beim Kinderspielzeug mit ihren hydrophilen Köpfen eine dünne Wasserhaut im Inneren der Doppelschicht und weisen mit den hydrophoben Schwänzen nach außen.

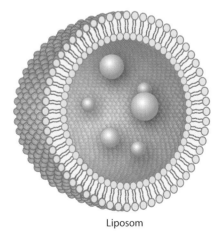

Liposom

2.13 Schließt sich die Lipidmembran so zusammen, dass sie einen wässrigen Hohlraum umgibt, entsteht ein Lipidvesikel. Dank der hydrophoben Barriere kann das Innere eines Vesikels deutlich anders zusammengesetzt sein als das umgebende Medium.

der von einer wasserfeindlichen Schicht umgeben wird – die ideale Verpackung für eine Biochemie, die weitgehend unabhängig vom umgebenden Medium sein soll.

Fettsäuren bestimmen die Beweglichkeit von Membranen

Lebensformen, die sich mit einer **Lipidmembran** umgeben, profitieren außerdem von einem weiteren Vorteil: Die Membranen sind mechanisch kaum zu zerstören. Da innen und außen der gleiche Druck herrscht, zerplatzen sie nicht, wenn sie auf einen harten Gegenstand stoßen. Stattdessen weichen die Lipidmoleküle einfach aus und fließen wieder nach, sobald der Gegenstand verschwindet. Selbst ein Loch, das aus irgendwelchen Gründen in der Doppelschicht entsteht, schließt sich von selbst wieder, weil die hydrophoben Lipidketten sofort Kontakt zu ihresgleichen suchen.

Die Membran verhält sich weniger wie eine feste Struktur, sondern vielmehr wie eine Flüssigkeit. Ihre **Fluidität** verdankt sie dem Aufbau aus kleinen Bausteinen und deren relativ schwachen Bindungen untereinander. Dadurch werden die Moleküle in ihren wärmebedingten Zufallsbewegungen kaum eingeschränkt. Mit Nettogeschwindigkeiten von rund 2 µm pro Sekunde (7,2 mm pro Stunde) bewegen sie sich seitlich hin und her. Auf den ersten Blick mag uns das langsam erscheinen, aber 2 µm entsprechen etwa der Länge eines Bakteriums. Dessen Membranlipide können folglich innerhalb einer Sekunde vom vorderen zum hinteren Ende gelangen.

Im Gegensatz zu den einfachen **lateralen (seitlichen) Bewegungen** ist der Wechsel zwischen der inneren und der äußeren Membraneinfachschicht, der „**Flip-Flop**", äußerst schwierig und selten. Für einen Flip-Flop muss ein Lipidmolekül zuerst die Bindungen seines hydrophilen Kopfteils zum Wasser aufbrechen und ihn dann durch die hydrophobe Sperrschicht der Kohlenwasserstoffketten bringen. Ohne eine weitere antreibende Kraft als die zufälligen Wärmebewegungen ist die Wahrscheinlichkeit, genug Energie für den Wechsel anzusammeln, sehr gering. Dementsprechend gelingt einem Lipid nur alle paar Stunden ein Flip-Flop, obwohl der eigentliche Übergang auch hier sehr schnell vonstatten geht (Abbildung 2.14). Echte Biomembranen sind deshalb **asymmetrisch aufgebaut** mit unterschiedlichen Lipidzusammensetzungen in der äußeren und der inneren Schicht.

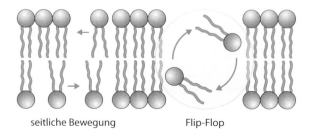

seitliche Bewegung   Flip-Flop

2.14 Seitwärts können sich die Lipidmoleküle in einer Membran einfach und schnell bewegen. Der Wechsel zwischen den Schichten, der Flip-Flop, kommt dagegen kaum vor.

Wie flexibel und flüssig sich eine Membran verhält, hängt von ihrer **Lipidzusammensetzung** ab. Je länger und gerader die Fettsäureketten der Lipide sind, umso enger können diese sich aneinanderlagern und mehr Bindungen zueinander aufbauen. Die Beweglichkeit der Moleküle ist dadurch gehemmt. Bei niedrigen Temperaturen kann die Membran sogar einen beinahe festen gelartigen Zustand einnehmen. Die Übergangstemperatur für den Wechsel zwischen flüssig und fest liegt beispielsweise für reine Phosphatidylcholin-Membranen, die nur Palmitinsäure-Schwänze (je 16 Kohlenstoffatome) haben, bei etwa 40 °C, mit Stearinsäure-Schwänzen (je 18 Kohlenstoffatome) sogar bei fast 60 °C. Beide sind somit bei Zimmertemperatur fest und in diesem Zustand biologisch ungeeignet. Es sind also dringend Mechanismen nötig, um die Membran flexibel zu halten.

- Eine Möglichkeit sind **kurzkettige Fettsäuren**. Sie halten weniger stark zusammen und steigern die Fluidität. Schon Ketten mit nur jeweils 14 Kohlenstoffatomen (Myristinsäure) senken die Übergangstemperatur auf 24 °C.
- Einen noch größeren Effekt haben **ungesättigte Fettsäuren**, deren Ketten durch die Doppelbindung geknickt sind. Sie stören die regelmäßige Anordnung und sorgen für größere Abstände zwischen den hydrophoben Schwänzen. Membranen

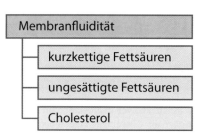

2.15 Die Zusammensetzung einer Membran bestimmt, wie beweglich sie ist.

2.16 Lange und gesättigte Fettsäuren machen Lipide starr und fest wie in Butter. Kurze und ungesättigte Fettsäuren lassen Öle und Membranen flüssig werden.

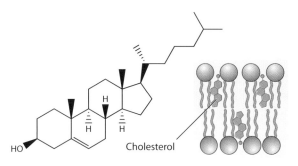

2.17 Cholesterol hat ein starres System von vier Ringen und eine kurze verzweigte Kohlenwasserstoffkette, die beide in das Innere von Membranen tauchen, wo sie die dichte Anordnung der Fettsäureketten stören.

mit ausschließlich ungesättigten Ketten bleiben bis weit unter den Gefrierpunkt des Wassers flüssig. Bei Längen von 18 Kohlenstoffatomen bis −22 °C, mit 16 Kohlenstoffatomen sogar bis −36 °C. Manche Organismen, die in kalten Umgebungen leben, haben darum in ihren Membranen einen höheren Anteil kurzkettiger und ungesättigter Fettsäuren, und einige Bakterien variieren die Zusammensetzung der Lipide sogar je nach der Temperatur des Mediums, in dem sie wachsen.

- Tiere setzen hingegen meist auf ein zusätzliches Lipid aus der Gruppe der Steroide (siehe Kasten „Lipide" auf Seite 30). **Cholesterol** (auch Cholesterin genannt) hat eine winzige polare Kopfgruppe, die nur aus einem HO-Dipol besteht, mit dem sich das Molekül an der Membranoberfläche hält. Der weitaus größere Teil ist hydrophob und

taucht in den Innenbereich ein, wo er auf noch nicht ganz geklärte Weise die Fluidität beeinflusst. Cholesterol dehnt den ansonsten recht scharfen Übergang zwischen der gelartigen und der fluiden Phase über einen breiten Temperaturbereich aus. Dabei spielt sicherlich die starre und voluminöse Ringstruktur (Abbildung 2.17) eine Rolle. Einerseits stört das Cholesterol damit die Ordnung der Fettsäureketten, andrerseits bietet es selbst zahlreiche Ansatzpunkte für Bindungen. Möglicherweise bildet es außerdem mit einigen anderen Lipiden Komplexe, die als **Lipid Rafts** bezeichnet werden und wie „Flöße" (engl.: *rafts*) in der Membran schwimmen.

Membranen schaffen Funktionsräume

Alle bekannten Organismen nutzen biologische Membranen als begrenzende und blockierende Hülle. Viele setzen gleich mehrere davon ein und trennen damit Abläufe, die sich sonst gegenseitig stören könnten. Außerdem erfüllen Membranen eine Vielzahl zusätzlicher Funktionen, die wir in den folgenden Kapiteln genauer betrachten werden und für die sie mit weiteren Molekülklassen wie Proteinen und Kohlenhydraten ausgestattet sind. An dieser Stelle verschaffen wir uns zunächst einen kurzen Überblick über die **Vielfalt der Biomembranen** (Abbildung 2.26).

- Allen Lebensformen gemeinsam ist die **Plasmamembran, auch Cytoplasmamembran genannt**. Sie umgibt die Basiseinheit des Lebens – die **Zelle**. Auf alles, was sich außerhalb der Plasmamembran befindet, kann eine Zelle unter günstigen Umständen verzichten und trotzdem weiterleben. Verliert

---

Offene Fragen

Rätselhafte Lipid Rafts

Das Konzept der Cholesterol-reichen Mikrodomänen könnte einige experimentelle Beobachtungen an Membranen erklären, die sonst schwer zu verstehen sind. Beispielsweise verhalten sich in Fluoreszenzmikroskopen nicht alle Bereiche einer Membran gleich, sondern vielmehr so, als gebe es zwei verschiedene Phasen, die unterschiedlich starr sind. Allerdings ist noch nicht geklärt, ob Lipid Rafts nur in künstlichen Membranen auftreten oder auch in natürlichen Biomembranen. Außerdem haben verschiedene Forschergruppen sehr unterschiedliche Angaben zu ihrer Größe, zeitlichen Haltbarkeit und Beweglichkeit ermittelt.

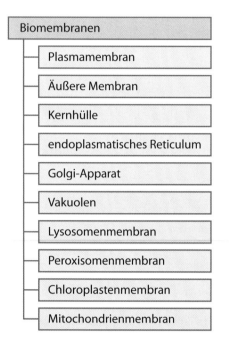

2.18 Zellen nutzen Membranen als universelles Mittel, um Abläufe voneinander zu trennen.

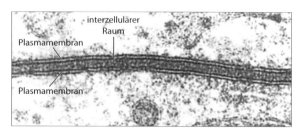

2.19 Im Elektronenmikroskop erscheinen Membranen als Bänder mit drei Zonen. Die Zonen der hydrophilen Kopfteile sind dunkel und der hydrophobe Bereich dazwischen hell. Auf dieser Aufnahme sind zwei parallel verlaufende Plasmamembranen benachbarter Zellen zu sehen.

und zerstören sie oder speichern Substanzen, bis sie gebraucht werden. Die membranumhüllten Kompartimente einer Zelle werden **Organellen** genannt.

- Die Bezeichnung Eukaryot weist auf den **Zellkern** (vom griechischen *karyon* für „Kern") hin. Er enthält den überwiegenden Teil des Erbmaterials in Form von **DNA** (nach dem englischen *deoxyribonucleic acid* für Desoxyribonucleinsäure). Lediglich die Mitochondrien und Chloroplasten, die wir weiter unten behandeln, beherbergen außerhalb des Kerns noch DNA. Zum Schutz der DNA umgibt eine **Kernhülle** aus gleich zwei Membranen das Kerninnere, das Karyoplasma (Abbildung 2.22). Über Kernporen, an denen die beiden Membranen miteinander verschmolzen sind, ist ein Austausch möglich.

> **Eukaryoten** (*eukaryots*) und **Prokaryoten** (*prokaryots*)
> Unterscheidung von Organismen danach, ob ihre Zellen einen Zellkern haben (Eukaryoten, Eukarya) oder nicht (Prokaryoten). Eukaryoten enthalten zudem Organellen, sind komplexer organisiert und in der Regel größer. Zu den Prokaryoten zählen die Bakterien (Bacteria) und die Archaeen (Archaea). Die Unterteilung spiegelt allerdings nicht den Stammbaum des Lebens wider, denn wahrscheinlich sind die Archaea enger mit den Eukarya verwandt als mit den Bacteria.

- Die äußere der beiden Kernmembranen faltet sich an einigen Stellen weit verästelt in das Zelllumen hinein. Das dadurch entstehende gelappte Membransystem wird **endoplasmatisches Reticulum** (ER) genannt. Wir unterscheiden zwei Varianten. Das raue ER ist von zahlreichen Ribosomen besetzt, den Proteinfabriken der Zelle, während das glatte ER der Ort für mehrere Stoffwechselprozesse ist, darunter die Synthese von verschiedenen Lipiden. In der Leber ist das endoplasmatische

sie aber ihr Inneres, das Cytoplasma, stirbt sie. Die Plasmamembran muss darum sehr zuverlässig entscheiden, welche Substanzen in die Zelle hinein und aus ihr heraus dürfen. Außerdem muss sie Informationen weiterleiten, Ausstülpungen bilden, Fremdkörper umschließen, Ausscheidungen absondern, ein elektrisches Feld aufrechterhalten und vieles mehr.

> **Cytoplasma** (*cytoplasm*)
> Der Zellinhalt, den die Plasmamembran umschließt, mit Ausnahme des Zellkerns. Das Cytoplasma umfasst das wässrige Zellmedium mit den darin gelösten Molekülen (Cytosol), das Cytoskelett und die Organellen.

- Für viele Bakterien ist die Plasmamembran die einzige Membran. Andere umgibt zusätzlich eine **Äußere Membran**, die als vorgelagerte Barriere für große Moleküle dient (Abbildung 2.20). Während die Innenseite der Äußeren Membran vorwiegend Phospholipide als Baustein verwendet, dominieren auf der Außenseite Lipopolysaccharide – komplexe Verbindungen von Fettsäuren und Zuckern.

Innerhalb der Plasmamembran nutzen nur **eukaryotische Zellen** Membranen zur weiteren Unterteilung (Abbildung 2.21). Sie schützen dadurch besonders wertvolle Bereiche, lassen entgegengesetzte Reaktionen gleichzeitig ablaufen, schließen giftige Stoffe ein

Äußere Membran   Peptidoglykanschicht   Plasmamembran

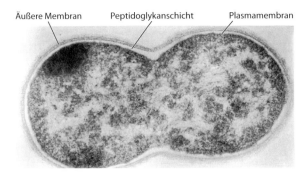

2.20 Manche Bakterien haben außerhalb der Plasmamembran noch eine Äußere Membran mit einem komplexen asymmetrischen Aufbau. Substanzen von außen müssen als Erstes diesen Filter passieren.

Reticulum außerdem am Glykogenstoffwechsel und am Abbau von Giften beteiligt.

- Vom endoplasmatischen Retikulum wandern kleine abgeschnürte Transportvesikel zur näherliegenden *cis*-Seite des **Golgi-Apparats**. Dieser besteht aus Dictyosomen genannten Stapeln flacher Membrantaschen, in denen Proteine verändert, sortiert und konzentriert werden. Nach Abschluss der Modifikationen schnüren sich auf der *trans*-Seite Vesikel mit den fertigen Produkten ab und transportieren sie zu ihren Zielorten. In Pflanzenzellen übernimmt der Golgi-Apparat zusätzlich die Aufgabe, einige Polysaccharide zu synthetisieren, die zum Bau der Zellwand verwendet werden.

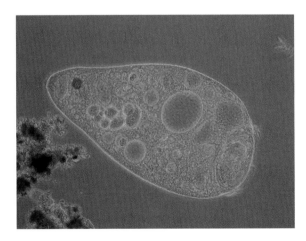

2.21 Eukaryotische Zellen unterteilen ihr Cytoplasma durch zahlreiche interne Membransysteme in spezialisierte Kompartimente mit unterschiedlichen Aufgaben. Bei diesem Trompetentierchen (*Stentor coeruleus*) sind einige davon bereits im Lichtmikroskop zu erkennen.

Neben aufbauenden Prozessen finden auch manche Abbauvorgänge in Organellen statt:

- In tierischen Zellen werden Makromoleküle innerhalb von **Lysosomen** in ihre Grundbausteine zerlegt. Die Membran schützt den Rest der Zelle vor den spaltenden Enzymen und dem sauren Milieu, in dem die Reaktionen am besten ablaufen.
- Fette, Alkohol und andere Stoffe werden in **Peroxisomen** unter Einsatz von Sauerstoff abgebaut, wobei Peroxide entstehen, die gleich wieder zerstört werden müssen. Peroxide, zu denen das Wasserstoffperoxid (H_2O_2) gehört, enthalten zwei Sauerstoffatome, die miteinander über eine Einfachbindung verknüpft sind. Diese Bindung bricht leicht auf, und die daraus hervorgehenden chemisch aggressiven Radikale greifen andere Zellinhalte an.

Eine Art cytologisches Joker-Kompartiment sind die **Vakuolen**, die vor allem in Pflanzen als größte Organelle das Zellinnere dominieren können. Nahrungs-

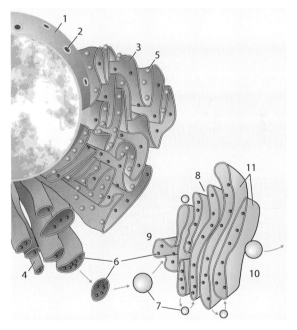

2.22 Eukaryotische Zellen besitzen ein Membransystem, das teilweise ineinander übergeht. So sind die Kernhülle (1) mit ihren Poren (2) und das endoplasmatische Reticulum (3, raues ER mit Ribosomen (5), an denen Proteine synthetisiert werden; 4, glattes ER) miteinander verbunden. Frisch produzierte Makromoleküle (6) wandern in Transportvesikeln (7) auf die *cis*-Seite (9) des Golgi-Apparats (8), wo sie in den Membranstapeln (11) modifiziert und zur *trans*-Seite (10) weitergereicht werden, bis sie in Vesikeln an ihren Zielort gelangen.

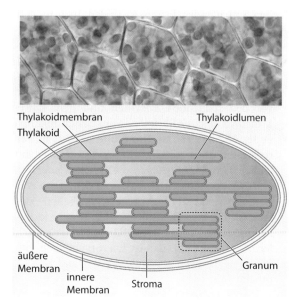

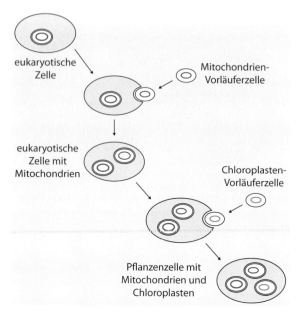

2.23 Im Lichtmikroskop erscheinen Chloroplasten als grüne Strukturen, die häufig Kugelform haben. Sie sind von zwei Membranen umgeben und beherbergen ein stark gefaltetes und verzweigtes Membransystem, in welches die Komplexe für die Lichtreaktionen der Photosynthese eingebaut sind.

2.25 Gemäß der Endosymbiontentheorie nahm eine eukaryotische Urzelle zunächst ein Bakterium auf, das auf die Veratmung von stofflicher Nahrung angewiesen war, ohne es zu verdauen. Aus dem Bakterium entwickelte sich das Mitochondrium heutiger Zellen. Die enge Symbiose mit einem ebenfalls einverleibten photosynthetischen Bakterium führte zu den modernen Chloroplasten.

vakuolen transportieren aufgenommene Nahrungsteilchen zu den Lysosomen. Kontraktile Vakuolen befördern überschüssiges Wasser aus der Zelle hinaus. Und in ausgereiften Pflanzenzellen dehnt sich die Zellsaftvakuole so weit aus, dass sie alle anderen Strukturen an den Rand drückt. Sie gibt damit der

Zelle eine Form, speichert verschiedene Farbstoffe, Abwehrsubstanzen gegen Fraßfeinde und Enzyme, die Samen bei der Keimung und Entwicklung benötigen. Die Membran der Zellsaftvakuole wird **Tonoplast** genannt.

Zwei Zellorganellen heben sich deutlich von den übrigen Kompartimenten ab. Sowohl **Mitochondrien** als auch **Chloroplasten** sind statt von einer gleich von zwei Membranen umgeben, außerdem besitzen beide Organellen eigene DNA und Systeme zur Proteinsynthese. Für einen voll integrierten Zellbestandteil ist solch eine halbautonome Ausstattung ungewöhnlich. Deshalb kam bereits Ende des 19. Jahrhunderts die Idee auf, dass es sich bei Mitochondrien und Chloroplasten um die Nachfolger von ursprünglich eigenständigen Bakterien handelt, die von einer größeren Zelle geschluckt, aber nicht verdaut wurden. Nach dieser **Endosymbiontentheorie** gingen ein großer Teil des Erbguts und der Zellfunktionen im Laufe der Zeit auf den größeren Partner der Gemeinschaft über. Dennoch ähneln Mitochondrien und Chloroplasten in vielen Punkten noch immer eher heutigen Bakterien und einzelligen Algen als den Zellen, in denen sie seit etwa zwei Milliarden

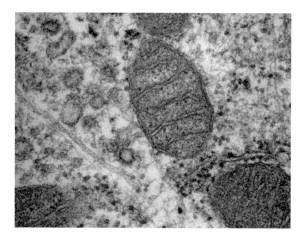

2.24 Die innere der beiden Mitochondrienmembranen ist stark gefaltet, wie in dieser elektronenmikroskopischen Aufnahme an den dunklen Strichen zu sehen ist. An diesen Cristae läuft die Zellatmung ab.

a

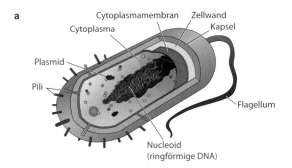

Cytoplasmamembran Zellwand
Cytoplasma Kapsel
Plasmid
Pili
Flagellum
Nucleoid
(ringförmige DNA)

b

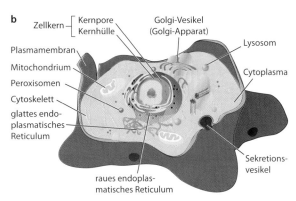

Zellkern — Kernpore / Kernhülle
Golgi-Vesikel (Golgi-Apparat)
Lysosom
Plasmamembran
Mitochondrium
Cytoplasma
Peroxisomen
Cytoskelett
glattes endoplasmatisches Reticulum
Sekretionsvesikel
raues endoplasmatisches Reticulum

c

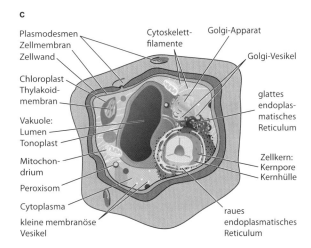

Plasmodesmen
Zellmembran
Zellwand
Cytoskelettfilamente
Golgi-Apparat
Golgi-Vesikel
Chloroplast
Thylakoidmembran
glattes endoplasmatisches Reticulum
Vakuole:
Lumen
Tonoplast
Mitochondrium
Zellkern: Kernpore / Kernhülle
Peroxisom
Cytoplasma
kleine membranöse Vesikel
raues endoplasmatisches Reticulum

2.26 Alle Zellen sind von einer Plasmamembran umgeben, welche die entscheidende Grenze zwischen innen und außen darstellt. Bei manchen Bakterien (a) ist dies die einzige Membran, andere verfügen noch über eine Äußere Membran, die allerdings weniger selektiv Stoffe durchlässt. Der Innenraum ist nicht durch Membranen unterteilt. Tiere (b) und Pflanzen (c) haben dagegen eine Fülle von membranumhüllten Strukturen. Der Zellkern (Nucleus) schützt den überwiegenden Teil des Erbmaterials. Benötigte Informationen wandern als Kopie zum endoplasmatischen Reticulum, das wie ein Netz die Zelle durchzieht und Ort vieler Synthesereaktionen ist. Auch am und im Golgi-Apparat, der im Mikroskop an Stapel von Geldmünzen erinnert, finden Synthesen und Modifikationen frischer Zellbestandteile statt. Für Abbauvorgänge gibt es die Peroxisomen und Lysosomen (bei Tieren). Die Vakuole der Pflanzen erfüllt gleich eine ganze Reihe von Aufgaben, darunter die Speicherung von Farbstoffen. Für die erforderliche Energie sorgen die Mitochondrien und bei Pflanzen die Chloroplasten. Beide sind von gleich zwei Membranen umgeben und beherbergen noch kleine Mengen Erbgut.

Jahren beheimatet sind. Beispielsweise unterscheiden sich ihre äußere und innere Membran in der Zusammensetzung: Die äußere entspricht einer typischen eukaryotischen Membran, wohingegen in der inneren kein Cholesterol zu finden ist, dafür aber bei Mitochondrien das Phospholipid Cardiolipin, das sonst nur in Bakterienmembranen vorkommt.

- Die wichtigste Funktion der **Chloroplasten** besteht darin, durch Photosynthese die Energie des Sonnenlichts einzufangen und in einer chemischen Bindung zu fixieren. Die dafür notwendige Reaktionskaskade findet an einem stark gefalteten und verzweigten Membransystem innerhalb der Chloroplasten statt, dem Thylakoid.
- Die innere Membran der **Mitochondrien** (Einzahl: Mitochondrium) ist ebenfalls stark gefaltet und hat zahlreiche als Cristae bezeichnete Einstülpungen. Dort werden mit Sauerstoff aus der Luft Produkte des Stoffwechsels veratmet, die aus

dem Cytosol angeliefert werden. Dadurch gewinnen die Mitochondrien bei nicht photosynthetischen Eukaryoten den Hauptanteil der chemischen Energie für die gesamte Zelle, weshalb man sie mitunter „Kraftwerke der Zelle" nennt.

Zusätzlich zu den aufgeführten verbreiteten Organellen gibt es noch weitere Formen, die nur in bestimmten Zelltypen vorkommen – wie das Akrosom, mit dessen Hilfe Spermien mit Eizellen verschmelzen – oder in einzelnen Organismengruppen – wie das Hydrogenosom, in dem einige Einzeller bei Abwesenheit von Sauerstoff in einer Gärung molekularen Wasserstoff produzieren. Auch bei ihnen umschließt eine Membran das besonders zusammengesetzte Innere und grenzt es dadurch vom umgebenden Cytosol ab.

Die Barriere Zellmembran – Wie sie von natürlichen und künstlichen Viren überwunden wird

Von Ernst Wagner

Die Nanomedizin entwickelt ermutigende neue Therapieansätze wie die Gentherapie, Antisense- oder RNA–Interferenz-Therapie. Dabei werden therapeutische Nucleinsäuren (DNA oder RNA) mit dem Ziel eingesetzt, in der Zelle Gene ein- oder auszuschalten. Im Gegensatz zu herkömmlichen Pharmazeutika stellt für die relativ großen, hydrophilen und negativ geladenen Nucleinsäuren die Aufnahme durch die Zellmembran eine nahezu unüberwindbare Hürde dar.

Die Natur hat in Form der Viren sehr effiziente Lösungen entwickelt, Nucleinsäuren über die Membranbarriere in Wirtszellen einzuschleusen. Beispielsweise wird beim Schnupfenvirus (Rhinovirus) ein kleiner RNA-Einzelstrang mit Proteinen in ein Capsid verpackt, das wie ein trojanisches Pferd von Rezeptoren der Wirtzelle erkannt, gebunden und über Endocytose in intrazellulären Vesikeln (Endosomen) ins Zellinnere aufgenommen wird. In späten Endosomen wird durch den sauren endosomalen pH (pH < 5,6) eine Konformationsänderung der viralen Capsidproteine induziert, die dann zur Porenbildung in der Lipidmembran und Freisetzung der RNA ins Cytoplasma der Zelle führt, wo die Virusreplikation stattfindet. Auch Adenoviren (Erkältungen, grippale Infekte) und Influenzaviren (echte Grippe) werden über rezeptorvermittelte Endocytose in die Zelle aufgenommen und setzen sich in ähnlicher Weise aus dem Endosom frei: Adenoviren über Membranlyse und Influenzaviren über Membranfusion.

Diese erstaunlich effizienten Transportmechanismen natürlicher Viren haben mich inspiriert, sie als Vorbilder zur Entwicklung von „künstlichen Viren" zu wählen. Diese sollen als Nanocarrier für therapeutische Nucleinsäuren zielgerichtet Tumorzellen abtöten. Dabei wurden die einzelne Transportfunktionen der Viren in analoger, abgewandelter Form auf chemisch-synthetischem Wege nachgebaut. Positiv geladene synthetische Polymere wie Polylysin oder Polyethylenimin wurden zur Verpackung der therapeutischen DNA oder RNA in virusähnliche Nanopartikel eingesetzt. Daran wurden Peptide und Proteine wie der epidermale Wachstumsfaktor (EGF) oder das Transferrin (Tf) gekoppelt, die zur rezeptorvermittelten Bindung und Endocytose in Tumorzellen dienen, an denen die entsprechenden Rezeptoren überexprimiert sind. Weiters wurden Lipidmembran-destabilisierende synthetische Peptide eingefügt, deren Sequenz beispielsweise aus membranaktiven Proteinen des Rhinovirus, Influenzavirus, oder auch aus dem Melittin des Bienengifts abgeleitet wurde.

Solche synthetischen virusähnlichen Nanocarrier wurden in Tumormodellen der Maus bereits erfolgreich eingesetzt. Tf-haltige künstliche Viren, die Plasmid-DNA zur gezielten Expression von Tumor-Nekrose-Faktor (TNF-α) im Tumor enthielten, konnten Mäuse von Fibrosarkomen heilen. EGF-haltige künstliche Viren konnten als Träger einer künstlichen doppelsträngigen RNA, poly-(Inosin:Cytosin) (poly-(I:C)), im Mausmodell Glioblastome (sehr agressive Hirntumore) erfolgreich abtöten. Im letzteren Fall wurde der Tumor durch ein körpereigenes antivirales Abwehrsystem überlistet: Die mit dem synthetischen Virus ins Cytosol eingeschleuste fremde poly-(I:C) RNA täuscht eine echte Infektion mit RNA-Viren vor, worauf die Tumorzellen mit starker Interferonproduktion und Apoptose (programmierter Zelltod) reagieren und damit sich selbst und benachbarte Krebszellen umbringen.

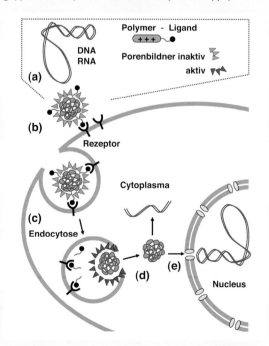

Prof. Dr. Ernst Wagner promovierte in Organischer Chemie an der Technischen Universität Wien. Nach einem Postdoc-Aufenthalt an der ETH Zürich wurde er Gruppenleiter am Institute of Molecular Pathology (IMP) am Campus Vienna Biocenter und Director for Cancer Vaccines & Gene Therapy bei Boehringer Ingelheim Austria. Seit 2001 ist er Ordinarius für Pharmazeutische Biotechnologie an der Universität München.

Zellbarrieren: Aufnahme von künstlichen Nanocarriern in die Zelle. a) Komplexierung der therapeutischen Nucleinsäure. b) Bindung an Zelle. c) Endocytose. d) Endosomale Freisetzung ins Cytoplasma. e) Optional: Transport in den Zellkern.

Prinzip verstanden?

2.3 Welche Vorteile hat ein modularer Aufbau von Membranen gegenüber einem einzelnen Riesenmolekül als Hülle?

2.4 Wie viele Membranen muss ein Molekül passieren, das von außen bis in das Innere eines Mitochondriums vordringen soll (unter der Annahme, dass es keine Aufnahmesysteme oder Poren gibt)?

---

1 für alle

Grenzschichten bei Vielzellern

Kleinere Verbände von Zellen können sich gut in gleichberechtigten Partnerschaften organisieren. Sobald die Ansammlung aber sehr viele Zellen umfasst, kommt es zu Spezialisierungen. Dann entstehen häufig auch Abschlussgewebe, Häute und Schleimhäute, die ähnlich wie Membranen das Innere vom Äußeren trennen. Sie schützen vor mechanischen Beschädigungen, blockieren Giftstoffe, nehmen Nährstoffe und lebenswichtige Substanzen auf, verhindern Austrocknung durch den Verlust von Wasser und tragen mit dazu bei, den Organismus in Form zu halten. So gesehen ist der Verdauungstrakt von Tieren „außen", da vom Eintritt bis zur Ausscheidung keine Haut oder Schleimhaut zu überwinden ist.

Prinzipien des Lebens im Überblick

- Die Moleküle des Lebens finden in Lösungen den besten Kompromiss zwischen Konzentration und Beweglichkeit.
- Wasser ist ein geeignetes Lösungsmittel, das durch seine Wasserstoffbrücken eine stabile physikalische Umgebung bietet, viele Stoffe löst und selbst an Reaktionen teilnimmt.
- Um die hohe Konzentration von Biomolekülen aufrechtzuerhalten, muss Leben von einer Hülle umgeben sein, die sich nicht in Wasser löst.
- Bei Zellen bestehen diese Membranen aus Lipiden, die einen hydrophilen Kopf und ein hydrophobes Schwanzteil haben.
- Durch den modularen Aufbau sind Biomembranen flexibel und ihre Bestandteile beweglich zueinander.
- Komplexe Zellen sind mit internen Membranen in mehrere Funktionsräume unterteilt.

„Glaub mir doch: Ein paar Lipide, und schon kannst du dein Wasser viel besser halten!"

 Bücher und Artikel

Bruce Alberts et al.: *Molekularbiologie der Zelle.* (2003) Wiley-VCH
Ausführliche und detaillierte Beschreibung aller Aspekte der Zellbiologie.

Phillip Christen und Rolf Jaussi: *Biochemie.* (2005) Springer
Kurze und übersichtliche Darstellung mit anschaulichen Schemata.

Yoshihito Yawata: *Cell Membrane – The Red Blood Cell as a Model.* (2003) Wiley-VCH
Ergebnisse der Forschung an Erythrocytenmembranen, die als typisches Modell genutzt werden.

Internetseiten

www.chem1.com/acad/sci/aboutwater.html
Die Physikochemie des Wassers und seine Besonderheiten von einem ehemaligen Chemie-Professor erklärt.

www.cytochemistry.net/Cell-biology/membrane.htm
Umfassende Einführung in biologische Membranen. Mit zahlreichen Fotos, Schemata und kurzer Darstellung einiger Untersuchungsmethoden.

www.rps-schule.de/gym/internet/wbt/lbs/biomembran.swf
Online-Kurs zum Schulwissen mit kleinen vertonten Filmchen und Animationen. Gut geeignet für die schnelle Wiederholung.

Antworten auf die Fragen

2.1 Die Teilladungen der Wassermoleküle wirken anziehend auf entgegengesetzte Ladungen. Die Moleküle der Luft sind aber elektrisch neutral und unpolar, weshalb es an einer Wasseroberfläche kaum Bindungskräfte zwischen Wasser und Luft gibt. An einem Wassermolekül im Randbereich wirken darum nur Kräfte, die in den Wasserkörper hinein und zur Seite gerichtet sind. Es entsteht ein fester Zusammenhalt, der als Oberflächenspannung bezeichnet wird. Gelangt ein leichter unpolarer Körper – eine Nadel oder der Fuß eines Wasserläufers – auf die Oberfläche, stellen auch seine Moleküle keine Konkurrenz zu den Wasserteilchen dar und brechen deren Bindungsnetz darum nicht auf. Der Körper dringt nicht in das Wasser ein, er liegt einfach auf dem Molekülnetz auf. Polare oder geladene Körper ziehen die Wassermoleküle hingegen an, die sich mit ihren Dipolen neu ausrichten und das Objekt umschließen. Sie gehen infolgedessen ebenso unter wie ein schwerer Körper, der aller Oberflächenspannung zum Trotz durch die Gravitationskraft in Richtung Erdmittelpunkt gezogen wird.

2.2 Die größte Anzahl von Wasserstoffbrückenbindungen innerhalb einer kleinen Wassermenge ließe sich erreichen, wenn das Wasser eine perfekte Kugel bilden könnte. In der Schwerelosigkeit schwebend nimmt es wegen der Oberflächenspannung tatsächlich diese Form an. Auf einer hydrophoben Unterlage entstehen kaum Bindungen zwischen Wasser und Untergrund, sodass die anziehenden Kräfte weit schwächer sind als die Oberflächenspannung. Die Kugelform wird hauptsächlich durch die Schwerkraft gestört, die sie ein wenig abplättet. Die van-der-Waals-Bindungen innerhalb von Öltröpfchen sind hingegen zu schwach, um die Moleküle gegen die Schwerkraft zusammenzuhalten. Deshalb fließt Öl auf nahezu allen Untergründen auseinander und bildet eine flache Pfütze.

2.3 Modular aufgebaute Membranen aus kleinen Einheiten sind flexibler als es Strukturen aus Makromolekülen wären. Sie reagieren wegen der relativ schwachen Einzelbindungen bei mechanischer Beanspruchung elastisch und zerbrechen nicht irreversibel. Dennoch sorgt die Vielzahl der Bindungen dafür, dass sie schnell wieder ihre energetisch günstige geschlossene Form einnehmen. Soll die Membran vergrößert oder verkleinert werden, brauchen keine kovalenten Bindungen aufgebrochen zu werden, sondern es lassen sich einfach neue Bausteine einfügen bzw. entfernen. Auch zusätzliche andere Moleküle sind leichter einzubauen, da die Membranbausteine ohne großen Aufwand Platz machen und sich entsprechend der Polarität von selbst dicht schließend anlagern.

2.4 Es sind drei Membranen zu überwinden: die Plasmamembran sowie die innere und die äußere Membran des Mitochondriums.

3 Leben ist geformt und geschützt

Die Flexibilität von Membranhüllen hat neben vielen Vorteilen auch einen Nachteil: Die Membran kann in sich zusammenfallen. In einer kollabierten Zelle gäbe es aber nicht mehr ausreichend Raum für die Dynamik des Lebens. Erst innere und äußere Strukturen verleihen der Zelle ein stabiles Volumen und eine Form. Gleichzeitig schützen einige von ihnen die Zelle vor mechanischen und chemischen Einwirkungen der Umgebung.

Lipidmembranen, die wir im vorhergehenden Kapitel kennengelernt haben, bilden eine wirksame Barriere gegen ungewollten Austausch mit der Umgebung und verhindern, dass der Zelle lebenswichtige Moleküle verloren gehen. Damit die Lebensvorgänge im Inneren ungestört ablaufen können, benötigen Zellen jedoch auch im wörtlichen Sinne kleine Freiräume, in denen ihre Komponenten sich bewegen, drehen, verformen, verschmelzen oder spalten können. Die Lipidhülle muss dafür so gespannt sein, dass sie ein garantiertes Volumen umschließt. Drei unterschiedliche Mechanismen bieten sich dafür an:

- Eine innere Skelettstruktur sorgt für Platz und dient als formgebendes Element.
- Ein leichter Überdruck im Inneren bläht die Zelle.
- Ein äußeres Gerüst hält die Zelle über Verbindungspunkte zur Membran gespannt.

Alle drei Techniken lassen sich miteinander kombinieren und werden tatsächlich einzeln oder in Kombination von Zellen eingesetzt.

Proteine sind die Universalwerkzeuge der Zelle

Um ein stabiles und gleichzeitig veränderbares Gerüst zu errichten, ist eine neue Art von Molekül nötig, die wir vorab besprechen müssen. Dieser Molekültyp muss einigermaßen starre und reißfeste Fäden bilden können, zugleich aber flexibel zusammengesetzt sein und sich bei Bedarf schnell wieder abbauen lassen. Erneut bietet sich dafür ein modularer Aufbau aus kleineren Einheiten mit speziellen Eigenschaften an. Dieses Mal müssen die Elemente allerdings fest miteinander verbunden werden. **Proteine**, die umgangssprachlich auch Eiweiße genannt werden, erfüllen alle diese Anforderungen. Ihre Grundbausteine sind Aminosäuren, von denen Hunderte bis zu einigen Zigtausenden eine lange Kette bilden, die auf besondere Weise in sich gefaltet und verschlungen und in manchen Fällen mit anderen Ketten verknüpft ist.

Seitenketten geben Aminosäuren Vielfalt

Mit einer Ausnahme haben die in Proteinen vorkommenden **Aminosäuren** alle den gleichen grundlegenden Bauplan. An einem zentralen Kohlenstoffatom, dem α-Kohlenstoffatom, sind eine Aminogruppe ($-NH_2$), eine Carboxylgruppe ($-COOH$), ein Wasserstoffatom sowie ein „Rest" (auch als „Seitenkette" bezeichnet) gebunden, dessen Zusammensetzung den Unterschied zwischen den verschiedenen Aminosäuren ausmacht.

3.1 Die internationale Raumstation ISS schafft ebenfalls in einer feindlichen Umwelt Raum für das Leben.

Genauer betrachtet

Nummerierung von Kohlenstoffatomen

Viele Biomoleküle haben Ketten aus mehreren bis vielen Kohlenstoffatomen. Um in den Stoffbezeichnungen genau angeben zu können, an welcher Stelle eine funktionelle Gruppe angelagert ist oder eine Reaktion stattfindet, sind die Kohlenstoffatome „durchnummeriert". Dabei sind zwei Systeme gebräuchlich:

- fortlaufende Ziffern
- griechische Kleinbuchstaben

Für beide Systeme muss zunächst das **am stärksten oxidierte Kohlenstoffatom** gefunden werden. Dazu werden gedanklich alle Elektronenpaare in kovalenten Bindungen allein dem elektronegativeren Partner zugerechnet, und für jedes Atom wird ermittelt, welche elektrische Ladung es bei dieser radikalen Aufteilung tragen würde (eine Liste mit den Elektronegativitäten der wichtigsten Elemente ist im Kasten „Elektronegativität und Polarität" auf Seite 24 zu finden). Dieser Wert wird als **Oxidationszahl** bezeichnet. Bei der Aminosäure Alanin ergeben sich so folgende Oxidationszahlen für die drei Kohlenstoffatome:

- In der Carboxylgruppe sind beide Sauerstoffatome elektronegativer und beanspruchen die Bindungselektronen für sich. Dem Kohlenstoffatom gehen dadurch virtuell drei Elektronen verloren. Die Bindung zum nächsten Kohlenstoffatom ist hingegen unpolar, und ihre Elektro-

nen werden neutral aufgeteilt. Die Oxidationszahl des Carboxylkohlenstoffs ist somit +3.

- Das zentrale Kohlenstoffatom „verliert" ein Elektron an den Stickstoff der Aminogruppe und „gewinnt" eines vom Wasserstoff. Seine Oxidationszahl ist darum 0.
- Der Kohlenstoff im Methylrest ($-CH_3$) ist elektronegativer als die drei gebundenen Wasserstoffatome und erreicht die Oxidationszahl -3.

Das Kohlenstoffatom mit der positivsten Oxidationzahl (bei Alanin der Kohlenstoff in der Carboxylgruppe) erhält nun die Nummer 1 und wird **in Formeln** ganz oben geschrieben. Sein direkt benachbartes Kohlenstoffatom (im Alanin das zentrale Kohlenstoffatom) bekommt die Nummer 2 bzw. den griechischen Kleinbuchstaben α. Alle weiteren Kohlenstoffatome der Kette werden fortlaufend mit Zahlen und Buchstaben gekennzeichnet. Das Ordnungsprinzip ist in beiden Systemen folglich gleich, aber um eine Stelle verschoben. C-3 entspricht β-C, C-4 entspricht γ-C usw.

Unter den Bedingungen innerhalb der Zelle hat die basische Aminogruppe ein zusätzliches Proton aufgenommen und die saure Carboxylgruppe eines abgegeben. Die Aminosäure liegt dann als Zwitterion vor.

Von dieser Basisstruktur weicht nur die Aminosäure **Prolin** ab. Deren Restgruppe besteht aus einer kurzen Kohlenwasserstoffkette, die mit ihrem Ende an das Stickstoffatom der Aminogruppe gebunden ist. Auf diese Weise bildet Prolin einen Fünferring, der Teile seines Grundgerüsts umfasst und das Molekül starrer macht.

Auch bei den anderen Aminosäuren bestimmen die Restgruppen entscheidend den Charakter (Abbildung 3.3).

3.2 Bei Aminosäuren bestimmt die Seitenkette den physikochemischen Charakter.

- **Glycin** ist die kleinste Aminosäure und trägt als Rest lediglich ein weiteres Wasserstoffatom. Es nimmt darum nur wenig Platz ein und ist in Proteinen häufig eine Art Joker ohne ausgeprägte Eigenschaften, der überall hinpasst und nirgends stört.
- Einige Aminosäuren haben unpolare Seitenketten. Am kürzesten und einfachsten ist der Rest beim **Alanin** mit einer Methylgruppe ($-CH_3$). Es ist beinahe ebenso universell einsetzbar wie Glycin.
- Bei den größeren Seitenketten macht sich hingegen immer stärker ihre Hydrophobizität bemerkbar. **Valin**, **Leucin** und **Isoleucin** haben reine Kohlenwasserstoffketten von unterschiedlichen Längen, **Phenylalanin** einen Sechserring und **Tryptophan** sogar einen doppelten Ring. In dem kleineren der beiden Ringe ist zwar ein Stickstoffatom enthalten, doch das reicht nur für einen winzigen hydrophilen Bereich inmitten einer großen hydrophoben Umgebung und erhöht kaum die Löslichkeit des Moleküls in Wasser. Auch **Methionin** besitzt mit einem Schwefelatom inmitten einer Kohlenwasserstoffkette eine Besonderheit. Die beiden möglichen Bindungen seines Schwefels sind aber bereits mit den benachbarten Kohlenstoffatomen abgesättigt und unpolar, sodass Methionin hierdurch nicht reaktionsfreudiger wird.

> **Aminosäuren** (*amino acids*)
> Stoffklasse, deren Moleküle eine Amino- ($-NH_2$) und eine Carboxylgruppe ($-COOH$) besitzen, die zusammen mit einem Wasserstoffatom und einer Aminosäure-spezifischen Seitengruppe am gleichen α-Kohlenstoffatom gebunden sind.

Bei jenen Proteinen, die zur Erfüllung ihrer Funktion insgesamt wasserlöslich sein müssen, werden die **unpolaren Reste** dieser Aminosäuren meist im Inneren des Moleküls verborgen. Sind die Reste hingegen nach außen gekehrt, kann ein Protein mit diesen hydrophoben Seitenketten Kontakt zu Partnern aufnehmen, die ebenfalls wasserabstoßende Regionen haben. Etwa zu hydrophoben Bereichen anderer Proteine oder zu den Lipidschwänzen einer Membran. Beispielsweise verankern sich **Membranproteine** mit lang gestreckten hydrophoben Abschnitten im Bilayer, während ihre Aminosäureketten auf der Innen- und Außenseite der Membran mit hydrophilen Resten in die wässrige Lösung ragen. Dort wechselt das Protein häufig mit einer Schleife die Richtung und tritt ein weiteres Mal durch die Membran. Oder die hydrophilen Teile bauen eine eigene Struktur

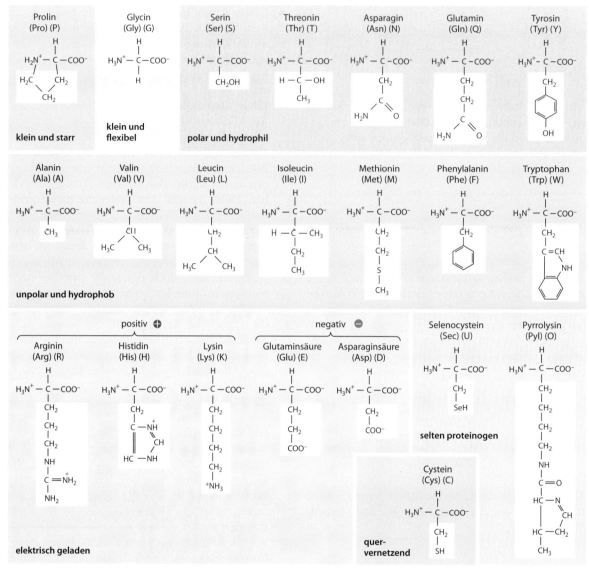

3.3 Die Strukturformeln der 22 proteinogenen Aminosäuren mit ihren Abkürzungen aus einem und aus drei Buchstaben. Außer den 20 klassischen Aminosäuren bauen manche Organismen auch Selenocystein und Pyrrolysin in bestimmte Proteine ein.

auf, mit welcher das Protein seine Funktion erfüllt (Abbildung 3.4).

- Mehrere Aminosäuren enthalten in ihren Seitenketten Sauerstoff, der die Reste polarisiert. Im **Serin** und **Threonin** handelt es sich um Hydroxylgruppen. Ebenso im **Tyrosin**, das zugleich einen Sechserring aufweist. **Asparagin** und **Glutamin** haben an den Enden ihrer Kette eine Ketogruppe, an deren Kohlenstoffatom außer dem Sauerstoff noch eine Aminogruppe gebunden ist, die allerdings bei biologisch relevanten pH-Werten kein

weiteres Proton aufnimmt. Die Seitenketten sind deshalb **polar und hydrophil** und in wasserlöslichen Proteinen häufig nach außen gerichtet.

- Eine besondere Bedeutung hat die Aminosäure **Cystein** in Proteinen. Ihre Seitenkette endet mit einer Sulfhydrylgruppe (–SH) und ist ebenfalls polar. Wichtiger ist jedoch, dass die Gruppe recht reaktionsfreudig ist und beim Zusammentreffen von zwei Cysteinen eine **Disulfidbrücke** (–S–S–) entstehen kann, die als kovalente Bindung eine stabile Verknüpfung innerhalb einer Proteinkette

> Genauer betrachtet

pH und pK$_s$

Der **pH-Wert** einer Lösung gibt an, wie sauer oder basisch sie ist. Er berechnet sich in verdünnten Lösungen aus der Konzentration der Wasserstoffionen [H$^+$].

$$pH = - \log [H^+]$$

Eine neutrale Lösung hat den pH 7. Je niedriger der Wert ist, umso saurer ist die Lösung, bei höherem pH ist sie basisch. Da die Skala logarithmisch ist, bedeutet ein Unterschied von einer Einheit eine zehnfach größere oder geringere Wasserstoffionenkonzentration.

sauer — neutral — basisch

| 0 | 1 | 2 | 3 | 4 | 5 | 6 | 7 | 8 | 9 | 10 | 11 | 12 | 13 | 14 |

Da **saure und basische Gruppen** von Biomolekülen Protonen abgeben bzw. aufnehmen können, hängt vom pH-Wert ab, wo das Gleichgewicht zwischen der protonierten Form (AH) und der unprotonierten (A$^-$) liegt. Ganz allgemein gilt für die Ionisierungsreaktion

$$AH \rightleftharpoons A^- + H^+$$

die Säuredissoziationskonstante

$$K_s = \frac{[H^+][A^-]}{[AH]}.$$

Der negative dekadische Logarithmus davon wird analog zum pH-Wert als **pK$_s$-Wert** bezeichnet.

$$pK_s = - \log K_s$$

Der pK$_s$-Wert gibt für eine Gruppe an, bei welchem pH sie zur Hälfte dissoziiert vorliegt. Ist der pH niedriger als der pK$_s$, ist die Gruppe vorwiegend protoniert, weil sie in einer so sauren Lösung kaum Protonen abgeben kann. Bei einem pH, der über dem pK$_s$ liegt, finden sich für die Protonierungsreaktion zu wenig Wasserstoffionen in der Lösung, und die Gruppe ist weitgehend deprotoniert.

Als Beispiel für pK$_s$-Werte von biologisch wichtigen Gruppen sind in unten stehender Tabelle die Daten der 20 klassischen Aminosäuren angegeben.

Da die Aminogruppe am α-Kohlenstoffatom einen pK$_s$-Wert um 9 bis 10 und die Carboxylgruppe um 2 bis 3 hat, sind beide unter den nahezu neutralen Bedingungen **in der Zelle meist ionisiert**.

Aminosäure	Gruppe	pK$_s$-Wert	überwiegender Zustand bei pH 7
C-1-Carboxylgruppe	–COOH	2–3	deprotoniert
C-2-Aminogruppe	–NH$_2$	9–10	protoniert
Arginin	–NHC(NH$_2$)$_2$	12–13	protoniert
Asparaginsäure	–COOH	3,6–4,1	deprotoniert
Cystein	–SH$_2$	8,3	protoniert
Glutaminsäure	–COOH	4,1–4,3	deprotoniert
Histidin	–N=CH–NH–	6,0	deprotoniert
Lysin	–NH$_2$	10,3–10,8	protoniert
Tyrosin	–OH	9,1–10,9	protoniert

(Die genauen pK$_s$-Werte sind von den exakten Umgebungsbedingungen abhängig, weshalb die Angaben meistens einen gewissen Wertebereich wiedergeben.)

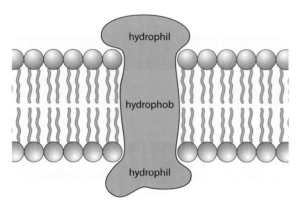

3.4 Über die entsprechenden Seitenketten können Proteine nach außen eine hydrophobe oder hydrophile Oberfläche präsentieren. Bei Membranproteinen (siehe auch Kasten „Membranproteine" auf Seite 82) durchqueren hydrophobe Bereiche die Doppelschicht der Lipidmoleküle.

3.5 Cysteinreste können innerhalb einer Kette oder zwischen zwei Ketten Disulfidbrücken bilden.

oder zwischen zwei Proteinen ausbildet (Abbildung 3.5).

- Dank ihrer endständigen Carboxylgruppen tragen die Reste der sauren Aminosäuren **Asparaginsäure** und **Glutaminsäure** gleich eine volle **elektrische Ladung**. Dagegen reagieren **Lysin**, **Arginin** und **Histidin**, die jeweils ein Proton an einem Stickstoffatom aufnehmen, basisch. Beim Histidin und Arginin, die sogar über zwei bzw. drei Stickstoffe verfügen, kann die Ladung dabei delokalisiert oder „verschmiert" sein, da die Elektronen der Doppelbindung zwischen den Stickstoffatomen wechseln können. Sowohl die Elektronen der Doppelbindung als auch die positive Ladung gehören dann zu allen Stickstoffatomen und dem dazwischen liegenden Kohlenstoff (Abbildung 3.6).

Die aufgeführten 20 Aminosäuren werden als **klassische Aminosäuren** bezeichnet, weil man lange Zeit annahm, die Zelle würde nur sie in ihre Proteine einbauen, da der genetische Code lediglich für diese Aminosäuren Verschlüsselungen beinhaltet (siehe Kapitel 11 „Leben speichert Wissen").

- Inzwischen ist aber bekannt, dass noch zwei weitere Aminosäuren bei der Proteinsynthese verwendet werden. Um **Selenocystein** und **Pyrrolysin** in den Prozess zu schleusen, tricksen manche Zellen den genetischen Code aus, indem sie ein Stoppsignal, mit dem normalerweise das Ende eines Proteins erreicht ist, einfach als Kommando für den Einbau der ungewöhnlichen Aminosäure inter-

pretieren. Selenocystein ist in mehreren eukaryotischen und bakteriellen Proteinen für die enzymatische Funktion zuständig (z. B. in Glutathion-Peroxidasen), während Pyrrolysin bei Bakterien und Archaeen in den Proteinen des Methanstoffwechsels (z. B. in Methyltransferase) vorkommt.

Der Satz dieser 22 Aminosäuren wird **proteinogene Aminosäuren** genannt. Nach heutigem Wissensstand umfasst er nun tatsächlich alle Aminosäuren, die bei

3.6 In den Seitenketten von Histidin (links) und Arginin (rechts) sind die Elektronen der Doppelbindungen zu den Stickstoffatomen durch Mesomerie delokalisiert. Die Moleküle befinden sich in einem Zwischenzustand, der nicht mehr mit einer einzigen Formel dargestellt werden kann. Stattdessen werden die Grenzstrukturen gezeichnet und mit Mesomeriepfeilen verbunden.

> **Genauer betrachtet**

Stereoisomere

Bei Kohlenstoffatomen mit vier verschiedenen Gruppen weisen die Bindungen räumlich gesehen in die vier Ecken eines Tetraeders, in dessen Mitte der Kohlenstoff sitzt. Dadurch gibt es zwei unterschiedliche Anordnungsmöglichkeiten, die sich durch keine Drehung oder Verschiebung miteinander zur Deckung bringen lassen. Sie verhalten sich wie unsere linke und rechte Hand spiegelbildlich zueinander. Dieses Phänomen wird als **Chiralität** bezeichnet und ist eine besondere Form der **Stereoisomerie**. Die beiden Konfigurationen heißen **Enantiomere** oder allgemeiner **Stereoisomere** und werden mit den vorgesetzten Buchstaben L bzw. D unterschieden.

Chemisch und physikalisch verhalten sich Stereoisomere gleich. Biologisch sind die Enantiomere dagegen sehr verschieden, da viele biochemische Reaktionen nur mit räumlich passenden Molekülen ablaufen können (siehe Kapitel 6 „Leben wandelt um"). So gehören **Aminosäuren** in Proteinen immer zum L-Typ. D-Aminosäuren kommen nur in wenigen Molekülen vor, die über einen eigenen Syntheseweg produziert werden, wie beispielsweise einige Antibiotika und Peptide in der bakteriellen Zellwand.

Die Unterscheidung zwischen L- und D-Aminosäuren erfolgt nach der **CORN-Regel**. Dafür wird das Molekül so gedreht, dass sein Wasserstoffatom am α-Kohlenstoff auf den Betrachter weist. Ist die Reihenfolge der Gruppen im Uhrzeigersinn nun Carboxylgruppe (CO) → Seitenkette (R) → Aminogruppe (N), handelt es sich um eine L-Aminosäure. In der zweidimensionalen Formelschreibweise steht ihre Aminogruppe links vom α-Kohlenstoff.

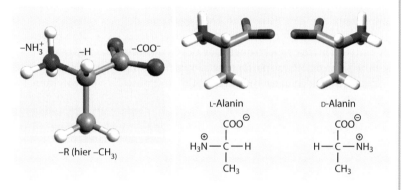

der Proteinsynthese genutzt werden. Allerdings werden nach Abschluss der Produktion eines Proteins mitunter an einigen Aminosäureresten nachträgliche chemische Veränderungen vorgenommen, wodurch weitere Typen von Seitengruppen entstehen. Daher ist eine verlässliche Aussage darüber, wie viele verschiedene Aminosäuren (oder besser gesagt: deren Reste) insgesamt in Proteinen vorkommen, äußerst schwierig.

Außer in Proteinen finden wir in Organismen auch **freie Aminosäuren**. Sie übernehmen sehr unterschiedliche Aufgaben, beispielsweise als Hormon (Thyroxin), als Neurotransmitter (γ-Aminobuttersäure, GABA), als Baustein bakterieller Zellwände (Diaminopimelinsäure) oder als Bestandteil von

Antibiotika (D-Alanin). Auf diese Weise steigt die **Zahl der Aminosäuren mit biologischer Funktion** auf über 250.

Trotz starrer Bindungen sind Peptidketten flexibel

Die einzelnen Aminosäuren wachsen zu einer Kette zusammen, indem sich die Amino- und Carboxylgruppen an den α-Kohlenstoffatom unter Abspaltung von Wasser miteinander verbinden. Zwischen den Aminosäuren entstehen so **Peptidbindungen**.

Innerhalb der Peptidbindung sind einige Elektronen wie in den Seitenketten von Histidin und Arginin ungewöhnlich beweglich und über die CO- und die NH-Gruppe „verschmiert". Der tatsächliche Zustand der Bindung liegt zwischen den zwei Extremen, die als **Grenzstrukturen** oder **Resonanzstrukturen** bezeichnet werden. Eine von ihnen stellt eine neutrale Situation dar, in welcher die Ketogruppe eine Doppelbindung zwischen dem Sauerstoff und dem Kohlenstoff beinhaltet. Zum Stickstoff besteht nur eine Einfachbindung. In der anderen Grenzstruktur sind die Doppelbindungselektronen in der Ketogruppe ganz auf den Sauerstoff übergegangen, der dadurch negativ geladen ist. Zum Ausgleich erstreckt sich ein vorher freies Elektronenpaar des Stickstoffs bis zum Kohlenstoff, wodurch eine Doppelbindung zwischen den beiden entsteht und der Stickstoff positiv geladen ist.

Dieser als **Mesomerie** bezeichnete Effekt hat mehrere Konsequenzen für die Peptidbindung:

- Der Abstand zwischen dem Kohlenstoffatom und dem Stickstoffatom liegt zwischen den Längen einer normalen Einfach- und einer Doppelbindung.
- Der mesomere Zwischenzustand der Bindung ist stabiler als jede der Grenzstrukturen.
- Die Bindung ist nicht mehr frei drehbar, sondern starr.
- Das Sauerstoffatom ist effektiv partiell negativ geladen (δ^-), die NH-Gruppe partiell positiv (δ^+).

Wegen der rigiden Peptidbindung liegen nun jeweils **sechs Atome fest in einer gemeinsamen Ebene**: der α-Kohlenstoff der linken Aminosäure, der Kohlen-

stoff und Sauerstoff ihrer Ketogruppe, der Stickstoff und Wasserstoff der rechten Aminosäure sowie deren α-Kohlenstoff. Nur die Einfachbindungen an diesen α-Kohlenstoffatomen sind noch frei drehbar, was die Beweglichkeit der Kette und die Möglichkeiten ihrer räumlichen Anordnung stark einschränkt.

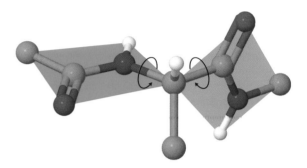

Mit der Verbindung von Aminosäuren über Peptidbindungen entstehen **Peptide**, die grob nach ihrer Länge unterteilt werden.

- **Oligopeptide** bestehen aus bis zu zehn Aminosäuren.
- **Polypeptide** sind Ketten von elf bis 100 Aminosäuren.
- Ab mehr als 100 Aminosäuren spricht man von **Proteinen**.

Die Unterscheidung ist jedoch nicht verbindlich, und insbesondere der Begriff „Polypeptid" wird häufig für die gesamte Kette eines Proteins verwendet, unabhängig von ihrer Länge.

> **Mesomerie** (*resonance*)
> Modellvorstellung, nach der sich Teile eines Moleküls mit einer oder mehreren delokalisierten Doppelbindungen in einem Zustand zwischen zwei extremen Grenzstrukturen befinden. Die Struktur kann nicht mit herkömmlichen Formeln wiedergegeben werden. Stattdessen werden die Grenzstrukturen gezeichnet und durch den Mesomeriepfeil ↔ miteinander verknüpft.

Proteine sind auf vier Ebenen strukturiert

Die wiederkehrende Abfolge der α-Kohlenstoffatome und Peptidbindungen bildet das **Rückgrat der Peptide und Proteine**. An seinem einen Ende hat dieser Strang eine freie Aminogruppe, den N-Terminus, am anderen eine C-Terminus genannte freie Carboxylgruppe. Die Eigenschaften des Moleküls werden hingegen von den Seitengruppen der Aminosäuren bestimmt. Daher hat jedes Protein eine ganz bestimmte Aminosäuresequenz, die in den Genen des

Organismus festgelegt ist (siehe Kapitel 11 „Leben speichert Wissen") – die Primärstruktur. Sie ist die erste von vier Ebenen, mit denen der Aufbau eines Proteins beschrieben wird (Abbildung 3.7).

- Die **Primärstruktur** bezeichnet die Reihenfolge der Aminosäuren einer Peptidkette, nicht aber deren räumliche Anordnung. Dennoch gibt die Sequenz bereits vor, welche Geometrien überhaupt möglich sind, da nur zueinander passende Gruppen miteinander Bindungen eingehen können.

Ausschnitt aus der Primärstruktur der A-Kette von Insulin

- Als **Sekundärstruktur** bezeichnen wir typische Muster von Teilabschnitten der Kette, die durch Wasserstoffbrückenbindungen zwischen den partiell geladenen Gruppen des Rückgrats zusammengehalten werden. Ein häufiges Motiv ist die **α-Helix**. Das Peptid windet sich dabei im Uhrzeigersinn („rechtsgängig") in einer Spirale, wobei die Aminosäurereste nach außen weisen. Für eine Umdrehung braucht die Helix 3,6 Aminosäuren, und die Ketogruppe jeder Aminosäure ist mit dem Stickstoff der drittnächsten Aminosäure verbunden (also die erste mit der vierten, die zweite mit der fünften usw.).

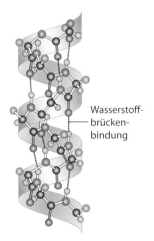

Wasserstoff-brücken-bindung

Im Bereich eines **β-Faltblatts** ist die Peptidkette zu einem relativ geraden Zickzackverlauf gestreckt und über Wasserstoffbrücken mit einem zweiten Strangstück verbunden, das entweder parallel verläuft oder antiparallel in die entgegengesetzte Richtung. Es entsteht eine flächige gefaltete Struktur, bei der oben und unten die Seitengruppen der Aminosäuren aus der Blattebene ragen.

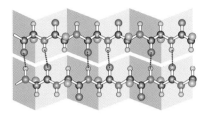

Helikale und Faltblattbereiche können gemeinsam innerhalb eines Proteins vorkommen. Sie sind durch **Schleifen** und ungeordnete Abschnitte miteinander verbunden.

- Die **Tertiärstruktur** fasst schließlich alle Bereiche einer Polypeptidkette zur charakteristischen Gesamtform zusammen. Sie wird im Inneren des Proteins durch alle Arten von Bindungen (siehe Kasten „Chemische Bindungen" auf Seite 23) zwischen den Seitenketten der Aminosäuren stabilisiert. Dabei summieren sich die schwachen hydrophoben Wechselwirkungen, van-der-Waals-Wechselwirkungen und Wasserstoffbrücken durch ihre große Anzahl zu den entscheidenden Kräften. Zusätzlich treten Ionenbindungen zwischen den geladenen Resten auf sowie in manchen Proteinen Disulfidbrücken zwischen Cysteinresten.

Oft lassen sich in der Tertiärstruktur kompaktere Bereiche unterscheiden, die nur über ein oder wenige Kettenstücke mit dem restlichen Polypeptid verbunden sind. Solche Regionen mit charakteristischem Faltungsmuster werden als **strukturelle Domänen** bezeichnet. **Funktionelle Domänen** umfassen dagegen jene Proteinabschnitte, die für eine bestimmte Aufgabe notwendig sind. Beide Domänentypen können zusammenfallen, manche funktionellen Domänen befinden sich aber gerade an der Kontaktstelle zweier struktureller Domänen.

> **Domäne** (*domain*)
> Region eines Proteins, die sich durch ihre Struktur oder ihre Funktion von den anderen Bereichen unterscheidet.

- Viele Proteine haben mit ihrer Tertiärstruktur ihren fertigen funktionellen Zustand erreicht. Besonders große Proteine bestehen aber häufig aus mehreren

Genauer betrachtet

Bildliche Darstellung von Proteinen

Makromoleküle werden für gewöhnlich nicht mit ihrer Strukturformel dargestellt, sondern durch dreidimensionale Modelle und Zeichnungen. Je nach Zweck gibt es unterschiedliche Möglichkeiten:

- Im **Kalottenmodell** wird jedes Atom zu einer Kugel. Das ergibt einen realistischen Eindruck von der Kompaktheit und Enge des Moleküls. Allerdings ist nur die Oberfläche zu sehen. Bindungen, Elemente der Sekundärstruktur und integrierte Moleküle anderer Art sind nicht zu erkennen.

- Im **Kugel-Stab-Modell** sind die Durchmesser der Atome kleiner gewählt. Die Bindungen sind hier als Stäbchen auszumachen, und das Molekül wird ein wenig transparent, wirklich übersichtlich ist es wegen der Darstellung aller Atome aber nicht.

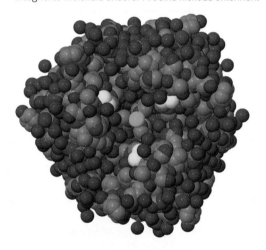

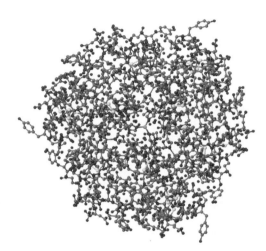

3.7 Proteine können sehr groß und komplex aufgebaut sein, wie dieses Computermodell des Photosystems II zeigt. Mit seinen vielen Helices, die hier als Zylinder dargestellt sind, durchspannt es die inneren Membranen von Chloroplasten.

- Die **Rückgratmodelle** konzentrieren sich auf den Verlauf der Polypeptidkette, indem sie nur die α-Kohlenstoffatome und eventuell die Atome der Peptidbindungen zeigen. Die Seitenketten fallen komplett weg. Komplexe Proteine werden dadurch anschaulicher.

- Sehr beliebt sind **Bänderdiagramme**, in denen Sekundärstrukturen schematisch hervorgehoben werden. α-Helices sind gut als geschraubte Bänder oder als längliche Zylinder zu erkennen, β-Faltblätter als flache Pfeile, andere oder weniger geordnete Abschnitte werden zu dünnen Schläuchen. Seitenketten oder andere Moleküle werden nur wiedergegeben, wenn sie eine wichtige Funktion haben.

Genauer betrachtet

Funktionen von Proteinen

Ihre strukturelle Variabilität und die Vielfalt der chemischen Gruppen ihrer Aminosäureseitenketten machen Proteine zu der vielseitigsten biologischen Stoffklasse. Es gibt kaum einen Lebensprozess, an dem Proteine nicht direkt oder indirekt beteiligt sind.

- Strukturproteine sorgen für Stabilität, Halt und geben Form.
- Rezeptoren erkennen Substanzen an ihrer Struktur und reagieren selbst auf den Kontakt oder geben das Signal weiter.
- Transportproteine befördern Moleküle und größere Komplexe innerhalb der Zelle und durch ihre Membranen.

- Enzyme katalysieren viele chemische Reaktionen des Stoffwechsels.
- Speicherproteine bewahren Aminosäuren für den späteren Bedarf oder als Vorrat für Embryonen.
- Motorproteine bewegen Komplexe innerhalb der Zelle und dadurch ggf. auch den gesamten Organismus.
- Regulatorische Proteine steuern zahlreiche Abläufe in der Zelle und im Körper vielzelliger Lebewesen.
- Abwehrproteine sind an der Verteidigung gegen Angriffe von außen oder eigenen schädlichen Prozessen beteiligt.

Polypeptidketten, die als sogenannte Untereinheiten zu einer **Quartärstruktur** zusammentreten. Dabei können sich gleichartige Ketten oder verschiedene Polypeptide verbinden, und alle Arten von Bindungen können vorkommen. Meist ist bei solchen Proteinen erst der vollständige Komplex funktionsfähig.

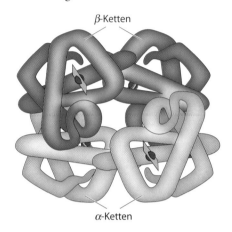

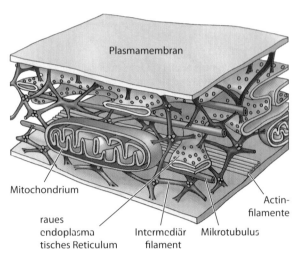

3.8 Das Cytoskelett besteht aus Mikrofilamenten, Intermediärfilamenten und Mikrotubuli, mit denen die Zelle geformt und stabilisiert wird.

[?]

Prinzip verstanden?

3.1 Warum wird die Aminosäure Prolin als „Helixbrecher" bezeichnet?
3.2 In welcher Umgebung dürfte ein Proteinabschnitt mit der Aminosäuresequenz ALGVAAMI vermutlich anzutreffen sein?

Zellen werden von inneren Skeletten gestützt

An der Stabilisierung der Zelle wirken Proteine als Bausteine des **Cytoskeletts** mit (Abbildung 3.8). Der Name stammt daher, dass die innere Stützstruktur eukaryotischer Zellen auf den ersten Blick an das Knochengerüst der Wirbeltiere erinnert. Gemeinsam ist den beiden Skeletten allerdings nur, dass sie dem Leben eine Struktur geben und den Organismus stabilisieren. Dabei ist das Cytoskelett keineswegs starr, sondern sehr dynamisch, und wird ständig von der Zelle umgebaut. Unter dem Mikro-

> **Cytoskelett** (*cytoskeleton*)
> Sammelbegriff für fadenartige und teilweise vernetzte Proteinstrukturen innerhalb der Zelle, die Stabilität vermitteln, Transportvorgänge und Bewegungen ermöglichen sowie an Signalprozessen beteiligt sind.

skop lassen sich mithilfe von fluoreszierenden Farbstoffen, die sich nur an bestimmte Proteintypen lagern, **drei fadenförmige Komponenten** unterscheiden, deren Fasern unterschiedlich dick sind:

- **Mikrofilamente** (auch **Actinfilamente** genannt) mit etwa 7 nm Durchmesser,
- **Intermediärfilamente** mit 8 bis 12 nm Durchmesser,
- **Mikrotubuli** mit 25 nm Durchmesser.

Das Cytoskelett durchzieht als Netzwerk das gesamte Cytoplasma und hält vom Zellkern über die Organellen bis hin zu einzelnen Proteinen eine Fülle von Inhaltsstoffen an ihrem Platz. Außerdem übernimmt es eine Reihe weiterer **Funktionen**, von denen manche noch nicht detailliert erforscht oder vielleicht noch gar nicht entdeckt sind. Die bisher bekannten Aufgaben können wir grob fünf Kategorien zuordnen.

Das Cytoskelett …

- … verleiht der Zelle Form und mechanische Stabilität;
- … positioniert Organellen und Makromoleküle;
- … dient bei Transportvorgängen innerhalb der Zelle als Verkehrsweg oder Zugmittel;
- … sorgt für die Bewegungen der Zelle selbst;
- … fungiert als mechanischer Sensor und ist an der Signalleitung beteiligt.

1 für alle

Skelette für Prokaryoten

Nicht nur Eukaryoten besitzen ein Cytoskelett, auch bei Bakterien haben Wissenschaftler vernetzte innere Stützstrukturen gefunden. Ausgangspunkt war die Beobachtung, dass stäbchenförmige Bakterienzellen auch dann noch ihre Form behielten, wenn man ihre außen liegende Zellwand entfernt hatte. Ohne stabilisierendes Gerüst hätten sie sich zu kugeligen Gebilden wandeln müssen. Mit Antikörpern, die sich eigentlich an das eukaryotische Actin anlagern, konnte die Arbeitsgruppe um Frank Mayer an der Uni Göttingen schließlich das prokaryotische Netzwerk sichtbar machen. Seitdem ist eine ganze Reihe von bakteriellen Proteinen entdeckt worden, die ähnlich aufgebaut sind wie eukaryotische Komponenten des Cytoskeletts. Darunter Proteine, die Actin (MreB bei *Escherichia coli*), Tubulin (FtsZ bei *Escherichia coli*) und den Bausteinen der Intermediärfilamente (Crescentin bei *Caulobacter crescentus*) entsprechen.

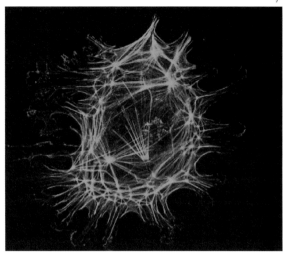

3.9 Mit Fluoreszenzfarbstoffen lassen sich die Komponenten des Cytoskeletts selektiv markieren. Hier leuchten die Mikrofilamente auf. Sie kommen vor allem dicht unterhalb der Plasmamembran vor.

Die drei letztgenannten Punkte werden wir in den folgenden Kapiteln genauer besprechen. Zunächst konzentrieren wir uns auf die strukturgebende Funktion des Cytoskeletts.

Mikrofilamente machen die Membran zäher

Die **Mikrofilamente** des Cytoskeletts liegen als verzweigtes Netz dünner Fäden direkt an der Innenseite der Plasmamembran. Sie sind aus mehreren unterschiedlichen Proteintypen aufgebaut, von denen jeder eine spezielle Teilfunktionen übernimmt. Die Filamente selbst bestehen aus Actin, weshalb die gesamte Struktur auch als Actinfilament bezeichnet wird. Für die Querverbindungen zwischen den Filamentfäden sorgen unter anderem Proteine aus der Gruppe der Filamine, die am C-terminalen Ende eine flexible Region haben, die wie ein Gelenk wirken kann. Außerdem stellen die Filamine und weitere Actin-bindende Proteine den Kontakt zu Membranproteinen her und verankern so das Gerüst in der Membran (Abbildung 3.9).

Actin kommt in allen eukaryotischen Zellen vor und hat in allen Organismen nahezu die gleiche Primärstruktur. Beim Menschen gibt es sechs Varianten (Isoformen), von denen zwei am Bau des Cytoskeletts beteiligt sind, die anderen sind Teil des Muskelapparats. Die Polypeptidketten der Cytoskelettvarianten sind jeweils 374 Aminosäuren lang und falten sich mit zahlreichen α-Helices zu einem Kügelchen, dem

globulären oder G-Actin. Diese als Monomere bezeichneten Einzelbausteine lagern sich selbst zum filamentösen F-Actin zusammen, das aus zwei umeinander gewundenen Actinketten besteht. Bei einem Durchmesser von etwa 7 nm kann es mehrere Mikrometer Länge erreichen. Dennoch lässt es sich bei Bedarf schnell abbauen oder verlängern.

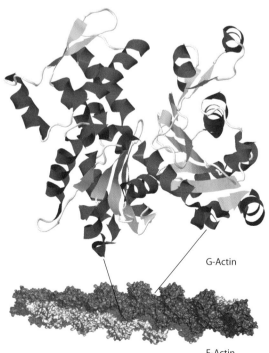

G-Actin

F-Actin

Actin – Quo vadis?

Von Brigitte M. Jokusch

Die Geschichte der Entdeckungen um die Funktion von Actin ist ein eindrucksvolles Beispiel dafür, wie nach zunächst schlüssigen Annahmen zur Funktion eines Strukturproteins mehr und mehr Rätsel auftauchen. War man noch vor einigen Jahrzehnten davon überzeugt, Actin „verstanden" zu haben, so wissen wir heute, dass viele der ursprünglichen Schlussfolgerungen nur einen kleinen Ausschnitt der Funktionen dieses Strukturproteins aufzeigten. Heute gibt es zum Actin mehr offene Fragen als je zuvor.

Geschichte der Entdeckung – Vorkommen und Funktion

Actin wurde in der zweiten Hälfte des 19. Jahrhunderts zunächst als eine Substanz charakterisiert, die im Muskel von Fröschen und Säugern vorkommt und an Kontraktionen der aus Muskel isolierten Eiweißkomplexe beteiligt ist. Eine Reinigung und biochemische Charakterisierung gelang dann B. F. Straub um 1940 aus Pferdemuskel im Labor von Albert Szent-Györgyi in Szeged, Ungarn. Als eine „Myosin-aktivierende Komponente" erhielt das neue Protein den Namen „Actin". Kurz darauf wurde herausgefunden, dass Actin eines der Hauptproteine im Skelettmuskel ist, und die weitere biochemische und strukturelle Charakterisierung beschäftigte viele Labors in Mitteleuropa und Großbritannien. Die rasche Entwicklung der Elektronenmikroskopie, basierend auf den Pionierarbeiten des deutschen Ingenieurs Ernst Ruska, ermöglichte dann auch eine visuelle Bestätigung der Resultate dieser Arbeiten: Muskelactin bildet unter physiologischen Bedingungen lange, asymmetrische Polymere („Actinfilamente"). Im Skelett- und Herzmuskel treten diese Filamente mit Myosinfilamenten in Verbindung, und unter Energieverbrauch wird Kraft erzeugt. Einzelheiten des Aufbaus der Actinfilamente und ihrer Wechselwirkung mit Myosin im Muskel wurden durch Röntgenstrukturanalysen in Großbritannien und später in den USA aufgeklärt.

Es dauerte aber bis in die 60er- und 70er-Jahre des 20. Jahrhunderts und erforderte viele Untersuchungen, vor allem in deutschen und japanischen Arbeitsgruppen, bis erkannt und akzeptiert wurde, dass Actin in großen Mengen auch in allen anderen Eukaryotenzellen vorkommt, das heißt auch in den Nichtmuskelzellen der Tiere, in Einzellern, Pilzen und Pflanzen. Auch in diesen Zellen kann es Filamente bilden. Dieses Actin ist aber nicht genau dasselbe wie das im Muskel vorkommende: Sequenzierungen der Polypeptidketten sowie in jüngerer Zeit auch der DNA der Actingene zeigten, dass viele Organismen mehrere Gene enthalten, die für „Iso-Actine" codieren, wobei die Zahl der Gene, die diese „Isoformen" hervorbringen, mit der Komplexität des Organismus steigt. So findet man bei Hefen nur ein Actingen, bei der Maus aber 35! Der Sinn dieser Genvervielfältigung bleibt aber bis heute rätselhaft, da viele der Gene genau identische Actinpolypeptidketten hervorbringen könnten. Offenbar werden jedoch nicht alle in Protein übersetzt, es handelt sich in manchen Fällen wohl nur um Sicherheitskopien.

Während im Muskel das α-Actin Filamente bildet, die parallel zu dicken Paketen gebündelt vorliegen und mit den Myosinfilamenten die Hauptkomponente der Muskelfasern bilden, sind die Filamente in den Nichtmuskelzellen tierischer Organismen aus β-Actin und γ-Actin aufgebaut. Deren Aminosäuresequenzen sind mit der des α-Actins fast identisch, aber ihre Filamente sind lockerer angeordnet und bilden dynamische Netzwerke verschiedener Geometrien und Maschenweiten. Die Zellen bauen sie rasch auf und ab, wobei durchschnittlich die Hälfte des Gesamtactins nicht in Filamenten gebunden ist und daher für schnelle Umbauten zur Verfügung steht.

Darüber hinaus wurden in den letzten Jahrzehnten auch Actin-ähnliche Proteine (*actin-related proteins*, ARPs) beschrieben, die ebenfalls sehr weit verbreitet sind und von denen die meisten auch Filamente bilden können.

Struktur

Actine und ARPs bestehen aus einer kompakt gefalteteten Polypeptidkette mit einer molekularen Masse von ca. 43 000 kD. Röntgenstrukturanalysen zeigten, dass der Aufbau dem Hexokinase-Modell entspricht. Während Hexokinasen als effiziente Enzyme das Energie speichernde Molekül ATP spalten und den Zucker Glucose sehr rasch zu Glucosephosphat phosphorylieren können, ist die ATPase-Aktivität der Actine relativ schwach, genügt aber, um während der Polymerisation zu Filamenten ebenfalls ATP zu spalten. Vergleiche von Actinen und Hexokinasen aus verschiedenen Organismen zeigen, dass ihre Polypeptidsequenzen nicht sehr ähnlich sind, wohl aber die Faltung: Das U-förmige Molekül gliedert sich in zwei Domänen, zwischen denen ATP gebunden wird. Nach solchen strukturellen Ähnlichkeiten definiert man heute Proteine als Mitglieder der Hexokinase/Actin-Superfamilie.

Funktionen im eukaryotischen Cytoplasma

Die bekanntesten Funktionen von Actinen außerhalb des Muskels beruhen darauf, dass ein Gleichgewicht zwischen Einzelmolekülen, den Monomeren, und Filamenten vorliegt, das durch die Actin-bindenden Proteine beeinflusst wird. Davon gibt es eine erstaunliche Vielfalt, die entweder mit den Monomeren oder mit den Filamenten reagieren. Sie beeinflussen die Bildung sowie die Länge und die Vernetzung der Filamente. Einige von ihnen werden selbst in ihrer Aktivität reguliert (zum Beispiel durch Calciumionen), einige verknüpfen die Actinfilamente mit der Innenseite der Plasmamembran, und einige sind in Signalketten eingebunden, mit denen die Zellen auf Signale von außen, beispielsweise Hormone, antworten können.

Die Funktionen des Actinsystems in Cytoplasma eukaryotischer Zellen sind damit überwiegend mit Bewegung,

Zellhaftung und Zellgestalt verbunden, zum Beispiel mit Zellbewegung (Lokomotion tierischer Zellen), Membranausstülpungen bei Aufnahme und Abgabe von Partikeln, intrazellulärem Transport von Vesikeln, Ausbildung einer zelltypischen Gestalt, sowie Zell-Zell-Verankerung während der Gewebebildung und Wundheilung. Dafür ist eine rasche und reversible Filamentbildung in definierten Zellregionen erforderlich. Dieses sehr dynamische Verhalten hat man zunächst den β- und γ-Isoformen zugeschrieben, im Gegensatz zum α-Actin des Muskels, dessen Filamente auf Dauer angelegt sind. Mit der Herstellung genetisch veränderter Zellen, die anstelle der zellulären Isoformen nur Muskelactin synthetisieren können, wurde aber klar, dass sich diese Isofomen funktionell ersetzen können. Wozu also diese Vielfalt?

Funktionen im Zellkern

Schließlich erkannte man, dass Actinmoleküle auch mit anderen Proteinen Komplexe eingehen, die dann in den Zellkern transportiert werden. Aus den Daten vieler Arbeitsgruppen ist eindeutig klar geworden, dass Actin im Zellkern von Amöben, Pilzen, Pflanzen und Tieren auftritt und dort ganz andere Funktionen als im Cytoplasma hat: Es ist an der Transkription und der Modellierung des Chromatins sowie an Kern-Cytoplasma-Transportprozessen beteiligt. Man findet β-Actin als Mitglied der großen Proteinkomplexe aller drei „klassischen" RNA-Polymerasen, also derjenigen Enzyme, die von den entsprechenden Genen die Vorläufer der Boten-RNA, der ribosomalen RNAs und die kleinen tRNAs synthetisieren. Man findet es aber auch in Enzymkomplexen, die das Chromatin erst aufbereiten, damit diese Gene abgelesen werden können, und man findet es als Bestandteil von Protein-RNA-Komplexen, die vom Zellkern in das Cytoplasma transportiert werden. Actin im Zellkern beteiligt sich also offenbar an ganz verschiedenen Aufgaben, wobei die Einzelheiten bisher nicht bekannt sind. Unklar ist bislang auch, ob dazu Actin als Filament oder als kleinere strukturelle Einheit, eventuell als Monomer vorliegt. Klar ist aber, dass die vielfältigen Aufgaben des Actins im Cytoplasma und im Zellkern bedeuten, dass dieses relativ kleine Molekül mit ganz verschiedenen Partnern Komplexe eingehen kann. Möglicherweise spielen dabei kleinere Umfaltungen am Actinmolekül eine Rolle, wodurch Bindungsflächen für neue Partner zugänglich werden. Die ursprüngliche Klassifizierung von Actin als ein Protein mit ausschließlicher Funktion im Cytoskelett ist damit nicht mehr haltbar.

Actine in Prokaryoten

Aber auch unsere Auffassung über die Aufgaben für Actin als Cytoskelettprotein musste erweitert werden. Wir wissen heute, dass Actine keineswegs auf Eukaryotenzellen beschränkt sind, sie kommen auch in Zellen von Archaea und in Eubakterien vor. Das Darmbakterium *Escherichia coli* synthetisiert das Protein MreB, dessen Faltung der Actinstruktur verblüffend ähnlich ist und das wie eukaryotisches Actin Filamente bilden kann. Diese Filamente sind sowohl für die Zellgestalt des Bakteriums als auch für die korrekte Verteilung der Tochterchromosomen in einer sich teilenden Bakterienzelle verantwortlich. Auch MreB gehört also zur Hexokinase/Actin-Superfamilie, und man nimmt an, dass beide aus einem gemeinsamen Vorläufer entstanden sind.

Das Ei oder die Henne?

Wenn es denn einen gemeinsamen Vorläufer von MreB und Actin gegeben hat – war er zuerst in Pro- oder in Eukaryoten zu finden? Da niemand dabei war, kann man zu dieser evolutionsbiologischen Frage nur Vermutungen anstellen. Man postuliert, dass Actin-ähnliche Proteine zunächst in Prokaryoten auftraten. Diese sind ja evolutionsbiologisch älter als Eukaryoten, und wie oben für MreB geschildert, erfüllen sie bereits in Bakterien lebenswichtige Funktionen. Bekannt ist ebenfalls, dass sich die heutigen Eukaryotenzellen viele Gene für ganz verschiedene prokaryotische Proteine einverleibt haben. Die Mitochondrien der Eukaryotenzelle sind vermutlich aus Prokaryoten entstanden, die von der Wirtszelle verschluckt wurden und nun der Energieproduktion dienen. Wir kennen aber auch Fälle, wonach pathogene Bakterien beim Eindringen in ihre eukaryotischen Wirtszellen entweder ins Cytoplasma oder in deren Zellkerne gelangen, ohne komplett verdaut zu werden, und somit in den Wirtzellen eine ökologische Nische gefunden haben. So könnten auch Gene für Actin-ähnliche Proteine aus Bakterien in Eukaryoten gelangt und dort im Laufe der Evolution so verändert worden sein, dass ihr Produkt, das moderne Actin, den heute zu beobachtenden vielfältigen und komplizierten Funktionen nachkommen kann. Völlig ungeklärt ist dabei, ob solche prokaryotischen Actinvorläufer zunächst im Zellkern oder im Cytoplasma ihre vielfältigen Aufgaben übernahmen. Auf dem Feld der Actinforschung bleibt also noch viel zu tun!

Prof. Dr. Brigitte M. Jockusch ist emeritierte Professorin am Zoologischen Institut der Technischen Universität Braunschweig, wo sie 1993 eine Abteilung für Zellbiologie etablierte. Ihre Forschungsschwerpunkte umfassen Organisation und Dynamik des Actinsystems, insbesondere dessen Rolle bei der Gewebebildung von Säugerzellen, bei der Bildung von Metastasen und bei Erbkrankheiten. In jüngster Zeit hat sie sich besonders mit der Rolle von Actin im Zellkern beschäftigt. B. M. Jockusch ist in zahlreichen wissenschaftsfördernden und wissenschaftspolitischen Gremien tätig, wie der DFG, der VolkswagenStiftung, dem Wissenschaftsrat und der Deutschen Akademie der Wissenschaften Leopoldina. Darüber hinaus engagiert sie sich für die akademische Frauenförderung. Sie ist verheiratet, hat zwei Söhne und drei Enkelkinder.

Die Actinfilamente sind zugfest und verhindern, dass die Zelle zerreißt. Durch ihr Netz ist das Cytoplasma an der Plasmamembran zäher und annähernd gelartig. Besonders dicht ist das Gewebe der Mikrofilamente an Stellen, die mechanisch stärker beansprucht werden können, wie Ausstülpungen und Kontaktbereichen zu Nachbarzellen. Darüber hinaus fixiert die Zelle einige Membranproteine an diesem Teil des Cytoskeletts, wodurch die Proteine in dem flüssigen Lipid-„Meer" an den Orten bleiben, an denen sie benötigt werden.

Intermediärfilamente sorgen für Zugfestlgkeit

Intermediärfilamente haben ihren Namen daher, dass ihr Durchmesser größer als jener der Mikrofilamente ist, aber kleiner als bei den Mikrotubuli. Damit umfassen sie zahlreiche fadenförmige Strukturen aus verschiedenen Proteinen, die Intermediärfilament-Proteine genannt werden. Die Keratine sind ein Beispiel dafür. Sie bilden keine einheitliche Gruppe, vielmehr ist Keratin ein Sammelname für unterschiedliche wasserunlösliche Faserproteine. Manche dieser Proteine kommen in allen Zelltypen vor, andere nur in bestimmten Geweben. Trotz der Unterschiede sind aber alle Intermediärfilamente grundsätzlich gleich aufgebaut.

Ihre Monomere bestehen aus einer langen Helix, an deren Enden proteinspezifische Kopfteile sitzen. Zwei dieser Monomere winden sich parallel mit ihren Mittelteilen umeinander, sodass eine sogenannte coiled-coil-Struktur (eine Doppelwendel) entsteht. Zwei solcher Dimere lagern sich antiparallel zu einem Tetramer zusammen, zwei Tetramere bilden ein Protofilament. Aus den dünnen Protofilamenten gehen die Protofibrillen hervor, die schließlich zu Intermediärfilamenten kombiniert werden. Der Durchmesser steigt bei dieser zunehmenden Verdrillung von weniger als 1 nm beim Monomer auf 8 bis 12 nm beim fertigen Intermediärfilament.

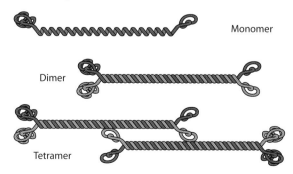

Monomer

Dimer

Tetramer

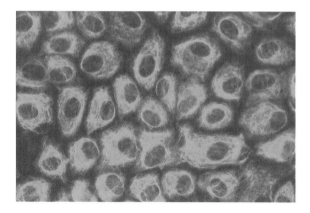

3.10 Diese Fluoreszenzaufnahme zeigt die Intermediärfilamente der Zelle. Die Fäden durchziehen das Cytoplasma und fixieren den Zellkern, dessen Position als „Loch" im Filamentgeflecht zu erkennen ist.

Die seilähnliche Konstruktion verleiht den Filamenten eine ausgesprochene Zugfestigkeit, die weit über der Stabilität von Actinfilamenten und Mikrotubuli liegt. Intermediärfilamente kommen nur bei Tieren vor, mit Ausnahme der Gliederfüßer (Arthropoden), die stattdessen ein Außenskelett besitzen. Besonders Epithelzellen, mit denen bei vielzelligen Tieren die Oberflächen bedeckt sind, sind von vielen Intermediärfilamenten durchzogen. Sie spannen sich durch das gesamte Cytoplasma, fixieren den Zellkern in einer Art „Käfig" und halten andere Organellen an ihren Positionen (Abbildung 3.10). Als Neurofilamente verstärken sie die langen Ausläufer von Nervenzellen, und Intermediärfilamente vom Typ der Lamine kleiden die innere Membran des Zellkerns von innen aus.

Mikrotubuli fangen Druck auf und sind Transportwege

Mikrotubuli sind keine Fäden, sondern Röhrchen. Ihr Außendurchmesser beträgt 25 nm, der hohle Innenraum misst 15 nm. Sie sind nicht verzweigt und bestehen aus zwei Sorten von globulären Bausteinen, die **Tubuline** genannt werden. Das α-Tubulin ist 451 Aminosäuren lang und das β-Tubulin 445 Aminosäuren. Beide enthalten sowohl Helices als auch Faltblätter. Je ein α- und ein β-Tubulin bilden zusammen ein Heterodimer. Die Dimere lagern sich der Länge nach mit der gleichen Ausrichtung hintereinander zu Protofilamenten, von denen 13 Stück parallel zueinander verlaufend das Mikrotubuliröhrchen formen. Die Länge eines solchen Röhrchens kann mehrere Mikrometer betragen. Da alle Dimere innerhalb eines

Mikrotubulus gleich orientiert sind, unterscheiden sich seine Enden voneinander. Am (−)-Ende sind die N-Termini der α-Untereinheiten zu finden, und das (+)-Ende bilden die C-Termini der β-Tubulin-Proteine.

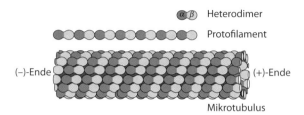

Heterodimer

Protofilament

(−)-Ende

(+)-Ende

Mikrotubulus

An beiden Seiten können sich weitere Dimere anlagern oder abspalten, wobei das (+)-Ende schneller und bei geringeren Tubulinkonzentrationen wächst. Das (−)-Ende befindet sich häufig im Bereich des Mikrotubuli-Organisationszentrum, das meist in der Nähe des Zellkerns liegt und von welchem aus die Mikrotubuli strahlenförmig ins Cytoplasma ragen (Abbildung 3.11). Insgesamt sind die Röhrchen ein dynamisches System, das ständig im Umbau begriffen ist. Man-

> **Mikrotubuli-Organisationszentrum**
> (*microtubuli organizing center*, MTOC)
> Zellbereich, in dem das Wachstum von Mikrotubuli startet.

che Mikrotubuli existieren nur für wenige Minuten und lösen sich dann vollständig auf. Vor allem in Zellregionen, die sich bewegen, wachsen und schrumpfen Mikrotubuli schnell.

Einer der Gründe für den schnellen Wechsel mag sein, dass Mikrotubuli der Zelle in erster Linie als Transportweg für Zellmaterial dienen (siehe Kapitel 5 „Leben transportiert"). Daneben stützen sie aber

Offene Fragen

Ein Skelett für jede Zelle?
Die Entdeckung stabilisierender Proteingerüste in Bakterien liegt noch nicht lange zurück und stieß zunächst auf ungläubige Ablehnung. Inzwischen sind mehrere Proteine bekannt, die sehr ähnliche Strukturen aufweisen wie eukaryotische Komponenten des Cytoskeletts. Besitzen also alle Arten von Zellen ein Skelett? Ist dies bei Bakterien einfacher als bei Eukaryoten aufgebaut, oder besteht es ebenfalls aus verschiedenen Komplexen? Übernimmt das prokaryotische Cytoskelett vielleicht zusätzliche Aufgaben, um die fehlende Kompartimentierung der Zelle auszugleichen? Welche Angriffspunkte bietet es, um neuartige Medikamente gegen Infektionserkrankungen zu entwickeln?

auch die Zellform. Im Unterschied zu den dünneren Filamenten kompensieren sie weniger Zugkräfte, sondern puffern eher Druckkräfte ab. Schließlich verankern auch Mikrotubuli Zellorganellen im Zelllumen, indem sie beispielsweise die Membranstapel des Golgi-Apparats in der Nähe des Zellkerns fixieren.

Prinzip verstanden?

3.3 Warum können Insekten auf Intermediärfilamente verzichten?

3.11 Viele Mikrotubuli gehen von Organisationszentren im Bereich des Zellkerns aus. Im Fluoreszenzbild sind diese Zentren als flächige helle Bereiche zu erkennen.

1 für alle

Innere Skelette bei höheren Organismen
Das Prinzip einer internen Stützstruktur (Endoskelett) nutzen Vielzeller auch für ihren gesamten Körper. Schwämme enthalten mikroskopische Nadeln aus Kalk oder Siliciumdioxid, die bei vielen Arten zusätzlich durch Proteinfasern miteinander vernetzt sind. Bei Hornschwämmen besteht sogar das gesamte Skelett aus Proteinen. Bei Stachelhäutern wie den Seesternen liegen unter der Haut poröse Platten aus Calcit und Magnesiumoxid. Wirbeltiere werden von Knorpeln und Knochen gestützt. Ihre flexible Stabilität verdanken Knorpel vor allem Proteinfasern, aber auch die festen Kristalle der Knochen sind in eine Proteinmatrix eingelagert.

Ein erhöhter Innendruck gibt Zellen Form

Das Cytoskelett ist ein ausgefeiltes formgebendes System, das anscheinend im gesamten Organismenreich verbreitet ist. Dennoch haben Biologen früher angenommen, dass zumindest Prokaryoten ohne innere Stützstrukturen auskommen. Um eine membranumhüllte Zelle mit Volumen zu versehen, sind nämlich eigentlich keine speziellen Konstruktionen notwendig.

Membranen lassen selektiv Wasser durch

Diese Aufgabe kann eine biologische Membran im Prinzip auch alleine lösen. Wie wir in Kapitel 4 „Leben tauscht aus" genauer betrachten werden, sind Biomembranen für einige Stoffe durchlässig, während sie andere kaum passieren lassen. Befinden sich auf den beiden Seiten einer solchen semipermeablen Membran Lösungen mit unterschiedlichen Konzentrationen der gelösten Stoffe, können sich nur jene Substanzen ungehindert ausbreiten, für welche die Membran kein Hindernis darstellt. Es findet ein selektiver Fluss statt, den man als **Osmose** bezeichnet (Abbildung 3.13). In biologischen Systemen wandert beispielsweise Wasser durch die Membran, während Salze, Aminosäuren, Nährstoffe, Proteine usw. ohne Hilfe nicht hindurchgelangen.

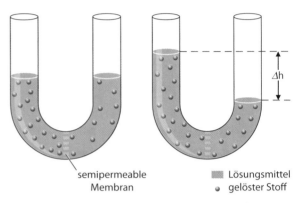

semipermeable Membran · Lösungsmittel · gelöster Stoff

3.13 Sind zwei Lösungen mit unterschiedlichen Konzentrationen durch eine semipermeable Membran, die nur das Lösungsmittel durchlässt, voneinander getrennt, wandert mehr Lösungsmittel von der verdünnteren zur konzentrierteren Seite als umgekehrt. In einem U-Rohr sinkt bzw. steigt durch diese Osmose der Pegelstand.

Als Antrieb wirken bei der Osmose erneut die zufälligen Wärmebewegungen der Moleküle. Vom winzigen Wasser bis zum gewaltigen Proteinkomplex breiten sich alle Stoffe zitternd in dem Volumen aus, das ihnen zur Verfügung steht. Diese **Diffusion** führt ständig Wassermoleküle in beide Richtungen durch die Membran. Auf der Seite mit der höheren Konzentration an gelösten Teilchen ist die effektive Konzentration frei beweglichen Wassers jedoch geringer, da ein Teil des Wassers mehr oder minder fest an die gelösten Stoffe gebunden ist. Beispielsweise lagern sich um jedes Ion sowie jede geladene und nach außen ragende Gruppe eines Proteins ausgerichtete Wasserdipole und bilden eine Hydrathülle (Abbildung 3.14). Die daran beteiligten Wassermoleküle sind in ihrer Beweglichkeit weit stärker eingeschränkt als die ungebundenen Moleküle im Wasserkörper.

3.12 Die Kuppel über dem Radioteleskop der Sternwarte Bochum wird ohne starres Gerüst von einem inneren Überdruck in Form gehalten.

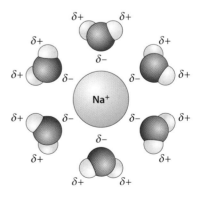

3.14 Wasserdipole ordnen sich als Hydrathülle um elektrisch geladene Teilchen und Gruppen.

Dementsprechend gelangen im zeitlichen Mittel weniger Lösungsmittelteilchen an und durch die Membran als von der anderen Seite mit der dünneren Lösung. Obwohl pausenlos Wasser in beide Richtungen fließt, ergibt dies netto betrachtet einen Fluss von der verdünnten zur konzentrierten Seite. Der Effekt ist sogar sichtbar, denn das Volumen der konzentrierten Lösung nimmt durch den osmotischen Fluss zu und die verdünnte Lösung schrumpft zusammen (Abbildung 3.15).

Um welche Art von gelösten Teilchen es sich handelt, ist bei der Osmose unwichtig, lediglich die Gesamtzahl pro Volumen zählt. Die Osmose wirkt auch nur im Vergleich von unterschiedlich konzentrierten Lösungen, d. h. nur zwei Medien, die miteinander durch eine semipermeable Membran konkurrieren, können Osmose auslösen. Die konzentriertere Lösung wird dabei als **hypertonisch** bezeichnet, die verdünntere als **hypotonisch**. **Isotonische** und damit gleich konzentrierte Lösungen tauschen zwar ständig Wasser aus, allerdings sind die Flüsse in beide Richtungen gleich groß, und von außen ist kein Effekt zu beobachten.

Eingeströmtes Wasser drückt von innen auf die Membran

Ist das umgebende Medium einer Zelle im Vergleich zum Cytoplasma hypotonisch, strömt Wasser in die Zelle hinein und lässt sie aufquellen (Abbildung 3.16). In **Pflanzenzellen** wird der größte Teil dieses Wassers in der Zentralvakuole gespeichert, die da-

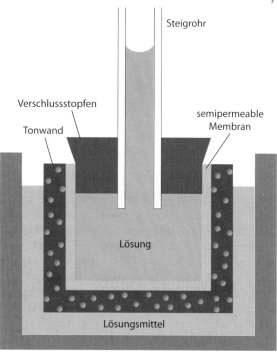

3.15 In einer Pfeffer'schen Zelle können wir die Nettowanderung des Lösungsmittels mit einem Steigrohr sichtbar machen.

durch mitunter fast das gesamte Volumen für sich beansprucht. Der Quellvorgang kann so lange dauern, bis die Plasmamembran gegen die außen liegende Zellwand gepresst und der dabei entstehende hydrostatische Druck (der **Turgordruck** oder kurz **Turgor**) so groß wird, dass er das Nachströmen wei-

---

Genauer betrachtet

Osmolarität

Die osmotisch wirksame Konzentration einer Lösung wird als **Osmolarität** bezeichnet. Sie wird in Gesamtteilchenzahl pro Liter gemessen und in Milliosmol/l angegeben (mosm/l). Ein Milliosmol entspricht dabei 1/1000 Mol, also $6,022 \cdot 10^{20}$ Teilchen.

Bei Substanzen, die in Lösung in zwei oder mehr Teilchen pro Formeleinheit zerfallen, liegt die Osmolarität entsprechend höher als die Konzentration. Kochsalz (NaCl) dissoziiert beispielsweise in Wasser in Natrium-Kationen (Na^+) und Chlorid-Anionen (Cl^-), weshalb eine 1 mM Kochsalzlösung rechnerisch eine Osmolarität von 2 mosm/l hat. Der wahre Wert liegt in der Regel etwas niedriger, da sich Substanzen nur selten vollständig lösen und dissoziieren.

Bei Vergleichen mehrerer Lösungen werden analog zu den Begriffen hyper-, iso- und hypotonisch die Ansätze mit höherer Osmolarität als **hyperosmotisch**, mit geringerer als **hypoosmotisch** und bei Gleichwertigkeit als **isoosmotisch** bezeichnet.

Vergleichswerte für Osmolarität:

menschliches Blut: 290–300 mosm/l
menschlicher Urin: meist 600–900 mosm/l
Meerwasser: um 1000 mosm/l

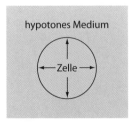

3.16 Die Aufnahme von zusätzlichem Wasser erzeugt einen inneren Überdruck, der die Zelle anschwellen lässt.

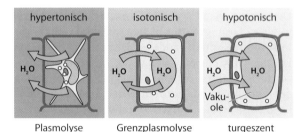

3.17 In isotonischen Medien nimmt eine Pflanzenzelle genauso viel Wasser auf, wie sie abgibt. Bei dieser Grenzplasmolyse liegt ihre Plamamembran locker an die umgebende Zellwand an, der Druck ist innen und außen gleich (Mitte). Ist das umgebende Medium hypertonisch, weil es mehr gelöste Teilchen enthält, verliert die Zelle Wasser (links). Ihre Plasmamembran hat nur noch an wenigen Stellen Kontakt zu der Zellwand und den Nachbarzellen (Plasmolyse). Ist die Konzentration außen geringer als innen, nimmt die Zelle zusätzliches Wasser auf und drückt gegen die Zellwand. Die Zelle ist dann turgeszent (rechts).

teren Wassers stoppt (siehe Kasten „Wasserpotenzial"). Die Zelle ist dann turgeszent, was für die meisten Pflanzenzellen der gesunde Normalzustand ist.

Der Turgordruck stützt durch die turgeszenten Zellen viele nicht hölzerne Pflanzenteile. In einer isotonischen oder gar hypertonischen Umgebung reichen dagegen die übrigen stabilisierenden Strukturen der Zellen nicht aus, um ihr eigenes Gewicht zu tragen, und die Pflanze welkt. Unter dem Mikroskop ist mithilfe von Farbstoffen zu erkennen, wie sich in einem hypertonen Medium die Plasmamembran von der Zellwand ablöst, was als **Plasmolyse** bezeichnet wird (Abbildungen 3.17 und 3.18). Wegen des Wasserverlusts steigt die Salzkonzentration im Cytoplasma an, wodurch lebenswichtige Moleküle geschädigt werden können. Eine Plasmolyse kann darum für die Zelle tödlich sein. Ist der Konzentra-

tionsunterschied zwischen innen und außen nicht zu groß und dauert die Plasmolyse nicht zu lange an, lässt sie sich aber mit einem hypotonen Medium wieder umkehren.

Außer Pflanzen nutzen auch Prokaryoten, eukaryotische Einzeller und Pilze den Turgordruck. Sie alle sind von einer Zellwand umgeben, die den Druck abfängt und ausgleicht. Tierischen Zellen fehlt hinge-

---

| Genauer betrachtet |

Wasserpotenzial

Die Richtung des Wasserflusses wird bei Pflanzenzellen nicht alleine von den Teilchenkonzentrationen bestimmt, sondern auch vom entstehenden Druck auf ihre Zellwände. Das **Wasserpotenzial** (ψ, „psi") fasst beide Größen zusammen. Es ist die Summe des osmotischen oder Lösungspotenzials ψ_S und des Druckpotenzials ψ_P des Turgordrucks.

$$\psi = \psi_S + \psi_P$$

Die Werte für ψ werden in der Druckeinheit Megapascal (MPa) angegeben. Zur Orientierung können der Atmosphärendruck von etwa 0,1 MPa und der Druck in einem Autoreifen von etwa 0,2 MPa dienen.

Wie auch bei Luftdrücken wandert das Wasser stets vom höheren zum niedrigeren Wasserpotenzial. Dabei ist aber zu beachten, dass das osmotische Potenzial ψ_S negativ wird, wenn man eine Substanz im Wasser auflöst. Als **Ausgangspunkt** gilt nämlich der Wert von reinem Wasser, der per

Definition bei 0 MPa liegt. Für stark verdünnte Lösungen und nicht dissoziierende Stoffe errechnet sich das osmotische Potenzial nach:

$$\psi_S = -c \cdot R \cdot T$$

(c: Konzentration; R: allgemeine Gaskonstante, 8,31 J/ (mol · K); T: absolute Temperatur)
Eine 100 mM Zuckerlösung hätte demnach ein ψ_S von −0,23 MPa. Außerdem wird das Druckpotenzial auf den normalen Luftdruck bezogen, sodass im Freien oder im Labor üblicherweise ψ_P = 0 MPa gilt.

Durch die unterschiedlichen Vorzeichen wirken das osmotische Potenzial und das Druckpotenzial in entgegengesetzte Richtungen: Steigt die Konzentration an Stoffen, sinkt ψ, und die Lösung tendiert dazu, weiteres Wasser aufzunehmen. Wird der Druck höher, steigt ψ hingegen, und das System neigt zur Abgabe von Wasser.

 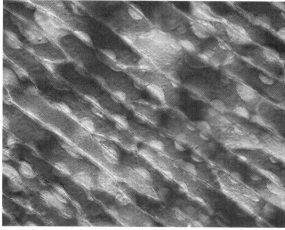

3.18 Unter dem Mikroskop ist die Plasmolyse gut zu verfolgen, wenn die große Zentralvakuole mit einem Farbstoff sichtbar gemacht wird. In turgeszenten Zellen füllt sie fast die gesamte Zelle aus (links), während der Plasmolyse schrumpft sie zusammen (rechts).

gen dieser Schutz, weshalb beispielsweise rote Blutkörperchen in hypotonischen Lösungen zerplatzen (Abbildung 3.19).

[?]

Prinzip verstanden?

3.4 Über welche Mechanismen könnten sich Zellen ohne feste Hülle gegen die zerstörerische Wirkung hypotoner Medien schützen?

---

1 für alle

Hydroskelette bei Tieren

Einige wirbellose Tiere nutzen ebenfalls den Druck flüssigkeitsgefüllter Hohlräume. Ihre hydrostatischen oder einfachen Hydroskelette wirken in Kombination mit Muskeln, die Teile der Flüssigkeitskammern zusammenpressen. Da sich Wasser nicht komprimieren lässt, weicht es in die anderen Bereiche der Hohlräume aus und kehrt zurück, wenn der Druck nachlässt. Es ist dadurch der notwendige Gegenspieler des Muskels. Auf diese Weise strecken beispielsweise Seeanemonen ihren Körper und ihre Fangarme, schwimmen Quallen durch den Rückstoß beim Zusammenziehen ihres Schirms und kriechen Regenwürmer mit Kontraktionen und Streckungen ihrer Segmente.

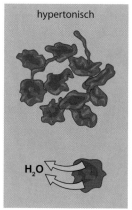 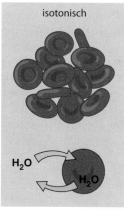 

hypertonisch isotonisch hypotonisch

H_2O H_2O H_2O H_2O

3.19 Tierische Zellen wie diese roten Blutkörperchen haben keine Zellwand, die in hypotonischen Lösungen dem erhöhten Innendruck standhält. Sie blähen sich deshalb auf und zerplatzen, wenn das Medium zu dünn ist.

Das Baumaterial für Zellwände sind Kohlenhydrate

Nicht nur vor ungewolltem Größenzuwachs schützen feste äußere Strukturen, sondern auch vor externen Kräften. Wie eine Mauer reservieren sie Raum für die Zelle und legen gleichzeitig fest, wie viel Platz ihr maximal zur Verfügung steht. Pflanzenzellen umgeben sich mit einer relativ elastischen Primärwand, die ein gerichtetes Streckungswachstum zulässt (siehe Kapitel 13 „Leben entwickelt sich"), und einer starren und unflexiblen Sekundärwand. Ebenso wie Mauern sind solche festen Wände nur mit großem Aufwand zu errichten und abzureißen. Dennoch setzen neben den Pflanzen auch viele Prokaryoten, manche eukaryotischen Einzeller und die meisten Pilze – nicht aber Tiere – auf eine derartige externe Hülle.

Im Prinzip wären Proteine ein geeignetes Material für Zellwände. Allerdings haben sie einen entscheidenden Nachteil, wenn es gilt, Strukturen aufzubauen, die größer sind als die eingeschlossene Zelle selbst und bei Bäumen gar mehrere Hundert Kilogramm Masse umfassen – Proteine enthalten viel Stickstoff. Das Element stellt zwar heutzutage in seiner molekularen Form als N_2 fast 80 Prozent der Atmosphärengase, doch in dieser Form ist es für Pflanzen nicht nutzbar. Nur einige Prokaryoten sind in der Lage, die feste Dreifachbindung des molekularen Stickstoffs zu knacken. Pflanzen sind hingegen auf Verbindungen wie Nitrat (NO_3^-) oder Ammonium

> **Kohlenhydrate** (*Carbohydrates*)
> Aldosen und Ketosen mit mehreren Hydroxylgruppen sowie aus diesen durch Polymerisation hervorgegangene größere Moleküle. Die Zucker bilden die bekannteste Untergruppe der einfachen Kohlenhydrate, Cellulose und Stärke prominente Polymere.

1 für alle

Eine Umgebung für tierische Zellen

Tierische Zellen sind nicht von festen Zellwänden umgeben, aber viele sind in eine **extrazelluläre Matrix** eingebettet. Diese Mischung aus Faserproteinen und einer Grundsubstanz aus Glykoproteinen und Polysacchariden hält die Zellen im Gewebe zusammen, trägt zu dessen mechanischer Stabilität bei und ist an vielen Prozessen beteiligt, die zwischen den Zellen stattfinden. Eine besondere Form der Matrix bilden Epithelzellen, die Körperhöhlen auskleiden – die Basalmembran. Sie trennt das Epithel vom darunterliegenden Bindegewebe.

(NH_4^+) angewiesen, deren Konzentrationen eher niedrig sind. Die geringen Mengen Stickstoff, die sie aus der Umgebung beziehen können, investieren sie deshalb in wichtigere Strukturen und Systeme wie etwa die Moleküle der Photosynthese. Als Baustoff für ihre Zellwände nutzen sie darum vor allem eine andere Stoffgruppe, die keinen Stickstoff benötigt, ebenfalls modular aufgebaut und dabei sehr variabel in ihren Eigenschaften ist – die **Kohlenhydrate** oder **Saccharide**. Andere Molekülsorten wie Proteine und Phenole tragen in geringerem Maße zu den Zellwandstrukturen bei.

Prinzip verstanden?

3.5 Im Gegensatz zu Pflanzen gehen Tiere großzügig mit Stickstoff um, indem sie beispielsweise Haare und Federn aus Proteinen konstruieren und Harnstoff bzw. Harnsäure ausscheiden. Warum können Tiere sich diese „Verschwendung" leisten?

Je nachdem, aus wie vielen Einheiten ein Kohlenhydrat aufgebaut ist, unterscheiden wir vier Kategorien:

- Monosaccharide als Grundbaustein,
- Disaccharide aus zwei Monosacchariden,
- Oligosaccharide mit bis zu 20 Einheiten,
- Polysaccharide, die häufig aus vielen Tausenden Monosaccharid-Bausteinen bestehen.

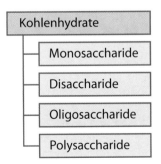

3.20 Die Kohlenhydrate lassen sich nach der Anzahl ihrer Grundeinheiten unterteilen.

3.21 Zucker sind extrem vielseitige Moleküle.

Die räumliche Anordnung macht Monosaccharide vielfältig

Am einfachsten sind die **Monosaccharide** konstruiert, deren Namen fast immer auf -ose enden. Sie umfassen gewöhnlich drei bis neun Kohlenstoffatome, viele Hydroxylgruppen und eine Aldehydoder Ketogruppe. Häufig lässt sich ihre chemische Summenformel als $(CH_2O)_n$ mit unterschiedlichen Zahlen für n zusammenfassen. Allerdings weichen manche Kohlenhydrate von diesem Mengenverhältnis der Elemente ab, und einige beinhalten weitere Elemente wie Stickstoff oder Schwefel. Nach der Anzahl ihrer Kohlenstoffatome werden die Monosaccharide als **Triosen** (3 C-Atome), **Tetrosen** (4 C-Atome), **Pentosen** (5 C-Atome), **Hexosen** (6 C-Atome) und **Heptosen** (7 C-Atome) bezeichnet.

Nicht nur die atomare Zusammensetzung macht die Kohlenhydrate zu einer vielfältigen Stoffgruppe, sondern vor allem ihre Raumgeometrie. Sie sorgt dafür, dass beispielsweise die Summenformel $(CH_2O)_6$ für eine ganze Reihe verschiedener Moleküle stehen kann. In den folgenden Absätzen schauen wir uns kurz an, welche Unterschiede dabei auftreten können.

Der bekannteste Vertreter mit der Formel $(CH_2O)_6$ ist die Glucose. Da sie an einem Ende eine Aldehydgruppe aufweist, gehört sie zu den **Aldosen**. Mit Ausnahme der beiden endständigen Kohlenstoffe ist jedes der Kohlenstoffatome in der Glucose mit vier unterschiedlichen chemischen Gruppen verbunden. Im Kasten „Stereoisomere" auf Seite 47 haben wir erfahren, dass unter dieser Voraussetzung verschiedene räumliche Anordnungen möglich sind. Dementsprechend gibt es eine ganze Reihe von **Strukturisomeren**, die sich lediglich durch die

Orientierung der Gruppen voneinander unterscheiden. Die wichtigsten Verwandten der Glucose sind beispielsweise Mannose und Galactose, aber es existieren noch viele weitere.

Glucose   Mannose   Galactose

Jeder dieser Zucker kann zudem in zwei insgesamt spiegelbildlichen Enantiomeren auftreten, der **D**- und der **L**-Form. Im Falle der Glucose nutzen Lebewesen nur die **D**-Variante, doch können andere Zucker durchaus auch in der **L**-Form vorkommen.

D-Glucose   L-Glucose

In wässrigen Lösungen liegt Glucose nicht als offene Kette vor, sondern bildet ein geschlossenes **Molekül in Ringform**, indem sich das erste und das fünfte Kohlenstoffatom über eine Sauerstoffbrücke mitein-

Darstellung von Glucose nach Fischer, Haworth und in Sesselform

ander verbinden. Die gestreckte Formelschreibweise nach der Fischer-Projektion wird dadurch unpraktisch. Weitaus gebräuchlicher ist deshalb die Darstellung nach Haworth und gelegentlich die perspektivische Sesselform.

In der Ringform hat die Glucose ein weiteres asymmetrisches Zentrum erhalten, das Kohlenstoffatom C-1, das als anomeres Zentrum bezeichnet wird. Zwei unterschiedliche Strukturen, die **Anomere**, werden dadurch möglich. Weist die Hydroxylgruppe nach unten, handelt es sich um α-D-Glucose, zeigt sie nach oben, liegt β-D-Glucose vor.

α-D-Glucose   β-D-Glucose

Die anomeren Formen können ineinander übergehen, wobei sich der Ring kurzzeitig öffnet. Da die leicht sperrigen Hydroxylgruppen sich in der β-Variante so weit wie möglich aus dem Weg gehen, ist diese Anordnung energetisch günstiger und kommt rund doppelt so häufig vor wie die α-Struktur.

Alle beschriebenen Konformationsvarianten kommen auch bei den **Ketosen** vor – der zweiten großen Gruppe von Monosacchariden. Am Beispiel der Fructose sehen wir, dass bei diesen Zuckern am zweiten Kohlenstoffatom eine Ketogruppe zu finden ist. In

Lösung schließt Fructose sich bevorzugt zu einem Fünferring (Furanosering), aber auch ein Sechserring (Pyranosering) ist möglich.

D-Fructose   α-D-Fructose

Die Unterscheidung zwischen α- und β-Fructose fällt in der Fünferringform am C-2-Atom.

Sowohl Aldosen als auch Ketosen weisen durch ihre vielen Hydroxylgruppen geeignete Angriffspunkte für **chemische Modifikationen** auf. Häufig erweitert die Zelle Zucker um chemische Gruppen, die den Charakter des Gesamtmoleküls verändern. In Kapitel 6 „Leben wandelt um" werden uns mehrere phosphorylierte Monosaccharide wie Fructose-1,6-bisphosphat begegnen, die mit der Phosphatgruppe für nachfolgende Stoffwechselprozesse vorbereitet wurden. Die Zahlen 1 und 6 im Namen geben die Nummern der Kohlenstoffatome an, die verändert wurden. „Phosphat" bezeichnet die angehängte Gruppe, und „bis" zeigt wie „bi" oder „di" an, dass zwei Exemplare pro Molekül hinzugefügt wurden.

┌─ Genauer betrachtet ─┐

Wichtige Monosaccharide

Die einfachsten Monosaccharide sind die Ketose **Dihydroxyaceton** und die Aldose **Glycerinaldehyd**.

Dihydroxyaceton   Glycerinaldehyd

Unter den Pentosen sind besonders **Ribose** und **Desoxyribose** hervorzuheben. Beide sind wichtige Bestandteile von Nucleinsäuren (siehe Kapitel 11 „Leben speichert Wissen"), die Ribose von der RNA (Ribonucleinsäure) und die Desoxyribose von der DNA (Desoxyribonucleinsäure). Obwohl der

Desoxyribose nur ein Sauerstoffatom am C-2-Atom fehlt, senkt der kleine Unterschied die Reaktionsfreudigkeit des Zuckers so sehr, dass DNA chemisch stabiler ist als RNA.

Ribose   Desoxyribose

OPO$_3$$^{2-}$
CH$_2$
OH
HO
CH$_2$
OH
OPO$_3$$^{2-}$

Fructose-1,6-bisphosphat

Weitere typische Modifikationen sind der Ersatz einer Hydroxyl- durch eine Aminogruppe wie im Glucosamin. Mitunter ist an dessen Stickstoffatom zusätzlich eine Acetylgruppe (–COCH$_3$) angehängt, so beim N-Acetylglucosamin.

CH$_2$OH
OH
HO
OH
NH$_2$

Glucosamin

CH$_2$OH
OH
HO
OH
NH
COCH$_3$

N-Acetylglucosamin

Ist das anomere Kohlenstoffatom an der Bindung beteiligt, sprechen wir von einer **glykosidischen Bindung**. Während ihrer Bildung wird ein Molekül Wasser abgespalten, es handelt sich somit um eine Kondensationsreaktion. Deren Gleichgewicht liegt dabei zwar auf der Seite mit den beiden Ausgangsmolekülen, dennoch ist das entstehende Glykosid sehr stabil.

anomerer Kohlenstoff
CH$_2$OH
OH
HO
OH
OH
+ HO—CH$_3$ →

glykosidische Bindung
CH$_2$OH
OH
HO
OH
O—CH$_3$
+ H$_2$O

Glucose und Ethanol bilden Ethylglucosid und Wasser.

Je nach Ausrichtung am anomeren Kohlenstoff geht aus der Reaktion ein α- oder β-Glykosid hervor. Beide Varianten haben gerade in biologischen Systemen wegen ihrer leicht verschiedenen räumlichen Struktur unterschiedliche Eigenschaften, weil sie geometrisch nicht zu den gleichen Reaktionspartnern passen.

Zwei Monosaccharide können unterschiedliche Disaccharide ergeben

Glykosidische Bindungen treten vor allem bei der Verbindung von Monosacchariden auf. Bei der Kondensation von zwei Einfachzuckern entsteht ein **Disaccharid**. Das Ergebnis hängt dabei von mehreren Faktoren ab:

- Welche Monosaccharide sind beteiligt?
- Zwischen welchen Kohlenstoffatomen entsteht die Bindung?
- In welcher anomeren Form haben diese reagiert?

Zwei Glucosemoleküle können beispielsweise zu Maltose mit einer α-1,4-glykosidischen Bindung werden, wenn die Reaktion zwischen dem C-1-Atom von α-Glucose und dem C-4-Atom von β-Glucose stattfindet.

OH
HO
HO
O
HO
O
OH
HO
O
HO
OH

Maltose

Handelt es sich aber bei beiden Partnern um β-Glucose, wird auch die Bindung β-1,4-glykosidisch, und wir bekommen Cellobiose.

OH
HO
HO
O
OH
HO
HO
O
OH
O
OH

Cellobiose

Sowohl in Maltose als auch in Cellobiose ist weiterhin ein anomeres Kohlenstoffatom frei. Die Disaccharide können deshalb wie Monosaccharide spontan den entsprechenden Ring öffnen, wodurch die reaktionsfreudige Aldehyd- bzw. bei Ketosen die Ketogruppe exponiert wird. Damit sind die Moleküle unter anderem in der Lage, Kupferionen zu reduzieren, weshalb sie als **reduzierende Zucker** bezeichnet werden.

Im Gegensatz dazu verhalten sich **nichtreduzierende Zucker** reaktionsträge, weil bei ihnen beide anomere Zentren bereits an der glykosidischen Bindung beteiligt sind. Der Haushaltszucker Saccharose gehört in diese Gruppe. Bei ihm sind das C-1-Atom von α-Glucose und das C-2-Atom von β-Fructose miteinander verknüpft und die Ringe der Zuckereinheiten damit gefestigt. Pflanzen nutzen Saccharose als Transportform, die sie bequem über ihre Leitbündel von einem Pflanzenteil zum anderen befördern können.

Saccharose

Polysaccharide können geradlinig oder verzweigt sein

Die große Zahl der Stereoisomere macht die Kohlenhydrate zu einer vielseitigen Stoffgruppe. Durch die Möglichkeit, lange Ketten und verzweigte Netze zu bilden, wächst die Menge der Kombinationen aber geradezu beliebig an. Bei den **Oligosacchariden** umfasst jedes Molekül eine feste Anzahl von Zuckereinheiten, sodass wir von Tri-, Tetra-, Penta-, Hexasacchariden usw. reden. Die einzelnen Monomere sind darin über ihre vielen Hydroxylgruppen miteinander verbunden, was die verschiedensten Anordnungen erlaubt.

Noch weitaus variabler wird es bei den **Polysacchariden**. Ihre Größe lässt sich nur mit einem statistischen Mittel oder einer Spanne angeben, denn sie wachsen einfach so lange, wie der Nachschub an Bausteinen nicht versiegt oder bis sie ihre Funktion erfüllen können. Zu diesen Aufgaben zählen vor allem:

- struktureller Halt und Festigkeit,
- Speicherung von Energie und Kohlenstoff.

Vergleichsweise einfach ist die Cellulose aufgebaut, der wir gleich bei der Konstruktion von pflanzlichen Zellwänden begegnen werden. Sie besteht aus Hunderten bis mehreren Zigtausenden linear β-1,4-glykosidisch verknüpften Glucosemolekülen. Die kettige Struktur mit durchgehend kovalenten Bindungen verleiht der Cellulose eine enorme Zugfestigkeit, die sich noch verstärkt, wenn sich mehrere Fäden parallel nebeneinander lagern. Für den Zusammenhalt zwischen den Ketten sorgen dabei Wasserstoffbrückenbindungen.

Cellulose

Auch der pflanzliche Speicherstoff Stärke ist aus Glucose aufgebaut, allerdings aus dessen α-Variante. Unverzweigte β-1,4-glykosidisch verbundene Glucoseketten sind wegen der anderen Ausrichtung ihrer Hydroxylgruppe am anomeren Kohlenstoff schraubig gedreht. Sie werden als **Amylose** bezeichnet und machen den geringeren Teil der Stärkemoleküle aus. Etwa drei Viertel sind weitmaschiges **Amylopektin**, bei dem es neben der α-1,4-glykosidischen Bindung im Schnitt an jeder dreißigsten Einheit zusätzlich eine α-1,6-glykosidische Gabelung gibt.

Amylopektin

Beim tierischen **Glykogen** kommt statistisch eine Verzweigung auf jede zehnte Glucoseeinheit. Ansonsten entspricht es im Aufbau der Stärke.

CH₂OH

α-1,6-Bindung

α-1,4-Bindung

Glykogen

Glykogen ist im Cytosol löslich und somit schnell abbaubar. Im besonders beanspruchten Muskelgewebe gibt es darum eigene Vorräte, die nur vom Muskel selbst genutzt werden dürfen. Glykogen ist für die Zelle damit der ideale Snack gegen den Hunger zwischendurch.

Saccharide sind oft mit anderen Verbindungen verknüpft

Außer untereinander verbinden Saccharide sich auch mit anderen Stoffgruppen. Mit Lipiden formen sie **Glykolipide**, die auf der Außenseite von Membranen zu finden sind. Die Oligosaccharidanteile verleihen der Membran eine unverwechselbare Oberfläche, die von Art zu Art, Individuum zu Individuum und Zelltyp zu Zelltyp verschieden sein kann. Die unterschiedlichen Blutgruppen beim Menschen gehen auf solche molekularen Fingerabdrücke zurück. Auch beim Kontakt zwischen Zellen stellen Glykolipide wahrscheinlich die entscheidenden Merkmale.

Die Funktionen von **Glykoproteinen** sind noch vielfältiger. Kombinationen von Mono-, Di-, Oligo- und Polysacchariden mit Proteinen sind an vielen Strukturen beteiligt, am Immunsystem, als Bestandteil von Rezeptoren, an der Interaktion von Zellen oder werden als Schleime abgesondert. Zuckerreste schützen häufig auch vor dem Abbau durch proteolytische Enzyme. Außerdem tragen manche Proteine

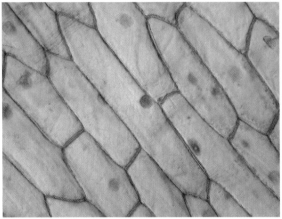

3.22 Die Zellwand von Pflanzen ist unter dem Lichtmikroskop gut zu erkennen.

während ihrer Faltung oder ihres Transports Kohlenhydratanteile. Mannose-6-Phosphat dient beispielsweise als eine Art Adressanhänger für Proteine, die unterwegs zu Lysosomen sind.

Cellulose ist der Hauptbestandteil pflanzlicher Zellwände

Mit den Kohlenhydraten verfügt die Zelle über den richtigen Baustoff, um innerem wie äußerem Druck standzuhalten. Allerdings darf gerade bei einer jungen Zelle, die noch wachsen muss, die Wand nicht zu

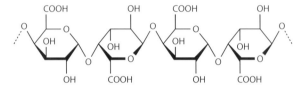

3.23 Das Rückgrat der Pektine besteht aus Ketten von Galacturonsäure – einem Derivat der Galactose, bei dem das C-6-Atom zu einer Carboxylgruppe oxidiert ist.

starr geraten. Aus diesem Grund verläuft der Zellwandbau in Schichten.

Nach einer Zellteilung ziehen die frisch entstandenen Tochterzellen als erste Trennschicht eine **Mittellamelle** zwischen ihre Plasmamembranen. Hauptsächlich besteht diese Schicht aus einer klebrigen Substanz namens **Pektin** (Abbildung 3.23). Pektine sind α-1,4-glykosidisch verknüpfte Galacturonsäureketten, die durch gelegentlich 1,2-glykosidisch eingebaute Rhamnose mit daran hängenden Seitenketten geknickt und verzweigt sind. An diese Klebschicht werden alle weiteren Lagen angesetzt, sodass die Mittellamelle schließlich vom Zellinneren gesehen am weitesten außen liegt und für den Zusammenhalt der Zellen sorgt.

Die eigentliche Zellwand, mit der sich die Zelle schützt, entsteht mit Errichtung der **Primärwand** (Abbildung 3.24). Sie setzt sich aus einem Gemisch von Pektinen, Cellulose, Glykoproteinen, Proteinen und kurzen verzweigten Ketten unterschiedlicher Zucker, die allesamt als Hemicellulose bezeichnet werden, zusammen.

Die Celluloseketten der Primärwand sind mit etwa 6000 Glucoseeinheiten relativ kurz. Sie finden sich zu **Mikrofibrillen** von etwa 20 bis 30 nm Durchmesser

3.24 Die Primärwand schützt die Plasmamembran, ist aber noch elastisch. Sie hat Kontakt zur Mittellamelle, die für den Zusammenhalt benachbarter Zellen sorgt.

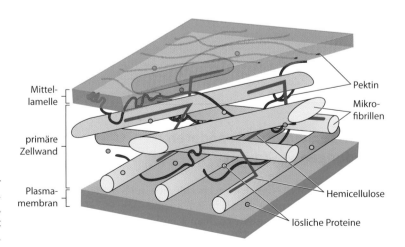

Mittellamelle

primäre Zellwand

Plasmamembran

Pektin

Mikrofibrillen

Hemicellulose

lösliche Proteine

zusammen, die allerdings noch ungeordnet kreuz und quer verlaufen und deshalb nur locker miteinander verbunden sind. Diese **Streutextur** lässt die Primärwand weiterhin elastisch bleiben, sodass die Zelle nicht wesentlich in ihrem Wachstum behindert wird. Dehnt sich die Zelle durch den Druck des aufgenommenen Wassers, wird die Primärwand an verschiedenen Stellen dünner, woraufhin neue Fibrillen aufgelagert werden. Die Zellwand befindet sich im Stadium des Flächenwachstums.

Hat die Zelle ihre endgültige Größe erreicht, ändern sich die Prioritäten. Nun steht im Vordergrund, das Zellinnere vor mechanischen Kräften, Austrocknung und Krankheitserregern zu schützen. Einige Zellen bilden dafür eine **Sekundärwand**, die durch einen veränderten Aufbau passend ausgestattet ist (Abbildung 3.25). Ihre Cellulosefäden sind mit 13 000 bis 16 000 Einheiten viel länger als in der Primärwand. Zudem werden die Fibrillen dicht gepackt parallel zueinander verlegt (**Paralleltextur**). Die Richtung ändert sich dabei mit jeder Einzelschicht, wodurch sich die Fäden kreuzen und die Wand festigen.

Zur Festigkeit tragen auch weitere Substanzen bei, die als eine Art Matrix die Cellulose umgeben. Vor allem der Holzstoff **Lignin** sorgt für eine starre

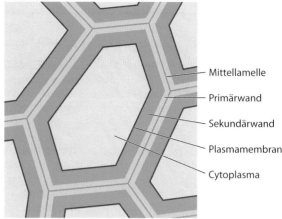

3.25 Von außen nach innen ist die pflanzliche Zelle von der Mittellamelle, der Primärwand und in manchen Geweben von einer Sekundärwand umgeben.

Sekundärwand. Es handelt sich beim Lignin um ein riesiges verzweigtes Polymer aus unterschiedlichen Grundbausteinen, die sich häufig vom Phenol ableiten (Abbildung 3.26). Muss die Zellwand möglichst wasserdicht sein, wird noch **Suberin** eingebaut, das mit seinen Fettsäureanteilen stark hydrophob ist.

3.26 Lignin ist ein riesiges verzweigtes Molekül mit hohem Anteil phenolischer Gruppen, die an ihren Ringsystemen zu erkennen sind. Die Grafik zeigt einen winzigen Ausschnitt aus einem denkbaren Molekül.

> **1 für alle**
>
> ### Zellwände von Bakterien und Pilzen
>
> Das Prinzip, den inneren Druck mit einer äußeren Zellwand auszugleichen, ist im Laufe der Evolution vermutlich mehrfach entstanden. Dafür sprechen die unterschiedlichen Konstruktionen, die verschiedene Organismengruppen entwickelt haben.
>
> **Eubakterien** sind von einer starren Hülle aus Peptidoglycan (auch Murein genannt) umgeben. Dieses Polymer besteht aus Ketten der Zuckerderivate N-Acetylglucosamin und N-Acetylmuraminsäure, die über kurze Brücken von Aminosäuren miteinander vernetzt sind. Bei grampositiven Bakterien (zu denen die *Bacillus*-Gruppe gehört) ist die Zellwand dick und vielschichtig, sodass sich bei der Gram-Färbung der Farbstoff in ihr verfängt. Gramnegative Bakterien (ein Vertreter ist *Escherichia coli*) haben dagegen nur eine dünne Zellwand, sind aber noch von einer zusätzlichen Äuße-
>
> ren Membran umgeben, die verhindert, dass der Farbstoff überhaupt bis zum Peptidoglycan gelangt.
>
> Die Zellwände von **Pilzen** sind aus Cellulose, β-1,3-glykosidisch verknüpfter Glucose und Chitin, einem Polymer von N-Acetylglucosamin, aufgebaut; diese sind ähnlich wie bei Pflanzen in Fibrillen organisiert. Zusätzlich gibt es 1,6-glykosidische Ketten, Verzweigungen und Verknüpfungen, welche die Pilzzellwand zu einem komplizierten Gebilde machen, das bislang kaum erforscht ist. Eine denkbare Begründung für diese Komplexität könnte die Lebensstrategie der Pilze sein. Sie ernähren sich von totem Material, das sie außerhalb der Zelle anverdauen müssen – mit Enzymen, die auch Zellwände aus Cellulose spalten. Die Pilze mussten also eigene Wege gehen, um sich nicht versehentlich selbst aufzulösen.

Dieses Dickenwachstum der Zellwand nimmt ihr jegliche Flexibilität. Darum hängt es vom jeweiligen Zelltyp ab, welche Stärke die fertige Wand schließlich erreicht und wie sie im Detail konstruiert ist.

> **Protoplast** (*protoplast*)
> Der essenzielle Teil einer Zelle, die von einer Zellwand umgeben ist. Der Protoplast umfasst die Plasmamembran sowie das darin enthaltene Cytoplasma mitsamt Organellen. Ohne Zellwand kann der Protoplast nur in einem isotonischen Medium bestehen.

Die Gesamtheit aller Zellwände und Zellzwischenräume – sozusagen das gesamte Außen – bezeichnen wir als **Apoplasten** (Abbildung 3.27). Das Innere, nämlich die Gesamt-

heit der Protoplasten, heißt hingegen **Symplast**. Es ist der eigentlich lebendige Anteil der Pflanze. Dennoch finden auch im Apoplasten viele lebensnotwendige Prozesse statt, wie wir in den folgenden Kapitel erfahren werden.

Kapseln und Schleime schaffen eine kontrollierte Umgebung

Eine feste Zellwand ist wie die Mauer eines Hauses ein guter Schutz vor der Außenwelt. Noch weiter auf Abstand bleibt die Umgebung mit einem zusätzlichen Vorgarten, den die Bewohner nach ihren eigenen Vorstellungen gestalten. Einige Zellen verfolgen diese Strategie, indem sie sich in ausgeschiedene Polysaccharide, Glykolipide und Glykoproteine hüllen. Diese **Glykokalyx** kann gelartig und als Kapsel fest an die Zelle gebunden sein oder aus Schleim bestehen, dessen Bestandteile freie Moleküle sind.

In der Glykokalyx herrschen andere Bedingungen als jenseits der Saccharidhülle. Daraus ergibt sich eine ganze Reihe von Vorteilen:

- Die Polysaccharide binden Wasser und verhindern dadurch das **Austrocknen** der Zelle. Außer Bakterien nutzen dieses Prinzip auch tierische Schleimhäute, die sich wegen ihrer besonderen Aufgaben nicht hinter undurchlässigen Schutzschichten verbergen können.

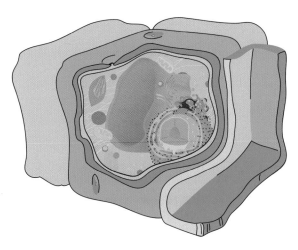

3.27 Der Apoplast (grün) schützt den Symplasten (orange) und gibt ihm Struktur.

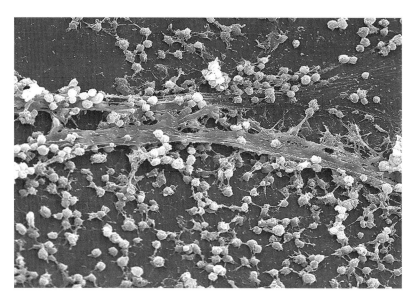

3.28 Ein Bakterienfilm unter dem Rasterelektronenmikroskop. Die einzelnen Zellen sind durch Kohlenhydrate miteinander verbunden.

- Die **chemische Zusammensetzung** ist konstant und kann von der Zelle selbst reguliert werden. Manche Bakterien sind deshalb nur schwer mit Antibiotika und anderen Wirkstoffen abzutöten. Beim Menschen schützt sich die Magenwand mit einer Schleimschicht vor der aggressiven Magensäure und der Darm vor der Selbstverdauung durch die Enzyme in der Glykokalyx.
- Im Kampf zwischen **Krankheitserregern und Immunsystem** ist die Rolle der Kapseln ambivalent. Einerseits erkennen die Immunzellen einen Mikroorganismus an der charakteristischen Komposition seiner Polysaccharide, andererseits erschweren es diese den Makrophagen, den Angreifer zu fressen.
- Weil Kohlenhydrate sehr klebrig sind, haften Zellen mit ihnen auf fast beliebigen Untergründen. Ein extremes Beispiel hiefür sind **Biofilme**, die von Bakterien auf eigentlich glatten Materialien gebildet werden (Abbildung 3.28). Vom Zahnbelag bis zu den uralten Stromatolithen, die wir im ersten

Kapitel kennengelernt haben, sind Biofilme hartnäckige kleine Ökosysteme, die ihre eigene stoffliche Zusammensetzung haben, zu mächtigen Schichten anwachsen und sogar fossilieren können. Sie sind Lebensraum für verschiedene Bakterien und eukaryotische Einzeller mit maßgeschneiderten Bereichen für Spezialisten, die beispielsweise ohne Sauerstoff besser gedeihen. Biofilme gibt es im Gletschereis und in heißen Quellen, in verdünnten Säuren und Laugen, im menschlichen Körper und in der Wüste.

Die Liste der Funktionen ist noch länger, und vermutlich kennen wir nicht alle Vorgänge, an denen Kapseln und Schleime beteiligt sind.

Prinzipien des Lebens im Überblick

- Proteine sind universelle Werkzeuge der Zellen.
- Sie sind aus Aminosäuren aufgebaut, die über Peptidbindungen zu langen Ketten verknüpft sind. Vor allem die 20 klassischen Aminosäuren kommen häufig in Proteinen vor. Ihre Seitenketten bestimmen die Eigenschaften des Proteins, gehen Bindungen ein und sorgen für die dreidimensionale Form des Moleküls.
- Zur Stabilität der Zelle tragen die Proteine als Strukturen des Cytoskeletts bei.
- Während Mikrofilamente die Membran festigen, fangen Intermediärfilamente Zugkräfte auf und kompensieren Mikrotubuli äußeren Druck.

---

1 für alle

Schützende Verpackungen

Harte Schalen gegen mechanische Kräfte von außen sind weit verbreitet. Foraminiferen bilden Kalkschalen, aus denen manche tropischen Sandstrände bestehen. Gliederfüßer wie Insekten, Spinnen und Krebse sind von Chitinpanzern umgeben. Und auch Pflanzen verpacken ihre Sporen und Samen in harte Schalen.

„Wir Strahlentierchen haben uns gedacht: Wenn schon mikroskopisch klein, dann wenigstens im edlen Design!"

- Pflanzen sind zudem von einer Zellwand umgeben, die vorwiegend aus Kohlenhydraten aufgebaut ist.
- Kohlenhydrate sind eine arten- und formenreiche Stoffgruppe, zu denen die Zucker gehören. Neben strukturgebenden Vertretern wie Cellulose umfasst sie auch Speichersubstanzen, zu denen Stärke und Glykogen gehören.
- Neben den Schutz vor äußeren Einwirkungen bewahren Zellwände die Zellen auch davor, durch den Einstrom von Wasser im Zuge einer Osmose zu platzen.
- Manche Zellen kontrollieren auch die Zusammensetzung ihrer unmittelbaren Umgebung, indem sie Polysaccharide, Glykolipide und Glykoproteine ausscheiden, die eine Glykokalyx genannte Kapsel oder Schleimschicht bilden.

📖 Bücher und Artikel

Andreas Bresinsky et al.: *Strasburger – Lehrbuch der Botanik*. (2008) Spektrum Akademischer Verlag
Alle Aspekte pflanzlichen Lebens vom Molekül bis zur Systematik ausführlich beschrieben.
Michael T. Madigan et al.: *Brock Mikrobiologie*, 11. Aufl. (2008) Pearson
Die Biologie von Bakterien und anderen Mikroorganismen übersichtlich und verständlich dargestellt.
Jeremy M. Berg, Lubert Stryer und John L. Tymoczko: *Stryer Biochemie*. (2007) Spektrum Akademischer Verlag
Aminosäuren, Proteine und Kohlenhydrate im Detail erklärt.
Reinhard Fischer: *Gibt es ein Cytoskelett in Prokaryoten?* in „Biologie in unserer Zeit" 29/5 (2005)
Übersichtsartikel zum bakteriellen Cytoskelett, über das die Biologie bislang nur wenig weiß.
Klaus Werner Wolf und Konrad Joachim Böhm: *Organisation von Mikrotubuli in der Zelle* in „Biologie in unserer Zeit" 27/2 (2005)
Der aktuelle Wissensstand zu den größten Komponenten des Cytoskeletts.

Internetseiten

www.uni-leipzig.de/%7Epwm/kas/cytoskeleton/Cytoskeleton.html
Übersicht inklusive Auf- und Abbauvorgängen und deren Regulation.
www.pdb.org
Die Protein Data Bank sammelt die Strukturdaten sämtlicher Proteine und stellt sie online zur Verfügung. An jedem Computer mit Internetzugang und modernem Browser können damit dreidimensionale Modelle erstellt und gedreht werden.
www.palaeos.com/Fungi/FPieces/CellWall.html
Die Zellwand von Pilzen im Detail.

❗ Antworten auf die Fragen

3.1 Durch seinen Ring, der die Atome des Rückgrats mit einschließt, verliert Prolin die freie Drehbarkeit einer Einfachbindung am α-Kohlenstoffatom. Die Polypeptidkette kann deshalb nicht mehr vollständig die Winkel einer korrekten Helix einhalten. Es entsteht mindestens ein Knick in der Sekundärstruktur, häufig bricht die Helix auch am Prolin ab. Ähnliche Probleme bereitet die Aminosäure in β-Faltblättern. Die meisten Proline sind dementsprechend in Schleifen, Kehren und ungeordneteren Bereichen von Proteinen zu finden.

3.2 Alle Aminosäuren der Sequenz haben unpolare Seitenketten. Darum sind sie vom Wasser abgekehrt im Inneren des Proteins verborgen oder ragen bei einem transmembranen Protein in den hydrophoben Bereich der Lipidschwänze hinein.

3.3 Intermediärfilamente sorgen dafür, dass Zellen bei Zugbelastung nicht zerreißen. Durch den Chitinpanzer der Insekten sind Insektenzellen aber weitgehend gegen derartige Kräfte geschützt. Sie benötigen deshalb keine ausgesprochene Stabilität gegenüber mechanischer Beanspruchung.

3.4 Außer einer druckfesten Hülle sind verschiedene weitere Methoden denkbar – und meist auch in der Natur realisiert –, um in hypotonen Umgebungen zu überleben.

- Zellen und Organismen können ihre innere Osmolarität an den Wert der Umgebung anpassen. Solche Osmokonformer, wie beispielsweise der Wattwurm, nehmen mit der veränderten Osmolarität an Volumen zu oder ab.
- Lebewesen können selbst durch Abgabe und Aufnahme von Molekülen die Osmolarität der Umgebung regulieren. Bei

den Wirbeltieren übernehmen die Nieren diese Aufgabe, indem sie die Zusammensetzung der interstitiellen Flüssigkeit, welche die Zellen umgibt, stets gleich halten.

- Manche Zellen können ihre Plasmamembran möglichst undurchlässig für Wasser machen. Das Pantoffeltierchen *Paramecium* vermindert so den Einstrom von Wasser.
- Einige Zellen können eingedrungenes Wasser aktiv wieder aus der Zelle herauspumpen. Auch diese Technik verfolgt *Paramecium*. Es besitzt kontraktile Vakuolen, die im Cytoplasma Wasser aufnehmen und es stoßweise hinausbefördern.

3.5 Tiere decken ihren Energiebedarf, indem sie andere Organismen fressen und die Energie in deren chemischen Verbindungen nutzen. Dabei nehmen sie gewissermaßen „nebenbei" ständig Stickstoff auf, den diese Organismen gesammelt und in ihrem Zellmaterial aufkonzentriert haben. Da die Tiere mehr Energie benötigen als Stickstoff, reichert sich das Element leicht im Übermaß an. Pflanzen gewinnen ihre Energie hingegen aus Sonnenlicht und verfügen (mit wenigen Ausnahmen wie fleischfressende Pflanzen) nicht über die Mechanismen, um Stickstoff aus biologischen Quellen zu extrahieren.

4 Leben tauscht aus

Wären Zellhüllen vollkommen undurchlässig, würde sich im Inneren von Zellen schnell ein physikochemisches Gleichgewicht einstellen, und die Lebensfunktionen kämen zum Stillstand. Um weiterzuleben, muss sich ein Organismus mit Nährstoffen versorgen und Abfallprodukte abgeben. Verschiedene Mechanismen sorgen für diesen Austausch mit der Umgebung.

Wenn wir die Welt für einen Moment aus dem Blickwinkel der Thermodynamik betrachten, zerfällt sie in drei unterschiedliche Arten von Systemen (Abbildung 4.1).

- Ein **abgeschlossenes System** ist vollkommen isoliert, da es weder Materie noch Energie mit seiner Umgebung austauscht. Streng genommen gilt dies nur für das Universum als Ganzes, da es in diesem Fall kein „Außen" gibt und somit keinen Tauschpartner. Etwas weniger restriktiv betrachtet erfüllen aber auch undurchsichtige isolierende Behälter wie Thermoskannen und andere Dewargefäße diese Anforderungen – allerdings nur für einen begrenzten Zeitraum. Sowohl Messungen als auch die Alltagserfahrung zeigen, dass trotz der Isolation allmählich Strahlungsenergie in das System eindringt oder aus ihm austritt.

  Leben wäre als abgeschlossenes System ohnehin nicht dauerhaft möglich. Weil sich verschiedene Energieformen nicht verlustfrei ineinander umwandeln lassen, ginge bei jedem Prozess, den solch eine hypothetische Lebensform ausführt, zwangsläufig ein Teil ihrer nutzbaren Energie in nicht nutzbare Wärme über. Da ein abgeschlossenes System jedoch keine Energie von außen erhält, wäre die Anzahl der Prozesse, die das Wesen ausführen könnte, von vornherein begrenzt. Es würde irgendwann den Wärmetod sterben – ein Schicksal, das auch unserem Universum in einer sehr, sehr fernen Zukunft bevorsteht, wenn es tatsächlich einzigartig und allumfassend sein sollte.

- Reale Systeme innerhalb des Universums sind allenfalls **geschlossene Systeme**, deren Grenzen zwar für Energie, nicht jedoch für Materie durchlässig sind. In grober Näherung können wir die Erde als ein Beispiel ansehen. Sie nimmt ständig elektromagnetische Energie von der Sonne auf und strahlt die gleiche Menge in den Weltraum ab (sonst würde sie sich aufheizen). Materie tauscht unser Planet hingegen so gut wie gar nicht aus. Er empfängt zwar einen beständigen Schauer von Meteoriten sowie Protonen, Elektronen und Heliumkernen aus dem Sonnenwind, dazu geringere Mengen von kosmischen Teilchen und verliert schleichend einen kleinen Teil der Gase seiner äußeren Atmosphäre – vor dem Hintergrund der enormen Masse und Stofffülle der Erde können wir diese Einflüsse jedoch getrost vernachlässigen. Als geschlossenes System wäre eine Lebensform stark eingeschränkt. Sie könnte mit der von außen kommenden Energie ihren internen Vorrat auffüllen und einen Zustand einnehmen, der abseits vom Gleichgewicht toter Gegenstände liegt. Es wäre ihr möglich, ihre Entropie niedrig zu halten, komplexe chemische Strukturen aufzubauen und zu pflegen, über verschiedene Sinne Informationen zu sammeln und auszuwerten und sich zu bewegen. Allerdings wäre dieses Leben immer auf den gleichen Satz materieller Bausteine angewiesen, der sich niemals verändert oder erweitert. Damit könnte ein geschlossenes Wesen weder wachsen noch sich fortpflanzen. Obendrein hätte es Schwierigkeiten, sich an Veränderungen der Umwelt anzupassen, wenn dazu mehr oder neue Grundbaustoffe nötig wären. Leben auf einer derartigen Grundlage wäre ständig gefährdet und daher allenfalls im Prinzip denkbar, aber praktisch kaum überlebensfähig.

- Für Leben muss ein System daher neben Energie auch Materie mit der Umwelt austauschen. Erst solch ein **offenes System** kann sich dauerhaft vom

4.1 Nur das Weltall ist groß genug, um als abgeschlossenes System zu gelten, denn selbst Galaxien strahlen Energie ab (links). Sie sind daher wie die Erde eher geschlossene Systeme, die in erster Näherung nur Energie mit ihrer Umgebung austauschen (Mitte). Lebewesen zählen zu den offenen Systemen, die sowohl Energie als auch Materie aufnehmen und abgeben (rechts).

stabilen Gleichgewichtszustand toter Materie entfernen, vermehren und anpassen. Alle uns bekannten Lebensformen sind offene Systeme. Sie erhalten ihren Status auf Kosten ihrer Umgebung, der sie Substanzen entnehmen und an die sie welche abgeben. Die Hülle, mit der sich Zellen umgeben, darf das Leben also nicht hermetisch abschließen, sondern muss durchlässig für Energie und chemische Verbindungen sein. Allerdings auf eine sehr wählerische Weise, denn schließlich müssen die Membranen trotz aller Offenheit die Moleküle des Lebens im Inneren zusammenhalten.

> **Fließgleichgewicht** (*steady state*)
> Dynamischer Zustand mit gleichbleibenden Parametern (z. B. Konzentrationen), in dem sich zufließende und abfließende Veränderungen ausgleichen. Erscheint dadurch wie ein Gleichgewicht.

Zellen transportieren selektiv Stoffe durch ihre Membranen

Die Fähigkeit von Biomembranen, nur einige Arten von Stoffen durchzulassen, für andere aber unüberwindbar zu sein, bezeichnen wir als **selektive Permeabilität**. Sie wird durch den Aufbau des Bilayers hervorgerufen, der es mit seinem hydrophoben Kern aus Kohlenwasserstoffketten allen polaren und geladenen Molekülen sehr schwer macht, durch die Membran zu gelangen. Denn erstens schließen die Lipide hydrophile Verbindungen aus Entropiegründen aus (siehe Kasten „Entropie als Maß der Beliebigkeit" auf Seite 11), und zweitens sind polare und geladene Substanzen von ausgerichteten Wassermolekülen um-

geben. Diese **Hydrathüllen** machen die Teilchen effektiv größer, als sie alleine wären (Abbildung 4.2). Sie abzustreifen kostet Energie und findet dementsprechend selten spontan statt. Eigentlich kleine hydrophile Teilchen scheitern darum ebenso an der Lipidschicht wie Proteine, Polysaccharide und andere Makromoleküle.

Damit die Zelle dennoch Nährstoffe aufnehmen kann, hat sie eine Reihe von Mechanismen entwickelt, mit der sie die Beschränkungen des Bilayers gezielt umgehen kann (Abbildung 4.3). Sie lassen sich in zwei große Gruppen unterteilen:

- Der **passive Transport** findet ohne Zufuhr von Energie statt. Er wird alleine dadurch angetrieben, dass die zu transportierende Substanz ungleich verteilt ist und von der Seite mit höherer zur Seite mit geringerer Konzentration fließt.
- Der **aktive Transport** kann gegen ein Konzentrationsgefälle verlaufen. Dafür muss die Zelle jedoch

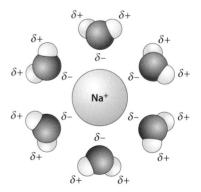

4.2 Wassermoleküle lagern sich wegen ihres elektrischen Dipolcharakters als Hydrathülle um geladene oder polare Teilchen und vergrößern damit deren effektiven Durchmesser.

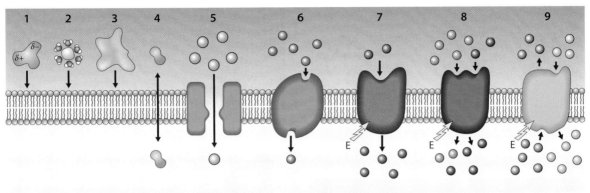

4.3 Biomembranen sind semipermeabel, lassen also nur bestimmte Substanzen hindurch. Polare Moleküle (1), Teilchen in Hydrathüllen (2) und Makromoleküle (3) gelangen nicht durch die Membran. Neutrale Teilchen (4) diffundieren einfach hindurch, während die Zelle für manche Stoffe spezielle Kanäle (5) und Transporter (6) bereithält. Für die Aufnahme begehrter und wichtiger Substanzen, die meistens verdünnt vorliegen, setzt sie sogar Energie ein und befördert sie einzeln im Uniport (7) oder gekoppelt im Symport (8) oder Antiport (9) durch die Membran.

Energie aufwenden und spezielle Transportkomplexe bereitstellen.

Konzentrationsgefälle sorgen für einen Nettofluss

Der einfachste Weg, über den eine Substanz in die Zelle gelangen kann, ist **Diffusion**. Es handelt sich dabei um zufallsgesteuerte Wanderungen durch **thermische Bewegungen**, wie wir sie bereits in den vorhergehenden Kapiteln kennengelernt haben. Auf der Ebene von Atomen und Molekülen ist Wärme nämlich nichts weiter als Bewegungsenergie – je „heißer"

ein Teilchen ist, umso schneller fliegt es durch den Raum. Ein Wassermolekül bewegt sich beispielsweise bei Raumtemperatur etwa mit Schallgeschwindigkeit. Und ein großes Protein bringt es immer noch auf das Tempo eines Weltklassesprinters. Das gilt allerdings jeweils nur für extrem kurze Strecken, denn in Lösungen ist die Teilchendichte so groß, dass die Moleküle nach ungefähr einem Atomdurchmesser mit einem anderen Teilchen zusammenstoßen. Bei diesen Kollisionen übertragen sie gegenseitig Energie, weshalb sich die Wärme von Stoß zu Stoß weiter ausbreitet.

Obendrein ändern die Teilchen mit jedem Stoß ihre Flugrichtung. Ein einzelnes Molekül beschreibt so eine zufällige zackige Bahn, die es allmäh-

> **Diffusion** (*diffusion*)
> Doppelt belegter Begriff zum gleichen Phänomen.
> 1. Thermische Zufallsbewegung von Teilchen.
> 2. Ausbreitung einer Substanz entlang einem Konzentrationsgefälle.

lich von seinem Ausgangspunkt wegführt. Startet eine große Anzahl von Teilchen von der gleichen Stelle, verteilen sich diese langsam im Raum. Obwohl ihre Zufallskurse sie zwischendurch immer mal wieder ein Stückchen in die Richtung zu ihrem Ursprung führen, bewegen sich stets mehr Teilchen von der höheren zur niedrigeren Konzentration. Es ergibt sich ein **Nettofluss, der dem Konzentrationsgefälle folgt** und so lange andauert, bis eine makroskopische Gleichverteilung erreicht ist (Abbildung 4.5). Während wir dann mit bloßem Auge keine Unterschiede – etwa in der Konzentration eines Farbstoffs – mehr wahrnehmen können, dauern die thermischen Bewe-

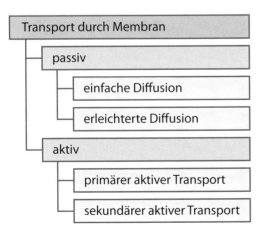

4.4 Substanzen gelangen passiv durch Diffusion oder aktiv unter Einsatz von Energie durch die Membran.

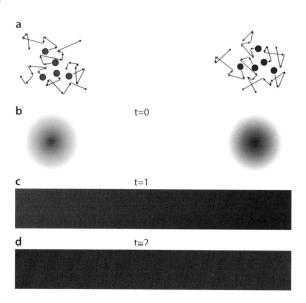

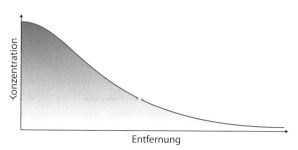

4.5 Bei der Diffusion bewegen sich Teilchen durch ihre thermische Energie zufällig durch das Medium (a). Makroskopisch betrachtet verteilen sich Substanzen dadurch gleichmäßig und unabhängig voneinander (b bis d).

4.6 Durch den Zufallscharakter ihrer Bewegungen verteilen sich diffundierende Substanzen insgesamt nur langsam über Strecken von mehr als wenigen Tausendstel Millimetern. Die schnellsten Teilchen legen aber auch größere Distanzen in kurzer Zeit zurück. Auf diese Weise können Zellen sie wahrnehmen und auf sie reagieren (Chemotaxis).

gungen im submikroskopischen Bereich weiterhin an, und es gibt ständig kleine Regionen mit kurzzeitig leicht über- und unterdurchschnittlichen Konzentrationen. Die Lösung ist also trotz der scheinbaren Ruhe weiterhin dynamisch.

Wie schnell sich die Moleküle verteilen, hängt von mehreren Faktoren ab:

- Temperatur. Je wärmer es ist, desto größer ist die Bewegungsenergie.
- Größe. Kleine Moleküle wie beispielsweise Glucose sind schneller als große Proteine, Polysaccharide oder gar Zellen.
- Viskosität des Mediums. Zähe Lösungsmittel halten Teilchen stärker zurück als weniger viskose Lösungsmittel.
- Elektrische Ladung. Hydrathüllen setzen die effektive – also nur scheinbare, aber wirksame – Größe hinauf.

Über geringe **Entfernungen** ist die Diffusion sehr effizient. Die Länge einer Zelle legt ein Glucosemolekül in wenigen Hundertstel Sekunden zurück. Aber schon für Strecken im Zentimeterbereich benötigt der Großteil der Zuckerteilchen etliche Stunden bis mehrere Tage. Allerdings trifft diese Aussage eben nur auf das Gros von ihnen zu. Die flinksten Einzelmoleküle, die zufällig fast nur geradeaus wandern, erreichen das Ziel bereits nach kurzer Zeit. Eine Zelle, die

mit den passenden Sinnen ausgestattet ist, um diese schnellen Moleküle zu registrieren, kann deshalb selbst frühzeitig aktiv werden und sich auf die Nahrungsquelle zu bewegen (Abbildung 4.6).

Kleine neutrale Moleküle diffundieren ohne Hilfe durch Membranen

Soll ein Teilchen statt durch Wasser durch die Doppelschicht einer Membran diffundieren, kommt es darauf an, wie es sich mit deren hydrophober Kernschicht verträgt. Bei dieser **einfachen Diffusion** sind die Eigenschaften des Stoffs und der Konzentrationsunterschied zwischen der äußeren und inneren Lösung entscheidend. **Unpolare, elektrisch neutrale Verbindungen** haben keine Schwierigkeiten, von der wässrigen Phase in die Lipiddoppelschicht und umgekehrt zu wechseln. Auf diese Weise gelangen beispielsweise Sauerstoff und Kohlendioxid direkt durch die für sie permeablen Membranen. Je größer der Konzentrationsgradient dabei ist, umso mehr Teilchen wandern netto durch den Bilayer. Dieser Nettofluss sinkt auf null, sobald sich ein Konzentrationsgleichgewicht zwischen den beiden Seiten eingestellt hat. Zwar finden weiterhin Teilchenwanderungen nach innen und nach außen statt, doch beide Stoff-

Genauer betrachtet

Brown'sche Molekularbewegung

1827 fiel dem schottischen Botaniker Robert Brown auf, dass in Wasser getauchte Pollenkörner unter dem Mikroskop unregelmäßig zittern. Erst Anfang des 20. Jahrhunderts konnten Albert Einstein und der polnische Physiker Marian Smoluchowski das Phänomen der Brown'schen Bewegung oder Molekularbewegung befriedigend erklären. Danach stoßen die Wassermoleküle bei ihren Wärmebewegungen ständig von allen Seiten gegen die suspendierten Teilchen und übertragen dabei winzige Impulse. Im Wesentlichen heben diese Impulse sich gegenseitig auf, doch weil nicht ständig überall exakt die gleiche Anzahl an Kollisionen stattfindet, erhalten die Teilchen immer wieder kleine Stöße in nicht vorhersagbare Richtungen. Dadurch angetrieben vollziehen sie Zufallswanderungen, die auch Objekte diffundieren lassen, die genügend groß sind, um sie unter dem Mikroskop erkennen zu können.

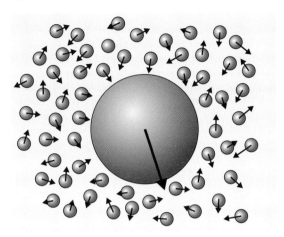

flüsse sind dann gleich groß und heben sich in der Bilanz gegenseitig auf.

Für **polare Moleküle** wie Zucker und für **Ionen** wie Aminosäuren ist die Membran hingegen impermeabel. Nur selten gelingt es diesen Teilchen, am Übergang zwischen wässrigem Medium und hydrophober Barriere ihre Hydrathülle abzuwerfen, in die Lipidschicht einzudringen und sie zu überqueren. Schließlich besteht die Aufgabe der Membran darin, genau solche Wanderungen zu verhindern, damit die Zelle keine lebenswichtigen Moleküle verliert.

Wasser selbst nimmt eine Sonderrolle ein. Wie wir in Kapitel 2 besprochen haben, ist das Molekül ein Dipol und sollte dementsprechend kaum durch den Lipidbilayer gelangen. Andererseits ist das Molekül klein und benötigt nur ein Maß an Energie, das es durchaus zufällig gelegentlich aufbringen kann. Tatsächlich haben Wissenschaftler aber Durchtrittsraten gemessen, die deutlich höher waren, als sich alleine mit einfacher Diffusion erklären ließe. Es muss folglich einen weiteren passiven Mechanismus geben, über den Wasser beispielsweise bei der **Osmose** (siehe Kapitel 3 „Leben ist geformt und geschützt") schnell in eine Zelle hinein- oder aus ihr herausfließen kann.

Hilfsproteine in der Membran erleichtern die Diffusion

Die **erleichterte Diffusion** macht es möglich, dass Wasser und andere polare oder geladene Stoffe entlang ihrem Konzentrationsgefälle Biomembranen passieren. Dabei nehmen die Verbindungen nicht den Weg durch die für sie undurchlässige Lipiddoppelschicht, sondern sie wandern durch spezielle Proteintunnel, die sich in der Membran befinden. Zwei Varianten stellen Zellen dafür zur Verfügung:

- Kanalproteine sind im Wesentlichen Poren mit hydrophiler Innenauskleidung.
- Transportproteine entsprechen eher Drehtüren, die ihre molekularen Passagiere binden und auf die andere Seite befördern.

Kanäle sind wie herkömmliche Türen einfache Öffnungen, durch welche Teilchen bzw. Personen hindurchströmen können. Transportproteine und Drehtüren bieten hingegen Taschen bzw. Kabinen von bestimmter Größe und bewegen sich selbst beim Transport.

Beiden Typen gemeinsam ist, dass sie nur bestimmte Stoffe durchlassen (siehe Kasten „Wählerische Proteine" auf Seite 80). Dank dieser Selektivität bleibt die filternde Funktion der Membran insgesamt erhalten, und die Zelle fließt nicht aus. Dennoch kann sie von hohen Nährstoffkonzentrationen in der Umgebung profitieren, solange sie die Konzentration in ihrem Inneren niedriger hält.

Im **Gegensatz zur einfachen Diffusion**, bei welcher die Stoffe durch die gesamte Lipidfläche treten können, ist die Zahl der Durchtrittsstellen für die erleichterte Diffusion begrenzt. Bei hohen Konzen-

Wählerische Proteine

Viele Proteine müssen gezielt bestimmte Verbindungen erkennen, um ihre Aufgabe zu erfüllen. Transportproteine dürfen nur selektiv Stoffe durchlassen, Enzyme nur Reaktionen zwischen den richtigen Partnern katalysieren (siehe Kapitel 6 „Leben wandelt um"), Rezeptoren nur auf die passenden Reize ansprechen (siehe Kapitel 8 „Leben sammelt Informationen"), regulatorische Enzyme nur die aktuell benötigten Gene aktivieren (siehe Kapitel 11 „Leben speichert Wissen"). Über zwei Eigenschaften identifizieren die Proteine ihre jeweiligen Zielmoleküle:

• über die räumliche Form;
• über die elektrische Oberfläche.

Jedes Molekül wird durch die Bindungen zwischen seinen Atomen in einer bestimmten dreidimensionalen Geometrie gehalten, die nur eine begrenzte Flexibilität erlaubt. Dank dieser charakteristischen Form passt es nach dem **Schlüssel-Schloss-Prinzip** ganz oder teilweise in eine Tasche des Proteins, wo es durch Bindungskräfte fixiert wird. Das Andocken kann entweder mit relativ starren Partnern erfolgen, oder die Moleküle schmiegen sich während des Bindungsvorgangs aneinander, wobei sie ihre Formen anpassen. Die Kontaktaufnahme entspricht nach diesem **Induced-fit-**

Modell eher einer Hand, die in einen Handschuh schlüpft. In beiden Fällen lösen nur die Kombinationen zueinander komplementärer, also sich ergänzender Strukturen die proteinspezifischen Ereignisse aus. Beispielsweise akzeptieren Glucosetransporter deshalb ausschließlich Glucose als Passagiermolekül, nicht aber Fructose, obwohl sie die gleiche chemische Summenformel hat. Und auch L- und D-Aminosäuren lassen sich über die räumliche Konfiguration unterscheiden.

Moleküle unterscheiden sich aber nicht nur durch ihre Konformation, sondern ebenso durch das **elektrische Feld**, das ihre Ladungen und Teilladungen auf den Oberflächen und um sie herum erzeugen. Bereiche mit einem Elektronenüberschuss etablieren ein negatives Feld, wo Elektronen fehlen, wirkt die positive Ladung der Kerne nach draußen.

Da entgegengesetzte Ladungen einander anziehen, gleichnamige sich aber abstoßen, entstehen bei der Annäherung eines Moleküls an ein Protein elektrostatische Kräfte. Sie können bewirken, dass sich ein räumlich passendes Molekül dennoch nicht anlagern kann. Die auch elektrisch komplementäre Verbindung wird dagegen in die richtige Orientierung gebracht und regt ihrerseits das Protein durch ihre Anziehungskräfte dazu an, sich dem Induced-fit-Modell gemäß zu verformen.

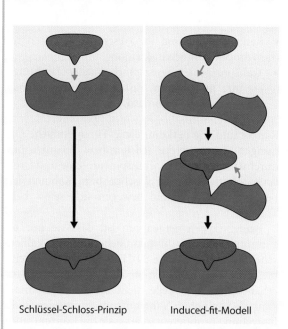

Schlüssel-Schloss-Prinzip   Induced-fit-Modell

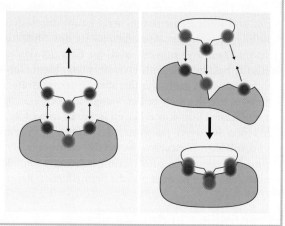

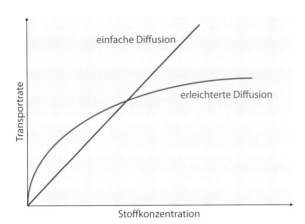

4.7 Diffundiert ein Stoff selbstständig durch eine Membran, auf deren anderer Seite seine Teilchendichte nahe Null liegt, ist die Aufnahmegeschwindigkeit über einen weiten Bereich von seiner Konzentration abhängig. Bei erleichterter Diffusion und beim aktiven Transport sind die verfügbaren Hilfsproteine dagegen bald besetzt, und die Transportrate erreicht einen Sättigungswert.

trationen können darum alle Kanäle bzw. Transporter voll ausgelastet sein, sodass die Diffusionsrate einen maximalen Wert erreicht, den sie nicht überschreiten kann. Diese Sättigung ist für Transportproteine, die ihre Substratmoleküle einzeln über die Membran bringen, früher erreicht als bei Kanälen, durch die Millionen Moleküle und mehr innerhalb einer Sekunde strömen können (Abbildung 4.7).

Kanäle bieten Schlupflöcher für passende Teilchen

Als erstes Beispiel für **Kanalproteine** sehen wir uns die **Aquaporine** an – eine Familie von transmembranen Proteinen, die Wasser leiten. Sie sind ubiquitär, kommen also in allen Organismengruppen vor. Ihre

Aufgabe ist es, in bestimmten Zelltypen und Geweben – beim Menschen unter anderem in den roten Blutkörperchen, Nieren, Lebergallengängen und der Hornhaut des Auges – für einen schnelleren Wasserfluss durch die Membranen zu sorgen.

Wie die Aquaporine funktionieren, erkennen wir zum großen Teil, wenn wir ihre **Struktur** analysieren (Abbildung 4.8). Die Kette eines solchen Proteins besteht aus etwa 270 Aminosäuren, die eine Folge von sechs α-Helices bilden. Jede dieser Helices durchzieht die Membran, wobei alle zusammen eine Art Rahmen formen. Verbunden sind die Helices durch fünf Schleifen, von denen zwei längere Exemplare aus einander entgegengesetzten Richtungen in das Innere des Rahmens ragen und sich ungefähr auf Höhe der Membranmitte begegnen. Sie schaffen dadurch den eigentlichen Wasserkanal, der grob wie eine Sanduhr geformt ist. An der engsten Stelle tragen beide Schleifen kurze helicale Abschnitte mit der Aminosäurenfolge Asparagin-Prolin-Alanin. Vermutlich lassen diese Sequenzen nur Wassermoleküle passieren und sorgen damit für die **Spezifizität des Kanals**. Die genaue Wirkungsweise des Filters ist allerdings noch nicht bekannt.

Anhand von Computersimulationen konnte jedoch bereits ein Modell für den **Weg des Wassers** durch ein Aquaporin erstellt werden (Abbildung 4.9). Danach reiht sich ein Molekül zunächst auf seiner Eingangsseite in eine Kette von Wasser ein, die sich durch die gesamte Pore zieht. Das elektrische Feld im Proteininneren richtet die Dipole des Wassers so aus, dass sie mit dem Sauerstoff voran wandern. In der Kanalmitte – dort, wo die Helixabschnitte der Schleifen liegen – werden die Wassermoleküle dann gewendet. Mit der neuen Orientierung legen sie das restliche Stück zurück und verlassen schließlich den Tunnel.

In biologischen Membranen treten Aquaporine stets als Viererkomplexe, sogenannte Tetramere, auf,

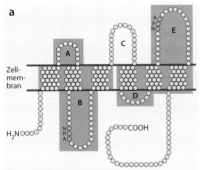

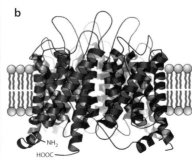

4.8 Das Aquaporinprotein weist sechs transmembrane Helices auf, mit denen es einen hydrophilen Durchlass formt. Auf der zweiten und fünften Schleife zwischen den Helices befinden sich die Aminosäuresequenzen Asparagin-Prolin-Alanin (N-P-A), welche für die Selektivität des Kanals sorgen (a). In der Membran treten vier gleiche, aber voneinander unabhängige Proteine zu einem Tetramer zusammen (b).

Membranproteine

Obwohl Lipide den Grundbaustein der Membranen stellen, sind auch die verschiedenen Membranproteine wichtige Bestandteile. Je nach Zelltyp machen sie etwa ein Fünftel (bei den Ausläufern von Nervenzellen) bis drei Viertel (bei den inneren Membranen von Chloroplasten und Mitochondrien) aus, bei einigen Bakterien aus extrem salzhaltigen Seen besteht sogar fast die gesamte Membran aus Proteinen.

Periphere Membranproteine sind nur locker mit der Membran assoziiert. Sie lagern sich entweder direkt an die Lipide oder an die externen Teile integraler Membranproteine.

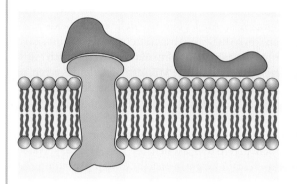

Diese **integralen Membranproteine** sind fest mit der Membran verbunden. Entweder über kovalent angeknüpfte Kohlenwasserstoffketten wie beispielsweise Fettsäuren, die im Lipidbilayer verankert sind. Oder unmittelbar über Teile der Proteinkette, die von einer Seite zur anderen durch die Membran hindurchtreten. Zwei strukturelle Varianten für diese transmembranen Bereiche sind bekannt:

- Am häufigsten durchspannen **α-Helices** den Bilayer. Weil die Peptidbindungen teilweise polaren Charakter haben, müssen die Seitenketten der Aminosäuren dabei das Rückgrat abschirmen. Dafür eignen sich besonders die hydrophoben Reste von Alanin, Valin, Leucin, Isoleucin und Phenylalanin. Treten sie in der Primärsequenz eines

Proteins in einer längeren Folge von 20 bis 30 Aminosäureresten direkt hintereinander auf, ist dies ein Hinweis, dass der entsprechende Abschnitt womöglich die Membran durchspannt. Während ein **Single-pass-Protein** nur eine transmembrane Helix hat, sind es bei **Multi-pass-Proteinen** mehrere.

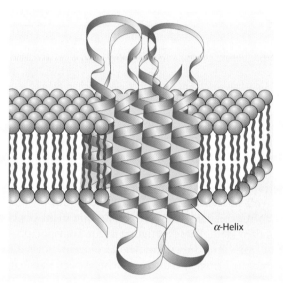

α-Helix

- Das seltenere **β-Barrel** (β-Fass) überwindet die Membran mit mehreren Strängen in β-Faltblatt-Struktur, die sich wie die Dauben eines Fasses aneinanderlagern. Pro Strang reichen für eine Membranquerung etwa zehn Aminosäuren aus, von denen lediglich jede zweite einen hydrophoben Rest haben muss, der zur Lipidphase zeigt. Die in das Fassinnere weisenden Seitenketten sind häufig hydrophil, sodass Proteine mit β-Barrel-Struktur in der Membran oft weitgehend unspezifische Poren bilden. In der Äußeren Membran von Bakterien bilden derartige Porine ein vorgelagertes grobes Sieb, das Substanzen nach ihrer Größe sortiert und Makromoleküle nicht an die Plasmamembran heranlässt.

obwohl jedes der vier Proteine für sich alleine arbeitet (Abbildung 4.8). Neben den reinen Wasserleitern gibt es auch Varianten mit leicht größeren Poren, die zusätzlich kleine Moleküle wie Harnstoff oder Glycerol durchlassen.

Deutlich komplizierter als Aquaporine funktioniert ein anderer weit verbreiteter Typ von Kanalproteinen – die **Ionenkanäle**. Sie weisen wegen der Be-

sonderheiten ihrer atomaren Kundschaft einige zusätzliche Eigenschaften auf.

Die **Ladung der Ionen** bringt es mit sich, dass wir nicht mehr allein den Konzentrationsgradienten als Antrieb für die Wanderung ansehen können. Auch die Differenz zwischen den elektrischen Potenzialen auf beiden Seiten der Membran müssen wir berücksichtigen. Zellen bauen diese Spannungen gezielt auf,

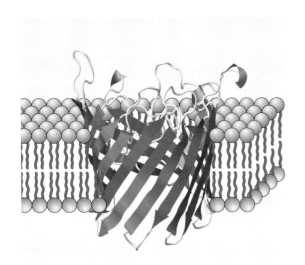

Weil die Mischung aus Lipiden und Membranproteinen unter dem Elektronenmikroskop an ein Mosaik erinnert, dessen Bestandteile sich nach Messungen zur Dynamik seitlich gegeneinander verschieben lassen, wird der Aufbau biologischer Membranen als **Flüssig-Mosaik-Modell** bezeichnet. Danach „schwimmen" die Proteine in einem „See" von Lipiden. In manchen Fällen handelt es sich allerdings um einen sehr begehrten Badesee, in dem die Proteingäste sich gegenseitig in ihrer Beweglichkeit blockieren.

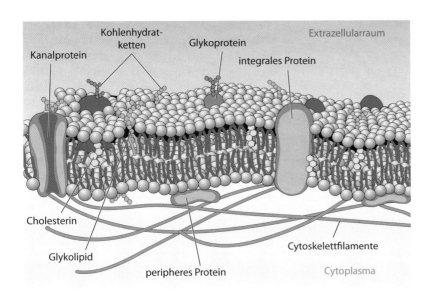

indem sie unter Einsatz von Energie Ionen über ihre Membranen pumpen. Deren Ladungen werden zum Teil durch entgegengesetzte Ladungen in den Lipidköpfen und Membranproteinen ausgeglichen oder von den Wasserdipolen mit einer Hydrathülle abgeschirmt. Dennoch bleibt ein Überschusspotenzial, das anziehend auf entgegengesetzte Ladungen wirkt und abstoßend auf gleichnamige. Es entsteht ein **Membranpotenzial** (eigentlich eine Membranpotenzialdifferenz oder Membranspannung), das bis zu einigen Hundert Millivolt betragen kann – was bei der geringen Dicke biologischer Membranen einer beachtlichen Feldstärke von mehreren Millionen Volt pro Meter entspricht (Abbildung 4.10).

Die Kombination aus dem Konzentrationsunterschied und dem Membranpotenzial ist der **elektro-**

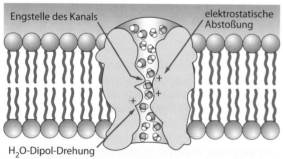

elektrostatische Abstoßung

Engstelle des Kanals

H₂O-Dipol-Drehung

4.9 Am Computer ist ein Modell entstanden, das den möglichen Weg des Wassers durch einen Aquaporinkanal zeigt. Wie auf einer Kette wandern die Moleküle hindurch und werden im Engpass durch das elektrische Feld gedreht.

chemische Gradient. Er weist für jede Ionensorte einen eigenen Wert und eine eigene Richtung auf, die zusammen vorgeben, wohin und mit welcher Energie die Teilchen drängen (Abbildung 4.11).

Elektrochemischer Gradient = Konzentrationsgefälle + elektrische Spannung

Prinzip verstanden?

4.1 Wie wirkt sich eine elektrische Spannung auf die Wanderung eines Zwitterions aus, das genau eine positive und eine negative Ladung trägt?

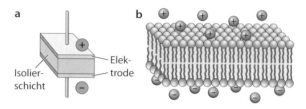

4.10 Wie ein Kondensator (a) kann die Membran Energie in Form einer elektrischen Spannung speichern (b).

Die Zelle nutzt diese gespeicherte elektrische Energie für aktiven Transport (siehe unten), Energiestoffwechsel (siehe Kapitel 7 „Leben ist energiegeladen") und Nervenimpulse (siehe Kapitel 8 „Leben sammelt Informationen"). Sie muss folglich darauf achten, dass der elektrochemische Gradient nicht durch einen unkontrollierten Fluss von Ionen abgebaut wird. Viele Ionenkanäle haben deshalb zwei Zustände – offen und geschlossen. Normalerweise sind diese **gesteuerten Kanäle** (*gated channels*) geschlossen. Erst auf ein spezifisches Signal hin öffnen sie sich und lassen passende Ionen hindurchströmen. Je nach Kanaltyp kann dieses Signal ein bestimmtes Membranpotenzial sein (bei spannungsabhängigen Kanälen), die Anlagerung eines auslösenden Moleküls, eines sogenannten Liganden (bei Liganden-gesteuerten Kanälen), oder sogar mechanischer Druck bzw. Zug.

Ein gut untersuchtes Beispiel für einen gesteuerten Ionenkanal sind die **Kaliumkanäle** verschiedener

---

Offene Fragen

Eine Sperre für Protonen

Aquaporine sind so selektiv, dass sie selbst Protonen nicht hindurchlassen. Dabei leiten gerade Ketten von Wassermolekülen sonst sehr gut Protonen. Dafür braucht lediglich ein Proton dem Anfang der Kette ausreichend nahe zu kommen. Zwischen dem positiv geladenen Proton und einem der beiden freien Elektronenpaare am Sauerstoff des ersten Wassermoleküls entstehen so starke Anziehungskräfte, dass sich mit diesem Elektronenpaar eine neue kovalente Bindung ausbildet. Als Ausgleich kann das Sauerstoffatom eine der bisherigen kovalenten Bindungen kappen und einen seiner Wasserstoffkerne freisetzen. Dieser startet anschließend einen Angriff auf das nächste Wassermolekül und so fort. Im Ergebnis leitet die Wasserkette auf diese Weise ein Proton, ohne dass ein einziges Wasserstoffatom seinen Platz verlassen hat – es sind nur die Bindungen „umgeklappt".

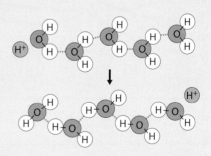

Weshalb dieser Trick in Aquaporinen nicht funktioniert, ist noch unbekannt. Manche Forscher meinen, es läge an der Orientierung der Wassermoleküle im Kanal, die sich mittendrin ändert und damit die regelmäßige Abfolge von Wasserstoff und Sauerstoff unterbricht. Andere vermuten in der Engstelle des Kanals eine elektrostatische Barriere durch die Felder der umgebenden Aminosäurereste.

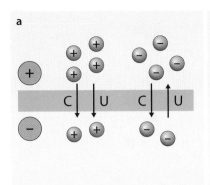

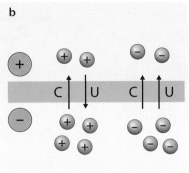

4.11 Auf Ionen wirkt neben dem Konzentrationsgefälle (hier mit dem Buchstaben C dargestellt) auch die Membranspannung (U). Je nach Vorzeichen der Ladungen und Verteilung der Teilchen weisen die beiden Komponenten für eine Ionensorte in die gleiche oder in entgegengesetzte Richtungen. Stimmen die Richtungen nicht überein, entscheidet der Vergleich zwischen Konzentrationsdifferenz und Spannung darüber, wohin die Ionen wandern.

Zellen. Die Version des Bakterienstamms *Streptomyces lividans* ist am einfachsten aufgebaut (Abbildung 4.12). Der Kanal besteht aus vier identischen Polypeptidketten – den Untereinheiten –, die sich aneinanderlagern und zusammen den Kanal bilden. Jede Untereinheit tritt dabei mit zwei Helices durch die Membran. Nach außen geben sich die Helices mit ihren Aminosäureseitenketten hydrophob und fügen sich damit gut in die Lipiddoppelschicht ein. Zum gemeinsamen Zentrum hin zeigen sie aber hydrophile Reste, womit eine Ionenfreundliche Umgebung entsteht.

Auf der Kanalseite, die zum Zel-

> **Potenzial** (*potential*)
> Physikalische Größe eines Orts. Die Differenz der Potenziale zweier miteinander verbundener Orte gibt an, wie viel Arbeit ein Teilchen verrichten kann, wenn es sich vom höheren zum niedrigeren Potenzial bewegt. Biologisch wichtig sind das chemische Potenzial (enthält Eigenschaften und Konzentrationen einer Substanz), das elektrische Potenzial (Differenzen wirken als elektrische Spannungen auf Ionen) und das elektrochemische Potenzial (erweitert das chemische Potenzial um elektrische Einwirkungen).

linneren weist, ist die Pore mit etwa einem Nanometer Durchmesser recht weit. Hier können Ionen mitsamt ihren Hydrathüllen bequem eindiffundieren (Abbildung 4.13). Erst wenn sie ungefähr zwei Drittel des Wegs durch die Membran zurückgelegt haben, stoßen sie auf den **Selektivitätsfilter**. Der Kanal verengt sich auf 0,3 Nanometer und ist damit zu eng für Ionen im Wassermantel. Isolierte Kaliumionen würden zwar mit 0,266 Nanometern Durchmesser gerade hindurchpassen, allerdings kostet es Energie, die Bindungen zu den Wassermolekülen der Hydrathülle aufzubrechen. Diesen Einsatz kompensiert das Kanalprotein, indem es gleichwertige Wechselwirkungen zu Sauerstoffatomen in den Polypeptidketten anbietet. Dadurch wandern die Kaliumionen praktisch energieneutral vom wässrigen Milieu in die Proteinumgebung. Genau dieser Schritt gelingt anderen Kationen, wie zum Beispiel Natrium, nicht. Dessen Ionen sind mit lediglich 0,19 Nanometern deutlich kleiner und können deshalb nicht so gut mit dem Proteinsauerstoff interagieren. Ohne energetischen Ausgleich kann Natrium aber nicht seine Hydrathülle abwerfen und gelangt deutlich seltener durch den

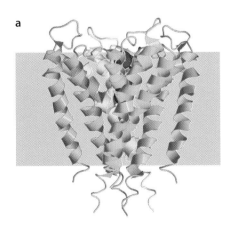

4.12 Die transmembranen Helices des Kaliumkanals schaffen einen hydrophilen Weg für Kaliumionen durch die Membran (a). In der Aufsicht auf die Membranebene ist gut zu erkennen, wie passgenau der Durchschlupf ist (b).

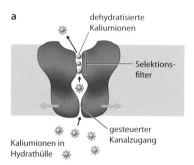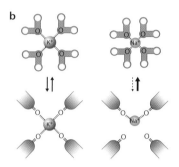

4.13 Der Weg der Kaliumionen durch den Kanal (a). Auf der cytosolischen Seite (im Schema unten) hat der Kanal einen gesteuerten Zugang. Steht dieser offen, können Kaliumionen mitsamt ihrer Hydrathülle eindiffundieren. Erst im oberen Drittel wird der
Durchgang enger. Hier müssen die Ionen das umgebende Wasser zurücklassen. Die elektrischen Abstoßungskräfte der nach-
rückenden Kationen schieben das Kalium voran, bis es das Protein auf der Außenseite verlässt und wieder hydratisiert wird. Die
Dehydratisierung an der engsten Kanalstelle (b) sorgt dafür, dass nur Kalium passieren kann. Wie die Aufsicht zeigt, hat nur dieses
Kation genau die richtige Größe, um die Bindungen der Hydrathülle durch Bindungen zu Sauerstoffatomen des Proteins zu ersetzen. Natrium ist dagegen zu klein, weshalb das Lösen aus dem Wassermantel zu viel Energie erfordert, die nicht ausreichend kompensiert wird.

Kanal. Nur wenn ein Natriumion zufällig aus Zusam-
menstößen ausreichend Energie angesammelt hat,
um sich vom Wasser zu lösen, rutscht es doch durch
den Selektivitätsfilter.

[?]

Prinzip verstanden?

4.2 Was hindert Chloridionen daran, durch Kaliumkanäle zu strömen?

Transportproteine binden ihre Passagiere

Neben den Kanalproteinen sorgen auch **Transportproteine (Carrier)** für eine erleichterte Diffusion
durch die Membran (Abbildung 4.14). Sie stellen

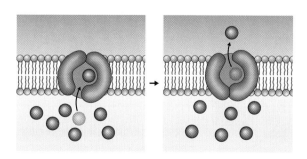

4.14 Transportproteine nehmen Moleküle in eine Bindungstasche auf und verändern ihre Form, sodass die Tasche zur anderen Seite geöffnet ist und die Moleküle entweichen können.

dafür aber keinen mehr oder weniger starren Kanal
zur Verfügung, sondern binden passende Substanzen
und verformen sich selbst, bis sie das Molekül auf der
anderen Seite wieder freigeben können. Im Gegensatz
zum aktiven Transport, den wir als Nächstes besprechen werden, arbeiten die Carrier aber stets ohne
Energiezuschuss und mit dem Konzentrationsgradienten (bei Ionen mit dem elektrochemischen Gradienten) der Substanz.

Zellen nehmen auf diese Weise vor allem Aminosäuren und Zucker auf. Säugetiere haben beispielsweise gleich 14 Arten von **Glucosetransportern**
entwickelt, die sich strukturell ähneln. Zwölf transmembrane Helices schaffen die geeignete Umgebung,
um das polare Molekül zu binden und durch eine
Konformationsänderung des Proteins ins Zellinnere
zu befördern, wo es so schnell weiterverarbeitet wird,
dass der Konzentrationsgradient erhalten bleibt.

Aktiver Transport wirkt gegen Konzentrations-gradienten

Zum Überleben einer Zelle reichen passive Transportmechanismen alleine nicht aus. Für manche
Substanzen gibt es keine Kanäle oder Carrier, und
andere sind normalerweise so gering konzentriert,
dass sie aktiv gegen den Gradienten aufgenommen
werden müssen. Dafür muss die Zelle jedoch Energie
investieren.

Aktiven Transport setzen Zellen dann ein, wenn eine Substanz auf jeden Fall die Membran passieren und nur in eine vorbestimmte Richtung wandern soll. Im Vergleich mit den Diffusionsvarianten hat der aktive Transport den Vorteil, dass er selbst stark verdünnte Stoffe gegen einen Gradienten in die Zelle (oder aus ihr heraus) befördern und dort für vergleichsweise hohe Konzentrationen sorgen kann. Die Transportproteine arbeiten dabei gerichtet wie Einbahnstraßen und verhindern so einen passiven Rückfluss der Teilchen. Der Nachteil des aktiven Transports liegt in seinen Energiekosten. Energie ist aber – neben Baustoffen für eigenes Zellmaterial – eines der kostbarsten Güter für Leben, das dementsprechend einen Großteil seiner Prozesse darauf ausgelegt hat, Energie zu gewinnen.

Eine Substanz, die aktiv aufgenommen wird, besitzt stets einen hohen Wert für die Zelle. Das liegt größtenteils daran, dass sich bei ihrem Abbau mehr Energie gewinnen lässt, als in den Transportvorgang investiert wurde, oder dass sie notwendig ist, um zelleigene Strukturen aufzubauen. Bei einer Verbindung, die aktiv ausgeschieden wird, handelt es sich hingegen häufig um ein Gift oder einen Abfallstoff, der den geregelten Zellablauf stören könnte. Schließlich erhält die Zelle lebenswichtige oder für ihre Funktion notwendige Zustände wie das Membranpotenzial aufrecht, indem sie aktiv Stoffe gegeneinander austauscht.

Woher die **Energie für den aktiven Transport** und alle weiteren energiebedürftigen Vorgänge in der Zelle stammt, werden wir in Kapitel 7 „Leben ist energiegeladen" ausführlich besprechen. Zwei nutzbare Formen von Energie verwenden Zellen für den Membrantransport:

- Beim **primären aktiven Transport** spalten sie chemische Bindungen. Besonders häufig dient Adenosintriphosphat (ATP) als Energielieferant, das deshalb auch gelegentlich als „Energiewährung" der Zelle bezeichnet wird.
- Den **sekundären aktiven Transport** treibt ein elektrochemischer Gradient an. Dieser Gradient muss zuvor durch einen primären Prozess aufgebaut worden sein, daher die Einstufung als „sekundär". Bei elektrisch neutralen Molekülen genügt als Triebkraft ein einfacher Konzentrationsunterschied. Auf Ionen wirkt aber zusätzlich oder alleine das Membranpotenzial. Eine ausreichend große Spannung kann somit durchaus geladene Teilchen zwingen, gegen ihren Konzentrationsgradienten zu wandern.

Genauer betrachtet

Gruppentranslokation bei Bakterien

Bakterien haben eine dritte Variante des aktiven Transports entwickelt, mit der sie Monosaccharide wie Glucose, Mannose und Fructose aufnehmen – die **Gruppentranslokation**, bei welcher ganze Kaskaden von Proteinen zusammenarbeiten. Während des Transports über die Membran wird der Zucker zugleich chemisch verändert, sodass seine Konzentration im Cytoplasma niedrig bleibt und kein nach außen gerichteter Gradient entsteht.

Das am besten untersuchte Beispiel für Gruppentranslokation ist das **Phosphoenolpyruvat-Phosphotransferase-System** (PEP-PTS), das in der Plasmamembran des Darmbakteriums *Escherichia coli* für die Aufnahme von Glucose zuständig ist. Als Energielieferant dient diesmal nicht ATP, sondern das Stoffwechselzwischenprodukt Phosphoenolpyruvat (PEP). Es überträgt eine Phosphatgruppe auf das Enzym I (EI), das auch noch andere Aufnahmesysteme bedient. EI phosphoryliert ein Histidinprotein (HPr), das die Phosphatgruppe auf den Enzymkomplex II transferiert, der spezifisch für Glucose ist. Enzym II (EII) schleust das Zuckermolekül in die Zelle und wandelt es dabei in Glucose-6-Phosphat um, das direkt in den Stoffwechsel einfließen kann.

Die kompliziert wirkende Kette von Phosphorylierungen hat für das Bakterium den Vorteil, dass es über die Konzentration des phosphorylierten Enzyms II überprüfen kann, wie gut die aktuelle Versorgung mit Glucose ist. Sinkt der Zuckernachschub ab, sammelt sich vorbereitetes EII an, und die Zelle kann anhand dieses Signals frühzeitig Systeme zur Aufnahme anderer Substanzen aktivieren. Bei gutem Glucoseangebot ist die Menge an phosphoryliertem EII dagegen gering, und das Bakterium beschränkt sich weitgehend auf dieses Saccharid.

Wird nur eine Teilchensorte in eine vorbestimmte Richtung befördert, handelt es sich um einen **Uniport**. Viele Calciumtransporter pumpen nach diesem Prinzip Ca^{2+}-Ionen aus dem Cytosol in das endoplasmatische Reticulum, wo die Kationen aufkonzentriert werden.

Häufig koppeln Zellen die Verschiebung von zwei verschiedenen Arten von Teilchen zu einem **Cotransport**. Wandern beide Stoffe in die gleiche Richtung, sprechen wir von einem **Symport**. In der Darmschleimhaut werden so Glucose und Natriumionen gemeinsam aufgenommen (Abbildung 4.17). Die Teilchensorten können jedoch auch entgegengesetzte Wege gehen, was wir einen **Antiport** nennen. Ein gut untersuchtes Beispiel dafür ist die Na^+ K^+ Pumpe oder Na^+-K^+-ATPase aus tierischen Zellen, die wir jetzt einmal genauer bei der Arbeit beobachten wollen.

Primärer Transport baut Gradienten auf

Die **Na^+-K^+-Pumpe** arbeitet als primärer aktiver Antiporter, denn sie nutzt die Energie aus der Spaltung von ATP, um gegen die Konzentrationsgradienten Natriumionen aus der Zelle hinaus und Kaliumionen hinein zu befördern ($[Na^+_{innen}] \approx 10$ mmol/l $\rightarrow$ $[Na^+_{außen}] \approx 145$ mmol/l; $[K^+_{innen}] \approx 140$ mmol/l $\leftarrow$ $[K^+_{außen}] \approx 5$ mmol/l). Mit dieser Funktionsbeschreibung und unserem bisherigen Wissen über Transportsysteme können wir eine Liste aufstellen, welche Anforderungen eine effektive Na^+-K^+-Pumpe erfüllen muss:

- Das Protein muss mit Teilen den Lipidbilayer durchziehen, um den Ionen eine geeignete Passage anzubieten.
- Es darf kein einfacher hydrophober Kanal entstehen, da die Ionen gerichtet transportiert werden sollen.
- Stattdessen muss die Na^+-K^+-Pumpe jeder Ionensorte Bindungstaschen anbieten, die mal von innen und mal von außen zugänglich sind. (Ein Mechanismus, den wir schon bei den Carriern kennengelernt haben.)
- Die Kaliumtaschen müssen sehr viel affiner sein, wenn sie nach außen offen sind, als wenn sie sich nach innen öffnen. Nur dann besetzen die Ionen trotz der niedrigen Konzentration außen auch wirklich ihre Plätze und verlassen sie innen wieder, ohne sofort von anderen Kaliumionen, die hier häufig sind, ersetzt zu werden. Entsprechend muss

die Affinität der Natriumtaschen größer sein, wenn sie nach innen geöffnet sind.
- Der Öffnungswechsel zwischen innen und außen wird durch eine Konformationsänderung ermöglicht.
- Beide Ionensorten sollen gegen ihre Konzentrationsgradienten transportiert werden. Die Konformationsänderung kommt deshalb nur mit der Energie aus der ATP-Spaltung zustande. Dafür braucht das Protein eine zusätzliche Bindungsstelle für ATP.

Tatsächlich liegen wir mit unseren Vermutungen dicht am bisherigen Forschungsstand zur Arbeitsweise der Na^+ K^+ Pumpe. Danach läuft ein **Transportzyklus** in folgenden Schritten ab (Abbildung 4.15):

> **Affinität** (*affinity*)
> Bestreben von Molekülen, Teilchen oder Zellen, sich aneinanderzulagern oder eine Bindung miteinander einzugehen.

1. Durch das Cytosol diffundieren die verschiedenen gelösten Ionen. Sie bewegen sich dabei weitgehend zufällig, werden aber entsprechend ihrer Ladungen von den elektrischen Feldern der Lipidköpfe, der Proteine und anderer Moleküle beeinflusst.

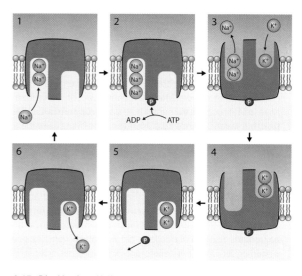

4.15 Die Natrium-Kalium-Pumpe befördert mit jedem Zyklus drei Natriumionen aus der Zelle hinaus und zwei Kaliumionen hinein. Sie wechselt dabei zwischen zwei Konformationen hin und her, in denen die Bindungstaschen zum Cytosol (Teilbild 1, 2, 5 und 6) bzw. zum Außenraum (3 und 4) geöffnet sind. Auslöser für die Konformationsänderungen (von Schritt 2 zu 3 und 4 zu 5) sind die Anlagerung bzw. Loslösung einer Phosphatgruppe, die vom ATP stammt. Die einzelnen Schritte des Zyklus sind im Text genauer erläutert.

Dabei geraten nacheinander drei Natriumionen in ihre offenen Bindungstaschen der Na$^+$-K$^+$-Pumpe. Anderen Ionensorten verwehrt die Selektivität der Taschen den Zutritt. In diesem Zustand der Pumpe lösen sich die Natriumionen wegen ihrer wärmebedingten Zitterbewegungen kurzzeitig immer wieder ab und lagern sich erneut an. Die Affinität der Taschen ist jedoch so hoch, dass die Plätze meistens mit Ionen besetzt sind.

2. Sind die drei Natriumtaschen belegt, fixiert das Protein an der passenden Bindungsstelle ein Molekül ATP. Das ATP knüpft mit seiner endständigen Phosphatgruppe eine Elektronenpaarbindung zu einem Aspartatrest der Aminosäurekette. Dadurch verschieben sich die Elektronenverteilungen der beiden Moleküle, und es verändern sich die Eigenschaften des ATP wie des Proteins. Das ATP zerbricht an der Übergangsstelle zwischen der zwei-

ten und dritten Phosphatgruppe. Unter Aufnahme eines Wassermoleküls hydrolysiert der Energieträger zu ADP (Adenosindiphosphat) und einer einzelnen Phosphatgruppe, die am Aspartatrest der Na$^+$-K$^+$-Pumpe verbleibt.

3. Das phosphorylierte Protein passt sich mit einer Konformationsänderung an die neuen Bedingungen an. Die Natriumtaschen werden dadurch von innen unzugänglich, öffnen sich dafür aber nach außen. Gleichzeitig ändern sie ihre Form und/oder ihr elektrisches Feld so, dass die Affinität für Natriumionen sinkt. Trotz der hohen Natriumkonzentration auf dieser Membranseite lösen sich die Ionen und lagern sich nicht wieder an. Der Transport der drei Natriumkationen nach außen wäre damit erfolgreich abgeschlossen.

4. Im phosphorylierten Zustand des Proteins stehen jetzt die Bindungstaschen für Kaliumionen nach außen offen und sind hoch affin. Zwei Kaliumkationen besetzen die Plätze.

5. Erneut ändert sich die Konformation des Proteins. Diesmal ist der Auslöser die Abspaltung des Phosphatrests. Die Pumpe verformt sich als Reaktion wieder in den Ausgangszustand.

6. Die Kaliumtaschen sind nun nach innen offen und wenig affin für Kalium, das ins Cytosol diffundiert. Auch die beiden Kaliumkationen sind somit auf die andere Membranseite befördert worden, und der Zyklus kann von vorne beginnen.

Als Ergebnis eines Durchgangs hat die Na$^+$-K$^+$-Pumpe ein Molekül ATP gespalten, drei Na$^+$-Ionen nach außen und zwei K$^+$-Ionen nach innen geschafft – womit sich eine Differenz von einer positiven Ladung ergibt. Der Transportvorgang ist also **elektrogen**, was bedeutet, dass er die Membranspannung verändert. Tierische Zellen bauen mit ihren

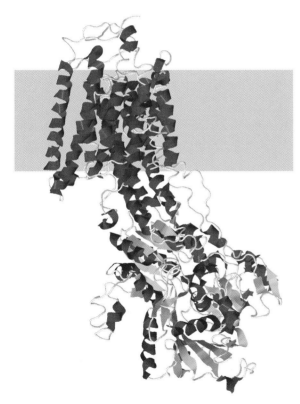

4.16 Die Struktur der Natrium-Kalium-Pumpe im geschlossenen, phosphorylierten Zustand mit zwei Rubidiumionen in der Bindungstasche für Kalium. Rubidium ergibt bei Röntgenstrukturanalyse, mit welcher die Daten gewonnen wurden, ein besseres Streubild. Die Kationen befinden sich innerhalb der transmembranen Helices im oberen Bildteil. Im unteren Teil ist die cytoplasmatische Domäne des Proteins zu sehen. Sie trägt die steuernde Phosphorylierungsstelle.

Offene Fragen

Trickfilmchen aus der Zelle

Transportsysteme, Enzyme, Rezeptoren … Fast alle Proteine sind bei ihrer Arbeit in Bewegung, aber nur von wenigen wissen wir so genau, was sie tun, dass wir am Computer eine Animation der Abläufe erstellen könnten. Mit raffinierten Methoden versuchen Biologen, Chemiker und Physiker gemeinsam, die Prozesse aufzuschlüsseln. Sie nutzen dazu fast das gesamte Spektrum der elektromagnetischen Wellen wie infrarotes, sichtbares und ultraviolettes Licht sowie Röntgenstrahlung. Denn letztlich sagt ein Film mehr als tausend Schemata.

> Genauer betrachtet

Konformationsänderungen bei Proteinen

Moleküle sind keine starren Gebilde, wie es beim Betrachten von Strukturformeln und Modellen den Anschein hat. Sie befinden sich vielmehr ständig in Bewegung. Ihre thermische Energie reicht aus, um die Bindungen zwischen ihren Atomen zu strecken und zu stauchen sowie Molekülteile gegeneinander rotieren zu lassen. Nur durch diese „innere Unruhe" gelangen manche Substanzen in Grenzbereiche ihrer Struktur, aus denen heraus chemische Reaktionen überhaupt erst möglich sind. Ein Beispiel dafür ist die Ringbildung bei den Monosacchariden, die wir im vorhergehenden Kapitel „Leben ist geformt und geschützt" kennengelernt haben.

Bei Proteinen begegnet uns eine weitere Art der räumlichen Bewegung, die extrem wichtig für ihre biologische Funktion ist – die **Konformationsänderung durch einen Liganden**. Proteine können nämlich mehr als eine stabile Konformation einnehmen. Vor allem Bereiche zwischen ihren Domänen, in denen wenige Ionen- und Wasserstoffbrückenbindungen vorkommen, sind flexibel. Wie ein Scharnier gestatten sie Klappbewegungen der Domänen. Auch Scherbewegungen sind relativ häufig. Bei ihnen lassen die Seitenketten der Aminosäurereste durch kleine Bewegungen große Abschnitte des Proteins aneinander vorbei gleiten.

Wie genau die Veränderungen ablaufen, ist allerdings sehr schwer zu bestimmen. Exakte Daten aus Strukturanalysen liefern allenfalls einige wenige Zustände ohne Übergänge. Andere Verfahren haben ein geringeres räumliches Auflösungsvermögen. Zudem sind die Bewegungen sehr schnell und benötigen oft nur billionstel Sekunden. Darum bilden Forscher die Proteine im Computer nach, indem sie anziehende und abstoßende Kräfte zwischen allen Atomen berechnen lassen und so deren **Dynamik simulieren**.

Es zeigte sich, dass selbst minimale Veränderungen, etwa Verschiebungen der lokalen Elektronenverteilung

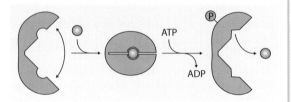

Ein Beispiel für Konformationsänderungen bei einem Protein. In seiner leeren Form gibt es wenig Anziehungskräfte zwischen den Kontakthälften der beiden großen Domänen. Am Scharnier klappt das Protein daher zufällig auf und zu (links). Bindet ein Substratmolekül in der Tasche, hält es mit seinen Bindungskräften die Domänen zusammen – die Tasche ist geschlossen (Mitte). Wenn ATP an einer entfernten Stelle eine Phosphatgruppe auf das Protein überträgt, ändert sich dadurch die Form der Bindungstasche. Die Affinität zum Substrat ist nun viel geringer. Es löst sich und diffundiert davon (rechts).

durch die Bindung eines Liganden, Anpassungen hervorrufen, die als winzige Bewegungen bis in entfernt liegende Teile des Proteins wandern und dort eine Veränderung der Tertiärstruktur hervorrufen können. Mit einer derartigen Fernwirkung modifiziert beispielsweise ein Signalstoff, der außerhalb der Zelle an einen Rezeptor dockt, dessen cytoplasmatische Domäne, sodass er eine ganze Reaktionskaskade auslöst. Auch Enzyme, die biochemische Reaktionen katalysieren, können häufig durch Aktivatoren und Inhibitoren, die abseits der aktiven Zentren binden, an- bzw. ausgeschaltet werden (siehe Kapitel 6 „Leben wandelt um").

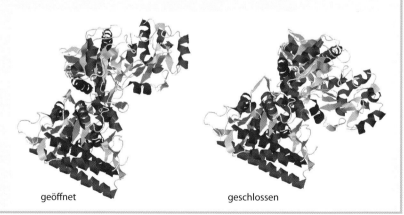

Beim Enzym Acetyl-CoA-Synthase öffnen und schließen zwei Domänen über ein flexibles Scharnier die Bindungstasche für das Substrat.

geöffnet   geschlossen

Na$^+$-K$^+$-Pumpen gezielt die Membranspannung auf, weil sie notwendig für die Steuerung der Aktivitäten von Nerven- und Muskelzellen ist (siehe Kapitel 8 „Leben sammelt Informationen" und Kapitel 9 „Leben schreitet voran"). Außerdem reguliert die Zelle über den Natrium- und Kaliumhaushalt ihren Wassergehalt und damit ihr Volumen, und mit dem Konzentrationsgradienten der Ionen treibt sie sekundäre aktive Aufnahmesysteme für Aminosäuren und Zucker an. Wir werden gleich als Beispiel den Natrium-Glucose-Cotransporter näher betrachten.

Ihrer herausragenden Bedeutung entsprechend darf die Na$^+$-K$^+$-Pumpe einen großen Anteil der Energie verbrauchen, die in einer tierischen Zelle umgesetzt wird. Im Ruhezustand einer gewöhnlichen Zelle steht ihr etwa ein Drittel des gesamten ATPs zu, bei Nervenzellen können es sogar zwei Drittel sein.

Sekundärer Transport trickst einen Gradienten aus

Die Na$^+$-K$^+$-Pumpe bereitet mit dem etablierten elektrochemischen Gradienten den Weg für viele **sekundäre aktive Transportsysteme**, darunter den **Na$^+$-Glucose-Symporter** (Abbildung 4.17). Zwei Varianten des Proteins sind im Menschen zu finden, eine im Dünndarm und eine in den Nieren. Beide nutzen die Energie des Natriumgradienten, um Glucose in die Zellen zu befördern, obwohl die Zuckerkonzentration dort bereits viel höher ist als beispielsweise im Darmlumen. Entscheidend ist die Bindung der Natriumionen.

1. Im Ausgangszustand weisen sowohl die Bindungstasche für Natrium als auch jene für Glucose zum Darmlumen. Während die Natriumtasche aber offen ist, kann der Zucker noch nicht auf seinen Platz.
2. Erst wenn zwei Natriumionen (in der Niere reicht ein Na$^+$ aus) gebunden haben, kann das Protein seine Konformation ändern und die Glucose aufnehmen. Anders als beim primären aktiven Transport geschieht diese Verformung aber nicht gezielt durch die Hydrolyse von ATP. Stattdessen springt das Protein spontan zwischen den beiden Zuständen hin und her. Die Wärmeenergie reicht für diesen ständigen Übergang aus.
3. Ist der Transporter mit Natrium und Glucose zugleich beladen, kann er noch einen dritten Zustand einnehmen. In diesem sind die Taschen zum Zellinneren hin geöffnet, und Natrium wie Glucose können ins Cytosol entweichen. Auch der Seitenwechsel erfolgt dabei zufällig.
4. Im Cytosol ist die Na$^+$-Konzentration zu gering, um die Natriumtasche zu füllen. Deswegen bleibt

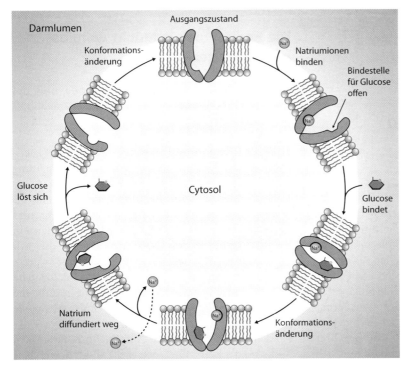

4.17 Im Darm und in den Nieren befördert der Natrium-Glucose-Symporter den Zucker gegen dessen Konzentrationsgradienten in die Zelle. Als Antrieb dient der Fluss von Natriumionen, die ihrem elektrochemischen Gradienten folgen. Im Ausgangszustand ist das Protein nach außen hin geöffnet. Sobald die beiden Substrate gebunden sind, klappt es um und entlässt Natrium wie Glucose in das Cytosol. Die Natrium-Kalium-Pumpe transportiert das Natrium wieder unter Einsatz von ATP nach draußen. Der leere Symporter kehrt mit einer zweiten Konformationsänderung in den Ausgangszustand zurück.

auch die Glucosetasche geschlossen, und trotz der hohen Glucosekonzentration kann kein Zucker in den Transporter. Leer kippt das Protein zurück in den Ausgangszustand.

Der **Trick des sekundären aktiven Transports** besteht also darin, den Gradienten der Nutzfracht (in unserem Fall die Glucose) unwirksam zu machen, indem er dem Gradienten der treibenden Teilchen (hier die Natriumionen) vollständig untergeordnet wird. Egal, wie wenig Glucose im Darm schwimmt und wie viel sich im Cytosol tummelt – einzig die Natriumionen bestimmen, ob der Zucker überhaupt in seine Transporttasche hinein darf oder nicht. Durch diese Erweiterung reichen die Grundprinzipien des passiven Transports in Kombination mit einem einzelnen passenden Konzentrationsgradienten aus, um einen aktiven Mechanismus zu schaffen.

Die aufgenommenen Natriumionen pumpt die Zelle an einer anderen Stelle in den interzellularen Raum, um den Gradienten und das Membranpotenzial nicht zu vermindern. Und auch die Glucose verbleibt nicht in der ersten Zelle. Sie wandert auf der gegenüberliegenden Zellseite ihrem Gradienten folgend mit einem passiven Transportprotein ebenfalls in den Interzellularraum und geht schließlich ins Blut über.

[?]

Prinzip verstanden?

4.3 Ein altes Hausmittel gegen Durchfall bei Kindern sind Salzstangen und abgestandene Cola. Wie könnte diese Kombination wirken?

Transportvesikel und Membranen gehen ineinander über

Die Systeme für den passiven und aktiven Transport sind gut geeignet, um kleine Moleküle durch Membranen zu bringen. Für Makromoleküle und große Komplexe oder gar ganze erbeutete Zellen reichen sie nicht aus. Derartige Brocken lassen sich nicht mehr durch die Membran schleusen, weshalb Eukaryoten eine weitere Methode entwickelt haben – sie verpacken das Gut in Membranvesikel. Bei der **Endocytose** nimmt die Zelle Material auf, indem ein Teil ihrer Plasmamembran das Zielobjekt umschließt und sich

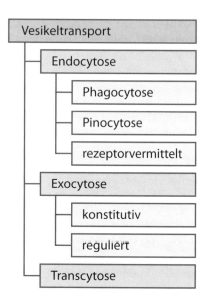

4.18 Mithilfe von Vesikeln nehmen Zellen größere Teilchen auf (Endocytose), schütten Stoffe aus (Exocytose) oder befördern Substanzen quer durch das Cytosol (Transcytose).

mitsamt Füllung als Vesikel in das Cytoplasma hinein abschnürt. Umgekehrt wandert im Zuge der **Exocytose** ein gefülltes Vesikel im Cytoplasma zur Plasmamembran, mit der es verschmilzt und dabei seinen Inhalt nach draußen abgibt. Beide Vorgänge verbrauchen Energie in Form von ATP oder dem verwandten GTP (Guanosintriphosphat).

Die Endocytose schluckt wahllos oder sehr gezielt

Je nach Art der aufgenommenen Stoffe und des Ablaufs wird die **Endocytose** in verschiedene Subtypen unterteilt.

- Bei der **Phagocytose** nimmt die Zelle größere Teilchen oder kleinere andere Zellen auf (Abbildung 4.19). Manche Protisten wie beispielsweise Amöben schieben dafür Pseudopodien („Scheinfüßchen") genannte Ausläufer um die Beute und schließen sie ein. Das Opfer befindet sich dann in einer recht großen Nahrungsvakuole, die mit Lysosomen voller Verdauungsenzymen verschmilzt und es auflöst (Abbildung 4.20). Die dabei entstehenden kleinen Moleküle nimmt die Amöbe in ihr Cytoplasma auf und verleibt sie ihrem Stoffwechsel ein.

Auch in Vielzellern findet Phagocytose statt. Allerdings „fressen" nur spezielle Zellarten wie bei-

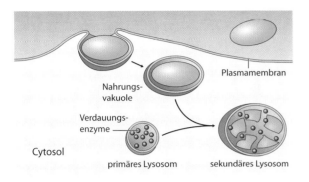

4.19 Bei der Phagocytose umschließt die Zelle ein Teilchen mit ihrer Plasmamembran und schnürt ein Vesikel ab, das im Cytoplasma mit einem Lysosom verschmilzt.

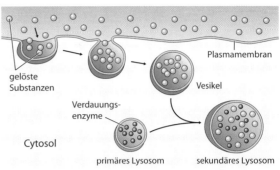

4.21 Mit der Pinocytose nimmt die Zelle extrazelluläre Flüssigkeit mitsamt der darin gelösten Verbindungen auf.

spielsweise die Makrophagen des Immunsystems auf diese Weise Eindringlinge und Festkörper. Im Wesentlichen verläuft der Vorgang wie bei Protisten, das Ziel der Fresszellen ist aber nicht die Aufnahme von Nahrung, sondern die Abwehr von Krankheitserregern und die Beseitigung von toten Zellen und Zelltrümmern. Die Einschlussvesikel werden als Phagosome bezeichnet

- Im Gegensatz zur Phagocytose verläuft die **Pinocytose** nicht gezielt, sondern unspezifisch, jederzeit und bei allen eukaryotischen Zellen (Abbildung 4.21). Es bilden sich einwärts gerichtete Vertiefungen in der Plasmamembran, die zu Taschen werden und sich schließlich als kleine Vesikel ins Cytosol ablösen. Ihr Inhalt besteht aus extrazellulärer Flüssigkeit mit den darin gelösten Stoffen und wird wiederum nach der Fusion mit Lysosomen verdaut.

- Am selektivsten geht die **rezeptorvermittelte Endocytose** vor (Abbildung 4.22). Auf den Oberflächen

dafür zuständiger Zellen befinden sich Rezeptoren – in die Membran integrierte Proteine, die auf der Außenseite Erkennungsstellen für ganz bestimmte Moleküle tragen. Mit ihrer Hilfe spürt die Zelle wichtige, aber nur sehr verdünnt auftretende Substanzen auf, beispielsweise Hormone, Vitamine, Wachstumsfaktoren und die LDL (Low-Density-Lipoproteine) genannte Transportform des Cholesterols im Blut.

Bekommt ein Rezeptor Kontakt zu seinem Substrat, bindet er es fest an sich. Mehrere dieser Rezeptor-Substrat-Komplexe lagern sich aneinander. In elektronenmikroskopischen Bildern sind die entsprechenden Membranregionen als Vertiefungen zu erkennen, die wir als **Coated Pits** bezeichnen. Der „Mantel" (*Coat*) besteht dabei aus Proteinen, die sich an der cytoplasmatischen Seite an die Rezeptoren legen und diese allmählich mitsamt Membranabschnitt in das Zellinnere ziehen und so die Gruben (*Pits*) ausformen. Den Anfang macht das Adaptorprotein 2, das sich an die Rezeptoren heftet, gefolgt von dem Protein Clathrin, das seinerseits an das Adaptorprotein bindet. Clathrin ist ein ungewöhnlich geformtes Protein, das an ein Y mit drei gleich langen Armen erinnert. Über jeden dieser Arme verbindet es sich mit einem benachbarten Clathrinmolekül, sodass ein dreidimensionales Netzwerk entsteht. Je weiter der Clathrin-„Fußball" wächst, umso stärker stülpt sich die Membran ein, bis sie schließlich den Kontakt zur restlichen Plasmamembran verliert und sich zu einem **Coated Vesicle** schließt (Abbildung 4.23). Die Aufgabe des Clathrins ist mit der Loslösung von der Plasmamembran getan, und der Vesikelmantel gibt das Bläschen frei. Damit kann das Vesikel mit dem Endosom fusionieren, einem komplexen Netzwerk von Vesikeln und Membran-

4.20 Ein Sonnentierchen hat sich durch Phagocytose ein Pantoffeltierchen einverleibt.

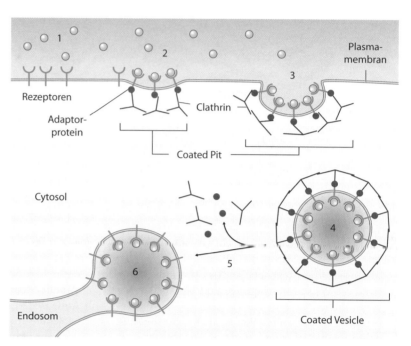

4.22 Die rezeptorvermittelte Endocytose ist durch Rezeptoren auf der Zelloberfläche (1) sehr spezifisch. Die Rezeptoren binden fest eine bestimmte Substanz (2), woraufhin sich im Zellinneren Adaptorproteine und Clathrin an die cytoplasmatische Domäne der Rezeptoren lagern. Es entstehen *Coated Pits*, in denen die Plasmamembran nach innen gezogen wird (3). Schließlich schnürt sich ein *Coated Vesicle* ab, das vollständig von einem Proteinmantel umgeben ist (4). Die Adaptorproteine und das Clathrin lösen sich dann ab, und das Vesikel fusioniert mit dem Endosomenapparat der Zelle.

röhrchen, in dem die Inhalte zerlegt und für die weitere Verwendung vorbereitet werden. Die Rezeptoren können danach verdaut oder zur nochmaligen Verwendung erneut in die Membran eingebaut werden.

Exocytose räumt auf, kippt aus und liefert nach

Membranen können dank ihres quasiflüssigen zweidimensionalen Aufbaus nicht nur geschlossene Vesikel abschnüren, sondern auch den umgekehrten Weg gehen und vorhandene Vesikel mit der Plasmamembran verschmelzen. Dies geschieht bei der **Exocytose**, die Zellen nutzen, um Substanzen in das umgebende Milieu auszuschleusen. Dabei kann es sich um nicht verwertbare Überreste aus einer Endocytose handeln, um Enzyme für die externe Verdauung, Material für den Bau einer Zellwand oder Botenstoffe wie Hormone und Neurotransmitter. Außerdem integriert die Zelle über die Fusion mit Vesikeln elegant neue Lipide und Membranproteine in die Plasmamembran.

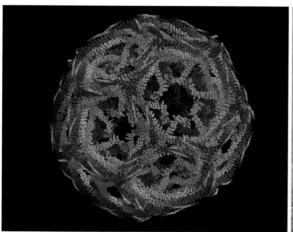

4.23 Clathrin-ummantelte Vesikel bestehen aus zwölf Penta- und acht Hexagonen und erinnern stark an einen Fußball.

Offene Fragen

Wie repariert man defekte Transporter?

Wie essenziell die Aufgabe der Transportsysteme ist, wird deutlich, wenn sie nicht mehr einwandfrei funktionieren. Beispielsweise lässt ein defekter Rezeptor für das Low-Density-Lipoprotein (LDL), mit dem Cholesterol durch die Blutbahnen befördert wird, den Cholesterolspiegel im Blut ansteigen (familiäre Hypercholesterinämie). Als Folge nimmt schon im Kindesalter das Risiko für Arteriosklerose und damit für Herzinfarkt und Schlaganfall stark zu. Bei der Mucoviscidose sind die Chloridkanäle in den Drüsen betroffen, wodurch deren Sekrete dickflüssig werden. Der Schleim erschwert unter anderem das Atmen und begünstigt Lungenentzündungen und weitere Infektionen. Für diese und viele weitere Erkrankungen gibt es bislang kaum Therapien, die am Transportsystem selbst ansetzen.

Zwei **Varianten der Exocytose** müssen wir unterscheiden (Abbildung 4.24):

- Die **konstitutive Exocytose** findet ständig statt und wird nicht kontrolliert oder gesteuert. Sie wird beispielsweise für den Nachschub an Membranproteinen genutzt, deren Synthese bereits im Zellkern überwacht wird (siehe Kapitel 11 „Leben speichert Wissen").
- Die **regulierte Exocytose** läuft nur in sekretorischen Zellen ab und muss erst durch ein bestimmtes Signal angeregt werden. Beispielsweise geben Zellen der Langerhans-Inseln in der Bauchspeicheldrüse bei einem Anstieg des Glucosespiegels im Blut verstärkt per Exocytose das Hormon Insulin ab. Sobald das Insulin Leber und Muskeln erreicht, veranlasst es dort eine erhöhte Glucoseaufnahme.

Eine Schwierigkeit beim Molekülversand per Vesikel liegt darin, dass es in eukaryotischen Zellen neben der Plasmamembran eine ganze Reihe weiterer Membranen und damit potenzieller Empfänger gibt. Um die Vesikel dennoch sicher an ihr Ziel zu leiten, versieht die Zelle sie mit spezifischen transmembranen Proteinen, die wie eine Art Adressaufkleber wirken. Jeder Marker wird nur vom jeweiligen Erkennungsprotein an seiner Zielmembran erkannt. Zusammen mit Adapterproteinen bildet sich ein Fusionskomplex, in dem ATP gespalten wird, um die Abstoßungskräfte der negativ geladenen Lipidköpfe zu überwinden und die beiden Membranen zu öffnen, damit sie sich verbinden können.

Sowohl Endo- als auch Exocytose verändern die Größe der Membran, indem sie ständig Lipide entnehmen bzw. hinzufügen. Dennoch bleibt die Fläche der Plasmamembran außerhalb ihrer Wachstumsphase stets gleich, weil die beiden Vorgänge sich in einem Gleichgewicht befinden.

Transcytose ist zellulärer Durchgangsverkehr

Über passive und aktive Transportsysteme sowie Endo- und Exocytose stehen Zellen in regem Aus-

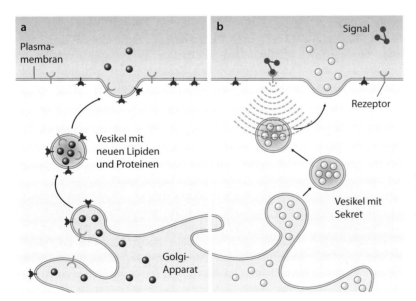

4.24 Zellen erneuern durch konstitutive Exocytose ständig ihre Plasmamembran (a). Die regulierte Exocytose findet nur auf ein bestimmtes Signal hin statt (b). Rezeptoren fangen den Signalstoff auf und veranlassen, dass die wartenden Vesikel mit der Plasmamembran fusionieren und ihren Inhalt ausschütten.

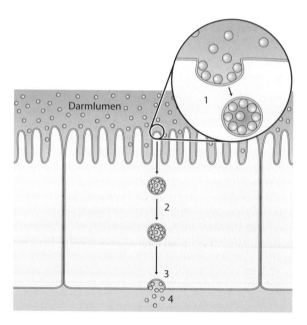

4.26 Bei der Transcytose durch Epithelzellen, wie sie beispielsweise den Darm auskleiden, werden Substanzen zunächst auf einer Seite durch rezeptorvermittelte Endocytose aufgenommen (1), in Vesikeln durch das Zellinnere transportiert (2) und verschmelzen dann auf der anderen Seite bei der Exocytose mit der Plasmamembran (3), wobei sie die Substanzen freisetzen (4).

4.25 Wie bei einem See, dessen Wasserstand konstant bleibt, weil Zu- und Abflüsse einander ausgleichen, sind auch die Veränderungen der Membranfläche durch Endo- und Exocytose gleich groß, damit sich die Zelloberfläche insgesamt nicht verändert.

tausch mit ihrer unmittelbaren Umgebung. In vielzelligen Organismen reicht dies aber nicht immer aus. Bei ihnen bilden häufig spezialisierte Abschlussgewebe, die Epithele, eine Grenze aus Zellschichten zwischen Innen und Außen. Die einzelne Epithelzellen sind so eng miteinander verknüpft, dass keine Substanzen zwischen ihnen hindurchschlüpfen können. Soll dennoch etwas in den Organismus hinein oder aus ihm heraus, bleibt nur der Weg durch das Innere der Epithelzellen. Bei dieser **Transcytose** nimmt die Zelle auf einer Seite per rezeptorvermittelter Endocytose Stoffe auf, transportiert das entstehende Vesikel quer durch das Cytoplasma und gibt den Inhalt auf der gegenüberliegenden Seite wieder durch Exocytose an das Medium ab (Abbildung 4.26). Besonders in Blutgefäßen und im Darm nutzen Tiere diese Form des Transitverkehrs, beispielsweise, wenn junge Säugetiere über die Darmschleimhaut Antikörper aus der Muttermilch aufnehmen.

Zellen tauschen sich mit ihren Nachbarn im Gewebe aus

Die meisten **Vielzeller** sind nicht einfach Lebensgemeinschaften gleichartiger Zellen, sondern bestehen aus verschiedenen Zelltypen, die sich auf unterschiedliche Aufgaben spezialisiert haben. Dadurch ist es für die einzelne Zelle nicht mehr notwendig, sich selbst um alles zu kümmern, sondern sie kann sich weitgehend auf ihre spezielle Funktion konzentrieren und dabei konsequenter vorgehen als ein Einzeller, der stets einen Kompromiss zwischen den verschiedenen Anforderungen finden muss.

Allerdings bedeutet die Spezialisierung zugleich, dass jede Zelle von den Leistungen der anderen Zellen des Organismus abhängig ist. Etwa, wenn es darum geht, eine neue Nahrungsquelle zu finden, aufzusuchen und die Nährstoffe aufzunehmen. Während für den ersten Teil die Sinneszellen zuständig sind, sorgen Systeme zur Fortbewegung dafür, den

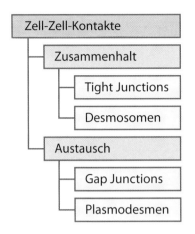

4.27 In Geweben halten Proteine die Zellen zusammen, und offene Kanäle verbinden die Cytosole zu einem Kontinuum.

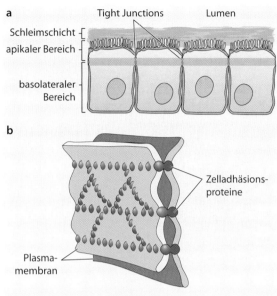

4.28 Tight Junctions trennen in Epithelzellen den apikalen Bereich der Plasmamembran, der zum umhüllten Lumen orientiert ist, vom übrigen basolateralen Bereich (a). Eine Vielzahl von Zelladhäsionsproteinen „nietet" in vernetzten Reihen die Plasmamembranen benachbarter Zellen dicht zusammen (b).

Ort der Nahrung zu erreichen, damit die Einrichtungen zur Aufnahme und Verdauung aktiv werden können.

Diese Kooperation funktioniert nur, wenn zwischen benachbarten Zellen ein ständiger **Austausch von Informationen und Substanzen** stattfindet. Dafür müssen die Zellen zunächst einmal fest zusammenhalten, sodass die Verbindungen zwischen ihnen nicht ständig wieder gelöst werden. Während bei Pflanzen und Pilzen bereits die Zellwände dafür sorgen, dass die Zellen fest lokalisiert sind, benötigen tierische Organismen verknüpfende Strukturen, die wir uns zuerst ansehen werden. Ist der Kontakt etabliert, können schließlich interzelluläre Verbindungen geschaffen werden, die genau den Anforderungen angepasst sind.

Tight Junctions und Desmosomen halten Zellen zusammen

Den Kontakt zwischen tierischen Zellen stellen vor allem Zelladhäsionsproteine her. Sie sind fest in der Plasmamembran verankert und strecken auf der Außenseite eine Domäne in Richtung der Adhäsionsmoleküle der Nachbarzelle. Zwischen beiden kommt es zu einer festen Bindung. Bei den **Tight Junctions** der Epithelzellen von Wirbeltieren reihen sich die Proteinkomplexe so dicht aneinander, dass sie im Elektronenmikroskop wie Abdrücke von Perlenketten aussehen (Abbildung 4.28). Die Zellzwischenräume sind dadurch versiegelt und undurchlässig für die Moleküle, die sich beispielsweise im Lumen des Darms befinden. Alles, was in den Organismus hinein oder aus ihm heraus soll, muss deshalb durch die

Epithelzellen hindurch – und kann dementsprechend streng kontrolliert werden.

Darüber hinaus wirken sich die Tight Junctions auch auf die **Zusammensetzung der Plasmamembranen** der Zellen aus. Mit ihren netzartigen Komplexen schränken sie die seitliche Diffusion der Lipide und Membranproteine in der Membranebene ein. Wie ein Zaun trennen sie die Plasmamembran in zwei Regionen – den apikalen Bereich, der zum Hohlraum weist, und den basolateralen Bereich der seitlichen und unteren Zellteile. Beide Regionen unterscheiden sich in der Lipid- und Proteinkomposition, wodurch die Zelle gezielt Transportgut nach innen oder außen befördern kann, weil auch die Erkennungsstrukturen zum Andocken nur in jeweils einer Region vorkommen. Und selbst die Form der Zelle wird von der asymmetrischen Verteilung beeinflusst. Kleine fingerförmige Zellfortsätze, die **Mikrovilli**, strecken sich im Darm nur auf der apikalen Seite in den Hohlraum und vergrößern dort die Zelloberfläche, womit sie höhere Aufnahmeraten ermöglichen.

Während Tight Junctions vor allem als Diffusionsbarrieren wirken, sind **Desmosomen** dafür da, mechanische Belastungen aufzufangen (Abbildung 4.29). Dazu verbinden sie die Intermediärfilamente (siehe Kapitel 3 „Leben ist geformt und geschützt")

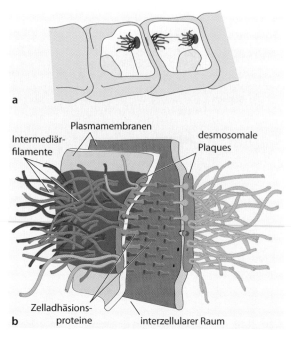

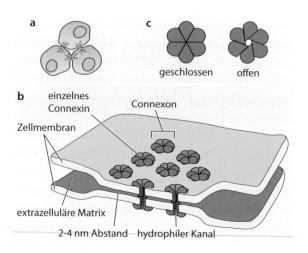

4.30 Über Gap Junctions verbinden tierische Zellen in Geweben ihre Cytosole (a). Dazu steuern benachbarte Plasmamembranen jeweils einen Halbkanal bei, der Connexon genannt wird (b). Für gewöhnlich sind die Tunnel offen, können aber bei Bedarf auch geschlossen werden, etwa beim Tod einer Zelle im Verband (c).

4.29 Desmosomen sorgen für Zugstabilität innerhalb eines Gewebes, indem sie die Intermediärfilamente des zellulären Cytoskeletts über die Plasmamembranen hinaus verbinden (a). Als Anlagerungsstelle für die Filamente dienen desmosomale Plaques, den Kontakt zwischen den Membranen halten Zelladhäsionsproteine (b).

benachbarter Zellen miteinander. Diese Proteinfäden des Cytoskeletts durchziehen das Cytoplasma und sind mit ihren Enden an desmosomalen Plaques verankert – scheibchenförmigen Strukturen, die auf der Innenseite der Plasmamembran aufliegen. Von den Plaques aus spannen sich Zelladhäsionsproteine durch die Membran und lagern sich im Raum zwischen den Zellen fest aneinander. Auf diese Weise verbinden die Desmosomen die Zellen fest miteinander. Außer in Epithelzellen kommen Desmosomen darum auch in einigen anderen beanspruchten Geweben vor, beispielsweise in Herzmuskelzellen.

Gap Junctions und Plasmodesmen sind Kanäle zwischen den Zellen

Kaum haben sich zwei tierische Zellen fest miteinander verknüpft, können bereits **Gap Junctions** ihre Funktion als Kanal aufnehmen (Abbildung 4.30). Dazu steuert jede Zelle einen Halbkanal bei, der als Connexon bezeichnet wird und die Plasmamembran durchspannt. Ein Connexon besteht aus jeweils sechs Proteinen aus der Familie der Connexine. Um die

20 verschiedene Connexin-Varianten stehen Säugetieren zur Verfügung. Die speziellen Eigenschaften der Proteine bestimmen die Charakteristika des fertigen Tunnels, indem sie beispielsweise unterschiedliche Permeabilitäten vorgeben. Einige wenige bis zu mehreren Tausend Gap Junctions verbinden die Zellen und ihre Cytosole miteinander.

Anders als die Kanalproteine zum extrazellulären Raum, die wir zu Beginn des Kapitels kennengelernt haben, sind die Gap Junctions normalerweise offen. Sie bieten kleinen Molekülen einen Kanal von etwa 1,5 nm Durchmesser – ausreichend für Ionen, Zwischenprodukte des Stoffwechsels, Aminosäuren, ATP, Signalstoffe usw. Deren Diffusionsbewegungen genügen, um beispielsweise die inneren Zellen der menschlichen Augenlinse mit allen notwendigen Nährstoffen zu versorgen, obwohl sie weit entfernt von den Blutgefäßen liegen.

Der freigiebige Austausch wird jedoch gefährlich, wenn eine der Zellen ernsthaft geschädigt ist. In diesem Fall schließen sich die Gap Junctions, und die betroffene Zelle wird isoliert. In Vielzellern sichert unter Umständen nur ihr Tod das Überleben des Gesamtorganismus.

Auch in Pflanzen sind die Cytosole der Zellen miteinander verbunden. Sie bilden den Symplasten, wohingegen alles außerhalb der Plasmamembran als Apoplast bezeichnet wird. Die **Plasmodesmen** genannten Kanäle sind trotz der gleichen Funktion

Offene Fragen

Was machen die Pannexine?

Pannexine sind eine Proteinfamilie, die mit den Connexinen verwandt und anscheinend in vielen Bereichen des menschlichen Körpers aktiv ist. Nach den bisherigen Forschungsergebnissen bilden Pannexine in Erythrocyten ATP-Kanäle, sind an der Freisetzung von Interleukin-1, beteiligt, formen Gap Junctions im Gehirn und spielen eine Rolle bei der Entstehung einiger Krebsarten. Allerdings sind nicht alle diese Funktionen ausreichend belegt, und weitere warten vermutlich darauf, entdeckt zu werden. Auch ist anzunehmen, dass noch nicht alle Vertreter der Pannexin-Familie bekannt sind – bislang wissen wir nur von drei Proteinen.

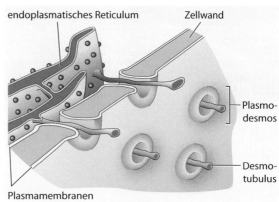

4.31 Die Cytosole von Pflanzenzellen sind über Plasmodesmen miteinander verbunden. Die Plasmamembranen selbst durchtunneln die Zellwand. Der breite Tunnel wird zum großen Teil von Desmotubuli ausgefüllt, die vom endoplasmatischen Reticulum ausgehen.

anders aufgebaut als die Proteintunnel der Tiere (Abbildung 4.31). Bei einem Plasmodesmos (oder Plasmodesma) sind die Plasmamembranen der Zellen direkt miteinander verschmolzen. Sie ziehen sich dazu als längliche Röhre durch die Zellwände. Allerdings wird die Verbindung wesentlich durch einen zentralen Strang eingeschränkt – den Desmotubulus, der vom glatten endoplasmatischen Reticulum ausgeht. Anders als der Namensbestandteil „Tubulus"

erwarten lässt, ist er keineswegs hohl, sondern ein kompakter Strang. Er stabilisiert die Plasmodesmen, lässt aber nur einen dünnen Ring für den Stoffaustausch frei. Trotzdem gelingt es Viren, durch die Plasmodesmen von Zelle zu Zelle zu wandern, und auch die Pflanze selbst transportiert Proteine, die eigentlich viel zu groß sind, durch die Kanäle. Darum wird

1 für alle

Rein und raus aus dem Organismus

Nährstoffe und Baumaterial benötigen Vielzeller ebenso wie Einzelzellen. Darum gibt es auch auf der Ebene höherer Organismen effektive Systeme zur Aufnahme und Abgabe von Substanzen.

Für den **Austausch von Gasen** genügen recht einfache Mechanismen, da deren Teilchen neutral sind und ohne Hilfe durch die Membranen diffundieren können. Allerdings umgeben sich Pflanzen und Tiere häufig mit Abschlussgeweben, die gasdicht sind und verhindern, dass vereinzelte Wassermoleküle – mithin die gasförmige Phase des Wassers – unkontrolliert entweichen und der Organismus dadurch austrocknet. Pflanzen vollziehen ihren Gaswechsel aus diesem Grund über Stomata genannte Spaltöffnungen, die von benachbarten Schließzellen geöffnet oder geschlossen werden. An die Stomata schließt sich im Blatt der Interzellularraum an, in den die umgebenden Zellen den Sauerstoff aus der Photosynthese abgeben und dem sie Kohlendioxid für die Fixierung von Kohlenstoff entnehmen. Die Konzentrationsgradienten reichen aus, um die Diffusion in die richtige Richtung laufen zu lassen. Auch bei Tieren arbeiten die Atemwege auf ähnliche Weise, wobei die aktive Dehnung der Lunge den längeren Weg durch die Luftröhre kompensiert. In

den Lungenbläschen (Alveolen) findet der Gasaustausch mit dem Blut aber wieder passiv statt. Über den Blutkreislauf gelangt der benötigte Sauerstoff zu allen Organen und wird das entstandene Kohlendioxid abtransportiert. Kiemenatmer wie Fische vereinfachen den Atmungsvorgang, indem sie ihre Blutbahnen in den Kiemen exponieren.

Die **Aufnahme von Flüssigkeiten und Nährstoffen** findet bei Samenpflanzen über die Wurzeln statt, deren Wurzelhaare zu diesem Zweck von extra dünnen Zellwänden umgeben sind. Sie geben kohlenhydrathaltige Schleime ab, in denen die Nährstoffe aufgeschlossen werden, bevor Aufnahmesysteme sie in die Zellen transportieren. Tiere haben diesen Bereich der Aufbereitung und Aufnahme von Nahrung transportabel gestaltet, indem sie Flüssigkeiten und Feststoffe in ihren Verdauungstrakt geben. Trotz des komplexeren Aufbaus mit einem oder mehreren Mägen und mitunter meterlangen Därmen finden die entscheidenden Schritte dennoch weitgehend so statt wie bei einfachen Einzellern. Die Bedeutung des Handels mit der Außenwelt wird bei Tieren besonders augenfällig, da bei vielen Arten ein Großteil ihres Körpers von den Verdauungsorganen eingenommen wird.

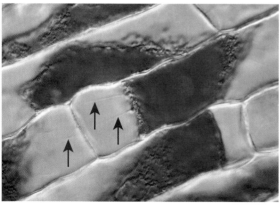

4.32 Bei der Plasmolyse trennt sich die Plasmamembran von der Zellwand. Nur mit den Hecht'sche Fäden genannten Plasmafäden hält sie Kontakt zu den Plasmodesmen.

„Die Evolution derer zu Felsenstein ist noch immer nicht auf den Trick mit Tor und Tür gekommen."

angenommen, dass Zellen die Durchlässigkeit der Plasmodesmen auf noch unbekannte Weise regulieren können.

Im Lichtmikroskop sind Plasmodesmen nicht zu erkennen. Allerdings verraten sie sich bei der Plasmolyse in hypertonischen Lösungen (siehe Kapitel 3 „Leben ist geformt und geschützt"). Durch den Ausstrom von Wasser löst sich die Plasmamembran von der Zellwand. Lediglich an den Plasmodesmen bleibt sie angeheftet und zieht sogenannte Hecht'sche Fäden, die sichtbar sind (Abbildung 4.32).

Prinzipien des Lebens im Überblick

- Lebewesen sind offene Systeme, die Materie und Energie mit der Umgebung austauschen.
- Eine Substanz, deren Konzentration außerhalb der Zelle höher ist als im Cytoplasma, kann die Zelle ohne Einsatz von Energie passiv aufnehmen.
- Kleine ungeladene Moleküle passieren die Membran durch Diffusion.
- Für polare und geladene Moleküle hält die Zelle Kanäle und Transportproteine bereit, die für eine erleichterte Diffusion sorgen.
- Durch spezifische Selektionsmechanismen sorgen die Proteine dafür, dass nur bestimmte Moleküle durch die Membran gelangen.
- Ionen folgen passiv ihrem elektrochemischen Gradienten, der die Konzentration und das elektrische Feld berücksichtigt.
- Durch eine Nettowanderung von Ionen durch die Membran entsteht zwischen den beiden Seiten eine elektrische Spannung.

- Der Einsatz von Energie ermöglicht der Zelle beim aktiven Transport, Substanzen auch gegen ihren Gradienten aufzunehmen.
- Die Energie dafür stammt aus der Spaltung einer chemischen Verbindung wie ATP oder dem Gradienten einer anderen Substanz, die gekoppelt transportiert wird.
- Große Komplexe umschließen Zellen mit ihrer Plasmamembran und nehmen sie in Vesikeln verpackt auf. Diese Endocytose kann unspezifisch oder über Rezeptoren spezifisch geschehen.
- Bei der umgekehrt verlaufenden Exocytose werden Abfallstoffe entsorgt, die Plasmamembran mit neuen Lipiden und Membranproteinen versorgt und Substanzen nach außen abgegeben.
- Innerhalb von Abschlussgeweben sind benachbarte Zellen durch Tight Junctions und Desmosomen fest miteinander verknüpft.
- Der Austausch zwischen benachbarten Zellen findet durch meist offene Gap Junctions bzw. Plasmodesmen statt, über welche die Cytosole verbunden sind.

📖 Bücher und Artikel

Peter Atkins et al.: *Physikalische Chemie*. (2006) Wiley-VCH
Intensive Besprechung der physikochemischen Grundlagen von Diffusion und energieabhängigen Prozessen.

Ingolf Bernhardt: *Biomembranen – Wächter des zellulären Grenzverkehrs. Von Pumpen, Carriern und Kanälen* in „Biologie in unserer Zeit" 37/5 (2007)
Übersichtsartikel zu den verschiedenen Kategorien von Transportsystemen.

Michael Groß: *Die Pforten der Zelle* in „Spektrum der Wissenschaft" 12 (2003)
Beitrag zum Nobelpreis für Chemie, der in dem Jahr für Erkenntnisse über Zellmembrankanäle verliehen wurde.

Ferdinand Hucho und Christoph Weise: *Ligandengesteuerte Ionenkanäle* in „Angewandte Chemie" 113 / 17 (2001)
Selektivität und Steuerung von Ionenkanälen, die auf die Anlagerung von Signalstoffen reagieren.
Thomas Weigner et al.: *Molekülsonden zur Erforschung von Ionenkanälen: Der Weg von Ionen durch die Zellmembran* in „Biologie in unserer Zeit" 32 / 2 (2002)
Untersuchungen zu den elektrischen Eigenschaften der Ionenkanäle kombiniert mit Computersimulationen.

Internetseiten

www.chemgapedia.de/vsengine/vlu/vsc/de/ch/8/bc/vlu/transport/transportprozesse.vlu.html
www.chemgapedia.de/vsengine/vlu/vsc/de/ch/8/bc/vlu/transport/endocytose.vlu.html
Zwei Lerneinheiten, die Schritt für Schritt Transportvorgänge bei Zellen und höheren Organismen erklären.
www.unifr.ch/anatomy/elearningfree/allemand/epithel/epithel05.html
Ein Online-Kurs zu Zellkontakten mit Quiz zur Selbstprüfung.

! Antworten auf die Fragen

4.1 Bei einem Zwitterion mit einer positiven und einer negativen Ladung heben sich die Wirkungen des elektrischen Felds auf die beiden Ladungen auf. Die Spannung lässt das Ion darum überhaupt nicht wandern. Sie richtet es allenfalls aus, sodass die positive Ladung zum negativeren Potenzial weist und die negative Ladung zum positiveren Potenzial.

4.2 Ionenkanäle erzeugen mit den Ladungen ihrer Aminosäurereste elektrische Felder, die passend zu der jeweiligen Ladung ihres Transportguts sind. Positiv geladene Kaliumionen werden dementsprechend mit einem negativen Feld angezogen, das Anionen wie das Chloridion schon mit seiner Fernwirkung abstößt.

4.3 Bei Durchfall ist es wichtig zu verhindern, dass der Körper zu viel Flüssigkeit verliert. Dabei helfen die Glucose aus der Cola und das Natrium von den Salzstangen. Beide zusammen werden im Darm aufgenommen und von den Epithelzellen in den interzellulären Raum weitergeleitet. Dessen osmotischer Wert steigt dadurch an, und Wasser aus dem Darm fließt passiv nach.

5 Leben transportiert

Nachdem die Nährstoffe in die Zelle aufgenommen wurden, müssen sie im Cytoplasma an den richtigen Ort für die weitere Verarbeitung gelangen. Gleichzeitig werden Teile für den Aufbau neuer Zellstrukturen durch das Cytosol befördert, und ganze Organellen sind auf Wanderschaft. Eine Infrastruktur von Transportsystemen sorgt dafür, dass alles sicher an seinen Platz gelangt.

Das Innere von Zellen ist ständig in Bewegung. Stoffwechselprodukte, Enzyme und Strukturproteine wandern im Cytosol vom einen Ort zum anderen. Selbst große Objekte wie Mitochondrien und Chloroplasten sind häufig unterwegs, um beispielsweise lokal benötigte Energie zu liefern oder das einfallende Licht optimal nutzen zu können. Dabei ist die Zelle keineswegs ein weitgehend leerer Raum, in dem Teilchen sich frei bewegen können. Im Gegenteil – im Cytoplasma geht es gedrängter zu als in der Fußgängerzone einer Großstadt am Tag vor Weihnachten.

Höhere Tiere und Landpflanzen stehen bei ihrem Langstreckentransport vor einer anderen Herausforderung. In den spezialisierten Leitungssystemen, die ihren gesamten Organismus durchziehen, gibt es ausreichend Platz. Dafür muss aber ein zentraler Antrieb die Energie für den gesamten Transport über große Distanzen aufbringen.

Diffusion reicht nur für kleine Moleküle

Der Blick durch das Lichtmikroskop täuscht ebenso wie die Schemazeichnungen vom Aufbau der Zelle, wie sie auch am Ende des Kapitels 2 „Leben ist konzentriert und verpackt" (in Abbildung 2.26) zu sehen sind. Beides suggeriert eine wässrige Blase, in der vereinzelte Strukturen schwimmen. In solch einer Umgebung könnte praktisch jedes Molekül und jede Organelle innerhalb kürzester Zeit das gesamte Zelllumen durch einfache Diffusion durchqueren. Spezialisierte Mechanismen für den internen Transport wären überflüssig.

Die wirklichen Zustände im Cytoplasma sind allerdings ganz anders. Neue bildgebende Verfahren wie die Kryo-Elektronentomografie, bei der eine schockgefrorene Zelle im Elektronenmikroskop aus verschiedenen Winkeln aufgenommen wird, liefern am Computer dreidimensionale Modelle, in denen die **Zellbestandteile dicht aneinander gedrängt** liegen (Abbildung 5.1). Nicht einmal der halbe eigene Durchmesser trennt benachbarte Proteine voneinander. Zusammen mit anderen großen Molekülen scheinen sie die Zelle bis in den kleinsten Winkel auszufüllen.

Die Zwischenräume sind gerade noch weit genug, damit kleine Moleküle hindurchschlüpfen können. Allerdings dürfen wir nicht vergessen, dass auch realitätsnahe Bilder immer nur eine starre Momentaufnahme wiedergeben. In Wahrheit vollführen alle Inhaltsstoffe der Zelle schnelle Zitterbewegungen, entweder durch ihre eigene thermische Energie oder als Folge der Zusammenstöße mit den umgebenden kleinen Molekülen (siehe Kasten „Brown'sche Molekularbewegung" auf Seite 79). Dadurch ergeben sich immer wieder für kurze Zeit Lücken, und Kollisionen schaffen vorübergehend Platz.

Insgesamt ist das Cytosol einer lebenden Zelle überaus viskos, sodass es sich eher wie ein Gel als wie eine Lösung verhält. Eine **Fortbewegung per Diffusion** ist in einem derartigen Medium allenfalls für kleine Moleküle praktikabel, und selbst deren Fortkommen ist im Vergleich zur Zufallsbewegung in verdünnten Lösungen stark eingeschränkt.

Glucose, Signalstoffe, ATP, Zwischenprodukte des Stoffwechsels und andere niedermolekulare Verbindungen können also einfach – wenngleich etwas träge – zu ihren Zielorten diffundieren. Aber es würde die Auf- und Abbauvorgänge zusätzlich bremsen, wenn

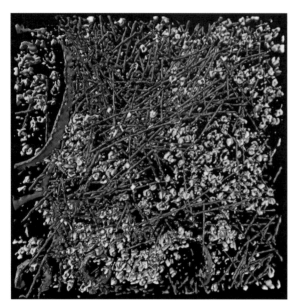

5.1 Dieser Ausschnitt aus einer Amöbenzelle zeigt die Actinfilamente des Cytoskeletts (rot), einige Membranteile (blau) und Ribosomen (grün), in denen neue Proteine synthetisiert werden. Schon die kleine Auswahl von Bestandteilen macht deutlich, wie eng Zellen mit Makromolekülen und Molekülkomplexen bestückt sind.

den lockere Komplexe aus. **Nahe am Ort des Geschehens** zu sein, ist eine Strategie, mit der die Zelle ihrem vollgepackten Inneren begegnet. Was sie dafür braucht, ist eine Infrastruktur, die sogar große Strukturen dorthin transportiert, wo sie benötigt werden.

Das Cytoskelett dient als Schienensystem für Motorproteine

Die „Schienen" dieses Güterverkehrsnetzes kennen wir bereits. Es sind die **Mikrotubuli und Actinfilamente** des Cytoskeletts, die wir in Kapitel 3 „Leben ist geformt und geschützt" besprochen haben. Beide durchziehen als lange Proteinfäden die Zelle, wobei die Actinfilamente vor allem dicht an der Plasmamembran verlaufen, während die Mikrotubuli von Organisationszentren in der Nähe des Zellkerns strahlenförmig das Cytosol durchspannen (Abbildung 5.2).

Beide Filamenttypen sind **polar aufgebaut**, besitzen also zwei unterschiedliche Enden, die mit (+) und (–) bezeichnet werden (Abbildung 5.3). Auf der

sie in einer Ereigniskette nach jedem Schritt erneut durch Zufall die nächste Station finden müssten. Darum liegen Proteine, die an einer gemeinsamen Aufgabe arbeiten, räumlich eng beieinander und bil-

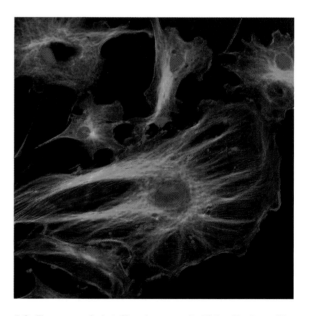

5.2 Fluoreszenzfarbstoffe zeigen, wo die Fäden für den zellinternen Transport zu finden sind. Die Actin- oder Mikrofilamente (rot) liegen als Netz dünner Fäden unterhalb der Plasmamembran. Die Mikrotubuli (grün) durchziehen hingegen von den Mikrotubuli-Organisationzentren in der Nähe des Zellkerns (blau) ausgehend das Cytosol.

⌐ Offene Fragen ⌐

Heimliche Grüppchenbildung

Für Aufgaben, die in mehreren aufeinanderfolgenden Schritten erledigt werden, finden sich Proteine vermutlich häufig zu lockeren Komplexen zusammen. Diese Grüppchenbildung ist allerdings sehr schwer nachzuweisen. Da die Proteine nicht fest miteinander verknüpft sind, fallen sie auseinander, sobald die Zellen für Untersuchungen aufgeschlossen und in ihre Bestandteile aufgetrennt werden. Auch die Betrachtung im Elektronenmikroskop setzt meist eine harsche Vorbehandlung voraus, und es ist äußerst schwierig, einzelne Proteine zu unterscheiden. Die Kryo-Elektronentomografie kühlt die Zelle zwar in Sekundenbruchteilen auf −196 °C oder noch weniger ab, sodass sie sich in einem eingefrorenen Lebenszustand befindet, aber sie liefert nur starre Bilder, aus denen nicht die Dynamik ersichtlich wird. Um endgültig das Rätsel effizienter Protein-Teams zu lüften, fehlt offenbar noch das geeignete technische Verfahren.

(+)-Seite werden die Fäden bevorzugt durch die Anlagerung weiterer Proteinmoleküle verlängert, wohingegen sie auf der (−)-Seite schneller abgebaut und somit verkürzt werden. Für den intrazellulären Transport hat die Polarität aber eine noch wichtigere Konsequenz – gleichgültig, wo eine molekulare Zugmaschine auf den Schienenstrang aufsetzt, es gibt immer zwei unterscheidbare Richtungen. Erst durch diese Differenzierung kann der Transport gezielt verlaufen, statt in einem sinnlosen Hin und Her auszuarten.

Die Arbeitsmaschinen für diese Aufgabe gehören zu den sogenannten **Motorproteinen**. Sie wandern unter ATP-Verbrauch aktiv auf den Filamenten entlang und ziehen dabei Lasten hinter sich her. Für den Antrieb setzen sie die chemisch gespeicherte Energie des ATP in mechanische Arbeit um – ähnlich einem technischen Motor, der aus der Verbrennung seines Treibstoffs Bewegung erzeugt. Mikrotubuli und Actinfilamente haben jeweils spezifische Motorproteine für die Transporte, die zwar unterschiedlich

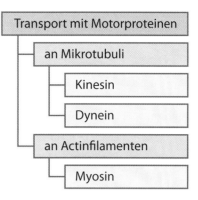

5.4 Auf den Filamenten der Zelle laufen spezielle Motorproteine.

aufgebaut sind, aber trotzdem grundsätzlich mit der gleichen Methode an den Proteinfäden entlang wandern.

Kinesin und Dynein laufen in entgegengesetzte Richtungen

Wir sehen uns das Prinzip der Motorproteine am Beispiel des **Kinesin** genauer an. Es handelt sich dabei um eine ganze Gruppe von Motorproteinen, die sich alle an Mikrotubuli entlang bewegen. Allein beim Menschen sind bislang 45 Kinesingene bekannt, sodass wir mit einer entsprechend hohen Zahl von Kinesinproteinen rechnen müssen.

Das „typische" Kinesin besteht aus vier aneinandergelagerten Proteinketten (Abbildung 5.5a) – zwei schweren und zwei leichteren. Die beiden schweren Varianten dieser Ketten bilden an einem Ende jeweils eine globuläre „Kopf"-Domäne aus, an die sich ein kurzer, aber flexibler dünner Hals anschließt, der in eine längere Schwanzregion übergeht. In diesem Bereich sind die Helices der Ketten miteinander verdrillt, was das Molekül stabiler macht. An seinem Ende trägt der Schwanz zusätzlich die beiden leichten Proteinketten. Diese Region ist bei den einzelnen Kinesinen sehr verschieden aufgebaut, denn sie entscheidet darüber, welches Objekt das Protein befördert.

Der Kopfbereich ist dagegen im Laufe der Evolution sehr vorsichtig behandelt worden. Er wird auch als **Motordomäne** bezeichnet, und die zentralen Abschnitte seiner Struktur finden wir fast deckungsgleich bei anderen Motorproteinen wie dem Myosin. Deshalb ist anzunehmen, dass beide auf eine einzige Urform zurückgehen. Besonders zwei Bereiche sind wichtig für die Funktion – eine Bindungsstelle für

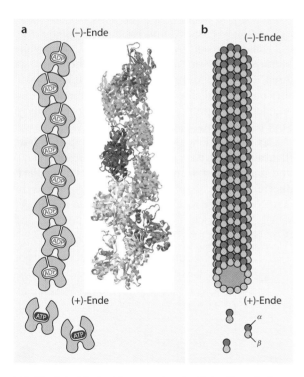

5.3 Die Polarität der Filamente ist eine Folge ihres Aufbaus. Die Proteinbausteine der Actinfilamente haben eine Bindungstasche für ATP, das bei der Polymerisierung zu ADP umgesetzt wird (a). Die Öffnung dieser Bindungstasche weist zum (−)-Pol des Filaments. Mikrotubuli bestehen aus Dimeren, die bereits selbst polar sind (b). Das α-Tubulin befindet sich in Richtung (−)-Terminus des Fadens, das β-Tubulin am (+)-Ende.

a

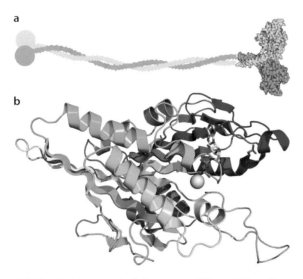

b

5.5 Kinesin ist aus zwei miteinander verdrillten gleichen Komponenten aufgebaut (a). Die Kopfteile (in diesem Bild rechts) tragen die beiden Motordomänen inklusive der Bindungsstellen für das Tubulin und das ATP (in der hellblauen Kette teilweise als rote Struktur zu sehen). Sie sind über einen flexiblen Hals mit dem langen Schwanzteil verbunden, an dessen Ende sich die spezifischen Domänen zur Bindung des jeweiligen Transportguts befinden. Die räumliche Struktur der Motordomäne (b) ist bei allen Motorproteinen sehr ähnlich. In einer Tasche wird ATP zu Phosphat und ADP gespalten (als Stäbchenmodell neben der grauen Kugel eines Magnesiumatoms dargestellt), wodurch das Protein seine Form verändert, sich vom Mikrotubulus löst und einen „Schritt" vorwärts macht.

den Kontakt zum Mikrotubulus und eine Bindungstasche für den Energielieferanten ATP (Abbildung 5.5b).

Im Ruhezustand sind die ATP-Bindungstaschen beider Motordomänen eines Kinesinmoleküls zunächst mit ADP beladen. Sobald sich aber einer der Köpfe an einen Mikrotubulus lagert, löst dies die ersten Konformationsänderungen aus, und der **Wanderzyklus des Kinesin** beginnt (Abbildung 5.6):

1. Das ADP löst sich aus der Bindungstasche des vorderen Kopfes. Ein ATP nimmt seinen Platz ein.
2. Die Bindung des ATPs wirkt sich auf die Struktur des Halsteils aus. Er dreht und streckt sich parallel zum Tubulus in dessen (+)-Richtung. Dadurch gerät der bislang in Marschrichtung hintere Kopf nach vorne und legt sich auf den Mikrotubulus.
3. Im nun hinteren Kopf wird das ATP zu ADP und Phosphat gespalten. Die Domäne kann sich wegen der erneuten Konformationsänderung von der Unterlage lösen.
4. Das Phosphat diffundiert davon, zurück bleibt ADP.

Mit abwechselnd vertauschten Rollen der Köpfe durchläuft das Kinesin diesen Zyklus bis zu einigen Hundert Malen. Bei jedem Schritt legt es 8 nm zurück, was der Länge eines Tubulindimers entspricht. Es erreicht Geschwindigkeiten von wenigen Millimetern pro Stunde – bezogen auf seine eigenen Ausmaße und umgerechnet auf unsere gewohnten Größenverhältnisse wäre das genug, um jedes Formel-1-Rennen zu gewinnen. Und das mit schwerem Gepäck im Schlepptau! Weil Kinesine überaus sperrige **Lasten wie Vesikel und sogar Organellen** durch das zähe Cytosol befördern müssen, ziehen die Motorproteine vermutlich meist zu mehreren an ihrem Gut. Grundsätzlich kann ein Kinesinmolekül aber durchaus alleine arbeiten, da es während seiner Wanderung ununterbrochen mit wenigstens einem Kopf festen Kontakt zum Mikrotubulus hat.

Das Kinesin bewegt sich jedoch stur in eine feste Richtung – auf das (+)-Ende des Mikrotubulus zu und damit meist **vom Zentrum der Zelle zur Peripherie**, was wir als anterograden Transport bezeichnen. Nur wenige Kinesinvarianten haben die umgekehrte Marschrichtung auf das (−)-Ende zu und betreiben damit retrograden Transport.

a

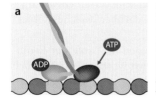

b

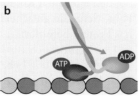

c

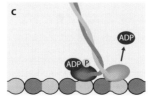

d

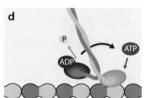

5.6 Kinesin hangelt sich nach dem „Hand-über-Hand"-Prinzip am Mikrotubulus entlang. In der vorderen Motordomäne wird dafür ADP durch ATP ersetzt (a). Der neue Bindungspartner verursacht eine Konformationsänderung des Kopf- und Halsteils, die den hinteren Kopf nach vorne bringt (b). Die anschließende Hydrolyse des ATPs zu ADP und Phosphat (hier mit „P" dargestellt) lockert den Kontakt zum Mikrotubulus (c). Mit der Freisetzung des Phosphats kann der Zyklus in die nächste Runde gehen (d).

[?]

Prinzip verstanden?

5.1 Warum kann Kinesin auf den Mikrotubuli nur in eine Richtung wandern?

Etwas aus den Außenregionen der Zelle in deren zentralen Bereich zu bringen, ist die Spezialität des **Dynein**. Auch hinter diesem Namen verbirgt sich eine Gruppe von Motorproteinen, die außer am intrazellularen Transport zusätzlich an den Bewegungen von Wimpern und Geißeln mancher Zellen beteiligt ist (siehe dazu Kapitel 9 „Leben schreitet voran"). Das cytoplasmatische Dynein, das uns hier interessiert, ist funktionell betrachtet wie Kinesin strukturiert. Allerdings ist es rund zehnmal größer und setzt sich aus mehreren schweren, mittelschweren und leichten Proteinketten zusammen (Abbildung 5.7). Die Komplexität macht es schwierig, das Protein zu untersuchen, und so ist zu seinem Aufbau und seiner Funktion weiterhin vieles unbekannt.

Während seiner **Wanderung auf dem Mikrotubulus** bindet auch Dynein ständig mit mindestens einem Kopfteil an dem Filament. Seine Größe verleiht ihm aber einige Flexibilität in der Schrittlänge. So kommen Schritte mit 16 nm ebenso vor wie vereinzeltes Zurückweichen. Womöglich haben die beiden Stränge mit ihren Haftstellen mehr Freiheit, sich unabhängig voneinander zu bewegen, und geraten wegen ihrer langen Verbindungsstücke gelegentlich an weiter vorne oder hinten liegende Andockstellen des Tubulins.

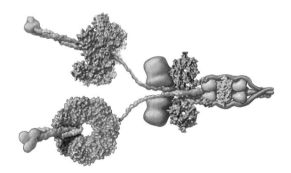

5.7 Ein hypothetischer Aufbau eines Dyneinmoleküls. Trotz der komplexeren Zusammensetzung aus vielen verschiedenen Proteinketten ähnelt es in den Grundzügen dem viel kleineren Kinesin. Dynein verfügt ebenfalls über zwei Bindestellen zum Mikrotubulus (hellblaue Enden auf der linken Seite) und zwei Motordomänen (blau-violette Ringe) mit jeweils gleich mehreren Bindungstaschen für ATP. Es schließt sich ein Schwanzbereich (grün) an, der den Kontakt zum Transportgut herstellt.

Insgesamt verläuft der Transport mit dem Dynein aber **retrograd zum Zentrum der Zelle**. Manche Viren wie das Herpes-simplex-Virus machen sich diese zuverlässigen Zugmaschinen darum zunutze, indem sie sich von dem Motorprotein zum Zellkern bringen lassen.

Myosin und Actin stellen ein zweites System

Das Spiel der Kräfte von Actin und Myosin ist vor allem vom Muskel bekannt (siehe Kapitel 9 „Leben schreitet voran"). Einige Proteine aus der Myosinfamilie ziehen aber als Transporter von Makromolekülen, Vesikeln und Organellen über die Actinfilamente des Cytoskeletts und ergänzen damit die Infrastruktur der Mikrotubuli.

Erneut begegnet uns beim Myosin der bekannte **funktionelle Aufbau** aus einer schweren Proteinkette mit der konservativen Motordomäne im Kopfbereich und der Schwanzregion, die für die spezifische Bindung des Transportguts sorgt. Zwischen beiden vermittelt die kurze, flexible Halsregion. Hinzu kommen mehrere leichte Ketten, die verschiedene Hilfsaufgaben erfüllen, indem sie beispielsweise die Struktur stützen oder deren Aktivität regulieren.

Zu Beginn eines **Wanderzyklus** ist die Motordomäne des Myosin mit ADP beladen und hat Kontakt zum Actinfilament (Abbildung 5.8). Der Austausch des ADP durch ATP vermindert die Affinität des Myosin für das Actin aber so weit, dass es sich ablöst. Außerdem ändert sich die Orientierung der Kopfdomäne, sodass diese etwa 11 nm weiter nach vorne gelangt. Dort bindet sie nach der hydrolytischen Spaltung des ATP zu ADP und Phosphat wieder an

---

Offene Fragen

Vernachlässigte unkonventionelle Myosine

Das meiste, was wir über den Aufbau und die Wirkungsweise der Myosine wissen, haben Wissenschaftler am „konventionellen" Myosin II erforscht, das auch die Muskelkontraktion herbeiführt. Bislang sind jedoch 24 Klassen von Myosinen bekannt, die teilweise abweichende Eigenschaften haben. So arbeiten Myosine der Klasse I als Monomere, jene der Klasse VI wandern als einzige in Richtung auf das (–)-Ende des Actin, Klasse X bevorzugt eventuell ganze Actinbündel als Leitschiene, und Myosine der Klasse XV sind womöglich am Hörprozess beteiligt. Von einigen Klassen wissen wir noch gar nicht, welche Aufgaben sie in der Zelle übernommen haben.

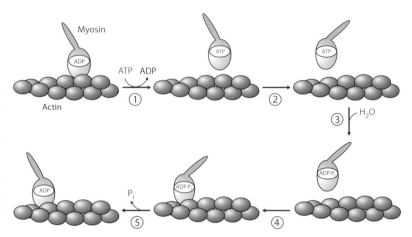

5.8 Myosin bewegt sich durch ATP-Einsatz am Actinfilament entlang. Das Kopfteil des Myosin löst sich vom Actin, wenn ATP in der Motordomäne bindet (1), und eine starke Konformationsänderung versetzt den Kopf 11 nm weiter (2). Nach der Spaltung des ATP in ADP und Phosphat (3) kommt es zur erneuten Anlagerung (4). Die Bindung veranlasst den Ausstoß des Phosphats, wodurch das Myosin wieder in seinen Ausgangszustand zurückspringt (5). Dieser „Kraftschlag" verschiebt das ganze Molekül mitsamt seines Transportguts an dem Actinfilament.

das Filament. In dieser Phase hat das Myosin also einen Fuß vorangesetzt, aber noch nicht den Rest des Moleküls mit der Last nachgezogen. Dieser Schritt folgt mit dem sogenannten Kraftschlag. Er beginnt bereits bei der erneuten Bindung von Myosin und Actin. Dabei wird das Phosphat aus der Proteintasche gedrängt, die Konformation ändert sich erneut, und wir haben wieder die Ausgangssituation erreicht.

Myosintypen, die als Dimer arbeiten und zwei Kopfregionen haben, bewegen sich auf diese Weise wie Kinesin und Dynein über ihr Filament. Mit Ausnahme des Myosin VI wandern sie dabei zum (+)-Ende des Actin. Eine Besonderheit tritt bei der Klasse des Myosin I auf. Deren Vertreter sind als Monomere unterwegs und verfügen darum nur über eine einzige Kopfdomäne. Sie lassen folglich in jedem Zyklus kurz das Actinfilament los. Dennoch ziehen sie ganze Vesikel durch das überfüllte Cytosol.

[?]

Prinzip verstanden?

5.2 Aus der Beschreibung der Myosinwanderung lässt sich schließen, welche Gruppe für den Wechsel zwischen den beiden Konformationen des Proteins verantwortlich ist.

Signalsequenzen wirken als Adressaufkleber

Woher die Zelle überhaupt weiß, wohin ein Makromolekül gehört, ist am besten an **neu synthetisierten Proteinen** erforscht. Deren Baupläne befinden sich in Form von DNA im Zellkern (siehe Kapitel 11 „Leben speichert Wissen"). Für die Synthese werden Kopien der entsprechenden Abschnitte angefertigt und durch die Poren aus dem Kern in das Cytosol befördert. Dort beginnen als Ribosomen bezeichnete Komplexe mit der Herstellung der Proteine, indem sie genau nach Anweisung die Aminosäuren der Peptidkette aneinanderhängen. Bei vielen Proteinen, die nicht im Cytosol bleiben sollen, sondern in ein anderes Kompartiment gehören, umfasst die Kette auch eine Signalsequenz – eine Aminosäurefolge, die wie ein Adressaufkleber den Zielort des Proteins angibt.

Zwischen drei und 75 Aminosäuren lang ist solch eine **Signalsequenz**, die sich am N- oder C-Terminus, oder aber mitten in der Peptidkette befinden kann. Neben der Abfolge ihrer Bausteine ist die dreidimensionale Struktur der Signalsequenz wichtig, denn anhand dieser Merkmale identifizieren Rezeptoren die für sie bestimmten Moleküle. Eine Ausnahme bil-

5.9 Die Fluoreszenzaufnahme zeigt die Verteilung von Myosin VI (rot) und Actin (grün) in der Zelle. Das Myosin ist vor allem an den faltigen Bereichen der Plasmamembran zu finden sowie im zentralen Zellbereich, wo es Membranvesikel befördert.
Nachdruck mit freundlicher Genehmigung aus I. Lister, R. Roberts, S. Schmitz, M. Walker, J. Trinick, C. Veigel, F. Buss und J. Kendrick-Jones (2004) Biochemical Society Transactions 32(5), 685–688.

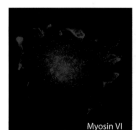
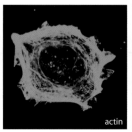
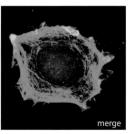

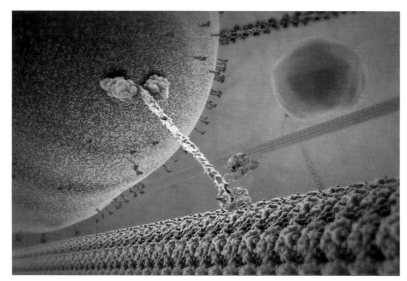

5.10 Eine künstlerische Darstellung des intrazellulären Transports aus dem Film *The Inner Life of a Cell* (URL am Ende des Kapitels). Motorproteine als Zugmaschinen auf den Schienen des Cytoskeletts befördern Makromoleküle, Vesikel und Organellen durch das gesamte Cytosol. Obwohl sie in der Größe sehr variieren und im Detail unterschiedlich aufgebaut sind, bestehen sie doch wie dieses Kinesin meist aus einem Schwanzteil, an dessen Ende die Last gebunden ist, einem beweglichen Hals, der während des Schrittzyklus seine Form ändert, und zwei Kopfteilen oder Motordomänen, mit denen das Protein sich Schritt für Schritt auf dem Filament vorwärts bewegt.

den Proteine, die für die Chloroplasten bestimmt sind. Ihre Signale bestehen nicht aus einer festen Sequenz oder Struktur, sondern stimmen lediglich in einigen physikalischen und chemischen Eigenschaften überein. So sind die Aminosäurereste häufig positiv geladen und mit Hydroxylgruppen versehen.

Spezifische Rezeptorproteine **an den Zielkompartimenten** erkennen und binden die Signalsequenzen und sorgen dafür, dass das Protein durch die Membran geschleust wird (Abbildung 5.11). Häufig muss es sich dafür mit Unterstützung eines als Chaperon (vom englischen Wort für „Anstandsdame") bezeichneten Hilfsproteins entfalten, bevor es durch einen engen Kanal schlüpfen kann. Bei manchen Proteinen wird während des Membrandurchtritts oder kurz danach die Signalsequenz abgespalten, bei anderen bleibt sie Teil der erneut gefalteten Kette.

Ein spezieller Fall ist die **Aufnahme von Proteinen in das endoplasmatische Reticulum (ER)**. Dies ist die erste Station für Proteine, die in das Endomembransystem eingeschleust und über den Golgi-Apparat in Lysosomen verpackt oder bei einer Exocytose aus der Zelle geschleust werden (Abbildung 5.12).

Die zuständige Signalsequenz für das ER befindet sich am N-Terminus der jeweiligen Proteine und wird von den Ribosomen gleich zu Beginn in eine Aminosäurekette umgesetzt. Unmittelbar danach bindet ein Signalerkennungspartikel, kurz SRP (*signal recognition particle*), an den

> **Signalsequenz** oder **Signalpeptid** (*signal sequence, signal peptide*) Aminosäuresequenz eines Proteins, die angibt, zu welchem Ort das Protein während oder nach seiner Synthese transportiert werden soll.

Tabelle 5.1 Beispiele für Signalsequenzen bei Proteinen

Ziel	- Sequenz
Kern	- ...-Pro-Pro-Lys-Lys-Lys-Arg-Lys-Val-...
endoplasmatisches Reticulum	- H_2N-Met-Met-Ser-Phe-Val-Ser-Leu-Leu-Leu-Val-Gly-Ile-Leu-Phe-Trp-Ala-Thr-Glu-Ala-Glu-Gln-Leu-Thr-Lys-Cys-Glu-Val-Phe-Gln-...
Mitochondrieninneres	- H_2N-Met-Leu-Ser-Leu-Arg-Gln-Ser-Ile-Arg-Phe-Phe-Lys-Pro-Ala-Thr-Arg-Thr-Leu-Cys-Ser-Ser-Arg-Tyr-Leu-Leu-...

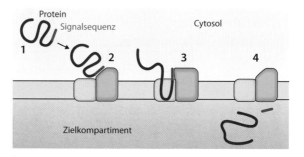

5.11 Bei Proteinen, die nicht für das Cytosol bestimmt sind, gibt typischerweise eine Signalsequenz den Zielort an (1). Ein Rezeptor bindet die Sequenz (2), und das Protein wird durch die Membran transportiert (3). Anschließend wird die Signalsequenz häufig abgespalten (4).

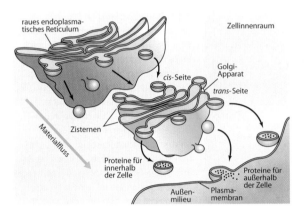

5.12 Proteine für die Exocytose und das Endomembransystem der Zelle beginnen ihren Weg im endoplasmatischen Reticulum. Dort werden sie chemisch modifiziert und in Vesikeln zur *cis*-Seite des Golgi-Apparats geschickt. In dessen Membranstapeln läuft der Umbau weiter. Außerdem werden die Proteine sortiert und konzentriert, bevor sie von der *trans*-Seite aus in Vesikeln den Apparat verlassen und ihren endgültigen Zielort ansteuern.

---

1 für alle

Zielgenauer Transport bei Bakterien

Prokaryoten verfügen zwar nicht über ein inneres Membransystem, dennoch müssen auch sie einige Proteine ganz oder teilweise über eine Membran hinweg transportieren. Sogenannte Exoenzyme übernehmen beispielsweise einen Teil der Verdauung außerhalb der Zelle. Bei ihrer Synthese sind sie mit einer Signalsequenz am N-Terminus ausgestattet, die sie zur Plasmamembran leitet. Die Signalsequenzen sind zweiteilig aufgebaut: Auf einen kurzen Abschnitt mit geladenen Aminosäureresten folgt ein etwas längeres hydrophobes Segment. Nach dem Ausschleusen des Proteins spaltet eine Signalpeptidase die Signalsequenz ab.

Endomembransystem
(endo-membrane system)
Die Gesamtheit aller Membranen einer Zelle, die miteinander direkt oder über Vesikel in Kontakt stehen und eine funktionelle Einheit bilden. Zum Endomembransystem gehören die Kernhülle, das endoplasmatische Reticulum, der Golgi-Apparat, Lysosomen, Vakuolen, Vesikel und die Plasmamembran, aber nicht Mitochondrien und Chloroplasten.

Abschnitt und blockiert die weitere Synthese des Proteins. Der gesamte Komplex wandert in diesem Zustand zum endoplasmatischen Reticulum, wo er von einem Rezeptor in Empfang genommen

wird. Zusammen mit weiteren Komponenten eines Translokationsapparats sorgt dieser dafür, dass die Aminosäurekette des neuen Proteins durch einen Kanal in das Lumen des ER gefädelt wird. Die Aufgabe der Signalsequenz ist damit erfüllt. Ein Enzym spaltet sie von dem Protein ab, das Signalerkennungspartikel entschwindet ins Cytosol, und das Ribosom verlängert die Peptidkette um die noch fehlenden Aminosäuren (Abbildung 5.13).

Proteine, deren Ziel das ER-Lumen ist, sind damit angekommen und können gleich ihrer Aufgabe nachgehen. Polypeptide, die in den Golgi-Apparat, ein Lysosom, die Plasmamembran oder in den extrazellulären Raum sollen, benötigen hingegen eine neue Markierung. Diesmal besteht sie aus Zuckermolekülen, die im Rahmen einer **Glykosylierung** an das

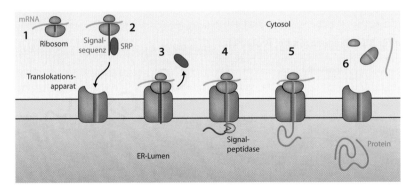

5.13 Auch die Synthese von Proteinen, die in das endoplasmatische Reticulum (ER) aufgenommen werden sollen, hat ihren Anfang an Ribosomen im Cytosol (1). Diese erstellen nach der Kopie des Proteinbauplans (mRNA) eine Aminosäurekette, an deren Anfang sich die Signalsequenz (rot) befindet. Ein Signalerkennungspartikel (SRP) bindet daran, und der Komplex dockt an den Translokationsapparat am ER an (2). Die Peptidkette wird in das Lumen des ER gefädelt (3), wo ein Signalpeptidase genanntes Enzym die Signalsequenz abschneidet (4). Das weitere Protein (grün) wird bis zum Ende synthetisiert (5), wonach das Ribosom und die mRNA sich vom ER lösen (6).

Köpfe und Ideen

Einbau von Türen in die Zellmembran

Von Andreas Kuhn

Atmen, essen, Müll entsorgen: Um lebensfähig zu sein, braucht jede Zelle Ein- und Ausgänge, durch die sie Stoffe aufnehmen und ausscheiden kann. Wie diese Türen nach innen und außen angelegt werden, das heißt, wie Proteine in eine Biomembran eingebaut werden, ist Thema unserer Forschung an der Universität Hohenheim. Proteine als Arbeitstiere der Zelle transportieren alles: die Informationen und die Nährstoffe nach innen und den Abfall nach außen. Damit sie Stoffe durch die Membran transportieren können, müssen die Proteine wie Türen in die Membran eingebaut werden – und das auf korrekte Art und Weise.

Helfer, welche die neu synthetisierten Proteine bei deren Einbau in die Membran unterstützen, heißen Insertasen; das sind bisher unerforschte Enzyme. Sie finden sich in Bakterien, Mitochondrien und Chloroplasten. Die Membraninsertase kann aus Bakterien biochemisch gereinigt und im Rea-

genzglas mit Lipiden zu Proteoliposomen zusammengesetzt werden. Diese Proteoliposomen haben einen Durchmesser von etwa 200 Nanometern und können dann auf Aktivität der Membraninsertion getestet werden (siehe Abbildung).

Als Substrate verwenden wir kleine Modellproteine, die eine oder zwei Transmembransequenzen haben. Auch diese Proteine werden gereinigt und mit Fluoreszenzfarbstoffen entweder am N-Terminus oder am C-Terminus markiert. Ein Beispiel ist das Pf3 Coat-Protein (siehe Abbildung). Bei den Membraninsertionsexperimenten kann man mit modernen fluoreszenzoptischen Methoden verfolgen, wie das Protein und welches der markierten Enden des Substrats die Membran zuerst durchquert und wie es dann im Proteoliposom vorliegt. Diese Reaktion ist schnell und sehr effizient. In wenigen Minuten werden bis zu 90 Prozent der angebotenen Substratproteine in die Proteoliposomen eingebaut.

Eine Reihe von Mutanten der Membraninsertase und auch der Substratproteine haben wir im Labor untersucht und die Dynamik des Einbauprozesses detailliert analysiert. Besonders interessant sind Mutanten, die jeweils einen spezifischen Cysteinrest besitzen. Dadurch können wir die Kontaktstellen zwischen dem Substrat und dem Enzym bestimmen, die in den hydrophoben Bereichen lokalisiert sind.

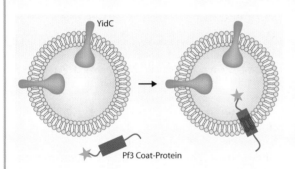

Membraninsertion eines fluoreszenzmarkierten Proteins (Pf3 Coat-Protein, blaues Rechteck ist die hydrophobe Transmembransequenz) in Proteoliposomen, die die Membraninsertase YidC (grün) enthalten. Die Phospholipidmembran ist gelb markiert. Der fluoreszenzmarkierte Teil des Proteins (blauer Stern) durchquert die Membran und befindet sich nach dem Einbau im Inneren des Proteoliposoms.

Prof. Dr. Andreas Kuhn leitet das Institut für Mikrobiologie und Molekularbiologie der Universität Hohenheim in Stuttgart. Seine Forschungsinteressen gelten bakteriellen Membranproteinen, deren Funktion, Struktur und Synthese. Im Vordergrund steht dabei die Entwicklung von „rekonstituierten Systemen", das heißt Liposomen, die gereinigte Membranproteine enthalten.

Stickstoffatom einer Asparagin-Seitenkette gehängt werden. Damit sind sie für den Transport zu den Membranstapeln des Golgi-Apparats vorbereitet.

Vesikel übernehmen den Massentransport von Proteinen

Vom endoplasmatischen Reticulum aus bewegen sich die Proteine nicht mehr einzeln durch das Cytosol,

sondern werden zu mehreren in **Vesikeln** transportiert.

Die erste Etappe führt sie zur *cis*-Seite des **Golgi-Apparats**, die dem ER zugewandt ist. Sie verschmelzen dort mit der Membran des nächstgelegenen Scheibchens, das man als Zisterne bezeichnet, und übergeben ihren Inhalt in dessen Lumen. Von hier aus durchwandern die Proteine das gesamte Dictyosom, wie der Membranstapel des Golgi-Apparats heißt (Abbildung 5.12). In den Zisternen werden sie in einer Art Feintuning chemisch modifiziert, indem sie beispielsweise eine neue Zuckerkette erhalten. Der Prozess erinnert an die Fließbandstraße einer technischen Montagehalle. Angefangen mit der *cis*-Seite des Golgi-Apparats über die mittlere *medial*-Region bis hin zur *trans*-Seite nimmt jede Region ihre ganz speziellen **Modifikationen** vor, während die Proteine von einer Station zur nächsten weitergereicht werden.

Auf der *trans*-Seite werden die Proteine schließlich endgültig sortiert und verpackt. Sie gelangen in Vesikel, die sich mithilfe von Hüllproteinen von der äußersten Zisterne **abknospen**. Anschließend lösen sich die Hüllproteine von den Vesikeln ab und geben Markermoleküle frei, deren Code bestimmt, zu welchem Motorprotein die Vesikel Kontakt aufnehmen, und damit, welches Ziel sie ansteuern. Außerdem vermitteln die Marker bei Bedarf am Bestimmungsort die Bindung zu einer Membran und die Fusion mit dem Vesikel. Auf diese Weise gelangen beispielsweise sekretorische Proteine im Rahmen einer Exocytose durch die Plasmamembran.

Tiere und Pflanzen setzen auf Druck und Sog

Auf der Ebene einzelner oder weniger miteinander verbundener Zellen funktioniert der interne Transport durch Diffusion und Motorproteine recht gut. Für die Versorgung entlegener Zellen und Gewebe in einem großen Organismus sind allerdings andere Mechanismen notwendig. Höhere Tiere und Landpflanzen setzen hierfür vor allem auf **Druckunterschiede**.

Herzen sind der zentrale Antrieb beim Kreislauf

Mit Ausnahme einfach gebauter wasserlebender Tiere wie Quallen und Schwämme verteilen Tiere Substanzen über ein **Kreislaufsystem** in ihrem Körper (Abbildung 5.14). Dessen zentraler Antrieb besteht aus einem oder mehreren Herzen, die sich durch Muskelkraft zusammenziehen und damit einen lokalen Überdruck erzeugen. Der Druck presst eine Trägerflüssigkeit durch den Organismus.

Beim **offenen Kreislauf** vieler Wirbelloser fließt die Hämolymphe mit den Blutzellen direkt in die Räume zwischen den Geweben. Die Anatomie der Tiere sorgt dafür, dass alle Bereiche ausreichend versorgt werden. Ein System von Ventilen gibt dem Strom eine Richtung.

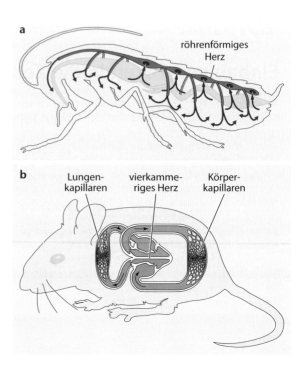

5.14 Beim Kreislaufsystem der Tiere wird der größte Teil der Energie für den Transport zentral vom Herzen aufgebracht. Im offenen System pumpt es die Hämolymphe direkt durch den Körper (a), bei der geschlossenen Variante fließt das Blut durch die Adern zu allen Organen (b).

Wirbeltiere, aber auch einfachere Tiergruppen wie Würmer besitzen einen **geschlossenen Kreislauf**. Darin ist das Blut auf den Bereich innerhalb der Adern beschränkt, die sich vom großen Gefäß bis hin zu feinsten Kapillaren ausbreiten und wieder zurück zum Herzen führen. Dadurch kann das Blut schneller fließen, und über die Regulation der Gefäßeigenschaften lassen sich einzelne Körperteile gezielt stärker oder geringer versorgen.

Pflanzen haben zwei getrennte Leitungssysteme

Höhere Landpflanzen setzen beim Transport nicht auf ein Kreislaufsystem, sondern auf lineare Beförderung. Der wesentliche Grund dafür liegt in ihrem funktionell polaren Aufbau. In der Regel besitzen die Pflanzen einen Wurzelbereich, dessen Aufgabe es ist, Wasser und Mineralien aufzunehmen, und einen oberirdischen photosynthetischen Teil, der für die Energieversorgung zuständig ist. Diese räumliche Trennung macht es notwendig, Wasser mit den darin

---

1 für alle

Förderanlagen in verschiedenen Maßstäben

Zwischen dem intrazellularen Transport und dem Blutkreislauf gibt es trotz der Größenunterschiede Parallelen:

- Manche Moleküle bleiben auf ihrem Weg gelöst und vereinzelt. Dies trifft beispielsweise auf Glucose zu.
- Andere Moleküle werden in spezielle Hüllen verpackt und damit an Transportsysteme übergeben. In der Zelle ergeht es den Proteinen so, die in Vesikeln vom Kinesin gezogen werden, im tierischen Körper wird der Sauerstoff an das Hämoglobin in den roten Blutkörperchen gebunden.
- Die Transporter bewegen sich auf festgelegten Bahnen, im einen Fall entlang der Mikrotubuli, im anderen durch die Adern.

Ein entscheidender Unterschied, weshalb sich das Zug-und-Schienen-Modell der Zelle dennoch nicht auf größere Organismen übertragen lässt, liegt in der Energieversorgung des Transportsystems. In der Zelle beliefert die Diffusion die Motorproteine mit ATP, unabhängig von ihrem aktuellen Aufenthaltsort. Wollten wir dieses Prinzip für den Blutkreislauf übernehmen, müssten wir ständig auf der gesamten Strecke Energie zur Verfügung stellen. Diese könnte von den umliegenden Zellen produziert werden, allerdings nur, wenn sie dafür mit den entsprechenden Mengen an Nährstoffen versorgt würden. Das aber würde zusätzliche Transporte erforderlich machen und damit höhere Kapazitäten erfordern. Der zentral angetriebene Kreislauf stellt deshalb im Maßstab von Zentimetern und Metern das effizientere Modell dar.

---

gelösten Stoffen von den Wurzeln nach oben zu transportieren und umgekehrt Substanzen mit gespeicherter chemischer Energie von den Blättern in die photosynthetisch inaktiven Bereiche zu befördern. Für diesen **Langstreckentransport** haben Pflanzen zwei getrennte Leitungssysteme entwickelt, die beide auf unterschiedliche Weise Druckunterschiede als Antrieb nutzen (Abbildung 5.15).

Für die Leitung von Wasser mitsamt der darin gelösten Mineralstoffe ist das **Xylem** oder der Holzteil zuständig. Es handelt sich dabei um ein Rohrsystem aus speziellen toten Zellen, den Tracheiden und Tracheengliedern. Die Wände zwischen den einzelnen

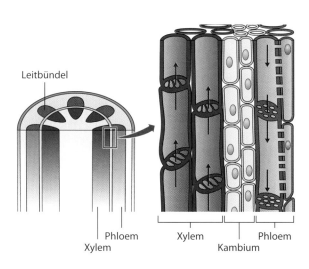

5.15 Der Schnitt durch den Stängel einer Blütenpflanze zeigt eine Reihe von Leitbündeln. Im weiter innen gelegenen Xylem steigt Wasser von den Wurzeln zu den Blättern, im Phloem wandern kohlenhydrathaltige Säfte in die nichtphotosynthetischen Regionen. Zwischen den beiden befindet sich das Kambium, eine Schicht teilungsaktiver Zellen, die für das Dickenwachstum sorgen.

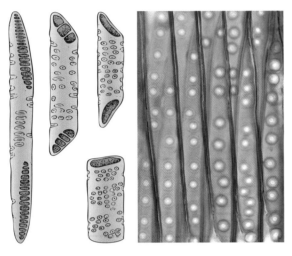

5.16 Die Tracheenglieder des Xylems sind an ihren Enden gut durchlässig (links). Tracheide stehen über Stellen mit ausgedünnten Sekundärwänden (Tüpfel) auch mit den Nachbarzellen in Verbindung (rechts).

Leitelementen sind mit zahlreichen Tüpfel genannten Verbindungen durchsetzt bzw. sind durchbrochen, sodass sie dem Wasser kaum Widerstand entgegensetzen (Abbildung 5.16).

Obwohl das Wasser im Xylem große Entfernungen zurücklegen muss – bei Bäumen bis zu 100 Meter –, kostet sein Transport die Pflanze keine Energie. Stattdessen nutzt sie effizient einige physikalische Effekte, mit denen sie einen Strom von den Wurzeln bis in die Blätter etabliert. Motor des Vorgangs ist die Verdunstung von Wasser durch die Blätter. Die Blattzellen

gleichen den Verlust mit Wasser aus den Xylemgefäßen der Blattadern aus. Es entsteht eine **Saugspannung** – ein Unterdruck am oberen Ende des Leitungssystems. Dass die Wassersäule von den Blättern bis zu den Wurzeln durch den Sog nicht abreißt, verdankt sie den besonderen Eigenschaften des Wassers. Wegen der zahlreichen Wasserstoffbrücken untereinander halten die Wassermoleküle fest zusammen. Diese **Kohäsion** verhindert die Bildung von Vakuumblasen im Xylem. Über die **Adhäsion**, die auf Wasserstoffbrücken zu den Hydroxylgruppen der Wände beruht, schmiegt sich das Wasser eng an die Tracheiden und Tracheen. Zusammen ergeben Kohäsion und Adhäsion in engen Gefäßen die **Kapillarkräfte**, durch die Wasser besonders gut in schmale Spalte und Röhren eindringt.

Nach der eben beschriebenen **Kohäsionstheorie** zieht der **Transpirationssog** das Wasser von den Wurzeln bis in die Blätter. Jedes Teilstück des Wegs legt es dabei passiv zurück, indem es dem Gefälle des Wasserpotenzials (siehe Kasten „Wasserpotenzial" auf Seite 60) folgt.

Im Gegensatz dazu kommt der Transport der Photosyntheseprodukte durch das **Phloem** oder den Siebteil nicht ohne den Einsatz von Energie aus. Transportweg sind diesmal die Zellen der Siebröhren. Diese stoßen an den Siebplatten zusammen, wo sich große Öffnungen befinden, die aus Plasmodesmen hervorgegangen sind. Außerdem haben die Zellen der Siebröhren ihren Zellkern, Teile des Cytoplasmas und die zentrale Vakuole verloren. Dennoch sind die Siebröhrenglieder weiterhin lebendig. Ihre Versorgung

---

┌─ Genauer betrachtet ─┐

Wurzeldruck

In den Leitelementen des Xylems ist die Konzentration osmotisch wirksamer Substanzen höher als im Boden um die Wurzel herum. Durch Osmose fließt deshalb Wasser in das Xylem und erzeugt den Wurzeldruck. Dieser Überdruck bewirkt einen Strom in die oberen Pflanzenteile. Er wird sichtbar, wenn angeschnittene Pflanzen „bluten", also Saft aus der Schnittfläche tritt, und bei der Guttation. Dabei entstehen an den Rändern der Blätter Wassertropfen.

Die wesentliche Aufgabe des Wurzeldrucks liegt vermutlich darin, im Frühjahr die oberen Pflanzenteile mit Wasser zu versorgen, bevor der Transpirationssog der neuen Blätter einsetzt. Für den mengenmäßigen Transport von Wasser über größere Höhenunterschiede ist der Wurzeldruck allerdings zu gering.

Guttation an den Blättern eins Ackerschachtelhalms.

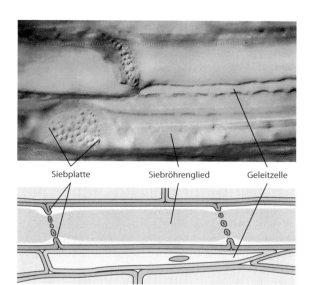

Siebplatte   Siebröhrenglied   Geleitzelle

5.17 Die Produkte der Photosynthese werden durch die Siebröhren des Phloems transportiert. Es handelt sich dabei um ein System lebendiger, aber reduzierter Zellen, die nur mithilfe der benachbarten Geleitzellen am Leben bleiben können.

übernehmen benachbarte Geleitzellen (Abbildung 5.17).

Das Phloem transportiert überwiegend Kohlenhydrate, vor allem Saccharose, aus der Photosynthese. Aber auch andere Stoffe wie Aminosäuren werden befördert, und die Wege führen nicht nur von den Blättern zu den Wurzeln, sondern auch anders herum, beispielsweise aus einem Wurzelspeicher heraus. Allgemein betrachtet findet der Transport vom Ort der Bildung oder Freisetzung – auch im deutschsprachigen Raum häufig als *source* bezeichnet – zum Verbrauchsort (*sink*) statt. Dabei können die benachbarten Siebröhren innerhalb eines Leitbündels sogar in verschiedene Richtungen arbeiten.

Die **Druckstromtheorie** setzt für den Phloemtransport den aktiven Einsatz der Pflanze am Beginn und am Ende der jeweiligen Leitungsbahn voraus. Demnach belädt sie an der Quelle die Siebröhren unter Energieverbrauch mit den gelösten Substanzen. Es entsteht ein Konzentrationsunterschied zu den umliegenden Zellen, und durch Osmose (siehe Kapitel 3 „Leben ist geformt und geschützt") fließt Wasser in die Siebröhrenglieder nach. Gleichzeitig findet am Verbrauchsort der umgekehrte Vorgang statt – die Pflanze zieht aktiv Substanzen aus dem Phloem ab, und Wasser folgt ihm osmotisch. Das Resultat ist ein hydrostatischer Druckunterschied, der einen Massenstrom auslöst und durch die aktiven Pumpvorgänge dauerhaft aufrechterhalten wird.

[?]

Prinzip verstanden?

5.3 Warum ist ein linearer Transport, wie ihn Pflanzen betreiben, für höhere Tiere nicht praktikabel?

Prinzipien des Lebens im Überblick

- Das Cytoplasma einer Zelle ist eng gepackt und zähflüssig.
- Kleine Moleküle können sich darin durch Diffusion bewegen.
- Makromoleküle, Vesikel und Organellen werden unter Energieaufwand von Motorproteinen an den Filamenten des Cytoskeletts durch das Cytoplasma befördert.
- ATP liefert die Energie für den Konformationswechsel, mit dem die Motorproteine ihre Schritte ausführen.
- Seine Richtung erhält dieser Transport durch den polaren Bau der Filamente und die Bindestellen der Motorproteine, die nur in einer Orientierung einen festen Kontakt etablieren können.
- Den Zielort geben Signalsequenzen vor. Sie werden nach der Ankunft häufig abgespalten.

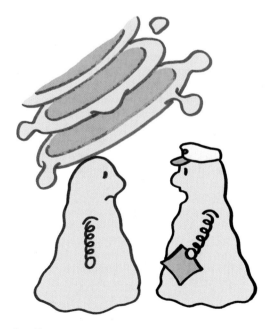

„Der Expresstransport zur Plasmamembran ist gerade weg. Aber Sie können das Bummelvesikel über den Golgi-Apparat mit einmal Umprozessieren nehmen, wenn Sie wollen."

- Proteine können über Vesikel vom endoplasmatischen Reticulum zum Golgi-Apparat und weiter zu bestimmten Organellen wandern oder schließlich per Exocytose ausgeschüttet werden.
- Den Langstreckentransport in höheren Tieren und Landpflanzen treiben Druckunterschiede an.
- Tiere verteilen Substanzen mit einem Kreislaufsystem im Körper, dessen aktiver Teil ein Herz ist.
- Pflanzen haben getrennte Systeme für den Transport von Wasser (Xylem) und Photosyntheseprodukten (Phloem).
- Der Wassertransport erfolgt passiv durch Verdunstung an den Blättern und den daraus resultierenden Transpirationssog.
- Beim Phloemtransport baut die Pflanze aktiv durch Be- und Entladen der Leitungsgefäße und die damit verbundene Osmose einen Druckunterschied auf, dem der Massenstrom folgt.

📖 Bücher und Artikel

R. Dean Astumian: *Molekulare Motoren* in „Spektrum der Wissenschaft" 1/2002
Genaue Betrachtung des Mechanismus, mit dem die Motoren auf den Filamenten entlangschreiten.

Wolfgang Baumeister und Olaf Fritsche: *3-D-Einblicke in die Zellmaschinerie* in „Spektrum der Wissenschaft" 11 (2003)
Mit der Kryo-Elektronentomografie wird sichtbar, welches Gedränge im Innern von Zellen herrscht.

Aart J. E. van Bel und Paul Hess: *Kollektiver Kraftakt zweier Exzentriker: Phloemtransport* in „Biologie in unserer Zeit" 33/4 (2003)
Das Zusammenwirken der Siebelemente und ihrer Geleitzellen, die nur als Einheit den Pflanzenkörper versorgen können.

Reinhard Fischer und Daniel Mertens: *Motoren in der Zelle: Kinesine* in „Biologie in unserer Zeit" 32/5 (2002)
Übersicht über Aufbau und Funktion der Kinesinfamilie.

David S. Goodsell: *Wie Zellen funktionieren.* (2004) Spektrum Akademischer Verlag
Die molekularen Mechanismen in der Zelle in eingängigen Vierfarbzeichnungen mit verständlichem Text.

🖱 Internetseiten

www.studiodaily.com/main/searchlist/6850.html
Der Film *The Inner Life of a Cell* wurde für Biologie-Studierende der Harvard University produziert, ist aber frei zugänglich.

www.ibioseminars.org/vale/vale1.shtml
Dreiteilige Vorlesung *Cytoskeletal Motor Proteins* an der University of California in San Francisco im Video.

www.biologie.uni hamburg.do/b online/d29/29d.htm
Das Internet-Lehrbuch *Botanik online* der Universität Hamburg zum Langstreckentransport bei Pflanzen.

❗ Antworten auf die Fragen

5.1 Die Kopfteile des Kinesin können aufgrund ihrer Form und der elektrostatischen Eigenheiten ihrer Oberfläche nur in einer Orientierung an das Tubulin binden. Daher weisen sie immer in die gleiche Richtung. Und weil die Konformationsänderungen stets das hintere Kopfteil nach vorne bringen, ist damit der Weg vorgegeben.

5.2 Es ist die Phosphatgruppe. Bei der Bindung von ATP an das Myosin gelangt es als drittes Phosphat des Moleküls in die Bindungstasche. Dadurch löst es beim Protein die erste Konformationsänderung aus. Bei der späteren erneuten Anlagerung an das Filament wird das Phosphat abgegeben, und der Kraftschlag setzt ein.

5.3 Der lineare Transport ist bei einem gestreckten polaren System von Quelle und Verbraucher sinnvoll. Bei Tieren liegt der Magen als Quelle für Nährstoffe aber zentral. Darum wäre allenfalls eine strahlenartige Verteilung denkbar. Gleichzeitig müsste ein zweites System den Sauerstoff befördern und ein drittes für den Rückfluss der großen Mengen Transportwassers sorgen. Ein Kreislaufsystem ist dagegen einfacher und effizienter.

6 Leben wandelt um

Nur selten kann eine Zelle die aufgenommenen Verbindungen direkt verwenden. Meistens zerlegt sie die Substanzen in kleine Grundbausteine, aus denen sie zelleigenes Material aufbaut. Die Vielfalt der Reaktionen in diesem Stoffwechsel erscheint verwirrend, doch alle Umbauwege folgen einem begrenzten Satz von Prinzipien.

Spitzmäuse gehören zu den kleinsten und vermutlich auch emsigsten Säugetieren (Abbildung 6.1). Etwa 22 Stunden am Tag sind sie auf Nahrungssuche und nehmen dabei Mengen im Bereich ihres eigenen Körpergewichts zu sich. Findet eine Spitzmaus über einen Zeitraum von wenigen Stunden nichts Fressbares, verhungert sie. Größere Tiere halten es länger ohne Nahrung aus, aber letztlich gilt für alle Lebewesen, dass sie regelmäßig Nährstoffe benötigen. Zwei essenzielle Funktionen erfüllt der Nachschub von außen:

- Er liefert Material für den **Energiestoffwechsel**, mit dem das Leben seine eigenen Aktivitäten antreibt. Wir werden diesen Aspekt im folgenden Kapitel 7 „Leben ist energiegeladen" genauer untersuchen.
- Er versorgt die Zellen – und dadurch den gesamten Organismus – mit Rohstoffen für neue eigene Strukturen. Die Grundlagen dieses **Baustoffwechsels** sind Thema dieses Kapitels.

6.1 Die Gartenspitzmaus wiegt etwa vier bis acht Gramm. Ihre Verwandte, die Etruskerspitzmaus, ist mit etwa zwei Gramm das leichteste Säugetier der Welt.

Der Metabolismus ist ein Netz zahlreicher Abbau- und Aufbauvorgänge

Für den Körper wäre es ideal, wenn er alle Verbindungen, die er benötigt, direkt aufnehmen und verwerten könnte. Allerdings sind die materiellen Ansprüche, die das Leben stellt, nicht gerade gering. Für seine vielen Strukturen braucht es genau die richtige Auswahl an Aminosäuren, Kohlenhydraten, Lipiden, Nucleinsäuren, Vitaminen, Mineralien etc., und die Mischung dieser Grundbausteine variiert je nach Entwicklungsphase des Organismus. Während des Wachstums sind andere Substanzen gefragt als in Ruhephasen oder für die Vermehrung. Selbst die reichhaltigsten Vollmedien aus dem Labor vermögen daher nicht alle Wünsche unmittelbar zu erfüllen, nicht zu reden von der ungleich kargeren Kost in freier Natur.

Darum folgen Zellen einer anderen Strategie, um sich mit allen notwendigen Baustoffen zu versorgen. Da die biochemisch relevanten Moleküle im Wesentlichen aus Kohlenwasserstoffketten mit einigen zusätzlichen Fremdatomen wie Sauerstoff, Stickstoff, Phosphor und Schwefel bestehen, lassen sie sich **chemisch ineinander umwandeln**. Die größte Flexibilität erreicht die Zelle, indem sie die unterschiedlichen Substanzen wie Kohlenhydrate, Lipide und Proteine so weit spaltet und verändert, bis sie die gleichen kleinen Moleküle ergeben. Diese Abbauprozesse fassen wir unter dem Oberbegriff **Katabolismus** zusammen (Tabelle 6.1). Sie liefern das Material für die Aufbaureaktionen des **Anabolismus**, mit denen die Zelle aus den Grundbausteinen ihre komplexeren Strukturen herstellt.

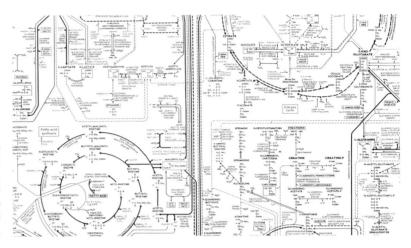

6.2 Der Übersichtsplan des Stoffwechsels erscheint uns ähnlich verwirrend wie der Stadtplan einer Millionenstadt. Ganz wie bei einem Städtetrip werden wir uns beim ersten Besuch auf die wesentlichen Sehenswürdigkeiten und die großen Boulevards konzentrieren.

Weil die Umwandlungen vom Makromolekül zum kleinen Grundbaustein und umgekehrt nicht in einer einzigen chemischen Hyperreaktion zu bewältigen sind, besteht jeder Stoffwechselweg aus einer Folge von Einzelschritten, die nicht selten ein Dutzend oder mehr Reaktionen umfasst. Der gesamte Stoffwechsel einer Zelle – auch **Metabolismus** genannt – ist deshalb ein extrem vielmaschiges Netz miteinander verbundener Zwischenprodukte. Jeder Knoten stellt darin eine Substanz und jeder Faden eine oder mehrere chemische Umwandlungen dar. Zu vielen Stoffen führt mehr als eine Reaktion, und es gibt verschiedene mögliche Ableitungen, was Schemazeichnungen des Metabolismus ziemlich unübersichtlich macht (Abbildung 6.2).

Neben der chemischen Komplexität gibt es einen weiteren Grund für die Wandlung der Stoffe in vielen Schritten. Er wird besonders deutlich, wenn wir uns als Beispiel die **Bilanzen des Abbaus und der Synthese von Glucose** ansehen.

In beiden Bilanzgleichungen tritt Energie auf, die frei wird (beim Katabolismus) oder zugeführt werden muss (beim Anabolismus). Dabei handelt es sich um **große Energiemengen, die schwer zu kontrollieren sind.** Würde Glucose direkt mit dem Sauerstoff der Luft reagieren und regelrecht verbrennen (Abbildung 6.3), würden auch weitere Zellstrukturen zerstört, und die freigesetzte Energie würde der Zelle weitaus mehr schaden als nützen. Der umgekehrte Weg – die Synthese von Glucose aus Kohlendioxid – wäre noch schwieriger in einer komprimierten Einzelreaktion umzusetzen. Selbst wenn es der Zelle gelingen sollte, ausreichend Energie zu konzentrieren, bestünde ständig das Risiko, dass die Energie bereits gebildeten Zucker zerstört, statt die Produktion von neuer Glucose anzutreiben. Jeder Stoffwechselweg muss deshalb auch aus energetischen Gründen in mehreren Einzelreaktionen mit kleinen und beherrschbaren Energiemengen ablaufen, die sorgfältig überwacht und kontrolliert werden.

Katabolismus:

$$C_6H_{12}O_6 + 6\,O_2 \rightarrow 6\,CO_2 + 6\,H_2O + \text{Energie}$$

Anabolismus:

$$6\,CO_2 + 6\,H_2O + \text{Energie} \rightarrow C_6H_{12}O_6 + 6\,O_2$$

Tabelle 6.1 Katabolismus und Anabolismus im Vergleich

Katabolismus	Anabolismus
Abbau von Verbindungen	Aufbau von Substanzen
Oxidation	Reduktion
Energie wird frei	verbraucht Energie

6.3 Zucker brennt, wenn die anfängliche Energiebarriere für seine Oxidation überwunden ist.

Offene Fragen

Unbekannte Symbiosen

Trotz seiner vielen Reaktionen ist der menschliche Stoffwechsel nicht vollständig. Ohne die Mikroorganismen unserer Darmflora könnten wir nicht überleben. Unter anderem helfen sie mit ihren Enzymen beim Aufschließen der Nahrung, produzieren energiereiche Verbindungen, die vom Darmepithel aufgenommen werden, und synthetisieren Vitamine. Die Metabolismen von Wirt und Bakterien ergänzen einander also. Dennoch wissen wir nicht einmal, wie viele Bakterienstämme den Darm besiedeln – die Schätzungen reichen von 1800 bis 36 000. Manche leben direkt von unserer Nahrung, andere verwerten Produkte aus den Gärungen eines anderen Bakteriums. Vermutlich existieren ganze Verwertungsketten und -netze, in denen Bakterienstämme scheinbare Abfallstoffe weiter umsetzen. Damit beherbergt unser Darm ein äußerst komplexes – und weitgehend unerforschtes – Ökosystem.

Diese Aufgabe übernehmen spezielle Proteine: die **Enzyme**. Sie führen fast alle chemischen Veränderungen durch, die in der Zelle passieren – von der Abspaltung eines Wasserstoffatoms bis hin zur Verdoppelung der gesamten DNA. Wir sehen uns darum im folgenden Abschnitt zunächst allgemein an, wie Enzyme arbeiten. Anschließend untersuchen wir als Beispiel für Stoffwechselwege den Abbau und die Synthese von Glucose in ihren einzelnen Etappen.

Enzyme erleichtern biochemische Reaktionen

Enzyme sind die Arbeitsmoleküle der Zelle. Sie fungieren als Katalysatoren, beschleunigen also chemische Reaktionen, ohne selbst dabei verändert zu werden. Damit bringen Enzyme die Biochemie des Lebens entscheidend in Schwung. Denn ohne sie würde kaum eine Reaktion überhaupt jemals stattfinden.

Reaktionen werden durch die Aktivierungsenergie gehemmt

Ob eine chemische Reaktion überhaupt ohne äußeren Zwang ablaufen kann, ist eine Frage der **freien Enthalpie oder Gibbs-Energie G** (siehe Kasten „Freie Enthalpie und Reaktionsgleichgewicht auf Seite 121).

Diese Größe beinhaltet ebenso die chemische Energie der jeweiligen Verbindung wie die Entropie (siehe Kasten „Entropie als Maß der Beliebigkeit" auf Seite 11) – und damit alle Parameter für die Lage des Gleichgewichts einer Reaktion. Entscheidend ist die Differenz

$$\Delta G = G_{Produkte} - G_{Ausgangsstoffe}$$

Nur wenn die Produkte eine niedrigere freie Enthalpie haben als die Ausgangsstoffe und ΔG negativ ist, während der Reaktion also Energie frei wird, kann ein Prozess spontan stattfinden.

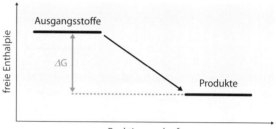

Aber selbst Reaktionen, die diese Bedingung erfüllen, laufen häufig nicht von selbst ab. Sogar Stoffe, die eigentlich heftig miteinander reagieren, wie das Knallgasgemisch von Wasserstoff und Sauerstoff, liegen im Experiment durchaus für längere Zeit träge und inaktiv nebeneinander vor (Abbildung 6.4). Ihre Reaktionen sind **kinetisch gehemmt**, finden also nur extrem langsam bis gar nicht statt. Der Grund liegt darin, dass sich die meisten Substanzen in einem energetisch stabilen Zustand befinden, den sie nicht verlassen können. Der Zustand mag absolut betrachtet ungünstig sein, aber die Moleküle sind in ihm gefestigt und vollständig. Um sie zu spalten, müssten die Anziehungskräfte zwischen den Atomkernen und den Bindungselektronen überwunden werden, bzw. für eine neue Verbindung müssten zwei Moleküle gegen die Abstoßungskräfte ihrer Elektronenhüllen ankommen.

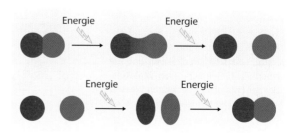

Die Umgebungswärme und die daraus resultierenden thermischen Bewegungen und Vibrationen reichen nicht aus, um die notwendige **Aktivierungsenergie** aufzubringen. Im Energieschema wird diese als Hügel dargestellt, auf deren Spitze sich die Substanz im **Übergangszustand** befindet, einer hochenergetischen und instabilen Phase zwischen Ausgangsstoff und Endprodukt.

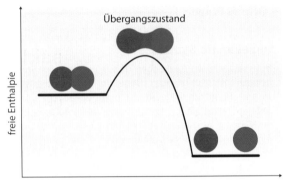

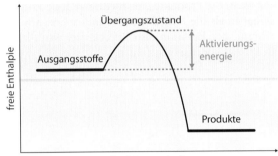

Dieser Übergangszustand kann beispielsweise ein Status mit einer ungewöhnlich gestreckten Bindung sein, in welcher sich die Abstoßungs- und Anziehungskräfte ausgleichen und das Molekül mit gleicher Wahrscheinlichkeit im nächsten Moment zerfällt oder entsteht. Erreicht es dabei den energetisch tieferen Punkt des Reaktionsprodukts, kann es kaum wieder zurückreagieren, da die Energiebarriere in diese Richtung zu hoch wäre. Darum verläuft die Reaktion bei einer großen Zahl von Molekülen netto von den Ausgangsstoffen zu den Produkten.

Enzyme wirken doppelt

Enzyme erleichtern als **biologische Katalysatoren** Reaktionen. Sie verschieben allerdings weder die Lage des chemischen Gleichgewichts noch manipulieren sie die Änderung der freien Enthalpie einer Reaktion. Dennoch können sie Prozesse, die ohne Unterstützung Stunden, Tage oder gar Jahre dauern würden, so sehr beschleunigen, dass sie viele Millionen Male in der Sekunde stattfinden. Außerdem ermöglichen sie Reaktionen, bei denen die Produkte mehr Energie enthalten als die Ausgangsstoffe, und die deshalb nicht freiwillig ablaufen würden. Sie erreichen dies mit zwei Methoden:

- **Enzyme verringern die Aktivierungsenergie** und unterteilen den Weg zum Übergangszustand in kleinere Etappen. Dadurch steigt die Geschwindigkeit von Reaktionen stark an.

6.4 Die Knallgasreaktion zwischen Wasserstoff und Sauerstoff im Energieschema. Obwohl bei der Verbindung der beiden Elemente viel Energie frei wird und die Reaktion dementsprechend heftig abläuft, liegen Wasserstoff und Sauerstoff als molekulare Gase träge nebeneinander vor. Die Reaktion ist kinetisch gehemmt, da sich die Elektronenhüllen der Moleküle abstoßen. Erst bei Zufuhr von ausreichend Energie nähern sich die Gasteilchen einander so weit an, bis im Übergangszustand Bindungen zwischen Sauerstoff und Wasserstoff ebenso wahrscheinlich sind wie innerhalb der elementreinen Moleküle. Bei der Entstehung der ersten Wassermoleküle wird schließlich ausreichend viel Energie frei, um die weitere Reaktion in Gang zu halten.

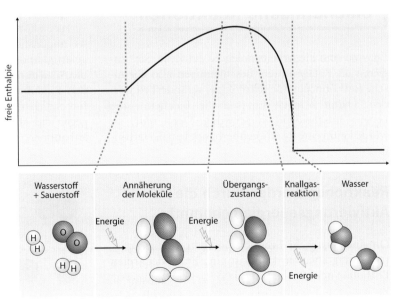

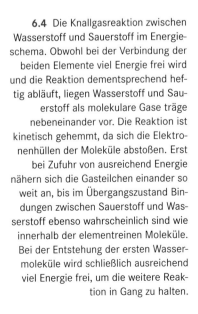

Genauer betrachtet

Freie Enthalpie und Reaktionsgleichgewicht

Die entscheidende energetische Größe bei chemischen Reaktionen ist die Änderung der **freien Enthalpie** oder **Gibbs-Energie** G. Sie fasst Änderungen der Enthalpie H, in der die Bindungsenergien stecken, und der Entropie S, welche die Anordnungsmöglichkeiten der Teilchen quantifiziert, zusammen:

$\Delta G = \Delta H - T\Delta S$
(T ist die absolute Temperatur.)

Der **Wert von ΔG für eine bestimmte Reaktion** (also der Änderung der Gibbs-Energie) ist von der Art der beteiligten Substanzen, ihren Konzentrationen und den Reaktionsbedingungen abhängig. Für die Umwandlung

$A + B \rightarrow C + D$

gilt:

$$\Delta G = \Delta G^0 + RT \ln \frac{[C][D]}{[A][B]}$$

Darin ist ΔG^0 die Änderung der freien Standardenthalpie, also ein Tabellenwert, der bei einer Temperatur von 298 K, einem Druck von 1 atm und Konzentrationen von 1 M ermittelt wurde. R ist die allgemeine Gaskonstante, deren Wert bei 8,314472 J/(mol · K) liegt, T die tatsächliche absolute Temperatur. Eckige Klammern geben die Konzentrationen an.

Für biochemische Prozesse gelten zwei Besonderheiten:

- Nimmt Wasser an der Reaktion teil, wird seine Konzentration auf 1 gesetzt.
- Sind Protonen beteiligt, gilt ihre Konzentration gleich 1 für $[H^+] = 10^{-7}$ M. Dadurch wird ein pH-Wert von 7 als Standard festgelegt.

Die Anpassungen werden durch ein Häkchen an $\Delta G^{0'}$ gekennzeichnet.

Die Formel für die Änderung der freien Enthalpie wandelt sich damit zu:

$$\Delta G = \Delta G^{0'} + RT \ln \frac{[C][D]}{[A][B]}$$

Kennen wir den Tabellenwert für $\Delta G^{0'}$ und die Konzentrationen, können wir einige **Aussagen über den Reaktionsverlauf** machen:

- Ist ΔG für eine Reaktion kleiner als null, kann der Prozess spontan ablaufen, da in seinem Verlauf Energie freigesetzt wird, die Reaktion also **exergon** ist.
- Bei ΔG gleich null befindet sich die Reaktion im **Gleichgewicht**, und es gibt keine erkennbaren Veränderungen.
- Ein ΔG über null weist auf einen **endergonen** Prozess hin, der Energie benötigt um stattzufinden.

Im **Gleichgewichtszustand**, wenn ΔG gleich null ist, können wir die Formel für die Änderung der freien Enthalpie umformen:

$$\Delta G^{0'} = -RT \ln \frac{[C][D]}{[A][B]}$$

Und für das Verhältnis der Konzentrationen:

$$\frac{[C][D]}{[A][B]} = 10^{\frac{-\Delta G^{0'}}{2,3\,RT}}$$

Während die Lage des Gleichgewichts einer Reaktion also nur von ihrer freien Standardenthalpie abhängt, entscheiden die Konzentrationen der Stoffe mit, ob und in welche Richtung eine Reaktion abläuft. Bei entsprechend großen Konzentrationsunterschieden kann der Verlauf durchaus anders sein, als der Wert der Standardenthalpie auf den ersten Blick vermuten ließe.

Die **Geschwindigkeit einer Reaktion** ist aus der Änderung der freien Enthalpie nicht abzulesen. Wie schnell sie abläuft, hängt vor allem von der Höhe der Aktivierungsenergie ab, die unabhängig von ΔG ist.

- **Enzyme koppeln unterschiedliche Reaktionen miteinander.** Sie nutzen dabei die Energie einer Reaktion, um eine andere anzutreiben.

Der erste Schritt einer enzymatischen Katalyse besteht darin, die richtige Ausgangssubstanz – das Substrat – zu binden. Enzyme gehen dabei sehr spezifisch vor und halten nur das wirklich passende Substrat in ihrer Bindungstasche fest (siehe Kasten „Wählerische Proteine" auf Seite 80). Moleküle, die herandiffundieren, aber die falsche Form haben oder von einem ungeeigneten elektrischen Feld umgeben sind, finden hingegen nicht genug Kontakt und diffundieren wieder davon. Bei einem passenden Substrat kommt es in der Bindungstasche des Enzyms, die als aktives Zentrum bezeichnet wird, zu zahlreichen nichtkovalenten Wechselwirkungen mit dem Protein. Eine Mischung aus Ionenbindungen, Wasserstoffbrücken, van-der-Waals-Kräften und hydrophoben Effekten verbindet beide zum **Enzym-Substrat-Komplex**. Nach dem Induced-fit-Modell verändern sowohl das Substrat als auch das Enzym während des Bindungsvorgangs ihre Formen und schmiegen sich eng aneinander.

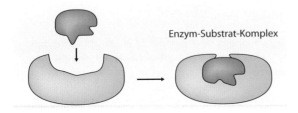

Enzym-Substrat-Komplex

Für das Substrat hat die Bildung des Komplexes mehrere Folgen:

- Die **Umgebung im aktiven Zentrum** unterscheidet sich deutlich von der wässrigen Lösung, in welcher sich das Substrat zuvor befand. Häufig ist das Innere des Proteins wasserfrei, wenn Wasser nicht selbst an der Reaktion teilnimmt.
- Das Substrat wird **räumlich ausgerichtet**. Es passt ausschließlich in einer vorgegebenen Orientierung in das aktive Zentrum. Dadurch werden Bindungen, die gespalten werden sollen, in die Nähe reaktiver Gruppen gebracht. Sollen bei der Reaktion zwei Substrate miteinander wechselwirken – beispielsweise zwei Aminosäuren, die zu einem Peptid verknüpft werden –, nehmen sie im Enzym die korrekten Positionen zueinander ein.

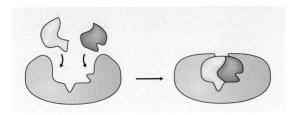

- Das Substrat wird **mechanisch belastet**. In dem weitaus größeren Enzym muss das Substrat den Bewegungen der Proteindomänen folgen. Dabei kann das kleine Molekül gedehnt, gebogen oder verdrillt werden. Seine Bindungen geraten unter Spannung und brechen leichter auf.

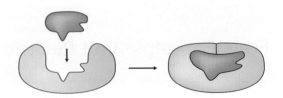

- Das Substrat wird **elektrisch destabilisiert**. Im aktiven Zentrum beeinflussen polare und geladene Aminosäurereste sowie Hilfsmoleküle mit ihren elektrischen Feldern die Verteilung der Bindungselektronen im Substrat. Sie schwächen damit gezielt Bindungen und verschieben Elektronen in andere Bereiche des Moleküls.

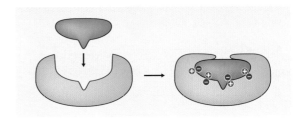

- Das Substrat wird **chemisch verändert**. Reaktionsfreudige Gruppen im aktiven Zentrum übertragen bei der Säure-Base-Katalyse Protonen auf das Substrat oder nehmen abgestoßene Protonen auf. Während einer kovalenten Katalyse entsteht sogar vorübergehend eine echte Elektronenpaarbindung zwischen dem Substrat und einem Aminosäurerest des Enzyms.

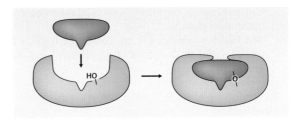

Nicht alle diese Manipulationen des Substrats treten bei jeder Reaktion auf. Aber immer überführt das Enzym sein Substrat durch viele zusammenwirkende kleine Teilaktionen in den Übergangszustand, der ohne Katalysator schwer zu erreichen ist. Die dafür notwendige **Aktivierungsenergie wird in mehreren Schritten aufgebracht** – beim Entfernen der Hydrathüllen um das Substrat, beim Ausrichten des Moleküls, beim Angreifen seiner Struktur und beim Freisetzen des Produkts. Andererseits wird im aktiven Zentrum auch Energie frei, wenn die Bindungskräfte das Substrat fixieren und die Reaktion endlich abläuft.

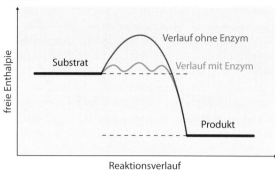

Lediglich exergone Reaktionen zu katalysieren, reicht allerdings für einen kompletten Stoffwechsel nicht aus. Die Zelle braucht auch ein Mittel, um endergone Prozesse anzutreiben, die unter normalen Umständen nicht freiwillig ablaufen würden. Enzymen gelingt dieses Kunststück, indem sie **Reaktionen miteinander koppeln**. Sie benötigen dafür neben dem aktiven Zentrum für das Substrat, das in einem energetisch ungünstigen Vorgang umgewandelt werden soll, ein weiteres aktives Zentrum für eine Energie liefernde Reaktion. Meistens handelt es sich bei diesem treibenden Prozess um die Spaltung von ATP in ADP und Phosphat. Die Hydrolyse des ATP erlaubt dem Enzym beispielsweise über weitreichende Veränderungen der Form (siehe Kasten „Konformationsänderungen bei Proteinen" auf Seite 90), die Bedingungen im anderen aktiven Zentrum so zu verändern, dass die gewünschte Reaktion doch abläuft.

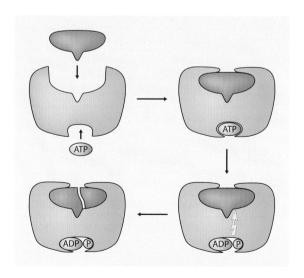

Die Namen der Enzyme verraten ihre Funktionen

Die Palette der enzymkatalysierten Reaktionen ist breit. Wir können sechs große Gruppen bilden und die daran beteiligten Enzyme entsprechend einordnen:

1. **Oxidoreduktasen** vermitteln Redoxreaktionen.

2. **Transferasen** übertragen chemische Gruppen von einem Substrat auf ein anderes.

3. **Hydrolasen** spalten Bindungen, indem sie Wasser anlagern.

4. **Lyasen** spalten ihr Substrat, wobei sich Doppelbindungen bilden, oder sie addieren umgekehrt eine Gruppe an eine Doppelbindung im Substrat.

5. **Isomerasen** lagern Gruppen innerhalb des Substratmoleküls um.

$$H-\overset{\overset{\displaystyle H}{|}}{\underset{|}{C}}-OH$$

6. **Ligasen** katalysieren die ATP-verbrauchende Synthese von Verbindungen.

Wir werden in diesem und dem folgenden Kapitel
einige konkrete Beispiele für Enzyme kennenlernen.
Die oft kompliziert anmutenden **Enzymnamen**
geben in der Regel das Substrat und die Reaktion
an, gefolgt von der Endung -ase. So katalysiert die
Triosephosphat-Isomerase die Umgruppierung („Iso-
merase") innerhalb von phosphorylierten („-phos-
phat") Dreifachzuckern („Triose"). Die Citrat-Synthase beschleunigt die Produktion („Synthase") von
Citrat. Ein Enzym, das Peptidbindungen spaltet, ist
demzufolge eine Peptidase. Der Name eines Enzyms
verrät uns also bereits einiges über seine Funktion,
und umgekehrt können wir ihm eine ungefähre
Bezeichnung zuweisen, sobald wir wissen, welche
Reaktion es katalysiert.

Ausnahmen von dieser Regel stellen einige
Enzyme dar, die einen gut eingeführten historischen
Trivialnamen tragen. Beispielsweise wären die Verdauungsenzyme Trypsin und Pepsin besser als Endo-
peptidasen zu bezeichnen, weil sie Proteine („-pep-
tid-") innerhalb („Endo-") der Aminosäurekette
spalten.

Manche Enzyme nutzen Hilfsmoleküle

Längst nicht jede Reaktion lässt sich alleine mit den
Aminosäureresten und dem Peptidrückgrat der
Enzymproteine katalysieren. Viele Enzyme benötigen
dafür die Hilfe sogenannter **Cofaktoren** (Tabelle 6.2).

Dabei kann es sich um **Metallatome oder -ionen**
handeln, die wir aus diesem Grund als Spurenelemente mit der Nahrung aufnehmen müssen. Andere
Enzyme nutzen kleine organische Moleküle, die
Coenzyme genannt werden bzw. **prosthetische
Gruppen**, wenn sie fest mit dem Enzym verbunden
sind.

Zu den Coenzymen zählt auch das ATP, das uns
bereits mehrfach als Energielieferant begegnet ist.
Wir werden bei der Besprechung der Stoffwechselwege zudem häufiger auf die Elektronenträger Nicotinamidadenindinucleotid (NAD$^+$) und Flavinadenindinucleotid (FAD) sowie das Coenzym A stoßen.
Sie alle werden während der enzymatischen Reaktionen verändert und sind daher eigentlich eher
Cosubstrate. Viele von ihnen werden aus Vitaminen
synthetisiert. Im Unterschied zu gewöhnlichen Substraten nehmen die Cosubstrate aber an den Reaktionen vieler unterschiedlicher Enzyme teil und werden
von der Zelle ständig regeneriert.

Ein Enzym, das einen Cofaktor benötigt, wird
ohne diesen als **Apoenzym** bezeichnet, enthält es alle
notwendigen Faktoren, nennen wir es **Holoenzym**.

Tabelle 6.2 Einige Beispiele für Cofaktoren

Metalle	
Eisen	nimmt als Ion an Redoxreaktionen teil, Teil des Hämmoleküls
Kupfer	Reduktion
Zink	ist unter anderem am Kohlendioxidtrans- port im Blut beteiligt und in DNA-binden- den Proteinen enthalten
Magnesium	ist Teil des Chlorophyllmoleküls
Mangan	fängt in der Superoxid-Dismutase hoch- reaktive Sauerstoffradikale ab
Cosubstrate	
Coenzym A	überträgt Carbonsäuren
Tetrahydrofolat	überträgt C_1-Einheiten
NAD	überträgt Elektronen und Wasserstoff
FAD	überträgt Elektronen und Wasserstoff
FMN	überträgt Elektronen und Wasserstoff
ATP	liefert Energie, überträgt Phosphatgrup- pen
prosthetische Gruppen	
Häm	bindet Sauerstoff, überträgt Elektronen
Flavin	bindet Elektronen und Wasserstoff

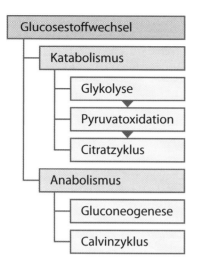

6.5 Als Beispiel für Stoffwechselwege besprechen wir einen Teil des Katabolismus und des Anabolismus von Glucose.

---

1 für alle

Ribozyme

Außer den Enzymen katalysieren auch einige Ribonucleinsäuren (RNA) biochemische Reaktionen. Sie werden als Ribozyme bezeichnet und sind in der Entwicklung des Lebens möglicherweise sogar vor den Enzymen entstanden. Moderne Ribozyme sind häufig mit Proteinen assoziiert, die allerdings nicht aktiv an der Reaktion teilnehmen, sondern wahrscheinlich nur strukturell stabilisierend wirken. Ribozyme katalysieren sehr unterschiedliche Prozesse. Einige kürzen sich selbst mit gezielten Schnitten, andere knüpfen in den Ribosomen die Peptidbindung. Manche Ribozyme enthalten Metallionen wie Mg^{2+} als Cofaktoren.

Im Katabolismus gibt es vier Typen von Reaktionen

Auf den ersten Blick erscheinen Stoffwechselwege wie der Abbau von Glucose in Abbildung 6.6 wegen der vielen Reaktionen, Zwischenprodukte und Enzyme verwirrend. Dabei lassen sich die Vorgänge des Katabolismus in nur vier Kategorien einteilen:

- **Vorbereitende Schritte.** Für gewöhnlich sind die Moleküle der Nährstoffe und viele Zwischenprodukte des Stoffwechsels zu stabil, um sie sofort zu spalten oder oxidieren zu können. Enzyme hängen darum aktivierende Gruppen an und organisieren

die Moleküle neu, um sie zu destabilisieren und für den nächsten Abbauschritt vorzubereiten.

- **Spaltung des Substrats.** Ziel des Katabolismus ist, die Nährstoffe in kleine Moleküle zu zerlegen, welche die Zelle entweder leicht abgeben (wie Kohlendioxid) oder für den Aufbau eigener Substanzen verwenden kann (wie Acetyl-Coenzym A). Enzyme teilen dafür die Substrate oder trennen kleine Bruchstücke ab.

- **Oxidation der Kohlenstoffatome.** Der Katabalismus soll nicht nur Baumaterial bereitstellen, sondern die Zelle auch mit Energie versorgen. In Anwesenheit von Sauerstoff geschieht dies, indem Enzyme die Kohlenstoffverbindungen stufenweise zu Kohlendioxid „verbrennen". Sie entziehen dem Kohlenstoff in jedem Oxidationsschritt Elektronen und Protonen, die von Cosubstraten aufgenommen und später auf Sauerstoff übertragen werden.

- **Direkte ATP-Synthese.** Einige Enzyme versehen ihr Substrat mit einer Phosphatgruppe, die in einem der folgenden Schritte direkt an ADP weitergegeben wird, das damit zu ATP wird. Diese Übertragung wird als Substratkettenphosphorylierung bezeichnet. In manchen Reaktionen wird statt ATP das verwandte GTP gebildet, doch beide Verbindungen lassen sich leicht ineinander umwandeln.

Glucose wird in drei Reaktionsblöcken abgebaut

Der Abbau von Glucose bietet sich aus mehreren Gründen als **Beispiel für die Prinzipien eines katabolen Stoffwechselwegs** an. Fast alle Organismen verwerten Glucose auf die gleiche Weise, und viele andere Nährstoffe werden im Zuge ihrer Verdauung in Glucose umgewandelt oder gelangen auf einer späteren Stufe in den gleichen Abbauweg. Es handelt sich somit um eine Art historische Hauptstraße des Metabolismus, von welcher aus nicht nur die Stoffgruppe der Kohlenhydrate zu erreichen ist, sondern auch die Lipide, Aminosäuren und Nucleinsäuren.

Die Reaktionen des Glucosestoffwechsels finden in drei großen Blöcken statt:

- Im Verlauf der **Glykolyse**, die im Cytosol abläuft, sichern Enzyme das Molekül, bereiten es vor und spalten es in zwei Hälften, die anschließend oxidiert werden.

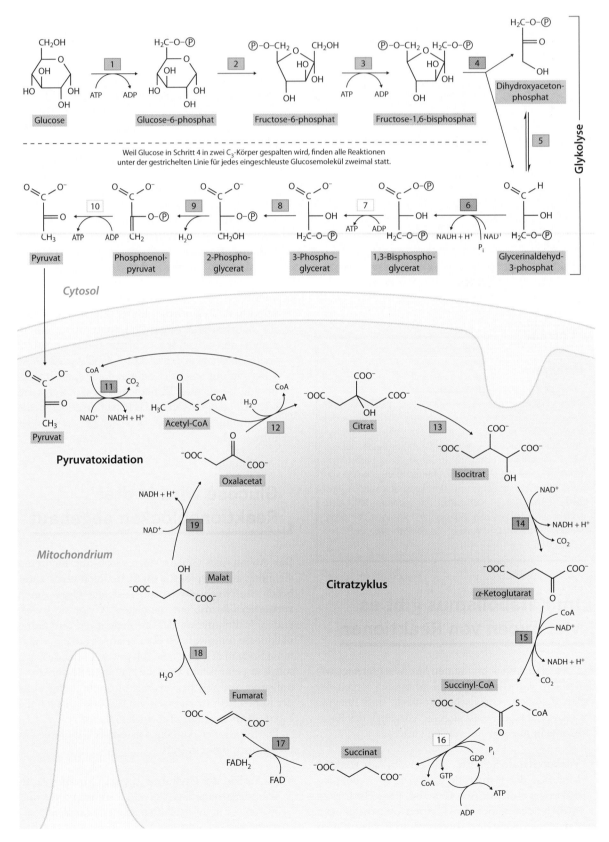

Weil Glucose in Schritt 4 in zwei C_3-Körper gespalten wird, finden alle Reaktionen
unter der gestrichelten Linie für jedes eingeschleuste Glucosemolekül zweimal statt.

6.6 Alle Reaktionen des Glucoseabbaus in eukaryotischen Zellen auf einen Blick. Die Glykolyse findet als erste Phase im Cytosol statt. Das dabei entstehende Pyruvat gelangt ins Mitochondrieninnere, wo es oxidiert, gespalten und sein Acetylrest an das Coenzym A (CoA) gehängt wird. Im folgenden Citratzyklus werden die restlichen Kohlenstoffatome vollständig oxidiert und als Kohlendioxid abgegeben. Die einzelnen Prozesse lassen sich einteilen in vorbereitende Schritte (grüner Kasten), Spaltungsreaktionen (roter Kasten), Oxidationen (blauer Kasten) und Reaktionen mit direktem Energiegewinn (gelber Kasten).

←———————————————————

- Das entstandene Pyruvat wird bei eukaryotischen Zellen mit einem Carrier in das Innere eines Mitochondriums transportiert. Bei der **Pyruvatoxidation** wird neben der Oxidation auch das erste Kohlenstoffatom in Form von Kohlendioxid freigesetzt und der Rest des Moleküls an das Coenzym A gebunden.
- Im **Citratzyklus** oxidieren Enzyme die beiden verbleibenden Kohlenstoffatome bis zum Kohlendioxid.

Die Glykolyse knackt Glucose auf

Die Glykolyse beginnt mit einer **Investitionsphase**. In deren Verlauf hängen die Enzyme Hexokinase und Phosphofructokinase Phosphatgruppen (in den Formeln durch ein P in einem Kreis dargestellt) an den Zucker. Die Namen der Enzyme deuten bereits auf diesen Prozess hin – alle Kinasen übertragen Phosphat vom ATP auf ihr Substrat. Da die Reaktion Energie verbraucht, ist anzunehmen, dass sie für die Zelle von Vorteil ist. Tatsächlich verhindert die Phosphorylierung, dass die Glucose über einen der Transportmechanismen in der Plasmamembran verloren geht, denn für das entstandene Glucose-6-Phosphat gibt es – anders als für reine Glucose – keinen Kanal oder Carrier.

Glucose → Hexokinase (ATP → ADP) → Glucose-6-phosphat

Nachdem der Zucker auf diese Weise gesichert ist, bereitet ihn die Glucose-6-phosphat-Isomerase auf die Spaltung vor, indem sie aus dem Sechsring der

Glucose einen Fünfring von Fructose-6-phosphat macht. Durch diese Umstrukturierung wird das zuvor im Ring verborgene Kohlenstoffatom 1 zugänglich.

Glucose-6-phosphat → Glucose-6-phosphat-Isomerase → Fructose-6-phosphat

Die Phosphofructokinase phosphoryliert das C-1-Atom des Moleküls unter ATP-Verbrauch zum Fructose-1,6-bisphosphat. Die Silbe „-bis-"in der Bezeichnung weist darauf hin, dass die beiden Phosphatgruppen an unterschiedlichen Bereichen des Moleküls gebunden sind und nicht in Reihe hintereinander, wie etwa im Adenosin*di*phosphat.

Fructose-6-phosphat → Phosphofructokinase (ATP → ADP) → Fructose-1,6-bisphosphat

Mit dem Fructose-1,6-bisphosphat hat die Glykolyse bis hierher ein fast symmetrisches Molekül mit einer

6.7 Die Bindungselektronen einer Phosphatgruppe sind nicht fest an bestimmte Atome gebunden. Es gibt eine Reihe mesomerer Resonanzstrukturen, durch welche das Phosphat selbst stabilisiert wird. Gleichzeitig kann es jedoch das phosphorylierte Molekül R „aktivieren", indem es dessen Struktur schwächt und es damit reaktionsfreudiger macht. In biochemischen Formeln wird die gesamte Phosphatgruppe häufig als P in einem Kreis dargestellt und als isoliertes Molekül mit P_i für *inorganic phosphate* (anorganisches Phosphat) bezeichnet.

Kette von sechs Kohlenstoffatomen geschaffen, die an ihren beiden Enden Phosphatgruppen trägt. Schon die einfache Phosphorylierung wird häufig als „**Aktivierung**" bezeichnet, weil die Anwesenheit des Phosphats viele Substanzen destabilisiert und damit reaktionsfreudiger macht (Abbildung 6.7). Dementsprechend ist das modifizierte Fructosemolekül nun bereit, von der Aldolase in zwei Hälften geteilt zu werden.

Fructose-1,6-bisphosphat

Dihydroxyacetonphosphat

Aldolase

Glycerinaldehyd-3-phosphat

Die entstehenden C_3-Moleküle können durch die Triosephosphat-Isomerase leicht ineinander umgewandelt werden.

Dihydroxyacetonphosphat   Triosephosphat-Isomerase   Glycerinaldehyd-3-phosphat

Der Vorteil dieser Isomerisierung liegt darin, dass die Zelle weiterhin beide Bruchstücke über die Glykolyse abbauen kann und keine zwei unterschiedliche Stoffwechselwege benötigt.

Von hier an finden alle weiteren Reaktionen pro abzubauendem Glucosemolekül zweimal statt, weil zwei C_3-Körper aus der Aldolasespaltung hervorgegangen sind. Wir müssen dieses Verhältnis berücksichtigen, wenn wir die Bilanz der Glykolyse und des Glucoseabbaus insgesamt berechnen wollen.

Energetisch ist die Glykolyse bis zu diesem Schritt ein Verlustgeschäft für die Zelle, da sie zwei ATP investieren muss, um die Glucose chemisch angreifbar zu machen. Das ändert sich nun mit dem Beginn der **Phase der Energiegewinnung**. Die Oxidation der Kohlenstoffatome liefert so viel Energie, dass in zwei Schritten ATP entsteht. Wegen der Doppelung macht dies vier ATP und damit einen Gewinn von zwei ATP pro Glucosemolekül.

Die folgenden Glykolyseschritte gehen vom Glycerinaldehyd-3-phosphat aus, obwohl das Gleichgewicht der Isomerisierung von Dihydroxyacetonphosphat und Glycerinaldehyd-3-phosphat mit 96 Prozent zu vier Prozent weit auf der Seite des Dihydroxyacetonphosphats liegt. Dieser scheinbare Nachteil hemmt den Stoffwechselweg allerdings überhaupt nicht, da die Triosephosphat-Isomerase ständig und extrem schnell Glycerinaldehyd-3-phosphat nachliefert.

Die Glycerinaldehyd-3-phosphat-Dehydrogenase katalysiert den ersten Oxidationsschritt. Sie entfernt am C-1-Atom ein Wasserstoffatom mitsamt des zugehörigen Elektrons. Chemisch gesehen entspricht eine solche Eliminierung von Wasserstoff einer Oxidation. Da der Vorgang auch Dehydrogenierung genannt wird, ist das Enzym eine Dehydrogenase. An die Stelle des entfernten Wasserstoffs setzt es eine freie Phosphatgruppe, die in Formeln häufig als P_i für *inorganic phosphate* bezeichnet wird, um sie von Phosphatgruppen als Anhängsel eines organischen Moleküls wie ATP zu unterscheiden. Die Oxidationsstufe des Kohlenstoffatoms 1 steigt durch diese Prozesse von +I auf +III. Die beiden verlorenen Elektronen und Protonen aus dieser Reaktion übernimmt das Cosubstrat Nicotinamidadenindinucleotid (NAD$^+$) (Abbildung 6.8). Die Energie aus der Oxidation reicht aus, um die eigentlich endergone Phosphorylierung zum 1,3-Bisphosphoglycerat anzutreiben.

Glycerinaldehyd-3-phosphat   Glycerinaldehyd-3-phosphat-Dehydrogenase   1,3-Bisphosphoglycerat

NAD^+ P_i $NADH + H^+$

a

b

6.8 Die Struktur des Elektronencarriers Nicotinamidadenindinucleotid (a). Der reaktive Teil des Moleküls (b) befindet sich im oberen Ring, der in seiner oxidierten Form eine positive Ladung trägt (NAD⁺). Nimmt das Molekül zwei Elektronen und ein Proton auf, geht es in die reduzierte neutrale Variante (NADH) über. Am Substrat werden dafür aber neben den beiden Elektronen auch zwei Protonen entfernt, von denen eines in der Lösung verbleibt. In Formeln wird dies häufig mit der Schreibweise NADH + H⁺ angedeutet. Entscheidend ist jedoch die Übertragung der Elektronen, da in wässrigen Lösungen stets Protonen vorliegen und von dort aufgenommen oder dorthin abgegeben werden können.

Bisphosphoglycerat ist eine energiereiche und somit instabile Verbindung. Die Zelle nutzt dies mit der Phosphoglycerat-Kinase, welche die Phosphatgruppe vom C-1-Atom auf ein ADP transferiert, wodurch ein ATP entsteht. Da der Prozess für jedes Glucosemolekül zweimal abläuft, ist die **Energiebilanz der Glykolyse an dieser Stelle** ausgeglichen – die zwei ATP für die Aktivierung der Hexose Glucose im ersten Teil werden durch die Oxidation der Triosen Glycerinaldehyd-3-phosphat und Dihydroxyacetonphosphat sowie die anschließende Substratkettenphosphorylierung aufgewogen. Das Substrat ändert sich dabei vom Zucker Glycerinaldehyd-3-phosphat zur Carbonsäure 3-Phosphoglycerat.

> **Substratkettenphosphorylierung**
> (*substrate-level phosphorylation*)
> Die direkte Phosphorylierung von ADP oder GDP zu ATP oder GTP während einer Reaktion im Stoffwechsel.

Die Phosphoglycerat-Mutase bereitet mit einer Verlagerung der Phosphatgruppe deren Abspaltung vor.

Indem die Enolase das 2-Phosphoglycerat dehydratisiert, führt sie eine Doppelbindung in das Substrat ein.

Die Phosphatgruppe sitzt wegen der Doppelbindung im Phosphoenolpyruvat ausgesprochen locker, sodass die Pyruvat-Kinase sie leicht auf ADP übertragen und so ein weiteres ATP gewinnen kann. Das entstandene Pyruvat wechselt anschließend von selbst in seine stabilere Ketoform.

Die **Bilanzgleichung der Glykolyse** sieht damit folgendermaßen aus:

Glucose + 2 P_i + 2 ADP + 2 NAD$^+$ →
2 Pyruvat + 2 ATP + 2 NADH + 2 H$^+$ + 2 H_2O

Sieben der zehn Reaktionen sind unter den Bedingungen in der Zelle energetisch nahezu neutral und könnten deshalb durchaus in beide Richtungen verlaufen. Lediglich in drei Schritten mit gekoppelten Reaktionen wird so viel Energie frei, dass sie praktisch irreversibel sind. Diese Prozesse geben damit der gesamten Glykolyse eine Verlaufsrichtung vor. Die drei dominanten Reaktionen sind:

- die Phosphorylierung der Glucose durch die Hexokinase
  Glucose + ATP → Glucose-6-phosphat + ADP
- die Phosphorylierung von Fructose-6-phosphat durch die Phosphofructokinase
  Fructose-6-phosphat + ATP → Fructose-1,6-bisphosphat + ADP
- die Übertragung der Phosphatgruppe vom Phosphoenolpyruvat durch die Pyruvat-Kinase
  Phosphoenolpyruvat + ADP → Pyruvat + ATP

Wir werden später sehen, dass die Zelle genau an diesen Enzymen ansetzt, wenn sie die Glykolyse regulieren will.

Zuvor wollen wir aber das weitere Schicksal des Pyruvats verfolgen, denn noch steckt einige Energie in dem Molekül, die sich die Zelle mit den richtigen Reaktionen durchaus nutzbar machen kann.

Pyruvat wird in Mitochondrien oxidiert

In Prokaryoten finden auch die folgenden Abbaureaktionen im Cytoplasma statt. Eukaryoten verlagern sie hingegen in das Innere der Mitochondrien, ins sogenannte Stroma. Ein spezifischer Carrier befördert das Pyruvat durch die Membran.

Hier trifft es auf den größten bislang bekannten Enzymkomplex – den **Pyruvat-Dehydrogenase-Komplex**. Er besteht aus drei eng miteinander verbundenen unterschiedlichen Einzelenzymen, von denen jeder Komplex jeweils mehrere Kopien enthält (Abbildung 6.9).

Die äußere Hülle ist aus 60 Einheiten der eigentlichen Pyruvat-Dehydrogenase-Komponente, kurz als E1 bezeichnet, aufgebaut. Sie spaltet in einem

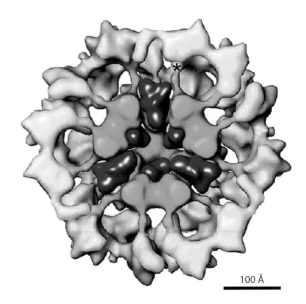

100 Å

6.9 Der Pyruvat-Dehydrogenase-Komplex im Querschnitt. Die eigentlichen Dehydrogenase-Einheiten (E1, gelb) spalten Kohlendioxid vom Pyruvat ab, oxidieren es und übertragen den übrig gebliebenen Acetylrest auf den beweglichen Arm eines Cofaktors (blau). Dieser reicht ihn weiter zur Dihydrolipoyl-Transacetylase (E2, grün), wo er auf das Coenzym A transferiert wird. Die Dihydrolipoyl-Dehydrogenase (E3, rot) gibt schließlich die Elektronen aus der Oxidation an NAD$^+$ weiter.

ersten Schritt Kohlendioxid vom Pyruvat ab und entzieht dem Restmolekül zwei Elektronen.

Eine prosthetische Gruppe der Dihydrolipoyl-Transacetylase (E2) übernimmt die Elektronen sowie die entstandene Acetylgruppe ($H_3C–CO–$). Auch dieses Enzym, das den Kern des Komplexes bildet, ist in 60-facher Ausfertigung vorhanden. Bei seiner prosthetischen Gruppe handelt es sich um ein Liponamid (englisch: *lipoamid*) – ein Molekül mit einem schwefelhaltigen Ring am Ende einer flexiblen Kohlenwasserstoffkette. Dieses Liponamid schwingt als eine Art Greifarm zwischen den verschiedenen Enzymen des Komplexes hin und her, sodass das Substrat keine Gelegenheit hat, zwischen den Reaktionen davonzudiffundieren. Es transferiert die Acetylgruppe, die es vom E1 holt, auf ein Molekül Coenzym A (CoA, Abbildung 6.10).

Für die Kohlenstoffverbindung ist damit dieser Umwandlungsprozess beendet, und sie verlässt den Enzymkomplex als Acetyl-CoA. Die Elektronen müssen jedoch noch auf einen Akzeptor übertragen werden, damit das Liponamid für den nächsten Zyklus zur Verfügung steht. Diesen Vorgang katalysiert die Dihydrolipoyl-Dehydrogenase (E3), von der es im

6.10 Die Struktur von Coenzym A. Mit seiner Sulfhydrylgruppe am Ende bindet CoA Carbonsäuren wie hier eine Acetylgruppe.

Komplex nur zwölf Kopien gibt. Als Empfänger dient erneut NAD^+.

Als **Bilanz der Decarboxylierung und Oxidation des Pyruvats** erhalten wir:

Pyruvat + CoA + NAD^+ →
Acetyl-CoA + CO_2 + NADH + H^+

Aus dem C_3-Körper Pyruvat ist das C_2-Molekül Acetyl-CoA geworden (Abbildung 6.10), das in den folgenden Citratzyklus eingeschleust wird.

Der Citratzyklus oxidiert Kohlenstoffverbindungen bis zum Kohlendioxid

Der Citratzyklus wird auch als Tricarbonsäurezyklus oder Krebs-Zyklus (nach seinem Entdecker Hans Adolf Krebs) bezeichnet und ist einer der zentralen Stoffwechselwege in der Zelle. Wir können ihn in seiner Gesamtheit beinahe als einen Superkatalysator betrachten, denn nach jedem Durchlauf liegt die Startsubstanz Oxalacetat, mit welcher das Acetyl-CoA im ersten Prozess reagiert, wieder in ihrer Ursprungsform vor. Allerdings sind die Enzyme des Citratzyklus nicht zu einem festen Verbund verknüpft wie etwa beim Pyruvat-Dehydrogenase-Komplex.

Oxalacetat ist eine Verbindung mit vier Kohlenstoffatomen. Es lagert sich zuerst an seine Bindungsstelle am Enzym Citrat-Synthase und löst damit die Drehbewegung einer Proteindomäne aus.

Durch diese Konformationsänderung entsteht die Bindungstasche für das Acetyl-CoA. Sobald das Acetyl-CoA hinzugekommen ist, finden weitere Bewegungen statt, in deren Verlauf es an das Oxalacetatmolekül gebunden und anschließend Coenzym A hydrolytisch abgespalten wird. Es entsteht Citrat – der namensgebende C_6-Körper des Zyklus mit drei Carbonsäuregruppen im Molekül.

Vom Citrat ausgehend sollen zwei Kohlenstoffatome zu Kohlendioxid oxidiert und abgesondert werden. Dafür ist das Citratmolekül selbst allerdings zu symmetrisch. Die Aconitase (nach dem Zwischenprodukt *cis*-Aconitat benannt) verschiebt die Hydroxylgruppe vom mittleren Kohlenstoff zum zweiten C-Atom und bereitet damit die Isolierung der benachbarten Carboxylgruppe vor.

Das C-2-Atom des Isocitrats wird zunächst von der Isocitrat-Dehydrogenase oxidiert. Es entsteht ein instabiles Zwischenprodukt, von dem sich Kohlendioxid ablöst, und wir erhalten α-Ketoglutarat.

Isocitrat → α-Ketoglutarat (Isocitrat-Dehydrogenase; NAD⁺, NADH + H⁺, CO₂)

Isocitrat

α-Ketoglutarat

Der obere Teil des α-Ketoglutarats erinnert an die Struktur von Pyruvat. Tatsächlich wird das α-Ketoglutarat durch analoge Reaktionen am α-Ketoglutarat-Dehydrogenase-Komplex oxidativ decarboxyliert.

α-Ketoglutarat → Succinyl-CoA (α-Ketoglutarat-Dehydrogenase; NAD⁺, CoA, CO₂, NADH + H⁺)

α-Ketoglutarat

Succinyl-CoA

Mit Erreichen des Succinyl-CoA sind alle Kohlenstofatome der Glucose vollständig oxidiert und als Kohlendioxid freigesetzt worden. Ein Teil der dabei gewonnenen Energie ist aber noch in der Thioesterbindung zum Coenzym A gebunden. Die Succinyl-CoA-Synthetase nutzt diese Energie, um GDP mit gelöstem Phosphat zu GTP zu verbinden. Es ist der

einzige Schritt im Zyklus mit Substratkettenphosphorylierung.

Succinyl-CoA → Succinat (Succinyl-CoA-Synthetase; Pᵢ, GDP, GTP, CoA)

Succinyl-CoA

Succinat

Vergleicht man das an dieser Stelle vorliegende Succinat mit dem Oxalacetat vom Anfang des Citratzyklus, so zeigt sich, dass außerdem noch Elektronen von der Glucose im Molekül vorliegen.

Succinat

Oxalacetat

Die Funktion der ausstehenden regenerativen Prozesse liegt also darin, durch Oxidationen die Ketogruppe des Oxalacetats wiederherzustellen. Die Succinat-Dehydrogenase macht dabei den Anfang. Als Elektronenakzeptor verwendet sie nicht das gewohnte NAD^+, sondern Flavinadenindinucleotid (FAD, Abbildung 6.11).

6.11 Flavinadenindinucleotid (FAD) nimmt mit seinem Dreifachringsystem zwei Elektronen und zwei Protonen auf und gibt sie wieder ab. Die übertragenen Elektronen sind dabei von größerer Bedeutung, weshalb das Cosubstrat als „Elektronencarrier" bezeichnet wird.

$$\begin{array}{c}
COO^- \\
| \\
CH_2 \\
| \\
CH_2 \\
| \\
COO^-
\end{array}
\quad
\xrightarrow[\;FAD\quad FADH_2\;]{\text{Succinat-Dehydrogenase}}
\quad
\begin{array}{c}
COO^- \\
| \\
CH \\
\| \\
CH \\
| \\
COO^-
\end{array}$$

Succinat   Fumarat

Die Fumarase bringt mit einem Molekül Wasser das fehlende Sauerstoffatom ins Fumarat.

$$\begin{array}{c}
COO^- \\
| \\
CH \\
\| \\
CH \\
| \\
COO^-
\end{array}
\quad
\xrightarrow[\;H_2O\;]{\text{Fumarase}}
\quad
\begin{array}{c}
COO^- \\
| \\
H-C-HO \\
| \\
CH_2 \\
| \\
COO^-
\end{array}$$

Fumarat   Malat

Den Abschluss bildet die Oxidation durch die Malat-Dehydrogenase, aus welcher neben NADH wieder Oxalacetat hervorgeht. Der Citratzyklus ist damit geschlossen.

$$\begin{array}{c}
COO^- \\
| \\
H-C-HO \\
| \\
CH_2 \\
| \\
COO^-
\end{array}
\quad
\xrightarrow[\;NAD^+\quad NADH+H^+\;]{\text{Malat-Dehydrogenase}}
\quad
\begin{array}{c}
COO^- \\
| \\
C=O \\
| \\
CH_2 \\
| \\
COO^-
\end{array}$$

Malat   Oxalacetat

Die **Bilanz des Citratzyklus** lautet:

$$\text{Acetyl-CoA} + 3\,NAD^+ + FAD + GDP + P_i + 2\,H_2O \rightarrow$$
$$2\,CO_2 + 3\,(NADH + H^+) + FADH_2 + GTP + CoA$$

Beim Glucoseabbau entsteht ein Überschuss an Redoxäquivalenten

Im Verlauf von Glykolyse, Pyruvatoxidation und Citratzyklus sind eine ganze Reihe von Zwischenprodukten entstanden und Cofaktoren chemisch umgewandelt worden. Die **Gesamtbilanz des Glucoseabbaus** präsentiert uns die folgende Formel:

$$\text{Glucose} + 2\,ADP + 2\,GDP + 4\,P_i + 10\,NAD^+$$
$$+ 2\,FAD + 2\,H_2O \rightarrow 6\,CO_2 + 2\,ATP + 2\,GTP$$
$$+ 10\,(NADH + H^+) + 2\,FADH_2$$

Nach Stoffgruppen geordnet sehen wir leichter, welche Veränderungen stattgefunden haben:

- Glucose $\rightarrow$ 6 CO_2
  Die Glucose ist vollständig in Kohlendioxid umgesetzt worden. Das Gas diffundiert aus der Zelle heraus und verlässt bei lungenatmenden Tieren beim Ausatmen den Körper.
- $2\,ADP + 2\,GDP + 4\,P_i \rightarrow 2\,ATP + 2\,GTP$
  Die Energieausbeute durch Substratkettenphosphorylierung ist eher bescheiden. Weil sich ATP und GTP problemlos ineinander umwandeln lassen, beläuft sich der Gewinn auf vier Moleküle ATP pro Molekül Glucose. Diese können sofort an den vielen Energie verbrauchenden Prozessen in der Zelle teilnehmen, wo sie in ADP bzw. GDP und Phosphat gespalten werden.
- $10\,NAD^+ + 2\,FAD \rightarrow$
  $10\,(NADH + H^+) + 2\,FADH_2$
  Insgesamt 24 Elektronen sind in den Elektronencarriern NADH und $FADH_2$ gespeichert. Sie werden nicht wie das Kohlendioxid einfach ausgeatmet, und es fehlt uns bislang auch noch ein regenerierender Prozess, bei dem die Carrier erneut oxidiert werden.

Entscheidend ist also das Schicksal der Elektronencarrier, die auch als Redoxäquivalente bezeichnet werden. Solange sie reduziert bleiben, stehen sie nicht für den Abbau von weiterer Glucose zur Verfügung. Im Extremfall könnte durch diesen Stau der gesamte Stoffwechselweg ins Stocken geraten.

Folglich muss es Vorgänge geben, in denen die Redoxäquivalente oxidiert werden, indem sie ihre Elektronen auf andere Akzeptoren übertragen. Weiter unten werden wir sehen, dass die Stoffwechselwege des Anabolismus dankbare Abnehmer für Elektronen sind. Aber auch der Energiestoffwechsel, mit dem wir uns im folgenden Kapitel intensiver beschäftigen werden, braucht reduzierte Redoxäquivalente. Denn beim Transfer von Elektronen auf Sauerstoff im Rahmen der Atmungs- oder Elektronentransportkette gewinnt die Zelle deutlich mehr ATP als durch die direkte Substratkettenphosphorylierung.

[?]

Prinzip verstanden?

6.1 Warum atmen wir Kohlendioxid (CO_2) aus und nicht Methan (CH_4)?

Genauer betrachtet

Gärungen

Steht kein oder nicht ausreichend Sauerstoff als Akzeptor für Elektronen zur Verfügung, muss die Zelle ihren Katabolismus ändern, damit sich keine reduzierten Elektronencarrier ansammeln. Eine Lösung sind **Gärungen** – abbauende Stoffwechselwege, die eine ausgeglichene Bilanz von Redoxäquivalenten aufweisen. Sie verlaufen nicht vollständig bis zum Kohlendioxid und liefern nur relativ wenig ATP, ermöglichen es der Zelle aber, unter anaeroben Bedingungen – also ohne Sauerstoff – weiterzuleben.

Bei der **alkoholischen Gärung** wird Zucker zunächst über die Glykolyse bis zum Pyruvat umgesetzt. Dabei fällt NADH aus der Oxidation des Glycerinaldehyd-3-phosphats an, das in zwei anschließenden Reaktionsschritten wieder zu NAD$^+$ regeneriert wird.

In der Bilanzgleichung taucht der Elektronencarrier nun nicht mehr auf:

Glucose + 2 ADP + 2 P$_i$ + 2 H$^+$ →
2 Ethanol + 2 CO$_2$ + 2 ATP + 2 H$_2$O

Die alkoholische Gärung wird von Hefen und verschiedenen Bakterien durchgeführt.

Die **Milchsäuregärung** findet außer in Mikroorganismen auch im tierischen Muskel statt, wenn dieser bei Belastung nicht genügend Sauerstoff erhält. Wieder macht eine gewöhnliche Glykolyse den Anfang. Das Pyruvat wird dann in einer einzigen Reaktion zur dissoziierten Form der Milchsäure – dem Lactat – reduziert.

Auch diese Bilanz ist ausgeglichen:

Glucose + 2 ADP + P$_i$ → 2 Lactat + 2 ATP + 2 H$_2$O

Besonders Bakterien nutzen noch eine Vielzahl weiterer Gärungen mit unterschiedlichen Ausgangs- und Endprodukten. Die Unabhängigkeit vom Sauerstoff eröffnet ihnen zusätzliche Lebensräume wie bestimmte Böden, tiefere Wasserschichten und das Innere höherer Organismen.

Andere Abbauwege fließen in den Glucosestoffwechsel ein

Für gewöhnlich besteht Nahrung nicht nur aus Kohlenhydraten, sondern ist ein Gemisch aus Vertretern verschiedener Stoffgruppen. Auch sie gelangen beim Abbau an der einen oder anderen Stelle in die Glykolyse, die Pyruvatoxidation oder den Citratzyklus (Abbildung 6.12).

- **Kohlenhydrate** wandelt die Zelle in Glucose oder frühe Stufen der Glykolyse um. Polysaccharide wie Stärke oder Glykogen spaltet sie enzymatisch in Monosaccharide.
- **Proteine** zerlegt die Zelle mit Proteasen in ihre Aminosäuren. Nach Abspaltung der Aminogruppe fließen die Kohlenstoffgerüste als Pyruvat, Acetyl-CoA oder ein Zwischenprodukt des Citratzyklus in den Glucosestoffwechsel ein.
- **Lipide** sind wegen ihrer reduzierten Kohlenwasserstoffketten sehr energiereich. Lipasen trennen die Fettsäuren vom Glycerol. Das Glycerol wird mit ATP phosphoryliert und zu Dihydroxyacetonphosphat oxidiert. Die Fettsäuren werden an Coenzym A gebunden und durchlaufen in den Mitochondrien eine mehrstufige Reaktionskette. Diese nennt man β-Oxidation, weil jeweils das β-Kohlenstoffatom Ziel der Oxidationsschritte ist. Nach und nach wird die Fettsäurekette in C$_2$-Bruchstücke von Acetyl-CoA gespalten. Bei Fettsäuren mit einer ungeraden Zahl von Kohlenstoffatomen bleibt zum Schluss ein C$_3$-Körper übrig, der in Succinyl-CoA umgewandelt und in den Citratzyklus eingeschleust wird.

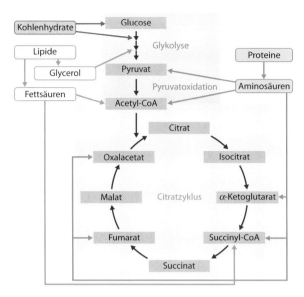

6.12 Viele Abbauvorgänge münden in die Glykolyse, die Pyruvatoxidation oder den Citratzyklus.

Der Anabolismus baut komplexe Moleküle auf

Die Vermischung unterschiedlicher Stoffklassen im Katabolismus ist auch beim aufbauenden Anabolismus ein Vorteil. Die Zelle kann so benötigte Substanzen aus Material herstellen, das von ganz anderen Verbindungen stammt. Die dabei auftretenden Reaktionen lassen sich ebenfalls in vier Typen gliedern:

- **Vorbereitende Schritte.** Beim Anabolismus muss die Zelle die Substrate nicht nur für die nächste Reaktion vorbereiten, sondern auch verhindern, dass ein Zwischenprodukt einen energetisch günstigen katabolen Weg verfolgt und wieder abgebaut wird. Das wird beispielsweise durch intramolekulare Umwandlungen vermieden.
- **Erweiterung des Moleküls.** Die Synthesewege des Anabolismus führen von relativ einfachen Substanzen zu komplexeren Molekülen. Dafür verbinden Enzyme kleine Bausteine miteinander oder erweitern bestehende Gerüste um fehlende Atomgruppen.
- **Reduktion der Kohlenstoffatome.** Viele Ausgangsstoffe, welche die Zelle aus der Umgebung aufnehmen kann, und praktisch alle Verbindungen aus dem Katabolismus sind stärker oxidiert als die Zielprodukte des Anabolismus. Mit Redoxäquivalenten muss der Kohlenstoff reduziert werden.

- **Einsatz und Verlust von Energie.** Die entscheidenden Syntheseschritte laufen alleine nicht freiwillig ab. Erst die Kopplung mit exergonen Prozessen wie der Spaltung von ATP oder GTP treibt sie an.

Die Gluconeogenese startet mit Pyruvat

Als Beispiel für die Funktionsweise des Anabolismus sehen wir uns die Synthese von Glucose aus Vorstufen an, die nicht zu den Kohlenhydraten zählen. Diese **Gluconeogenese** findet beim Menschen vor allem in der Leber und in geringerem Maße in den Nieren statt. Der Körper hält damit den Blutzuckerspiegel auch dann aufrecht, wenn wir eigentlich nicht ausreichend Glucose zu uns nehmen, um das Gehirn, die Erythrocyten und die Muskeln zu ernähren.

Als **Ausgangsstoffe** dienen in erster Linie Lactat aus der Milchsäuregärung aktiver Muskeln (siehe Kasten „Gärungen"), Abbauprodukte von Aminosäuren und Glycerol aus dem Lipidabbau. Sie treten an unterschiedlichen Stellen in den Stoffwechselweg ein.

Die **Reaktionen der Gluconeogenese** entsprechen weitgehend den umgekehrten Prozessen der Glykolyse (Abbildung 6.13). So beginnt die Synthese der Glucose auf der Stufe des Pyruvats, wo die erste Kaskade des Zuckerabbaus endet. Da die meisten Reaktionen im Zellmilieu energetisch etwa neutral ablaufen, nutzen beide Wege sogar dieselben Enzyme. Nur drei Schritte der Glykolyse, in denen bedeutende Mengen Energie freigesetzt werden, laufen nicht in die entgegengesetzte Richtung. Es sind dies die Reaktionen, die von Kinasen katalysiert werden:

- Glucose + ATP → Glucose-6-phosphat + ADP
- Fructose-6-phosphat + ATP → Fructose-1,6-bisphosphat + ADP
- Phosphoenolpyruvat + ADP → Pyruvat + ATP

An diesen Stellen muss die Zelle für die Gluconeogenese andere Enzyme einsetzen und die Abläufe durch die Kopplung an energetisch günstige Reaktionen antreiben.

Für die zuerst anstehende Umwandlung von Pyruvat in Phosphoenolpyruvat sind gleich zwei Enzyme notwendig, die einen kleinen Umweg über Oxalacetat nehmen. Die Pyruvat-Carboxylase hängt dazu ein Molekül Kohlendioxid an das Pyruvat an.

─┤ Genauer betrachtet ├─

Vitamine

Vitamine sind organische chemische Verbindungen, die der Körper (im engeren Sinne: der menschliche Körper) nicht selbst synthetisieren kann und die er darum mit der Nahrung aufnehmen muss oder die von den Mikroorganismen im Darm produziert werden. Lediglich Vitamin D ist eine Ausnahme von dieser Regel, da die Haut es mithilfe von UV-Licht durchaus herstellen kann. Die Bezeichnung „Vitamin" ist hier also eigentlich unzutreffend.

Die Vitamine werden nach ihrer Löslichkeit in Wasser (Vitamine der B-Reihe und Vitamin C) bzw. Fett (alle anderen Vitamine) unterteilt. Viele fungieren in den Zellen als Cofaktoren von Enzymen und werden nach dem Gebrauch gleich wieder regeneriert, weshalb wir nur geringe Mengen benötigen.

Die für den Menschen wichtigen Vitamine im Überblick:

Vitamin	chemischer Name	Hauptfunktion
wasserlösliche Vitamine		
B_1	Thiamin	Coenzym, z. B. in der Pyruvat-Dehydrogenase
B_2	Riboflavin	Bestandteil der Coenzyme FAD und FMN
B_3	Niacin	Bestandteil der Coenzyme NAD und NADP
B_5	Pantothensäure	Bestandteil von Coenzym A
B_6	Pyridoxin	Coenzym, vor allem im Aminosäurestoffwechsel
B_7	Biotin	prosthetische Gruppe, z. B. in der Pyruvat-Carboxylase
B_{11}	Folsäure	Coenzym, u. a. bei der Synthese von Nucleinsäuren
B_{12}	Cobalamin	Coenzym im Stoffwechsel von Aminosäuren und Nucleinsäuren
C	Ascorbinsäure	Antioxidans, Coenzym, komplexiert Metalle
fettlösliche Vitamine		
A	Retinol	Bestandteil des Sehpigments Retinal
D	Calciferol	Hormonvorläufer, Regulation des Calciumhaushalts
E	Tocopherol	Antioxidans
K	Menachinon, Phyllochinon	Blutgerinnung

Oxalacetat ist eine stabile Zwischenstufe, sodass keine Gefahr einer spontanen Rückreaktion droht. Allerdings ist es um ein Kohlenstoffatom größer als das anvisierte Zwischenprodukt. Die Phosphoenolpyruvat-Carboxykinase trennt das Kohlendioxid darum wieder ab und addiert eine Phosphatgruppe vom GTP, womit das Phosphoenolpyruvat erreicht wäre.

Die nächste Abweichung begegnet uns erst bei der Dephosphorylierung von Fructose-1,6-bisphosphat. Dafür reicht eine einfache enzymatische Hydrolyse unter Mithilfe der Fructose-1,6-bisphosphatase.

Den letzten Schritt, die Abspaltung von Phosphat durch die Glucose-6-phosphatase und damit die Freisetzung der fertigen Glucose, nehmen nicht alle Zellen vor.

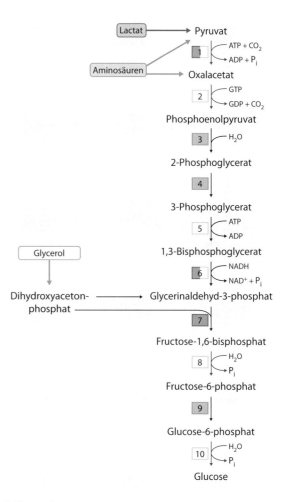

Braucht eine Zelle den Zucker für sich selbst, beendet sie die Gluconeogenese meist auf der Stufe von Glucose-6-phosphat. In dieser Form kann die Glucose nicht entweichen und ist bereits für anschließende Prozesse aktiviert. In der Leber läuft die Glucosesynthese hingegen mit dem Ziel ab, den Blutzuckerspiegel anzuheben. Darum dephosphorylieren Leberzellen Glucose-6-phosphat und exportieren die Glucose ins Blut.

Ein Blick auf die **Bilanz der Gluconeogenese** zeigt uns, wie kostspielig dieser Stoffwechselweg ist:

2 Pyruvat + 4 ATP + 2 GTP + 2 NADH + 6 H$_2$O →
Glucose + 4 ADP + 2 GDP + 6 P$_i$ + 2 (NAD$^+$ + H$^+$)

Offene Fragen

Stoffwechselwege ziehen um

Manche Reaktionskaskaden produzieren chemische Verbindungen, die industriell gut verwertbar wären. Der Kunststoff Polyhydroxybutyrat (PHB) hat beispielsweise ähnlich günstige Eigenschaften wie das aus Erdöl gewonnene Polypropylen, entsteht aber aus der Vergärung erneuerbarer Rohstoffe. Der Durchbruch ist PHB bislang nicht gelungen, weil die Produktionskosten zu hoch sind. Diese könnten sinken, wenn der Kunststoff nicht mehr von Mikroorganismen gebildet, sondern von Pflanzen synthetisiert würde. An der Michigan State University versahen Wissenschaftler darum Kresse mit den Genen für die PHB-Produktion – mit dem Erfolg, dass über zehn Prozent der Trockenmasse der Blätter vom PHB stammen.

Ähnliche Versuche laufen mit den Synthesewegen für Spinnenseide, die leichter und zugleich reißfester als Stahl ist. Verschiedene Arbeitsgruppen hoffen auf ökonomisch verwertbare Ausbeuten, indem sie die Gene in das Darmbakterium *Escherichia coli*, Ziegen oder Kartoffeln transferieren. Doch noch steht der Trend, anabole Stoffwechselwege für industrielle Zwecke zu optimieren, ganz am Anfang.

Pro Molekül Glucose müssen sechs Moleküle ATP/GTP aufgewendet werden, obwohl beim umgekehrten Verlauf in der Glykolyse nur zwei ATP pro Glucose gewonnen werden. Die Differenz von vier ATP/GTP ist der Preis dafür, den energetisch günstigen Oxidationsprozess umzukehren und eine reduzierte Verbindung zu schaffen. Der Aufbau und Abbau eines Stoffs kann darum nicht beliebig im Kreis erfolgen. Die Zelle muss vielmehr streng darauf achten, dass die Stoffwechselwege nicht unkontrolliert ineinander übergehen und ihren Energievorrat aufbrauchen. Wir werden am Ende dieses Kapitels sehen, mit welchen Mechanismen sie ihren Metabolismus reguliert.

6.13 Die Gluconeogenese auf einen Blick. Nur an drei Stellen weichen ihre Reaktionen von den Abläufen der Glykolyse ab (rote Pfeile). Die einzelnen Prozesse sind vorbereitende Schritte (grüner Kasten), Erweiterungen des Moleküls (roter Kasten), Reduktionen (blauer Kasten) und Reaktionen unter Energieverlust (gelber Kasten).

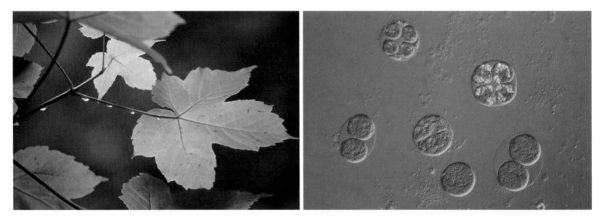

6.14 Pflanzen (links) und Cyanobakterien (rechts) fixieren Kohlendioxid aus der Luft. Die chemischen Reaktionen laufen bei Pflanzen in den Chloroplasten ab.

Pflanzen und Mikroorganismen fixieren Kohlenstoff aus der Luft

Die Produktion zelleigenen Materials beginnt nicht erst beim Pyruvat. **Autotrophe Organismen** haben die Fähigkeit, Kohlenstoff aus dem Kohlendioxid der Umgebung zu fixieren. Pflanzen und einige Mikroorganismen wie Cyanobakterien (Abbildung 6.14) nutzen hierfür den **Calvin-Zyklus**, der in den 1950er-Jahren von Melvin Calvin und seinen Kollegen aufgedeckt wurde (Abbildung 6.15). Er ist Teil der Photosynthese und wird auch als Dunkelreaktion

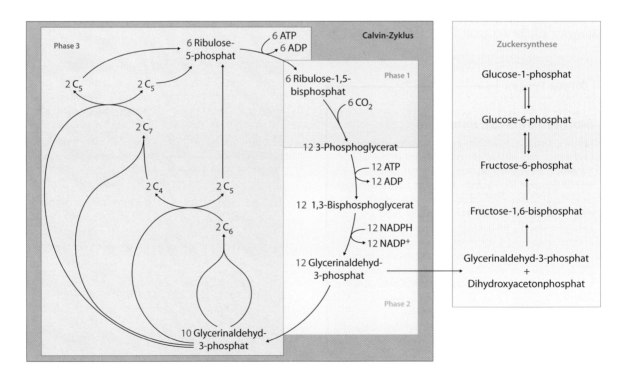

6.15 Der Calvin-Zyklus ist dreiphasig. Er beginnt mit der Fixierung des Kohlendioxids (Phase 1). Anschließend wird das dabei entstehende 3-Phosphoglycerat reduziert (Phase 2). Ein Teil des Glycerinaldehyd-3-phosphat wandert in andere Stoffwechselprozesse ab. Mit dem größeren Teil wird in komplizierten Umschichtungen zwischen verschiedenen Zuckern der CO_2-Akzeptor Ribulose-1,5-bisphosphat regeneriert (Phase 3). Zur besseren Übersicht sind hier nur die Anzahlen der Kohlenstoffatome in den Zuckern angegeben.

bezeichnet, weil er nicht direkt vom Licht abhängig ist, sondern lediglich von den Energie- und Elektronenträgern der Lichtreaktion (siehe Kapitel 7 „Leben ist energiegeladen"). In Eukaryoten finden sowohl die Licht- als auch die Dunkelreaktion in den Chloroplasten statt.

Der zentrale Schritt des Calvin-Zyklus ist die Anlagerung von Kohlendioxid an den Zucker Ribulose-1,5-bisphosphat. Es entsteht ein instabiles Zwischenprodukt mit sechs Kohlenstoffatomen, das sofort in zwei Moleküle 3-Phosphoglycerat zerfällt.

Ribulose-1,5-bisphosphat · 3-Phosphoglycerat

6.16 NADPH unterscheidet sich von NADH nur durch eine Phosphatgruppe (orangener Kreis). Es wird vor allem in Biosyntheseprozessen als Reduktionsmittel gebraucht, während NADH verstärkt im Katabolismus und bei der Atmungskette vorkommt.

Das zuständige Enzym ist die Ribulose-1,5-bisphosphat-Carboxylase/Oxygenase, kurz Rubisco. Es ist das Protein, das am häufigsten auf der Welt vorkommt und in Blättern etwa ein Viertel des gesamten Proteingehalts ausmacht.

Die anschließende Phosphorylierung des 3-Phosphoglycerat zum 1,3-Bisphosphoglycerat und die Reduktion zum Glycerinaldehyd-3-phosphat kennen wir bereits aus der Gluconeogenese. Einen kleinen Unterschied gibt es nur in dem verwendeten Elektronencarrier – anstelle von NADH wird in Syntheseprozessen meist NADPH benutzt, das eine zusätzliche Phosphatgruppe trägt (Abbildung 6.16).

3-Phosphoglycerat · 1,3-Bisphosphoglycerat · Glycerinaldehyd-3-phosphat

Glycerinaldehyd-3-phosphat kann den Calvin-Zyklus verlassen und wie in der Gluconeogenese zum Glucosephosphat umgewandelt werden. Allerdings müssen fünf Sechstel des Zwischenprodukts im Zyklus verbleiben und den Kohlendioxidakzeptor Ribulose-1,5-bisphosphat regenerieren. Dazu müssen aus C_3-Zuckern durch eine Vielzahl von Fusionen und Spaltungen neue C_5-Zucker gebildet werden (Abbildung 6.15).

Pro Umlauf gewinnt der **Calvin-Zyklus** also nur ein Kohlenstoffatom. Für ein Molekül Glucose ergibt sich damit als **Bilanz**:

$$6\ CO_2 + 18\ ATP + 12\ NADPH + 12\ H_2O \rightarrow$$
$$Glucose + 18\ ADP + 18\ P_i + 12\ NADP^+ + 6\ H^+$$

Den hohen Verbrauch an ATP und NADPH sichern die Lichtreaktionen der Photosynthese, die wir im folgenden Kapitel behandeln werden. Denn nur mit einer leistungsstarken Energieproduktion im Hintergrund vermögen Pflanzen pro Jahr schätzungsweise 120 Milliarden Tonnen Kohlenstoff zu fixieren und in Biomasse umzusetzen.

> ┌ **Genauer betrachtet** ┐

Rubiscos Zweitreaktion

Der Name Ribulose-1,5-bisphosphat-Carboxylase/Oxygenase deutet bereits an, dass Rubisco neben der Fixierung von Kohlenstoff (die Carboxylasefunktion) noch eine weitere Reaktion katalysiert. Bei hohen Konzentrationen an Sauerstoff und wenig Kohlendioxid hängt das Enzym molekularen Sauerstoff (O_2) an Ribulose-1,5-bisphosphat (die Oxygenasefunktion). Anstelle von zwei Molekülen 3-Phosphoglycerat entstehen dadurch ein Phosphoglycerat und ein Phosphoglykolat.

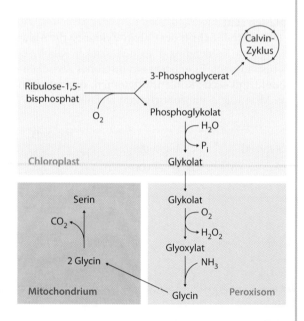

Dieses Phosphoglykolat ist nur schwer in den Stoffwechsel einzuschleusen. Die Zelle braucht dafür mehrere Reaktionsschritte, die in drei Kompartimenten stattfinden. Zunächst dephosphoryliert sie die Verbindung zum Glykolat, das sie durch die Membranen des Chloroplasten in ein membranumhülltes Peroxisom transportieren kann. Dort wird das Glykolat in die Aminosäure Glycin umgewandelt, die in Mitochondrien zum Serin umgebaut wird.

Bei der Bildung des Serins wird ein Molekül Kohlendioxid abgespalten, weshalb der gesamte Stoffwechselweg als **Photorespiration** oder „Lichtatmung" bezeichnet wird. Mit dem Kohlendioxid geht ein Kohlenstoffatom verloren, und die Effizienz der Kohlenstofffixierung sinkt.

Der Grund für die ungünstig erscheinende Zweitreaktion der Rubisco ist noch nicht ganz geklärt. Womöglich schütten die Pflanzen dadurch an heißen sonnigen Tagen, an denen die Spaltöffnungen der Blätter geschlossen sind und kein Kohlendioxid nachgeliefert wird, ihren Photosyntheseapparat. Die Photorespiration braucht dann die Produkte der weiterlaufenden Lichtreaktion auf, darunter Sauerstoff. Diskutiert wird auch die Möglichkeit, dass es sich um ein Überbleibsel aus der Frühzeit der Photosynthese handelt. Damals war die Sauerstoffkonzentration in der Luft so gering, dass Rubisco ohne Folgen ziemlich substratunspezifisch arbeiten konnte. Der evolutionäre Druck durch die neue Zusammensetzung der Atmosphäre hat anscheinend bislang nicht ausgereicht, eine Optimierung des Enzyms zu erzwingen.

Der Citratzyklus ist eine zentrale Drehscheibe des Stoffwechsels

Ein Teil des Kohlenstoffs, der im Calvin-Zyklus fixiert wurde, gelangt in den Citratzyklus. Mit seinen unterschiedlichen Verbindungen ist der Citratzyklus auch im Anabolismus eine zentrale Drehscheibe und damit eine wichtige **Verbindung zwischen abbauenden und aufbauenden Stoffwechselwegen** (Abbildung 6.17).

- Viele **Aminosäuren** entstehen aus den Zwischenprodukten des Citratzyklus. In einem einzigen Schritt wird Oxalacetat zu Aspartat, das in Asparagin, Methionin, Threonin, Isoleucin und Lysin umgewandelt werden kann. Ebenso ist α-Ketoglutarat die Vorstufe für Glutamat, aus dem Glutamin, Prolin und Arginin hervorgehen. Andere Synthesewege für Aminosäuren zweigen von 3-Phosphoglycerat, Pyruvat und Phosphoenolpyruvat aus der Glykolyse ab.

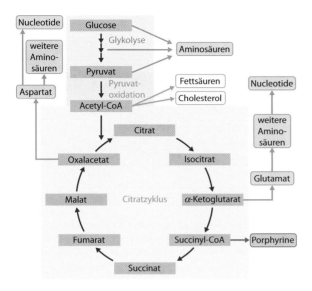

6.17 Der Citratzyklus ist Ausgangspunkt für die Synthese vieler unterschiedlicher Verbindungen.

- **Nucleinsäuren** wie DNA und RNA bestehen aus Nucleotiden, die wiederum in Teilen aus den Aminosäuren Aspartat und Glutamin synthetisiert werden und damit auf den Citratzyklus angewiesen sind.
- Grundbaustein für die Fettsäuren in **Lipiden** ist Acetyl-CoA. Die Synthese erfolgt im Cytosol an dem Enzymkomplex der Fettsäure-Synthase. Diese addiert C_2-Einheiten vom Acetyl-CoA zu der wachsenden Fettsäurekette. Auch der Ausgangspunkt für die Produktion des Steroids Cholesterol, das Isopentenylpyrophosphat, entsteht aus Acetyl-CoA.
- Das komplexe Ringsystem der **Porphyrine**, zu denen Chlorophyll und das Häm-Molekül aus Hämoglobin zählen, ist aus Glycin und Succinyl-CoA aufgebaut.

Wenn für die verschiedenen Synthesen Zwischenprodukte aus dem Citratzyklus abgezweigt werden, muss er rechtzeitig aufgefüllt werden. Diese Aufgabe übernehmen **anaplerotische Sequenzen**. Sie halten die Konzentrationen der Verbindungen im Citratzyklus oberhalb einer kritischen Grenze. Bei Säugetieren liefert das Enzym Pyruvat-Carboxylase Oxalacetat nach, indem es Kohlendioxid an Pyruvat hängt – eine Reaktion, die wir schon aus der Gluconeogenese kennen.

Pyruvat + CO_2 + ATP + $H_2O \rightarrow$
Oxalacetat + ADP + P_i + 2 H^+

1 für alle

Stoffwechselwege anderer Elemente

Der Kohlenstoff-Stoffwechsel dominiert den Metabolismus der Zellen. Aber auch andere Elemente werden reduziert, oxidiert sowie in Verbindungen eingebaut und aus ihnen abgespalten. Der **Stickstoff-Stoffwechsel** beginnt bei einigen Bakterien mit dem Luftstickstoff (N_2), der schwierig zu fixieren ist. Mit einem Nitrogenasekomplex greifen die Mikroorganismen die Dreifachbindung zwischen den Atomen erfolgreich an und bilden Ammoniak (NH_3), der in Aminosäuren eingebaut werden kann und in den Gesamtmetabolismus einfließt.

Schwefel nehmen Pflanzen als Sulfate (SO_4^{2-}) auf. Sie reduzieren den Schwefel und bauen ihn in Aminosäuren und Cofaktoren ein.

Andere Varianten sind die Desaminierung – also die Abspaltung der Aminogruppe – von den Aminosäuren Aspartat oder Glutamat, woraus Oxalacetat bzw. α-Ketoglutarat hervorgehen. Auch der Abbau von ungeradzahligen Fettsäuren, bei dem am Ende Succinyl-CoA entsteht, reichert den Citratzyklus wieder an.

[?]

Prinzip verstanden?

6.2 Menschen haben kein Enzym, um aus Acetyl-CoA Pyruvat zu machen. Was bedeutet das für den Versuch, sich ganz ohne Kohlenhydrate als Kohlenstofflieferanten ernähren zu wollen?

Die Aktivität von Enzymen ist streng reguliert

Weil die Stoffwechselwege innerhalb einer Zelle so vielfältig und stark vernetzt sind, müssen sie strikt reguliert werden, damit wichtige Verbindungen nicht völlig aufgebraucht werden oder biochemische Kurzschlüsse entstehen, in denen Energie sinnlos verschwendet wird. Laufen beispielsweise Glykolyse und Gluconeogenese gleichzeitig und im selben Kompartiment ab, baut die Zelle ständig Glucose auf und ab und verliert dabei große Mengen von ATP und GTP. Ebenso gefährlich wäre es, wenn der Syntheseweg für Aminosäuren oder Fettsäuren auf Hochtouren liefe und den Citratzyklus belastete, obwohl in der Zelle ein akuter Mangel an ATP herrscht.

Den idealen Ansatzpunkt für eine effektive Kontrolle bieten die Enzyme. Ohne ihre katalytische Unterstützung laufen die Reaktionen des Metabolismus so langsam ab, als würden sie praktisch nicht stattfinden. Durch die Modulation der Katalysegeschwindigkeit kann daher das Tempo eines gesamten Stoffwechselwegs beeinflusst werden. Die Zelle hat verschiedene Möglichkeiten, ihre Enzyme auf die richtige Umsatzrate einzustellen.

Es gibt langsam und schnell arbeitende Enzyme

Im einfachsten Fall beschleunigt ein Enzym E einfach die Umwandlung eines Substrats S in ein Produkt P:

$$S \overset{E}{\rightleftharpoons} P$$

Wir haben solche Reaktionen bereits kennengelernt. Es handelt sich um substratinterne Umlagerungen von Gruppen, an denen keine weiteren Moleküle beteiligt sind. In der Glykolyse katalysiert beispielsweise die Glucose-6-phosphat-Isomerase den Umbau von Glucose-6-phosphat in Fructose-6-phosphat, und im Citratzyklus stellt die Aconitase das Gleichgewicht zwischen Citrat und Isocitrat ein.

Tragen wir die Geschwindigkeit einer solchen Reaktion gegen die Konzentration des Substrats auf, erhalten wir eine Kurve, die zunächst steil ansteigt und dann abflacht (Abbildung 6.18). Die Biochemiker Leonor Michaelis und Maud Menten erklärten diesen Verlauf 1913 mit einem Modell, in welchem Enzym (E) und Substrat (S) einen **Enzym-Substrat-Komplex ES** als Übergangszustand bilden.

$$E + S \rightleftharpoons ES \longrightarrow E + P$$

Sowohl die Anlagerung des Substrats an das Enzym als auch die Ablösung des Produkts sind nach dieser **Michaelis-Menten-Kinetik** Gleichgewichtsreaktionen. Das Substrat kann sich also auch wieder ohne abgelaufene Reaktion aus dem Enzym-Substrat-Komplex entfernen, und ein einmal gebildetes Produkt kann erneut in das aktive Zentrum hineindiffundieren. Die Rückumwandlung des Produkts in das Substrat ist aber zu vernachlässigen. Die Katalyse selbst ist im Vergleich zu diesen Bindungsvorgängen in beide Richtungen so schnell, dass wir sie bei Berechnungen der Geschwindigkeit nicht berücksichtigen müssen.

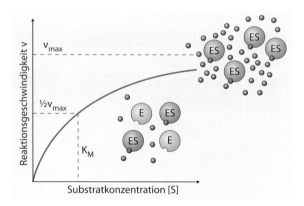

6.18 Die Geschwindigkeit der enzymatischen Katalyse nach Michaelis-Menten erreicht bei hohen Substratkonzentrationen einen Maximalwert v_{max}. Alle Enzyme sind mit Substrat besetzt, und ihre Umsatzrate limitiert die Reaktion. Bei halber Maximalgeschwindigkeit befindet sich auch nur die Hälfte der Enzyme im Enzym-Substrat-Komplex. Die zugehörige Substratkonzentration K_M ist die Michaelis-Konstante, die ein Maß für die Affinität zwischen Enzym und Substrat ist.

Ist die Konzentration des Substrats im Experiment gering, limitiert sie die Geschwindigkeit der Reaktion. Denn jedes Enzym, auf das ein Substratmolekül trifft, ist bereit für die Katalyse. Deshalb wird das Produkt umso schneller gebildet, je mehr Substrat vorhanden ist. Bei höheren Konzentrationen stoßen Substratmoleküle aber immer wieder auf Enzyme, die bereits besetzt sind. Nun begrenzt die Menge der Enzyme die Reaktionsrate. Weil die Enzymkonzentration konstant ist, wächst die Geschwindigkeit dadurch nicht mehr annähernd linear mit der Verfügbarkeit von Substrat. Die Kurve wird flacher und erreicht schließlich bei einer Sättigung der Enzyme mit Substrat einen Maximalwert, der mit v_{max} bezeichnet wird.

Anhand der Maximalgeschwindigkeit einer Enzymreaktion können wir etwas über die Eigenschaften des Enzyms und seine Effizienz erfahren. Teilen wir v_{max} durch die Konzentration des Enzyms, erhalten wir dessen **Wechselzahl**, also die Geschwindigkeit, mit welcher ein einzelnes Exemplar

> **Wechselzahl** (*turnover number*)
> Anzahl der Substratmoleküle, die ein Enzymmolekül pro Sekunde umsetzt.

sein Substrat umsetzt, in der Einheit s^{-1}. Sie reicht von einem Substratmolekül in zwei Sekunden beim Lysozym, das bakterielle Zellwände angreift, bis hin zu mehreren Millionen bei der Katalase, die das aggressive Wasserstoffperoxid entgiftet (Tabelle 6.3).

Tabelle 6.3 **Kinetische Parameter von Enzymen**

Enzym	K_M (µM)	Wechselzahl (s^{-1})
Lysozym	6	0,5
Chymotrypsin	5000	100
Fumarase	200	1150
Triosephosphat-Isomerase	470	4300
Carboanhydrase	8000	600 000
Aldolase	50	1 150 000
Katalase	25 000	10 000 000

Die Substratkonzentration, bei welcher das Enzym seine halbe maximale Geschwindigkeit erreicht, wird **Michaelis-Konstante** genannt und mit K_M abgekürzt. Sie wird in mol/l (molar, M) angegeben, eventuell umgerechnet in milli- oder mikromolar. Die Michaelis-Konstante ist ein Maß für die Affinität zwischen Substrat und Enzym – je niedriger der Wert liegt, umso leichter und fester verbinden sich die beiden zum katalytischen Komplex.

Mit Einschränkungen können wir das Michaelis-Menten-Modell auch auf komplexere Reaktionen mit mehreren Substraten und Produkten anwenden. Es macht allerdings keine passenden Aussagen mehr, wenn das Enzym eine weitere Bindungsstelle besitzt, an die sich ein regulatorisches Molekül anlagert und dadurch die Affinität des aktiven Zentrums verändert. Bei solchen **allosterischen Enzymen** entscheidet stärker der sogenannte Effektor über die Geschwindigkeit der Reaktion als das Substrat, wie wir weiter unten genauer sehen werden.

Auch Enzyme mit **kooperativer Substratbindung** zeigen einen anderen Kurvenverlauf als die Michaelis-Menten-Kinetik vorhersagt (Abbildung 6.19). Sie bestehen häufig aus mehreren Untereinheiten, die sich im Bindungsverhalten ihrer aktiven Zentren gegenseitig beeinflussen. Bei der positiven Kooperativität erhöht die Bindung eines Substratmoleküls am ersten aktiven Zentrum die Affinität der anderen Zentren. Im Diagramm ergibt das einen S-förmigen, sigmoiden Verlauf, der steil ansteigt, sobald die Substratkonzentration ausreicht, um den Effekt zu starten. Hämoglobin nimmt auf diese Weise in vier kooperativen Bindungstaschen Sauerstoff auf.

Genauer betrachtet

Optimale Bedingungen für Enzyme

Die Aktivität von Enzymen hängt unter anderem von den physikochemischen Umgebungsbedingungen ab.

Der **pH-Wert** bestimmt zusammen mit den pK_s-Werten der Aminosäurereste eines Proteins, ob deren Gruppen protoniert oder deprotoniert vorliegen. Das trifft auch für die Reste im aktiven Zentrum eines Enzyms zu. Je nach Reaktionsmechanismus sind Enzyme bei unterschiedlichen pH-Werten am aktivsten. Beim Pepsin liegt das pH-Optimum beispielsweise zwischen 2 und 3 und damit im Bereich des pH-Werts von Magensaft. Die Aufgabe von Pepsin besteht darin, Proteine aus der Nahrung im Magen zu spalten. Dazu greift es mit zwei Aspartatresten im aktiven Zentrum die Peptidbindungen an. Einer der Reste muss dafür protoniert sein, der andere deprotoniert. Diesen Zwischenzustand erreichen die Carboxylgruppen im Aspartat nur in einem sauren Milieu.

Obwohl Trypsin ebenfalls eine Endopeptidase ist, liegt das pH-Optimum dieses Enzyms zwischen 7 und 8. Es nutzt im Gegensatz zu Pepsin einen Histidinrest, der nicht protoniert sein darf, was bei hohem pH der Fall ist. Damit ist Tryp-

sin gut an den Dünndarm mit seinem pH-Wert zwischen 7 und 8 angepasst.

Die **Temperatur** wirkt sich ebenfalls auf die Enzymaktivität aus. Wärme bringt Moleküle zum Schwingen und Vibrieren und beschleunigt ihre Zufallswanderungen. Dadurch gelangt das Substrat schneller in das aktive Zentrum und ist innerlich weniger stabil. Viele Reaktionen laufen deshalb in warmen Umgebungen mit einer höheren Rate ab. Steigt die Temperatur aber zu sehr an, brechen innerhalb des Proteins Bindungen auf, die seine Quartär- und Tertiärstruktur stabilisieren. Das Enzym denaturiert und wird inaktiv. Einige Enzyme erholen sich wieder, sobald die Temperatur absinkt, andere müssen von der Zelle abgebaut und neu synthetisiert werden.

Die Lage des Temperaturoptimums von Enzymen hängt von den Lebensumständen des Organismus ab. Während Humanproteine für gewöhnlich am besten bei etwa 37 °C arbeiten, sind Enzyme thermophiler Mikroorganismen, die beispielsweise in heißen Quellen leben, bei 70 °C oder mehr am aktivsten.

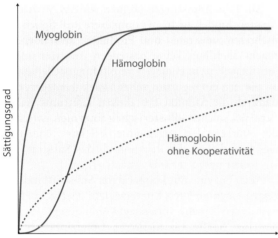

6.19 Die Bindung von Sauerstoff durch Myoglobin und Hämoglobin. Der Sättigungsgrad der Proteine entspricht der Reaktionsgeschwindigkeit von Enzymen. Während Myoglobin dem Verlauf der Michaelis-Menten-Kinetik folgt, zeigt Hämoglobin aufgrund der Kooperativität seiner vier Bindungsstellen eine sigmoide Kurve. Bei hohen Sauerstoffkonzentrationen sind beide Proteine nahezu vollständig beladen. Die Affinität von Hämoglobin wäre ohne Kooperativität jedoch so gering, dass es selbst in der Lunge nicht in die Nähe der Sättigung käme. Bei niedriger Sauerstoffkonzentration, wie sie in den Geweben vorliegt, kann natürliches Hämoglobin wegen des steilen Kurvenverlaufs einen Großteil des Sauerstoffs freisetzen. Myoglobin würde auch dort noch das Gas binden und ist deshalb weniger gut zum Transport geeignet.

Enzyme können gehemmt und aktiviert werden

Unter den physiologischen Bedingungen in der Zelle erreichen Enzyme niemals die Geschwindigkeiten aus Laborexperimenten, in denen sie isoliert und mit reichlich Substrat untersucht werden. Dennoch muss die Zelle die Leistung ihrer Enzyme häufig noch weiter drosseln. Durch verschiedene **Arten der Hemmung** kann sie Reaktionen verlangsamen oder ganz unterbinden:

- Bei der **kompetitiven Hemmung** ähnelt dem Substrat häufig ein als Inhibitor bezeichnetes hemmendes Molekül. Die beiden konkurrieren um die Bindungsstelle im aktiven Zentrum (Abbildung 6.21a). Es entsteht ein Enzym-Inhibitor-Komplex, in dem allerdings keine Reaktion stattfindet. Erst wenn der Inhibitor sich wieder löst, hat das Substrat die Möglichkeit, in die Bindetasche zu gelangen. Da die Chancen von den jeweiligen Konzen-

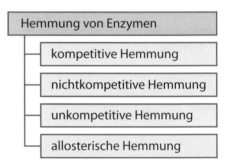

6.20 Enzyme können auf verschiedene Weisen in ihrer Aktivität gehemmt werden.

trationen abhängen, kann die kompetitive Hemmung mit einer ausreichend großen Menge Substrat überwunden werden. Im Experiment erreicht die Reaktion in Anwesenheit eines kompetitiven Inhibitors erst bei höheren Substratkonzentrationen die halbe maximale Geschwindigkeit. Dieser scheinbare K_M-Wert steigt folglich durch die Hemmung an, aber v_{max} bleibt gleich. Im Citratzyklus wird beispielsweise die Succinat-Dehydrogenase durch Oxalacetat als Konkurrenten für das Substrat Succinat blockiert.

- Die **nichtkompetitive Hemmung** tritt bei allosterischen Enzymen auf, die der Michaelis-Menten-Kinetik folgen. Der Inhibitor bindet an einer anderen Stelle als dem aktiven Zentrum (Abbildung

> **Genauer betrachtet**
>
> # Regulation durch Genkontrolle
>
> Für schnelle Anpassungen des Stoffwechsels an die innere Situation der Zelle sind allosterische Modulationen gut geeignet. Innerhalb von Sekundenbruchteilen werden damit Reaktionen gebremst, abgeschaltet oder beschleunigt.
>
> Manche Veränderungen verlangen aber eine langsamere, dafür dauerhaftere Umstellung des Metabolismus. So muss ein Bakterium, das sich von einer Glucosequelle ernährt hat, seinen Katabolismus weitgehend umordnen, wenn der Zucker aufgebraucht ist und stattdessen Fettsäuren der einzige Kohlenstofflieferant sind. In der neuen Situation sind die Aktivitäten von Enzymen gefragt, die zuvor nicht gebraucht wurden. Die Zelle wird darum die Gene mit den entsprechenden Bauplänen für diese Enzyme aktivieren und ablesen (siehe Kapitel 11 „Leben speichert Wissen"). Nach einigen Minuten bis Stunden hat sie dann einen Stoffwechselweg aufgebaut und kann wieder zur kurzzeitigen allosterischen Kontrolle zurückkehren.

6.21b). Dadurch verändert er das Enzym so, dass es zwar weiter Substrat aufnehmen, aber nicht mehr umsetzen kann. Der K_M-Wert bleibt deshalb gleich, ebenso die Katalysegeschwindigkeit aller Enzymmoleküle, die keinen Inhibitor gebunden haben. Allerdings ist deren Zahl vermindert, sodass die Maximalgeschwindigkeit in einer Messlösung insgesamt niedriger ist. Bezogen auf die Menge des eingesetzten Enzyms scheint v_{max} deshalb durch die Anlagerung auf eine niedrigere Rate gesunken zu sein. Bei der nichtkompetitiven

Hemmung kann der Hemmstoff gleichermaßen das freie Enzym wie den Enzym-Substrat-Komplex binden. Er lässt sich jedoch nicht durch die Erhöhung der Substratkonzentration beeinflussen.

Ein Beispiel für diese Variante der Hemmung ist die Wirkung des Inhibitors Isoleucin auf das Enzym Threonin-Dehydratase, das die Aminosäure Threonin durch Abspaltung der Aminogruppe in die kurzkettige Fettsäure α-Ketobutyrat umwandelt.

- Angriffspunkt der **unkompetitiven Hemmung** ist der Enzym-Substrat-Komplex (Abbildung 6.21c). Nur an diesen kann der Inhibitor binden und verhindert dann die Freisetzung des Produkts. Effektiv verringert sich dadurch die Konzentration aktiver Enzyme und möglicher Bindungsstellen für das Substrat, womit die scheinbare v_{max} absinkt. Um weniger Enzyme zu bestücken, ist zugleich weniger Substrat notwendig, und der scheinbare K_M-Wert wird ebenfalls kleiner. Eine unkompetitive Hemmung kann nicht durch den Einsatz von mehr Substrat aufgehoben werden. Die unkompetitive Hemmung tritt bei einigen Oxidasen auf, kommt aber relativ selten vor.

Allosterische Enzyme, die keinen Reaktionsverlauf nach Michaelis-Menten zeigen, besitzen neben den aktiven Zentren zusätzliche allosterische oder regulatorische Zentren (Abbildung 6.22). An ihnen lagern

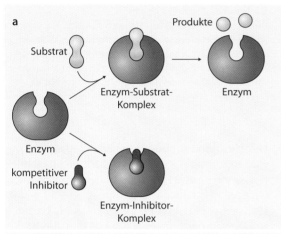

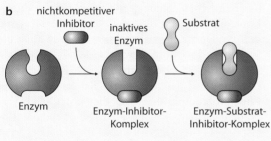

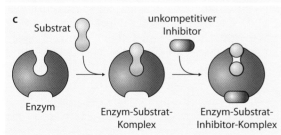

6.21 Für Enzyme, die der Michaelis-Menten-Kinetik folgen, gibt es drei Typen von Hemmungen. Bei der kompetitiven Hemmung (a) konkurriert der Inhibitor mit dem Substrat um die Bindungsstelle im aktiven Zentrum. Ein nichtkompetitiver Inhibitor verhindert durch Anlagerung an eine regulatorische Bindungsstelle die Umsetzung des Substrats (b). Unterdrückt der Inhibitor die Freisetzung des Produkts, handelt es sich um eine unkompetitive Hemmung (c).

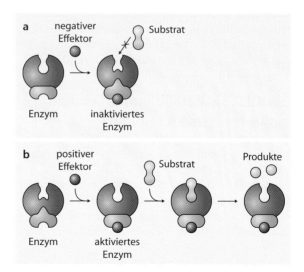

6.22 Allosterische Enzyme besitzen ein regulatorisches Zentrum, an das Effektoren binden. Ein negativer Effektor bewirkt eine Konformationsänderung, die das Enzym inaktiviert (a). Durch die Anlagerung eines positiven Effektors wird das Enzym aktiviert (b).

Genauer betrachtet

Irreversible Hemmung

Intern regulieren Zellen ihren Stoffwechsel normalerweise mit reversiblen Effektoren, die sich selbst wieder vom Enzym ablösen oder problemlos entfernen lassen. Eine irreversible Hemmung, die das Enzym dauerhaft inaktiviert, würde es zerstören.

Genau diesen Zweck verfolgen Organismen, die Toxine und Antibiotika absondern, um Enzyme anderer Zellen anzugreifen. So hemmt beispielsweise **Penicillin** irreversibel die Transpeptidase, mit welcher Bakterien ihre Zellwand vernetzen. Das Molekül ähnelt dem Substrat des Enzyms und gelangt dadurch in dessen aktives Zentrum. Dort bildet das Penicillin eine kovalente Bindung zu einem Serinrest aus und blockiert damit dauerhaft das aktive Zentrum. Ohne Quervernetzung ist die Zellwand jedoch nicht stabil, und die Bak-

terien sind in Gefahr, aufgrund ihres eigenen osmotischen Innendrucks zu zerplatzen.

Der Wirkungsmechanismus des Penicillins ist typisch für einen **Selbstmord-Inhibitor** oder **Suizid-Inhibitor**. Darunter verstehen wir Substratanaloga, die zunächst harmlos sind. Erst wenn das Enzym sie im aktiven Zentrum verändert, werden sie dadurch aktiv und richten irreversiblen Schaden an. Das Enzym tötet sich also gewissermaßen selbst, indem es den Hemmstoff „scharf" macht.

Die meisten irreversiblen Hemmstoffe sind allerdings künstliche Produkte. Sie werden im biochemischen Labor eingesetzt, um die Eigenschaften von Enzymen zu testen und die Reaktionsschritte von Stoffwechselwegen zu untersuchen, sowie als Medikamente, Insektizide oder biologische Waffen.

sich Effektoren an, deren Bindung weitreichende Konformationsänderungen auslösen. Negative Effektoren beeinträchtigen oder verhindern die Bildung eines Enzym-Substrat-Komplexes. Es gibt aber auch Enzyme mit Bindungsstellen für positive Effektoren, die einen aktiven Zustand hervorrufen oder stabilisieren und dadurch die Reaktionsgeschwindigkeit steigern.

In vielen Fällen bestehen allosterisch regulierte Enzyme aus mehreren Proteinen, die zu einer Quartärstruktur zusammengefasst sind. Die Peptidketten mit den Bindungsstellen für Effektoren werden dann **regulatorische Untereinheiten** genannt, jene mit den aktiven Zentren **katalytische Untereinheiten**.

Der Glucosekatabolismus wird an mehreren Stellen reguliert

Mit dem Wissen über die Regulationsmechanismen von Enzymen können wir uns nun anschauen, wie die Zelle den Abbau von Glucose kontrolliert (Abbildung 6.23). Es ist dafür nicht nötig, die Aktivität jedes einzelnen Enyzms zu steuern, es reicht aus, gezielt strategische **Schlüsselenzyme** zu regulieren. Diese sind häufig am Anfang eines Stoffwechselwegs sowie an Kreuzungspunkten mit anderen Reaktionsketten zu finden. In vielen Fällen katalysieren sie irreversible Prozesse, bei denen viel Energie frei wird.

In der **Glykolyse** trifft dies auf die Hexokinase, die Phosphofructokinase und die Pyruvat-Kinase zu. Alle drei Enzyme werden allosterisch reguliert.

- Die **Hexokinase** phosphoryliert Glucose zu Glucose-6-phosphat. Geraten die nachfolgenden Reaktionen aus irgendeinem Grund ins Stocken, reichert sich Glucose-6-phosphat an und bindet als negativer Effektor an die Hexokinase. Dadurch wird verhindert, dass noch mehr Glucose in den biochemischen Stau gerät. Als übergeordneter Kontrollpunkt für die gesamte Glykolyse eignet sich die Hexokinase allerdings nicht, da auch die Synthese des Kohlenhydratspeichers Glykogen vom Glucose-6-phosphat abzweigt.
- Die Funktion des zentralen Schalters kommt der **Phosphofructokinase** zu, die unter ATP-Verbrauch Fructose-6-phosphat zu Fructose-1,6-bisphosphat umwandelt. Es ist die erste irreversible Reaktion, die nur in der Glykolyse stattfindet, und damit die geschwindigkeitsbestimmende **Schrittmacherreaktion** dieses Stoffwechselwegs. Entscheidendes Kriterium bei der Regulierung ist der energetische Zustand der Zelle, denn wie wir im nächsten Kapitel erfahren werden, ist Glucose für tierische Organismen ein wesentlicher Energielieferant, und die Glykolyse der erste Teil des entsprechenden Energiestoffwechselwegs. An seinem Ende steht das Produkt ATP. Ist dessen Konzentration in der Zelle ausreichend hoch, drosselt die Bindung von ATP an ein regulatorisches Zentrum der Phosphofructokinase den Nachschub. Es handelt sich damit um eine Rückkopplungshemmung oder Feedback-Hemmung, da das Endprodukt auf ein Enzym am Anfang der Reaktionskette wirkt. Steigen die Konzentrationen der „ver-

brauchten" Formen des ATP – ADP und AMP (Adenosinmonophosphat) – an, heben diese die Hemmung des ATP auf.

Aus Sicht des Baustoffwechsels ist jedoch interessanter, ob ausreichend Zwischenprodukte für die anabolischen Prozesse, die vom Citratzyklus ausgehen, vorhanden sind. Diese Information liefert der Citratspiegel an die Phosphofructokinase. Ist reichlich Citrat vorhanden, verstärkt sie den hemmenden Effekt des ATP.

- Als letztes Enzym der Glykolyse katalysiert die **Pyruvat-Kinase** die Übertragung einer Phosphatgruppe von Phosphoenolpyruvat auf ADP, wodurch Pyruvat und ATP entstehen. Erneut hemmt eine hohe Konzentration an ATP allosterisch das Enzym. Auch die Aminosäure Alanin, die in einem einzigen Reaktionsschritt aus Pyruvat gebildet wird, ist ein negativer Effektor. Sie signa-

lisiert damit, dass überreichlich Baustoffe vorhanden sind. Sammelt sich allerdings Fructose-1,6-bisphosphat in der Zelle an, aktiviert es die Pyruvat-Kinase, damit die Glykolyse schneller läuft und der Rückstau an Zwischenprodukten abgearbeitet wird.

Die **Pyruvatoxidation** durch den Enzymkomplex der Pyruvat-Dehydrogenase liefert mit Acetyl-CoA die Einstiegsverbindung in den Citratzyklus und gleichzeitig NADH. Beide Produkte hemmen ihr Enzym. Interessant ist ein zusätzlicher Regulationsmechanismus, den wir noch nicht kennengelernt haben. Zeigen hohe Werte für Acetyl-CoA, NADH oder ATP eine ausgesprochen gute Energieladung der Zelle an, aktiviert dies eine spezifische Kinase, welche die Pyruvat-Dehydrogenase phosphoryliert und damit in einen inaktiven Zustand versetzt. Sobald die Kon-

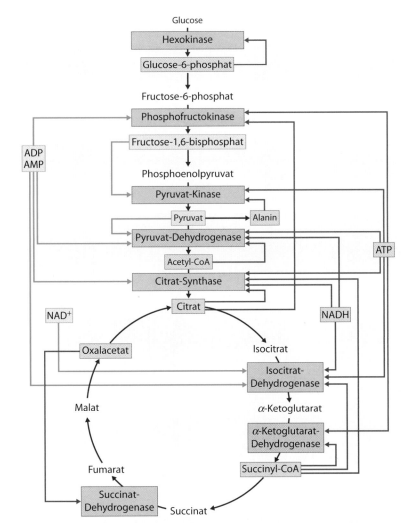

6.23 Der Abbau von Glucose wird durch die Regulation mehrerer Schlüsselenzyme gesteuert. Hemmende (rote Pfeile) und aktivierende (grüne Pfeile) Moleküle signalisieren den allosterischen Enzymen, ob ihre Reaktionen langsamer oder schneller ablaufen sollen.

zentration von ADP oder Pyruvat ansteigt, wird diese kovalente Hemmung durch eine ebenfalls spezifische Phosphatase rückgängig gemacht, und die Pyruvat-Dehydrogenase ist wieder voll aktiv.

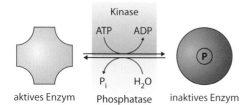

aktives Enzym · Phosphatase · inaktives Enzym

Diese besondere Form der Kontrolle ist an dieser Stelle sinnvoll, da die Pyruvat-Dehydrogenase im tierischen Stoffwechsel eine Einbahnstraße ist. Für die umgekehrte Umwandlung vom Acetyl-CoA zum Pyruvat fehlt den Zellen ein passendes Enzym. Kohlenstoffverbindungen, die zu Acetyl-CoA umgesetzt wurden, können und müssen darum bis zum Kohlendioxid oxidiert werden oder in die Synthese der Lipide, Aminosäuren, Nucleotide oder Porphyrine wandern. Mit der kovalenten Hemmung kann dieser biochemische Aderlass effektiv gestoppt werden.

Im **Citratzyklus** konzentriert sich die Regulation vor allem auf zwei Enzyme, deren Produkte katabo-

---

1 für alle

Stoffkreisläufe in Ökosystemen

Auch in Ökosystemen liegen Stoffe in unterschiedlichen Verbindungen vor, die ineinander übergehen können, und wandern zwischen verschiedenen Orten hin und her. Allerdings sorgen auf dieser Ebene nicht einzelne Enzyme für die Veränderungen, sondern physikalische und chemische Prozesse sowie die Aktivitäten der Lebewesen.

Die Bedeutung der Stoffkreisläufe wird besonders dann deutlich, wenn sie aus dem Gleichgewicht geraten. Die Überdüngung von Gewässern mit Stickstoff und Phosphor, die von landwirtschaftlich genutzten Flächen eingespült werden, führt in manchen Sommern zu einer massenhaften Vermehrung von Algen. Der Abbau abgestorbener Algen verbraucht weitgehend den Sauerstoff, wodurch Fische und andere atmende Organismen ersticken und sogenannte „Todeszonen" entstehen.

Dass die Regulationsmechanismen komplizierter sind, als ein Blick auf Kreislaufschemata erwarten lässt, hat bereits manche Hoffnungen im Kampf gegen die Klimaerwärmung platzen lassen. So sollten Meeresalgen in großen Mengen Kohlendioxid aus der Atmosphäre binden. Als begrenzenden Faktor für deren Wachstum hatten Wissenschaftler den Mangel an Eisen ausgemacht. Die naheliegende Lösung schien darum zu sein, durch Düngung der Meere mit Eisen die Algen zu vermehren, welche anschließend das Kohlendioxid fixieren. In umstrittenen Freilandversuchen steigerten auch große Mengen Eisen kaum die Kohlenstoffaufnahme des Meeres, da kleine Ruderfußkrebse die Algen fraßen und deren Konzentration damit niedriger hielten als erhofft.

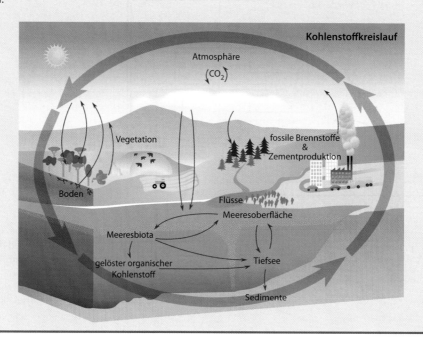

lisch abgebaut oder in anabole Stoffwechselwege gespeist werden können.

- Die **Isocitrat-Dehydrogenase** setzt Isocitrat zu α-Ketoglutarat um. Von hier startet die Produktion mehrerer Aminosäuren. ATP, NADH und Succinyl-CoA können als Signal, dass bereits genügend Energie und Synthesematerial vorhanden sind, das Enzym hemmen. Auflaufender Kohlenstoff wird dann in die Herstellung von Fettsäure und den Aufbau eines Fettspeichers umgelenkt. Außerdem bremst Citrat, das in das Cytosol geschleust wird, dort die Glykolyse. Ist der Stand des Energiespeichers hingegen niedrig, aktivieren ADP und NAD^+ die Isocitrat-Dehydrogenase.
- Ähnlich verläuft die Regulation an der folgenden α-Ketoglutarat-Dehydrogenase, deren Produkt Succinyl-CoA ist, aus dem Porphyrine gewonnen werden. Sie wird durch ihr eigenes Produkt, NADH und ATP gehemmt.

Neben diesen beiden Hauptkontrollpunkten können noch die Citrat-Synthase und die Succinat-Dehydrogenase den Stofffluss im Citratzyklus herabsetzen.

[?]

Prinzip verstanden?

6.3 Welche groben Trends für die Regulation eines katabolen Stoffwechselwegs verrät die Abbildung 6.23 bezogen auf den gesamten Reaktionsweg und auf einzelne Prozesse?
6.4 Welche Regulationspunkte könnte es für die Gluconeogenese geben? Wie könnte die Zelle einen Kurzschluss mit der Glykolyse verhindern?

Prinzipien des Lebens im Überblick

- Durch chemische Umwandlung von Nährstoffen im Rahmen eines Stoffwechsels (Metabolismus) versorgen sich Organismen mit Energie und Baustoffen.
- Ein Stoffwechselweg besteht aus mehreren aufeinanderfolgenden chemischen Reaktionen. In deren Verlauf wandeln Enzyme Substanzen schrittweise und kontrolliert zu anderen Stoffen um.
- Der Metabolismus lässt sich in abbauende Vorgänge des Katabolismus und aufbauende des Anabolismus unterteilen. Beide sind an vielen Stellen durch gemeinsame Zwischenprodukte und Enzyme miteinander verzahnt.

- Enzyme sind Proteine, die als Biokatalysatoren fungieren. Sie beschleunigen spezifisch Reaktionen, ohne deren Gleichgewichtslage zu verändern, indem sie die Reaktanden binden und so die Aktivierungsenergie für den eigentlichen chemischen Prozess herabsetzen.
- Durch Kopplung verschiedener Reaktionen können Enzyme auch energetisch ungünstige Prozesse ermöglichen. Antrieb ist dann die Energie einer exergonen Reaktion.
- Die Ausgangsstoffe einer enzymatischen Katalyse heißen Substrate, die Endstoffe Produkte. Der Name eines Enzyms setzt sich meistens aus der Bezeichnung des Substrats und der chemischen Reaktion zusammen. Einige historische Trivialnamen weichen aber von dieser Regel ab.
- Der Reaktionsort innerhalb eines Enzyms wird als aktives Zentrum bezeichnet. Bei gekoppelten Reaktionen finden die Prozesse an verschiedenen aktiven Zentren statt. Die Energie wird dann durch Konformationsänderungen des Enzyms übermittelt.
- An vielen enzymvermittelten Reaktionen sind Cofaktoren beteiligt. Metallatome, fest an das Enzym gebundene prosthetische Gruppen und lösliche Coenzyme unterstützen die Katalyse. Cosubstrate werden durch die Reaktion selbst verändert. Bei ihnen handelt es sich häufig um Elektronencarrier oder Energieträger.
- Die Aktivität von Enzymen lässt sich vielfach mit der Michaelis-Menten-Kinetik beschreiben.
- Wichtige Parameter in diesem Modell sind die Wechselzahl als Angabe für die Geschwindigkeit eines Enzyms sowie die Michaelis-Konstante, die ein Maß für die Affinität zwischen einem Enzym und seinem Substrat ist.
- Die Bindung von Inhibitoren kann die Katalyse von Enzymen hemmen oder sogar ganz stoppen. Aus den Veränderungen der maximalen Reaktionsgeschwindigkeit und der Michaelis-Konstanten lässt sich auf die Art der Hemmung schließen.
- Die Aktivitäten allosterischer Enzyme mit einer regulatorischen Bindestelle und von Enzymen mit mehreren aktiven Zentren, die sich untereinander kooperativ beeinflussen, lassen sich häufig nicht mit der Michaelis-Menten-Kinetik beschreiben.
- Katabole Stoffwechselwege weisen vier grundlegende Reaktionstypen auf: Substratspaltung, Oxidation, Substratkettenphosphorylierung und vorbereitende Schritte.
- Im Anabolismus verlaufen drei der vier Typen in die entgegengesetzte Richtung: Das Substrat wird erweitert und reduziert, wobei Energie verbraucht

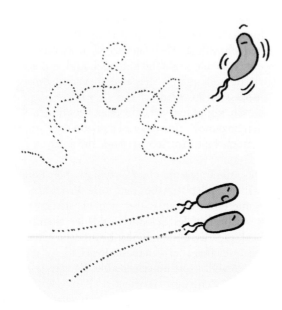

„Er sagt, er habe die alkoholische Gärung erfunden."

wird. Zwischengeschaltet sind auch hier vorbereitende Reaktionen.

- Der Abbau von Glucose verläuft in Gegenwart von Sauerstoff bei fast allen Organismen in drei Reaktionsblöcken: Glykolyse, Pyruvatoxidation und Citratzyklus.
- In der Glykolyse wird Glucose durch Phosphorylierung daran gehindert, die Zelle wieder zu verlassen, in zwei gleiche Hälften geteilt und unter leichtem Energiegewinn ein wenig oxidiert.
- Vom entstandenen Pyruvat wird ein Kohlenstoffatom in Form von Kohlendioxid abgespalten und der C_2-Rest an das Coenzym A gehängt. In Eukaryoten finden dieser und die folgenden Prozesse in Mitochondrien statt.
- Die Reaktionen des Citratzyklus oxidieren das verbliebene Molekül vollständig auf.
- In der Bilanz des Glucoseabbaus ist die Menge des gewonnenen ATP bzw. GTP gering. Der Großteil der Energie steckt noch in verschiedenen Elektronencarriern, die zu Beginn der Elektronentransportkette im Energiestoffwechsel reoxidiert werden (siehe folgendes Kapitel „Leben ist energiegeladen").
- In Abwesenheit von Sauerstoff müssen die Elektronencarrier im Rahmen einer Gärung regeneriert werden. Sie übertragen ihre Elektronen zurück auf den Kohlenstoff der Zwischenprodukte. Es entstehen Endprodukte wie beispiels-

weise Ethanol bei der alkoholischen Gärung und Lactat bei der Milchsäuregärung.

- Der Abbau von anderen Stoffen wie Lipiden, Kohlenhydraten und Proteinen mündet an unterschiedlichen Stellen in den Glucosekatabolismus.
- Bei der Gluconeogenese wird Glucose aus Pyruvat aufgebaut. Die Reaktionen entsprechen weitgehend der Glykolyse, allerdings müssen die drei energetisch größten Schritte mit anderen Enzymen umgangen werden.
- Der Energieeinsatz bei diesem anabolen Aufbau ist größer als der Energiegewinn beim katabolen Abbau.
- Pflanzen und Mikroorganismen können über den Calvin-Zyklus auch aus Kohlendioxid neue Glucose herstellen.
- Die Synthese neuer Aminosäuren, Nucleinsäuren, Lipide und anderer Verbindungen startet von Zwischenprodukten des Citratzyklus aus, der damit eine zentrale Drehscheibe des Metabolismus ist.
- Die Vernetzung des Stoffwechsels macht es notwendig, die Stoffflüsse streng zu regulieren. Ansatzpunkt sind Schlüsselenzyme, deren Aktivität durch hemmende und aktivierende Effektoren gesteuert wird. Die Enzyme sind meistens am Beginn eines Stoffwechselwegs oder an der Abzweigung eines anderen Wegs zu finden.
- Häufig sind die Inhibitoren eines Enzyms die Produkte seiner eigenen Reaktion oder die Endprodukte des jeweiligen Stoffwechselwegs. Dadurch wird eine Überaktivität des Stoffwechselwegs verhindert.
- Manche Zwischenprodukte wirken aktivierend auf Enzyme, auf die sie erst in einem späteren Schritt der Reaktionskette treffen. Auf diese Weise beugt der Metabolismus einem Rückstau im Stoffwechsel vor.

 Bücher und Artikel

Axel Brennicke: *Glycolyse statt Atmung in Tumoren* in „Biologie in unserer Zeit" 37/1 (2007)
    Krebszellen schalten ihren Metabolismus um und gewinnen ihre Energie verstärkt aus der Glykolyse.
Hans-Werner Heldt und Birgit Piechulla: *Pflanzenbiochemie.* (2008) Spektrum Akademischer Verlag
    Der ausführliche Metabolismus von Pflanzen mit seinen Besonderheiten wie dem Sekundärstoffwechsel und der Zellwandsynthese.
William R. Leonard: *Menschwerdung durch Kraftnahrung* in „Spektrum der Wissenschaft" 5/2003

Die Evolution des modernen Menschen ging mit einer geänderten Ernährung zusammen, denn „der Mensch ist, was er einst aß".

Jan Koolman und Klaus-Heinrich Röhm: *Taschenatlas der Biochemie.* (2009) Thieme
Übersichtliche Farbtafeln zu den grundlegenden Stoffwechselwegen. Mit Schwerpunkt auf Säugetiere und den Menschen.

Manfred Sernetz: *Die fraktale Geometrie des Lebendigen* in „Spektrum der Wissenschaft" 7/2000
Die verblüffende Antwort auf die Frage, warum so unterschiedlich große Tiere wie Mäuse und Elefanten im Prinzip den gleichen Stoffwechsel haben.

 ## Internetseiten

www.wiley.com//legacy/college/boyer/0470003790/animations/animations.htm
Sammlung kleiner Animationen, die komplizierte Sachverhalte deutlich machen.

www.cti.itc.virginia.edu/~cmg/Demo/scriptFrame.html
Interaktive Java-Applets zur Kinetik und Hemmung von Enzymen.

www.botanik.uni-hannover.de/downloads/Hefen/allg/seiten/gaerung/gaeratm.html
Übersicht des aeroben und anaeroben Glucoseabbaus bei Hefen.

Antworten auf die Fragen

6.1 Der Kohlenstoff im Methan ist vollständig reduziert, womit das Molekül reich an potenzieller Energie ist, die bei einer Oxidation freigesetzt werden könnte. Um Methan zu produzieren, muss ein Organismus also Energie investieren. Der Zweck des Glucoseabbaus liegt jedoch darin, Energie zu gewinnen. Also ist es sinnvoller, den Kohlenstoff zu oxidieren und Kohlendioxid herzustellen, das anschließend ausgeatmet wird.

Dennoch gibt es zu den Archaea zählende Bakterien, die Methan produzieren. Sie leben allerdings in strikt anaeroben Umgebungen wie Moorböden, Fäulnisbehältern oder dem Verdauungstrakt von Wiederkäuern. Ihre Energie gewinnen die Methanbildner beispielsweise, indem sie molekularen Wasserstoff mit dem Sauerstoff aus Kohlendioxid oxidieren. Die

Elektronen gehen dabei auf den Kohlenstoff über. Eine andere Möglichkeit ist die Umwandlung von Essigsäure (CH_3COOH) in Methan und Kohlendioxid. Ein Kohlenstoffatom des Essigs wird dabei oxidiert und das andere reduziert.

6.2 Fettsäuren und viele Aminosäuren werden erst auf der Stufe des Acetyl-CoA oder später im Citratzyklus eingebunden. Aus ihnen kann also keine Glucose mehr synthetisiert werden, weil der Sprung zum Pyruvat wegen des fehlenden Enzyms beim Menschen nicht möglich ist. Überschüssiges Acetyl-CoA aus der Nahrung wird darum in die Fettsynthese gegeben und als Energiespeicher aufbewahrt. Schlimmer ist jedoch, dass der Mangel an Glucose im Blut eine Unterversorgung des Gehirns verursacht. Auch Muskeln sind auf den Zucker angewiesen, und Erythrocyten akzeptieren gar keinen anderen Energielieferanten. Während der Körper einerseits Reserven anlegt, hungern gleichzeitig wichtige Organe.

6.3 Bezogen auf den gesamten Stoffwechselweg erkennen wir, dass die wichtigsten Endprodukte eines Abbauwegs (beim Glucoseabbau ist dies ATP) sich hemmend auf die Aktivität der Enzyme auswirken. Förderlich sind dagegen die Antagonisten (beispielsweise ADP). Der Katabolismus bremst sich damit selbst und verhindert den Verlust von wichtigen Zwischenprodukten des Metabolismus.

Auf der Ebene einzelner Reaktionen ist zu beobachten, dass viele Zwischenprodukte ihre eigene Synthese unterdrücken, aber jene Enzyme aktivieren, die noch vor ihnen liegende Reaktionen katalysieren. Auf diese Weise werden alle Substanzen in einer angemessenen Geschwindigkeit weiter verarbeitet und sammeln sich nicht an.

6.4 Glykolyse und Gluconeogenese dürfen als entgegengesetzte Stoffwechselwege nicht gleichzeitig ablaufen. Sie werden darum reziprok reguliert, d. h. Effektoren, die den einen Weg hemmen, aktivieren die Enzyme des anderen Wegs und umgekehrt. Mangelt es der Zelle an Energie, hat die Glykolyse Vorrang, bei einem Überschuss an Energie die Gluconeogenese. Kontrollpunkte sind die jeweiligen Schlüsselenzyme. Bei der Gluconeogenese sind dies die Fructose-1,6-bisphosphatase und die Pyruvat-Carboxylase. Anzeichen für Energiemangel wie ADP, AMP hemmen diese Enzyme. Hohe Konzentrationen von Citrat bzw. Acetyl-CoA weisen dagegen auf einen gut gefüllten Citratzyklus hin und aktivieren die Gluconeogenese.

7 Leben ist energiegeladen

Neben Baustoffen benötigt eine Zelle vor allem Energie, um ihre Lebensprozesse anzutreiben. Fast alle Lebensformen nutzen dafür letztlich die Energie des Sonnenlichts: entweder direkt über die Reaktionsschritte der Photosynthese oder indirekt durch den Abbau organischen Materials. Trotz der unterschiedlichen Energielieferanten arbeiten beide Wege nach dem gleichen Prinzip.

Während sich die Menschheit noch dagegen sträubt, ihre Versorgung auf eine nachhaltige Energiequelle umzustellen, läuft das Leben bereits seit Milliarden von Jahren mit der Energie des Sonnenlichts. Dabei standen die frühen Organismen vermutlich vor ganz ähnlichen Problemen wie unsere technikabhängige Zivilisation. Einerseits bietet das Sonnenlicht ein nahezu unerschöpfliches Reservoir an Energie, während andere Quellen wie molekularer Wasserstoff, Eisen oder Schwefelverbindungen nur lokal zu finden sind und vom einen Moment auf den anderen zur Neige gehen können. Andererseits ist die elektromagnetische Strahlung des Sonnenlichts nicht ohne ausgeklügelte Systeme einzufangen, und die Energie muss irgendwie fixiert werden, bevor sie sich erneut verflüchtigen kann. Erst in einer fixierten Form lässt sie sich an jene Orte transportieren, an denen sie gebraucht wird, und für dunkle Nachtstunden speichern, wenn der Nachschub an Sonnenlicht vorübergehend aussetzt.

Vor schätzungsweise 3,2 bis 3,8 Milliarden Jahren ist dem Leben der entscheidende Durchbruch gelungen. Mit der Erfindung der Photosynthese stand den **phototrophen Lebensformen** ein komplexes System zur Verfügung, das heutzutage genügend Sonnenenergie fixiert, um jährlich rund 150 Milliarden Tonnen pflanzlicher Biomasse zu schaffen. Hinzu kommt noch die Produktion durch photosynthetische Prokaryoten und Protisten. **Chemotrophe Organismen** betreiben dagegen keine Photosynthese. Sie stillen ihren Energiehunger trotzdem indirekt aus dem Son-

> **phototroph** (*phototroph*) und **chemotroph** (*chemotroph*)
> Phototrophe Organismen nutzen Licht als Energiequelle, chemotrophe Lebensformen gewinnen ihre Energie aus chemischen Reaktionen.

nenlicht, indem sie die Photosynthetiker oder andere chemotrophe Lebewesen kurzerhand verspeisen. Sie profitieren davon, dass die eingefangene Sonnenenergie in den chemischen Bindungen ihrer Nahrung gespeichert ist. Durch einen ganz ähnlichen Mechanismus wie die Photosynthese, der allerdings weitgehend in die entgegengesetzte Richtung verläuft, gewinnen sie einen Teil dieser Energie für sich. Dabei verbrauchen sie den Sauerstoff, der im Verlauf der Photosynthese als Abfallprodukt entsteht.

Auf jeder Stufe des Energieflusses geht bei den Reaktionen und Umformungen Wärme und damit Energie verloren. Das Leben ist somit auf den ständi-

---

Offene Fragen

Leben ohne Licht

Bislang sind nur sehr wenige Lebensformen bekannt, die tatsächlich vollkommen unabhängig vom Sonnenlicht sind. Zu ihnen zählen einige Endolithe – Bakterienstämme, die innerhalb von Gesteinen leben, häufig in sehr großen Tiefen. Als Energiequelle dient ihnen beispielsweise Wasserstoff, der entsteht, wenn radioaktive Strahlen Wasser spalten. Statt mit Sauerstoff veratmen die Mikroben den Wasserstoff mit Schwefelverbindungen. Die spartanische Lebensweise erlaubt lediglich ein extrem langsames Wachstum. Schätzungen zufolge teilen sich die endolithischen Bakterien nur alle 40 bis 300 Jahre. Solche Zeiträume und die weitgehend unbekannte Lebensweise machen es schwierig, das Leben im Gestein zu erforschen. Dennoch vermuten Wissenschaftler, dass die sogenannte „tiefe Biosphäre" – zu der aber auch sauerstoffatmende Formen zählen – bis zu zehn oder gar 30 Prozent der gesamten Biomasse aller Lebewesen ausmachen könnte.

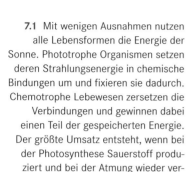

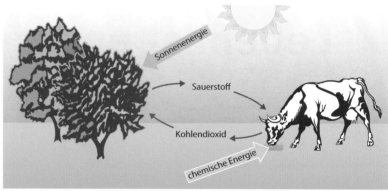

7.1 Mit wenigen Ausnahmen nutzen alle Lebensformen die Energie der Sonne. Phototrophe Organismen setzen deren Strahlungsenergie in chemische Bindungen um und fixieren sie dadurch. Chemotrophe Lebewesen zersetzen die Verbindungen und gewinnen dabei einen Teil der gespeicherten Energie. Der größte Umsatz entsteht, wenn bei der Photosynthese Sauerstoff produziert und bei der Atmung wieder verbraucht wird.

gen Nachschub von der Sonne angewiesen. Ohne ihr Licht wäre die Erde innerhalb kurzer Zeit weitgehend tot.

Lichtenergie treibt die gesamte Photosynthese an

Wir können die Abläufe der Photosynthese insgesamt in zwei große Blöcke unterteilen (Abbildung 7.2):

- Im vorherigen Kapitel haben wir bereits den **Calvin-Zyklus** (auch als Sekundär- oder Dunkelreaktion bezeichnet) betrachtet. In einer Kaskade von Reaktionen fängt die Zelle den oxidierten Kohlenstoff aus Kohlendioxid ein, reduziert ihn und bildet damit neue Glucose. Da Kohlendioxid ein weitaus stabileres Molekül als Glucose ist, können diese Prozesse aber nur ablaufen, wenn sie mit Energie in Form von ATP versorgt werden. Außer-

dem benötigen sie Elektronen, die von reduzierten Trägermolekülen wie NADPH, den sogenannten Redoxäquivalenten, angeliefert werden, um den oxidierten Kohlenstoff zu reduzieren.

- Sowohl das ATP als auch die Redoxäquivalente stammen aus der **Lichtreaktion** (oder Primärreaktion) der Photosynthese. In einem trickreichen, vielstufigen Prozess laden sich die Chloroplasten mithilfe des Sonnenlichts elektrochemisch auf und übertragen energiereiche Elektronen auf $NADP^+$, das eng mit dem uns bekannten NAD^+ verwandt ist (Abbildung 7.3). Gleichzeitig treibt ein winziger Generator die ATP-Synthese an.

In diesem Abschnitt werden wir uns die Vorgänge während der Lichtreaktion genauer ansehen und dabei ein wichtiges grundlegendes Prinzip kennenlernen, mit dem Zellen verschiedene Formen von Energie ineinander umwandeln – die Kopplung von elektrochemischen Gradienten mit mechanischen Bewegungen und dem Knüpfen und Aufbrechen chemischer Bindungen.

Die Zelle muss in der **Lichtreaktion** gleich vier schwierige Aufgaben meistern, um tatsächlich das benötigte ATP und die Redoxäquivalente herstellen zu können.

1. Sie muss die Energie des Sonnenlichts einfangen. Dafür braucht sie spezielle Moleküle, die vom Licht angeregt werden und ein energiereiches Elektron abgeben.
2. Das eigentliche Ziel dieses Elektrons ist der Elektronenträger $NADP^+$. Sobald der zu NADPH reduziert ist, stehen die gewünschten Redoxäquivalente zur Verfügung.
3. Allerdings darf das Elektron nicht direkt auf das $NADP^+$ übergehen, sondern muss mit seiner Energie zuvor aktiv Protonen über eine Membran pumpen. Es entsteht ein elektrochemischer Gra-

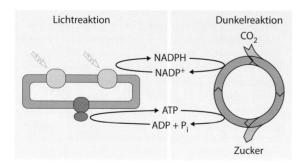

7.2 Die Lichtreaktion der Photosynthese liefert chemisch gebundene Energie und reaktionsfreudige Elektronen, mit denen die Reaktionen des Calvin-Zyklus Kohlendioxid zu Kohlenhydraten reduzieren.

a

b

NADP⁺

$2H^+$ $2H^+$

$2e^-$ $2e^-$

$+ H^+$

NADPH + H⁺

7.3 Die Struktur des Elektronenüberträgers Nicotinamidadenindinucleotidphosphat (NADP⁺) unterscheidet sich nur durch eine Phosphatgruppe vom NAD⁺, das wir vom Glucoseabbau kennen. Auch NADP⁺ kann zwei Elektronen und ein Proton aufnehmen und wird dann zum NADPH.

dient, wie wir ihn in Kapitel 4 „Leben tauscht aus" kurz kennengelernt haben.

4. Die Energie des Gradienten treibt die Protonen zurück durch einen Proteinkomplex, der als Generator fungiert und einen Teil der Energie als chemische Bindung im ATP fixiert.

Die erste Aufgabe übernehmen spezielle Farbstoffe, vor allem Chlorophylle. Für die doppelte Funktion der Elektronen hat sich eine Kaskade von Redoxreaktionen entwickelt – eine Elektronentransportkette, in welcher die Elektronen von Trägermolekül zu Trägermolekül wandern und Proteine mit der freiwerdenden Energie Protonen pumpen. Für die ATP-Synthese schließlich gibt es einen eigenen Enzymkomplex.

Die Komplexe der Photosynthese befinden sich in den internen Membranen der Chloroplasten

Der Ort dieses Geschehens ist bei Pflanzen das **innere Membransystem der Chloroplasten** (Abbildung 7.5). In Kapitel 2 „Leben ist konzentriert und verpackt" haben wir erfahren, dass Chloroplasten von zwei Membranen umgeben sind. In ihrem Innenraum, dem Stroma, finden wir obendrein ein zusätzliches Membransystem, das stark verzweigt und gefaltet ist. In manchen Bereichen sind die Falten dieses **Thylakoids** zu Grana gestapelt, die durch vereinzelte Stromalamellen miteinander verbunden sind. Das Innere des Thylakoids, das sogenannte

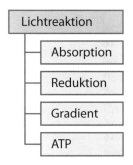

Lichtreaktion

Absorption

Reduktion

Gradient

ATP

7.4 Die Lichtreaktion zerfällt in vier große Teilaufgaben.

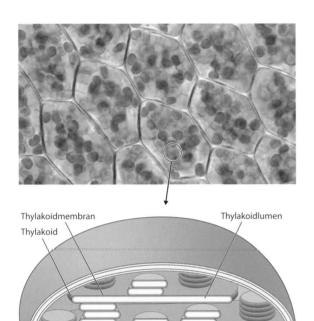

Thylakoidmembran

Thylakoid

Thylakoidlumen

äußere
Membran

innere
Membran

Grana

Stroma

7.5 Die Prozesse der Lichtreaktion laufen bei Pflanzen am internen Membransystem der Chloroplasten, dem Thylakoiden, ab. Es umschließt einen zusammenhängenden Raum, das Thylakoidlumen, der damit streng vom Stroma des Chloroplasten getrennt ist.

Lumen, bildet einen einzigen durchgängigen Hohlraum.

In der **Entwicklung eines Chloroplasten** entsteht der Thylakoid durch Einstülpung der inneren Membran, bevor er sich von dieser ablöst. Funktionell betrachtet ist sein Lumen deshalb „außen“, das Stroma hingegen „innen“. Dementsprechend finden wir alle wichtigen löslichen Komponenten des Chloroplasten im Stroma und nicht im Thylakoidlumen. Die photosynthetischen Komplexe, die wir im Folgenden besprechen werden, sind jedoch in die Thylakoidmembran eingebaut.

Chlorophyll fängt das Sonnenlicht ein

Das weiße Licht der Sonne ist in Wirklichkeit nicht weiß, sondern besteht aus einem Kontinuum von Strahlen mit verschiedenen **Farben**. Welche Farbe ein

7.6 Von dem breiten Spektrum elektromagnetischer Wellen, das von der Sonne ausgeht, durchdringt das sichtbare Licht besonders gut die Atmosphäre. Darum fangen die Pigmente der Photosynthese bevorzugt den Bereich zwischen 380 und 780 Nanometern auf.

einzelner Lichtstrahl hat, hängt von seiner Wellenlänge und damit von seiner Energie ab. Je kürzer die Wellenlänge, umso energiereicher ist die Strahlung. Obwohl das elektromagnetische Spektrum von den ultrakurzen Gammastrahlen und Röntgenstrahlen bis hin zu den kilometerlangen Radiowellen reicht, ist für die Photosynthese nur der kleine Ausschnitt des sichtbaren Lichts von Bedeutung. Er reicht etwa von 380 bis 780 Nanometern (Abbildung 7.6).

Außer als elektromagnetische Welle können wir uns einen Lichtstrahl auch als „Energiepaket“ vorstellen, das wir **Photon** nennen. Trifft ein Photon auf ein Elektron, kann sich das Elektron die Energie des Photons einverleiben und damit entsprechend energiereicher werden. Wir bezeichnen dies als **Absorption** (Abbildung 7.7). Umgekehrt können Elektronen auch Energie in Form von Photonen abgeben, also Photonen emittieren. Freie Elektronen sind in diesem Spiel der Energieaufnahme und -abgabe kaum eingeschränkt.

Für Elektronen als Bestandteil eines Atoms oder Moleküls gelten hingegen die restriktiven **Regeln der Quantenphysik**. Danach muss ein Elektron, das seinen Energiegehalt ändert, zwangsweise auch in ein anderes Orbital wechseln. Da aber jedes Orbital nur Elektronen mit einem ganz bestimmten Energiegehalt akzeptiert, können gebundene Elektronen nicht

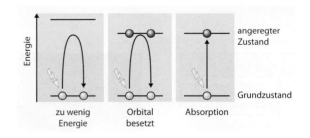

7.7 Damit ein Farbstoffmolekül ein Photon absorbieren kann, muss dessen Energie genau zu der Lücke zwischen dem Grundzustand und dem angeregten Zustand passen, und das Zielorbital darf noch nicht besetzt sein.

jedes beliebige Photon absorbieren oder emittieren. Die Energie des Photons muss stattdessen genau zu der Differenz zwischen den Energieniveaus der Orbitale passen. Ansonsten wird das Licht allenfalls umgelenkt, aber nicht absorbiert. Hinzu kommt, dass jedes Orbital für maximal zwei Elektronen Platz bietet. Das Zielorbital darf also bei einem Übergang nicht schon voll besetzt sein.

Für einzelne Atome und kleine Moleküle ist die Anzahl der möglichen Übergänge gering, und die Abstände zwischen den Orbitalen sind so groß, dass Photonen des sichtbaren Lichts nicht energiereich genug sind, um absorbiert zu werden. Große Moleküle verfügen dagegen über eine Vielzahl von Orbitalen, die alle leicht unterschiedlichen Energiewerten entsprechen. Besonders wenn sich Einfach- und Doppelbindungen abwechseln, was wir konjugierte Polyene nennen, sind die energetischen Abstände so klein, dass die Absorption eines einzelnen Photons ausreicht, um ein Elektron in ein anderes Orbital zu hieven. In dem ursprünglich weiß erscheinenden Strahlenbündel fehlt dadurch die entsprechende Wellenlänge, und das restliche Licht erscheint farbig. Moleküle, die im sichtbaren Bereich des Spektrums absorbieren, nennen wir darum **Farbstoffe** oder Pigmente.

Ein **Absorptionsspektrum** macht genauere Angaben über die Farbigkeit einer Substanz. Es ist gewissermaßen der optische Fingerabdruck einer Molekülsorte, aus dessen Feinheiten sich Rückschlüsse auf die Orbitalstruktur und damit den Bau des Moleküls ziehen lassen. Abbildung 7.8 zeigt die Strukturformel und das Absorptionsspektrum von Chlorophyll a, dem wichtigsten Farbstoff für die Photosynthese von Pflanzen.

Befinden sich alle Elektronen eines Moleküls in den energetisch ärmsten Orbitalen, ist es in seinem **Grundzustand**. Die Elektronen bewegen sich so nah wie möglich um die Atomkerne. Sie auf weiter außen liegende Orbitale zu hieven, bedeutet, sie gegen die Anziehungskraft der entgegengesetzten Ladungen von Elektron und Kern zu bewegen. Genau die dafür notwendige Energie kann ein passendes Photon liefern, wenn es auf ein Elektron trifft. Das Elektron absorbiert die Energie und springt auf einen freien Platz in einem energetisch höheren Orbital, das weiter entfernt vom Kern liegt. Es ist dadurch lockerer gebunden und kann leichter an chemischen Reaktionen teilnehmen. Das gesamte Molekül ist in diesem **angeregten Zustand** reaktionsfreudiger (Abbildung 7.9). Als Symbol für den angeregten Zustand wird häufig ein hochgesetztes Sternchen neben den Namen oder die Kurzform des Moleküls gesetzt,

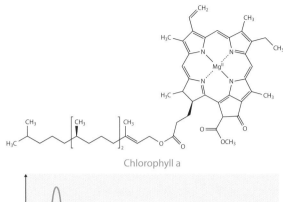

Chlorophyll a

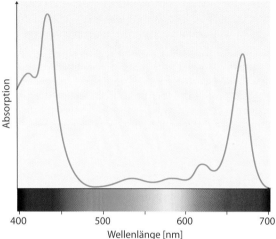

7.8 Im Chlorophyllmolekül halten vier Ringsysteme ein Magnesiumatom. Die Unterschiede zwischen den einzelnen Chlorophyllvarianten, die mit den Buchstaben a, b, c_1, c_2 und d bezeichnet werden, bestehen nur in den Seitenketten der Ringe. Dennoch reichen die kleinen Abweichungen aus, dass die verschiedenen Chlorophylle leicht unterschiedliches Licht absorbieren. Am Absorptionsspektrum von Chlorophyll a sehen wir, dass es blaues und rotes Licht schluckt. Übrig bleiben Wellenlängen, die zusammen einen grünen Farbeindruck hervorrufen.

beim Chlorophyll (abgekürzt Chl) beispielsweise als Chl*.

Farbmoleküle reichen die Energie weiter, und das Reaktionszentrum gibt ein Elektron ab

Die zusätzliche Energie kann das angeregte Molekül auf verschiedene Weisen wieder loswerden.

- Der einfachste Weg besteht darin, ein Photon zu emittieren, was wir als **Fluoreszenz** bezeichnen (Abbildung 7.10a). Weil das angeregte Molekül

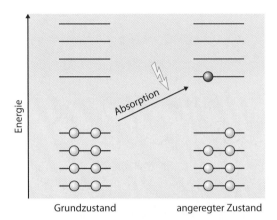

Grundzustand   angeregter Zustand

7.9 Im Grundzustand befinden sich alle Elektronen eines Moleküls in Orbitalen mit den niedrigsten Energieniveaus. Durch Absorption eines Photons kann ein Elektron in ein energiereicheres Orbital gelangen. Das Molekül befindet sich dann im angeregten Zustand und ist reaktionsfreudiger.

kurz vorher einen Teil der Energie als Wärme verliert, ist das Fluoreszenzphoton ein bisschen energieärmer und seine Farbe ein wenig zum roten Ende des Spektrums verschoben. Für die Photosynthese ist damit allerdings nichts gewonnen.

- Im Photosyntheseapparat der Zelle liegt das Chlorophyll aber nicht isoliert vor, sondern bildet mit Proteinketten und weiteren Farbstoffen einen Komplex. Wird darin eines der Pigmentmoleküle angeregt, kann es durch sein verändertes elektromagnetisches Feld die Energie auf ein benachbartes Farbstoffmolekül übertragen. Durch diesen **Resonanzenergietransfer** wandert die Anregung über den gesamten Komplex, wobei sie sich von Molekülen mit höherer zu solchen mit niedrigerer Anregungsenergie bewegt (Abbildung 7.10b). Den Resonanzenergietransfer nutzt die Zelle, um große Antennen zum Einfangen der Photonen aufzubauen. In diesen **Lichtsammelkomplexen** sind neben Molekülen von Chlorophyll a auch Chlorophyll b und Carotinoide in einem Proteingerüst dicht aneinander gepackt. Die Wahrscheinlichkeit, ein Photon zu absorbieren, ist dadurch ungleich größer als bei einem einzelnen Pigment. Die aufgenommene Energie wandert schließlich zum jeweiligen Reaktionszentrum (Abbildung 7.10b).

- Im **Reaktionszentrum des Photosystems** befindet sich ein Chlorophyll-a-Paar. Sobald die Anregungsenergie dieses Paar erreicht, gibt es ein energiereiches Elektron an einen nahe liegenden

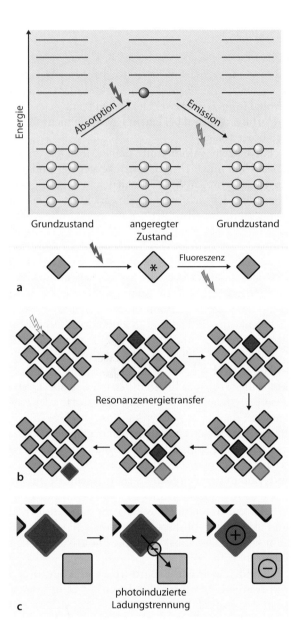

7.10 Weitgehend isolierte Farbstoffmoleküle geben die Anregungsenergie eines absorbierten Photons (blauer Pfeil) wieder durch Fluoreszenz ab, indem sie ein Photon emittieren (grüner Pfeil). Weil zuvor ein Teil der Energie durch Wärme verloren gegangen ist, hat das Fluoreszenzphoton eine leicht größere Wellenlänge und ist somit rotverschoben (a). Befinden sich in unmittelbarer Nähe eines angeregten Farbstoffs weitere Pigmente mit ähnlicher Energiestruktur, kann die Anregung (rot) durch Resonanzenergietransfer strahlungslos weitergereicht werden. Im Photosyntheseapparat der Pflanzen erreicht sie so schließlich das Reaktionszentrum (blau umrandete Raute) (b). Das angeregte Reaktionszentrum gibt bei der photoinduzierten Ladungstrennung sein energiereiches Elektron an einen Akzeptor ab. Dadurch entstehen ein radikales Kation und ein Anion (c).

Akzeptor ab. Nach dieser **photoinduzierten Ladungstrennung** bleibt das Chlorophyll mit einer positiven Überschussladung zurück, wohingegen der Akzeptor nun negativ geladen ist (Abbildung 7.10c). Diese Reaktion ist der eigentliche Startschuss für die Photosynthesekaskade.

[?]

Prinzip verstanden?

7.1 Warum werden Blätter im Herbst gelb?

Durch die Kombination mehrerer verschiedener Pigmente vermindert die Zelle auch die klaffende Lücke, die sich im mittleren Wellenlängenbereich des Absorptionsspektrums von Chlorophyll a auftut. Photonen, die ein Farbstoff nicht aufnehmen kann, absorbiert einfach

> **Lichtsammelkomplex**
> (*light harvesting complex*)
> Große Molekülverbünde von Membranproteinen und Farbstoffen, die Photonen absorbieren und die Energie zum photosynthetischen Reaktionszentrum weiterleiten.

ein anderer. Dadurch ist das **Wirkungsspektrum der Photosynthese**, in welchem die Effizienz der Photosynthese bei den einzelnen Wellenlängen aufgetragen ist, ausgefüllter als die einzelnen Absorptionsspektren (Abbildung 7.11).

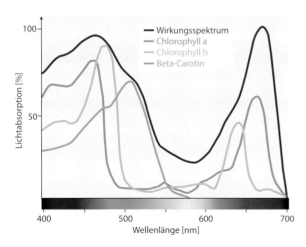

7.11 Durch das Zusammenwirken mehrerer verschiedener Pigmente mit unterschiedlichen Absorptionsverläufen kann die Pflanze einen breiten Bereich des sichtbaren Lichts für die Photosynthese nutzen. Als Maß für die effiziente Nutzung einer Wellenlänge gilt in solchen Wirkungsspektren häufig die Produktion des Sauerstoffs, der in der Photosynthese anfällt.

Elektronen wandern vom Wasser zum NADP$^+$

Ein Photon, das auf ein Blatt fällt, wird also typischerweise von einem Farbstoffmolekül eines Lichtsammelkomplexes absorbiert. Die Energie wandert von Pigment zu Pigment, bis sie auf das spezielle Chlorophyll-a-Paar im Reaktionszentrum des Photosystems trifft. Dort regt sie ein Elektron an, das an ein Akzeptormolekül weitergegeben wird. Damit das Elektron nicht einfach wieder zurückspringt und die Energie schließlich doch als Floureszenzphoton verschwindet, sind die Photosysteme der Pflanzen auf ganz spezielle Weise konstruiert.

Pflanzen besitzen zwei unterschiedliche **Photosysteme**, die in Reihe geschaltet sind. Zuerst haben Wissenschaftler das in der Ereigniskette weiter hinten stehende Photosystem I entdeckt. Dadurch ergibt sich die verwirrende Situation, dass aus funktioneller Sicht das Photosystem II den Anfang macht. Beiden Photosystemen gemeinsam ist der grundlegende Aufbau aus mehreren Proteinuntereinheiten, die sich durch die Thylakoidmembran ziehen und verschiedene Pigmente und Hilfsmoleküle beinhalten. Außerdem ist bei beiden das jeweilige spezielle Chlorophyllpaar innerhalb des Proteins weit auf der Seite lokalisiert, die zum Thylakoidlumen weist. Ein kleiner Unterschied zeigt sich bei den Absorptionsmaxima der speziellen Chlorophyllpaare. Durch die unterschiedliche Proteinumgebung liegt es beim Photosystem II bei 680 nm, weshalb wir auch vom P680 sprechen, beim Photosystem I bei 700 nm, was ihm die Bezeichnung P700 eingetragen hat.

Gibt das P680 des **Photosystems II** durch induzierte Ladungstrennung ein Elektron ab, übernimmt ein Molekül Phäophytin – ein Chlorophyll ohne zentrales Magnesiumatom – als primärer Akzeptor das Elektron. Dafür muss sich das Phäophytin aber räumlich eng am P680 befinden, womit die Gefahr der Rückreaktion recht hoch ist. Deshalb reicht das Phäophytin das Elektron schnell weiter an ein fest gebundenes Plastochinon. Dieses Molekül befindet sich auf der stromazugewandten Seite des Photosystems und ist damit relativ weit vom Reaktionszentrum entfernt. Der weitere Transport des Elektrons zu einem ablösbaren Plastochinon kann darum langsamer erfolgen (Abbildung 7.12).

Das zurückgebliebene P680$^+$ im Photosystem II ist ein sehr starkes Oxidationsmittel und darum bestrebt, den Elektronenmangel wieder auszugleichen. Diese Aufgabe erfüllt ein erstaunliches Enzym, dessen Funktionsweise immer noch nicht vollständig verstanden ist. Obwohl die Energie von Photonen des

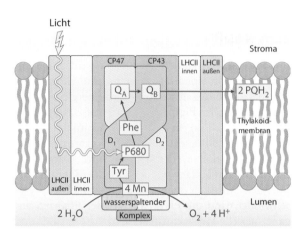

7.12 Im Photosystem II gelangt die Anregungsenergie vom lichtsammelnden Komplex (LHC) zum Reaktionszentrum P680. Dieses gibt ein Elektron an den primären Rezeptor Phäophytin (Phe) ab, von wo es sofort an ein fest gebundenes Plastochinon (Q_A) und dann an ein ablösbares Plastochinon (Q_B) übergeht. Nach Aufnahme von zwei Elektronen und zwei Protonen diffundiert dieses Plastochinon in die Membran (PQH_2). Der wasserspaltende Komplex entzieht zwei Wassermolekülen Elektronen und reduziert das positiv geladene P680. Der entstehende Sauerstoff verlässt die Pflanze durch die Spaltöffnungen. Außerdem bleiben Protonen im Thylakoidlumen zurück.

7.13 Plastochinon löst sich durch seine lange hydrophobe Seitenkette gut in der Membran. Mit den Sauerstoffatomen am Ring kann es zwei Elektronen und zwei Protonen aufnehmen.

sichtbaren Lichts dafür eigentlich nicht ausreicht, gelingt es dem **wasserspaltenden Komplex** dennoch, Elektronen aus Wassermolekülen herauszulösen und das Wasser in molekularen Sauerstoff und Protonen zu spalten.

$$2\ H_2O \rightarrow O_2 + 4\ H^+ + 4\ e^-$$

Eine wichtige Rolle bei dieser **Photolyse** spielen vier Manganionen und ein Calciumion, die im Zentrum des Enzyms das Wasser binden und die Elektronen übernehmen, bevor sie über Zwischenstufen zum $P680^+$ weitergereicht werden.

Der entstandene **Sauerstoff** entweicht. Für die Photosynthese ist er nichts weiter als ein Abfallprodukt. Obwohl die Wasserspaltung die Quelle für nahezu den gesamten Luftsauerstoff der Atmosphäre und damit die Grundlage für das atmende Leben auf der Erde bildet.

Die Abläufe am Photosystem II bilden den Auftakt der Elektronenwanderung entlang der photosynthetischen Elektronentransportkette (Abbildung 7.14), deren einzelne Schritte wir uns nun genauer anschauen werden.

Als Kurzform für den Elektronenträger **Plastochinon** hat sich der Buchstabe Q (oder auch PQ) einge-

bürgert. Das Molekül besteht aus einem Ringsystem mit zwei gegenüberliegenden Ketogruppen (C=O) und einem langen hydrophoben Schwanzteil, mit dem es in der Thylakoidmembran verankert ist (Abbildung 7.13). Die beiden Ketogruppen nehmen jeweils ein Elektron aus zwei aufeinanderfolgenden induzierten Ladungstrennungen sowie je ein Proton aus dem Stroma auf. Sie wandeln sich damit zu Hydroxylgruppen (–OH) und das Plastochinon zum Plastohydrochinon (QH_2) oder Plastochinol (PQH_2).

In seiner reduzierten Form löst sich das Plastohydrochinon vom Photosystem II ab und diffundiert in der Thylakoidmembran zum **Cytochrom-bf-Komplex**. Dabei wechselt es von der stromalen Seite der Membran zur luminalen Seite, denn nur dort kann es an den Cytochrom-bf-Komplex andocken. Das Plastohydrochinon gibt nacheinander seine beiden Elektronen ab und entlässt die Protonen einfach ins Thylakoidlumen. Als Plastochinon diffundiert es zurück zum Photosystem.

Im Cytochrom-bf-Komplex übernehmen Hämgruppen und ein Eisen-Schwefel-Cluster (Abbildung 7.16) die Elektronen. Häme besitzen ähnlich wie das Chlorophyll eine stickstoffhaltige Klammer, mit der sie ein zentrales Metallatom festhalten. Während es sich dabei im Chlorophyll um ein Magnesiumion handelt, ist es beim Häm ein Eisenion. In seiner oxidierten Form ist das Eisen dreifach positiv geladen, nach Aufnahme eines Elektrons zweifach positiv (Abbildung 7.15). Da die Häme keine Protonen und

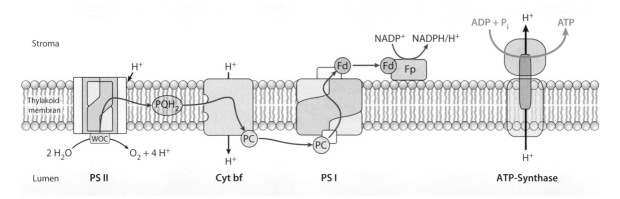

7.14 In der Elektronentransportkette gelangen die Elektronen vom wasserspaltenden Komplex (*water oxidizing complex*, WOC) des Photosystems II (PS II) in den Plastohydrochinon-Pool (QH_2). Am Cytochrom-bf-Komplex (Cyt bf) werden sie auf Plastocyanin (PC) übertragen, das sie zum Photosystem I (PS I) transportiert. Ferredoxin (Fd) bringt die Elektronen zum Enzym Ferredoxin-NADP$^+$- Reduktase (Fp), an dem NADP$^+$ als Akzeptor zu NADPH reduziert wird. Bei mehreren Schritten werden Protonen in das Thylakoid- lumen gepumpt, die nur durch die ATP-Synthase in das Stroma zurückfließen können. Die dabei frei werdende Energie nutzt die Zelle zur Synthese von ATP.

nur jeweils ein Elektron aufnehmen können, wirken sie wie ein Ventil, das den Transport von zwei Elektronen pro Schritt (beim Plastohydrochinon) auf eines reduziert. Dadurch ergibt sich für eines der Elektronen eine kurze Wartezeit, während der es im sogenannten **Plastochinon-Zyklus** eine Warte- schleife einlegt (siehe Kasten „Der Q-Zyklus" auf Seite 162). Vom Cytochrom-bf-Komplex gehen die Elektronen einzeln auf Plastocyaninmoleküle über.

Beim **Plastocyanin** handelt es sich um ein wasser- lösliches Protein, in dem mehrere Aminosäureseiten-

ketten ein Kupferion fixieren. Die Wertigkeit des Kupfers wechselt durch die Reduktion von +2 auf +1. Das reduzierte Plastocyanin lagert sich an das Photosystem I an und stellt das nötige Elektron zur Verfügung, damit das Chlorophyllpaar des Reak- tionszentrums P700 nach der lichtinduzierten Ladungstrennung wieder reduziert werden kann.

Der Ablauf im **Photosystem I** entspricht den Vor- gängen im Photosystem II (Abbildung 7.17). Die Energie eines Photons gelangt zum Reaktionszen- trum mit dem Chlorophyll-a-Paar P700, das durch die Anregung ein Elektron abgibt. Primärer Akzeptor ist dieses Mal ein weiteres Chlorophyllmolekül, von dem das Elektron an ein Chinon und schließlich einen Verbund von drei Eisen-Schwefel-Clustern weitergegeben wird. Das wasserlösliche Protein Fer- redoxin übernimmt das Elektron mit seinem eigenen

7.15 Häme tragen in ihrem Zentrum ein Eisenatom, das zwei- oder dreiwertig sein kann. Die drei wichtigsten Varianten – Häm a, b und c – unterscheiden sich nur in den weiter außen liegenden Resten der Struktur. Trägt ein Protein ein Häm als prosthetische Gruppe, wird es zu den Cytochromen gezählt.

7.16 Eisen-Schwefel-Cluster treten vor allem als geometrisch exakt platzierte Anordnungen von zwei Eisen- und zwei Schwe- felatomen (Fe_2S_2) oder vier Eisen- und vier Schwefelatomen (Fe_4S_4) auf. Außerdem halten weitere Schwefelatome von außen als Teil des jeweiligen Enzyms (Enz) das Eisen im Kom- plex.

Genauer betrachtet

Der Q-Zyklus

Sowohl in der Photosynthese als auch bei der oxidativen Phosphorylierung legen die Elektronentransportketten eine kleine Schleife ein, wenn die Elektronen vom Plastohydrochinon bzw. Hydrochinon auf den cytochromhaltigen Komplex übertragen werden. Waren die Hydrochinone noch jeweils mit zwei Elektronen und zusätzlich zwei Protonen beladen, akzeptieren die Cytochrome lediglich einzelne Elektronen. Die überschüssigen Protonen werden deshalb einfach in das Thylakoidlumen bzw. den Intermembranraum abgegeben.

Von den beiden Elektronen kann nur eines sofort weitergeleitet werden. Das andere wird auf die gegenüberliegende Seite des Komplexes umgeleitet und dort auf ein wartendes Chinonmolekül geladen. Das entstehende Semichinon nimmt kurz darauf im nächsten Durchgang ein zweites Elektron sowie zwei Protonen auf und löst sich als (Plasto-) Hydrochinon vom Komplex ab. Es diffundiert durch die Membran und lagert sich an die Bindungsstelle für reduzierte Chinone. Damit ist der Kreislauf des Q-Zyklus geschlossen.

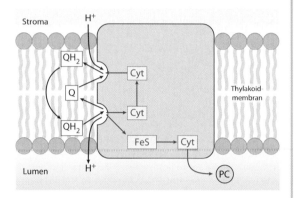

Im Ergebnis werden durch den Q-Zyklus nicht nur zwei, sondern vier Protonen pro reduziertem Chinon durch die Membran gepumpt. Damit speichert der Ablauf einen zusätzlichen Teil der treibenden Energie als protonenmotorische Kraft, die letztlich der ATP-Synthese dient.

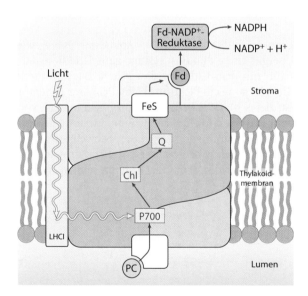

7.17 Am Photosystem I (PS I) wird das Reaktionszentrum (P700) von der Energie eines absorbierten Photons energetisch angehoben und gibt ein Elektron über ein Chlorophyll (Chl) als primären Akzeptor und ein Chinon (Q) sowie drei Eisen-Schwefel-Cluster (FeS) an ein Ferredoxin (Fd) ab. Von hier gelangt das Elektron durch die Aktivität der Ferredoxin-NADP⁺-Reduktase auf NADP⁺. Auf der luminalen Seite ersetzt Plastocyanin (PC) das fehlende Elektron im Reaktionszentrum. Protonen werden am Photosystem I nicht gepumpt.

Eisen-Schwefel-Cluster auf der stromalen Seite der Membran, und das Enzym **Ferredoxin-NADP⁺-Reduktase** überträgt zum Abschluss der photosynthetischen Elektronentransportkette nacheinander die Elektronen von zwei Ferredoxinen und ein Proton aus dem Stroma auf ein oxidiertes NADP⁺. Mit dem entstandenen NADPH ist eines der großen Ziele der Primärreaktion erreicht – ein universell einsetzbares Redoxäquivalent für den Calvin-Zyklus.

Damit erhalten wir als Zwischenbilanz für den linearen Elektronentransport:

$$2\,H_2O + 8\,\text{Photonen} + 2\,NADP^+ \rightarrow$$
$$2\,NADPH + 2\,H^+ + O_2$$

Es fehlt lediglich noch das ATP als Träger eines Teils der Energie aus den Photonen.

[?]

Prinzip verstanden?

7.2 Was passiert, wenn wir mit einem Giftstoff die Elektronentransportkette irgendwo blockieren?

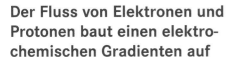

Der Fluss von Elektronen und Protonen baut einen elektrochemischen Gradienten auf

Die für das ATP bestimmte Energie wird während der Elektronentransportkette zunächst in einen **elektrochemischen Gradienten des Protons**, auch **protonenmotorische Kraft** genannt, investiert. Die protonenmotorische Kraft besteht aus einer elektrischen Spannung zwischen den beiden Seiten der Thylakoidmembran und einem Unterschied in der Protonenkonzentration im Stroma und im Thylakoidlumen.

protonenmotorische Kraft = elektrische Spannung + chemischer Gradient

Gleich mehrere Prozesse tragen zu dem Gradienten bei:

- Der Elektronenfluss vom P680 auf der luminalen Seite zum Plastochinon auf der stromalen Seite der Thylakoidmembran lädt die Membran elektrisch auf. Das oxidierte P680 ist positiv geladen und das reduzierte Plastochinon negativ.
- Ähnliches geschieht am Photosystem I, wo Elektronen ebenfalls vom P700 auf der luminalen Seite auf einen Akzeptor, der ins Stroma ragt, übertragen werden. Erneut bleibt die positive Ladung auf der Seite des Lumens zurück.
- Bei der Spaltung des Wassers entstehen im Thylakoidlumen zwei Protonen.
- Das reduzierte Plastochinol nimmt zwei Protonen aus dem Stroma auf, gibt sie aber am Cytochrom-bf-Komplex in das Lumen ab. Zwei weitere Protonen pumpt der Q-Zyklus.
- $NADP^+$ nimmt bei seiner Reduktion ein Proton aus dem Stroma auf.

Normieren wir auf vier übertragene Elektronen, ergibt das als Zwischenbilanz:

$$2\,H_2O + 2\,NADP^+ + 10\,H^+_{Stroma} \rightarrow$$
$$O_2 + 2\,NADPH + 12\,H^+_{Lumen}$$

Im Vergleich zum Stroma wird das Thylakoidlumen also elektrisch positiver und protonenreicher. Der Unterschied entspricht etwa 3,5 pH-Einheiten, im Lumen ist die Protonenkonzentration somit rund 3000-mal höher. Der protonenmotorischen Kraft steht die Thylakoidmembran entgegen, die für Protonen praktisch undurchdringlich ist. Nur an einer Stelle gibt es ein Schlupfloch – durch die ATP-Synthase.

Bei der Photophosphorylierung treiben Protonen die Synthese von ATP an

Die einzige Schleuse, durch welche Protonen das Thylakoidlumen verlassen können, ist die **ATP-Synthase**. Dieser mächtige Enzymkomplex besteht im Wesentlichen aus zwei großen Einheiten, die sich jeweils aus mehreren Polypeptidketten zusammensetzen (Abbildung 7.18).

- Der F_0-Teil ist in die Membran eingelagert. Durch ihn können Protonen fließen. Allerdings müssen sie dabei ihre Energie auf das Enzym übertragen und Teile von ihm in Bewegung versetzen. Schätzungsweise zwölf Exemplare der Untereinheit III bilden in der Membran einen Ring, der relativ zu den anderen Untereinheiten I, II und IV rotiert, wenn die Protonen aus dem Lumen in das Stroma zurückfließen.
- Die Drehbewegung wird durch einen Proteinstiel in den F_1-Teil des Enzyms weitergeleitet. Dieser

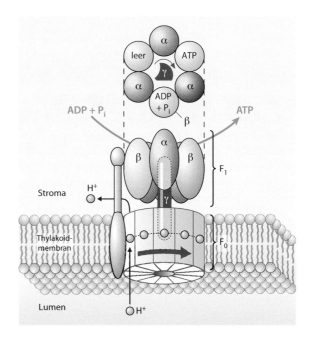

7.18 Die ATP-Synthase besteht aus den großen Komplexen F_0 und F_1. Der F_0-Teil bietet den Protonen eine Möglichkeit, ihrem elektrochemischen Gradienten zu folgen und die Membran zu durchqueren. Die Energie des Protonenflusses treibt eine Drehbewegung in F_0 an, die über einen Stiel in den F_1-Teil übertragen wird. Hier findet mit der mechanischen Energie die Synthese von ATP aus ADP und Phosphat statt.

Genauer betrachtet

Redoxpotenziale

Elektronen wechseln nicht einfach von einer reduzierten Substanz zu einer beliebigen oxidierten Verbindung. Sie wandern vielmehr von Stoffen mit einem hohen **Elektronenübertragungspotenzial** zu solchen mit einem niedrigeren Potenzial. Als quantitatives Maß dient das **Redoxpotenzial** E_0'. Es beschreibt die Tendenz eines Redoxpaares von reduzierter und oxidierter Form, Elektronen aufzunehmen. Je positiver das Redoxpotenzial des Paares ist, umso affiner ist es für Elektronen und umso größer ist sein Bestreben, die reduzierte Form einzunehmen. Negativere Redoxpaare streben hingegen zur Abgabe von Elektronen und damit zur oxidierten Form.

Einige Beispiele für Standardredoxpotenziale

Redoxpaar	E_0' (in Volt)
Ferredoxin$_{ox}$/Ferredoxin$_{red}$	–0,43
$NADP^+$/NADPH	–0,32
Ubichinon/Hydroubichinon	0,10
Fe^{+3}/Fe^{+2}	0,77
H_2O/½ O_2 + 2 H^+	0,82

Um zu ermitteln, in welche Richtung Elektronen fließen, wenn sich zwei Verbindungen begegnen, müssen wir die Redoxpotenziale der Paare vergleichen. Ohne Zufuhr von Energie bewegen sich die Elektronen vom **negativeren zum**

positiveren Paar. Für die beiden Endpunkte der Photosynthese ergibt sich damit folgende Rechnung:

H_2O/½ O_2 + 2 H^+ (E_0' = 0,82 V)
$NADP^+$/NADPH   (E_0' = –0,32 V)

$\Delta E_0'$ = 1,14 V

Spontan würde der Elektronenfluss also vom NADPH zum Sauerstoff verlaufen.

$$NADPH + H^+ + ½ O_2 \rightarrow NADP^+ + H_2O$$

Die **Photosynthese** arbeitet demnach mit der Energie der Photonen gegen die natürliche Verlaufsrichtung des Elektronenflusses. Die dafür notwendige Mindestenergie können wir berechnen nach der Formel:

$$\Delta G^{0'} = -n F \Delta E_0'$$

Darin ist $\Delta G^{0'}$ die Freie Standardenthalpie, n die Anzahl der übertragenen Elektronen und F die Faradaykonstante von 96,49 kJ/(mol · V).

Für die Differenz zwischen Anfangs- und Endpunkt der photosynthetischen Elektronentransportkette erhalten wir $\Delta G^{0'}$ = 220 kJ/mol.

Kopfabschnitt der ATP-Synthase ragt in das Stroma und besteht im Wesentlichen aus drei α- und drei β-Untereinheiten, die einander abwechseln und in der Aufsicht ein Hexagon bilden, in dessen Mitte sich die γ-Untereinheit des Stiels dreht. Dabei verformt das γ-Polypeptid nacheinander die großen Untereinheiten α und β und verändert zyklisch deren Eigenschaften.

Die eigentliche Synthese von ATP findet in den β-Untereinheiten statt. Durch die Rotation des Stiels

wechseln sie nach dem **Wechselbindungsmechanismus** zwischen drei Zuständen (Abbildung 7.19):

- In der L-Konformation (für *loose*) bindet die β-Untereinheit locker ADP und Phosphat.
- In der T-Konformation (für *tight*) ist die Bindungstasche so eng, dass ADP und Phosphat miteinander zu ATP reagieren.
- In der O-Konformation (für *open*) öffnet sich die Untereinheit. ATP diffundiert davon, und neues ADP und Phosphat nehmen ihre Plätze ein.

7.19 Nach dem Modell des Wechselbindungsmechanismus bildet sich ATP in der ATP-Synthase spontan aus ADP und Phosphat. Der eigentliche Energie verbrauchende Schritt ist die Änderung der Proteinkonformation durch die Rotation der γ-Untereinheit im Zentrum des F_1-Teils.

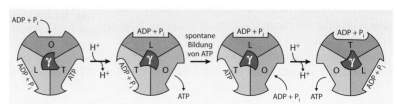

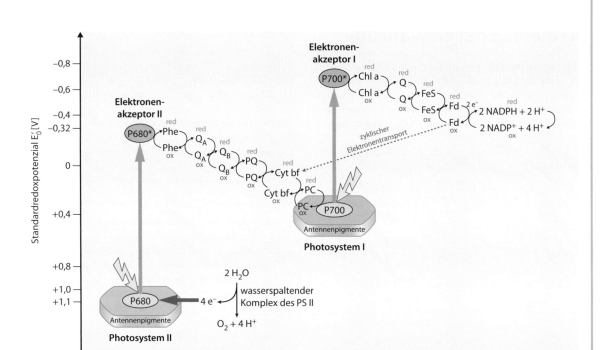

In Wirklichkeit liefern die Photonen aber weitaus mehr Energie. Im sogenannten **Z-Schema der Photosynthese** sind die Redoxpotenziale der einzelnen Elektronenträger der Reihe nach aufgetragen. Dabei ergibt sich ein sägezahnartiger Verlauf, der an den umgekippten Buchstaben Z erinnert.

Die Photonen verschieben jeweils die Redoxpotenziale der speziellen Chlorophyllpaare in den Photosystemen weit in den negativen Bereich. Dadurch können die nachfolgenden Schritte einfach dem natürlichen Gefälle folgen, und die Elektronen wandern ohne weiteren Zwang von außen.

Im Prinzip entspricht der Vorgang an der ATP-Synthase dem umgekehrten Verlauf des aktiven Ionentransports, den wir in Kapitel 4 „Leben tauscht aus" kennengelernt haben. Dort diente die Spaltung von ATP dazu, Ionen gegen ihren Gradienten über eine Membran zu befördern.

Der Fluss der Protonen entlang ihres elektrochemischen Gradienten treibt die ATP-Synthese im Enzym an. Weil die ursprüngliche Triebkraft für die ATP-Synthese aus dem Licht stammt, bezeichnen wir den Prozess als **Photophosphorylierung**.

Vier Protonen sind nötig für die Synthese eines Moleküls ATP. Damit erhalten wir eine dritte Zwischenbilanz:

$$ADP + P_i + H^+ + 4\ H^+_{Lumen} \rightarrow$$
$$ATP + H_2O + 4\ H^+_{Stroma}$$

Für den gesamten Ablauf der linearen Elektronentransportkette lautet die **Bilanz**:

$$3\ ADP + 3\ P_i + 2\ NADP^+ + H^+ + 8\ Photonen \rightarrow$$
$$O_2 + 3\ ATP + 2\ NADPH + H_2O$$

Die Energie aus acht Photonen sorgt somit für die Synthese von drei ATP und die Bereitstellung von zwei Redoxäquivalenten NADPH.

[?]

Prinzip verstanden?

7.3 Was geschieht, wenn wir den F_1-Teil der ATP-Synthase vom F_0-Teil trennen?

Der zyklische Elektronentransport sorgt für ausgeglichene Verhältnisse

Allerdings benötigt die Zelle nicht immer ATP und NADPH in genau diesem Verhältnis zueinander. Besonders ATP wird als Energieträger mitunter in

---

Genauer betrachtet

ATP als „Energiewährung"

Wenn es darum geht, Energie kurzfristig zu transportieren oder sehr kurzfristig zu speichern, nutzen Zellen fast immer Adenosintriphosphat (ATP). Das Molekül besteht aus einem Baustein Adenosin (aus der Aminosäure Adenin und dem Zucker Ribose) und einer Kette von drei Phosphatgruppen.

$$ATP + H_2O \leftrightarrow ADP + P_i \qquad \Delta G^{0'} = -30,5 \text{ kJ/mol}$$
$$ATP + H_2O \leftrightarrow AMP + PP_i \qquad \Delta G^{0'} = -45,6 \text{ kJ/mol}$$

Hier sind nur die Werte für Standardbedingungen aufgeführt. Unter den Bedingungen in der Zelle liegt die verfügbare Energie im Bereich von –50 bis –60 kJ/mol.

Mehrere Gründe wirken zusammen, um ATP so energiereich zu machen:

Adenosin

Adenin NH_2

Ribose

OH   OH

Adenosinmonophosphat (AMP)

Adenosindiphosphat (ADP)

Adenosintriphosphat (ATP)

Die Besonderheit des ATP liegt in den Bindungen der Phosphate. Zwischen diesen befinden sich Anhydridbindungen, die durch Anlagerung von Wasser leicht hydrolytisch zu spalten sind. ATP ist folglich relativ instabil. Gleichzeitig wird bei der Hydrolyse viel Energie frei, die für andere Reaktionen genutzt werden kann.

- Die Doppelbindungen der Phosphatgruppen können sich in ADP und im vereinzelten Phosphat (Orthophosphat) leichter verschieben. Dadurch gibt es mehr mögliche Resonanzstrukturen als im ATP, was ADP und P_i entropisch günstiger und damit stabiler als ATP macht.
- Die negativen Ladungen der Phosphatgruppen stoßen einander ab und destabilisieren dadurch die Phosphatkette im ATP. Im ADP und Orthophosphat sind diese elektrostatischen Kräfte geringer.
- An ein Molekül ATP kann sich weniger Wasser anlagern als an ein Molekül ADP und ein Orthophosphat. Da bei der Hydratation Energie frei wird, stabilisiert die Wasserhülle die Spaltprodukte.

ATP gibt aus diesen Gründen auch bereitwillig eine Phosphatgruppe an andere Moleküle ab und hat somit ein hohes Gruppenübertragungspotenzial für Phosphat.

---

größeren Mengen gebraucht. Damit die Elektronentransportkette in solchen Phasen nicht die ATP-Synthese blockiert, weil kein oxidiertes NADP$^+$ als Elektronenakzeptor vorhanden ist, gibt es neben dem linearen auch einen **zyklischen Elektronenfluss** (Abbildung 7.20).

Es handelt sich dabei um eine Art **Kurzschluss um das Photosystem I** herum. Statt vom Ferredoxin auf NADP$^+$ überzugehen, wandern die Elektronen wieder auf den Cytochrom-bf-Komplex. Von dort nehmen sie ein weiteres Mal den Weg zum Plastocyanin und zum Photosystem I. Auf diese Weise wird kein NADP$^+$ reduziert. Am Cytochrom-bf-Komplex werden aber trotzdem Protonen ins Thylakoidlumen befördert, und bei deren Rückfluss wird ATP gewonnen. Die Zelle kann so flexibel auf die jeweiligen Anforderungen reagieren.

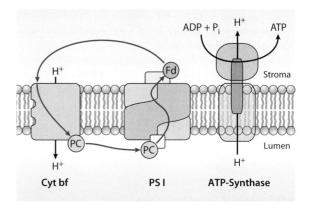

7.20 Beim zyklischen Elektronentransport wandert das reduzierte Ferredoxin zurück zum Cytochrom-bf-Komplex. Dadurch werden zwar Protonen in das Thylakoidlumen gepumpt, und ATP wird synthetisiert, es werden aber keine Redoxäquivalente gebildet.

---

1 für alle

Photosynthese bei Bakterien

Das Prinzip der Photosynthese – durch Einfangen von Licht Elektronen mit so viel Energie zu versorgen, dass sie einen Protonengradienten für die ATP-Synthese aufbauen – ist auch bei Prokaryoten zu finden. Allerdings verfügen lediglich die Cyanobakterien über eine vollständige Elektronentransportkette mit zwei Photosystemen. Andere Prokaryoten müssen sich mit einem Typ von Photosystem und in der Regel einem zyklischen Elektronenfluss begnügen. Für eine oxygene Photosynthese, bei der Wasser als Elektronendonor gespalten und Sauerstoff freigesetzt wird, reicht das nicht aus. Die Bakterien gewinnen ihre Redoxäquivalente darum aus anderen organischen oder anorganischen Verbindungen wie Schwefelwasserstoff (H_2S), Nitrit (NO_2^-) oder zweiwertigen Eisen (Fe^{2+}).

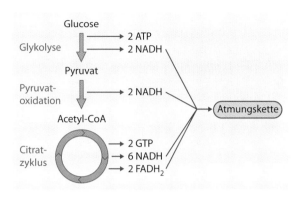

7.21 Der größte Teil der Energie beim Abbau von Glucose steckt in den reduzierten Redoxäquivalenten.

Der chemische Abbau von Nährstoffen liefert Energie

Organismen, die keine Photosynthese treiben können, sind für ihre Energieversorgung darauf angewiesen, chemische Verbindungen zu verwerten. In Kapitel 6 „Leben wandelt um" haben wir als ein Beispiel den **Abbau von Glucose** behandelt. Für jedes Molekül Glucose gewinnt die Zelle dabei durch direkte Substratkettenphosphorylierung zwei Moleküle ATP und zwei GTP. Der größte Anteil der chemisch gebundenen Energie steckt aber in den Redoxäquivalenten. Zehn NADH und zwei $FADH_2$ hat die Oxidation der Kohlenstoffatome aus der Glucose erbracht (Abbildung 7.21). In der als Atmungskette bezeichneten Elektronentransportkette werden sie reoxidiert und stehen damit für weitere Abbaureaktionen zur Verfügung. Außerdem wird die gespeicherte Energie in ATP umgesetzt.

Die oxidative Phosphorylierung ähnelt der Elektronentransportkette der Photosynthese

Das Prinzip der Atmungskette entspricht der photosynthetischen Elektronentransportkette. Allerdings besteht diesmal keine Notwendigkeit, die Elektronen durch Licht energetisch anzuheben. Wie wir im Kasten „Redoxpotenziale" auf Seite 164 ausgerechnet haben, ist der **Übergang der Elektronen vom NADH**

auf Sauerstoff als Endakzeptor mit $-220\,kJ/mol$ unter Standardbedingungen an sich **stark exergonisch**. Die Zelle muss folglich nicht für den Antrieb sorgen, sondern die Elektronen fließen von selbst vom einen Trägermolekül zum nächsten. Dabei pumpen sie ebenfalls Protonen über eine Membran und bauen so eine protonenmotorische Kraft für die ATP-Synthese auf.

Wir können die **Atmungskette**, die auch als Endoxidation oder oxidative Phosphorylierung bezeichnet wird, in drei miteinander verzahnte Phasen unterteilen:

- Vom NADH und $FADH_2$ fließen Elektronen über mehrere Komplexe in der Membran zum Sauerstoff.
- Die Energie der Elektronen wird genutzt, um Protonen durch die Membran zu pumpen und eine protonenmotorische Kraft aufzubauen.
- Die Protonen können nur durch die ATP-Synthase zurückfließen. Ihr Strom treibt die Produktion von ATP an.

Bei Eukaryoten befindet sich die trennende Membran in den **Mitochondrien**. Deren innere Membran ist stark gefaltet, um Platz für möglichst viele Komplexe der Atmungskette zu schaffen (Abbildung 7.22). Die Protonen werden aus dem Mitochondrieninneren, der Matrix, in den Intermembranraum zwischen der inneren und äußeren mitochondriellen Membran gepumpt. Da Prokaryoten keine Mitochondrien haben, nutzen sie ihre Plasmamembran und befördern die Protonen ganz aus der Zelle heraus. In beiden Fällen entsteht das ATP dadurch „innen" – entweder in der Matrix oder im Cytoplasma.

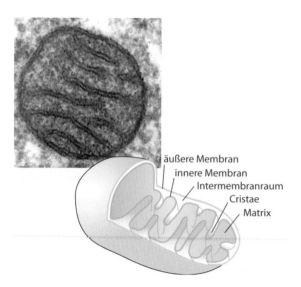

äußere Membran
innere Membran
Intermembranraum
Cristae
Matrix

7.22 Im Elektronenmikroskop sind die Cristae genannten Einfaltungen der inneren Mitochondrienmembran gut zu erkennen. In diese Membran sind die Komplexe der Atmungskette eingelagert. Während des Elektronentransports werden Protonen aus der Matrix in den Intermembranraum zwischen innerer und äußerer Membran gepumpt.

Die Atmungskette hat zwei Einstiegspunkte für Elektronen

Die Elektronentransportkette der oxidativen Phosphorylierung (Abbildung 7.23) startet mit dem **Komplex I**, der **NADH-Q-Oxidoreduktase** oder NADH-Dehydrogenase. Das NADH übergibt auf der Matrixseite seine beiden Elektronen an ein fest im Protein gebundenes Flavinmononucleotid (FMN), von wo sie über Eisen-Schwefel-Cluster zu einem Molekül Ubichinon wandern. Das Proton des NADH bleibt in der Matrix. Auf noch unbekannte Weise pumpt die NADH-Q-Oxidoreduktase während des internen Elektronenflusses vier Protonen von der Matrixseite in den Intermembranraum. Zusätzlich nimmt das reduzierte Ubichinon zwei Protonen aus der Matrix auf und wird zu Hydrochinon oder Ubichinol.

Schon dieser erste Schritt ist damit stark am Aufbau einer protonenmotorischen Kraft beteiligt.

$$NADH + Q + 5\ H^+_{Matrix} \rightarrow$$
$$NAD^+ + QH_2 + 4\ H^+_{Intermembranraum}$$

Das **Ubichinol** verlässt den Komplex und diffundiert in die Membran, wo sich bereits weitere oxidierte und reduzierte Moleküle befinden, der sogenannte Q-

Pool. In ihn mündet auch Ubichinol, das vom Komplex II stammt.

Einen Teil des **Komplex II** haben wir schon bei der Besprechung des Citratzyklus behandelt (Seite 131). Die Succinat-Dehydrogenase katalysiert die Oxidation von Succinat zu Fumarat. Die dabei anfallenden Elektronen übernimmt ein Flavinadenindinucleotid (FAD), das aber nicht wie NADH frei beweglich ist, sondern im Enzym verbleibt. Die Succinat-Dehydrogenase gehört nämlich zum **Succinat-Q-Reduktase-Komplex** (Komplex II) der Atmungskette. Über Eisen-Schwefel-Cluster gelangen die Elektronen auf ein Ubichinon und dann in den Q-Pool. Allerdings pumpt der Komplex II keine Protonen. Darum liefert die Oxidation von FADH$_2$ weniger ATP als die von NADH.

Die Elektronen werden vom **Komplex III**, der **Q-Cytochrom-c-Oxidoreduktase** oder Cytochrom b/c$_1$-Komplex, entgegengenommen und an das lösliche Protein Cytochrom c weitergeleitet. Wie beim Plastochinon sorgt der Q-Zyklus dabei für den Transport von Protonen über die Membran, indem reduziertes Ubichinol seine Protonen auf der Intermembranseite abgibt und oxidiertes Ubichinon auf der Matrixseite neue Protonen aufnimmt. Da der Zyklus für jedes weitergeleitete Elektron einmal durchläuft, werden auf diese Weise an Komplex III für jedes ankommende Ubichinol vier Protonen gepumpt.

$$QH_2 + 2\ Cyt\ c_{ox} + 2\ H^+_{Matrix} \rightarrow$$
$$Q + 2\ Cyt\ c_{red} + 4\ H^+_{Intermembranraum}$$

Cytochrom c ist ein kleines Protein mit einem Häm als prosthetischer Gruppe. Es übernimmt nur jeweils ein einzelnes Elektron und befördert es zum Komplex IV, der Cytochrom-c-Oxidase.

Die **Cytochrom-c-Oxidase** (**Komplex IV** oder Cytochrom a/a$_3$-Komplex) nimmt zunächst nur zwei Elektronen auf, die über Kupferionen und ein Häm auf das aktive Zentrum geführt werden. Dort binden ein weiteres Kupferzentrum und ein zweites Häm in ihrer reduzierten Form ein Molekül Sauerstoff. Es bildet sich eine Peroxidbrücke (–O–O–) aus. Sobald zwei weitere Elektronen und vier Protonen aus der Matrix hinzukommen, bricht die Brücke jedoch auf, und es entstehen zwei Moleküle Wasser. Die Energie aus dieser Reaktion reicht aus, um zusätzlich vier Protonen aus der Matrix in den Intermembranraum zu pumpen.

$$4\ Cyt\ c_{red} + 8\ H^+_{Matrix} + O_2 \rightarrow$$
$$4\ Cyt\ c_{ox} + 2\ H_2O + 4\ H^+_{Intermembranraum}$$

Dieser letzte Schritt der Atmungskette ist dafür verantwortlich, dass luftatmende Organismen **vom**

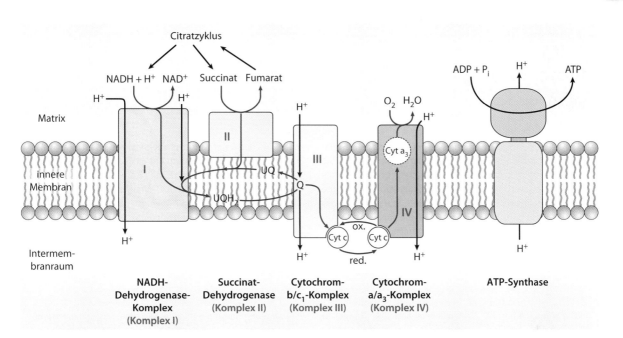

7.23 Die Atmungskette ähnelt der photosynthetischen Elektronentransportkette. Da die Elektronen aber dem Gefälle des Redoxpotenzials folgen, brauchen sie nicht mit der Energie von Photonen aktiviert zu werden. Startpunkt ist entweder reduziertes NADH, das seine Elektronen an den Komplex I abgibt, oder $FADH_2$, das Teil des Komplexes II ist. In beiden Fällen gelangen die Elektronen in den Q-Pool und über Komplex III, Cytochrom c und Komplex IV zum Sauerstoff als Endakzeptor. An den Komplexen I, III und IV werden Protonen aus der Matrix herausgepumpt, die beim Rückfluss durch Komplex V (die ATP-Synthase) die Synthese von ATP antreiben.

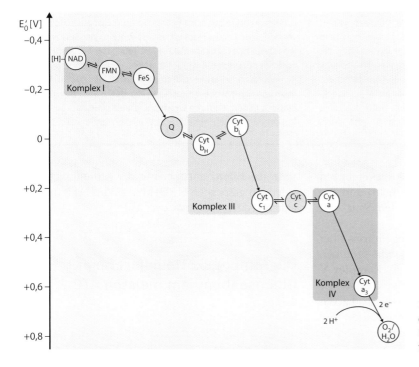

7.24 In der Atmungskette folgen die Elektronen dem Gefälle des Redoxpotenzials. Als Endakzeptor fungiert Sauerstoff.

Köpfe und Ideen

Biotechnologie hat die Landwirtschaft verändert

Von Hans-Walter Heldt

Wohl keine Entdeckung in den Pflanzenwissenschaften hat die Landwirtschaft in kurzer Zeit so stark verändert wie die Grüne Gentechnik. Der Auslöser hierfür war eine zweckfreie Grundlagenforschung an einem exotischen Objekt. Manche Pflanzen bilden an Verletzungsstellen des Stängels nahe der Erde Wucherungen in Form einer Galle, die sogenannte Wurzelhalsgalle. In den 1970er-Jahren beschäftigte sich der belgische Mikrobiologe Jeff Schell mit der Frage, wie diese Gallen entstehen. Das Ergebnis war aufregend. Es stellte sich heraus, dass ein bestimmtes Bodenbakterium (*Agrobacterium tumefaciens*) diese Gallen verursacht, indem es einen kleinen Teil seines Gens, der sich auf einem separaten Plasmid befindet, über die Verletzungsstellen am Stängel in Pflanzenzellen injiziert, wobei dieser bakterielle Genabschnitt dann dauerhaft in das pflanzliche Genom integriert wird. Dadurch wird das pflanzliche Genom derart umfunktioniert, dass es eine Wucherung der Zelle auslöst, in der spezielle Naturstoffe (sogenannte Opine) synthetisiert werden, die den Bakterien als Nahrung dienen. Ein bildhafter Vergleich: Einbrecher dringen in eine Fabrik ein, tauschen alte Pläne durch neue aus, um dann nur noch für den eigenen Bedarf zu produzieren.

Die natürliche Fähigkeit der Bakterien zur genetischen Veränderung von Pflanzenzellen hat Jeff Schell und seinen Kollegen Marc von Montagu zu Versuchen angeregt, die Agrobakterien zur Übertragung von Fremdgenen in das Genom von Pflanzenzellen zu nutzen, um Pflanzen gezielt gentechnisch zu verändern. Dies erregte großes Aufsehen und rief insbesondere die Firma Monsanto in den USA, die sehr früh das wirtschaftliche Potenzial dieser Entdeckung erkannte, mit ihren Wissenschaftlern auf den Plan. Unter der Leitung von Jeff Schell gelang es 1984 im Max-Planck-Institut für Züchtungsforschung in Köln erstmalig, eine Pflanze durch Agrobakterien gentechnisch zu verändern,

sehr kurz danach wurde dies auch aus den Laboratorien von Monsanto publiziert. Seitdem hat diese Methode eine atemberaubende Dynamik entwickelt. Bereits 1996 wurde die erste gentechnisch veränderte Agrarpflanze auf den Markt gebracht. Nur 13 Jahre später wurden 2009 auf 134 Millionen Hektar, das sind mehr als acht Prozent der globalen Ackerfläche, gentechnisch veränderte Pflanzen angebaut. Die jährlichen Zuwachsraten liegen bei etwa zehn Prozent. Der weitaus größte Teil der bislang zugelassenen gentechnisch veränderten Agrarpflanzen dient der Unkrautbekämpfung und dem Schutz gegen Insektenfraß.

Die Landwirtschaft erfordert in der Regel eine Unkrautbekämpfung durch chemische Agenzien, sogenannte Herbizide. Man hat gentechnisch veränderte Sorten von zum Beispiel Soja, Mais und neuerdings Zuckerrüben erzeugt, die gegen bestimmte Herbizide resistent sind. Dabei kommt man mit einem wesentlich geringeren Herbizideinsatz aus als bei einem konventionellen Anbau. Zudem werden die dabei verwendeten Herbizide besonders schnell abgebaut.

Seit langer Zeit werden als biologisches Spritzmittel gegen Insektenfraß Präparationen aus dem *Bacillus thuringensis* benutzt. Wirkstoff ist ein Protein (das sogenannte Bt-Protein), das spezifisch den Darm von bestimmten Schmetterlingslarven schädigt und so zu deren Verhungern führt. Für Säugetiere ist das Bt-Protein völlig unschädlich. Daher sind Bakterienpräparate, die Bt-Protein enthalten, als natürliche Insektizide sogar im Biolandbau zugelassen. In der konventionellen Landwirtschaft ist Bt-Protein als Spritzmittel jedoch nicht praktikabel, da es zu teuer ist und nach dem Spritzen sehr schnell wieder abgewaschen wird. Es werden gentechnisch veränderte Sorten von beispielsweise Mais, Soja und Baumwolle vermarktet, die das Bt-Protein in den Blättern bilden; dadurch werden in erster Linie nur die blattfressenden Larven abgetötet. In der konventionellen Land-

Sauerstoff abhängig sind. Fehlt das Molekül, haben die Elektronen keinen Endakzeptor mehr, und der gesamte Stoffwechsel kommt durch den Stau zum Erliegen.

Der elektrochemische Gradient des Protons über die innere Mitochondrienmembran treibt Protonen durch die **ATP-Synthase**, die auch als **Komplex V** bezeichnet wird, zurück in die Matrix. Wie bei der Photophosphorylierung wird auch bei der oxidativen Phosphorylierung das ATP durch eine Rotation und Konformationsänderung des Enzyms erzeugt und freigesetzt.

In der **Bilanz** entstehen in der Atmungskette aus jedem eingespeisten NADH bis zu drei ATP und aus jedem $FADH_2$ maximal zwei ATP.

Die Atmungskette liefert beim Glucoseabbau am meisten ATP

Mit der Regeneration der Elektronenträger NAD^+ und FAD sind alle Enzyme und Coenzyme **des Glucoseabbaus** wieder einsatzbereit. Wir können darum

wirtschaft hingegen bekämpft man Schadinsekten durch das Versprühen von chemisch erzeugten Insektiziden, die die Insekten zumeist abtöten, indem sie deren Nerven blockieren. Da die Nerven von Insekten und Säugetieren sich im Grundbau gleichen, sind diese Insektizide für den Menschen schwere Gifte. Man denke an die Giftmorde mit E 605. Durch das Versprühen dieser Insektizide werden jedoch auch Nutzinsekten getötet. Hinzu kommt, dass sich die Raupen des Maiszünslers, die Maispflanzen befallen, vorwiegend im Inneren der Pflanze aufhalten und durch Insektizide schwer erreichbar sind. Alle die hier genannten Strategien der Unkraut- und Schädlingsbekämpfung folgen dem Prinzip „weniger Chemie auf den Acker".

Mithilfe der Gentechnik können Pflanzen gegen Virenbefall geschützt werden. Hier ein Beispiel: In Hawaii konnten Papayafrüchte, ein wichtiges Produkt der Insel, wegen zu starkem Virusbefall eine Zeit lang nicht mehr angebaut werden. Die Einführung gentechnisch erzeugter virusresistenter Sorten machte einen erfolgreichen Anbau wieder möglich.

Inzwischen gibt es eine Vielfalt von anderweitig gentechnisch veränderten Pflanzen. Die Entwicklung einer Industriekartoffel (Amflora, BASF) mit einer einheitlichen Stärke (normale Kartoffeln enthalten ein Stärkegemisch) soll diese spezielle Stärke als interessanten nachwachsenden Grundstoff für die Kunststoffindustrie liefern. Gentechnisch veränderter Raps, der kurzkettige Fettsäuren enthält, soll den Grundstoff für die Waschmittelindustrie liefern und damit Palmöl ersetzen, denn dieses wird in Plantagen gewonnen, die nach dem Abholzen von Regenwäldern angelegt werden.

Einen ganz besonderen Stellenwert für die Welternährung hat die Entwicklung von trocken- und salzresistenten Getreidearten. Während die Weltbevölkerung zunimmt, nimmt global die Ackerfläche ab. Gründe hierfür sind Bodenerosion, der Vormarsch der Trockenzone durch den Klimawandel und die Versalzung der Böden als Resultat einer fehlerhaften Bewässerung. Für Länder wie Ägypten, die durch ihre dramatische Bevölkerungszunahme nicht mehr in der Lage sind, sich vom eigenen Land zu ernähren, ist die Ausweitung des Anbaus auf trockenere Gebiete eine Überlebensfrage. Allerdings hat sich die gentechnische Erzeugung trockenresistenter Varianten als sehr schwierig erwiesen. Man rechnet damit, dass 2012 der erste trockenresistente Mais in den USA und 2017 solcher für das nördliche Afrika kommerziell erhältlich sein wird. Wenn dies gelänge, wäre es ein sehr großer Beitrag der Grünen Gentechnik für die Welternährung.

Die Nahrung von großen Teilen der Bevölkerung von Südostasien hat einen Mangel an Provitamin A, das eine Vorstufe des Sehpurpurs der Augen ist. Der Mangel ist gravierend, es wird berichtet, dass dadurch jährlich 200 Millionen Kinder an den Augen erkranken oder sogar erblinden. Den deutschen Forschern Ingo Potrykus an der Eidgenössischen Technischen Hochschule Zürich und Peter Beyer an der Uni Freiburg ist es gelungen, die gesamte Gensequenz für die Bildung des Provitamin A in Reis einzubauen. Dieser Reis ist durch das Provitamin A golden gefärbt, woraus die die Bezeichnung „Golden Rice" herrührt. Die Entwicklung wurde durch Non-Profit-Organisationen finanziert, und in langen Verhandlungen konnte erreicht werden, dass die bei der Erzeugung des gentechnisch veränderten Reis erforderlichen Patente von den entsprechenden Firmen unentgeltlich freigegeben wurden. Dadurch kann dieser goldene Reis den staatlichen Züchtungsstationen verschiedener asiatischer Länder unentgeltlich zur Verfügung gestellt werden, um diesen in die lokal verwendeten Reissorten einzukreuzen.

Prof. Dr. Hans-Walter Heldt, einer der renommierten deutschen Pflanzenbiochemiker, leitete die Abteilung für Biochemie der Pflanze am Albrecht-von-Haller-Institut für Pflanzenwissenschaften der Universität Göttingen. Seine Forschungsinteressen gelten dem Photosynthesestoffwechsel höherer Pflanzen und dem Metabolitentransport. Im Jahr 1993 wurde er mit dem Max-Planck-Forschungspreis ausgezeichnet.

eine **Gesamtbilanz** mit Blick auf die Menge des produzierten ATPs wagen.

- 2 ATP entstanden in der Glykolyse durch Substratkettenphosphorylierung.
- 2 ATP gehen ebenfalls durch Substratkettenphosphorylierung aus dem Citratzyklus hervor.
- Bis zu 34 ATP können wir bei der oxidativen Phosphorylierung verbuchen.

Macht in der Summe maximal 38 ATP pro Molekül Glucose.

Lebende Zellen erreichen kaum eine so gute Ausbeute, weil durch Transportprozesse, spontane Reaktionen, undichte Membranen und andere störende Einflüsse immer ein wenig Energie verloren geht. Dennoch ist der Wirkungsgrad des Glucoseabbaus recht hoch. Von den 2870 kJ/mol, die in Glucose gespeichert sind, werden immerhin 1159 kJ/mol in ATP umgesetzt. Das entspricht etwa 40 Prozent und damit dem Wirkungsgrad eines modernen Atom- oder Kohlekraftwerks. Die restlichen 60 Prozent sind als Wärme verloren gegangen.

Offene Fragen

Protonenpumpen

Der Weg der Elektronen ist relativ einfach zu verfolgen, weil nur bestimmte Gruppen in zwei verschiedenen Redoxzuständen vorliegen können. Viel schwieriger ist zu ermitteln, wie die Proteinkomplexe Protonen pumpen. Selbst wenn die Struktur in hoher Auflösung bekannt ist, wie etwa bei der Cytochrom-c-Oxidase, ergibt sich daraus nicht automatisch ein vorgezeichneter Pfad für Protonen. Zu viele Aminosäurereste können beteiligt sein. Außerdem sind die Gruppen in jeder Momentaufnahme mit Protonen besetzt, als würde gar keine Wanderung stattfinden. Ein möglicher Ausweg aus dem Dilemma könnten Komplexe sein, die neben Protonen auch andere Kationen leiten können. Bei einigen Bakterien bieten beispielsweise Komplex I und die ATP-Synthase auch Natriumionen einen Durchlass.

„Er meint, er muss die Nacht durcharbeiten und braucht die zusätzliche Energie."

Das frisch gebildete ATP hat nur eine kurze Lebensdauer in der Zelle. Nach einer Sekunde wird es im Schnitt schon wieder in ADP und Phosphat gespalten, weil die Energie aus dieser Bindung benötigt wird. Rund 10^{25} Moleküle ATP setzt der menschliche Körper im Laufe eines Tages um. In Ruhe entspricht dies gut 40 Kilogramm, bei starker Anstrengung verbrauchen wir aber bis zu einem halben Kilogramm in der Minute.

---

1 für alle

Atmen ohne Sauerstoff

Sauerstoff ist ein sehr geeigneter Endakzeptor für die Elektronen der Atmungskette. Einige Prokaryoten leben allerdings zeitweise oder dauerhaft unter sauerstofffreien Bedingungen. Sie können ihre Energie entweder durch Gärungen gewinnen, bei denen die Elektronen zurück auf das Substrat übertragen werden, oder durch eine Form der **anaeroben Atmung**, bei welcher eine andere Substanz als Sauerstoff als Elektronenakzeptor einspringt.

Welchen Akzeptor ein Bakterium nutzen kann, hängt von der jeweiligen Art ab. Manche Stämme reduzieren Metallionen wie Eisen(III), Mangan(IV), Cobalt(III), Technetium(VII) oder sogar Uran(VI). Andere übertragen die Elektronen auf Verbindungen von Stickstoff wie Nitrat (NO_3^-) oder Schwefel wie Sulfat (SO_4^{2-}) und reinen Schwefel (S^0). Auch organische Stoffe wie Fumarat dienen als Akzeptor oder entstehen durch den Elektronentransfer, indem beispielsweise Kohlendioxid zu Methan (CH_4) oder Essigsäure (CH_3COOH) reduziert wird.

Prinzipien des Lebens im Überblick

- Fast alle Lebewesen gewinnen ihre Energie aus dem Sonnenlicht oder dem Abbau organischer Verbindungen.
- Als Hauptenergieträger nutzen sie Adenosintriphosphat (ATP). Es wird sehr schnell umgesetzt und muss darum ständig regeneriert werden.
- Der größte Teil des ATP wird durch das Enzym ATP-Synthase produziert.
- Antrieb für die ATP-Synthase ist der Fluss von Protonen entlang ihrem elektrochemischen Potenzialgefälle (protonenmotorische Kraft).
- Der Protonenfluss versetzt Teile der ATP-Synthase in Rotation und veranlasst durch die mechanische Bewegung eine chemische Umwandlung von ADP und Phosphat zu ATP.
- Die protonenmotorische Kraft wird durch eine Elektronentransportkette aufgebaut, bei welcher energiereiche Elektronen dafür sorgen, dass Protonen durch eine Membran gepumpt werden.
- Bei der oxidativen Phosphorylierung folgen die Elektronen einfach dem energetischen Gefälle vom Redoxäquivalent aus dem Katabolismus zum Sauerstoff.
- Bei der Photosynthese müssen die Elektronen durch die Energie absorbierter Photonen energetisch angehoben werden.

Bücher und Artikel

Rodney Cotterill: *Biophysik – Eine Einführung.* (2007) Wiley-VCH
> Mit einem Kapitel zur Bioenergetik, das den Schwerpunkt stärker auf die physikalische Sicht legt.

Olaf Fritsche: *Nobelpreis für Chemie – Herstellung und Nutzung von ATP* in „Spektrum der Wissenschaft" 12/1997
> Beschreibung der ATP-Synthase und des Mechanismus, mit dem die protonenmotorische Kraft die Synthese antreibt.

Hans-Walter Heldt und Birgit Piechulla: *Pflanzenbiochemie.* (2008) Spektrum Akademischer Verlag
> Detaillierte Betrachtung der Photosynthese, der Atmungskette und der ATP-Synthese.

 Internetseiten

www.biologie.uni-hamburg.de/b-online/d24/24c.htm
> Die Lichtreaktionen der Photosynthese erklärt vom Department Biologie der Universität Hamburg.

www.uni-duesseldorf.de/WWW/MathNat/Biologie/Didaktik/Fotosynthese/
> Modular aufgebaute Einführung in die Photosynthese mit Lehramtsstudierenden als Zielgruppe.

www.uni-duesseldorf.de/WWW/MathNat/Biologie/Didaktik/Zellatmung/dateien/atmung.html
> Umfangreiche, aber gut sortierte Informationen zu den einzelnen Komplexen der Atmungskette und ATP-Synthese.

www.cells.de/cellsger/1medienarchiv/Zellfunktionen/Memb_Vorg/Zellatmung/ATP_Synthase/index.jsp
> Kurze Videoanimation zur ATP-Synthese mit guter Visualisierung und informativen Erläuterungen.

❗ Antworten auf die Fragen

7.1 Im Herbst baut die Pflanze das stickstoffhaltige Chlorophyll ab und zieht die Bruchstücke aus den Blättern. Dadurch verschwindet der grüne Farbanteil. Die gelb-orangenen Carotinoide, die ebenfalls den ganzen Sommer über vorhanden, aber wegen der starken Grünfärbung nicht sichtbar waren, werden nicht abgebaut und treten deshalb farblich in den Vordergrund.

7.2 Hemmstoffe können die Komponenten der Elektronentransportkette vorübergehend oder dauerhaft außer Betrieb setzen. Die Kette ist dann an dieser Stelle unterbrochen. Alle Trägermoleküle nach dem Bruch werden in der Folge weitgehend oxidiert, können aber nicht reduziert werden, da keine Elektronen nachfließen. Vor der Hemmstelle tritt das umgekehrte Problem auf – die Trägermoleküle sind schnell reduziert, werden ihre Elektronen aber nicht mehr los. Der Rückstau geht so weit, dass das Reaktionszentrum zwar angeregt wird, aber keine Ladungstrennung durchführen kann, weil der primäre Akzeptor nicht aufnahmebereit ist. Die gesamte Elektronentransportkette kommt somit zum Stillstand, und die weiter absorbierte Energie muss auf anderen Wegen wieder abgegeben werden, bevor sie ungewollte Reaktionen auslöst. Möglich sind beispielsweise eine verstärkte Fluoreszenz und die Abstrahlung von Wärme.

7.3 Ohne den angeschlossenen F_1-Teil gibt es keine hemmende Komponente mehr, die den Protonenfluss durch den F_0-Teil bremst. Die Protonen würden daher zurückfließen, ohne eine nutzbringende Arbeit zu verrichten. Der isolierte F_1-Teil arbeitet ohne gekoppelten Protonenfluss in Anwesenheit von ATP in Richtung der Hydrolyse statt der Synthese. Er würde also das vorhandene ATP in ADP und Phosphat spalten.

8 Leben sammelt Informationen

Obwohl sich das Leben von der Außenwelt abgrenzt, wird es doch von ihr beeinflusst. Deshalb haben jene Lebensformen einen Vorteil, die Informationen über die Umwelt sammeln und interpretieren können. Und auch über den eigenen Zustand muss ein Organismus Bescheid wissen, um angemessen reagieren zu können.

Grundsätzlich kann Leben ohne jegliche Kenntnis von seiner Umgebung existieren. Es wäre dann aber darauf angewiesen, dass stets rechtzeitig verwertbare Nährstoffe zur Verfügung stehen, die Temperatur in einem erträglichen Bereich bleibt und sich kein hungriger Räuber nähert – mehr ein Glücksspiel als eine Lebensstrategie. Darum sind selbst relativ einfache Organismen wie Bakterien mit Systemen zur Aufnahme und Verarbeitung von Reizen ausgestattet. Damit nehmen sie sowohl chemische als auch physikalische Parameter wahr. Komplexere Lebensformen haben sogar eine Vielzahl von Sinnesorganen entwickelt, um möglichst genau über wichtige Umweltgrößen informiert zu sein (Abbildung 8.2).

Nur Bescheid zu wissen, nützt einem Organismus allerdings recht wenig. Erst wenn er angemessen auf eine Veränderung in der Umgebung reagieren kann, zieht er einen Vorteil aus seinen Wahrnehmungen. In einfachen Fällen läuft die Ereigniskette vom Signal bis zur Reaktion direkt und unaufhaltsam ab. Das andere Extrem bilden anspruchsvolle Verarbeitungskaskaden, in die unter Umständen sogar Informationen von verschiedenen Sinnen einfließen und gegeneinander abgewogen werden. Diese Aufgaben übernehmen bei Tieren Nervenzellen und Gehirne.

Die Umwelt ist aber nicht die einzige Quelle für wichtige Informationen. Auch der eigene Organismus gibt Signale ab, die seinen Zustand anzeigen. Der Empfänger kann eine eng benachbarte Zelle sein, wie beispielsweise im Muskel, wo sich alle Zellen gleichzeitig zusammenziehen. Oder ein weit entferntes Ziel nimmt die Nachricht auf, wie es etwa bei der Informationsübertragung durch viele Hormone der Fall ist.

Wir werden uns in diesem Kapitel zunächst einen einfachen Signalweg ansehen, der schon die wesentlichen Merkmale des Ablaufs innerhalb einer Zelle zeigt. Anschließend betrachten wir die Prozesse beim wesentlich komplexeren Sehvorgang von Wirbeltieren und die Arbeitsweise von Nervenzellen.

Informationen werden in drei Schritten verarbeitet

Unabhängig davon, wie kompliziert die Vorgänge bei einer Sinneswahrnehmung sind, können wir sie stets in drei große Ereignisblöcke unterteilen (Abbildung 8.3).

- **Signalerkennung**. Damit ein Reiz überhaupt wahrgenommen wird, muss ein passender Rezeptor vorhanden sein. Meistens handelt es sich um ein Protein oder einen Proteinkomplex, der bei Bedarf mit speziellen Zusatzmolekülen ausgestattet ist, die beispielsweise auf Licht oder magnetische Felder ansprechen. Bei äußeren Reizen ist der Rezeptor so weit im Randbereich des Organismus platziert, dass er sein spezifisches Signal gut aufnehmen kann. Rezeptoren für chemische Substanzen befinden sich beispielsweise in der Plasmamembran, Augen auf der Außenseite, Ohren haben eine Verbindung zur umgebenden Atmo-

8.1 Lebensformen steigern ihre Überlebenschancen, indem sie ihre Umgebung wahrnehmen.

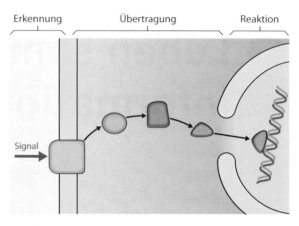

8.3 Äußere Signale registrieren Zellen meistens mit einem Rezeptor an der Plasmamembran (Erkennung). Der Rezeptor (grün) leitet die Information in das Zellinnere und gibt sie an eine Reihe aufeinanderfolgender Überträgermoleküle weiter (Übertragung). An deren Ende steht ein Molekül, das die Reaktion der Zelle auf das Signal auslöst (Reaktion).

sphäre. Rezeptoren für innere Reize sind hingegen innerhalb des Organismus anzutreffen, bei zellinternen Reizen sogar innerhalb des Cytoplasmas.

* **Signalübertragung**. Der Rezeptor meldet die Wahrnehmung des Reizes ins Zellinnere. Dafür braucht der Reiz selbst nicht aufgenommen zu werden, alleine die Weitergabe der Information ist ausschlaggebend. Sie erfolgt meist über mehrere Schritte. Häufig laufen verschiedene Signalwege auch über gleiche Zwischenstationen und beeinflussen sich gegenseitig. In solchen Fällen findet eine Verarbeitung und Gewichtung der Signale statt.

* **Reaktion**. Als Antwort auf das Signal passt sich der Organismus auf die veränderte Situation an. Zellen können beispielsweise neue Enzyme produzieren, Stoffwechselwege aktivieren oder sich in eine bestimmte Richtung bewegen. Pflanzen öffnen womöglich ihre Blüten, synthetisieren Abwehrstoffe oder beginnen mit dem Abbau von Chlorophyll in ihren Blättern. Tiere geraten etwa in Paarungsstimmung, gehen auf Beutejagd oder legen sich zum Schlafen nieder.

Chemische Signale lösen in Zellen Reaktionskaskaden aus

Als Beispiel für die Informationsaufnahme auf Zellebene schauen wir uns einen **Signalübertragungsweg** oder **Signaltransduktionsweg** im menschlichen Körper an – die Wirkung von Adrenalin als Ligand (Abbildung 8.4).

In Stresssituationen schütten die Nebennieren das Hormon Adrenalin in das Blut aus. Hormone sind chemische Botenstoffe, die mit dem Kreislauf im Körper verteilt werden und in ihren Zielzellen spezifische Reaktionen auslösen. Sie sind damit die **pri-**

8.2 Lebewesen registrieren viele verschiedene chemische und physikalische Parameter ihrer Umwelt.

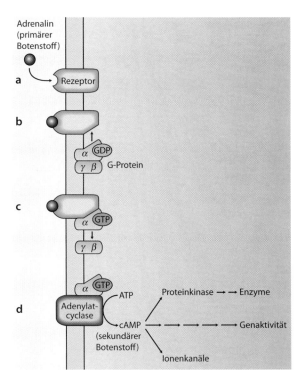

8.4 Das Stresshormon Adrenalin bindet als primärer Botenstoff an einen speziellen Rezeptor in der Plasmamembran einer Zelle (a). Dadurch ändert sich die Struktur des Rezeptors, und auf der cytoplasmatischen Seite der Membran kann sich ein G-Protein anlagern (b). Das G-Protein zerfällt in zwei Teile, von denen das α-Monomer ein gebundenes GDP gegen ein GTP tauscht und in seine aktive Form übergeht (c). In diesem Zustand aktiviert es das membrangebundene Enzym Adenylatcyclase, das ATP spaltet und zu zyklischem AMP (cAMP) umsetzt. Das cAMP kann sich als sekundärer Botenstoff frei durch das Cytoplasma bewegen und aktiviert je nach Zelltyp verschiedene Proteinkinasen, sorgt für eine veränderte Genaktivität oder für geöffnete Ionenkanäle (d).

mären Botenstoffe, die den Signalübertragungsweg in Gang setzen.

Für die meisten Zelltypen bleibt die Begegnung mit dem Adrenalin aber ohne Folgen. Nur bei Zellen, die an ihrer Oberfläche passende **Rezeptoren** tragen, findet eine **Signalerkennung** statt. Der Rezeptor für Adrenalin gehört zur weit verbreiteten Klasse der Rezeptoren mit sieben Transmembranhelices (7TM-Rezeptoren), auch G-Protein-gekoppelte Rezeptoren genannt. Diese Membranproteine haben eine extrazellulare Domäne, an welche der primäre Botenstoff passgenau andocken kann. Die Bindung löst eine Konformationsänderung aus, die über die sieben membrandurchspannenden Helices zum cytoplasmatischen Teil des Proteins weitergeleitet wird. Die

dort liegenden Schleifen des Polypeptids und das ebenfalls ins Cytoplasma ragende Carboxylende verändern als Folge dieser ersten Stufe der **Signaltransduktion** ihre Struktur.

An das umgeformte Membranprotein kann ein sogenanntes **G-Protein** binden. G-Proteine sind ein häufig an Signalketten beteiligter Proteintyp. Sie bestehen aus einem Trimer mit den Untereinheiten α, β und γ. Seinen Namen verdankt das G-Protein dem Molekül Guanosindiphosphat (GDP) bzw. Guanosintriphosphat (GTP), das sich in einer Bindungstasche der α-Untereinheit befindet. Im inaktiven Zustand des G-Proteins handelt es sich um ein GDP. Lagern sich jedoch ein Rezeptor mit gebundenem Adrenalin und ein G-Protein aneinander, wird das G-Protein aktiviert. Seine Konformation ändert sich, die Untereinheiten β und γ lösen sich als βγ-Dimer gemeinsam von der α-Untereinheit ab, und das GDP wird durch ein GTP ersetzt. Da ein einzelner Rezeptor nacheinander eine Vielzahl von G-Protein-Molekülen aktivieren kann, wirkt dieser Schritt als ein erster effektiver **Signalverstärker**.

Sowohl die α-Untereinheit als auch das βγ-Dimer sind aktive Formen des G-Proteins, die weitere Überträgermoleküle des nun zellinternen Signals aktivieren können. Beispielsweise bindet das α-Polypeptid mit GTP bei einigen Signalübertragungswegen an das Enzym Adenylatcyclase. Dadurch steigt die Aktivität des Enzyms an, und es formt verstärkt ATP in zyklisches AMP (cAMP) um – ein **sekundärer Botenstoff**, der je nach Zelltyp unterschiedliche Prozesse beeinflusst. Auch an dieser Stelle wird das Signal verstärkt, denn jede stimulierte Adenylatcyclase produziert große Mengen an cAMP.

Während das G-Protein und die Adenylatcyclase mit der Membran verbunden sind, ist das **zyklische**

> **Signaltransduktion**
> (*signal transduction*)
> Umwandlung eines Signaltyps in einen anderen. In Zellen meist durch Rezeptoren, Proteine und sekundäre Botenstoffe.

> **Ligand** (*ligand*)
> Molekül, das an ein Zielprotein bindet. Meist ist diese Bindung nicht-kovalent und damit reversibel. Häufiges Zielprotein von Liganden sind Rezeptoren.

> **sekundärer Botenstoff**
> (*second messenger*)
> Kleines Molekül, dessen Konzentration in der Zelle sich ändert, wenn ein primärer Botenstoff an seinen Rezeptor bindet. Der sekundäre Botenstoff sorgt für die Weiterleitung der Signalinformation. Auch Substanzen, die in der Signalkette erst an dritter oder vierter Stelle stehen, werden trotz dieser Position als sekundäre Botenstoffe bezeichnet.

8.5 Auch Bakterien reagieren auf chemische Substanzen. Auf diesem Foto sind Zellen des beliebten Laborbakteriums *Escherichia coli* auf eine Kanüle mit Glucoselösung zugeschwommen. Die Bewegung auf einen Lockstoff zu bezeichnen wir als positive Chemotaxis, das Ausweichen vor einem Schreckstoff als negative Chemotaxis.

AMP ein lösliches Molekül, das sich im Cytoplasma ausbreitet und das Signal dadurch in die gesamte Zelle trägt. Dort regt es in den verschiedenen Arten von Zellen spezifische Vorgänge an. Häufig aktiviert cAMP Proteinkinasen, die andere Enzyme phosphorylieren und so beispielsweise den Abbau des Speicherstoffs Glykogen anstoßen. Außerdem kann es die Durchlässigkeit von Ionenkanälen verändern und damit das elektrische Membranpotenzial beeinflussen. Und selbst die Aktivität der Gene im Zellkern kann am Ende eines solchen Signalübertragungswegs verändert werden. Die Proteine, die am Ende der Ereigniskaskade schließlich die **Reaktion** der Zelle auf den Reiz auslösen, bezeichnen wir als **Effektorproteine**.

Damit ein einmaliges Signal die Zelle nicht in einen dauerhaften Aktivierungszustand versetzt, sind die Komponenten am Anfang des Signalwegs mit einer Art **chemischem Countdown** versehen. Beim Rezeptor gibt es gleich zwei Varianten. Zum einen löst sich der primäre Botenstoff nach einiger Zeit von selbst wieder ab und inaktiviert seinen Rezeptor dadurch. Zum anderen wird dieser auch durch eine Kinase auf der cytoplasmatischen Seite phosphoryliert und mit einem Protein daran gehindert, weiteres G-Protein zu binden. Die α-Untereinheit der G-Proteine verfügt wiederum selbst über eine GTPase-Aktivität und spaltet ihr gebundenes GTP nach einigen Sekunden bis Minuten zu GDP. Dadurch inaktiviert sie sich selbst, sodass sich das $\beta\gamma$-Dimer erneut anlagern kann und das G-Protein in seinem Ausgangszustand ist.

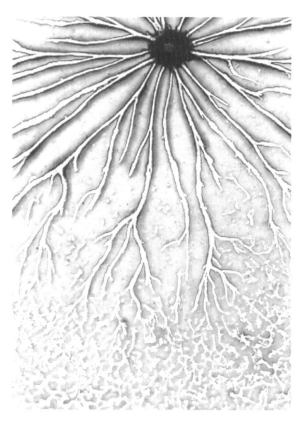

8.6 Der Schleimpilz *Polysphondylium pallidum* lebt normalerweise einzellig und ernährt sich von Bakterien. Wird die Nahrung knapp, sammeln sich die Zellen, indem sie einem Lockstoff folgen, und bilden eine dreidimensionale Struktur – den Fruchtkörper, in dem Sporen als Dauerform entstehen.

Zellen besitzen im Wesentlichen vier Typen von Signalrezeptoren

Das Repertoire der Zelle an Rezeptoren, Signalwegen und Reaktionen ist natürlich umfangreicher, als in dem oben beschriebenen Beispiel. Wir sehen uns darum die verschiedenen Komponenten einmal in Überblicken an.

Die **G-Protein-gekoppelten Rezeptoren** sind eine weit verbreitete Gruppe, deren einzelne Vertreter sich in den extrazellulären Bindestellen für die Signalmoleküle sowie den intrazellulären Bindungsstellen für die verschiedenen G-Proteine unterscheiden. Sie sind an einer Fülle von signalabhängigen Prozessen beteiligt, darunter der Entwicklung der embryonalen Blutbahnen, dem Riechvorgang, der Muskelkontraktion und dem Paarungsverhalten von Hefen.

Außer ihnen finden wir noch zwei weitere Typen von Signalrezeptoren in der Plasmamembran. **Rezeptoren mit Ionenkanal** öffnen oder schließen ihren

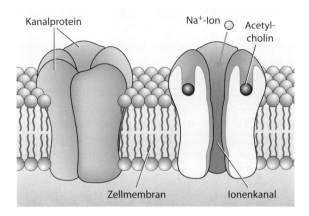

8.7 Der Acetylcholinrezeptor ist ein Ionenkanal, der sich nur dann kurz öffnet, wenn zwei Moleküle Acetylcholin gleichzeitig an ihn binden.

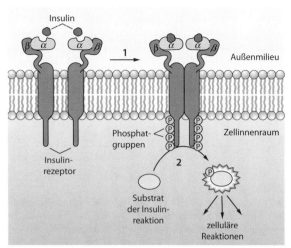

8.8 Der Insulinrezeptor gehört zur Klasse der Proteinkinaserezeptoren. Das Hormon Insulin bindet an die α-Untereinheit. Die dadurch ausgelöste Konformationsänderung aktiviert im cytoplasmatischen Teil der β-Untereinheit das aktive Zentrum der Proteinkinase, die spezifische Proteine phosphoryliert und damit das Signal ins Cytoplasma weitergibt.

Tunnel durch die Membran, wenn ihr Ligand auf der extrazellulären Seite bindet (Abbildung 8.7). Meistens handelt es sich dabei um einen Neurotransmitter – ein kleines Signalmolekül, das Nervenzellen ausschütten. Aber auch für physikalische Reize wie Licht, Schall und elektrische Spannungen gibt es spezifische Ionenkanalrezeptoren. Das jeweilige Signal bewirkt eine Konformationsänderung des Proteins, wodurch sich dessen Leitfähigkeit für Natrium-, Kalium-, Calcium- oder Chloridionen ändert. Der Acetylcholinrezeptor lässt beispielsweise für etwa eine tausendstel Sekunde Natriumionen in die Zelle einfließen, wenn zwei Moleküle Acetylcholin an ihn binden. Der Ionenstrom verändert die Membranspannung, was bei Nervenzellen ein elektrisches Signal auslöst und bei Muskelzellen zur Kontraktion führt.

Proteinkinasen sind Rezeptoren, die auf einen Reiz hin eine Phosphatgruppe von ATP auf ein Zielprotein übertragen und damit dessen Aktivität modifizieren (Abbildung 8.8). Dieses Ziel kann ein anderes Enzym, aber auch der Rezeptor selbst sein. Ein verbreiteter Typ dieser Rezeptorklasse sind die Rezeptor-Tyrosinkinasen, die beispielsweise auf Insulin und Wachstumsfaktoren ansprechen. In ihrer inaktiven Form liegen diese Proteine als Monomere vor. Sobald sie ihren Liganden binden, finden sich aber jeweils zwei Monomere zu einem Dimer zusammen, was wir

---

┌─ **Genauer betrachtet** ─────────────────────────────

Ein Lichtschalter für die Zelle

In der Optogenetik nutzen Forscher die Reaktion von **Channelrhodopsine** genannten Photosensoren, um mit ihrer Hilfe Neuronen im Zeitbereich von Millisekunden mit Licht zu manipulieren.

Channelrhodopsine sind Ionenkanäle aus Algen mit einem Retinalmolekül, das bei Bestrahlung mit Licht der passenden Wellenlänge seine Konformation ändert; dadurch öffnet sich der Kanal für bestimmte Ionen wie H^+, Na^+ oder Ca^{2+}, und durch den Ionenfluss bricht das elektrische Membranpotenzial zusammen.

Wird das Gen für ein Channelrhodopsin gezielt in einen tierischen Organismus eingeschleust, können auf diese Weise alleine durch die Photostimulation die veränderten

Nervenzellen aktiviert oder deaktiviert werden. In Experimenten mit transgenen Tieren haben Optogenetiker bei Zebrafischen so bereits durch Belichtung das Fluchtverhalten der Tiere ausgelöst und blinden Mäusen mit einer degenerierten Netzhaut zu einem gewissen Sehvermögen verholfen.

Außer zur Aktivierung von Neuronen dienen Channelrhodopsine auch zur Kartierung von anregbaren Zellen. Dazu wird ihr Gen mit dem Gen eines fluoreszierenden Proteins verschmolzen, bevor es in die Zelle eingebracht wird. Bei Belichtung gibt das aktivierte Doppelprotein seinen Ort durch das Fluoreszenzlicht bekannt.

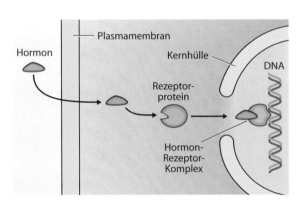

Hormon
Plasmamembran
Kernhülle
DNA
Rezeptor-
protein
Hormon-
Rezeptor-
Komplex

8.9 Manche Signalstoffe wie das Hormon Testosteron gelangen durch die Plasmamembran in die Zelle. Dort binden sie an einen cytoplasmatischen Rezeptor und wandern mit ihm als Rezeptor-Ligand-Komplex (hier der Hormon-Rezeptor-Komplex) in den Zellkern, wo sie spezifische Gene aktivieren.

als Assemblierung bezeichnen. In beiden Polypeptidketten erwacht dadurch in den cytoplasmatischen Domänen die Kinaseaktivität, und sie phosphorylieren sich gegenseitig an mehreren Tyrosinresten. Damit ist der Rezeptor vollständig aktiv, und verschiedene Überträgerproteine aus dem Cytoplasma binden an ihren speziellen phosphorylierten Tyrosinrest und werden selbst aktiviert. Auf diese Weise stoßen Rezeptor-Tyrosinkinasen mehrere unterschiedliche Signalübertragungswege gleichzeitig an.

Bei den drei beschriebenen Typen handelt es sich um **Plasmamembranrezeptoren**. Diese binden Moleküle, die zu groß, zu polar oder beides sind und deshalb nicht durch die Membran gelangen. Es gibt aber auch Signalstoffe, die klein und unpolar sind, wie beispielsweise Stickstoffmonoxid (NO), oder ausreichend lipophil, um die Membran durchqueren zu

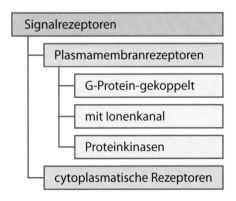

Signalrezeptoren
Plasmamembranrezeptoren
G-Protein-gekoppelt
mit Ionenkanal
Proteinkinasen
cytoplasmatische Rezeptoren

8.10 Manche Rezeptoren nehmen ihren Liganden im Cytoplasma auf. Die meisten binden ihn aber schon an der Plasmamembran.

können, wie etwa Steroidhormone, zu denen das Östradiol zählt.

Solche Signalsubstanzen binden an **cytoplasmatische Rezeptoren**, die sich innerhalb der Zelle befinden. Sie lösen damit eine Konformationsänderung aus, und mit der neuen Form kann der Rezeptor-Ligand-Komplex in den Zellkern gelangen (Abbildung 8.9). Dort schaltet er gezielt Gene an und bewirkt damit eine langsame, aber längere Zeit anhaltende Anpassung der Zelle an die veränderten Bedingungen.

Verschiedene Wege geben das Signal in der Zelle weiter

Der Abschnitt von der Aktivierung des Rezeptors bis zur dazugehörigen Reaktion der Zelle wird unter der Bezeichnung **Signalübertragungsweg** oder **Signaltransduktion** zusammengefasst. In den seltensten Fällen umfasst er nur einen einzigen Schritt. Meistens folgen mehrere Stufen aufeinander, und häufig sind die Wege auch verzweigt oder miteinander verschaltet. Obwohl manche Varianten sehr kompliziert erscheinen, lassen sie sich doch auf fünf Typen zurückführen, die sich durch ihre Überträgermoleküle unterscheiden.

Das **zyklische AMP** (cAMP), das wir in unserem Beispiel oben bereits kennengelernt haben, vermittelt häufig als sekundärer Botenstoff zwischen G-Protein-gekoppelten Rezeptoren und Proteinkinasen. Es wird von dem Enzym Adenylatcyclase synthetisiert, das vom ATP zwei Phosphatreste abspaltet und einen Ringschluss des verbliebenen Phosphats mit dem Riboseteil des Moleküls herbeiführt. Da das Enzym Phosphodiesterase den Ring schnell aufbricht und aus cAMP gewöhnliches AMP macht, sinkt die Konzentration an zyklischem AMP wieder ab, sobald das äußere Signal verschwunden ist und die Adenylatcyclase inaktiv wird (Abbildung 8.11). Weniger häufig, aber verwandt ist das zyklische GMP (cGMP).

Eine zweite wichtige Gruppe von sekundären Botenstoffen bilden die **Phospholipide** (siehe Kapitel 2 „Leben ist konzentriert und verpackt"). Neben ihrer Aufgabe als Membranbaustein werden manche Lipide Teil eines Signalübertragungswegs, wenn sie von einer Phospholipase hydrolysiert werden. Am besten untersucht ist das Beispiel des Phospholipids Phosphatidylinositol-4,5-bisphosphat (PIP_2) (Abbildung 8.12). Nach Andocken eines Hormons an seinen Rezeptor, sendet dieser ein aktives G-Protein aus, das die Phospholipase C dazu veranlasst, den wasserlöslichen Kopfteil vom PIP_2 abzuspalten. Dieses

8.11 Das Enzym Adenylatcyclase setzt an der Membran ATP zum sekundären Botenstoff cAMP (zyklisches AMP) um. Die Phosphodiesterase spaltet den Ring auf, und es entsteht AMP.

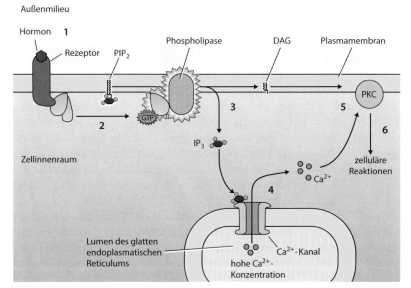

8.12 Nach Bindung eines Hormons (1) aktiviert ein G-Protein das Enzym Phospholipase C (2). Die Phospholipase spaltet das Phospholipid PIP_2 in den löslichen Teil IP_3 und Diacylglycerol (DAG), das in der Membran verbleibt (3). Beide fungieren als sekundäre Botenstoffe. IP_3 veranlasst einen Kanal in der Membran des endoplasmatischen Reticulums, Calciumionen ausströmen zu lassen (4). Die Ionen und DAG aktivieren zusammen die Proteinkinase C (PKC) (5), die als zelluläre Reaktionen zahlreiche Proteine phosphoryliert und damit aktiviert (6).

Inositoltriphosphat (IP_3) sowie der zurückbleibende lipophile Teil aus einem Glycerinrückgrat und zwei Fettsäureresten, das Diacylglycerol (DAG), werden nun als Botenstoffe aktiv. IP_3 diffundiert durch das Cytoplasma zum glatten endoplasmatischen Reticulum und öffnet einen Ionenkanal. Calciumionen strömen aus und erreichen die Proteinkinase C. Das Enzym ist membrangebunden und schaltet sich erst ein, wenn sich sowohl Calcium als auch DAG anlagern. Ist die Proteinkinase C aktiv, phosphoryliert sie eine Reihe unterschiedlicher Enzyme, die schließlich eine Reaktion der Zelle auslösen.

Nicht nur in der Kombination mit Phospholipiden ist **Calcium** ein häufig eingesetzter sekundärer Botenstoff. Viele Signalwege mit G-Proteinen und Proteinkinasen nutzen das Ion. Normalerweise halten Pumpen die Ca^{2+}-Konzentration in der Zelle sehr niedrig, indem sie die Ionen in das umgebende Medium, ins endoplasmatische Reticulum oder bei

einem starken Anstieg auch in die Mitochondrien transportieren (Abbildung 8.13). Auf ein inneres Signal hin – beispielsweise vom IP_3 – strömt es durch Kanäle in das Cytosol und aktiviert Proteinkinasen oder andere Ionenkanäle. Häufig verbindet es sich dafür mit dem Protein Calmodulin, das vier Bindungsstellen hat. Wenn alle vier besetzt sind, verändert Calmodulin seine Struktur und wirkt in der neuen Konformation aktivierend.

Calcium ist auch an der Synthese des kleinsten sekundären Botenmoleküls beteiligt – **Stickstoffmonoxid** (NO). Dieses Gas entsteht, wenn Acetylcholin als primäres Signal an seinen Rezeptor an den Endothelzellen andockt (Abbildung 8.14). Über das PIP_2-System steigt der Calciumspiegel im Cytosol an, was die NO-Synthase aktiviert. Das Enzym setzt dann aus der Aminosäure Arginin den Botenstoff Stickstoffmonoxid frei. Innerhalb von wenigen Sekunden reagiert das Gas weiter zu Nitrit oder Nitrat und kann

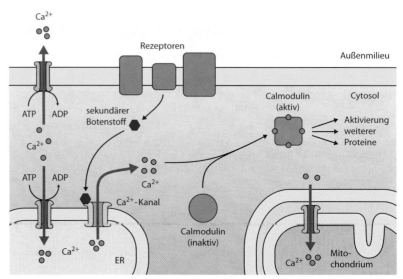

8.13 Calciumpumpen (blau) halten die Konzentration des Ions im Cytosol niedrig, indem sie aktiv Ca²⁺ in das Außenmedium, das endoplasmatische Reticulum (ER) und in die Mitochondrien transportieren. Als Reaktion auf ein Signal können Rezeptoren einen sekundären Botenstoff zu ligandengesteuerten Calciumkanälen in der ER-Membran schicken, die sich daraufhin öffnen und Ca²⁺ ins Cytosol entlassen. Binden vier Calciumionen an das Protein Calmodulin, ändert dies seine Konformation und verändert die Aktivität weiterer Proteine.

darum nur in der unmittelbaren Umgebung wirken. Es diffundiert durch die Membranen in die Nachbarzelle und regt beispielsweise in den Zellen der glatten Muskulatur von Blutgefäßen die Synthese von zyklischem GMP an, das die Relaxation der Muskeln fördert.

Bei sehr vielen Signaltransduktionswegen werden Enzyme mit einer Phosphatgruppe vom ATP phosphoryliert und dadurch aktiviert (in manchen Fällen stattdessen inaktiviert). Diese Enzyme phosphorylieren wiederum andere Enzyme und so fort, bis am Ende der Kette tatsächlich ein Enzym die zum primären Signal passende Zellreaktion auslöst (Abbildung 8.15). Da die Phosphorylierung mit ATP eine Eigenschaft von Kinasen ist, nennen wir diesen mehrstufi-

gen Prozess eine **Proteinkinasenkaskade**. Mit jeder Ebene wird das Signal in diesen Kaskaden verstärkt, da jede Kinase eine große Zahl von Enzymmolekülen aktiviert. Akzeptiert eine Kinase nicht nur eine einzige Art von Zielenzym, sondern mehrere, verzweigt sich der Signalweg zusätzlich. Auf diese Weise kann ein einziges primäres Signal innerhalb der Zelle an verschiedenen Orten unterschiedliche Aktivitäten auslösen. Nach Schätzungen verfügen Zellen über mehrere Hundert Kinasen, die vermutlich einen Großteil der Proteine kontrollieren. Sie selbst sind vom Wechselspiel zwischen ihrem phosphorylierenden Enzym und der Phosphatase, die den übertragenen Phosphatrest wieder abspaltet, abhängig.

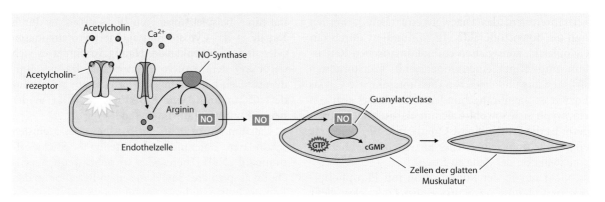

8.14 Stickstoffmonoxid (NO) übermittelt als sekundärer Botenstoff in Blutgefäßen an die umgebende glatte Muskulatur den Befehl zum Relaxieren. Die Ereigniskette beginnt mit Acetylcholin, das an seinen Rezeptor bindet und die Öffnung von Calciumkanälen veranlasst. Calcium strömt in die Endothelzellen, welche das Blutgefäß auskleiden. Das Calcium aktiviert die NO-Synthase. Als Gas kann NO durch Membranen diffundieren und gelangt in die Muskelzellen. Dort stimuliert es die Synthese des sekundären Botenstoffs zyklisches GMP (cGMP), der zur Entspannung der Muskeln führt.

[?] Prinzip verstanden?

8.1 Warum verändert sich die Aktivität eines Enzyms, wenn es phosphoryliert wird?

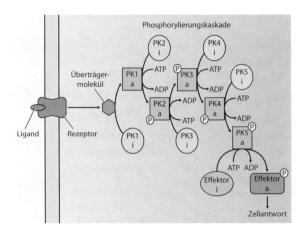

8.15 Die Bindung eines Liganden an seinen Rezeptor löst direkt oder über ein aktives Überträgermolekül eine Kaskade von Phosphorylierungen aus. Dabei werden inaktive (i) Proteinkinasen (PK) durch die Phosphorylierung mit ATP in ihre aktive Form (a) überführt und katalysieren die Phosphorylierung der nächsten Kinase. Am Ende der Kette steht ein Effektorprotein (Effektor), das die passende Zellantwort auslöst. In diesem Bild nicht gezeigt ist die Dephosphorylierung und damit Deaktivierung der Enzyme durch Phosphatasen. Sie ist notwendig, um die Kaskade für ein weiteres Signal bereitzustellen.

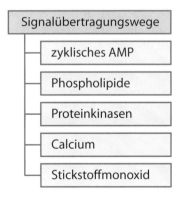

Signalübertragungswege
zyklisches AMP
Phospholipide
Proteinkinasen
Calcium
Stickstoffmonoxid

8.16 In der Zelle tragen kleine Moleküle und Ionen das Signal weiter.

Bei dieser Vielfalt von Überträgermolekülen stellt sich die Frage, welchen Vorteil derartige Folgen und Kaskaden gegenüber einer direkten Signalweitergabe in einem einzigen Schritt haben. Die Antwort besteht aus mehreren Teilen, die in den verschiedenen Fällen unterschiedlich große Beiträge leisten.

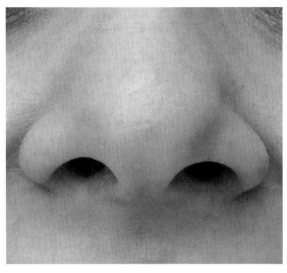

8.17 In der Nase trägt jede Nervenzelle einen Geruchsrezeptor, der nur auf bestimmte chemische Stoffe reagiert. Bindet die passende Substanz, aktiviert ein G-Protein die Adenylatcyclase; diese bildet cAMP, das einen Ionenkanal öffnet. Die einströmenden Natriumionen regen die Nervenzelle an, ein Signal an das Gehirn zu senden.

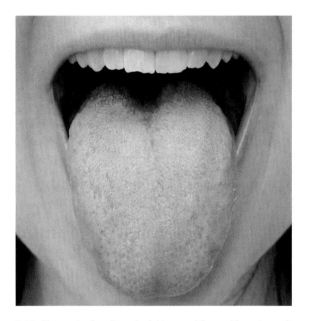

8.18 Nur sechs Geschmacksrichtungen können Menschen mit der Zunge wahrnehmen: süß, sauer, salzig, bitter, umami und fettig. „Umami" ist Japanisch und bedeutet „herzhaft, wohlschmeckend". Es wird von der Aminosäure Glutaminsäure und deren Salzen, den Glutamaten, vermittelt. Für einen vollen Geschmackseindruck reichen die Wahrnehmungen der Zunge nicht aus. Den größten Anteil am Sinneserlebnis haben flüchtige Aromastoffe, die beim Kauen über den Rachen in die Nasenhöhle gelangen und dort von den Geruchsrezeptoren registriert werden.

- Signale, die durch einen membrangebundenen Rezeptor in das Zellinnere geleitet werden, aber innerhalb des Cytoplasmas oder im Zellkern eine Reaktion auslösen müssen, können sich nur durch die Überträgermoleküle von der Membran lösen und ihren Bestimmungsort erreichen. In solchen Fällen ist die **Mobilität des Signals** entscheidend.
- Bei Ereignisketten gibt jedes Glied das Signal an mehrere Folgeglieder weiter, was zu einer **Verstärkung** der Wirkung führt. Im Prinzip kann ein einziges Molekül eines primären Signalstoffs ausreichen, um eine Antwort auszulösen.
- Sekundäre Botenstoffe, G-Proteine und Kinasen aktivieren mitunter mehrere Signalwege. Diese **Verzweigung** ermöglicht eine umfangreichere Reaktion als bei streng linearen Verläufen.
- Zellen verfügen über eine Vielzahl von Rezeptoren und Kinasen, die jeweils nur bestimmte Moleküle binden oder bestimmte Proteine phosphorylieren. Diese **Spezifität** garantiert selbst im scheinbaren Chaos des Zellinneren eine zum Signal passende Antwort. Dabei reagieren verschiedene Zelltypen aufgrund ihrer abweichenden Auswahl von Überträgermolekülen durchaus unterschiedlich auf den gleichen Reiz.
- Auf praktisch jeder Ebene – angefangen bei der Signalerkennung am Rezeptor bis hin zur Reaktion – kann die Aktivität der Komponenten eines Signalübertragungswegs manipuliert werden. Diese **Regulation** erfolgt häufig durch Phosphorylierungen und Dephosphorylierungen, Konzentrationsänderungen und die Bindung von hemmenden oder stimulierenden Stoffen.

Die **Adaptation** an ein Signal hängt nicht unbedingt davon ab, ob ein Transduktionsweg mehrstufig ist oder nicht. Dennoch ist sie eine wichtige Eigenschaft der Signalverarbeitung. Indem sich die Empfindlichkeit der Rezeptoren an die Konzentration der Signalmoleküle anpasst, die als Liganden eine Transduktion

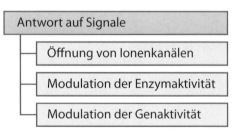

8.19   Zellen reagieren mit drei unterschiedlichen Antworttypen auf Signale von außen.

auslösen können, bleibt das System flexibel. Es kann so weiterhin auf ansteigende oder sinkende Signalkonzentrationen reagieren und blockiert die Zelle nicht durch eine permanente Signalübertragung, obwohl es keine Veränderung in der Umgebung gibt.

Die Zellantwort auf ein Signal kann unterschiedlich schnell und dauerhaft sein

Hat die Zelle ein Signal erfolgreich weitergeleitet, antwortet sie unmittelbar mit einer von drei grundlegenden Reaktionen.

- Am schnellsten läuft das **Öffnen von Ionenkanälen** ab. Wie wir weiter unten in diesem Kapitel sehen werden, entstehen bei Tieren auf diese Weise Nervenimpulse. Sobald der Reiz verschwunden ist, schließen sich die Kanäle aber auch wieder. Es handelt sich also um eine sehr kurzfristige und nicht andauernde Antwort.
- Stoffwechselwege sind besonders effektiv durch **veränderte Enzymaktivitäten** zu beeinflussen. Durch das Anhängen oder Entfernen einer Phosphatgruppe bzw. die nicht-kovalente Anlagerung eines sekundären Botenstoffs können ganze

Tabelle 8.1 Beispiele für Signaltransduktionswege

Signal	Signalübertragungsweg	Reaktion
Adrenalin	G-Protein, cAMP	Erhöhung der Herzfrequenz, Erschlaffung der Muskulatur, Abbau von Fett und Glykogen
Acetylcholin	G-Protein	Senkung der Herzfrequenz
Acetylcholin	IP_3-Weg, Ca^{2+}, NO, cGMP	Relaxation von glatter Muskulatur um Blutgefäße
Wachstumsfaktor	Proteinkaskade	Zellteilung
Testosteron	direkt	Entwicklung der männlichen Geschlechtsmerkmale

Offene Fragen

Ungeklärte Kommunikation in Pflanzen

Unser Wissen über die Aufnahme und Weitergabe von Signalen beruht zum größten Teil auf Studien an tierischen Systemen. Über die Informationskette innerhalb von Pflanzen ist hingegen wenig bekannt. Von höheren Pflanzen kennen wir sechs Molekülklassen, die als Phytohormone bezeichnet werden und meistens das Wachstum von Teilen der Pflanzen verstärken oder hemmen. Auf welche Weise sie ihre Wirkung entfalten, muss jedoch noch erforscht werden. Auch die Rolle von sekundären Botenstoffen ist offen. Zwar wurde cAMP nachgewiesen, aber welche Funktion es übernimmt, ist ungeklärt. Noch weniger wissen wir über die Prozesse in einfacheren Pflanzen wie Moosen und Algen. Bei ihnen wurden bislang überhaupt nur vereinzelt Phytohormone nachgewiesen.

8.20 Das menschliche Auge entsteht während der Embryonalentwicklung aus den gleichen Vorläuferzellen, aus denen sich auch das Gehirn entwickelt.

Abschnitte des Metabolismus umgeschaltet werden. Diese Reaktion wirkt schnell und mittelfristig.

- An langfristige Änderungen passen Zellen sich an, indem sie **neue Gene aktivieren und andere hemmen**. Wie wir in Kapitel 11 „Leben speichert Wissen" sehen werden, wandelt sich dadurch die Proteinzusammensetzung der Zelle, und sie kann sich auf völlig neue Bedingungen einstellen.

schen sind darauf spezialisiert, elektromagnetische Wellen im Bereich von etwa 380 nm bis 780 nm Wellenlänge aufzunehmen, was wir darum als „sichtbares Licht" bezeichnen. Diese Art von Signal ist für das menschliche Auge der **adäquate Reiz**, auf den es am besten reagiert. Auf nicht passende und damit **inadäquate Reize**, wie beispielsweise Druck, erfolgt eine deutlich schwächere oder gar keine Antwort.

Licht, das einen Sinneseindruck hervorruft, passiert zunächst ein **mehrteiliges optisches System**, dessen Aufgabe es ist, wie bei einer Kamera ein schar-

Nerven reagieren schnell und bilden komplexe Verarbeitungszentralen

Mit dem Wissen, wie Zellen chemische Signale aufnehmen und als Reaktion die Durchlässigkeit von Ionenkanälen verändern, sind wir gut vorbereitet, um die Arbeitsweise von Sinnesorganen und Nervensystemen höherer Tiere zu betrachten. Als Beispiel untersuchen wir den Sehvorgang beim Menschen – eines der am besten erforschten sensorischen Systeme.

Das Auge ist ein optisches Meisterwerk mit Konstruktionsmängeln

Augen gehören zu den **Exterorezeptoren**, da sie – im Gegensatz zu den **Enterorezeptoren**, die auf Reize von innen ansprechen – einen aus der Umgebung stammenden Reiz detektieren. Die Augen des Men-

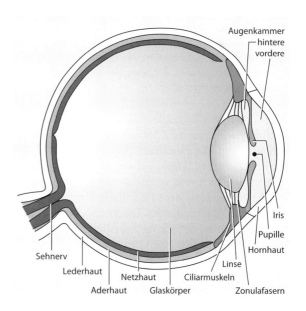

8.21 Das menschliche Auge fokussiert einfallendes Licht mit einem flexiblen optischen Apparat aus Hornhaut, Kammerwasser, Linse und Glaskörper auf die Netzhaut mit den Photorezeptorzellen.

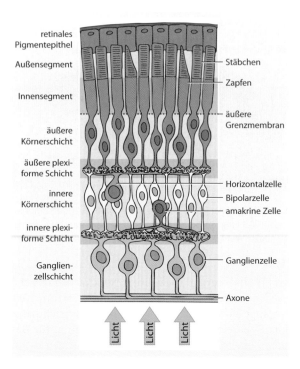

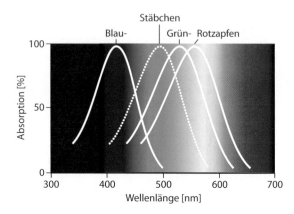

8.23 Stäbchen sprechen besonders gut auf blaugrünes Licht an. Von den Zapfen gibt es drei verschiedene Typen mit unterschiedlichen Absorptionseigenschaften.

8.22 Bevor das Licht auf die Photorezeptorzellen trifft, muss es die gesamte, im Wesentlichen durchsichtige Netzhaut durchqueren. Dabei passiert es zuerst die Axone – Fasern der Nervenzellen, die als Sehnerv Impulse zum Gehirn leiten. Die Axone sind Ausläufer der Ganglienzellen, die ihre Reize von den Bipolarzellen erhalten. Horizontalzellen und amakrine Zellen sorgen für eine Querverschaltung, die ein empfindlicheres Sehen erlaubt. Bei den Stäbchen und Zapfen handelt es sich um die tatsächlich photosensitiven Rezeptorzellen. Als Körnerschicht werden jene Lagen bezeichnet, in denen sich die Zellkörper befinden, plexiforme Schichten sind von Zellausläufern durchzogen. Die genauen Aufgaben der einzelnen Zelltypen sind im Haupttext besprochen.

fes Bild zu projizieren (Abbildung 8.21). Als Erstes tritt es durch die Hornhaut (Cornea), die Teil der zähen Lederhaut (Sklera) ist, welche das ganze Auge umgibt und in ihrem vorderen Bereich transparent ist. Hinter der Hornhaut füllt klares Kammerwasser die vordere Augenkammer. Die ringförmige Regenbogenhaut (Iris), der wir unsere Augenfarbe verdanken, hat in ihrer Mitte eine Öffnung, die Pupille. Mithilfe von Muskelfasern verändert die Iris die Größe der Pupille und kontrolliert so wie eine fotografische Blende die Menge des einfallenden Lichts, was als Adaptation bezeichnet wird. Hinter der Pupille fällt das Licht in die Linse aus durchsichtigem Protein. Die Linse ist an Bändern, den Zonulafasern, aufgehängt, die zu den Ciliarmuskeln führen. Dabei handelt es sich um Ringmuskeln, die gegen den Zug der

Bänder arbeiten und damit die Linse kugelförmiger oder flacher werden lassen. Durch den gesteuerten Wechsel der Linsenform kann das Auge wahlweise nahe oder entfernte Objekte scharf erfassen (Akkommodation). Der Glaskörper, der den größten Anteil am Volumen des Auges ausmacht, ist schließlich der letzte fokussierende Abschnitt des Auges.

Das Licht trifft hinter dem Glaskörper auf die **Netzhaut (Retina)**, in der sich die Photorezeptorzellen befinden (Abbildung 8.22). Außerdem enthält die Retina verschiedene Typen von Nervenzellen, die in aufeinanderfolgenden Schichten organisiert sind. Während der Embryonalentwicklung entwickelt sich die Netzhaut aus einer Ausstülpung von Zellen, die später das Gehirn formen. Kurioserweise ist ausgerechnet die Schicht der Rezeptorzellen am weitesten vom Glaskörper und damit vom einfallenden Licht entfernt (inverses Auge), sodass das Licht zuvor alle anderen Lagen durchdringen muss, bevor es die Photorezeptorzellen erreicht (Abbildung 8.22). Andere Tiere wie Kopffüßer, bei denen sich die Retina aus den gleichen Zellschichten wie die Haut entwickelt hat, besitzen ein everses Auge, bei dem die Rezeptorzellen auf der lichtzugewandten Seite liegen.

Zwei verschiedene Haupttypen von **Photorezeptorzellen** sind in der menschlichen Retina anzutreffen. Rund 120 Millionen Stäbchen sind auf das Sehen bei schwachem Licht spezialisiert. Schon ein einzelnes Photon reicht aus, um eine Reaktion hervorzurufen. Allerdings können Stäbchen nur Helligkeitsunterschiede erkennen, aber keine Farben unterscheiden. Diese Aufgabe übernehmen die etwa sechs Millionen Zapfen, von denen es drei Untertypen gibt. Blaurezeptoren sprechen vor allem auf blaues, Grünrezeptoren auf grünes und Rotrezeptoren auf gelb-

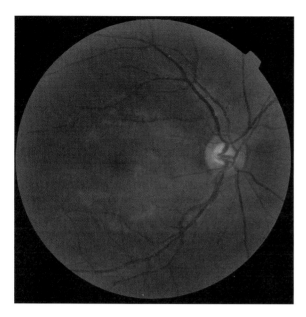

8.24 Bei Augenspiegelungen ist der gelbe Fleck dunkel und der blinde Fleck als heller Bereich zu erkennen.

grünes, aber auch rotes Licht an (Abbildung 8.23). Den Unterschied im Absorptionsverhalten machen kleine Abweichungen im Proteinanteil des Pigments Photopsin aus, das wir im folgenden Abschnitt behandeln werden. Zapfen sind deutlich weniger lichtempfindlich als Stäbchen und eignen sich deshalb nur zum Sehen in hellen Umgebungen. Bei tagaktiven Arten wie dem Menschen sind die Zapfen vor allem auf den Bereich der Sehgrube (Fovea, „gelber Fleck") konzentriert, wo etwa 150 000 Zapfen pro Quadratmillimeter zu finden sind, aber keine Stäbchen. Zum scharf Sehen fokussieren wir ein Objekt dementsprechend auf die Fovea. Bei Dunkelheit ist es dagegen ratsamer, ein wenig am Objekt „vorbei" zu schauen, damit das wenige Licht auf die Stäbchen fällt, die in der Retina peripherer verteilt sind.

In Bezug auf die Sehschärfe ist der **blinde Fleck** das Gegenteil der Fovea (Abbildung 8.24). Im blinden Fleck treten der Sehnerv und die versorgenden Blutgefäße durch die Netzhaut, sodass in dem Areal kein Platz für Photorezeptoren bleibt – ein Konstruktions-

mangel, der durch den inversen Aufbau der Retina verursacht ist. Dadurch gibt es eine Lücke in dem Bild, das unser Auge von der Umgebung sieht. Normalerweise bemerken wir den Mangel nicht, er kann aber durch einfache gezielte Tests nachgewiesen werden (Abbildung 8.25).

[?]

Prinzip verstanden?

8.2 Welchen Typ von Photorezeptorzellen können wir vorwiegend bei nachtaktiven Tieren erwarten?

Die Moleküle des Sehens heißen Rhodopsin und Photopsin

Die molekularen Rezeptoren für den Lichtreiz sind die Pigmente **Rhodopsin** in den Stäbchen und drei leicht unterschiedliche **Photopsine** in den verschiedenen Zapfentypen. Sie bestehen jeweils aus einem membrandurchspannenden Proteinanteil, dem Opsin, und einem Retinalmolekül als lichtabsorbierende prosthetische Gruppe (Abbildung 8.26). Die genauen Absorptionseigenschaften des Retinals werden vom Opsinprotein bestimmt, an welches es kovalent gebunden ist.

Um möglichst effektiv Licht einzufangen, sind die Rezeptoren in **Membranstapeln** eng gepackt. Während bei den Zapfen zu diesem Zweck die Plasmamembran stark gefaltet ist, enthalten die Stäbchen im Zellinneren flache Membranbläschen, die als Disks bezeichnet werden. Bei beiden Formen von Photorezeptorzellen belegen die Membranstapel den Außenglied genannten Teil der Zelle, der zur lichtabgewandten Seite der Retina weist. Er ist über eine dünne Brücke mit dem Innenglied verbunden. Dieses besteht aus einem Abschnitt, der reich an Mitochondrien ist, und einem Segment mit stark ausgeprägtem endoplasmatischem Reticulum. Ein Zellausläufer hält Kontakt zu der angelagerten Nervenzelle.

Im Dunkeln befindet sich das Retinal im Opsin in der geknickten, farbigen 11-*cis*-Form. Durch die **Ab-**

8.25 Der blinde Fleck ruft in unserem Gesichtsfeld eine Lücke hervor, die das Gehirn mit Informationen aus der Umgebung schließt. Mit einem einfachen Test können wir den Effekt nachweisen. Dazu schließen wir das linke Auge und sehen mit dem rechten Auge auf das linke der beiden Symbole. Im richtigen Abstand verschwindet scheinbar das rechte Symbol, wenn sein Bild auf den blinden Fleck fällt.

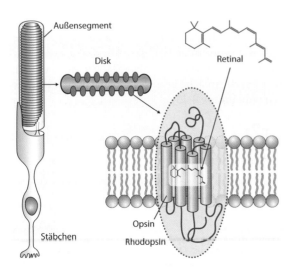

8.26 Das Sehpigment der Stäbchen – Rhodopsin – besteht aus dem Protein Opsin und dem kovalent gebundenen Farbstoff Retinal. Der Komplex liegt dicht gedrängt in den Membranen der Disks, die sich im Außensegment der Photorezeptorzellen stapeln.

8.27 Im Rhodopsin liegt das Retinal als geknicktes 11-*cis*-Retinal vor. Bei Belichtung geht es in die gestreckte all-*trans*-Form über und löst sich vom Opsin.

sorption eines Photons streckt es sich zum farblosen all-*trans*-Retinal und löst sich vom Opsin ab (Abbildung 8.27). Dieser Vorgang wird als „Bleichen" bezeichnet. Das Opsin gehört zur Klasse der Rezeptoren mit sieben Transmembranhelices, die wir zu Beginn des Kapitels kennengelernt haben, und ist damit ein G-Protein-gekoppelter Rezeptor. Als Reaktion auf den Verlust des Retinals verändert es seine Konformation und wird aktiv. Es aktiviert das G-Protein Transducin, das seinerseits die Phosphodiesterase (PDE) aktiviert. Die Phosphodiesterase spaltet zyklisches GMP (cGMP), das an einen Natriumkanal gebunden ist, zu GMP, das sich dadurch von dem Kanal löst. Weil das cGMP notwendig ist, um den

Kanal im offenen Zustand zu halten, schließt er sich nun (Abbildung 8.28). Als Folge können keine Natriumionen mehr in das Cytoplasma strömen, und das Membranpotenzial sinkt. Anstelle der üblichen Spannung liegt jetzt eine fast doppelt so hohe Spannung über der Membran – es hat eine **Hyperpolarisation** stattgefunden.

Das gesunkene Membranpotenzial wirkt sich bis zum entfernten Zellausläufer der Photorezeptorzelle aus. An dessen sogenannter synaptischen Endigung wird im Ruhezustand ständig der Neurotransmitter Glutamat als Botenstoff an die angeschlossene Nervenzelle – eine Bipolarzelle – ausgeschüttet. Durch die Hyperpolarisation verebbt dieser Strom, womit

8.28 Die Signaltransduktionskette beginnt beim Sehvorgang mit dem Bleichen des Rhodopsins (1). Dadurch löst sich das Retinal, und das übrig gebliebene Opsin aktiviert das G-Protein Transducin (2). Dieses aktiviert das Enzym Phosphodiesterase (PDE) (3). Die aktive PDE hydrolysiert zyklisches GMP (cGMP) zu GMP (4). Ohne cGMP schließt sich der sonst offene Natriumkanal (5), und der ausbleibende Natriumstrom lässt das Membranpotenzial ansteigen.

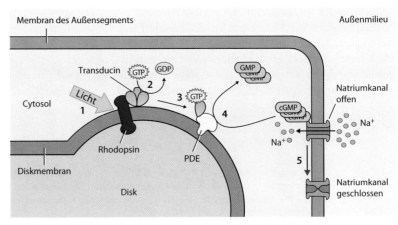

die Information vom einfallenden Licht an die entsprechende Bipolarzelle weitergegeben ist.

Die Kette der Signaltransduktion bleibt so lange aktiv, bis sich regeneriertes 11-*cis*-Retinal erneut an das Opsin lagert, eine kovalente Bindung zu dem Protein eingeht und es in den Ruhezustand versetzt.

[?]

Prinzip verstanden?

8.3 Wenn wir eine Minute lang konzentriert auf einen roten Kreis sehen und danach auf ein weißes Blatt Papier, erscheint dort ein grüner Kreis. Wie ist diese optische Täuschung zu erklären?

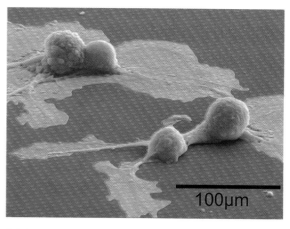

8.29 Nervenzellen wachsen auf einem Siliciumchip.

Nervenzellen stehen unter Spannung

Schon die Photorezeptorzellen sind abgewandelte Nervenzellen, auch Neuronen genannt. Mit dem Übergang auf die Bipolarzelle ist das Signal endgültig im Reich der klassischen Nervenzellen angelangt. Obwohl **Neuronen** unter dem Mikroskop sehr unterschiedlich aussehen können, folgen sie doch dem gleichen Grundschema (Abbildung 8.30):

- Kurze, verästelte Fortsätze, die **Dendriten**, nehmen Informationen auf und leiten sie zum Zellkörper.
- Der **Soma** genannte Zellkörper enthält den Kern und den größten Teil der Organellen.
- Am Soma setzt der **Axonhügel** an, von dem das **Axon** als langer Ausläufer ausgeht. Am Axonhügel werden die eingegangenen Signale miteinander

verrechnet (integriert) und der entstandene Impuls über das Axon weitergeleitet.

- An seinem Ende verzweigt sich das Axon und läuft in **synaptische Endigungen** aus. Das bis hier elektrische Signal wird in ein chemisches Signal umgewandelt, indem die Zelle Neurotransmitter als Botenstoffe ausschüttet. Die Moleküle diffundieren durch den Zwischenraum (synaptischen Spalt) zur Zielzelle und binden dort an Rezeptoren, womit sie eine Signaltransduktionskette auslösen. Den Abschnitt mit der synaptischen Endigung des Neurons und der Kontaktstelle der Zielzelle bezeichnen wir als **Synapse**, die informationsliefernde Zelle als präsynaptische und die informationsempfangende Zelle als postsynaptische Zelle. Bei ihr kann es sich um ein weiteres Neuron, eine Muskel- oder eine Drüsenzelle handeln.

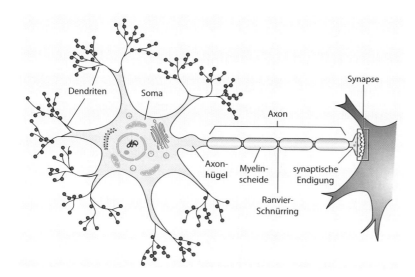

8.30 Das Grundprinzip einer Nervenzelle im Schema. Dendriten nehmen mit ihren Rezeptoren Botenstoffe auf und entwickeln ein elektrisches Potenzial, das über den Soma genannten Zellkörper zum Axonhügel läuft. Hier werden mehrere eingehende Potenziale miteinander verrechnet, und ein Aktionspotenzial wandert das langgestreckte Axon entlang. Bei manchen Zellen ist der Zellausläufer von einer isolierenden Myelinscheide mit einzelnen freien Schnürringen überzogen. An der synaptischen Endigung wird der elektrische Impuls in ein chemisches Signal umgewandelt und geht an der Synapse auf die nachfolgende Zelle über.

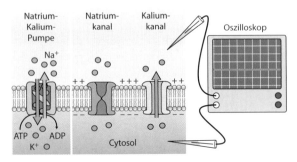

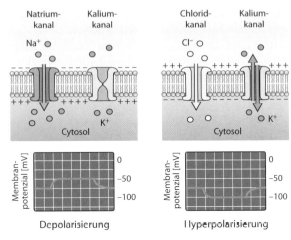

8.31 Durch die Aktivitäten von Ionenpumpen und -kanälen entsteht eine elektrische Spannung über die Membran, die als Membranpotenzial bezeichnet wird und mit feinen Elektroden und einem Oszilloskop direkt gemessen werden kann. Großen Anteil am Ruhepotenzial hat die Natrium-Kalium-Pumpe, die aktiv Natriumionen aus der Zelle heraustransportiert und Kaliumionen hinein. Nur das Kalium kann durch einen offenen Kanal zurückwandern. Dadurch entwickelt sich außerhalb der Zelle ein positiver und im Cytosol ein negativer Ladungsüberschuss.

8.32 Bei einer Depolarisierung steigt das negative Membranpotenzial, beispielsweise weil sich der ansonsten offene Kaliumkanal schließt und sich ein Natriumkanal öffnet. Bei einer Hyperpolarisierung wird das Membranpotenzial noch negativer, etwa wegen geöffneter Chloridkanäle.

Anders als bei der oben beschriebenen Signaltransduktion verläuft die Weitergabe und Verarbeitung von Informationen bei Nervenzellen vor allem elektrisch. Durch Ionenpumpen und Ionenkanäle (siehe Kapitel 4 „Leben tauscht aus") errichten die Zellen über ihre Plasmamembran eine Spannung – das **Membranpotenzial**. Beispielsweise transportiert die Natrium-Kalium-Pumpe unter ATP-Einsatz mit jedem Zyklus zwei Kaliumionen in die Zelle hinein und drei Natriumionen hinaus. Während das Natrium nicht wieder durch die Membran zurück kann, wandert das Kalium durch offene Kanäle, die ganz spezifisch nur diese eine Ionensorte hindurchlassen, aus der Zelle heraus. Netto gesehen entsteht dadurch außerhalb der Zelle ein positives elektrisches Potenzial, und aufgrund der nicht gewanderten Anionen im Cytoplasma entwickelt sich in der Zelle ein negatives Potenzial. Die Differenz aus beiden ist das **Ruhepotenzial** der Nervenzelle (Abbildung 8.31). Es liegt bei tierischen Zellen im Bereich von $-50\,$mV bis $-100\,$mV (Millivolt), bei Neuronen um $-70\,$mV.

Membranpotenzial = elektrisches Potenzial innen –
elektrisches Potenzial außen

Das Fließgleichgewicht der Ionen und Ladungen wird gestört, wenn **ein passender Reiz die Nervenzelle erreicht**. In unserem Beispiel mit dem Sehvorgang geschieht dies durch den Neurotransmitter Glutamat, den die Photorezeptorzelle in den synaptischen Spalt ausschüttet. Die postsynaptische Zelle hat an dieser Stelle in ihrer Membran zahlreiche Rezep-

toren, die Glutamat binden und aktiv werden. Sie wirken entweder indirekt auf Ionenkanäle oder sind gleich selbst Kanäle, die sich auf das chemische Kommando hin öffnen oder schließen. Plötzlich ist die Durchlässigkeit der proteinhaltigen Membran an dieser Stelle grundlegend geändert. Neue Kanäle für Kationen wie Natrium und Kalium oder für Anionen wie Chlorid können offen sein, oder im Ruhezustand leitende Kaliumkanäle schließen sich.

Was genau geschieht, hängt von den jeweiligen Zellen ab, die über die Synapse miteinander verbunden sind. Grundsätzlich gibt es zwei Arten von Spannungsänderungen (Abbildung 8.32):

- Bei der **Depolarisierung** steigt das Membranpotenzial – es wird positiver. Dies kann beispielsweise geschehen, wenn sich ein Natriumkanal öffnet und Natrium in das Cytoplasma strömt.
- Bei der **Hyperpolarisierung** wird das Membranpotenzial noch negativer. Ein zusätzlich geöffneter Chloridkanal kann dies bewirken, da Chloridionen außerhalb der Zelle häufig sind, ihre Konzentration im Cytoplasma aber sehr niedrig liegt. Der offene Kanal bietet eine Möglichkeit, diesen Unterschied ein wenig auszugleichen.

Die neuen Ionenströme und das dadurch veränderte Membranpotenzial sind zunächst nur ein lokales Ereignis an der Synapse. Aber schnell reagieren die Ionen in der Zelle auf die Störung des elektrischen Gleichgewichts und wandern je nach ihrer Ladung

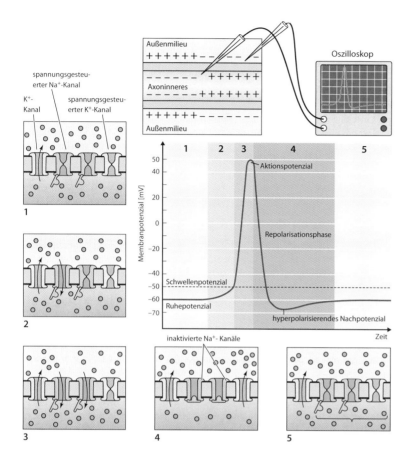

8.33 Bevor an einem Axon ein Aktionspotenzial ausgelöst wird, befindet sich das Membranpotenzial im negativen Ruhezustand (1). Ein elektrotonisches Potenzial hebt das Membranpotenzial leicht an, indem es einige spannungsgesteuerte Natriumkanäle öffnet (2). Sobald das Schwellenpotenzial überschritten ist, gehen weitere Natriumkanäle auf, und es kommt zu einem kurzen Einstrom von zusätzlichen Natriumionen. Das Membranpotenzial steigt bis weit in den positiven Bereich an (3). Kurz darauf schließen sich die Inaktivierungstore der Natriumkanäle, und die spannungsgesteuerten Kaliumkanäle öffnen sich (Repolarisationsphase). Die Depolarisierung läuft so schnell ab wie der Anstieg des Aktionspotenzials. Weil die Kaliumkanäle träge reagieren, entsteht vorübergehend ein hyperpolarisiertes Nachpotenzial (4). Schließlich gehen alle Kanäle wieder in ihre Ruhestellung, und der betreffende Abschnitt der Axonmembran ist für einen weiteren Impuls bereit.

auf die Synapse zu oder von ihr weg. Es entsteht ein **elektrotonisches Potenzial** oder **Elektrotonus**, der sich entlang der Membran ausbreitet. Je stärker der auslösende Reiz war, umso kräftiger fällt der Elektrotonus aus, weshalb wir auch von einem „graduierten Potenzial" sprechen. Allerdings ist die Reichweite des Elektrotonus auf jeden Fall mit wenigen Millimetern nur gering, da kompensierende Ionen durch die Membran fließen.

Erreicht ein Elektrotonus den Axonhügel (Abbildung 8.30), kann er einen eigentlichen Nervenimpuls auslösen – ein **Aktionspotenzial**, das am Axon entlangwandert (Abbildung 8.33). Allerdings muss der Elektrotonus dafür ein depolarisierender Reiz sein. Nur wenn das Membranpotenzial positiver wird, sprechen spannungsgesteuerte Natriumkanäle darauf an, indem sie sich für weniger als eine Millisekunde öffnen und Natriumionen in die Zelle einströmen lassen. Durch den Ionenfluss nimmt das Ausmaß der Depolarisierung noch zu, und das Membranpotenzial steigt weiter und wird positiver als das Ruhepotenzial. Sobald es dabei einen bestimmten Schwellenwert, der etwa bei –50 mV bis –55 mV liegt, überschreitet, öffnen sich weitere spannungsabhängige Tore von Natriumkanälen. Nun fließen sehr schnell neue Natriumionen in die Zelle. Das entstehende Aktionspotenzial ist so groß, dass es sogar über die Nulllinie ansteigt und weit in den positiven Bereich reicht. Seine Höhe hängt aber nicht von der Stärke des auslösenden Reizes ab, sondern es handelt sich um einen Alles-oder-Nichts-Prozess, der nach einem festen Mechanismus abläuft, wenn das Schwellenpotenzial erreicht ist. Umgangssprachlich wird das Auslösen des Aktionspotenzials auch als „Feuern" eines Neurons bezeichnet.

Nach kurzer Zeit erreicht der Impuls einen Gipfel, der Spike genannt wird, und fällt dann eben so rasch wieder ab, wie er angestiegen ist. Diese **Repolarisation** geht auf eine träge Antwort von Ionenkanälen zurück. Kaliumkanäle, die im Ruhezustand geschlossen sind, öffnen sich langsam und entlassen Kalium aus der Zelle. Bei den Natriumkanälen geht man von einem etwas komplizierteren Mechanismus aus. Bei ihnen vermuten Wissenschaftler zwei spannungsgesteuerte Tore:

- Das Aktivierungstor ist im Ruhezustand geschlossen. Bei der Depolarisierung öffnet es sich aber

Duftstoffe

Von Birgit Piechulla

Duftstoffe sind allgegenwärtig, aber da wir sie nicht sehen oder hören, messen wir ihnen nicht so viel Gewicht bei. Sie werden unterbewusst von uns wahrgenommen und bestimmen unser Verhalten. Der Ausspruch „den kann ich nicht riechen" rührt daher, dass eine Abneigung gegenüber einer Person unterbewusst durch negativ empfundene Gerüche bestimmt wird. Menschen haben im Laufe ihrer Evolution und insbesondere auch in unserer heutigen audiovisuell geprägten Zeit vergessen oder verlernt, auch die Geruchswelt aktiv in ihre Informationsempfänge aufzunehmen. Die „Wellness"-Branche aktiviert dieses Defizit und setzt Aromen vielseitig ein.

In der Natur ist die Nutzung von Duftstoffen essenziell für die Interaktion von Organismen. Sie dienen als flüchtige Informationsträger und signalisieren Organismen, die in einem Ökosystem oder einer Population zusammenleben, die Präsenz von Lebewesen der gleichen Art oder anderer Arten. Duftstoffe können dabei anlockende, abstoßende oder neutrale Wirkungen ausüben, das kommt auf die einzelnen Substanzen, oder aber auch auf die spezifische Zusammensetzung eines Gemisches an. Duftstoffe haben den großen Vorteil, dass sie über kurze, aber auch sehr weite Distanzen und auch in sehr geringen Konzentrationen wahrgenommen werden können. Sie eignen sich deshalb sehr gut als Informationsüberträger.

Eindrucksvoll ist die Duftstoffkommunikation zwischen Pflanzen und Insekten. Dabei sind sowohl die offensichtlichen Bestäuber-Blüte-Interaktionen, aber auch die vielfältigen direkten und indirekten Pathogenabwehrmechanismen der Pflanzen zu nennen. In einem sehr ausgeklügelten und fein abgestimmten System gelingt es manchen Pflanzen, nach Herbivorenbefall Duftstoffe abzugeben, die Feinde des Herbivoren anlocken; vernichtet der Räuber den Herbivoren, so wird die Pflanze nicht weiter durch ihn beeinträchtigt. Inzwischen sind zahlreiche solcher duftstoffvermittelter tritrophischer Interaktionssysteme in der Natur entdeckt worden. Ein Beispiel bilden Maispflanzen (*Zea mays*), von denen sich die herbivoren Raupen des Schmetterlings *Spodoptera exigua* ernähren. Die flüchtigen Metabolite der Blätter locken dann die parasitische Wespe *Cotesia marginiventris* an. Ein weiteres Beispiel ist der Wilde Tabak (*Nicotiana attenuata*), der vom Tomatenschwärmer (*Manduca quinquemaculata*) angegriffen wird; daraufhin sendet der Tabak flüchtige Signale aus, welche die Raubwanze *Geocoris pallens* anlocken. Damit wird verhindert, dass *Manduca* Eier auf die Tabakblätter legt.

Ebenso vielfältig sind die Interaktionen zwischen duftenden Blüten und ihren spezifischen Bestäubern. Besonders nachts sind für das Auffinden von Blüten die Blütenduftstoffe ganz essenziell, da visuelle Informationen dann von den Insekten nicht genutzt werden können. Wie sich zeigte, kann eine Vielzahl von Blütenpflanzen zu bestimmten Tages-

beziehungsweise Nachtzeiten ihre Duftstoffe emittieren. Zu den tagsüber (diurnal) Emittierenden gehören zum Beispiel Rosen. Die Wunderblume (*Mirabilis jalapa*) produziert und verströmt um 16.00 Uhr ihren markanten Duft (deshalb hat die Pflanze im Englischen den Namen „four o'clock flower" erhalten), während zu den typischen nachts (nocturnal) duftenden Pflanzen verschiedene Tabakarten (wie *Nicotiana suaveolens*), die Wachsblume *Hoya carnosa* oder die Kranzschlinge (*Stephanotis floribunda*) gehören (siehe Abbildung). Wir stellten uns die Frage, wie diese präzise Duftstoffabgabe durch die Pflanze erreicht wird. Um diese Frage beantworten zu können, mussten zunächst an der Biosynthese beteiligte Enzyme isoliert werden, zum Beispiel Terpensynthasen, die typische Monoterpene wie Cineol (= Eukalyptol), Linalool oder Ocimen produzieren, und Methyltransferasen, die Methylgruppen übertragen und so die Produkte leichter flüchtig machen. Das erstaunliche Ergebnis unserer Untersuchungen zur tageszeitlichen Regulation dieser Enzyme war, dass die Biosynthese der Duftstoffe nicht nur an einer Stelle, sondern auf mehreren Regulationsebenen erfolgt. Die Natur hat ein „Back-up"-System entwickelt, damit die Duftstoffemission präzise zu bestimmten Tageszeitpunkten erfolgen kann, auch wenn Unregelmäßigkeiten in der Umwelt auftreten. Dahinter steckt die „biologische Uhr", die ein natürliches Zeitmesssystem darstellt. Die Aufklärung der zugrunde liegenden molekularen Mechanismen bei verschiedenen Organismen ist Gegenstand intensiver Forschungen. Des Weiteren konnten wir zeigen, dass die an der Biosynthese beteiligten Enzyme in den Epidermiszellen lokalisiert sind, sodass nach der Synthese die Produkte „nur" durch eine Cytoplasmamembran dringen müssen, um nach außen abgegeben werden zu können. Außerdem „duften" nicht alle Blütenteile gleich, sondern die „teure" Synthese ist effizient lokal begrenzt.

Bei all den Fortschritten, die seit der ersten Publikation eines Blütenduftstoffenzyms 1999 gemacht wurden, sind trotzdem noch viele Fragen offen. So sind beispielsweise noch nicht alle Biosynthesewege sämtlicher Duftstoffe bekannt. Wie werden die Biosynthesewege geregelt? Wie sorgen die molekularen Mechanismen der biologischen Uhr für die zeitlich präzise Synthese und Emission? Werden die Duftstoffe über die Membran durch Diffusion oder durch Transporter vermittelt nach außen gebracht?

Die Verbreitung der Duftstoffe erfolgt bekanntermaßen in der Atmosphäre. Deswegen ist plausibel, dass sich in der Vergangenheit nahezu die komplette Duftstoffforschung auf den oberirdischen Bereich konzentriert hat. Relativ neu ist die Erkenntnis, dass sich auch unterirdisch zwischen den Bodenpartikeln Duftstoffe zum Informationsaustausch bewegen können. Abhängig von der Bodenbeschaffenheit ist die Duftstoffdiffusion unterschiedlich stark ausgeprägt. Nachweislich beeinflussen die flüchtigen Metabolite, die

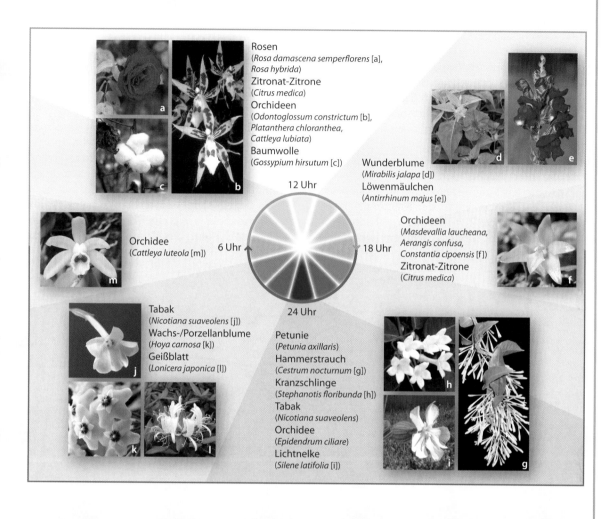

Rosen
(*Rosa damascena semperflorens* [a],
Rosa hybrida)
Zitronat-Zitrone
(*Citrus medica*)
Orchideen
(*Odontoglossum constrictum* [b],
Platanthera chloranthea,
Cattleya lubiata)
Baumwolle
(*Gossypium hirsutum* [c])

Wunderblume
(*Mirabilis jalapa* [d])
Löwenmäulchen
(*Antirrhinum majus* [e])

Orchideen
(*Masdevallia laucheana*,
Aerangis confusa,
Constantia cipoensis [f])
Zitronat-Zitrone
(*Citrus medica*)

Orchidee
(*Cattleya luteola* [m])

6 Uhr

12 Uhr

18 Uhr

24 Uhr

Tabak
(*Nicotiana suaveolens* [j])
Wachs-/Porzellanblume
(*Hoya carnosa* [k])
Geißblatt
(*Lonicera japonica* [l])

Petunie
(*Petunia axillaris*)
Hammerstrauch
(*Cestrum nocturnum* [g])
Kranzschlinge
(*Stephanotis floribunda* [h])
Tabak
(*Nicotiana suaveolens*)
Orchidee
(*Epidendrum ciliare*)
Lichtnelke
(*Silene latifolia* [i])

durch die Pflanzenwurzeln abgegeben werden, andere Pflanzen, Mikroorganismen, Insekten und auch Nematoden. Bodenpilze geben ebenfalls Duftstoffe ab, die zum Beispiel trüffelsuchende Wildschweine nutzen. Ein großes neues Feld tat sich unerwartet auf, als in einer Publikation 2003 gezeigt wurde, dass das von *Bacillus subtilis* produzierte Acetoin und Butandiol pflanzenwachstumsfördernd wirkt. Wir wurden auf Rhizobakterien aufmerksam und begannen, deren Duftstoffprofile näher zu analysieren. Einige Rhizobakterien produzierten sehr umfangreiche Duftspektren. Erstaunlicherweise waren viele Duftkomponenten in den einschlägigen Duftdatenbanken nicht vorhanden, und so wurde vermutet, dass es sich um bisher unbekannte Substanzen handelt. In der Zwischenzeit konnten wir dies an einem Beispiel bestätigen und eine neue Struktur einer flüchtigen Substanz aufklären. Dieses neue Arbeitsfeld wirft viele Fragen auf, beispielsweise wie und wann produzieren die Bakterien die Duftstoffe? Welche biologischen und ökologischen Funktionen üben diese bakteriellen Duftstoffe im unterirdischen Lebensraum auf die dort vertretenen Organismen aus? Wie effizient und weitreichend sind die Duftstoffflüsse im Boden?

Prof. Birgit Piechulla studierte Biologie an den Universitäten Oldenburg und Göttingen und promovierte am MPI für Experimentale Medizin in Göttingen. Nach einem Postdoc-Aufenthalt in Berkeley, USA, habilitierte sie in Göttingen im Fach Biochemie. Seit 1996 ist sie Professorin für Biochemie an der Universität Rostock. In ihren Forschungsarbeiten beschäftigt sie sich u. a. mit der circadianen Rhythmik von LHC-Proteinen und der Biochemie und Regulation der Duftstoffsynthese bei Pflanzen.

sehr schnell und löst dadurch wie oben beschrieben das Aktionspotenzial aus.

- Das Inaktivierungstor steht im Ruhezustand offen und schließt sich bei Depolarisierung langsam.

Das Zusammenspiel der beiden Tore bewirkt beim Überschreiten des Schwellenpotenzials ein Öffnen des Aktivierungstors mit entsprechendem Natriumstrom. Kurz darauf verschließt das Inaktivierungstor wieder den Kanal und stoppt den Ionenfluss. Es wandern jetzt nur noch Kaliumionen, welche die normale Polarisierung der Membran wiederherstellen.

Wegen ihrer Trägheit schließen sich die spannungsgesteuerten Kaliumkanäle aber nicht rechtzeitig, wenn das Ruhepotenzial der Membran erneut erreicht ist. Für kurze Zeit fließt zu viel Kalium aus der Zelle, und es gibt vorübergehend ein **hyperpola**-

risierendes Nachpotenzial. Nach dessen Ablauf befindet sich diese Region des Neurons wieder im Ruhezustand.

Axone sind die ausgehenden Kommunikationskanäle von Nervenzellen

Ist erst einmal ein Aktionspotenzial entstanden, regt dessen extreme Depolarisierung benachbarte spannungsgesteuerte Ionenkanäle in der Membran des Axons an, sich ebenfalls zu öffnen oder zu schließen (Abbildung 8.34). Es wächst ein zweites Aktionspotenzial, das ein kleines Stückchen axonabwärts lokalisiert ist und seinerseits einen dritten Impuls auslöst. Auf diese Weise **läuft das Aktionspotenzial das Axon**

8.34 Ein Aktionspotenzial wandert am Axon entlang, indem benachbarte Membranabschnitte erregt werden. Im Experiment lässt sich das mit einer Reizelektrode und zwei Messelektrodenpaaren verfolgen (a). Der elektrische Reiz öffnet an Punkt A die spannungsgesteuerten Natriumkanäle, wodurch ein Aktionspotenzial entsteht (1). Der daraufhin einsetzende Ionenstrom im Axon (2) depolarisiert den nachfolgenden Membranabschnitt. Während an Punkt A bereits die Repolarisierung einsetzt und die Membran dort nicht auf neue Reize anspricht – refraktär ist (3) –, wächst an Punkt B das nächste Aktionspotenzial (4). Auf diese Weise schreitet der Impuls in nur eine Richtung auf dem Axon entlang.

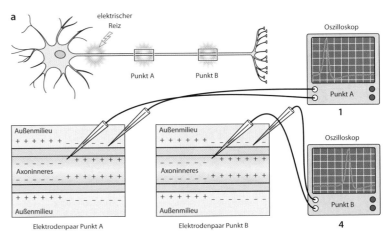

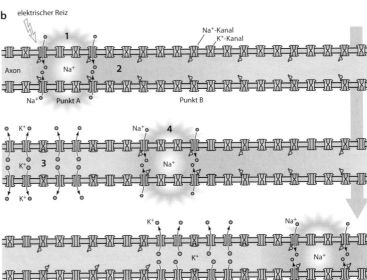

entlang. Weil es nach dem Alles-oder-Nichts-Prinzip wächst, wird es über die gesamte Strecke hinweg nicht schwächer und erreicht das Axonende genauso stark, wie es den Axonhügel verlassen hat.

Ohne eine Art molekulares Rückschlagventil würde dieser Mechanismus alleine zu einem unkontrolliert feuernden Neuron führen, auf dessen Axon ständig Wellen von Aktionspotenzialen hin und her wandern. Stattdessen laufen Aktionspotenziale normalerweise nur unidirektional vom Zellkörper in Richtung Axonende. Ein Axonabschnitt, der gerade eben erst gefeuert hat, kann nämlich nicht sofort wieder erregt werden, sondern benötigt eine kurze **Refraktärzeit**, um für das nächste Aktionspotenzial bereit zu sein. Verantwortlich für diese Phase ist vermutlich das Inaktivierungstor des Natriumkanals. Wie erwähnt reagiert es verzögert auf die Depolarisierung. Einmal in Gang gesetzt schließt es aber den Kanal und öffnet ihn erst nach wenigen Millisekunden wieder von selbst. Während dieser Zeitspanne ist der Natriumkanal an beiden Toren undurchlässig und kann nicht auf Veränderungen des Membranpotenzials reagieren. Das weiter axonabwärts entstandene Aktionspotenzial kann deshalb nicht den Bereich erregen, von dem es selbst initiiert wurde.

Wie schnell diese **kontinuierliche Erregungsleitung** verläuft, hängt vom Durchmesser des Axons ab. Je dicker der Strang ist, desto größer ist die Querschnittsfläche für den Ionenstrom, und umso höher ist die **Geschwindigkeit**. Die Spanne reicht von einigen Zentimetern pro Sekunde in sehr feinen Bahnen bis zu annähernd 100 Metern pro Sekunde in den Riesenaxonen mancher wirbelloser Tiere wie Kopffüßer.

Wirbeltiere haben ein anderes Verfahren entwickelt, um die Impulse schnell zu leiten. Bei ihnen sind die Axone von isolierenden **Myelinscheiden** umgeben (Abbildung 8.35). Dabei handelt es sich um ein Produkt der Schwann'schen Zellen (bei peripheren Nerven) oder von Oligodendrocyten (im Zentralnervensystem), die sich um das Axon wickeln und das Lipidgemisch Myelin absondern. In Abstän-

> **Zentralnervensystem**
> (*central nervous system*)
> Bei Wirbeltieren die Kombination von Gehirn und Rückenmark. Den übrigen Teil des Nervensystems nennt man peripheres Nervensystem.

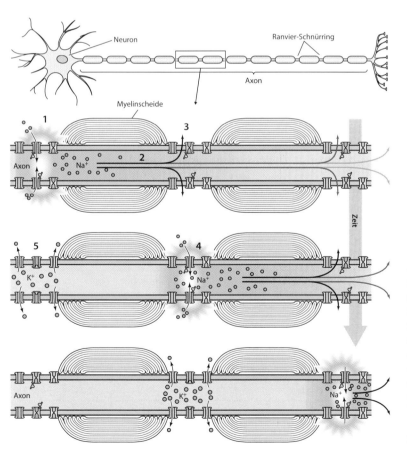

8.35 Bei der saltatorischen Erregungsleitung sind die Axone von Myelinscheiden umgeben. Nur an den Ranvier-Schnürringen hat die Membran Kontakt zur Umgebung. Ein Aktionspotential an einem dieser Schnürringe (1) setzt einen Ionenstrom im Axon in Gang (2), der das Membranpotenzial am nächsten Schnürring depolarisiert (3). Während dort ein Aktionspotenzial entsteht (4), ist die Membran am vorhergehenden Ring gehemmt, sodass der Impuls nicht zurücklaufen kann (5).

den von 0,3 mm bis 3 mm finden sich Lücken in dieser Isolierung, die Ranvier-Schnürringe. Nur hier hat das Axon Kontakt zum umgebenden Medium, weshalb nur an diesen Stellen die verschiedenen Ionenkanäle zu finden sind. Aktionspotenziale können darum nicht in den isolierten Internodien zwischen den Schnürringen entstehen, sondern ausschließlich in den Schnürringen. Die einströmenden Natriumionen wandern aber innerhalb des Axons elektrotonisch weiter und depolarisieren die Membran sehr schnell am nächsten Schnürring, bis der Schwellenwert überschritten ist und der Alles-oder-Nichts-Mechanismus das nächste Aktionspotenzial auslöst. Da es auf den ersten Blick so scheint, als würde das Aktionspotenzial von Schnürring zu Schnürring „springen", sprechen wir von einer **saltatorischen Erregungsleitung**. Sie erreicht Geschwindigkeiten bis zu 150 Meter pro Sekunde, trotz geringer Axondurchmesser von etwa 15 Mikrometern.

Neurotransmitter übertragen das Signal zur nächsten Zelle

Das Ziel der Aktionspotenziale sind die synaptischen Endigungen am Axon (Abbildung 8.36). Typischerweise sind Axone am Ende verzweigt und münden in mehrere Synapsen. Die Ankunft des Nervenimpulses depolarisiert die präsynaptische Membran der Endigung. Daraufhin öffnet sich ein spannungsgesteuerter Calciumkanal, und Ca^{2+}-Ionen strömen in das Cytoplasma. Der erhöhte Calciumspiegel veranlasst synaptische Vesikel in der Endigung, mit der Membran zu verschmelzen. Dabei schütten sie Neurotransmitter in den synaptischen Spalt aus, die über

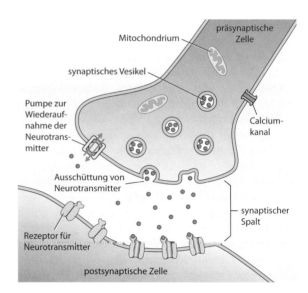

8.36 An der Synapse wird der elektrische Impuls in ein chemisches Signal umgewandelt und auf die nächste Zelle übertragen. Die Ankunft des Aktionspotenzials an der synaptischen Endigung der präsynaptischen Zelle öffnet Calciumkanäle. Das einströmende Ca^{2+} veranlasst die synaptischen Vesikel, mit der Plasmamembran zu verschmelzen und ihre Neurotransmitter auszuschütten. Die Botenstoffe diffundieren durch den synaptischen Spalt zur postsynaptischen Zelle und binden dort an die spezifischen Rezeptoren. Anschließend werden die Neurotransmitter entweder abgebaut oder von Pumpen aktiv in eine der beiden Zellen aufgenommen.

den Abstand zur postsynaptischen Membran diffundieren, an spezifische Rezeptoren binden und an der nachfolgenden Zelle das Membranpotenzial depolarisieren oder hyperpolarisieren. Das Signal ist damit chemisch weitergegeben worden. Bei Wirbeltieren ist

Tabelle 8.2 Einige wichtige Neurotransmitter und ihre Wirkung

Stoffklasse	Neurotransmitter	Wirkung
	Acetylcholin	bei Wirbeltieren an Muskeln erregend; sonst hemmend oder erregend
biogene Amine	Noradrenalin	erregend oder hemmend; mit Adrenalin verwandt
	Dopamin	meistens erregend; kommt im Zentralnervensystem (ZNS) vor
	Serotonin	meistens hemmend; kommt im ZNS vor
Aminosäuren	γ-Aminobuttersäure	hemmend
	Glycin	hemmend; kommt im ZNS vor
	Glutamat	erregend
Peptide	Substanz P	erregend
	Met-Enkephalin	meist hemmend; gehört zu den Endorphinen

Genauer betrachtet

Elektrische Synapsen

Muss eine Signalübertragung vor allem schnell vonstatten gehen und braucht sie nicht modifiziert zu werden, sind elektrische Synapsen die richtige Wahl. Bei ihnen sind die beiden aufeinanderfolgenden Zellen über Gap Junctions (siehe Kapitel 4 „Leben tauscht aus") miteinander verbunden – Proteintunnel durch die Plasmamembranen. Die Ionen können direkt von Zelle zu Zelle strömen und den Impuls ohne zeitliche Verzögerung und ohne Abschwächung fortführen. Allerdings haben elektrische Synapsen auch einige Nachteile, weshalb sie kaum für komplexere Aufgaben geeignet sind:

- Der Fluss der Ionen und damit der Information kann in beide Richtungen ablaufen. Vor und zurück wandernde Impulse können sich dadurch gegenseitig stören.
- Elektrische Synapsen benötigen größere Kontaktflächen als chemische Synapsen. Eine weitverzweigte Ver-

schaltung, wie sie in Gehirnen vorkommt, ließe sich damit nicht realisieren.
- An elektrischen Synapsen ist keine Übertragung von hemmenden Signalen möglich, wie sie ein inhibitorisches postsynaptisches Potenzial einer chemischen Synapse bietet. Die Summation wäre deshalb sehr eingeschränkt.
- Bei der Entscheidung am Axonhügel, ob ein Aktionspotenzial gebildet werden soll, kann keine zeitliche Summation das Potenzial über den Schwellenwert heben.

Elektrische Synapsen kommen vor allem bei wirbellosen Tieren vor. Bei Wirbeltieren synchronisieren sie einfache Bewegungen, die extrem schnell durchgeführt werden müssen, wie beispielsweise die Fluchtbewegung von Fischen.

diese Art der Übertragung mit **chemischen Synapsen** am häufigsten anzutreffen. Sie gibt dem Informationstransport eine eindeutige Richtung vor, da nur die präsynaptische Zelle über synaptische Vesikel mit Neurotransmittern verfügt und lediglich die postsynaptische Zelle an dieser Stelle Rezeptoren trägt.

Damit die Synapse möglichst bald wieder für das nächste Signal bereit ist, muss der Neurotransmitter schnell aus dem synaptischen Spalt entfernt werden. Dazu wird er entweder von den benachbarten Zellen aufgenommen oder durch bereitstehende Enzyme abgebaut.

Nervenzellen entscheiden rechnerisch über ihre Reaktion auf eingehende Signale

Normalerweise geht bei einer Nervenzelle nicht nur ein einzelnes chemisches Signal ein, sondern Hunderte von Synapsen übertragen gleichzeitig ihre Botschaften an den Zellkörper und die zahlreichen Dendriten des Neurons. Das Membranpotenzial der Zelle wird dementsprechend an vielen Stellen auf einmal verändert (Abbildung 8.37). Manche dieser Störungen sind depolarisierend und könnten ein Aktionspotenzial auslösen, wenn sie am Axonhügel den Schwellenwert überschreiten. Sie werden darum als **exzitatorische postsynaptische Potenziale (EPSP)**

bezeichnet. Hyperpolarisierende Reaktionen entfernen das Membranpotenzial dagegen vom Schwellenwert und werden deshalb **inhibitorische postsynaptische Potenziale** (IPSP) genannt. Welche Art von Potenzial ein Signal auslöst, hängt von den postsynaptischen Rezeptoren ab, die von den ausgeschütteten Neurotransmittern aktiviert werden. Bewirken sie die Öffnung eines Natriumkanals, wird das Membranpotenzial depolarisiert, und es entsteht ein EPSP, erhöhen sie die Leitfähigkeit eines Chloridkanals, gibt es eine Hyperpolarisierung und ein IPSP.

Trotz des vielstimmigen Inputs, kann das Neuron mit seinem einzigen Axon nur ein Feuern oder Nichfeuern als Output weitergeben. Die Entscheidung fällt es durch eine Art elektrischen Rechenvorgang, den wir **Summation** nennen. Sowohl frisch entstandene EPSP als auch IPSP breiten sich von ihrer Synapse ausgehend elektrotonisch aus und überlagern sich. Dabei verstärken sich gleichartige Potenziale, und entgegengerichtete Potenziale schwächen einander ab. Die Summation findet über die gesamte Plasmamembran statt und gelangt damit bis zum Axonhügel, wo eine große Anzahl von spannungsgesteuerten Kanälen auf das Ergebnis wartet. Nicht alle Potenziale bringen sich hier mit dem gleichen Nachdruck ein. Weit entfernt gestartete elektrotonische Potenziale haben unterwegs an Stärke verloren und sind schwächer als Spannungen, die ihren Ursprung ganz in der Nähe haben. Entscheidend ist das resultierende Membranpotenzial am Axonhügel – liegt es

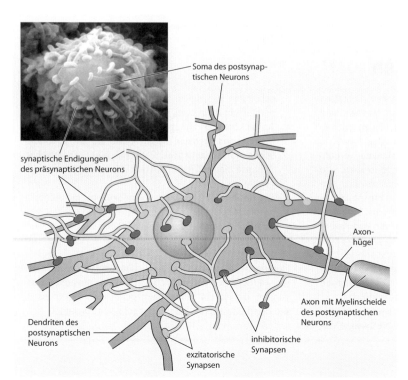

Soma des postsynaptischen Neurons

synaptische Endigungen des präsynaptischen Neurons

Dendriten des postsynaptischen Neurons

exzitatorische Synapsen

inhibitorische Synapsen

Axonhügel

Axon mit Myelinscheide des postsynaptischen Neurons

8.37 Die meisten Nervenzellen erhalten zahlreiche Signale zur gleichen Zeit. Einige Synapsen reagieren depolarisierend und damit exzitatorisch, andere hyperpolarisierend und somit hemmend. Am Axonhügel entscheidet sich aus der Summation der Signale, ob ein Aktionspotenzial ausgelöst wird und das Axon entlangläuft. Nur wenn die Erregung das Schwellenpotenzial übersteigt, leitet die Zelle das Signal weiter.

über dem Schwellenwert, löst es ein Aktionspotenzial aus, bleibt es darunter, schweigt das Neuron.

Ein isoliertes exzitatorisches Potenzial würde diese Hürde nur selten nehmen. Die Verrechnung mehrerer Potenziale macht diese Aufgabe leichter (Abbildung 8.38). Bei der **räumlichen Summation** addieren sich nahezu gleichzeitig am Axonhügel einlaufende EPSP von verschiedenen Synapsen, die ein-

zeln zu klein wären, zu einer hinreichend großen Spannung, um den Schwellenwert zu überwinden. Für die **zeitliche Summation** folgt auf das erste EPSP ein zweites, bevor das Membranpotenzial zwischenzeitlich auf den Ruhewert abfallen konnte. Beide EPSP können dabei von der gleichen Synapse stammen.

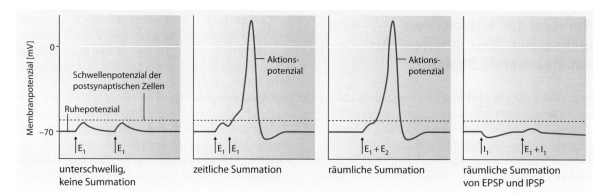

unterschwellig, keine Summation

zeitliche Summation

räumliche Summation

räumliche Summation von EPSP und IPSP

Membranpotenzial [mV]

Schwellenpotenzial der postsynaptischen Zellen

Ruhepotenzial

Aktionspotenzial

8.38 Bleibt das Signal am Axonhügel unter dem Schwellenpotenzial, wird kein Aktionspotenzial ausgelöst. Es sei denn, zwei EPSP von der gleichen Synapse, die einzeln zu klein sind, gehen so schnell nacheinander ein, dass sie sich teilweise überlappen und gemeinsam ausreichend stark sind (zeitliche Summation). Oder zwei EPSP von unterschiedlichen Synapsen überlagern sich (räumliche Summation). Treffen exzitatorische (EPSP) und inhibitorische (IPSP) Potenziale aufeinander, annullieren sie einander nahezu.

Genauer betrachtet

Neurologische Direktschaltung Reflexbogen

Die einfachste neurologische Schaltung kommt mit zwei Nervenzellen aus. Beim **Reflexbogen** nimmt ein sensorisches Neuron eine Information auf und leitet sie zu einem Motoneuron, das eine Muskel- oder Drüsenzelle zu einer Reaktion veranlasst. Weil zwischen den beiden beteiligten Nervenzellen nur eine Synapse liegt, sprechen wir auch von einem monosynaptischen Reflex. Die Antwort auf den Reiz erfolgt dabei unwillkürlich, schnell und stets gleich – die Merkmale eines **Reflexes**.

Ein bekanntes Beispiel für einen Reflexbogen ist der **Kniesehnenreflex**, bei dem ein leichter Schlag auf die Kniesehne den Unterschenkel nach vorn schnellen lässt. Der Schlag streckt die Dehnungsrezeptoren im Quadrizeps genannten Oberschenkelstreckermuskel. Die Rezeptorzellen lösen im sensorischen Neuron ein Aktionspotenzial aus, das ins Rückenmark wandert. In dessen grauer Substanz liegt die Synapse, an der die Information auf das motorische Neuron übertragen wird, welches zurück zum Muskel läuft und ihm den Befehl zur Kontraktion übermittelt. Da der auslösende Reiz und die Reaktion den gleichen Muskel betreffen, handelt es sich um einen Eigenreflex.

Bei genauerer Betrachtung der Abläufe stellt sich heraus, dass neben dem beschriebenen Bogen noch eine kleine Abzweigung an dem Reflex beteiligt ist. Das Axon des sensorischen Neurons ist nämlich geteilt und informiert im Rückenmark zusätzlich ein **Interneuron**. Dieses sendet über ein zweites Motoneuron ein hemmendes Signal an den Beugermuskel des Oberschenkels und verhindert damit, dass dieser sich ebenfalls zusammenzieht und der Aktion des Streckers entgegenwirkt. Es ist somit ein Fremdreflex, an dem mehrere Synapsen beteiligt sind, weshalb wir es mit einem polysynaptischen Reflex zu tun haben. Die meisten

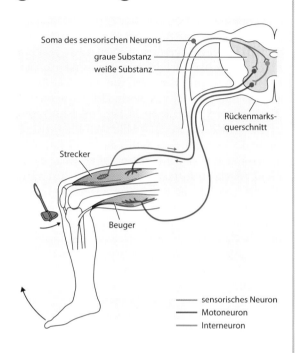

Reflexe nutzen mehrere Interneuronen, mit denen sie ein sinnvolles Verhalten modellieren.

Der Sinn eines Reflexes liegt darin, rasch auf plötzlich eintretende, aber vorhersehbare und stets gleiche Veränderungen zu reagieren. Beim Stolpern oder einem unerwarteten Schlag in die Kniekehle verhindert der Kniesehnenreflex beispielsweise einen Sturz.

Das periphere Nervensystem übernimmt eine Vorverarbeitung der Signale

Nach Untersuchung der Erregungsleitung in Nervenzellen können wir nun den weiteren Weg des Signals verfolgen, das die Photorezeptoren des Auges an die angeschlossenen **Bipolarzellen** übertragen haben (Abbildung 8.22). Wie wir oben erfahren haben, löst ein verminderter Ausstoß des Neurotransmitters Glutamat durch die präsynaptische Rezeptorzelle in der postsynaptischen Bipolarzelle eine Hyperpolarisation aus. Die Bipolarzellen generieren darum kein Aktionspotenzial und leiten den Impuls als graduierte Potenzialänderung weiter. An ihrem anderen

Ende schütten sie Neurotransmitter aus, mit denen sie die Ganglienzellen anregen. Die **Ganglienzellen** erzeugen ein Aktionspotenzial, das sie über ihre Axone, welche den Sehnerv bilden, zum Gehirn leiten.

Der Informationsfluss verläuft allerdings nicht so unverschnörkelt ab, wie eben an der sogenannten vertikalen Bahn dargestellt. In der lateralen Bahn knüpfen zwei Sorten von Neuronen Querverbindungen und sorgen noch in der Retina für eine erste Verarbeitung der Information. Die **Horizontalzellen** verbinden benachbarte Zapfen und Stäbchen miteinander sowie mit Bipolarzellen. Auf einen Photorezeptor fallendes Licht kann auf diesem Weg die Reaktion der umliegenden Rezeptorzellen beeinflussen. Nahe Photorezeptorzellen werden dadurch erregt, entferntere Zellen hingegen unterdrückt. Diese laterale Hemmung verstärkt das Kontrastsehen und lässt schwache Lichtpunkte heller erscheinen, wobei die Umgebung zugleich dunkler wirkt.

Auch auf Ebene der **Amakrinzellen** tritt eine laterale Hemmung auf. Dieser Zelltyp verbindet Bipolarzellen und Ganglienzellen seitlich miteinander. Im Gegensatz zu den typischen Nervenzellen besitzen die meisten der über 20 Varianten von Amakrinzellen keine Axone. Stattdessen verfügen ihre Dendriten über ausschüttende wie rezeptorbesetzte Synapsen.

Die laterale Verschaltung in der Netzhaut reduziert die Signale der über 100 Millionen Photorezeptoren in der menschlichen Retina auf rund eine Million Axone von Ganglienzellen, über welche die vorverarbeiteten Informationen ins Gehirn gelangen. Dazu werden Gruppen von Rezeptorzellen zu **rezeptiven Feldern** zusammengefasst, die sich eine Ganglienzelle teilen. Je größer so ein Feld ist, umso lichtempfindlicher reagiert es, aber umso geringer ist auch seine Sehschärfe. Einige rezeptive Felder überlappen sich gegenseitig, und manche Photorezeptoren sind mit mehreren Ganglienzellen verbunden. Als Sammlung von Informationen über ein Muster von Lichtqualitäten und -intensitäten gehen die Aktionspotenziale schließlich ans Gehirn.

Der Thalamus kontrolliert, was wir zu sehen bekommen

Die Axone der Ganglienzellen ziehen als Sehnerv (Nervus opticus) ins Gehirn und kreuzen sich im **Chiasma opticum** (Abbildung 8.39). Dort teilen sie sich neu auf. Fasern von beiden Augen mit Informationen zum linken Gesichtsfeld – also dem linken Bereich des Bildes, das wir sehen – setzen ihren Weg in die rechte Hemisphäre der Großhirnrinde fort, jene mit Informationen zum rechten Gesichtsfeld führen in die linke Hemisphäre.

Eine wichtige Zwischenstation ist der **Thalamus** – der größte Teil des Zwischenhirns. In ihm enden die Axone der Ganglienzellen, und die Informationen werden nach ihrer aktuellen Wichtigkeit aussortiert. Mit weiteren Informationen, die aus unterschiedlichen Regionen des Gehirns stammen, entscheidet der Thalamus, welches zusätzliche Wissen in der jeweiligen Situation für den Organismus von Nutzen ist. Nur solche Informationen werden auf angeschlossene Neuronen übertragen und in den visuellen Cortex, auch Sehrinde genannt, durchgelassen. Der Thalamus legt damit fest, was wir bewusst sehen, hören, fühlen, schmecken usw., denn durch seine Fil-

---

1 für alle

Lichtsysteme bei Pflanzen

Auch Pflanzen benötigen Systeme, mit denen sie die Lichtsituation feststellen können. Zwei Klassen haben Wissenschaftler bislang identifizieren können:

- Die **Blaulichtphotorezeptoren** sind noch weitgehend unerforscht. Sie sprechen auf blaues und ultraviolettes Licht an und lösen verschiedene Ereignisse aus. Cryptochrome sind an der Steuerung der inneren Uhr von Pflanzen – und, wie man mittlerweile weiß, auch von Tieren – beteiligt. Phototropine wirken beim Phototropismus mit, bei welchem die Pflanze auf Licht zu bzw. von ihm weg wächst. Und Zeaxanthin spielt bei der Öffnung der Stomata zum Gasaustausch eine Rolle.

- Die **Phytochrome** sind weit besser untersucht. Sie steuern unter anderem die Samenkeimung. Ihre Moleküle sind Dimere aus zwei identischen Untereinheiten. Jede besteht aus einem Protein mit zwei Domänen. Die eine Domäne trägt ein Molekül des Chromophors Phytochromobilin und ist damit für die Wahrnehmung des Lichts verantwortlich. Bei Belichtung verändert es in der anderen Domäne die Kinaseaktivität, über die verschiedene Prozesse in der Zelle angestoßen werden können.

Phytochrome können in zwei Formen vorliegen, die sich durch Belichtung mit bestimmten Wellenlängen ineinander umwandeln. Die Variante P_r („r" steht für „red") absorbiert hellrotes Licht und ist weitgehend inaktiv. Hellrotes Licht verändert die Konformation des Chromophors ein wenig und damit die Struktur des gesamten Proteins. Das entstehende Phytochrom P_{fr} („far red") absorbiert nun dunkelrotes Licht. Außerdem ist es in seiner aktiven Form und stößt eine Reihe von Prozessen in der Zelle an. Dunkelrotes Licht verwandelt es zurück in die P_r-Form.

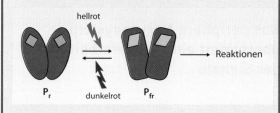

---

ter laufen auch die übrigen Informationen von den Sinnesorganen und körpereigenen Sensoren. Er wird darum auch als „Tor zum Bewusstsein" bezeichnet.

In der Großhirnrinde werden die Informationen von den Sinnesorganen schließlich analysiert und interpretiert. Da es sich in allen Fällen um Aktionspotenziale handelt, entscheidet das Gehirn alleine

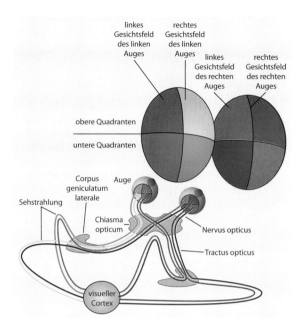

8.39 Das Schema der Sehbahn zeigt, wie die Information vom Auge zum primären visuellen Cortex im Gehirn verläuft. Wichtige Zwischenstationen sind das Chiasma opticum, wo die Nerven der linken und rechten Gesichtshälfte voneinander getrennt und überkreuzt werden, was dem räumlichen Sehen zugute kommt; und die Verschaltung im Corpus geniculatum laterale des Thalamus, in welchem Filter entscheiden, welche Informationen in den visuellen Cortex des Großhirns geleitet werden.

anhand des jeweiligen Zentrums, in dem ein Impuls ankommt, ob es ihn als Licht, Ton, Tastempfindung oder anderes betrachtet. Im Abgleich mit gespeicherten Erfahrungen kann die Information nun interpretiert werden. Erst auf dieser Stufe wird sie uns als **Wahrnehmung** oder **Perzeption** bewusst.

Offene Fragen

Wie lernt das Gehirn?

Der Lernvorgang ist sehr schwer zu erforschen, da er ein lebendes Nervensystem voraussetzt. Als gesichert gilt derzeit vor allem der Effekt der Langzeitpotenzierung (LTP, *long-term potentation*). Danach veranlasst Glutamat als Neurotransmitter in der postsynaptischen Membran den Einstrom von Calciumionen, wenn eine Serie schneller Aktionspotenziale auftritt. Calcium wirkt als sekundärer Botenstoff und leitet langfristige Veränderungen in der Synapse ein, die bewirken, dass einzelne Aktionspotenziale eine deutlich stärkere (potenzierte) Antwort hervorrufen.

Die Sinne sammeln eine Vielzahl unterschiedlicher Informationen

Am Beispiel der chemischen Sinne Riechen und Schmecken sowie des Sehvorgangs haben wir die einzelnen Phasen kennengelernt, mit denen wir vom externen Reiz bis zur bewussten Perzeption Informationen über unsere Umwelt aufnehmen. Für viele Lebensformen stellt das Sehen einen der wichtigsten Sinne dar. Allerdings liefert es nur einen Teil des Gesamteindrucks, zu dem eine ganze Reihe **weiterer Sinne** ebenfalls wichtige Beiträge leistet. Die Unterschiede zwischen den verschiedenen sensorischen Systemen liegen vor allem in der Art, wie ein Signal registriert und in ein Aktionspotenzial umgewandelt wird. Alle nachfolgenden Schritte laufen wie beim Sehen ab. Wir konzentrieren uns darum im folgenden kleinen Überblick auf die Vorgänge bei der Detektion einiger Außenreize.

Mechanorezeptoren reagieren auf Verformungen

Die Wirkung **mechanischer Kräfte** nehmen Mechanorezeptoren wahr, in deren Membranen sich druckempfindliche Ionenkanäle befinden. Bei Belastung öffnen sie sich, und der Strom geladener Teilchen verändert das Membranpotenzial, was in der sensorischen Zelle selbst ein Aktionspotenzial auslöst. Diese Mechanorezeptoren gehören damit zu den primären Sinneszellen – im Gegensatz zu den weiter unten vorgestellten Haarzellen, die als sekundäre Sinneszellen kein eigenes Aktionspotenzial generieren, sondern lediglich eine nachgeschaltete Nervenzelle über Neurotransmitter erregen.

In der Haut befinden sich gleich mehrere Typen spezialisierter Mechanorezeptoren (Abbildung 8.40).

- **Merkel-Tastscheibchen** finden sich in unbehaarter Haut einzeln und in behaarter Haut in Grüppchen im unteren Bereich der Epidermis. Sie liefern Informationen über Berührungen und passen sich nur langsam an den Reiz an. Dadurch spüren wir beispielsweise beim Stehen über längere Zeit unser eigenes Gewicht, das auf den Fußsohlen lastet.
- Ebenfalls langsam adaptieren die **Ruffini-Körperchen**. Sie antworten auf Dehnungen der Haut und von Gelenken. Dank ihrer Meldungen wissen wir

Genauer betrachtet

Sehen auf verschiedenen Ebenen

Die Orientierung mithilfe des Lichts bietet so viele Vorteile, dass eine ganze Reihe unterschiedlicher Lebensformen visuelle Systeme entwickelt hat. Wir schauen uns hier nur eine kleine Auswahl an.

Das einzellige Augentierchen *Euglena* verfügt über einen Photorezeptor und einen pigmentierten **Augenfleck** (a). Während seiner schraubenartigen Schwimmbewegung fällt das Licht nur dann auf den Rezeptor, wenn dieser nicht durch den Pigmentfleck verdeckt ist. Auf diese Weise erkennt *Euglena* die Einfallsrichtung des Lichts und kann ins Helle schwimmen, um dort Photosynthese zu betreiben, was als positive Phototaxis bezeichnet wird.

Das gegenteilige Bestreben haben Planarien. Die Plattwürmer suchen in Bächen und Flüssen dunkle Verstecke unter Steinen. Dafür haben sie **Becheraugen** oder Pigmentbecherocellen – tiefe Gruben mit Photorezeptorzellen vor einer undurchlässigen Auskleidung (b). Die Öffnungen beider Augen weisen in unterschiedliche Richtungen, sodass die Tiere nicht nur die Helligkeit feststellen können, sondern auch durch Vergleichen der Nervenimpulse wissen, wo ihr Versteck ist.

Lochaugen ermöglichen sogar ein einfaches Bildsehen (c). Die Grube hat bei ihnen nur noch eine kleine Öffnung und ist mit einem Sekret gefüllt. Die im Vergleich zum Becherauge erhöhte Anzahl von Sehzellen liefert ein lichtschwaches, aber interpretierbares Bild der Umgebung. Lochaugen finden wir beispielsweise bei einigen Arten von Tintenfischen und manchen Schnecken.

Am weitesten entwickelt sind die **Linsenaugen** (d). Allerdings gibt es innerhalb dieser Gruppe noch erhebliche Unterschiede. So besitzen die Linsenaugen der Würfelqualle nicht den scharf stellenden Apparat, den die Augen der Wirbeltiere haben, und längst nicht alle Tiere haben mit Zapfen und Stäbchen zwei verschiedene Arten von Rezeptorzellen für unterschiedliche Aufgaben.

Einen grundsätzlich anderen Aufbau zeigen die **Komplexaugen** oder Facettenaugen vieler Gliederfüßer (e). Statt nach innen sind diese Augen nach außen gestülpt, was ihnen eine gute Rundumsicht verleiht. Jede einzelne Facette, auch Ommatidium genannt, ist ein optisches System für sich. Die Hornhaut und ein darunter liegender Kristallkegel fokussieren das Licht auf den sensitiven Teil der Rezeptorzellen. Insgesamt ergibt sich so ein Mosaikabbild, das darauf spezialisiert ist, Bewegungen wahrzunehmen. Einzelbilder verschmelzen für Insekten deshalb nicht schon bei etwa 40 Bildern pro Sekunde wie für Menschen, sondern erst bei Frequenzen von 200 bis 300 Bildern pro Sekunde.

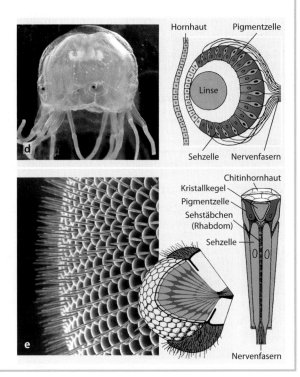

a

Photorezeptor
Pigmentfleck
Geißel

b

Sehzelle   Pigmentzelle
Nervenfasern

c

Hornhaut   Pigmentzelle
Sehzelle   Nervenfasern

d

Hornhaut   Pigmentzelle
Linse
Sehzelle   Nervenfasern

e

Chitinhornhaut
Kristallkegel
Pigmentzelle
Sehstäbchen (Rhabdom)
Sehzelle
Nervenfasern

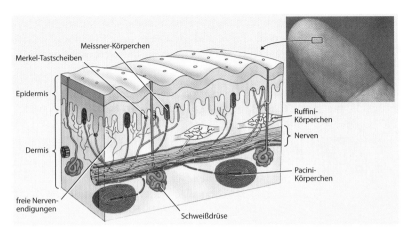

8.40 Die Haut ist mit zahlreichen Mechanorezeptoren durchsetzt. Pacini-Körperchen nehmen sehr kurze Reize auf, Meissner-Körperchen reagieren auf Veränderungen in der Belastung, und Merkel-Tastscheibchen melden lang andauernden Druck. Ruffini-Körperchen registrieren langsam die Dehnung der Haut.

ohne Nachsehen, wohin unsere Arme und Beine gerichtet sind.

- Für schnelle Berührungsreize sind in der unbehaarten Haut die **Meissner-Körperchen** zuständig. Besonders hoch ist ihre Dichte in den Fingerkuppen. Das eigentliche Signal für die Meissner-Körperchen ist die Veränderung, wenn die Haut leicht eingedrückt wird. Anschließend passen sie sich sehr rasch an die neue Situation an und

hören auf zu feuern. Darum bewegen wir unsere Finger über eine Oberfläche, die wir ertasten wollen. In der behaarten Haut haben wir keine Meissner-Körperchen. Hier übernehmen Rezeptorzellen um die Haarfollikel die Aufgabe, Verbiegungen des Haares zu registrieren.

- Von allen Mechanorezeptoren der Haut gewöhnen sich **Pacini-Körperchen** am schnellsten an einen Reiz. Sie sprechen deshalb vor allem auf Beschleunigungen und Vibrationen an.

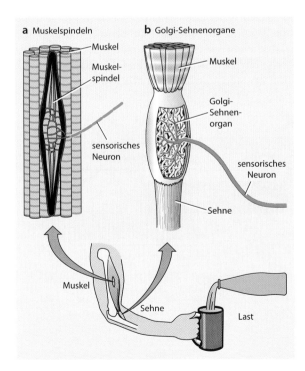

8.41 Muskelspindeln sind in den Muskel integriert und liefern dem Zentralnervensystem Informationen über den Dehnungszustand (a). Bei zu starker Belastung sorgt das Golgi-Sehnenorgan dafür, dass der Muskel sich wieder entspannt (b).

Neben den Exterorezeptoren für Reize, die von außen kommen, haben Menschen auch **Enterorezeptoren** für Signale von innen. Die **Muskelspindeln** in der Skelettmuskulatur sind ein Beispiel hierfür (Abbildung 8.41). Sie liegen mitten im Muskel und werden bei Beanspruchung mit ihm gedehnt. Sensorische Neuronen nehmen das Signal auf und leiten es an das Zentralnervensystem weiter, das als Antwort ein Kommando schickt, den Muskel stärker anzuspannen. Bevor die Beanspruchung zu hoch wird und der Muskelapparat Schaden nimmt, warnt das **Golgi-Sehnenorgan**, das sich in den Sehnen und Bändern befindet. Das Warnsignal veranlasst die Hemmung der Motoneuronen, die für die Kontraktion verantwortlich sind.

Eine besondere Form von Mechanorezeptoren sind **Haarzellen**. An ihrer Spitze tragen sie unterschiedlich lange fädige Stereovilli aus Actinfilamenten. Werden diese seitlich abgebogen, verändern sie die Leitfähigkeit von Kanälen in der Plasmamembran der Haarzelle. Bei Biegung in eine Richtung schließen sich die Kanäle, eine Auslenkung in die entgegengesetzte Richtung öffnet sie, das Membranpotenzial wird depolarisiert, und eine angeschlossene Nervenzelle sendet Aktionspotenziale ins Zentralnervensystem.

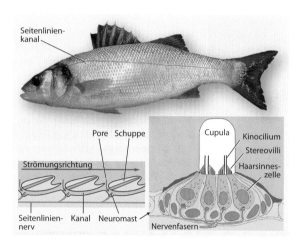

8.42 Im Seitenliniensystem oder Seitenlinienorgan von Knochenfischen registrieren Haarzellen unter der Hautoberfläche Strömungen und Druckschwankungen.

Haarzellen kommen als Sensoren in mehreren Organen vor. Im **Seitenliniensystem** der Fische registrieren sie Schwankungen des Wasserdrucks durch die eigene Bewegung und die Annäherung von Feinden (Abbildung 8.42). Im **Vestibularorgan** genannten Gleichgewichtsorgan von Wirbeltieren nehmen sie die Verschiebungen der flüssigen Endolymphe wahr, wenn der Kopf gedreht oder gerade beschleunigt wird (Abbildung 8.43). Im **Corti-Organ des Innenohrs** finden wir äußere und innere Haarzellen, über die sich eine steife Deckmembran ausbreitet

(Abbildung 8.44). Eintreffende Schallwellen verschieben die Basis und die Decke gegeneinander, was die Haarzellen messen und an die Neuronen des Hörnervs weitergeben.

Temperatursensoren schützen vor Überhitzung

Für die Thermorezeption nutzt der menschliche Körper freie Nervenendigungen. Die Rezeptorzellen sind aber spezialisiert auf die Wahrnehmung von Kälte bzw. Hitze. Sie sind in der Haut und den Schleimhäuten zu finden, wo sie die Umgebungstemperatur aufnehmen, sowie im Hypothalamus im Zwischenhirn zur Messung der Temperatur des Bluts.

Die Funktionsweise der Thermorezeptorzellen ist Gegenstand aktueller Forschung. Wahrscheinlich sind TRP-Kanäle (*transient receptor potential channels*) für Kationen und besondere Kaliumkanäle an der Produktion des Reizes beteiligt.

Elektrische Sinne verraten die Beute

Manche Organismen haben Sinne für Signale, die wir Menschen überhaupt nicht bemerken. Einige Haie und Rochen orientieren sich beispielsweise in der letzten Phase eines Angriffs an den elektrischen Feldern, die ihre Beute umgeben. Zu diesem Zweck besitzen sie zahlreiche Lorenzinische Ampullen in

8.43 Das Vestibularorgan im Innenohr von Säugetieren spricht in den Bogengängen auf Drehungen des Kopfes und im Vestibulum auf geradlinige Beschleunigungen an. Bei den Drehungen folgt die Flüssigkeit in den Gängen aufgrund ihrer Trägheit der Bewegung nur verzögert und verbiegt die Stereovilli in der gallertartigen Cupula. Auch die Statolithen oder Otolithen genannten Kristalle im Vestibulum sind träge und ziehen an den Stereovilli, wenn der Körper beschleunigt oder abgebremst wird.

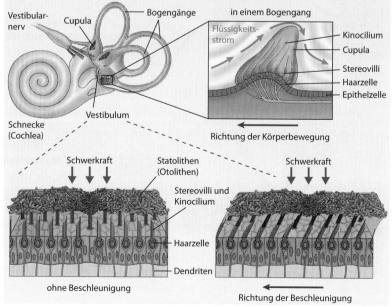

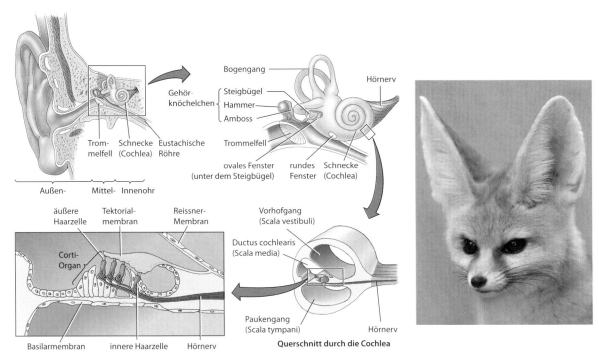

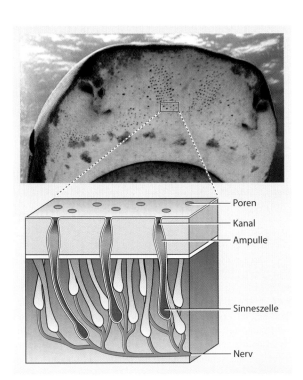

8.44 Der Hörvorgang beginnt mit dem Außenohr, das Schallwellen sammelt und wie ein Trichter an das Trommelfell weiterleitet. Im anschließenden Mittelohr übertragen, verstärken oder dämpfen die Gehörknöchelchen die Schwingungen. Der Steigbügel gibt sie an das ovale Fenster zum Innenohr weiter. Die Flüssigkeit in der Schnecke wandert mit den Druckwellen und lenkt die Membranen zwischen den Gängen aus. Die Verbiegung der Basilarmembran wird von den äußeren Haarzellen registriert. Indem diese Zellen rhythmisch mitschwingen, verstärken sie das Signal. Dieses wird schließlich von den passenden inneren Haarzellen aufgenommen, die Transmitter freisetzen und in der angeschlossenen Nervenzelle ein Aktionspotenzial auslösen.

8.45 Die dunklen Poren dieses Tigerhais führen zu den Lorenzinischen Ampullen – Sinneszellen, mit denen der Hai schwache elektrische Felder seiner Beutetiere erkennt.

ihrer Haut (Abbildung 8.45). Die Poren sehen ein wenig aus wie dunkle Bartstoppeln und sind mit einer Art Gallerte gefüllt. Die Sinneszellen der Ampullen registrieren selbst extrem schwache elektrische Felder von 0,01 bis 0,05 Mikrovolt pro Zenti-

Offene Fragen

Elektrosinn als Temperaturfühler?

Die Lorenzinischen Ampullen der Haie antworten anscheinend indirekt auf Änderungen der Temperatur. Wird es wärmer oder kälter, baut sich in den Organen eine elektrische Spannung auf, die den eigentlichen Reiz darstellt. Schon Temperaturunterschiede von einem Tausendstel Grad sollen so wahrnehmbar sein. Ob Haie diesen Sinn aber wirklich nutzen und wozu, ist nicht bekannt.

Offene Fragen

Der Gravitationssinn von Pflanzen

Woher eine Wurzelspitze weiß, in welche Richtung sie wachsen muss, um sich in Richtung des Erdmittelpunkts zu strecken, ist weitgehend unbekannt. Unter dem Mikroskop fallen in einigen Zellen der Wurzelspitze kleine Stärkekörnchen (Statolithen genannte Amyloplasten) auf, die sich im unteren Teil der Zellen ansammeln. Diese Verlagerung alleine kann aber nicht die Wachstumsrichtung beeinflussen. Darum vermuten Pflanzenphysiologen, dass die Statolithen auf die Verteilung des Phytowachstumhormons Auxin wirken. Allerdings ist nicht klar, wie das Signal diese Wirkung hervorruft. Zudem können sich auch einige mutierte Pflanzen ohne Statolithen nach der Erdgravitation ausrichten, sodass womöglich andere Mechanismen beteiligt sind.

Der Spross einer Pflanze wächst im Schwerefeld der Erde ▶ nach oben (negativer Gravitropismus), die Wurzel nach unten (positiver Gravitropismus). In den Wurzelspitzen sind spezielle Zellen, die Statocyten, für die Orientierung verantwortlich. Stärkegefüllte Organellen, die Amyloplasten, sinken zur Unterseite der Zellen und signalisieren auf noch nicht ausreichend geklärte Weise der Pflanze damit, wo es nach oben und nach unten geht.

---

meter, Ionenkanäle öffnen sich, und die Information gelangt über Nervenzellen an das ZNS.

Magnetsinne helfen bei der Orientierung

Eventuell nutzen Haie die Lorenzinischen Ampullen auch zur Orientierung im Erdmagnetfeld. Bekannter ist aber der **Magnetsinn** von Zugvögeln und Brieftauben. Trotz intensiver Forschung ist noch nicht vollständig geklärt, nach welchem Prinzip der innere Kompass arbeitet. Zwei Mechanismen wurden bislang gefunden. Der eine bedient sich der chemischen Reaktion eines Molekülpaars, die je nach Ausrichtung der Magnetfeldlinien unterschiedlich verläuft. Beim anderen werden winzige magnetische Körnchen und Ketten aus dem Eisenoxid Magnetit durch das Magnetfeld angezogen, wodurch sie mechanisch auf Ionenkanäle wirken. Derartige Magnetite kommen bei vielen Tieren mit magnetischen Sinnen vor, darunter in Forellen, im Schnabel von Vögeln und sogar im menschlichen Gehirn. Für Menschen konnte allerdings bislang kein Magnetsinn nachgewiesen werden.

8.46 Kompasstermiten richten ihre Bauten in Nord-Süd-Richtung aus, um in den kühlen Morgen- und Abendstunden möglichst viel Sonnenwärme einzufangen und in der Mittagszeit möglichst wenig Angriffsfläche für die dann senkrecht auf die schmale Oberseite fallenden Sonnenstrahlen zu bieten.

Köpfe und Ideen

Echolokation: Der „sechste Sinn" der Fledermäuse

Von Hynek Burda

Unter Echolokation oder Echoortung versteht man die Ortung und Erkennung von Objekten durch Aussenden von Schall- oder Radiowellen und anschließende Analyse der Echos, also der von den Objekten reflektierten Wellen. Der Begriff ist heute allgemein bekannt, das Verständnis des Prinzips gehört zur Allgemeinbildung. Abgesehen von der Anwendung in der Technik, ist die Echolokation vor allem als ein spektakulärer Orientierungsmechanismus der Fledermäuse und Zahnwale bekannt. Doch diese Kenntnis ist nicht allzu alt.

Der renommierte italienische Naturwissenschaftler Lazzaro Spallanzani (1729–1799) ging als Erster der Frage experimentell nach, wie Fledermäuse es schaffen, auch in dunkler Nacht im Geäst und Laubwerk geschickt zu manövrieren und kleine Insekten zu erbeuten. Um herauszufinden, welchen der „klassischen" Sinne die Fledermäuse für die Orientierung nutzen, schaltete er die Sinne sukzessive, meistens chirurgisch oder durch Verstopfung oder Verklebung, aus und ließ die gefangenen und behandelten Tiere in einem Raum mit aufgespannten Fäden fliegen. Die „geblendeten" Fledermäuse flogen problemlos zwischen den Fäden hindurch. Heute wären solche Experimente kaum denkbar, doch damals ist man nicht einmal mit Menschen respektvoll umgegangen (letztmalig wurde 1751 eine Hexe in Deutschland verbrannt). Spallanzani veröffentlichte seine Ergebnisse 1794 und inspirierte dadurch den Schweizer Zoologen Charles Jurine (1751–1819), diese Versuche zu wiederholen. Jurine konzentrierte sich vor allem auf die Ausschaltung des Gehörs durch Verstopfung der Gehörgänge und konnte so zeigen, dass das Gehör bei der Orientierung eine entscheidende Rolle spielt. (Ähnliche Versuche hatte Spallanzani auch durchgeführt, jedoch nicht sorgfältig genug, sodass seine Versuchstiere teilweise noch hören konnten.)

Leider gelang es Spallanzani und Jurine nicht, den Tastsinn auszuschalten. (Die lokale Betäubung der Haut wurde erst hundert Jahre später erfunden). Da sie zudem das Prinzip und den Mechanismus dieser Orientierungsleistung nicht erklären konnten und es noch keine Möglichkeit gab, nichthörbaren Schall hörbar zu machen, und da der Mensch, „Krone der Schöpfung", über eine vergleichbare Sinnesleistung nicht verfügt, wurde die Idee der Hörorientierung nicht ernst genommen. Hierzu trug insbesondere einer der damals bekanntesten Naturwissenschaftler, Georges Cuvier (1769–1832), bei. Cuvier selbst hatte zwar mit Fledermäusen nie experimentiert, doch präsentierte er eine alternative Erklärung: Die feine Flügelhaut der Fledermäuse sei reichlich innerviert und nähme auf dem Prinzip des Tastsinns beruhend schon eine geringe Luftstauung wahr, wie sie bei Annäherung an einen Gegenstand entstehe. Dank Cuviers Autorität ging seine Erklärung für mehr als 150 Jahre in die Lehrbücher ein; die Ideen von Spallanzani und Jurine gerieten in Vergessenheit. Paradoxerweise wurden aber gerade ihre Experimente als Beweis für die „somatosensorische" Erklärung der Raumorientierung der Fledermäuse angeführt. Denn erinnern wir uns, dass sie nur den Tastsinn nicht ausschalten konnten.

In den 1880er-Jahren erarbeitete Lord Rayleigh (1842–1919) die theoretischen Grundlagen der Akustik und beschrieb auch den Ultraschall. Jacques Currie (1855–1941) und Pierre Currie (1859–1906) konnten diesen für den Menschen unhörbaren Schall mit kurzen Wellenlängen im Frequenzbereich von 16 kHz bis 1,6 GHz künstlich generieren und physikalisch auch registrieren. 1916 wandte Paul Langevin (1872–1946) die Entdeckung der Brüder Currie technisch an und baute das erste Echolotsystem (Sonar).

Nach dem ersten Weltkrieg, 1919, zog der englische Augenphysiologe Hamilton Hartridge (1886–1976) in sein Büro im King's College in Cambridge ein, und schon im Sommer stellte er fest, dass sein Büro auch von Fledermäusen als Sommerquartier ausgesucht wurde. Fasziniert von der Fähigkeit der Fledermäuse, auch in der Dunkelheit problemlos zu fliegen, bewertete Hartridge die Versuche von Spallanzani und Jurine neu. Aufgrund der neuen physikalischen und technischen Kenntnisse kam er zu der Schlussfolgerung, dass sich die Fledermäuse mithilfe von Ultraschallechos orientieren. Doch es war noch nicht möglich, die vermuteten Ultraschallaute der Fledermäuse zu registrieren, und so blieb seine Publikation „The avoidance of objects by bats in their flight" im *Journal of Physiology*, 1920, von den Zoologen nur eine weiterhin eher unberücksichtigte Hypothese.

Neue Stimuli für die Erforschung der enigmatischen Sinnesleistungen der Fledermäuse brachten weitere technische Erfindungen, darunter das Ultraschallaufnahmegerät. Der Erfinder und Physikprofessor an der Harvard University George W. Pierce (1872–1941) hatte gerade so ein Ultraschallmikrofon und einen Ultraschallanalysator erfunden und gebaut, als ihn der Zoologiestudent Donald R. Griffin (1915–2003) besuchte. Griffin, der seine Doktorarbeit über die Biologie der Fledermäuse schreiben wollte, überzeugte Pierce, mit diesem neuen Gerät die Hypothese von Hartridge zu testen. Und tatsächlich konnten sie zeigen, dass die Fledermäuse Ultraschalllaute aussenden. Doch die erste Publikation (1938 im *Journal of Mammalogy* erschienen) war sehr vorsichtig formuliert. Die Autoren schrieben (möglicherweise unter dem Druck skeptischer Gutachter?), dass die aufgenommenen Laute möglicherweise gar nicht mit der Orientierung zusammenhingen. Es blieb noch nachzuweisen, dass die Fledermäuse den Ultraschall auch tatsächlich hörten. Dies gelang dank Griffins Freundschaft zu einem ande-

Fortsetzung ▶

Fortsetzung

ren Doktoranden, Robert Galambos (geb. 1914), der sich für die Hörphysiologie interessierte. Galambos erlernte bei seinem Betreuer, Hallowell Davis (1896–1992, einer der Erfinder und Entwickler der Elektroencephalografie), die von Davis entwickelte Methode der Erfassung der *cochlear microphonics* (dies sind elektrische Potenziale, die durch die Haarzellen im Corti-Organ als Antwort auf akustische Stimulation generiert werden). Dank dieser Zusammenarbeit, dem Know-how und den technischen Möglichkeiten konnten Galambos und Griffin 1941, also 150 Jahre nachdem sich Spallanzani erstmals der Frage nach der Orientierung von Fledermäusen gewidmet hatte, nachweisen, dass die Fledermäuse „mit ihren Ohren sehen". Griffin prägte später für diese Art der Orientierung den Begriff *echolocation*. Galambos schrieb in seiner Autobiografie (1996): *There was only one place in the world where two graduate students could demonstrate that flying bats emit sounds we cannot hear, and that the animals hear and act upon the echoes – and we happened to be there.* Seit der Entdeckung der Echolokation vor 70 Jahren wurden diesem Thema fast 2000 wissenschaftliche Arbeiten gewidmet.

Die Geschichte der Erforschung des „sechsten Sinns" der Fledermäuse ist exemplarisch für viele Entdeckungen – sie zeigt, dass der Weg zu einer Entdeckung manchmal lang und kompliziert ist, dass die Entdeckungen von Menschen gemacht werden, die am richtigen Ort zur richtigen Zeit sind, dass die Ergebnisse der Experimente unterschiedlich interpretiert werden können, und zwar abhängig davon, was wir wissen, was wir (noch) nicht wissen und was und wie wir denken. Das verdeutlicht, dass auch langjährige und möglicherweise lieb gewonnene Wahrheiten nicht wahr sein müssen und wir gegenüber manchen Wahrheiten skeptisch sein sollten, dass aber Skepsis den Fortschritt auch bremsen kann.

Hynek Burda (* 1952) ist Universitätsprofessor und Lehrstuhlinhaber für Allgemeine Zoologie an der Universität Duisburg-Essen und Gastprofessor an der Südböhmischen Universität in České Budějovice (Budweis) sowie an der Agraruniversität in Prag. Seine Forschungsschwerpunkte sind Sinnesbiologie (insbesondere Hörbiologie), Verhaltensökologie sowie die Biologie, Evolution und Phylogenese subterraner Säugetiere. 2004 erhielt er den Lehrpreis (des Rektors) der Universität Duisburg-Essen.

Im Gegensatz zum bekannten technischen Kompass, dessen Nadel sich parallel zu den Magnetfeldlinien ausrichtet und in Nord-Süd-Richtung weist, ist für den biologischen Magnetsinn wahrscheinlich die **Inklination**, also die Neigung der Feldlinien relativ zum Boden, von Bedeutung. Der Unterschied erscheint zunächst gering, aber mit einer Inklinationsmessung lässt sich ungefähr der Breitengrad bestimmen, da das Magnetfeld an den Polen senkrecht steht und am Äquator parallel zur Erdoberfläche verläuft. Zudem können Bakterien bei der Suche nach tieferen Wasserschichten den abwärts verlaufenden Feldlinien folgen (Magnetotaxis).

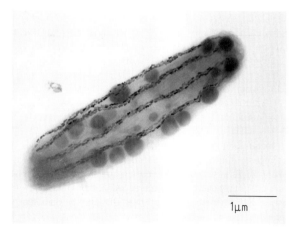

1 µm

8.47 In Bakterien richten sich die Magnetosom genannten Magnetitkristalle nach den Feldlinien des Erdmagnetfeldes aus – und mit ihnen die gesamte Zelle.

Prinzipien des Lebens im Überblick

- Die Aufnahme von Informationen verläuft bei Zellen in drei großen Blöcken: Bei der Signalerkennung nehmen spezialisierte Strukturen den Reiz auf. Im Rahmen der Signalübertragung wird er in eine chemische Form umgewandelt, weitergereicht und eventuell verstärkt oder mit anderen Reizen verrechnet. Mit der Reaktion antwortet die Zelle schließlich auf die neue Situation.
- Chemische Signale registriert die Zelle mit Rezeptoren in der Plasmamembran bzw. im Cytoplasma.
- Die wichtigsten Gruppen von Plasmamembranrezeptoren sind G-Protein-gekoppelte Rezeptoren,

„Und, Mr. Spuk? Hat ihr Zauberkasten irgendwelche Anzeichen für Leben gefunden?"

Rezeptoren mit Ionenkanal und Proteinkinasen. Sie alle verändern den Aktivierungszustand weiterer Moleküle.

- Um das Signal von der Plasmamembran in das Zellinnere zu transferieren und es zu verstärken, werden bei vielen Signalübertragungswegen sekundäre Botenstoffe oder chemische Reaktionsketten zwischengeschaltet. Zyklisches AMP und Calcium gehören zu den wichtigsten Botenstoffen.
- Als schnelle Reaktion auf ein Signal öffnet oder schließt die Zelle häufig Ionenkanäle. Mittelfristige Anpassung erreicht sie durch geänderte Enzymaktivitäten, die sich auf bestimmte Teile des Metabolismus auswirken. Langfristige und tiefgehende Antworten setzen bei den Genen an, deren Aktivität die Zelle ändert.
- Die meisten mehrzelligen Tiere haben zur Wahrnehmung der Umwelt Sinne entwickelt.
- Die Weitergabe und Verarbeitung der Signale von den Rezeptorzellen übernehmen Nervenzellen, auch Neuronen genannt.
- Neuronen nehmen mit Dendriten Informationen von einer oder mehreren Zellen auf, verarbeiten sie, leiten sie weiter oder geben Kommandos an ausführende Zellen wie Muskel- und Drüsenzellen.
- Bei der Übergabe des Signals nutzen die Zellen meistens chemische Botenstoffe. Die Nervenzelle wandelt die Information mit Ionenkanälen in veränderte elektrische Spannung über die Membran um.
- Ohne Reizung liegt über der Neuronenmembran ein negatives Ruhepotenzial. Durch Hyperpolarisierung kann es verstärkt, durch Depolarisierung vermindert werden.

- Die Veränderung kann sich auf zwei Arten ausbreiten: Als elektrotonisches Potenzial oder Elektrotonus wandert es mit den Ionen aus der Nähe, die auf das neue elektrische Feld reagieren. Diese Reaktion ist sehr schnell, reicht aber nicht weit. Bei einer ausreichend starken Depolarisierung kann am Axonhügel ein Aktionspotenzial entstehen. Es handelt sich dabei um einen Alles-oder-Nichts-Mechanismus, weshalb die Impulsstärke über die gesamte Länge des Axons gleich bleibt.
- Am Axonhügel entscheidet sich, ob ein Aktionspotenzial ausgelöst wird oder nicht, indem die eingehenden postsynaptischen Potenziale summiert werden. Nur wenn das resultierende Potenzial den Schwellenwert überschreitet, feuert das Neuron.
- Axone leiten die Impulse in der Regel nur in die Richtung vom Zellkörper zur synaptischen Endigung.
- Bei Wirbeltieren sind viele Axone mit isolierenden Myelinscheiden ummantelt, um eine höhere Geschwindigkeit der Erregungsleitung zu erreichen.
- Beim Sehprozess nehmen die Nervenzellen in der Netzhaut bereits eine erste Verrechnung der Signale von den Rezeptorzellen vor.
- Im Thalamus durchlaufen die Informationen einen Filter, der entscheidet, welche Sinneseindrücke uns überhaupt bewusst werden.
- Die Unterschiede bei den verschiedenen Sinnen bestehen nur in der Art, wie die Signale aufgenommen und in ein Aktionspotenzial umgewandelt werden. Alle nachfolgenden Schritte laufen gleich ab. Das Gehirn interpretiert die eingehenden Informationen nach den Zentren, in die sie gelangen.

📖 Bücher und Artikel

Mark F. Baer et al.: *Neurowissenschaften – Ein grundlegendes Lehrbuch für Biologie, Medizin und Psychologie.* (2008) Spektrum Akademischer Verlag
Ausführliches Lehrbuch, das von den molekularen Grundlagen bis zu komplexen Themen wie bildgebenden Verfahren das gesamte Gebiet der Neurowissenschaften abdeckt.

R. Douglas Fields: *Der sechste Sinn der Haifische* in „Spektrum der Wissenschaft" 11 (2007)
Aktueller Wissensstand und historischer Rückblick zur Erforschung des Elektrosinns von Haien.

Robert F. Schmidt et al.: *Physiologie des Menschen.* (2007) Springer Verlag
Auf den Menschen fokussierte Darstellung, aber dafür mit der Beschreibung zahlreicher klinischer Messverfahren.

Internetseiten

www.chemgapedia.de/vsengine/vlu/vsc/de/ch/8/bc/vlu/
botenstoffe/signaltransduktion.vlu.html
    Lerneinheit, deren Bearbeitung etwa 60 Minuten dauert
    und alle wichtigen Punkte der Signaltransduktion umfasst.
www.studentenlabor.de/seminar1/das_riechen.htm
    Überblick über den Riechvorgang vom Geruchsrezeptor bis
    zur Verarbeitung im Gehirn.
www.bio-faqs.de/ts_downl/BI-AB-Auge4.pdf
    Kompakte Betrachtung des Sehvorgangs bei Wirbeltieren.

Antworten auf die Fragen

8.1 Durch die Phosphorylierung eines Enzyms gelangen zusätzliche negative Ladungen in das Protein. Es kommt zu Absto-
ßungskräften zwischen dem Phosphat und den ebenfalls ganz
oder partiell negativ geladenen Aminosäureseitenketten sowie
zu Anziehungskräften mit den positiven Resten. Das Protein
passt sich an, indem es seine Konformation ändert. Dadurch
werden enzymatisch aktive Bereiche zugänglich (oder verborgen), und das Enzym wird aktiv (oder inaktiv).

8.2 Nachtaktive Tiere haben in ihrer Retina vor allem lichtemp-
findliche Stäbchen. Vermutlich können sie darum Farben kaum
unterscheiden.

8.3 Während wir den roten Kreis betrachten, geht in den Rotrezeptoren der Vorrat an Photopsin zur Neige. Beim Wechsel
auf die weiße Fläche reagieren die beiden anderen Zäpf-
chentypen darum viel stärker. Weißes Licht, dem physiologisch die rote Komponente entzogen wurde, erscheint uns
jedoch grün.

9 Leben schreitet voran

Wer sich nicht bewegt, muss sich mit dem Angebot seines Standorts begnügen – und dessen Gefahren erdulden. Um in ihrem Lebensraum aktiv voranzukommen, haben Organismen eine Reihe völlig unterschiedlicher Mechanismen entwickelt. Sie machen sich dabei die Besonderheiten ihrer Umgebung und ihrer eigenen Ausmaße zunutze.

Die Erde ist groß, und wenn ein Organismus hinreichend klein ist, bietet auch ein Wassertropfen reichlich Platz zum Leben. Weil aber Nährstoffe, Schutzzonen, Räuber und Beute auf allen Ebenen ungleich verteilt sind, verfolgen viele Lebensformen die Strategie, sich aktiv fortzubewegen. Diese **Lokomotion** kann sehr unterschiedlich aussehen. Dennoch sind es im Wesentlichen immer die drei gleichen Widerstände, die ein sich bewegender Organismus überwinden muss:

- Die **Trägheit** ist eine physikalische Eigenschaft von massebehafteter Materie – und damit auch von jedem Lebewesen. Aus welchem Grund Massen träge sind, ist noch unbekannt. Wir wissen jedoch seit Isaac Newton, dass Körper entweder ruhen oder sich gleichmäßig in gerader Richtung fortbewegen, solange keine Kraft auf sie wirkt (erstes Newton'sches Gesetz oder Trägheitsgesetz). Es kostet also Energie, etwas zu beschleunigen, dessen Richtung zu ändern oder abzubremsen.
- Die **Schwerkraft** umfasst die Gravitationskraft der Erde sowie weitere wirkende Kräfte, beispielsweise den Auftrieb. Sie zieht Organismen in Richtung Erdmittelpunkt und ist je nach Ort und vor allem Medium unterschiedlich ausgeprägt. So wirkt sich die Schwerkraft im Wasser weit weniger stark aus als an Land oder gar in der Luft. Auch sehr kleine Lebewesen brauchen ihr kaum entgegenzuwirken. Für Bakterien etwa sind die Zusammenstöße mit den thermisch vibrierenden Molekülen einer Flüssigkeit von größerer Bedeutung als die Erdanziehung.
- Je dichter und zäher ein Medium ist, umso größer ist die **Reibung**, die einer Bewegung entgegensteht. In der Luft, wo es zwischen den einzelnen Molekülen kaum Anziehungskräfte gibt, sondern vor

allem kleine Kollisionen, kann ein langsam bewegter Körper die Teilchen relativ leicht beiseite schieben. Allerdings kostet jeder Zusammenstoß ein wenig Energie. Der Betrag wächst schnell an, wenn die Teilchen des Mediums fester zusammenhalten, wie es im Wasser mit seinen Wasserstoffbrückenbindungen der Fall ist. Hier wird die Reibung schnell zum stärksten abbremsenden Faktor. Einzeller kommen deshalb sogar sofort zum Halten, wenn sie ihren Antrieb ausschalten.

Wir schauen uns in diesem Kapitel verschiedene Prinzipien der Fortbewegung an und werden feststellen, dass die große mechanische Vielfalt auf wenige molekulare Strategien zurückgeht.

Bakterien haben einen rotierenden Flagellenmotor

Für einen Organismus, der nur knapp über einen Mikrometer groß ist, verhält sich Wasser mit seinen vielen intermolekularen Bindungen wie eine sirupartige, zähe Flüssigkeit. Herkömmliche Schwimmbewegungen, wie wir sie von Fischen und Amphibien kennen, sind auf dieser Ebene weitgehend nutzlos. Darum haben Bakterien eine andere Form des Antriebs entwickelt: Sie „schrauben" sich mit langgestreckten, fadenförmigen Propellern voran (Abbildung 9.3) und besitzen dafür das einzige echte **Rotationsgelenk**, das wir im Reich der Biologie kennen.

Der **eubakterielle Flagellenmotor** setzt sich aus etwa 25 verschiedenen Sorten von Proteinen zusammen (Abbildung 9.4). Einige von ihnen bilden ringförmige Lager in der Plasmamembran, der Zellwand

9.1 Lokomotion hat sehr verschiedene Gesichter.

und gegebenenfalls der Äußeren Membran, in denen die Achse der Flagelle läuft. Andere formen den Motorkomplex. Dieser setzt den Fluss von Protonen, die dem Gefälle ihres elektrochemischen Gradienten folgen, in eine mechanische Rotation um. Ähnlich wie bei der ATP-Synthase ist also auch hier die protonenmotorische Kraft der Antrieb. Sie entsteht beim Abbau von Nährstoffen, wenn Protonen im Verlauf einer Elektronentransportkette durch eine Membran gepumpt werden (siehe Kapitel 7 „Leben ist energiegeladen"). Der Konzentrationsunterschied und die elektrische Spannung über die Membran drücken die Protonen wieder zurück, was der Flagellenmotor in eine Drehbewegung verwandelt.

Ein abgewinkelter Haken gibt die Rotation an die eigentliche **Flagelle** weiter. Sie ist ein langgestrecktes, helikal gewundenes Röhrchen aus 20 000 bis 30 000 Monomeren des Proteins Flagellin, das am Ende mit einer Kappe aus einem anderen Protein abgeschlossen ist. Dreht sich der Flagellenmotor, peitscht dieser Proteinfaden mit ungefähr 50 Umdrehungen pro Sekunde durch das Wasser und schiebt oder zieht das Bakterium wie ein Propeller. Im

> **Flagelle, Geißel** (*flagellum*)
> Fadenförmige Struktur an der Zelloberfläche. Obwohl es keine feste Regel gibt, empfiehlt es sich, nur die prokaryotische Struktur aus Protein auf Deutsch als Flagelle zu bezeichnen und die eukaryotische langgestreckte Ausstülpung der Plasmamembran als Geißel.

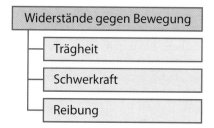

9.2 Je nach Lebensraum und Größe eines Organismus muss dieser für seine Fortbewegung unterschiedliche Widerstände überwinden.

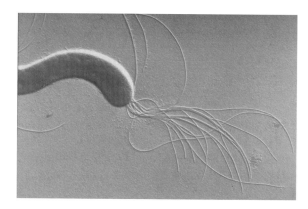

9.3 Bakterien wie diese *Spirillum*-Zelle schrauben sich mit langen rotierenden Flagellen durch das Wasser.

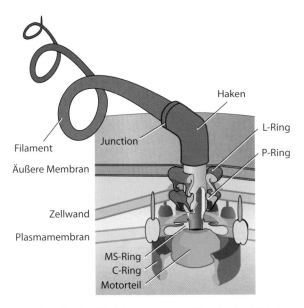

9.4 Die peitschenähnliche geschraubte Flagelle der Bakterien ist über einen gebogenen Haken mit dem Motoranteil in der Zellhülle verbunden. Mehrere verschiedene Proteine sind in den Membranen und der Zellwand zu Ringen organisiert. Sie ermöglichen eine Rotation und treiben mit der Kraft fließender Protonen die Drehung an.

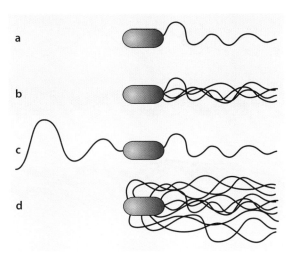

9.5 Häufige Arten von Begeißelung sind die monotriche (a), die polytrich-monopolare (b), die polytrich-bipolare (c) und die peritriche Variante (d).

Unterschied zu den eukaryotischen Geißeln, die wir im nächsten Abschnitt kennenlernen werden, ist die prokaryotische Flagelle jedoch ein passives Element, das sich im Röhrchenbereich nicht selbst aktiv bewegt. Dennoch erreichen die Bakterien auf diese Weise bis zu 60 Zellenlängen Vortrieb pro Sekunde, was umgerechnet auf unsere gewohnten Maßstäbe einem Rennwagen entspricht, der mit rund 1000 km/h unterwegs ist.

Je nach Bakteriengruppe gibt es verschiedene **Begeißelungstypen** (Abbildung 9.5). Monotrich begeißelte Bakterien haben nur eine einzige Flagelle. Zu ihnen gehört der Choleraerreger *Vibrio cholerae*. Bei einer polytrichen Begeißelung trägt die Zelle mehrere Flagellen. Sie können auf ein oder beide Enden beschränkt sein (polar) oder über den Zellkörper verteilt (peritrich) .

Die Art der Begeißelung gibt den **Schwimmstil** des Bakteriums vor (Abbildung 9.6). Monopolar begeißelte Zellen schieben sich in der Regel mit ihrer Flagelle am hinteren Ende vorwärts. Bei bipolar begeißelten Prokaryoten zieht die vordere Flagelle, während die hintere schiebt. Die Flagellen peritricher Zellen finden sich zu einem „Geißelzopf" zusammen, wenn die Motoren gegen den Uhrzeigersinn rotieren.

Die Bakterien schwimmen dann schnell voran. Ändert sich die Drehbewegung jedoch in Uhrzeigerrichtung, lösen sich die Flagellen aufgrund ihrer eigenen Windung voneinander und bewegen sich unabhängig in alle Richtungen gleichzeitig. Das Bakterium „taumelt", bis der Motor erneut zur Drehung gegen den Uhrzeigersinn übergeht. Diese auf den ersten Blick sinnlose Zwischenphase des Taumelns bringt die Zelle bei genauerer Betrachtung auf einen neuen Kurs. Erscheint dieser günstiger, weil er beispielsweise schneller auf einen Nährstoff zuführt, bleibt das Bakterium länger in der Schwimmphase. Ist die neue Richtung weniger gut, beginnt es früher mit dem nächsten Taumeln.

> **Offene Fragen**
>
> ### Der rätselhafte Motor der Archaea
>
> Beim Blick durchs Elektronenmikroskop erinnern die Flagellen der Archaeen an den im Text beschriebenen Antrieb von Eubakterien. Tatsächlich gibt es aber bedeutsame Unterschiede. So sind die Archaea-Flagellen dünner und rotieren stets als Einheit. Außerdem stammt ihre Triebkraft nicht aus dem Fluss von Protonen, sondern aus der Hydrolyse von ATP. Über den Aufbau und die Funktionsweise des Motors ist jedoch fast nichts bekannt.

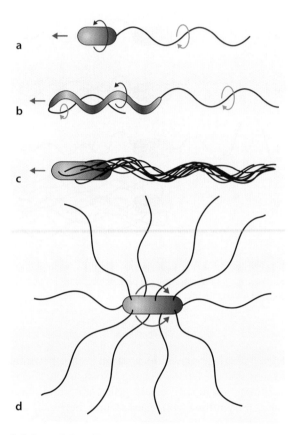

9.6 Je nach Begeißelung schwimmen Bakterien durch einfachen Schub von hinten (a), eine Kombination von Schub und Zug (b) oder durch alternierende Phasen von konzertiertem Antrieb von allen Flagellen (c) und zufälligem Taumeln (d).

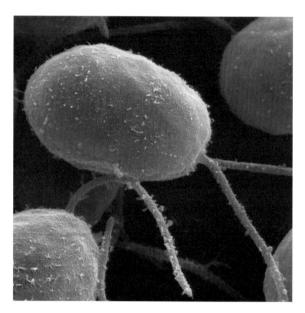

9.7 Die Grünalge *Chlamydomonas* besitzt zwei Geißeln zur Fortbewegung.

Eukaryoten schlagen mit aktiven Geißeln und Cilien

Eukaryotische Geißeln sind größer und aufwendiger gebaut als prokaryotische Flagellen (Abbildung 9.7). Es handelt sich bei ihnen zudem um Ausläufer der Zelle, die von der Plasmamembran umhüllt sind. Im Zentrum jeder Geißel befindet sich ein als **Axonem** bezeichnetes Bündel von **Mikrotubuli** (siehe Kapitel 5 „Leben transportiert") in der sogenannten **9×2+2-Anordnung**. Dabei strecken sich neun (9) parallel verlaufende doppelte (×2) Mikrotubuliröhrchen – die Dupletts – um ein zentrales Paar einzelner Mikrotubuli (+2), sodass sich im Querschnitt eine Ringstruktur mit einer mittig gelegenen Doppelachse ergibt (Abbildung 9.8). Nur jeweils eines der Duplettröhrchen – der A-Tubulus – ist vollständig. Der B-

Tubulus ist an ihn angelagert. Vom A-Tubulus greifen armähnliche Moleküle des Motorproteins Dynein nach dem jeweils benachbarten B-Tubulus. Zusätzliche elastische Brückenproteine wie Nexin stabilisieren die Ringstruktur, und von jedem Duplett aus weisen „Speichen" aus Protein zum zentralen Mikrotubulipaar.

An der Basis der Geißel geht die 9×2+2-Anordnung in ein 9×3-Muster über. Dort befindet sich der **Basalkörper**, der auch Kinetosom oder Blepharoplast genannt wird. Unter dem Elektronenmikroskop ist im Längsschnitt zu sehen, dass die beiden mittleren Tubuli des Axonems nicht bis in den Basalkörper reichen, die Dupletts hingegen zu Tripletts erweitert werden (Abbildung 9.9).

Der **Motor für den Geißelschlag** ist das Dynein. Es ist fest mit dem A-Tubulus eines Mikrotubuliduspletts verbunden und greift mit seinen Armen wie beim Seilklettern abwechselnd nach dem benachbarten B-Tubulus. Die Energie dafür liefert ATP, das vom Dynein hydrolysiert wird. Durch die Wanderung der Dyneinmoleküle verschieben sich die Dupletts gegeneinander, und die Geißel verformt sich. Je nach Koordination der Dyneinaktivitäten ergeben sich dabei eine Wellenbewegung in einer Ebene, ein runder oder elliptischer Schlag oder vereinzelte, ausholende Stöße gegen das umgebende Medium, ähnlich dem Armschlag beim Brustschwimmen. Viele Einzeller, aber auch die Larven

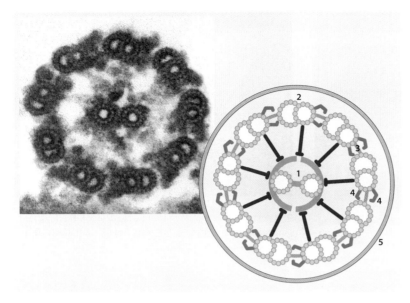

9.8 Ein Querschnitt durch die Geißel von *Chlamydomonas* unter dem Elektronenmikroskop und im Schema. Um ein zentrales Paar von Mikrotubuli (1) reihen sich ringförmig neun Mikrotubulidupletts (2), die durch Proteinbrücken aus elastischem Nexin (3) miteinander verbunden sind. Zwischen den Dupletts befinden sich Dyneinarme (4). Das Motorprotein sorgt aktiv für den Geißelschlag, indem es die Dupletts gegeneinander verschiebt. Die ganze Axonem genannte Struktur ist von der Plasmamembran (5) umgeben und damit Teil des Cytoplasmas.

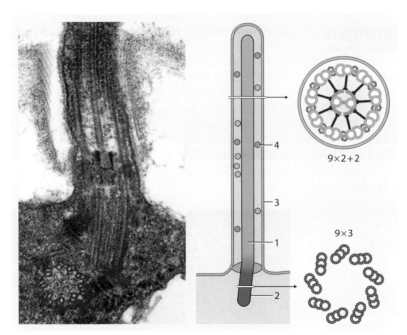

9.9 Die Geißel von *Chlamydomonas* im Längsschnitt. Gezeigt ist die Basis der bis zu 150 Mikrometer langen Struktur. Das Axonem (1) in 9×2+2-Anordnung geht vom Basalkörper (2) mit 9×3-Muster aus. Zwischen Axonem und Plasmamembran (3) ist ausreichend Platz für den intraflagellaren Transport von Molekülen (4) für den Aufbau und die Reparatur der Geißel sowie vermutlich Signalrezeptoren.

kleinerer Tiere und Spermienzellen nutzen den Geißelantrieb.

Die kurze Variante der Geißel nennen wir **Cilien**, Wimpern oder Flimmerhärchen (Abbildung 9.10). Einzellige Wimpertierchen wie das Pantoffeltierchen wedeln sich damit durch ihren flüssigen Lebensraum. Andere Organismen bleiben selbst stationär, wedeln sich aber mit den Cilien das umgebende Medium mit darin schwimmender Beute herbei. Sogar große Tiere nutzen Cilien, beispielsweise in den Flimmerepithelien der Luftröhre.

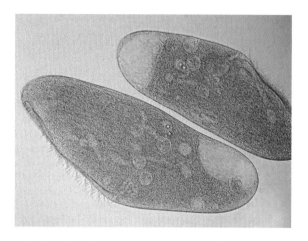

9.10 Der Ciliat *Blepharisma* ist rundum mit Cilien besetzt, die kürzer als Geißeln, aber gleich aufgebaut sind und auf dieselbe Weise funktionieren. Der Schlag der einzelnen Cilien ist so koordiniert, dass die Bewegung wellenförmig über den Körper zu wandern scheint.

9.11 Eine Amöbe mit mehreren Zellausläufern. Die Fortbewegungsart dieser Einzeller hat den Begriff „amöboide Bewegung" geprägt.

Actin und Myosin sind die Akteure vieler Bewegungen

In Kapitel 5 „Leben transportiert" haben wir gesehen, wie das Motorprotein Myosin unter ATP-Verbrauch an Strängen aus Actin entlangwanderte und dabei Arbeit verrichtet, indem es Lasten durch die Zelle zieht. Dieses bewährte Team nutzen viele Organismen auch für ihre Lokomotion. Einzelne Zellen kriechen damit über feste Unterlagen, und vielzellige Lebensformen bauen ihre Muskulatur aus Actin- und Myosinfilamenten auf.

Zellen ohne feste Form gleiten amöboid

Schon vor über 100 Jahren haben Biologen bei den räuberisch lebenden, einzelligen Amöben eine Methode zum **Kriechen auf festen Untergründen** beobachtet, die seitdem als amöboide Bewegung bezeichnet wird (Abbildung 9.11). Wir finden diese Art der Lokomotion aber auch bei anderen Zellen wie Leukocyten, embryonalen Zellen und tierischen Zellen in Gewebekulturen sowie bei Schleimpilzen. Ihnen allen gemeinsam ist, dass sie keine feste Form haben und dadurch sehr flexibel sind.

Die Wanderung beginnt mit einem chemischen Signal, das die Zelle über Rezeptoren aufnimmt und mit einer Signaltransduktionskette (siehe Kapitel 8

„Leben sammelt Informationen") an ihr Cytoskelett weitergibt. Handelt es sich bei dem externen Signal um einen Lockstoff, strecken sich die Actinfilamente in diesem Teil der Zelle, indem sie durch angelagerte Monomere verlängert werden. Auf der signalabgewandten Seite baut die Zelle gleichzeitig Monomere ab. Es entstehen Zellfortsätze, die als **Scheinfüßchen** oder **Pseudopodien** bezeichnet werden und sich auf die Signalquelle zu bewegen (Abbildung 9.12). Über klebrige Integrinproteine nehmen sie Kontakt zum Untergrund auf.

Über einen zweiten Mechanismus werden die Pseudopodien mit Cytoplasma gefüllt. Membrangebundenes Myosin und Actinfilamente im Randbe-

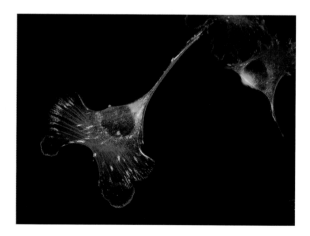

9.12 Die Bindegewebszelle einer Maus hat ein sehr langes Scheinfüßchen ausgestreckt. In dieser Fluoreszenzaufnahme markiert roter Farbstoff das Actinnetz, und grün zeigt Haftproteine an, mit denen sich die Zelle am Untergrund festhält.

reich der Zelle ziehen sich zusammen und pressen dünnflüssiges Plasma aus dem Zentralbereich in das Scheinfüßchen. Gleichzeitig werden Membranvesikel vom hinteren Teil zum Vorderende der Zelle transportiert. Schließlich wechselt das randständige Plasma im Pseudopodium in den zähflüssigeren Gelzustand, und die Bewegung stoppt.

Die Wanderung per amöboider Bewegung ist nicht schnell, hat aber den Vorteil, dass Zellen sich selbst durch enge Spalten quetschen können.

Muskeln sorgen für kräftige Bewegungen

Tiere haben für ihre Lokomotion ein besonderes System entwickelt, dessen aktive Komponente die **Muskulatur** ist. Die Skelettmuskulatur, die für alle willkürlichen Bewegungen verantwortlich zeichnet, ist dafür bis hinab auf die molekulare Ebene streng organisiert (Abbildung 9.13). So setzt sich ein **Muskel** aus zahlreichen Muskelfaserbündeln zusammen, die von Bindegewebe umgeben sind. Jedes Bündel umfasst mehrere Muskelfasern. Bei den Muskelfasern handelt es sich um vielkernige Syncytien, die aus der Verschmelzung vieler Zellen entstanden und damit eine Art großer „Superzelle" sind. Innerhalb der Faser erstrecken sich einige Myofibrillen, die aus einer langen Reihe von Sarkomeren bestehen – den funktionellen Grundeinheiten des Muskels.

In jedem **Sarkomer** begegnen uns erneut die Proteine Actin und Myosin (Abbildung 9.14). Das Actin ist auf seine typische Art in gewundenen Doppelketten angeordnet. Anders als wir es bisher kennengelernt haben, lagern sich aber auch zahlreiche Myosinmoleküle mit ihren Schwanzteilen zu Bündeln zusammen, aus denen die globulären Köpfe seitlich

herausragen. In den Sarkomeren hängen die Actinfilamente in Längsrichtung an den begrenzenden Z-Scheiben (Abbildung 9.13). Zwischen ihnen sind die Myosinfilamente an elatischen Fäden aus dem Protein Titin angeordnet. Während die Titinfilamente aber von einer Z-Scheibe zur nächsten reichen, ragt das Myosin nur zum Teil in die Actinfäden hinein. Unter dem Mikroskop ergibt sich daher ein Streifenmuster, das je nach Proteinzusammensetzung helle

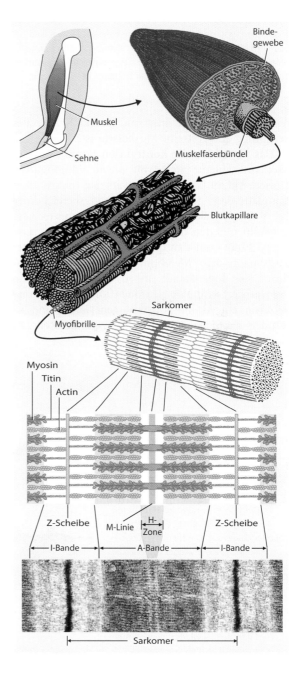

9.13 Ein Muskel der Skelettmuskulatur besteht aus Muskelfaserbündeln, die zahlreiche Muskelfasern umfassen. Jede Muskelfaser ist ein Syncytium – eine Art Superzelle, die bei der Verschmelzung von Einzelzellen entsteht. Innerhalb der Muskelfasern verlaufen parallel zueinander mehrere Myofibrillen. Diese langgestreckten Proteinstrukturen lassen sich funktionell in Sarkomer genannte Einheiten unterteilen. Voneinander getrennt sind die Sarkomere durch Z-Scheiben, die unter dem Mikroskop von hellen I-Banden flankiert werden. Weiter innen befindet sich die dunklere A-Bande, in deren Mitte die H-Zone mit der zentralen dunklen M-Linie liegt. Die unterschiedlichen Helligkeitsstufen kommen durch die Lage und Überlagerung der Proteinfilamente von Actin, Myosin und Titin zustande. Die M-Linie enthält weitere Proteine, die das Myosin in seiner Position fixieren.

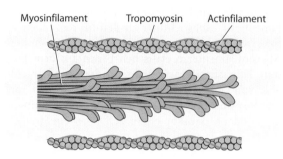

Myosinfilament   Tropomyosin   Actinfilament

9.14 Im Muskel wirken Filamente von Actin und Myosin zusammen. Globuläre Actinmonomere treten zu langen Ketten zusammen, von denen sich zwei umeinander winden und ein Filament bilden. Beim Myosin lagern sich die langen Schwanzteile der Moleküle aneinander, und die globulären Köpfe stehen auf verschiedenen Höhen aus dem Filament hervor.

und dunkle Bereiche zeigt und Grund für die Bezeichnung quergestreifte Muskulatur ist.

Das **Signal für die Kontraktion** kommt bei der Skelettmuskulatur stets von einem Motoneuron. Dessen Aktionspotenzial setzt an der motorischen Endplatte – der Synapse am Übergangsbereich vom Neuron zur Muskelzelle – den Neurotransmitter Acetylcholin frei, den die Nervenzelle ausschüttet. Das Acetylcholin bindet an spezifische Rezeptoren in der postsynaptischen Membran der Muskelfaser, wodurch sich Ionenkanäle öffnen und die Membran depolarisiert wird. Wie Neuronen können auch Muskelzellen ein Aktionspotenzial generieren, und so wandert das Signal über die Oberfläche der Zelle. Es

dringt sogar in die Faser ein, denn die Plasmamembran ragt an mehreren Stellen in fingerförmigen Kanälen in den Zellkörper und bildet ein verzweigtes inneres Membransystem, das man als T-Tubuli (transversale Tubuli) bezeichnet. Der elektrische Impuls an der Tubulimembran wirkt auf einen Spannungsrezeptor in der Membran des sarkoplasmatischen Reticulums – das abgewandelte endoplasmatische Reticulum der Muskelfasern. Der Rezeptor öffnet einen Calciumkanal, und Ca^{2+}-Ionen, die im Ruhezustand von Pumpen aus dem Sarkoplasma genannten Cytosol in das Lumen des sarkoplasmatischen Reticulums befördert worden waren, strömen in das Sarkoplasma.

Dort löst das Calcium die **Muskelkontraktion** aus (Abbildung 9.15). Die Ca^{2+}-Ionen binden an das Protein Troponin, das auf dem Actinfilament liegt. Dadurch ändert sich seine Konformation, und das Troponin verschiebt einen Faden Tropomyosin, der um das Actin gewickelt ist und im Ruhezustand dessen Bindestelle für Myosin verdeckt. Nun kann das Myosin mit seinem Kopfteil an das Actin binden und unter Freisetzung von ADP mit einem Ruderschlag die Filamente von Actin und Myosin gegeneinander verschieben. Obwohl die Aktion die eigentliche Muskelbewegung darstellt, verbraucht dieser Schritt keine Energie. Die ist erst danach nötig, um durch Bindung und Hydrolyse von ATP den Myosinkopf wieder vom Actin zu lösen und in die gespannte Streckstellung zu bringen. Folgen weitere Impulse, die Calciumionen ausschütten, kann das Myosin den nächsten kleinen Ruck ausführen. In der Summe der unzähligen Myo-

9.15 Die Muskelkontraktion setzt ein, wenn Calciumionen an Troponin binden, wodurch das damit gekoppelte Tropomyosin verrutscht und am Actin die Bindestellen für Myosin freigibt (1). Daraufhin dockt Myosin mit seinem Kopfteil am Actin an (2) und verschiebt mit einem Ruderschlag die Filamente gegeneinander (3). Die Bindung von ATP löst das Myosin wieder (4), und die Hydrolyse des Energieträgers spannt das Köpfchen in seine Ausgangskonformation (5). Setzen weitere Aktionspotenziale neues Calcium frei, kann der Vorgang erneut ablaufen (6), ansonsten geht der Muskel wieder in seine Ausgangsstellung zurück (7).

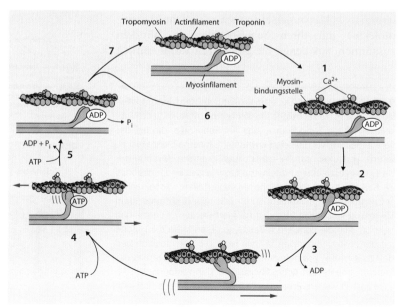

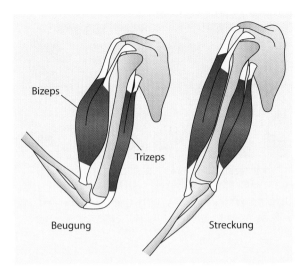

9.16 Bizeps und Trizeps sind Antagonisten, die sich gegenseitig strecken.

sin-Actin-Kontakte entsteht daraus eine abgestufte Bewegung des jeweiligen Muskels. Bleiben die Aktionspotenziale aus, entspannt sich der Muskel wieder. Die elastischen Titinfilamente sorgen dann dafür, dass die Sarkomere nicht zu weit gestreckt werden und der Muskel seine natürliche Länge behält.

Mit dem beschriebenen Gleitfilamentmechanismus ziehen Muskeln sich auf ein Signal hin zusammen – strecken können sie sich hingegen nicht von selbst. Dazu benötigen sie einen **Antagonisten** genannten Gegenspieler. Häufig ist dies ein anderer Muskel, wie der Trizeps als Armstrecker und der Bizeps als Armbeuger Antagonisten sind (Abbildung 9.16). Es können aber auch andere Strukturen einen entspannten Muskel wieder strecken. Beispielsweise haben Muscheln ein elastisches Schlossband, das ihre Schalen öffnet, wenn der Schließmuskel sie nicht zueinander zieht. Spinnen strecken ihre Beine hydraulisch, und auch Seesterne nutzen den Flüssigkeitsdruck in ihren Füßchen als Antagonisten. Wir werden im Folgenden noch einige weitere Paare von Gegenspielern kennenlernen, wenn wir die Fortbewegungsstrategien verschiedener Tiere untersuchen.

Prinzip verstanden?

9.1 Wieso verfallen Wirbeltiere kurz nach ihrem Tod in eine Totenstarre?

1 für alle

Muskeln fürs Herz und innere Organe

Neben der quergestreiften Skelettmuskulatur haben Wirbeltiere noch zwei weitere Typen von Muskulatur:

- Die glatte Muskulatur besteht aus langen, spindelförmigen Zellen, die nicht miteinander verschmolzen sind. Die Filamente von Actin und Myosin sind nicht so streng angeordnet wie in den anderen Muskeltypen, weshalb die glatte Muskulatur homogener („glatt") erscheint statt gestreift.
  Glatte Muskulatur kommt in vielen inneren Organen vor. Sie schiebt durch Kontraktionen des Verdauungstrakts die Nahrung weiter, regelt als Ummantelung der Blutgefäße den Blutdruck und leert die Blase. Die Kontrolle über die Kontraktionen liegt beim autonomen Nervensystem und kann nicht willkürlich beeinflusst werden.
- Die Herzmuskulatur ist gestreift, aber auf zellulärer Ebene anders aufgebaut als die Skelettmuskulatur. Die Zellen bleiben einzeln und bilden über Verzweigungen und Querverbindungen ein stabiles Netz. Sogenannte Glanzstreifen sorgen für festen Zusammenhalt.

Das Herz regt sich mit speziellen Herzmuskelzellen, die Schrittmacher genannt werden, selbst zum Schlagen an. Sein Schlagen ist also myogen, d. h. vom Muskel selbst initiiert. Das autonome Nervensystem kann lediglich modifizierend eingreifen und beispielsweise die Herzfrequenz ändern.

Skelette sind der Ansatzpunkt für die Kraft

Muskeln alleine würden einen Organismus mit ihrer Kontraktion zu einem unförmigen Zellhaufen zusammenziehen. Für einen funktionstüchtigen Bewegungsapparat ist darum ein System notwendig, dass der Muskelwirkung widersteht und einen Ansatzpunkt bietet, an dem sich die Kraft entfalten kann. Bei Tieren übernehmen Skelette diese Aufgaben.

Die einfachste Variante ist das **Hydroskelett**. Es besteht im Prinzip aus einem wassergefüllten Hohlkörper, der von Muskulatur umgeben ist. Wegen seiner vielen Wasserstoffbrückenbindungen zwischen den Molekülen lässt sich Wasser auch bei hohem Druck nicht komprimieren und ist darum zwar nicht form-, aber doch volumenstabil (siehe Kapitel 2 „Leben ist konzentriert und verpackt"). Kontrahieren die Muskeln um ein Hydroskelett an einer Stelle, weicht die Flüssigkeit in eine andere Region aus und dehnt dabei die dort liegenden Muskeln. Vor allem

9.17 Kopffüßer wie dieser Südliche Kalmar bleiben mit einem Hydroskelett in Form.

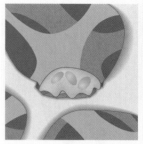

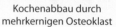

Kochenabbau durch mehrkernigen Osteoklast

Kochenaufbau durch Osteoblasten

9.19 Gesunde Knochen werden ständig erneuert. Osteoklasten bauen Material ab, Osteoblasten lagern neue Substanz an, wobei sie sich selbst einschließen und als Osteocyten in kleinen Hohlräumen weiterleben.

im Lebensraum Wasser haben sich Hydroskelette bewährt, wo sie vom winzigen Nesseltier bis zum Riesenkalmar bei vielen Tieren zu finden sind (Abbildung 9.17).

Exoskelette sind harte Außenhüllen aus mehreren, gegeneinander verschiebbaren Teilen, an deren Innenseiten die Muskeln ansetzen (Abbildung 9.18). Da die Hülle starr ist, gibt es flexible Gelenke, an denen Drehbewegungen möglich sind. Als Material kommen Proteine im Gemisch mit Calciumsalzen und Chitin vor, zu denen noch weitere Verbindungen treten können. Exoskelette bieten einen sehr wirksamen Schutz und erlauben Lokomotion auch unter den schwierigen Bedingungen an Land, wo die Schwerkraft stark ist und der Auftrieb fehlt. Sie haben jedoch den Nachteil, dass sie nicht wachsen können und deshalb gelegentlich bei einer Häutung abgeworfen werden müssen. Bis die neue Hülle erstarrt ist, bleibt der Organismus relativ unbeweglich und ist leicht angreifbar.

Die Elemente der **Endoskelette** befinden sich im Inneren des Körpers und können mit ihm mitwachsen. Bei Wirbeltieren sind dies die Knochen und Knorpel. **Knochen** bestehen vor allem aus Kollagenfasern und Calciumphosphat, das von Osteoblasten und Osteocyten abgesondert wird (Abbildung 9.19). Osteoklasten bauen hingegen laufend Knochenmaterial ab, sodass ständig ein dynamischer Auf- und Abbau stattfindet, wodurch das Skelett flexibel auf andauernde Belastungssituationen reagieren kann. Über Sehnen sind die Knochen des Bewegungsapparats mit den Muskeln verbunden. Im Bereich der Gelenke halten Bänder die Knochen zusammen (Abbildung 9.20). An den Gelenkflächen mindern **Knorpel** die Reibungskräfte. Sie sind fest und zugleich elastisch, was sie ihrer Mischung aus Proteinen, Glykoproteinen und Polysacchariden verdanken. Knorpel werden von Chondrocyten und Chondroblasten gebildet. Bei einigen Tiergruppen wie den Knorpelfischen stellen sie alle festen Teile des Endoskeletts.

Quallen und Kopffüßer schießen mit dem Rückstoßprinzip durchs Wasser

Ein weit verbreitetes Prinzip zur Fortbewegung ist, sich von etwas abzustoßen. Nach dem dritten Newtonschen Gesetz wirkt dann eine gleich starke, aber in entgegengesetzte Richtung zeigende Kraft auf den Organismus und das Objekt, von dem er sich abstößt. Im Wasser mangelt es allerdings an geeigneten festen Punkten, weshalb das Medium selbst genutzt wird.

Manche Lebewesen mit Hydroskeletten sammeln zu diesem Zweck eine größere Menge Wasser und

9.18 Viele Gliederfüßer, zu denen die Insekten, Spinnen und Krebstiere zählen, sind durch ein Exoskelett geschützt, bei dem die Muskeln an der Innenseite der Hülle ansetzen.

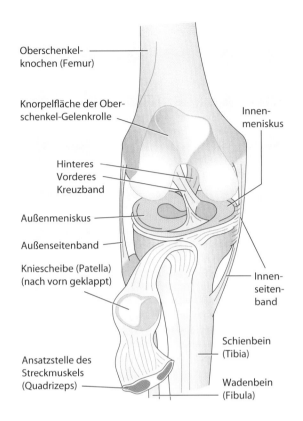

9.20 An den Gelenken ist das Endoskelett beweglich. Die aufeinandertreffenden Knochen sind durch Bänder miteinander verbunden und an ihren Oberflächen von Knorpel überzogen. Über Sehnen setzen die Muskeln an.

Oberschenkel-knochen (Femur)

Knorpelfläche der Oberschenkel-Gelenkrolle

Innen-meniskus

Hinteres
Vorderes
Kreuzband

Außenmeniskus

Außenseitenband

Kniescheibe (Patella) (nach vorn geklappt)

Innen-seiten-band

Schienbein (Tibia)

Ansatzstelle des Streckmuskels (Quadrizeps)

Wadenbein (Fibula)

9.21 Ohrenquallen bewegen sich durch das Wasser, indem sie ihren Schirm schnell zusammenziehen.

drücken sie in einer plötzlichen Bewegung schnell von sich. Kopffüßer kontrahieren etwa ihre Mantelhöhle und schießen einen kräftigen Wasserstrahl ab, Quallen schließen ihren Schirm und geben einen Schwall Wasser ab (Abbildung 9.21). In beiden Fällen schiebt der **Rückstoß** die Tiere voran, und weil sie in dieser Phase schmaler sind als beim Wasserholen, steht ihnen auch nur ein geringerer Widerstand entgegen.

Regenwürmer ändern gezielt ihren Durchmesser

Auch an Land kann ein Hydroskelett zum Vortrieb geeignet sein. Regenwürmer sind in viele Segmente unterteilt, die alle eine flüssigkeitsgefüllte Leibeshöhle (Coelom) haben und von Ring- sowie Längsmuskeln umgeben sind. Kontrahiert der Wurm seine Ringmuskeln, steht der Flüssigkeit nicht mehr der gleiche Querschnitt zur Verfügung, und sie muss nach vorne und hinten ausweichen. Das jeweilige Segment streckt sich und wird dadurch dünner. Ziehen sich die Längsmuskeln zusammen, wird das Segment kürzer, und die Flüssigkeit im Coelom drückt nach außen, wodurch der Wurm an dieser Stelle dicker wird. Indem die Muskeln abwechselnd aktiviert werden, wandern Wellen von dick und dünn durch den Körper, was als **Peristaltik** bezeichnet wird. Mit den dicken Bereichen klemmt der Wurm sich in seinen Röhren fest, wobei Borsten für zusätzlichen Halt sorgen. Die dünnen Stellen schieben sich weiter vor und ziehen hintere Segmente nach.

Wer auf Beinen geht, vermindert den Reibungswiderstand

Auf dem Bauch zu rutschen, ist für landlebende Tiere keine sehr vorteilhafte Fortbewegungsweise. Die Reibung ist bei einer solch breiten Kontaktfläche zu groß, um mit vertretbarem Energieaufwand schnell voranzukommen. Obendrein ist es schwer, steile Hindernisse ohne ausreichende Auflagemöglichkeiten zu überwinden. Beide Aufgaben sind leichter zu lösen, wenn der Organismus einen stabilen Rumpf auf mehrere Stützen stellt, mit denen er sich vom Boden abstößt und die seinen absichtlich herbeigeleiteten „Fall" abfangen. Ein Konzept, das die verschiedensten Tiergruppen mit zwei bis hin zu Hunderten Beinen verwirklicht haben (Abbildung 9.22).

Unter Reptilien, Amphibien und Säugetieren ist vor allem der **vierfüßige Gang** weit verbreitet. Vier

Vom Bewegen zum Begreifen

Von Helge Ritter

Die Fähigkeit zu selbstgesteuerter Bewegung bildet die Voraussetzung, dass ein Lebewesen in Abhängigkeit von seinen Erfordernissen sein Umfeld wechseln kann. Hände können diese Fähigkeit in wichtiger Weise ergänzen: Sie unterstützen die eigene Fortbewegung, zum Beispiel beim Klettern, und ermöglichen es, im Nahbereich andere, leblose Gegenstände zu uns heranzubewegen, ohne dass wir selbst unseren Ort verändern müssten. Ihre mit zahllosen Sensoren bedeckte Haut ergänzt Seh- und Geruchswahrnehmung in wertvoller Weise bis hin zum Erkennen von Objekte allein durch Erfühlen und gezieltes Ertasten. Die besondere Anordnung unserer beweglichen Finger gibt uns Menschen darüber hinaus ein überaus hohes Maß an Kontrolle und Einwirkungsmöglichkeiten auf die Gegenstände in unseren Händen: Wir können nicht nur zufassen, sondern auch fügen, falten, biegen, brechen, kneten, setzen, legen, stellen, schlagen, reiben, reißen, richten ... – eine Vielfalt an Handlungsmöglichkeiten, mit denen unsere Hände uns helfen, unsere Umgebung nach unseren Wünschen zu gestalten und dabei das, was wir um uns finden, buchstäblich zu „begreifen".

Dieser Reichtum an Einwirkungsmöglichkeiten ist nicht eine Fähigkeit unserer Hände allein, sondern er entsteht erst im Zusammenwirken des Wunderwerks „Hand" mit einem anderen Wunderwerk, dem Gehirn. Dort ist ein großer Bereich der Hirnrinde an der Steuerung der Hände beteiligt. Dabei besteht ein sehr enges Wechselspiel zwischen den mit Fühlwahrnehmung befassten somatosensorischen Rindenfeldern, und den mit der Auslösung von Bewegungen befassten motorischen Rindenfeldern. Weitere Hirnbereiche sind an der (vielfach „unwillkürlichen") Vorausplanung von Handbewegungen und der Verbindung mit anderen Sinnesmodalitäten beteiligt (wie etwa bei der Hand-Auge-Koordination oder dem Verknüpfen von haptischer mit visueller Wahrnehmung).

Trotz immenser Fortschritte in der Technik können wir auch heute noch keine künstliche Hand bauen, die es an Kraft, Beweglichkeit und Bewegungsgeschick mit der menschlichen Hand aufnehmen kann. Das Vorbild der Natur ist eine faszinierende Herausforderung an die Robotikforschung, um Roboter nützlicher zu machen, bessere Handprothesen zu ermöglichen und darüber hinaus tiefere Einsichten darüber zu gewinnen, was es alles braucht, um unsere „Handintelligenz" in einem technischen System nachzubilden.

Zwei Hände, wie wir sie in unserem Roboterlabor einsetzen, sind in Abbildung 1 gezeigt. Beide Hände tragen an den Fingerflächen Tastsensoren, mit denen sie auf Objektkontakt reagieren können. Gelenksensoren melden die Stellung der Finger zurück. Die dreifingrige Hand wird durch Elektromotoren angetrieben, die fünffingrige Hand ist in ihrem Aufbau unserer Hand ähnlicher: Aus einem Bündel „künstlicher Muskeln" im Unterarm entspringen „Sehnen", die die Kräfte von „Agonisten" und „Antagonisten" zu den Fingergliedern transportieren. Die „Muskeln" selbst sind Gummiröhren, die sich mit großer Kraft verkürzen, wenn sie mittels eines steuerbaren Ventil durch Pressluft aufgeblasen werden.

Damit wir solche Hände nach dem Vorbild menschlicher Handbewegungen steuern können, beobachten wir den Verlauf menschlicher Handbewegungen bei unterschiedlichen Alltagshandlungen in hoher zeitlicher und räumlicher Auflösung (Abbildung 2). Dazu kommen mehrere Techniken infrage, wie etwa Datenhandschuhe oder Kameras, die optische Markierungspunkte an den Händen in hoher Frame-Rate verfolgen. Eine Analyse der damit gewonnenen Rohdaten gibt Einblicke in die raum-zeitliche Struktur von Handaktionen und liefert wertvolles „Rohmaterial" für die Konzeption entsprechender Roboterhandlungen.

Das „Gehirn" für diese Roboterhände ist ein komplexes Softwaresystem, das in mehrere Ebenen gegliedert ist: Auf der untersten Ebene sorgen sehr schnelle Regelungsprozesse dafür, dass die Muskeln vorgegebene Spannungen und damit die Fingergelenke vorgegebene Sollstellungen anneh-

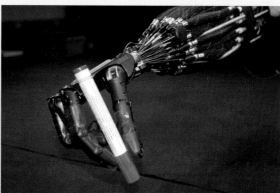

Zwei Roboterhände. Links eine Dreifingerhand, rechts eine der menschlichen Handform nachempfundene Roboterhand mit 20 unabhängig beweglichen Gelenken.

1

Die Bewegung von Infrarotmarkern an einer Hand wird von mehreren Kameras dreidimensional erfasst. Die Daten geben Aufschluss darüber, wie unser Gehirn Fingerbewegungen zu Handlungen koordiniert und wie sich Bewegungsmuster vom Menschen auf Roboterhände übertragen lassen.

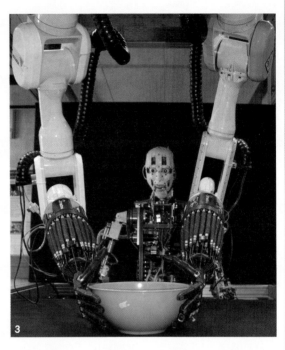

Zweiarmiges Arm-Hand-System zur Erforschung von Bewegungsstrategien für die Koordination von Roboterhänden untereinander.

men. Je nach Art des angestrebten Handgriffs gibt eine mittlere Ebene ein dazu passendes Gelenkwinkelmuster vor. Handlungen setzen sich aus Sequenzen solcher Gelenkwinkelmuster zusammen. Diese Sequenzen werden in einer wiederum höheren Ebene gebildet. Dabei können die tieferen Ebenen wichtige Sensorereignisse, wie etwa das Eintreten eines Objektkontakts, melden und damit eine im Aufbau befindliche Sequenz verändern lassen. Auf einer derzeit obersten Ebene wird das Handlungsziel des Systems festgelegt. Dazu sind weitere Funktionsmodule angeschlossen, wie etwa ein Computersehsystem und ein System für einfache Sprachdialoge.

Mit diesem System können wir genau beobachten, wie die darin abgebildeten sensorischen und motorischen Prozesse bei einer Aktion der Roboterhände ineinandergreifen und wo es dabei noch Unzulänglichkeiten oder Fehler gibt (Abbildung 3). Auf diese Weise können wir Hypothesen über den Aufbau von „Handintelligenz" genau testen und gezielt weiterentwickeln. Unser langfristiges Ziel besteht dabei darin, über eine Erforschung der Intelligenz unserer Hände allmählich einen genaueren Begriff davon zu bekommen, wie sich unsere kognitiven Fähigkeiten vom Greifen zum Begreifen entwickeln konnten, und wie wir einen Teil dieser Entwicklung für bessere Roboter nutzbar machen können.

Prof. Helge Ritter studierte Physik und Mathematik an den Universitäten Bayreuth, Heidelberg und München. Eine Promotion in Theoretischer Physik über ein Thema zu künstlichen neuronalen Netzwerken brachte ihn mit Informatik, Neurowissenschaften und Robotik in Berührung. Nach Forschungsaufenthalten in Finnland und USA folgt er 1990 einem Ruf an die neugegründete Technische Fakultät der Universität Bielefeld. Dort baute er eine Arbeitsgruppe Neuroinformatik auf und trug zu zahlreichen neuen Forschungslinien zwischen Informatik, Neurobiologie und Kognitionswissenschaften bei. 1999 erhielt er für seine Arbeiten den Alcatel-Forschungspreis Technische Kommunikation und 2001 den Leibnizpreis der Deutschen Forschungsgemeinschaft.

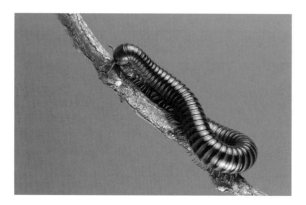

9.22 Tausendfüßer haben unter ihrer gesamten Körperlänge zahlreiche Beinpaare, wie dieser große Doppelfüßer.

Beine gewährleisten einen stabilen Stand und sorgen für einen kräftigen Antrieb beim Laufen. Je nach der Reihenfolge, in welcher die Beine dabei bewegt werden, ergeben sich verschiedene **Gangarten**.

- Beim **Passgang** wechseln sich die beiden Körperhälften ab – das linke Vorder- und Hinterbein schwingen nach vorne, danach die rechten Beine und so fort. Viele Säugetiere bewegen sich natürlicherweise im Passgang fort.
- Im **Kreuzgang** geschieht die Vorwärtsbewegung diagonal – das linke Hinterbein und das rechte Vorderbein schwingen gleichzeitig nach vorne, dann das rechte Hinterbein und das linke Vorderbein. Bei Tieren, deren Beine seitlich am Körper ansetzen, wie beispielsweise bei Salamandern und Eidechsen, resultiert der Kreuzgang in einer

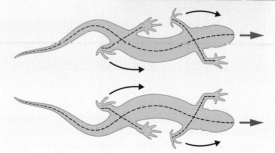

9.23 Eidechsen laufen in schlängelnden Bewegungen, weil sie ihre Beine im Kreuzgang vorwärts setzen.

schlängelnden Bewegung des Rumpfes (Abbildung 9.23).

Die anspruchsvollste Variante der Lokomotion auf Beinen ist das **bipede Gehen** und Laufen (Abbildung 9.24). Der Schwerpunkt liegt dabei weit oberhalb des Bodens und muss ständig über der Standfläche gehalten werden, die von den Füßen und dem Raum

---

Genauer betrachtet

Rutschen auf dem eigenen Schleim

Landschnecken bewegen sich zwar nicht auf ihrem Bauch, sondern auf dem breiten und muskulösen Fuß, dennoch müssen sie beim Kriechen gegen die Reibung am Untergrund anarbeiten. Sie erleichtern sich diese Aufgabe, indem sie aus einer großen Drüse, die im vorderen Bereich des Fußes mündet, Schleim absondern, der die Reibung mindert. Den Vortrieb erreichen sie mit Kontraktionswellen, die den Fuß entlangwandern. Dazu hebt die Schnecke den hinteren Teil der Sohle an und setzt ihn ein Stückchen weiter vorne wieder ab. Der dort liegende Teil macht zuvor Platz und verdrängt den nächsten Abschnitt. Dieser Wellenschwung ist von außen aber nicht sichtbar, weil der umlaufende Saum

des Fußes während des Kriechens ständig Kontakt zum Untergrund hält.

Neben der reibungsmindernden Wirkung hat der Schneckenschleim noch weitere Funktionen zu erfüllen. So schützt er die weiche Unterseite des Tieres vor scharfen Kanten und Spitzen. Selbst die Schneide einer Rasierklinge kann einer darüber kriechenden Schnecke nichts anhaben. Wasserbindende Proteine verhindern das Austrocknen. Zur Verteidigung gegen kleine Angreifer wie Ameisen produziert die Schnecke größere Mengen eines dünnflüssigen Schleims, den sie mit Luft aufschäumt. Auch vor Krankheitserregern wie Bakterien, Viren und Pilzen schützt der Schleim.

Offene Fragen

Warum geht der Mensch auf zwei Beinen?

Neben der Entwicklung seines Gehirns ist der Übergang zur bipeden Fortbewegung sicherlich einer der entscheidenden Schritte in der Evolution des Menschen. Dennoch wissen wir weder, wann unsere Vorläufer sich aufgerichtet haben, noch aus welchem Grund. Von *Australopithecus afarensis*, der noch nicht zu den Menschen gerechnet wird, gibt es Fußspuren, die 3,6 Millionen Jahre alt sind. Sein Lebensraum war vermutlich ein Mosaik aus Wäldern und offener Landschaft. Beobachtungen an heutigen Orang-Utans haben gezeigt, dass die Affen sich aufrecht über sehr dünne Zweige bewegen und sich dabei mit den Armen an darüberliegenden Zweigen festhalten oder balancieren. An stärkeren Ästen hangeln sie oder laufen auf allen Vieren. Der Zweifüßergang könnte demnach eine Entwicklung aus dem Baumleben sein und dann später, als Savannen die Wälder verdrängt haben, zur dominanten Form der Lokomotion geworden sein. Allerdings versuchen konkurrierende Hypothesen die Zweibeinigkeit anders zu erklären, wobei sie sich auf vermutete Verhaltensmodelle, thermische Vorteile oder Fressgewohnheiten stützen.

9.24 Besonders konsequente Zweibeiner sind die Vögel, weil sie ihre vorderen Extremitäten zu Flügeln umgewandelt haben.

dazwischen umrissen wird. Verschiebt sich der Schwerpunkt, so dass er sich nicht mehr über dieser Fläche befindet, gerät der Körper aus dem Gleichgewicht und kippt um. Darum müssen Zweibeiner schon im **Stehen** ständig aktiv ihre Position regulieren.

Beim **Gehen** nutzen sie die Labilität ihres Gleichgewichts für den Vortrieb. Der Körper wird leicht nach vorne und seitlich über den Standfuß gekippt. Sobald der Schwerpunkt den Bereich der Standfläche verlässt, drücken die Muskeln des Standbeins den Körper leicht diagonal nach innen. Es beginnt ein Fall, der von dem nach vorne schnellenden Spielbein aufgefangen wird. Das Spielbein wird zum Standbein, und der Vorgang beginnt mit vertauschten Seiten erneut.

Im **Laufen** liegt der Schwerpunkt anders als beim Gehen ständig vor der sicheren Standfläche (Abbildung 9.25). Die Beine müssen darum ständig den drohenden Sturz abfangen und sich im schnellen Wechsel nach vorn bewegen. Während einer kurzen

Flugphase haben sie dabei gar keinen Kontakt mehr zum Boden.

Während mehrere Arten von Primaten in der Lage sind, sich vorübergehend aufzurichten und kurze Strecken auf zwei Beinen zu gehen (**fakultative Bipedie**), setzt der dauerhafte Gang auf zwei Beinen (**habituelle Bipedie**) eine Vielzahl von morphologischen und neurologischen Anpassungen voraus, um die notwendigen Kräfte richtig einzusetzen und die ständigen Korrekturen zur richtigen Zeit und in genau der erforderlichen Stärke anzubringen.

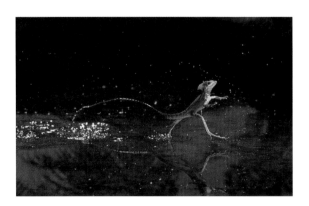

9.25 Helmbasilisken laufen bei Gefahr mit schnellen Schritten über das Wasser.

Zweibeinigkeit hat eine Reihe von **Vorteilen**, von denen die bipeden Tierarten in unterschiedlichen Maßen profitieren:

- Durch die aufrechte Haltung befinden sich der Kopf und damit die Sinnesorgane in größerer Höhe. Der Zweibeiner hat dadurch einen besseren Überblick, erkennt früher Gefahren und findet leichter Nahrung.
- Werden die vorderen Gliedmaßen nicht mehr für das Gehen und Stehen benötigt, sind sie frei für andere Aufgaben. Beim Menschen haben sich beispielsweise die Hände zu geschickten Werkzeugen entwickelt, und Vögel schwingen sich mit ihren Flügeln in die Luft.
- Auf zwei Beinen reicht man höher als auf vieren. Nahrung oder Kletteräste sind leichter zu greifen.

Tiere verzichten (fast) auf rollende Räder

Beine sind bei Tieren, die auf einer Oberfläche leben, das bevorzugte Fortbewegungsmittel. Ausgerechnet das Rad – jenes Hilfsmittel, mit denen wir Menschen unsere technischen Bewegungsapparate ausstatten, ist dagegen in der Natur fast gar nicht zu finden. Lediglich von einigen wenigen afrikanischen Spinnen ist bekannt, dass sie bei Bedarf ein Rad nutzen. Die Goldene Radspinne (*Carparachne aureoflava*) aus der Namib-Wüste entgeht parasitären Wespen, indem sie mit ihren Beinen ein Rad formt und sich eine Sanddüne herabrollen lässt (Abbildung 9.26). Noch effektiver rollt eine weiße Spinne der Gattung *Cebrennus* aus der Sahara. Sie kann mit ihren Beinen zusätzlich beschleunigen.

9.26 Die Wüstenspinne *Carparachne aureoflava* bildet bei Gefahr mit ihren Beinen ein Rad und flieht, indem sie Abhänge hinunterrollt.

Prinzip verstanden?

9.2 Warum gibt es keine Wirbeltiere, die sich auf Rädern statt auf Beinen fortbewegen?

Fliegen und Schwimmen sind Spiele mit Strömung und Auftrieb

Bewegen Organismen sich nicht auf einer Oberfläche entlang, sondern durch den Körper eines Mediums – also durch Wasser oder Luft –, müssen sie andere **Anforderungen** erfüllen. Um nicht zu Boden zu sinken, benötigen sie einen Auftrieb, der mindestens ihre Gewichtskraft aufwiegt. Voran kommen sie nur, wenn der Vortrieb stärker ist als der Widerstand des Mediums (Abbildung 9.27).

Der **Auftrieb** eines Körpers setzt sich aus zwei Komponenten zusammen.

- **Statischer Auftrieb** entsteht dadurch, dass die Teilchen des Mediums eine eigene Gewichtskraft mitbringen, die sie nach unten zieht. Ist die Dichte des Mediums größer als die des Körpers, lässt es sich nicht von diesem verdrängen, sondern drängt den Körper nach oben. Darum schwimmen wir an der Wasseroberfläche, wenn wir einatmen, wodurch unsere Dichte knapp geringer ausfällt als die Dichte von Wasser. Atmen wir aus, nimmt unsere Dichte zu, und wir gehen unter. Viele Fische steuern ihre Dichte über ein spezielles Organ, die Schwimmblase. Sie ist mit Gas gefüllt und hilft ihnen, in der gewünschten Wassertiefe zu schweben.
  Im Medium Wasser ist der statische Auftrieb meistens die entscheidende Größe. In Luft fällt er hingegen zu gering aus, um ein Tier zu tragen. Trotzdem sind fliegende Tiere sehr leicht gebaut, um

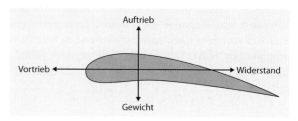

9.27 Das Wechselspiel von vier Kräften bestimmt, ob ein Körper in einem Medium zu Boden sinkt oder sich im Volumen bewegen kann.

9.28 Obwohl Wasser und Luft sehr unterschiedlich zu sein scheinen, stellen sie schwimmende und fliegende Tiere vor die gleichen Aufgaben. Dementsprechend können die Lösungen einander sehr ähneln, wie am Beispiel der Pinguine deutlich wird, die durch das Wasser „fliegen".

eine möglichst geringe Gewichtskraft und damit Dichte zu erreichen.

- Bewegt sich der Körper relativ zum Medium, entsteht ein **dynamischer Auftrieb**. Seine Stärke und Richtung hängen von der Form und der Stellung des Körpers ab. Die Flügel von Vögeln haben deshalb einen Querschnitt, der an einen langgestreck-

ten, gebogenen Tropfen erinnert (Abbildung 9.29). Strömt Luft an dem Flügel entlang, entsteht an dessen Oberseite ein Unterdruck und an der Unterseite ein Überdruck – der Flügel wird vom dynamischen Auftrieb nach oben gedrückt. Im Gegensatz zum statischen Auftrieb weist der dynamische Auftrieb aber nicht immer vom Erdmittelpunkt weg, sondern steht senkrecht zur Strömungsrichtung. Indem der Vogel seinen Flügel kippt, kann er also die Richtung der Kraft selbst steuern und so auch Vortrieb erzeugen.

Der **Vortrieb** stellt für wasserlebende Organismen ein größeres Problem dar als für fliegende Lebensformen (Abbildung 9.30). Die miteinander über Wasserstoffbrückenbindungen vernetzten Wassermoleküle setzen einem bewegten Körper umso mehr Widerstand entgegen, je größer seine Geschwindigkeit ist. Damit er möglichst wenig Teilchen beiseite schieben muss, ist deshalb ein im Querschnitt schmaler Körperbau von Vorteil. Außerdem muss das Tier im vergleichsweise zähen Wasser ständig mit Muskelkraft selbst für den Antrieb sorgen, während es in der Luft reicht, sich ein wenig von der Schwerkraft nach unten fallen zu lassen und den Schwung durch geschickte Flügelstellung für den Vortrieb zu nutzen.

Genauer betrachtet

Luft für die Schwimmblase

Mit ihrer gasgefüllten Schwimmblase regulieren Fische die Tiefe, in welcher sie ohne Kraftaufwand schweben können. Zwei verschiedene Methoden haben sich etabliert:

- Die Physostomen genannte Gruppe schluckt Luft, die durch einen Verbindungsgang vom Darm in die Schwimmblase gelangt. Dieser Gang (Ductus pneumaticus) entsteht während der Embryonalentwicklung, in deren Verlauf sich die Schwimmblase aus einem Ableger des Darms bildet.
- Bei den Physoklisten ist diese Verbindung beim erwachsenen Tier geschlossen. Das Gas gelangt mit dem Blutkreislauf von den Kiemen zu der Schwimmblase. Dort liegen Gasdrüsen genannte Zellen, die Glucose zu Milchsäure und Kohlendioxid vergären (siehe Kapitel 6 „Leben wandelt um"). Die Ansäuerung des Blutes bewirkt beim Fischhämoglobin eine geringere Affinität für Sauerstoff. Das Gas löst sich und liegt in hoher Konzentration physikalisch gelöst im Blut vor. Dem nun steilen Konzentrationsgradienten folgend diffundiert es in die Schwimmblase. Um möglichst viel Sauerstoff zu extrahieren,

begegnet das abfließende Blut in einem reich verzweigten Aderngeflecht (dem Wundernetz) dem zufließenden Blut, dessen Konzentration an freiem Sauerstoff geringer ist. Ein Teil des Gases tritt durch die Gefäßwände und gelangt so erneut zur Schwimmblase.
Die erste Befüllung der Schwimmblase findet aber auch bei vielen Physoklisten durch Luftschlucken statt. Erst nach der Jugendzeit schließt sich ihr Verbindungsgang zum Darm.

Überschüssiges Gas aus der Schwimmblase zu entfernen, ist für die Physostomen einfach. Sie geben es wieder über den Ductus pneumaticus ab. Die Physoklisten nutzen erneut das Blut als Transportmittel. Als Oval wird ein stark durchbluteter Bereich der Schwimmblase bezeichnet, der den Sauerstoff an den Kreislauf weiterreicht. Dieser Vorgang braucht jedoch eine gewisse Zeit. Werden Fische schnell aus der Tiefsee an die Oberfläche gebracht, können sie nicht rechtzeitig ihre Schwimmblase entleeren, die daraufhin platzen kann.

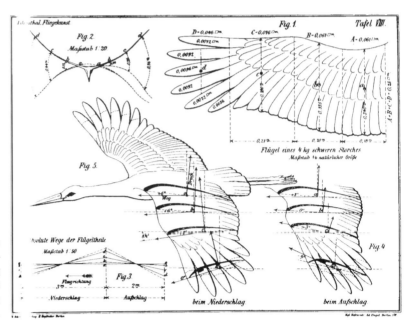

9.29 Otto Lilienthal studierte für seine eigenen Flugapparate genau die Flügelformen großer Vögel. Diese Zeichnung aus seinem Buch „Der Vogelflug als Grundlage der Fliegekunst" zeigt den Flug eines Storchs.

Genauer betrachtet

Wirklich fliegende Fische

Die berühmten Fliegenden Fische (*Exocoetidae*) vollführen eigentlich nur einen Gleitflug mit dem Schwung, den sie unter Wasser geholt haben. Sie verlängern mit ihren abgespreizten, hoch liegenden Brustflossen die Weite ihrer Sprünge auf bis zu 50 Meter und erreichen Höhen bis zu fünf Meter.

In Südamerika ist die Familie der Beilbauchsalmler (*Gasteropelecidae*) beheimatet. Diese Fische zeichnen sich durch einen großen Brustkorb und starke Brustmuskeln aus. Sie leben dicht an der Oberfläche und springen manchmal aus dem Wasser heraus. In der Luft schlagen sie schnell mit den Brustflossen auf und ab und gewinnen dadurch tatsächlich an zusätzlicher Höhe. Damit sind die Beilbauchsalmler die einzigen wirklich fliegenden Fische.

┌─ **1 für alle** ─────────────────────┐

Fliegende Kleininsekten

Viele Insekten sind so klein und leicht, dass die Luft für sie so zäh wirkt wie Wasser für größere Tiere. Sie verwenden deshalb eine andere Flugtechnik als Vögel. Ihre Flügel sind nicht aerodynamisch geformt, und der Auftrieb wird durch die Bewegungsführung erzeugt. Dafür drehen sie den Flügel, sodass er beim Abwärtsschlag mit der Fläche nach unten zeigt, beim Aufwärtsschlag hingegen mit der Schmalkante.

└────────────────────────────────────┘

9.30 Ohne aktiven Muskeleinsatz kommen Fische wie dieser Riesen-Drückerfisch (*Balistoides viridescens*) im zähen Wasser nicht voran.

Prinzipien des Lebens im Überblick

- Für ihre Lokomotion müssen Organismen Trägheit, Schwerkraft und Reibung überwinden.
- Prokaryoten treiben ihre Zellen mit einem Flagellenmotor voran. Die Energie für die Rotation des Proteinfadens stammt aus dem elektrochemischen Gradienten des Protons über der Plasmamembran.
- Die Geißel eukaryotischer Zellen ist von der Plasmamembran umgeben. Kreisförmig angeordnete Mikrotubulidubletts verlaufen parallel zueinander und sind über Dyneinärmchen verbunden. Die Spaltung von ATP liefert die Energie für das Dynein, die Dubletts gegeneinander zu verschieben und so die Geißel zu krümmen.
- Einige Zellen nutzen den Geißelschlag zur Fortbewegung, andere bleiben selbst stationär und wedeln sich mit Cilien als Kurzversion der Geißeln Nahrung zu.
- Auf festen Untergründen kriechen manche Zellen amöboid vorwärts, indem sie Scheinfüßchen genannte Ausläufer vorschieben und mit Plasma füllen.

„Fürs Runterrollen sind Räder ja echt praktisch. Aber wie kommt man mit den Dingern wieder hoch?"

- Muskeln sind im Tierreich weit verbreitet. Ihr aktiver Teil besteht aus Filamenten von Actin und Myosin, die für eine Kontraktion unter ATP-Verbrauch ineinander gleiten.
- Um sich wieder zu entspannen, ist der Muskel auf einen Gegenspieler (Antagonisten) angewiesen, der in die entgegengesetzte Richtung arbeitet.
- Damit die Muskelkontraktion eine Bewegung mit sich bringt, setzen Muskeln an einem Skelett an. Verbreitet sind Hydroskelette, bei denen ein flüssigkeitsgefüllter Hohlraum der Antagonist ist, harte und starre Außenhüllen als Exoskelette sowie Endoskelette aus Knorpeln und Knochen.
- Im Wasser hat sich das Rückstoßprinzip als Antrieb bewährt.
- Würmer kriechen über peristaltische Bewegungen ihres Körpers, wobei sie mit Muskelkraft die Flüssigkeit in ihrem Inneren verschieben.
- Die Fortbewegung auf Beinen vermindert den Reibungswiderstand am Boden, erfordert aber ständige Korrekturen, um das Gleichgewicht zu halten.
- Zweibeinigkeit bietet einen besseren Überblick, als ihn Vierbeiner kennen, und befreit die vorderen Extremitäten für andere Aufgaben.
- Schwimmen und Fliegen sind trotz der unterschiedlichen Lebensräume sehr ähnliche Vorgänge. Im Wasser ist es wegen der Zähigkeit des Mediums schwerer, Vortrieb zu erzeugen, während in der Luft mit ihrer geringen Dichte kein nennenswerter Auftrieb herrscht.

Bücher und Artikel

Kurt G. Blüchel und Werner Nachtigall: *Das große Buch der Bionik.* (2003) DVA
Biologische Entwicklungen auf die menschliche Technik übertragen.

Michael T. Madigan et al.: *Brock Mikrobiologie.* (2008) Pearson
Ausführliche Besprechung des bakteriellen Flagellenmotors.

Sigrid Thaller und Leopold Mathelitsch: *Was leistet ein Sportler? Kraft, Leistung und Energie im Muskel* in „Physik in unserer Zeit" 37/2 (2006)
Einführung, wie die Muskeln von Hochleistungssportlern für Maximalleistung trainiert werden.

 Internetseiten

http://vmrz0100.vm.ruhr-uni-bochum.de/spomedial/content/e866/e2442/e4687/e4692/e4775/index_ger.html
Ein kleiner Grundkurs zur Physiologie der Skelettmuskulatur.

www.planet-schule.de/warum/fliegen/themenseiten/t7/s1.html
Flieger im Tier- und Pflanzenreich kurz vorgestellt.

 **Antworten auf die Fragen**

9.1 Nach dem Tod eines Tieres kommen die Prozesse zum Erliegen, mit denen die Zellen ihren ATP-Bedarf decken, sodass der Vorrat schnell zu Ende geht. ATP ist aber notwendig, um die Myosinköpfchen wieder vom Actin zu lösen. Ohne ATP bleiben Myosin und Actin darum fest miteinander verbunden, und der Muskel erstarrt, bis die Zerfallsprozesse anfangen, die Proteine zu zersetzen.

9.2 Mehrere Gründe sind denkbar, weshalb Wirbeltiere sich nicht auf Rädern rollend fortbewegen. Aus mechanischer Sicht ist der Widerstand eines rauen oder gar unebenen Untergrunds sehr groß. Effizient arbeiten Räder nur auf glatten Straßen. Hindernisse können sie gar nur überwinden, wenn sie deutlich niedriger als die Räder sind. Physiologisch wäre es schwierig, radartige Organe zu versorgen, da Blutgefäße sich nach wenigen Umdrehungen verdrillen und reißen würden. Räder aus totem Material würden sich aber zu schnell abnutzen und müssten ständig ausgetauscht werden.

10 Leben greift an und verteidigt sich

Alles, was ein räuberischer Organismus zum Leben braucht, findet er konzentriert und gut aufbereitet in anderen Lebewesen. Sich auf deren Kosten mit Energie und Baustoffen zu versorgen, ist daher eine Erfolg versprechende Lebensstrategie. Allerdings haben die vermeintlichen Opfer effektive Abwehrmaßnahmen entwickelt, die es ihren Feinden nicht leicht machen.

Nur von Licht, Luft und einigen anorganischen Stoffen zu leben, ist eine Kunst, die lediglich von den **Primärproduzenten** beherrscht wird. Zu ihnen zählen Pflanzen und einige Bakterien. Ihre Energie gewinnen sie durch Photosynthese oder durch die Oxidation chemischer Verbindungen (siehe Kapitel 7 „Leben ist energiegeladen"), den Kohlenstoff fixieren sie aus dem Kohlendioxid der Luft (siehe Kapitel 6 „Leben wandelt um"), Stickstoff, Phosphor, Schwefel und Spurenelemente entnehmen sie dem Boden, der Luft oder dem Wasser. Primärproduzenten können also alleine von unbelebter Materie leben, die sie in biochemische Verbindungen umwandeln.

Damit machen sie sich zur idealen Nahrung für **Konsumenten**, denen die erforderlichen Enzyme und Mechanismen für eine autonome Lebensweise fehlen. Stattdessen ernähren sich die Primärkonsumenten von Pflanzen und autotrophen Bakterien, Sekundärkonsumenten fressen die Primärkonsumenten und fallen ihrerseits den Tertiärkonsumenten zum Opfer und so fort bis zum Endkonsumenten, der an der Spitze einer solchen Nahrungspyramide steht (Abbildung 10.1).

Nicht ganz so drastisch gehen **Parasiten** vor. Sie leben zwar auch auf Kosten ihres Wirts, töten ihn aber nicht oder erst nach einer längeren Phase, in welcher sie ihn ausbeuten. Für die Parasiten ist der Wirt lediglich ihr typischer Lebensraum. Die Lebens- und Konkurrenzfähigkeit des Wirts sind allerdings während des gesamten Befalls herabgesetzt. In der milden Form wirken sich die Parasiten nur störend aus, etwa wenn größere Tiere von Läusen besiedelt

sind. Wird die Zahl der Schmarotzer zu hoch, entnehmen sie dem Wirt zu viel notwendige Stoffe oder sondern sie Gifte ab, kann dies zu dessen verfrühtem Tod führen.

Ob Primärproduzent, Konsument oder Parasit – die Überreste all dieser Organismen werden nach dem Tod von **Destruenten** genutzt und in einfachere chemische Verbindungen zerlegt. Saprovoren (auch Saprophagen genannt) wie Würmer geben dabei auch wieder organische Substanzen ab, wohingegen die Saprobionten oder Mineralisierer, zu denen Pilze und viele Bakterien zählen, das Material bis zur Stufe anorganischer Verbindungen zersetzen. Sie schließen damit den Stoffkreislauf, der mit den Produzenten beginnt (Abbildung 10.2).

> **Destruenten** (*decomposers*)
> Organismen, die tote organische Substanz zersetzen und in anorganische Verbindungen überführen. Zu den Destruenten gehören vor allem Bakterien und Pilze, aber auch manche Tierarten wie einige Würmer und Asseln.

Die Dramen auf Leben und Tod haben meist drei Akte

In dem Kampf ums Fressen und Gefressenwerden haben die Konsumenten und Parasiten ausgeklügelte Strategien entwickelt, um an ihre Beute zu gelangen. Doch die Opfer sind im Laufe der Evolution keines-

| Genauer betrachtet |

Namensgebende Quellen

Je nach den Quellen, aus denen sich eine Lebensform mit Energie und wichtigen chemischen Grundstoffen versorgt, wird sie in eine von mehreren Kategorien eingeordnet, deren Namen auf *-troph* enden. Die Bezeichnungen können dabei bis zu drei Quellen angeben:

Für die **Energie** gibt es zwei Möglichkeiten. Der Wortteil *photo-* weist darauf hin, dass die Art Photosynthese betreibt und ihre Energie folglich aus dem Sonnenlicht gewinnt. Pflanzen und viele Bakterien gehören in diese Kategorie. Die andere Variante, bei der die Energie aus der Oxidation chemischer Verbindungen stammt, wird durch *chemo-* angezeigt. Diesem Weg folgen Tiere, Pilze und Bakterien.

Deckt die Lebensform ihren Bedarf an **Kohlenstoff** mit fixiertem Kohlendioxid, steht dafür im Wort der Mittelteil *-auto-*. Neben den photoautotrophen Pflanzen und Bakterien gibt es auch chemoautotrophe Bakterien, die teilweise sehr spezielle Metabolismen haben. So produzieren einige Methan, andere oxidieren Schwefelverbindungen. Chemoautotrophe Bakterien stellen in der Tiefsee die Basis für die begrenzten Ökosysteme um die Heißwasserquellen, an denen Mollusken, Krabben und Riesenbartwürmer leben. Tiere,

Pilze und die meisten Bakterien gewinnen ihren Kohlenstoff hingegen aus organischen Verbindungen, worauf der Wortteil *-hetero-* hinweist. Sie fressen dafür als Konsumenten oder Destruenten andere Organismen bzw. deren Überreste.

Von herausragender Bedeutung ist auch die Quelle für **Redoxäquivalente**. Sie sind sowohl für den Aufbau körpereigener Substanz (siehe Kapitel 6 „Leben wandelt um") als auch für den Energiestoffwechsel wichtig (siehe Kapitel 7 „Leben ist energiegeladen"). Der Wortteil *-litho-* deutet eine anorganische Herkunft an, beispielsweise Wasser (bei Pflanzen und vielen photosynthetischen Bakterien), Wasserstoff (bei sulfatreduzierenden Bakterien) oder Schwefelwasserstoff (beim Bakterium *Acidothiobacillus thiooxidans*). Die meisten Bakterien entnehmen ihre Redoxäquivalente aber ebenso wie Tiere und Pilze organischen Verbindungen ihrer Nahrung, wofür der Wortteil *-organo-* steht.

Die verschiedenen Quellen treten in unterschiedlichen Kombinationen auf. Besonders Bakterien sind in Abhängigkeit von ihrem Lebensraum sehr variabel. Photosynthetische Pflanzen sind photolithoautotroph, Tiere dagegen immer chemoorganoheterotroph.

10.1 Nahrungspyramiden zeigen die sogenannten trophischen Ebenen eines Lebensraums, hier am Beispiel des Meeres. Basis allen Lebens sind die Primärproduzenten, die das Sonnenlicht und anorganische Nährstoffe fixieren. Auf ihnen bauen mehrere Ebenen von pflanzen- und fleischfressenden Konsumenten auf. Bei jedem Schritt geht der größte Teil der gespeicherten Energie verloren, sodass die Biomasse und damit die Breite der Pyramide nach oben hin abnimmt. In der Realität ist die Unterteilung in die Ebenen nicht so scharf wie im vereinfachten Schema. Vor allem Allesfresser (Omnivoren) sind nicht eindeutig auf eine Stufe festzulegen.

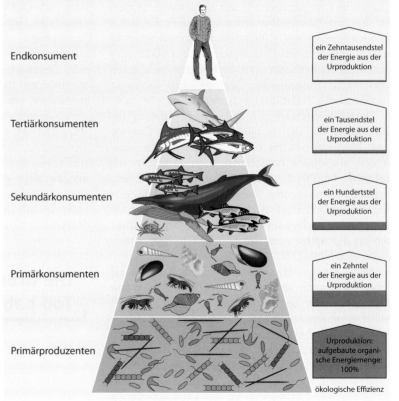

Endkonsument — ein Zehntausendstel der Energie aus der Urproduktion

Tertiärkonsumenten — ein Tausendstel der Energie aus der Urproduktion

Sekundärkonsumenten — ein Hundertstel der Energie aus der Urproduktion

Primärkonsumenten — ein Zehntel der Energie aus der Urproduktion

Primärproduzenten — Urproduktion: aufgebaute organische Energiemenge: 100%

ökologische Effizienz

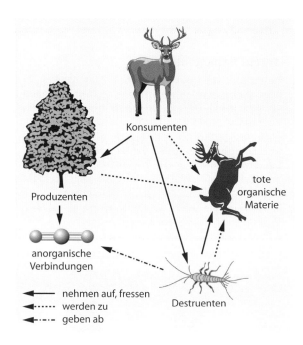

Konsumenten

Produzenten

tote
organische
Materie

anorganische
Verbindungen

Destruenten

← nehmen auf, fressen
←⋯⋯ werden zu
←⋅−⋅ geben ab

10.2 Die elementaren Bausteine des Lebens werden im Stoffkreislauf ständig zwischen anorganischen und organischen Verbindungen umgewandelt. In dieser Abbildung ist nur ein Teil des Kohlenstoffzyklus vereinfacht dargestellt.

wegs passiv geblieben. Sie haben als Anpassung an die Bedrohungen ihrerseits Abwehrmechanismen evolviert, die ihre Überlebenschancen erhöhen. So verschieden die einzelnen Szenarien auch sein mögen, können wir dennoch **drei prinzipielle Phasen von Angriff und Verteidigung** unterscheiden:

- Bevor ein Konsument aktiv werden kann, muss er seine Beute zunächst **aufspüren und erkennen**. Das potenzielle Opfer versucht dies zu verhindern, indem es sich beispielsweise versteckt, tarnt, vor-

gibt, etwas anderes zu sein, oder den Angreifer verwirrt.
- Kommt es zur Konfrontation, besteht die nächste Aufgabe für den Konsumenten darin, die Beute zu **ergreifen und zu überwältigen**. Langsame oder unbewegliche Lebensformen wie Pflanzen können sich dagegen durch mechanische Vorrichtungen wie feste Hüllen oder Dornen und Stacheln schützen. Viele Tiere versuchen, durch rasche Flucht zu entkommen. Aber es gibt auch Beispiele von hochgradig wehrhaften Beutetieren, die ihren Räubern durchaus gefährlich werden können.
- Ist der Kampf entschieden, kann sich der Konsument dem **Fressen der Beute oder der Ausnutzung des Wirts** widmen. Das geschlagene Individuum kann allenfalls noch durch schlechten Geschmack oder Giftstoffe den Appetit auf andere Vertreter seiner Art verderben.

In diesem Kapitel sehen wir uns einige Beispiele für **Antibiosen** an, also Interaktionen zwischen verschiedenen Arten, bei denen ein Teilnehmer den anderen schädigt oder tötet.

Krankheitserreger gehen im Körper ihrer Wirte auf Jagd

Um Beispiele für Angriff und Verteidigung zu finden, brauchen wir nicht bis zur Organisationsebene höherer Tiere und Pflanzen zu gehen. Schon die Infektion einer Zelle mit einem Krankheitserreger zeigt die grundlegenden Merkmale des Überlebenskampfs. Etwa wenn ein Virus seine spezifische Zielzelle kapert.

10.3 Egal, ob sich ein Konsument von pflanzlicher Nahrung oder von Fleisch ernährt – im ersten Schritt muss er seine Nahrung aufspüren und erkennen. Einige Fledermausarten wie dieses Große Mausohr orten ihre Beute dafür mit Ultraschallrufen, deren Echo sie auffangen (links). Seeadler haben es nicht leicht, ihre Beute zu überwältigen, weil sie die Fische im Flug aus dem Wasser fischen müssen. Und selbst das abschließende Fressen kann schwierig sein, wie das Beispiel dieser Zornnatter zeigt, die gerade einen Scheltopusik verspeist.

Viren erkennen Oberflächenproteine der Zielzelle

Das **HI-Virus** (Humanes Immundefizienz-Virus, HIV) löst nach einer unterschiedlich langen Latenzzeit die Immunschwächekrankheit Aids aus. Es gelangt mit verschiedenen Körperflüssigkeiten wie Sperma oder Blut von einem Träger zum nächsten Menschen. Durch frische Wunden, Schleimhäute oder wenig verhornte dünne Hautflächen kommt es in die Blutbahn und schon bald in Kontakt mit seiner Zielzelle.

Opfer der HI-Viren sind nämlich ausgerechnet Zellen des Immunsystems, mit dem sich der Organismus gegen Infektionen wehrt. Vor allem T-Helferzellen werden befallen, in geringerem Maße auch Monocyten, Makrophagen und dendritische Zellen. Wir werden diese Zellen und ihre Aufgaben bei der Abwehr von Krankheitserregern weiter unten im Abschnitt über das Immunsystem genauer kennenlernen. Gemeinsam ist ihnen, dass sie an ihrer Oberfläche **CD4-Rezeptoren** tragen. Dabei handelt es sich um Glykoproteine mit einem großen extrazellulären Teil.

An den CD4-Rezeptoren erkennt das Virus, dass es eine geeignete Wirtszelle gefunden hat. Da Viren über keinerlei Sinne verfügen, bleibt ihnen nur eine Art „Tasten" mit den Molekülen ihrer eigenen Hülle, um Zelltypen voneinander zu unterscheiden. Bilden sich keine oder wenige schwache Bindungen aus, wenn das Virus und eine Zelle aufeinandertreffen, driften beide schnell wieder auseinander. Passen die Oberflächenmoleküle aber räumlich und mit ihren elektrischen Feldern gut zueinander (siehe Kasten „Wählerische Proteine" auf Seite 80), koppelt sich das Virus

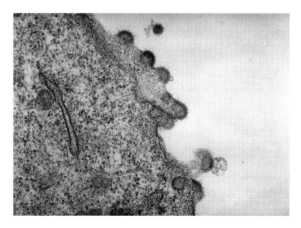

10.4 Frisch gebildete HI-Viren lösen sich aus der Wirtszelle.

> **Offene Fragen**
>
> ## Untote Pathogene?
>
> Die meisten Viren können außerhalb ihres Wirtes nicht lange überdauern. Im Jahr 2014 haben Forscher jedoch aus einer Probe des nordsibirischen Permafrostbodens das Riesenvirus *Pithovirus sibericum* isoliert, das dort seit mindestens 30 000 Jahren tiefgefroren war. Als sie es mit Amöben zusammenbrachten, befielen die Viren den Wirt und vermehrten sich in ihm. Während *Pithovirus* für Tiere und Menschen ungefährlich ist, lässt sich nicht ausschließen, dass im Permafrost auch humanpathogene Viren schlummern, die durch die Klimaerwärmung aus dem Boden herausgelöst werden könnten.

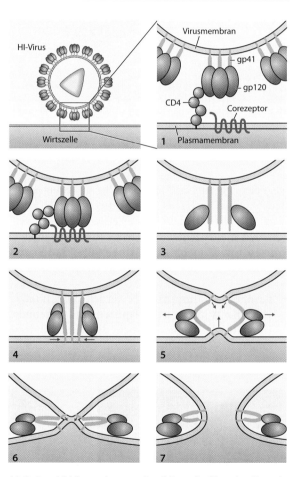

10.5 Das HI-Virus erkennt seine Wirtszelle über den Kontakt zwischen seinem Glykoprotein gp120 und dem CD4-Rezeptor der Zelle (1). Es stellt eine weitere Verbindung zu einem Corezeptor her (2), und durch eine Konformationsänderung des gp120 gelangt das Protein gp41 an die Plasmamembran der Zelle (3). gp41 verankert sich in beiden Hüllen (4) und klappt wie ein Scharnier zusammen (5). Dadurch verschmelzen die beiden Membranen miteinander (6), und das Virus fusioniert mit der Wirtszelle (7).

fest an die Zelle. Die **Erkennung** zwischen dem HI-Virus und seinen Zielzellen erfolgt über das virale Glykoprotein gp120, das Ionenbindungen, Wasserstoffbrücken und van-der-Waals-Wechselwirkungen zum CD4-Rezeptor eingeht. Anschließend ändert gp120 seine Gestalt und nimmt zu einem weiteren Rezeptor in der Wirtszellmembran Kontakt auf (Abbildung 10.5).

Die **Phase der Überwältigung** beginnt mit der Fusion der Virushülle mit der Plasmamembran. Ein weiteres virales Glykoprotein, gp41, erstreckt sich dafür über die Lücke zwischen beiden und integriert sich mit hydrophoben Domänen in den Membranen. Mit einer Konformationsänderung, die an ein zuschnappendes Scharnier erinnert, bringt das Protein die Lipidhüllen so eng zusammen, dass sie miteinander verschmelzen (Abbildung 10.5). Das virale Erbmaterial in Form von zwei Exemplaren einer einzelsträngigen RNA gelangt in die Zelle und wird für die nächste Phase der Infektion vorbereitet (Abbildung 10.6). Das Enzym Reverse Transkriptase erstellt nach Vorlage der RNA eine DNA-Kopie, die in ein Chromosom des Wirts integriert wird. Dort kann es als sogenanntes Provirus jahrelang schlummern und wird bei jeder Zellteilung mit vervielfältigt und an die Tochterzellen weitergegeben.

Schließlich beginnt die **Ausbeutungsphase**. Das virale Erbmaterial zwingt die Wirtszelle dazu, neue Viren herzustellen. Bei T-Helferzellen, die vom HI-Virus befallen sind, startet die Massenproduktion, sobald die Zellen zur Abwehr einer anderen Infektion aktiviert werden. Im großen Stil werden virale RNA-Stränge mit der Erbinformation bereitgestellt, HIV-spezifische Proteine synthetisiert und alles zu neuen Viren verpackt. Die Wirtszelle dient nur noch als gekaperte Fabrik und geht schließlich zugrunde. Nach und nach verliert der erkrankte Mensch dadurch so viele T-Helferzellen, dass sein Immunsystem zu sehr geschwächt ist, um sich gegen sogenannte opportunistische Infektionen zu behaupten, die ansonsten leicht abzuwehren wären. Es kommt zum Ausbruch von Aids (*acquired immune deficiency syndrome*).

Viren, Bakterien, Einzeller und kleine Vielzeller infizieren Wirtsorganismen

Für einen Krankheitserreger ist es keineswegs von Vorteil, seinen Wirt so weit zu schädigen, dass er an den Folgen der Besiedlung stirbt. Nur solange der Wirt als Lebensraum einigermaßen intakt bleibt, bietet er stabile Lebensumstände und ist als Ausgangsba-

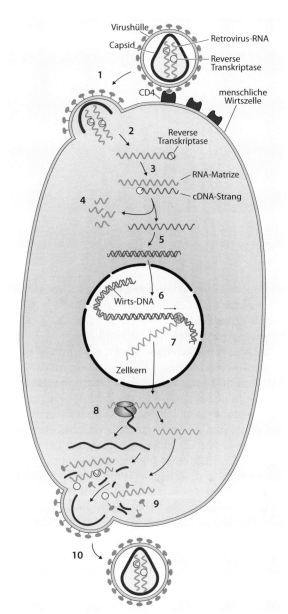

10.6 Nachdem die äußere Hülle des HI-Virus mit der Plasmamembran der Wirtszelle verschmolzen ist (1), wird die Capsid genannte Proteinhülle aufgelöst und die darin enthaltene RNA mit der Erbinformation in das Cytoplasma freigesetzt (2). Das vireneigene Enzym Reverse Transkriptase erzeugt nach dieser Vorlage einen DNA-Strang (3). Während die RNA abgebaut wird (4), verdoppelt die Reverse Transkriptase die DNA (5), und der Doppelstrang wandert in den Zellkern, wo das Enzym Integrase ihn in ein Chromosom einschleust (6). Als Prophage sitzt das Virenerbgut nun gut geschützt inmitten der zelleigenen DNA. Die Produktion neuer Viren beginnt mit dem Ablesen der Viren-DNA und der Anfertigung einer RNA-Kopie (7). Sie enthält die Anleitung für die Synthese der viralen Proteine (8). Aus der RNA und den Proteinen entstehen neue Viren (9), die sich beim Verlassen der Zelle mit einem Stück von deren Membran umgeben (10).

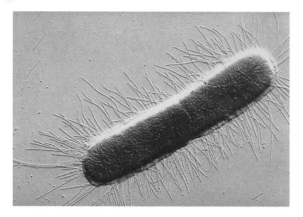

10.7 Das Bakterium *Escherichia coli* heftet sich mit Pili aus Protein an den Untergrund oder eine passende Zelle des Wirts.

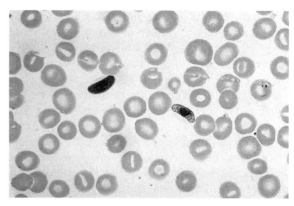

10.8 Der Malariaerreger *Plasmodium falciparum* siedelt sich im Blut des Menschen an. In diesem Ausstrich sind ein Mikro- und ein Makrogametocyt zu sehen.

sis für die weitere Verbreitung geeignet. Diesen Vorteil nutzen außer Viren noch andere **Pathogene**, womit Organismen bezeichnet werden, die Krankheiten hervorrufen.

Die meisten **Bakterien**, die auf und im menschlichen Körper leben, sind allerdings harmlos. Die Anzahl der prokaryotischen Zellen liegt mit geschätzten 100 Billionen sogar über der Zahl der Körperzellen von rund zehn Billionen. Etwa 99 Prozent der Mikroben sind im Darm angesiedelt, aber auch die Mundhöhle und die Haut sind dauerhaft bevölkert. Indem diese Bakterien die Nährstoffe nutzen und Nischen besetzen, an denen sie nicht so leicht ausgespült werden, konkurrieren sie mit pathogenen Mikroorganismen, die von außen hinzukommen, und schützen so den Menschen vor Infektionen.

Dennoch erreichen uns ständig Krankheitserreger auf unterschiedlichen Infektionswegen. Sie schweben in der Atemluft, befinden sich im Trinkwasser und in der Nahrung und gelangen über Kontakt mit Oberflächen auf die Haut. Manche heften sich mit Adhäsinen genannten Proteinen gezielt an ihre Zielzellen. Sie sind dann bevorzugt auf Geweben mit dem passenden Typ von Wirtszelle zu finden. So koppeln sich pathogene Stämme von *Escherichia coli* (Abbildung 10.7) und Gonokokken mit fadenförmigen Proteinstrukturen, den Pili, an das Deckgewebe der Harnwege.

Auch eukaryotische Einzeller, die zu den **Protozoen** gehören, haben neben anderen Tieren den Menschen als Lebensraum für sich entdeckt. Sie sind am häufigsten im Darm zu finden, aber auch im Urogenitaltrakt und bei der Übertragung durch Insektenstiche im Blut (Abbildung 10.8).

Plasmodien sind beispielsweise einzellige Parasiten, die zwei völlig unterschiedliche Wirtsarten befallen (Abbildung 10.9). Bei *Plasmodium falciparum*, dem Erreger der gefährlichsten Form von Malaria, sind dies der Mensch und die *Anopheles*-Mücke. Die beiden Wirte haben für den Einzeller unterschiedliche Funktionen. Während er sich in der Mücke geschlechtlich vermehren kann und das Insekt als Transportsystem zur Verbreitung nutzt, ist der Mensch lediglich ein Zwischenwirt, in dem sich die Parasiten asexuell, aber dafür in großer Zahl vermehren. Mit dem Stich injiziert die Mücke etwa ein Dutzend Sporozoiten genannte Plasmodiumzellen unter die Haut. Die Parasiten wandern von dort aktiv in ein Blutgefäß und lassen sich bis zur Leber treiben, wo sie in deren Zellen eindringen. Aus den Sporozoiten werden Schizonten, die für die ungeschlechtliche Vermehrung zuständig sind. In ihnen entstehen durch aufeinanderfolgende Teilungen mehrere Zigtausend Merozoiten. Nach einigen Tagen zerplatzen die Schizonten und setzen die Merozoiten ins Blut frei.

An den spezifischen Oberflächenproteinen und -glykoproteinen erkennen die Merozoiten die roten Blutkörperchen (Erythrocyten) als ihre neuen Wirtszellen. Sie entern die Zellen und wandeln sich zu Trophozoiten – der vegetativen Phase, die sich nicht vermehrt. *Plasmodium falciparum* bildet in diesem Stadium ein Protein, das an die Erythrocytenoberfläche wandert und das Blutkörperchen an die Innenwand der Blutgefäße heftet. Bei kleinen Gefäßen kann dadurch der Blutfluss gestört werden, wodurch die Versorgung des Gewebes mit Nährstoffen und Sauerstoff vermindert ist. Betrifft dies Teile des zentralen Nervensystems, kommt es zu den gefährlichen Komplikationen der Malaria tropica.

Die Trophozoiten formen sich schließlich um zu einer erneuten Generation von Schizonten. Diesmal wachsen in jedem Schizonten aber nur einige – bei

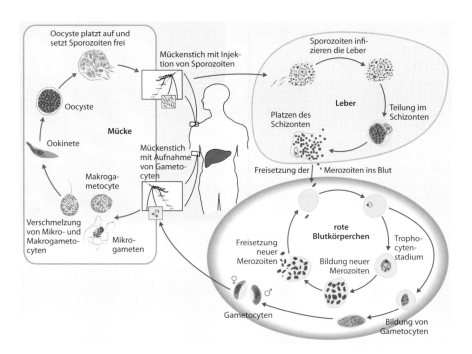

10.9 Der Entwicklungszyklus des Parasiten *Plasmodium falciparum* erstreckt sich über zwei verschiedene Wirtsspezies. In der weiblichen *Anopheles*-Mücke entwickeln sich nach der Verschmelzung der weiblichen und männlichen Geschlechtsformen (Gameten oder Gametocyten) die bewegliche Ookinete, die sich im Darmgewebe zu Oocysten wandeln. Bis zu 1000 Sporozoiten setzt jede Oocyste frei. Die Zellen gelangen in die Speicheldrüse der Mücke und werden bei einem Stich auf einen Menschen als Wirt übertragen. Zunächst vermehren sich die Parasiten sehr stark in der Leber. Anders als die übrigen Plasmodien hinterlässt *P. falciparum* jedoch *keine* Ruheformen in den Leberzellen. Stattdessen suchen sich alle freigesetzten Merozoiten ein rotes Blutkörperchen und setzen einen eigenen Vermehrungskreislauf in Gang. Gelegentlich entstehen dabei Gametocyten, die bei einem erneuten Mückenstich wieder in einen Insektenwirt überwechseln.

Plasmodium falciparum bis zu 32 – Merozoiten heran. Durch diesen Erythrocytenkreislauf des Befalls werden ständig neue Plasmodien produziert. Einige wenige Merozoiten entwickeln sich dabei zu Gametocyten, der geschlechtlichen Form mit männlichen Mikrogametocyten und weiblichen Makrogametocyten. Nimmt eine Mücke diese Zellen beim Blutsaugen auf, kann im Insekt der sexuelle Zyklus stattfinden.

[?]

Prinzip verstanden?

10.1 Es gibt etwa 200 Arten von Plasmodien. Sie befallen als Parasiten verschiedene Säugetiere, Vögel und Reptilien. Dabei beschränkt sich jede Plasmodienart auf ein enges Wirtsspektrum. Was ist der Grund für diese Spezifität?

Infektionen mit **Pilzen** sind durch einzellige Hefen sowie mehrzellige Mycelpilze möglich. Neben den aktiven Organismen können auch Sporen als Dauer-

formen auf die Haut, die Schleimhäute oder in den Körper gelangen. Häufig besiedeln Pilze aber ständig ihren Wirt, ohne ihn zu beeinträchtigen. Erst wenn das Tier oder der Mensch durch eine andere Erkran-

10.10 Der Pilz *Phomopsis amygdali* (früher *Fusicoccum amygdali*) zwingt die befallene Pflanze mit dem Toxin Fusicoccin, ihre Stomata offen zu halten. Durch den Wasserverlust welken die Blätter und sterben ab.

1 für alle

Pflanzen als Opfer von Pilzen

Auch Pflanzen werden häufig von Pilzen befallen. Manche Pilzkrankheiten sind von großer Bedeutung für die Landwirtschaft, beispielsweise Mehltau und Mutterkorn. Die Population der europäischen Ulmen ist in der Vergangenheit mehrfach durch Schlauchpilze der Gattung *Ophiostoma* stark dezimiert worden. Dabei verstopft nicht nur der Pilz selbst die wasserleitenden Gefäße des Baums, sondern die Pflanze verschließt in einer Abwehrreaktion ihre Tracheen und kappt damit ihre eigene Wasserversorgung. Die Übertragung erfolgt einerseits über die Wurzeln direkt von Baum zu Baum, andererseits durch den Ulmensplintkäfer (*Scolytus* spec.), der die Sporen mit sich trägt.

Um in das pflanzliche Gewebe zu dringen, reichen den Pilzen schon kleine Verletzungen, oder sie wandern durch die Stomata oder Spaltöffnungen genannten Öffnungen für den Gasaustausch. Manche Pilze wie *Phomopsis amygdali* (Abbildung 10.10) sondern zu diesem Zweck ein Toxin ab, das für einen verstärkten Einstrom von Kalium in die Stomazellen sorgt und so die Spalte zwangsweise weit öffnet. Bei anderen Pilzarten haben Wissenschaftler Enzyme gefunden, die Zellwände angreifen und teilweise auflösen. Zumindest in einigen Fällen handelte es sich bei den Enzymen um Glykoproteine, die durch ihre Zuckerreste ganz spezifisch gegen die eigenen Wirtspflanzen gerichtet sind. Dadurch befällt beispielsweise *Colletotrichum* gezielt die Gartenbohne.

10.11 Ein Candiru, der zu den Welsen gehört, hat sich an die Kiemen eines Opfers gehängt und trinkt sein Blut. In seltenen Fällen geraten die schmarotzenden Fische auch in die Körperöffnung eines nackt ins Wasser urinierenden Menschen.

kung geschwächt ist, gerät die Wechselbeziehung aus dem Gleichgewicht, und der Pilz wird vom harmlosen Bewohner zum Krankheitserreger.

Eine ganze Reihe weiterer **Vielzeller** lebt parasitär. Selbst der Mensch wird von zahlreichen Tieren als Wirt genutzt, etwa von verschiedenen Würmern, Spinnentieren (Milben und Zecken) und Insekten (Flöhe, Läuse, Wanzen und Zweiflügler wie Mücken und Fliegen). Mit dem Candiru (*Vandellia cirrhosa*) und dem Harnröhrenwels (*Tridensimilis brevis*) schmarotzen sogar zwei Fischarten versehentlich an Menschen. Eigentlich haben die Welse aus dem Amazonas es auf die Kiemen anderer Fische abgesehen, an denen sie Blut trinken (Abbildung 10.11). Sie finden diese Nahrungsquellen, indem sie dem Wasserschwall folgen, in welchem auch Harnstoff gelöst ist. Beide Merkmale können jedoch in die Irre führen, wenn ein nackt badender Mensch in das Wasser uriniert. Der getäuschte Wels schwimmt dann in eine der Körperöffnungen und setzt sich in der Vagina, im Enddarm oder in der Harnröhre fest, von wo er operativ wieder entfernt werden muss.

Die Immunabwehr kämpft auf vielfältige Weise gegen Infektionen

Die Infektion mit einem Krankheitserreger oder die Besiedlung durch einen Parasiten mag nicht unbedingt tödlich verlaufen, dennoch schwächt sie den Wirt und setzt seine Chancen herab, sich erfolgreich fortzupflanzen. Darum haben sich im Laufe der Evolution jene Individuen durchgesetzt, die ein **System zur Abwehr** schädlicher Stoffe und Organismen entwickelt haben. Heutzutage besitzen die meisten Lebensformen derartige Mechanismen. Im Folgenden werden wir als Beispiel die Immunabwehr des Menschen besprechen und uns im anschließenden Abschnitt einen Überblick über die pflanzliche Verteidigung verschaffen.

Unter der Bezeichnung **menschliches Immunsystem** fassen wir eine komplexe Vielzahl von Organen, Zelltypen und Molekülen zusammen, deren gemeinsame Aufgabe es ist, Krankheitserreger und körperfremde Stoffe abzuwehren und aus eigenen Zellen entstehende Tumorzellen zu beseitigen. Eigene gesunde Zellen dürfen dagegen in der Regel nicht angegriffen werden. Das Immunsystem muss deshalb sehr genau zwischen „selbst" und „fremd" unterscheiden. Es löst diese Aufgabe, indem es potenzielle Krankheitserreger und Parasiten nach Möglichkeit gar nicht erst in den Körper hineinlässt und Eindringlinge mit streng kontrollierten Immunzellen und spezialisierten Molekülen bekämpft. Je nachdem, wie

---

Malaria

Von Peter H. Seeberger

Alle 15 Sekunden stirbt ein Kind unter fünf Jahren an Malaria, und einen Impfstoff, um Menschen vor dieser Krankheit zu schützen, gibt es immer noch nicht. Das liegt auch daran, dass der Erreger, der Malaria hervorruft, *Plasmodium falciparum*, einen sehr komplizierten Lebenszyklus aufweist. Sogar der Giftstoff, der zu Entzündungen und den Symptomen der schweren Malaria führt, war lange Zeit unbekannt. Zusammen mit dem australischen Immunologen Louis Schofield begannen wir im Jahr 2000 damit, die Hypothese zu testen, dass komplexe Glykolipide, die sogenannten GPI-Anker (Glykosylphosphatidylinositol-Anker) möglicherweise Malariatoxine darstellen könnten. Da die Isolierung dieser komplexen Glykolipide aus Parasiten nur in allerkleinsten Mengen möglich war, begannen wir die chemische Synthese. Nach mehr als einem Jahr war die erste Synthese geschafft, und der synthetische Zucker wurde an ein Trägerprotein angeknüpft. Dieses Zucker-Protein-Konjugat schützte 75 Prozent der geimpften Mäuse in Infektionsexperimenten, während alle nicht geimpften Mäuse Malariasymptome zeigten und starben. Interessanterweise hatten die geimpften Mäuse weiterhin die Parasiten, starben aber nicht mehr. Diese Beobachtung spiegelte die Situation wider, welche sich in endemischen Gebieten ergibt: Dort sterben zwar Kleinkinder, während Erwachsene Parasiten im Blut haben, doch nicht schwer erkranken.

Von nun an verfolgten wir zwei verschiedene, aber komplementäre Ansätze: Zum einen wollten wir die biochemischen Grundlagen verstehen, welche die Toxizität des GPI-Zuckers ausmachten, und zum zweiten wollten wir einen Impfstoff entwickeln. Diese beiden Gebiete wurden gleichzeitig beforscht. Der Nachweis, dass Erwachsene in Gebieten mit endemischer Malaria Antikörper gegen das GPI-Toxin haben, erforderte die Anwendung neuer Techniken. Kohlenhydrat-Mikroarrays sind Glasoberflächen, bei denen winzige Mengen synthetischer Zucker mithilfe von Tintenstrahldruckern auf die Oberfläche von Objektträgern gedruckt werden. Mit diesen Glykan-Arrays wurden selbst kleinste Blutmengen (1–5 µl) auf Antikörper untersucht, die an GPI-Zucker binden. Wir konnten zeigen, dass Neugeborene Antikörper von der Mutter im Blut haben, diese Antikörper nach drei Monaten verschwinden und dann erst ab einem Alter von zwei Jahren Antikörper als Antwort auf Malariainfektionen produziert werden. Diese Anti-GPI-Antikörper bieten einen Schutz vor den schwersten Formen der Malariaerkrankung und den tödlichen Folgen. Könnte man die Bildung solcher Antikörper in Kleinstkindern fördern, dann wären auch diese vor schweren Erkrankungen und Tod geschützt.

Seit 2002 verfolgt nun die von mir gegründete Firma *Ancora Pharmaceuticals* die Entwicklung eines Anti-Toxin-Impfstoffs. Als Grundlage mussten Chemiker eine verbesserte chemische Synthese des GPI-Toxins ausarbeiten – 4,5 Kilogramm dieses komplexen Zuckers reichen aus, um die 65 Millionen Kinder, die jedes Jahr in endemischen Gebieten geboren werden, zu impfen. Der synthetische Zucker wurde nun so hergestellt, dass er an ein Trägerprotein angeheftet werden kann. Diese Konjugatimpfstoffe sind auch in Kleinkindern immunogen, und diese teilweise synthetischen Impfstoffkandidaten stehen nun kurz vor der Erprobung im Menschen. Nach fast zehn Jahren Forschung steht nun die kritische klinische Testphase bevor.

Prof. Peter H. Seeberger studierte Chemie an der Universität Erlangen und promovierte an der University of Colorado. Nach einem Forschungsaufenthalt in New York arbeite er als Professor am MIT (Cambridge, USA) und an der ETH Zürich, bevor er 2009 als Direktor ans Max-Planck-Institut in Potsdam und die Freie Universität Berlin berufen wurde. Für seine Arbeiten zur Zuckerchemie und Impfstoffentwicklung erhielt er mehr als 25 Preise, darunter den Körber-Preis 2007.

10.12 Krankheitserreger verbreiten sich auf unterschiedlichen Wegen, zum Beispiel durch Tröpfcheninfektion.

Eltern ererbt. Er umfasst mechanische Barrieren wie die Haut, aber auch Fresszellen, natürliche Killerzellen, Antigen-präsentierende Zellen und ein ganzes System chemischer Substanzen mit unterschiedlichen Wirkweisen. Nach Schätzungen schlägt die unspezifische Immunabwehr damit etwa 90 Prozent aller Infektionen zurück. Selbst einfache Lebensformen verfügen über ein solches Verteidigungssystem.

- Die **spezifische, adaptive oder erworbene Immunabwehr** geht dagegen gezielter vor. Ihre T- und B-Zellen sowie die Antikörper verfügen über spezifische Rezeptoren, mit denen sie alles Fremde im Körper aufspüren und gezielt bekämpfen. Die Reaktion ist deshalb hoch selektiv, setzt allerdings mit einer Verzögerung von einigen Tagen ein. Um bei einer erneuten Infektion schneller antworten zu können, speichern Gedächtniszellen die Merkmale des Krankheitserregers und aktivieren so in kurzer Zeit die Immunzellen. Vor allem Wirbeltiere verfügen über eine derartige spezifische Immunabwehr.

> **spezifische Immunabwehr**
> (*adaptive immune system*)
> Gezielt auf bestimmte Pathogene gerichtetes Abwehrsystem. Die Anpassung an den Erreger dauert einige Tage, weshalb die spezifische Immunreaktion bei der ersten Infektion verzögert einsetzt. Bei Folgeinfektionen mit dem gleichen Erreger startet die Immunantwort schneller, da ein immunologisches Gedächtnis dessen Merkmale gespeichert hat.

spezifisch die Komponenten dieser Abwehr arbeiten, lassen sie sich einer der beiden folgenden Kategorien zuordnen:

- Zur **unspezifischen oder angeborenen Immunabwehr** gehören Mechanismen, die sofort und gegen eine Vielzahl von Pathogenen wirken. Dieser Teil des Immunsystems braucht nicht trainiert zu werden, sondern wird komplett fertig von den

> **unspezifische Immunabwehr**
> (*innate immune system*)
> Angeborene Mechanismen zur Abwehr von Pathogenen, die nicht gezielt gegen eine bestimmte Art von Erreger gerichtet sind.

Tabelle 10.1 Die wichtigsten Komponenten des humanen Immunsystems

	unspezifische Immunabwehr	spezifische Immunabwehr
Barriere gegen Eindringen	Haut, Schleimhäute, Magensäure Abtransport durch Schleim und Flimmerhärchen Abtransport mit Tränen, Harn und Stuhl harmlose Besiedlung mit Mikroben	
Immunzellen	Monocyten/Makrophagen Neutrophile Eosinophile Basophile dendritische Zellen Mastzellen natürliche Killerzellen	T-Zellen B-Zellen
Abwehrmoleküle	Komplementsystem Perforin Lysozym Defensine Akute-Phase-Proteine Cytokine Interferone	Antikörper

Im Falle einer Infektion wirken die unspezifischen und spezifischen Mechanismen **gleichzeitig und gemeinsam**. So präsentieren manche Zellen des angeborenen Systems Teile des Angreifers den adaptiven Immunzellen, die nach dieser Vorlage ihre Abwehrproteine produzieren, wie wir weiter unten genauer sehen werden.

Mechanische und chemische Barrieren verwehren den Zugang

Am erfolgreichsten und effizientesten ist ein Erreger abgewehrt, wenn er gar nicht erst in den Körper eindringen kann. Die **Haut** ist eine wichtige mechanische Barriere, die obendrein durch ihre Trockenheit, einen erniedrigten pH-Wert und eine etablierte Normalflora harmloser Bakterien die meisten pathogenen Mikroorganismen zurückhält. Hohlorgane im Körperinneren wie der Verdauungstrakt, die Atemwege und der Genitaltrakt sind von einer **Schleimhaut** geschützt. Der Schleim bindet Pathogene, die bei den Atemwegen von Flimmerhärchen wieder aus der Lunge hinaus transportiert werden. Außerdem enthält er ebenso wie Speichel und Tränenflüssigkeit das antibakterielle Enzym Lysozym, das die Zellwände von Bakterien zerstört. Unterstützt wird das Enzym auf der Haut, in der Lunge und im Darm von kleinen antimikrobiellen Peptiden, den Defensinen.

Weitere aggressive Enzyme erwarten einen Erreger im **Magensaft**. Dort herrscht wegen des Gehalts an Salzsäure zudem ein extrem niedriger pH-Wert. Die wenigen Mikroorganismen, die eine Passage durch den Magen überleben, können sich wegen der normalen Darmflora meist nicht im **Darm** festsetzen. Da mit der Nahrung ständig potenziell schädliche Stoffe in den Körper gelangen, ist der Darm über das darmassoziierte Immunsystem auch eng an das lymphatische System mit seinen Abwehrzellen angeschlossen.

Im Darm und im Harntrakt sehen Pathogene sich auch mit dem Problem konfrontiert, dass sie mit dem ständigen **Durchfluss** von Kot bzw. Urin leicht ausgespült werden. Es bleibt ihnen somit kaum Zeit, sich im Körper festzusetzen. Wer es dennoch schafft, wird für gewöhnlich schon bald von den Zellen des Immunsystems als Fremdkörper erkannt.

Oberflächen machen den Unterschied zwischen „selbst" und „fremd" aus

Ob eine Zelle oder eine Struktur zum eigenen Körper gehört oder ob es sich um einen Fremdling handelt,

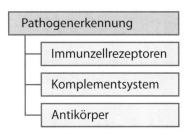

10.13 Um eine Infektion zu bekämpfen, muss das Immunsystem den Erreger zunächst erkennen.

erkennt das Immunsystem an den Bestandteilen der Oberfläche. Manche Moleküle, die Bestandteil eines Erregers und für ihn unverzichtbar sind, kommen im menschlichen Körper nicht vor. Zu diesen **Pathogen-assoziierten molekularen Mustern** (*pathogen-associated molecular patterns*, PAMPs) zählen beispielsweise Lipopolysaccharide aus der Zellwand von Bakterien und die doppelsträngige RNA, in der manche Viren ihre Erbinformation speichern. Die PAMPs sind ein so sicheres Merkmal, dass die Zellen der angeborenen Immunabwehr bereits mit entsprechenden Rezeptoren ausgestattet sind, um sie aufzuspüren. Da PAMPs außerdem bei den jeweiligen Erregertypen weit verbreitet sind, entdecken diese Pattern-Recognition Receptors (PRRs, übersetzt „mustererkennende Rezeptoren") einen Großteil der eingedrungenen Pathogene.

Einige **mustererkennende Rezeptoren** schwimmen löslich im Blut, doch die meisten befinden sich auf der Oberfläche von Immunzellen oder in deren Innerem. Binden sie einen Krankheitserreger, aktivieren sie die Zelle und lösen damit die entsprechende Antwort aus. Es handelt sich also um eine Signaltransduktion, wie wir sie in Kapitel 8 „Leben sammelt Informationen" kennengelernt haben. Die Reaktionen können sehr unterschiedlich aussehen. So kommen Scavenger-Rezeptoren vor allem in Fresszellen vor und ermöglichen ihnen, den Erreger durch Phagocytose aufzunehmen. Toll-like Receptors (TLRs) sprechen auf verschiedene Bestandteile von Pathogenen an, darunter Lipoproteine, Glykolipide, Lipopolysaccharid, Flagellin aus der Bakteriengeißel und mehrere RNA-Varianten. Aktive TLRs lösen im Inneren der Immunzelle eine Proteinkinasenkaskade aus, die schließlich das Molekül NF-κB („*kappa* B") phosphoryliert. NF-κB ist ein Transkriptionsfaktor (siehe Kapitel 11 „Leben speichert Wissen"), der in seiner phosphorylierten Form in den Zellkern wandert und dort die Produktion von einer Vielzahl von Proteinen einleitet, die an der spe-

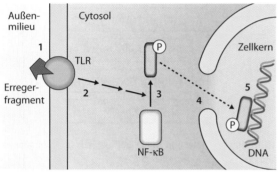

10.14 Typische Bestandteile von Pathogenen, die Pathogen-assoziierten molekularen Muster, binden an Toll-like Receptors (TLR) einiger Immunzellen (1). Die TLRs geben das Signal ins Zellinnere weiter und lösen eine Proteinkaskade aus (2), an deren Ende der Faktor NF-κB phosphoryliert wird (3) und in veränderter Konformation in den Zellkern wandert (4). Hier aktiviert er Gene der Immunantwort (5).

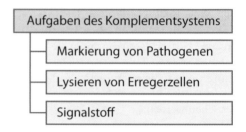

10.15 Das Komplementsystem erfüllt bei der Immunreaktion eine Reihe unterschiedlicher Aufgaben und verbindet die angeborene mit der erworbenen Immunabwehr.

zifischen und unspezifischen Immunabwehr beteiligt sind (Abbildung 10.14).

Zusätzlich zu den angesprochenen Rezeptoren und Immunzellen sind auch einige Proteine des **Komplementsystems** an der Identifikation von Pathogenen beteiligt. Unter diesen Sammelbegriff fallen mehr als 30 Proteine, die im Blutplasma gelöst sind und bei der Abwehr ganz unterschiedliche Aufgaben erfüllen. Unter anderem binden sie an unerwünschte Mikroorganismen. Die bei der Aktivierung der Komplementproteine entstehenden Spaltprodukte bieten gleichzeitig eine Andockstelle für Phagocyten der unspezifischen Immunabwehr. Sie markieren damit die Zielzellen, was als Opsonisierung bezeichnet wird. Als Brücke zwischen den beiden Zellen erleichtern die Proteine so die Phagocytose des Erregers.

Trägt ein Eindringling zu wenige oder gar keine PAMPs, kann ihn das Immunsystem unter Umständen dennoch erkennen. Dazu müssen die **B-Zellen** oder B Lymphocyten der spezifischen Immunantwort Kontakt zu dem Erreger aufnehmen und Antikörper gegen einzelne Molekülbereiche bilden. In seiner Gesamtheit wird das fremde Objekt als **Antigen** bezeichnet, die jeweiligen kleinen Abschnitte, auf welche Antikörper ansprechen, heißen Antigendeterminanten oder Epitope. Anders als die PAMPs sind die Epitope nicht auf wenige Strukturen beschränkt. So kann etwa fast jeder Ausschnitt eines Proteins als Bindestelle für Antikörper fungieren. Der menschliche Organismus produziert darum auf Verdacht unzählige verschiedene Varianten von B-Zellen, die alle einen eigenen Epitoprezeptor mit einer zufällig entstandenen Spezifität haben, aber aktuell gar nicht benötigt werden. Da mehrere Millionen solcher Zellen im Blut zirkulieren, gibt es für beinahe jede denkbare Struktur einen Rezeptor mit der passenden Erkennungsstelle. Damit ist bei einer Infektion die Wahrscheinlichkeit recht hoch, dass wenigstens eine der B-Zellen mit ihrem Rezeptor einen Molekülabschnitt des unbekannten Erregers erkennt. Sobald die B-Zelle damit den Kontakt hergestellt hat, wird sie aktiv und teilt sich viele Male. Bei den meisten Antigenen braucht die B-Zelle dafür die Unterstützung von T-Helferzellen, die von anderen Peptidfragmenten des Antigens aktiviert wurden. Durch diese klonale Selektion der aktivierten B-Zellen entsteht eine große Gruppe von genetisch identischen Zellen (ein Klon), die alle den gleichen Rezeptor tragen. Die meisten davon entwickeln sich zu Plasmazellen, die Antikörper mit der gleichen Erkennungsstelle (Paratop) wie der Rezeptor synthetisieren und ins Blut ausschütten (Abbildung 10.16). Das Immunsystem passt sich dadurch an das Pathogen an, weshalb dieser Teil der Reaktion als adaptive Immunabwehr bezeichnet wird.

Es gibt verschiedene Arten von **Antikörpern** oder **Immunglobulinen (Ig)**, die aber alle nach dem gleichen Grundprinzip aufgebaut sind (Abbildung

---

Offene Fragen

Unbekannte Steckbriefe

Der originale Toll-Rezeptor wurde in den 1990er-Jahren bei der Taufliege *Drosophila melanogaster* entdeckt. Seitdem haben Forscher eine ganze Reihe ähnlicher Rezeptoren, die TLRs, bei sehr unterschiedlichen Tierarten aufgespürt, darunter auch Fische, Reptilien und der Mensch. Es ist davon auszugehen, dass längst nicht alle TLRs gefunden sind. Und bei einigen bekannten TLRs weiß man nicht, auf welche molekularen Muster sie ansprechen.

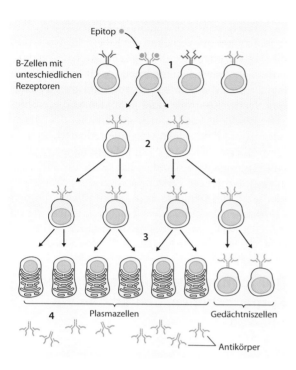

10.16 Durch klonale Selektion werden B-Zellen vermehrt, die den passenden Rezeptor für ein Antigen tragen. Der Rezeptor bindet dafür die Epitop genannte spezifische Struktur (1), wodurch die B-Zelle aktiviert wird. Sie teilt sich, und ein Klon gleichartiger Zellen entsteht (2). Schließlich differenzieren die meisten B-Zellen zu Plasmazellen, nur wenige entwickeln sich zu Gedächtniszellen (3). Die Plasmazellen produzieren Antikörper mit der gleichen Spezifität wie der Rezeptor und schütten sie aus (4).

Antikörper (*antibody*)
Von B-Zellen synthetisiertes Protein mit spezifischen Bindestellen für Epitope genannte Abschnitte von Antigenen.

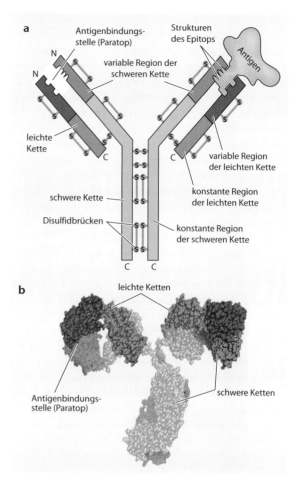

10.17 Der prinzipielle Aufbau eines Antikörpers am Beispiel des Immunglobulin G als zweidimensionales Schema (a) und dreidimensionales Modell (b). Die leichten Ketten sind braun wiedergegeben, die schweren grün. Variable Regionen sind dunkler gehalten, konstante Abschnitte heller.

10.17). Sie bestehen aus vier Polypeptidketten – zwei identischen leichten und zwei identischen schweren. Für den Zusammenhalt sorgen Disulfidbrücken zwischen den Ketten, wodurch das ganze Molekül eine grobe Y-Form erhält. Sowohl die leichten als auch die schweren Polypeptidketten besitzen Regionen mit konstanten und solche mit variablen Folgen von

Tabelle 10.2 Die Klassen von Antikörpern des Menschen

Klasse	Aufbau	Vorkommen und Eigenschaften
IgA	Monomer oder Dimer	auf Schleimhäuten, in Sekreten sowie in der Erstmilch für Neugeborene
IgD	Monomer	auf der Oberfläche von B-Zellen als Antigenrezeptor
IgE	Monomer	schützt vor Parasiten; befindet sich auf Mastzellen und basophilen Zellen
IgG	Monomer	häufigster Antikörpertyp; durchdringt Placentaschranke und verleiht dem Fetus passive Immunität
IgM	Pentamer	zusammen mit IgD auf der Oberfläche von naiven B-Zellen als Antigenrezeptor; wird bei Erstkontakt mit neuem Antigen als erste Antikörperklasse freigesetzt

Aminosäureresten. Beide Regionen erfüllen unterschiedliche Aufgaben. Die konstanten Abschnitte bestimmen die Klasse eines Antikörpers (Tabelle 10.2) und tragen die Kontaktstellen für andere Komponenten des Immunsystems wie beispielsweise das Komplementsystem. Dadurch sind der Einsatzort und die Funktion festgelegt. Der variable Teil bindet an das jeweilige Epitop eines Antigens. Die verschiedenen Antikörper sind in diesem Bereich aufgrund voneinander abweichender Primärsequenzen unterschiedlich geformt, woraus sich insgesamt die Vielfalt dieser Moleküle ergibt. Während die konstanten Regionen im „Stamm" des Ypsilons liegen, sind die variablen Bereiche an den Enden der Arme zu finden. Beide Antigenbindestellen sind identisch, sodass ein Antikörper zwei Exemplare eines Antigens festhalten kann. Treffen Antikörper auf mehrere Antigene, kann sich dadurch ein vernetzter Komplex bilden, den phagocytische Zellen des Immunsystems leicht aufnehmen und abbauen können. Welche Art von Antikörpern eine B-Zelle produziert, legen wiederum T-Helferzellen mit den Cytokinen fest, die sie ausschütten.

Das Immunsystem vertraut jedoch nicht nur darauf, verräterische Molekülabschnitte von Pathogenen zu entdecken, es kontrolliert auch ständig die Oberflächen von Zellen auf Proteinkomplexe, mit denen sich diese als „selbst" ausweisen können. Diese Proteine sind die Genprodukte des **Haupthistokompatibilitätskomplexes** I (*major histocompatibility complex I*, MHC I) und auf der Außenseite von jeder kernhaltigen Zelle des Körpers anzutreffen. Dort präsentieren sie Bruchstücke der Proteine, die im Cytosol vorkommen – körpereigene, aber bei Befall mit Pathogenen auch körperfremde Peptide. Cytotoxische T-Zellen (CD8$^+$-T-Zellen) prüfen die Komplexe und töten die infizierte Zelle ab, wenn sie ein Fremdpeptid entdecken. Zusätzlich wechselwirken natürliche Killerzellen mit den MHC-I-Komplexen. Als Komponenten der angeborenen Immunabwehr verfügen diese Zellen nicht über antigenspezifische Rezeptoren. Der genaue Mechanismus, mit denen sie zwischen „selbst" und „fremd" unterscheiden, ist noch nicht bekannt. Daran beteiligt sind aktivierende und inhibierende Rezeptoren. Die Summe ihrer Signale entscheidet über das Verhalten der Killerzelle. Überwiegt die Aktivierung, wird die Zielzelle getötet. Von einer normalen Zelle gehen hingegen vor allem hemmende Signale aus, die den Tötungsmechanismus blockieren. Bei der Kontrolle einer gesunden körpereigenen Zelle geschieht folglich nichts. Fehlt aber der MHC I oder ist die Zahl seiner Moleküle reduziert, weil die kontrollierte Zelle von Viren befallen ist oder sich in eine Tumorzelle gewandelt hat, wird die NK-Zelle aktiv und tötet die Zielzelle ab. Auf diese Weise werden auch intrazelluläre Erreger eliminiert, die dem spezifischen Immunsystem entgehen, indem sie die Zahl der MHC-Komplexe herunterfahren.

Nur Immunzellen, die den eigenen Körper schonen, überstehen die Auswahl

Wie wir im vorhergehenden Abschnitt erfahren haben, entstehen im Laufe eines Lebens Millionen von verschiedenen B-Zell-Typen, die sich in ihren antigenspezifischen Rezeptoren unterscheiden. Mit ihnen kann der Körper eine fast unbegrenzte Zahl von Pathogenen attackieren. Es wäre allerdings fatal, wenn sie auch gegen eigene Zellen, deren Außenhüllen ebenfalls mit Molekülen gespickt sind, vorgingen. Der Organismus benötigt also einen Mechanismus, mit dem das Immunsystem zu einer **Selbsttoleranz** erzogen wird.

Die Methode dafür ist recht drastisch und betrifft neben den bereits erwähnten B-Zellen auch die T-Zellen. Beide Zelltypen bilden zusammen mit den natürlichen Killerzellen (die allerdings keine spezifischen Rezeptoren haben) die Gruppe der **Lymphocyten**, die zu den „weißen Blutkörperchen", den Leukocyten, gehören (Abbildung 10.18). Ihre Vorläuferzellen entstehen im Knochenmark einiger Knochen aus multipotenten Stammzellen (siehe Kapitel 13 „Leben entwickelt sich"). Während die natürlichen Killerzellen und die B-Zellen dort auch reifen, wandern die Vorläufer der T-Zellen dafür in den Thymus.

Dort teilen sich diese sogenannten **Thymocyten** mehrfach und produzieren dann zufällig zusammengestellte Rezeptoren, wobei jede Thymocytenzelle nur eine Variante von T-Zell-Rezeptor bildet. Deren Aufgabe besteht darin, körperfremde Peptide zu erkennen, die an MHC-Proteine gebunden sind. In einem **doppelten Auswahlverfahren** werden all jene Thymocyten ausgesondert, die nicht dazu in der Lage oder nicht ausreichend spezifisch sind. Zunächst

---

Haupthistokompatibilitätskomplex (*major histocompatibility complex*, MHC)
Gruppe von Genen für Proteine der Immunerkennung. MHC-I-Proteinkomplexe kommen auf allen kernhaltigen Körperzellen vor und zeigen Peptidstücke aus dem Cytosol, womit sie die Erkennung von infizierten Zellen ermöglichen. MHC-II-Proteinkomplexe präsentieren auf speziellen Immunzellen Peptidfragmente von verdauten Pathogenen und aktivieren damit weitere Immunzellen.

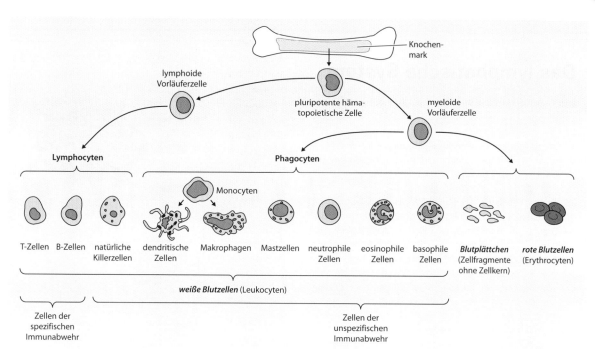

10.18 Alle Typen von Blutzellen gehen auf die pluripotenten Stammzellen im Knochenmark zurück. Für die Immunabwehr sind die weißen Blutzellen (Leukocyten) verantwortlich.

müssen die Zellen in der positiven Selektion nachweisen, dass sie in der Lage sind, überhaupt an MHC-Moleküle zu binden. Dazu präsentieren ihnen die Epithelzellen der Thymusrinde MHC-Moleküle der Klasse I und II. Thyomcyten, die an keinen der beiden Komplexe binden, sind für den Körper nutzlos und werden durch eine Art Selbstmord – den programmierten Zelltod oder Apoptose (siehe Kapitel 13 „Leben entwickelt sich") – zerstört. Vorläuferzellen, die an MHC-I-Moleküle binden, entwickeln sich dagegen später zu cytotoxischen T-Zellen, jene, die spezifisch für MHC II sind, werden zu T-Helferzellen. Zuvor müssen sie aber noch im Thymusmark die negative Selektion bestehen. Diesmal tragen die MHC-Proteine an den Oberflächen dendritischer Zellen unterschiedliche körpereigene Peptide. Spricht ein Thymocyt auf solch einen Komplex an, stellt er für den Körper eine Gefahr dar und wird durch Apoptose eliminiert. Zellen, die nicht auf Selbstpeptide reagieren, werden als naïve **T-Zellen** (da sie noch keinen Kontakt zu ihrem Antigen hatten) aus dem Thymus entlassen. Sie wandern fortan zwischen Blut und peripheren lymphatischen Geweben (siehe Kasten „Genauer betrachtet – Das lymphatische System" auf Seite 246).

Die **Selektion der B-Zellen** im Knochenmark verläuft ähnlich, kann aber auf die Positivselektion verzichten, da die B-Zell-Rezeptoren keine MHC-Moleküle benötigen, um ihre Antigene zu erkennen. Zunächst bilden die Zellen Antikörper vom Typ IgM aus, die darauf getestet werden, ob sie körpereigene Strukturen binden. In solchen Fällen droht der B-Zelle die Apoptose. Sie kann den Tod jedoch vermeiden, wenn sie ihren Rezeptor so modifiziert, dass er keine Selbstpeptide mehr erkennt (*receptor editing*). Die reifen B-Zellen tragen schließlich neben IgM auch IgD-Moleküle auf ihren Oberflächen, wenn sie das Knochenmark verlassen.

Die Zurückhaltung gegenüber körpereigenen Strukturen, die in den zentralen lymphatischen Organen Knochenmark und Thymus gewährleistet wird, bezeichnen wir als **zentrale Selbsttoleranz**.

Die beschriebenen Selektionsschritte erfassen aber nicht wirklich alle autoreaktiven T- und B-Zellen. Im Rahmen der **peripheren Selbsttoleranz** werden diese gefährlichen Zellen später durch klonale Anergie oder regulatorische T-Zellen unterdrückt beziehungsweise durch Apoptose getötet. Die zusätzli-

> **Selbsttoleranz** (*immune tolerance*)
> Unterscheidung von körpereigenen („selbst") und körperfremden („fremd") Strukturen durch das Immunsystem. Körpereigenes Material dürfen die Abwehrmechanismen nicht angreifen, sondern müssen es tolerieren. Fremdstrukturen werden hingegen attackiert, mit dem Ziel, sie zu vernichten.

Das lymphatische System

Das Lymphsystem der Wirbeltiere erfüllt zwei wichtige Aufgaben:

- Es transportiert Gewebsflüssigkeit zurück ins Blut.
- Es ist als Teil des Immunsystems an der Abwehr von Krankheitserregern und Fremdstoffen beteiligt.

Die feinen Kapillaren der Blutgefäße sind für Wasser und darin gelöste Stoffe durchlässig. Dieses Blutplasma tränkt die Organe und versorgt deren Zellen mit Nährstoffen. Den größten Teil des Plasmas nehmen die Blutgefäße wieder auf, ein Teil gelangt jedoch in die **Lymphgefäße**. Sie beginnen mit blind endenden Lymphkapillaren, die von einer einfachen Endothelschicht voller Lücken für den Einstrom der Flüssigkeit umgeben sind. Die Kapillaren vereinen sich zu immer größeren Lymphgefäßen, bis schließlich der Ductus thoracicus in den Venenwinkel und damit in den Blutkreislauf mündet. Vorangetrieben wird die Lymphe genannte Flüssigkeit passiv, wenn die Gefäße durch Bewegungen des Körpers lokal zusammengedrückt werden, und aktiv durch die glatte Muskulatur von Gefäßabschnitten. Rund zwei Liter Lymphe pro Tag sammelt ein erwachsener Mensch so ein und gibt sie wieder ins Blut ab.

Auf ihrem Weg durch das Netz der Lymphgefäße passiert die Lymphe auch die **Lymphknoten**. In ihnen sind zahlreiche B- und T-Zellen zu finden, die mit ihren Antigenrezeptoren nach Antigenen in der Flüssigkeit fahnden. Werden sie fündig, werden die Lymphocyten aktiv, vermehren sich und differenzieren aus. Die Lymphknoten schwellen an, und Abwehrzellen schwärmen in den gesamten Körper aus, um die Infektion zu bekämpfen.

Außer in den Lymphknoten kann es auch in den Gaumenmandeln, in der Milz, im Wurmfortsatz des Blinddarms und in den Peyer-Plaques des Krummdarms zu einer Immunantwort durch Lymphocyten kommen. Diese Organe werden als **periphere oder sekundäre lymphatische Gewebe** zusammengefasst. Die **zentralen oder primären lymphatischen Organe** Thymus und Knochenmark sind dagegen die Orte der Entstehung und Reifung der Lymphocyten.

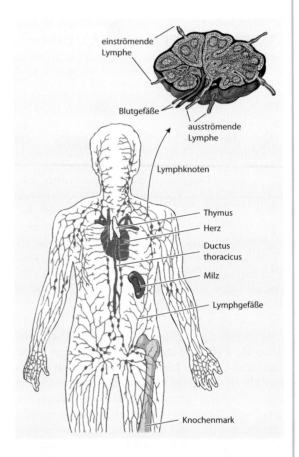

T-Zellen als Regulatoren

Für das Überleben eines Organismus ist es von entscheidender Bedeutung, sein Immunsystem effizient zu kontrollieren und zu verhindern, dass es gegen die körpereigenen Zellen vorgeht. Die Methode der Selbsttoleranz ist dabei anscheinend nur ein wichtiger Baustein in einem Gesamtkonzept von Sicherungsmechanismen. Ein weiteres Element sind regulatorische T-Zellen (T_{Reg}). Sie unterdrücken bei Bedarf die Aktivierung von T-Zellen, die Produktion von Antikörpern und die Präsentation von Antigenen auf den Oberflächen von Immunzellen. Von vielen dieser Funktionen kennen wir zur Zeit noch nicht die genauen biochemischen Abläufe, und es ist anzunehmen, dass eine Anzahl von T_{Reg}-Zellen bislang noch gar nicht entdeckt ist.

che Sicherung besteht darin, dass die Immunzelle nicht alleine aktiv werden kann. T-Zellen benötigen dafür außer einem Antigen-MHC-Komplex noch ein costimulierendes Signalmolekül wie das Protein B7 sowie Cytokine. Diese Unterstützung bekommen sie von sogenannten Antigen-präsentierenden Zellen. Bei B-Zellen wirken T-Helferzellen als Aktivatoren. Fehlen diese Signale, werden die Lymphocyten anerg, können nicht mehr gegen das Antigen vorgehen und werden eventuell zur Apoptose gezwungen.

Wer den Eindringling entdeckt, schlägt Alarm

Selten dringt nur ein einzelnes Virus oder pathogenes Bakterium in den menschlichen Körper ein, in der Regel greifen ihn gleich Millionen von Erregern an. Darum tritt eine Immunzelle, die Kontakt zu einem fremden Antigen hat, auch nicht alleine zur Verteidigung an, sondern sie alarmiert die übrige Immunabwehr und warnt eventuell noch umliegende Körperzellen.

In manchen Fällen ist sogar die infizierte Zelle selbst in der Lage, ein Signal abzugeben. Entdeckt eine Zelle in ihrem Zellkörper virales oder bakterielles Erbgut, bildet sie **Interferone** und sondert diese an die Umgebung ab. Interferone sind Proteine oder Glykoproteine, die als Hormone an spezifische Rezeptoren der Nachbarzellen binden und dort eine Signalkaskade auslösen. Als Antwort produzieren die Empfänger Enzyme, mit denen sie die informationstragende RNA der Pathogene abbauen und die Synthese von Erregerproteinen hemmen. Die nichtinfizierten Zellen werden so resistenter gegen den Befall.

Kommt es durch eine Verletzung zur Infektion, begegnet ihr der Körper mit einer Entzündung. Im Gewebe und den Schleimhäuten befinden sich Mastzellen, die bei Beschädigung unter anderem Speichervesikel voller **Histamin** (Abbildung 10.19) entleeren. Die Signalkaskaden in den Zielzellen erweitern die umliegenden Blutgefäße und machen sie durchlässiger für Zellen der Immunabwehr, die von den sezernierten Substanzen chemotaktisch angelockt werden.

Immunzellen in bestimmte Richtungen wandern zu lassen, ist auch die Funktion der **Chemokine**. Diese Glykoproteine sind eine Untergruppe der Cytokine, zu denen zusätzlich die schon angesprochenen Interferone, die Interleukine und die Tumornekrosefaktoren zählen. Die rund 50 bekannten Chemokine zeichnen sich durch eine besondere Tertiärstruktur aus, die allen gemeinsam ist und mit der sie an die Chemokinrezeptoren der Immunzellen binden. Ein

10.19 Histamin entsteht aus der Aminosäure Histidin und wird unter anderem in Mastzellen des Immunsystems gespeichert, bis es bei einer Entzündung als Signalstoff ins Gewebe freigesetzt wird.

breites Spektrum von Abwehrzellen spricht auf Chemokine an und folgt durch Chemotaxis dem Konzentrationsgradienten zum Ort des Angriffs.

Die Wirkung der bislang identifizierten 35 **Interleukine** ist höchst unterschiedlich. Interleukin-1, das beispielsweise Makrophagen bilden, veranlasst Endothelzellen, Markerproteine zu synthetisieren und auf ihrer Oberfläche zu präsentieren; an diesen erkennen andere Leukocyten, wo sie in das Gewebe eindringen müssen. Auch Interleukin-1β und Interleukin-6 aktivieren weitere Teile der Immunabwehr. Interleukin-2, das von T-Helferzellen ausgeschüttet wird, stimuliert nicht nur B-Zellen und natürliche Killerzellen, sich zu teilen und zu vervielfältigen, sondern auch die T-Helferzelle selbst. Eine Reihe weiterer Interleukine regt die Bildung zusätzlicher Immunzellen an, steigert die Syntheseraten von Antikörpern und wirkt als Chemokin anziehend auf Abwehrzellen. Auf der anderen Seite gibt es auch entzündungshemmende (anti-inflammatorische) Interleukine, die verhindern, dass die Immunantwort außer Kontrolle gerät. Zu dieser Gruppe zählen etwa die Interleukine 4, 10 und 11.

Nicht zuletzt ist der **Tumornekrosefaktor** (TNF) an dem komplexen Wechselspiel von aktivierenden und inhibierenden Signalstoffen beteiligt. Manche

---

Offene Fragen

Unbekannte Boten mit großem Potenzial

Das chemische Kommunikationssystem der Immunzellen ist höchst komplex, verzweigt, und häufig wirken mehrere Faktoren gemeinsam. Längst nicht alle Signalsubstanzen sind entdeckt und nicht alle Wirkungen bekannt oder deren Mechanismen aufgeklärt. Hinzu kommt, dass viele Stoffe in extrem niedrigen Konzentrationen auftreten, die sich mit herkömmlichen Methoden nicht nachweisen lassen. Gleichzeitig versprechen sie, bedeutsame pharmazeutische Wirkstoffe zu sein, mit denen sich schwere Erkrankungen wie septische Schocks und Autoimmunkrankheiten besser kontrollieren lassen.

Zellen, darunter Makrophagen, Lymphocyten und Mastzellen, setzen ihn als Antwort auf den Kontakt mit bakteriellen Antigenen wie Lipopolysacchariden aus den Mikrobenhüllen frei. Der Faktor aktiviert Zellen, fördert ihre Reifung, steigert die Produktion anderer Cytokine, ruft Fieber hervor und vieles mehr. Einige Komponenten des **Komplementsystems** – oder nach dessen Aktivierung die Spaltprodukte – treten ebenfalls als chemische Boten auf. Bei basophilen Granulocyten löst ihre Bindung die Freisetzung von Histamin aus, die außerdem zusammen mit Monocyten zum Infektionsherd gelockt werden. Dafür erweitern die Komplementproteine auch die Blutgefäße.

Mit Zellen und Molekülen geht das Immunsystem zum Gegenangriff über

Wir betrachten nun an einem Beispiel, wie die Immunantwort des menschlichen Körpers auf eine Infektion aussieht. Um den Überblick zu behalten, lernen wir nur die wichtigsten Abwehrzellen und -moleküle kennen – bis heute sind noch nicht alle Komponenten bekannt, die an den Prozessen beteiligt sind, so komplex ist der Vorgang.

Hat ein neuer Erreger die erste Verteidigungslinie überwunden und ist in den Körper eingedrungen, attackiert ihn in der Regel zunächst die **angeborene Immunabwehr**, die besser geeignet ist, um noch unbekannte Pathogene an ihren typischen molekularen PAMPs-Strukturen zu erkennen. Sie verfolgt dabei zwei Ziele:

- die fremden Viren oder Mikroorganismen chemisch abzutöten oder per Phagocytose aufzufressen und
- dem spezifischen Immunsystem Antigene des Pathogens zu präsentieren, um es auf den Erreger aufmerksam zu machen.

Welcher Typ von Fresszelle (Phagocyt) den Angreifer zuerst aufspürt, hängt von Art und Ort der Infektion ab. Häufig handelt es sich um **Makrophagen** (Abbildung 10.21). Sie umschließen den Erreger mit ihren Pseudopodien und nehmen ihn in einem Phagosom genannten Organell in ihr Inneres auf (siehe Kapitel 4 „Leben tauscht aus"). Dort verschmilzt das Phagosom mit einem Lysosom zu einem Phagolysosom, und Sauerstoffradikale sowie Enzyme zerstören den Krankheitserreger. Bruchstücke von ihm verbindet

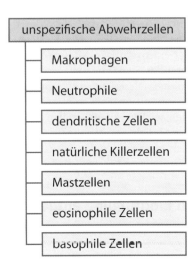

10.20 Die Zellen der unspezifischen Immunabwehr greifen Krankheitserreger häufig zuerst an.

der Makrophage mit eigenen Proteinen des Haupthistokompatibilitätskomplexes, dem MHC-Klasse-II-Komplex, und schleust die Kombination an seine Oberfläche. Er präsentiert die Antigene anderen Immunzellen, weshalb Makrophagen ebenso wie dendritische Zellen, Monocyten und B-Zellen zu den **Antigen-präsentierenden Zellen** (*antigen-presenting cells*, ACP) gezählt werden. Gleichzeitig mit der Pha-

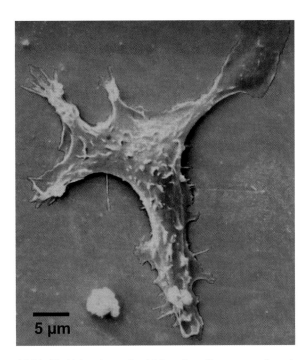

10.21 Ein Makrophage streckt Pseudopodien aus, um Fremdkörper zu phagocytieren.

Genauer betrachtet

Versteckt im Phagosom

Der Tuberkuloseerreger *Mycobacterium tuberculosis* gelangt durch Tröpfcheninfektion in die Lunge, wo ihn die Makrophagen der Lungenbläschen per Phagocytose aufnehmen. Die Zellwand des Bakteriums ist jedoch so hydrophob, dass die Enzyme des Phagosoms sie nicht zerstören und den Mikroorganismus abtöten können.

Um ihn wenigstens an der Ausbreitung zu hindern, schließt das Immunsystem den Erreger mit einer Reihe von Abwehrzellen ein und bildet ein tuberkulöses Granulum, in dessen Innerem die Gewebszellen absterben. Die Mykobakterien reagieren, indem sie ihren Stoffwechsel herunterfahren und sich seltener teilen. Sie befinden sich in einem Ruhezustand, sind aber keineswegs tot, sondern können über mehrere Jahre hinweg weiterleben und eine Tuberkulose herbeiführen. Schätzungsweise ein Drittel der Weltbevölkerung trägt das Mykobakterium in sich.

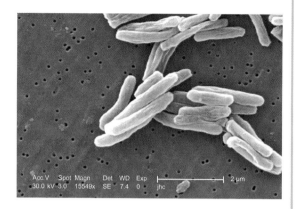

gocytose alarmieren die Makrophagen mit Signalstoffen wie TNF und Chemokinen die umliegenden Zellen und lösen die Entzündungsreaktion aus.

Die durchlässigeren Endothelzellen, mit denen die Blutgefäße ausgekleidet sind, lassen nun im Blut gelöste Substanzen und Zellen leichter zum Infektionsherd gelangen. Darunter befinden sich **Komplementproteine**, die sich an die Pathogene lagern und sie so leichter angreifbar machen für die Fresszellen (Opsonierung). Auch **neutrophile Granulocyten** (kurz Neutrophile genannt) beteiligen sich nun an der Phagocytose. **Dendritische Zellen** präsentieren wie Makrophagen nach der Phagocytose Komplexe aus MHC-II-Protein und Antigenbruchstücken an ihrer Oberfläche. Einige Tage später kommen **Monocyten** hinzu, die vor Ort zu Makrophagen reifen. Befallen die Pathogene Körperzellen, werden diese von **natürlichen Killerzellen** angegriffen und lysiert.

Neben der beschriebenen zellulären unspezifischen Abwehr findet eine von gelösten Stoffen getragene Reaktion durch das **Komplementsystem** statt. Dessen Proteine formen einander in einer langen Aktivierungskaskade um und bilden schließlich einen Membranangriffskomplex. Dieser dringt in die Membran der Zielzelle ein und bildet eine Pore, durch die Wasser einströmt, bis die Zelle platzt. Während das angeborene Immunsystem so die Infektion bekämpft, transportieren dendritische Zellen und Makrophagen die aufgenommenen Antigene in das nächste periphere lymphatische Gewebe und präsentieren sie dort den T-Zellen des spezifischen Immunsystems.

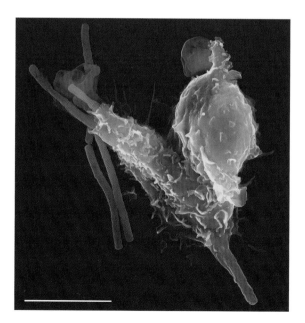

10.22 Ein neutrophiler Granulocyt (gelb gefärbt) phagocytiert Bakterien (orange gefärbt).

Köpfe und Ideen

Rekombinante Antikörper: Der Durchbruch für die Behandlung von chronischen Krankheiten mit Immunglobulinen

Von Stefan Dübel

„Rekombinant" bedeutet, dass Genstücke aus ihrem natürlichen Zusammenhang entnommen und in anderem genetischen Zusammenhang eingesetzt werden. Im Falle von Antikörpern bedeutet dies, dass man die Gensequenzen verändern, verbessern, insbesondere aber in Zellkultur oder sogar in Bakterien herstellen kann. Emil von Behring konnte bereits vor mehr als hundert Jahren erfolgreich mit Tierseren im Körper von Kindern zirkulierende Diphterietoxine neutralisieren. Solche Tierseren, wie sie auch heute vielfach noch in Pferden oder Ziegen zum Beispiel gegen Schlangengifte hergestellt werden, haben aber einen Nachteil: Zwar wird die akute Vergiftung bekämpft, aber die Patienten entwickeln danach eigene Antikörper gegen die Tierseren, sodass eine erneute Gabe zu Abwehrreaktionen führt. Die Nutzung von Antikörpern zur Behandlung von chronischen Krankheiten – wie Krebs, Rheuma oder anderen Volkskrankheiten –, welche mehrfache Gaben über längere Zeit erfordern, war deshalb lange Zeit nicht möglich.

Den Durchbruch brachte erst die Gentechnologie. Mit ihrer Hilfe wurde 1984 erstmals der größte Teil (genauer: die konstanten Regionen) eines Maus-Antikörpermoleküls durch menschliche Proteinteile ersetzt (chimäre Antikörper, siehe Abbildung unten). Zwei Jahre später gelang ein weiterer Fortschritt: Nur noch die sechs kurzen Peptidstücke, die den eigentlichen Kontakt zum Antigen darstellen (CDRs, *complimentarity determining regions*) wurden aus einen Maus-Antikörper übernommen, der Rest bestand bereits aus menschlichen Sequenzen (humanisierter Antikörper,

Abbildung unten). Beide Methoden führten erstmals zu einer stark steigenden Zahl klinisch verwendbarer Antikörper zur Behandlung von Tumor- und Immunerkrankungen. Allerdings lösten chimäre Antikörper immer noch Immunantworten aus, und die Herstellung humanisierter Antikörper war langwierig, da für die Verpflanzung der Antigenbindepeptide viele verschiedene Varianten hergestellt und getestet werden mussten.

Einen endgültigen Durchbruch brachte die Entwicklung von zwei verschiedenen Methoden, um vollständig humane Antikörper außerhalb des menschlichen Körpers zu selektieren. Dabei verpflanzte man das komplette genetische Repertoire der menschlichen Antikörper entweder in Mäuse oder in Bakterien. Daraus konnte man nun ohne Beteiligung eines menschlichen Immunsystems mithilfe einiger genetischer Tricks komplett menschliche Antikörper herstellen.

Im Falle der Mäuse mit den menschlichen Antikörpergenen konnte man nun nach Impfung mit einem Krankheitsmarker menschliche Antikörper gegen diese aus einer Maus gewinnen (Abbildung oben rechts).

Einen noch radikaleren Weg geht das Phagendisplay. Hier ist keine Immunisierung mehr notwendig, da der gesamte Prozess in Bakterien stattfindet. Dazu gewinnt man zunächst die Vielfalt der menschlichen Antikörpergene – geschätzt immerhin hundert Millionen bis eine Milliarde! Es ist aber mit den modernen Mitteln der Gentechnologie kein Problem, dieses komplette Repertoire an Genen, von denen jedes einzelne einen anderen Antikörper codiert, in Bakterien zu klo-

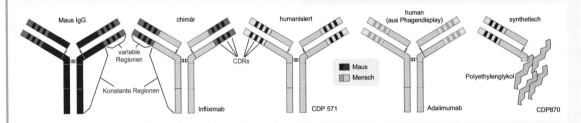

Die Entwicklung von immer „menschlicheren" Antikörpern zur Neutralisierung von Tumor-Nekrose-Faktor (TNF). Solche Antikörper werden zur Behandlung von Autoimmunerkrankungen eingesetzt. Keiner der vielen getesteten Maus-Antikörper (ganz links, komplett violett dargestellt) konnte die klinische Prüfung erfolgreich bestehen. Erst eine chimäre Variante brachte die erwünschte Wirkung. Heute sind sogar ein komplett menschlicher Antikörper (mit variablen Regionen aus Phagendisplay) und eine synthetische Version (ganz rechts) zugelassen.

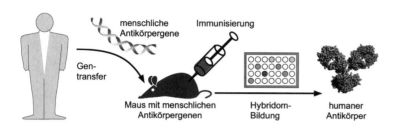

Die Erzeugung menschlicher Antikörper in transgenen Mäusen.

nieren und zu vermehren. Der zentrale Trick des Phagendisplays liegt nun in der Verkopplung der von einem einzelnen Gen codierten Antikörper mit eben diesem zugehörigen Gen in einem Nanopartikel. Man erreicht dies, indem man das Antikörpergen in ein Virus so einsetzt, dass der im Virusgenom codierte Antikörper auf dessen Oberfläche fest gebunden wird. Gibt man das Gemisch von hundert Millionen verschiedenen Viren – die jede einen anderen Antikörper tragen – über ein Antigen, das an eine feste Phase gebunden ist, so bleiben nur die Viren hängen, die einen passenden Antikörper codieren. So kann man das Antikörpergen isolieren, welches genau diesen Antikörper codiert.

Erst die Gentechnologie und ihre rekombinanten Methoden machten somit Ehrlichs Vision wahr: die Herstellung von körpereigenen Abwehrstoffen gegen eine Vielzahl von Erkrankungen komplett im Reagenzglas. Mittlerweile sind 30 Antikörper für die Therapie zugelassen, die meisten inner-

halb der letzten zehn Jahre, und mit steigender Tendenz. Praktisch alle sind rekombinant hergestellt.

Prof. Stefan Dübel leitet die Abteilung für Biotechnologie an der Universität Braunschweig. Sein Forschungsschwerpunkt liegt auf der Entwicklung und Anwendung rekombinanter Antikörper. Er hat über 150 wissenschaftliche Arbeiten und mehrere Bücher zu rekombinanten Antikörpern verfasst und ist Miterfinder auf über 20 Patenten. Langfristig ist es sein Ziel, menschliche Antikörper herzustellen, die dazu beitragen, die medizinischen Diagnose- und Therapiemöglichkeiten zu erweitern.

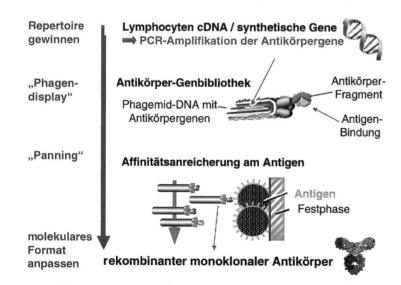

Phagendisplay.

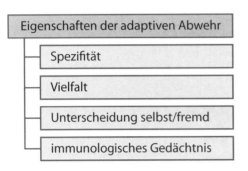

Eigenschaften der adaptiven Abwehr

- Spezifität
- Vielfalt
- Unterscheidung selbst/fremd
- immunologisches Gedächtnis

10.23 Die spezifische oder adaptive Immunantwort zeichnet sich durch vier Eigenschaften aus.

[?]

Prinzip verstanden?

10.2 Wie kommt es zum roten Strich, der sich bei einer „Blutvergiftung" von der verletzten Stelle in Richtung Rumpf ausbreiten? Und warum steht das Wort „Blutvergiftung" in Anführungszeichen?
10.3 Wie lässt sich die Jagd eines Makrophagen auf einen Erreger in die drei Phasen „Erkennung", „Überwältigung" und „Ausbeutung" unterteilen?

Neben der angeborenen Antwort greift nun auch die **erworbene Immunabwehr** in den Kampf ein. Ihre Ziele sind:

- gezielt die Pathogene abzutöten und
- deren Oberflächenmerkmale für eine später eventuell auftretende erneute Infektion in einem immunologischen Gedächtnis abzuspeichern.

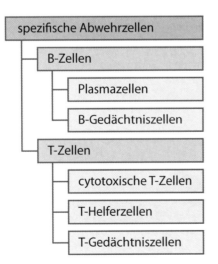

spezifische Abwehrzellen

- B-Zellen
  - Plasmazellen
  - B-Gedächtniszellen
- T-Zellen
  - cytotoxische T-Zellen
  - T-Helferzellen
  - T-Gedächtniszellen

10.24 Die zelluläre Antwort der spezifischen Immunabwehr wird von verschiedenen B- und T-Zellen getragen.

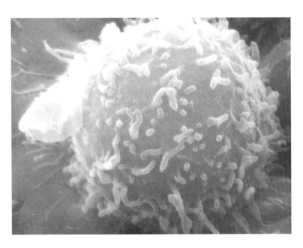

10.25 T-Zellen greifen Pathogene an und aktivieren andere Immunzellen.

Auch dieser spezifische Teil des Immunsystems arbeitet mit einer humoralen Antwort, in deren Verlauf B-Zellen lösliche Antikörper ausschütten, und einer zellulären Reaktion, die von T-Zellen getragen wird. Handelt es sich um den ersten Kontakt mit einem Pathogen, werden diese adaptiven Immunantworten immer in den peripheren lymphatischen Organen ausgelöst.

Da es viele Millionen T- und B-Zellen mit unterschiedlichen Rezeptoren für Antigene gibt, müssen aber zunächst die passenden Zellen aktiviert und vervielfältigt werden. Für die **humorale Immunantwort**, die mit der **Aktivierung der T-Helferzellen** beginnt, docken die Antigen-präsentierenden Zellen mit ihren Komplexen aus MHC-II-Protein und gebundenem Antigenfragment sowie den notwendigen costimulierenden Molekülen an die T-Helferzellen mit dem entsprechenden spezifischen Rezeptor an. Die ausgewählten T-Helferzellen wachsen und vermehren sich zu einem Klon. Gleichzeitig abgegebene Cytokine legen fest, welcher Typ von T-Helferzelle gebildet wird.

Die **Aktivierung der B-Zellen** setzt gleich drei Signale voraus:

- Die B-Zellen müssen mit ihren Rezeptoren das Antigen selbst gebunden haben. Sie nehmen den Komplex dann in das Zellinnere auf.
- Für die weitere Differenzierung ist eine T-Helferzelle nötig, die durch das gleiche Antigen aktiviert wurde und an den MHC-II-Komplex der B-Zelle andockt, mit dem diese ein Fragment des Antigens präsentiert.
- Die T-Helferzelle schüttet daraufhin Cytokine wie Interleukin-4 aus.

Ort der Aktivierung sind die peripheren lymphatischen Gewebe. Hat eine B-Zelle im Blut oder in der extrazellularen Flüssigkeit ihr Antigen gebunden, wandert sie beispielsweise in die Lymphknoten oder die Milz. Sie wird dort von der T-Helferzelle aktiviert und bildet ebenfalls einen Klon, dessen Zellen sich zu Plasmazellen und Gedächtniszellen wandeln.

Die Plasmazellen produzieren große Mengen **Antikörper**, anfangs vom IgM-Typ, dann in Abhängigkeit von den Signalen der T-Zelle IgG, IgA oder IgE. Die Antikörper gelangen ins Blut und können leicht durch die Gefäßwände ins Gewebe übertreten, wo sie auf die Erreger treffen. Sie heften sich in der Effektorphase an die jeweiligen Epitope, die ihrer Bindungsspezifität – der gleichen, wie bei den B-Zell-Rezeptoren ihrer Ursprungszelle – entsprechen. Die Bildung des Antigen-Antikörper-Komplexes macht die Pathogene durch mehrere mögliche Mechanismen unschädlich:

- Im einfachsten Fall bedecken die Antikörper Oberflächenregionen, die der Erreger benötigt, um die Körperzellen anzugreifen. Eine solche **Neutralisation** ist etwa bei Viren denkbar, deren Andockrezeptoren mit Immunglobulinen belegt werden.
- Wie schon die Komplementproteine markieren auch Antikörper durch **Opsonierung** Zielzellen für die Phagocytose durch Fresszellen.
- Weil jeder IgG-Antikörper zwei identische Arme mit Bindestellen für Antigene hat, können die Immunglobuline bis zu zwei Pathogene auf einmal binden und so durch **Agglutination** vernetzen. Die Klümpchen sind für Makrophagen leichter aufzunehmen.
- Der Antigen-Antikörper-Komplex kann das Komplementsystem aktivieren, das, wie oben beschrieben, die Membran der Erreger angreift und sie lysiert (**Komplementfixierung**).

Die **zelluläre Immunantwort** der erworbenen Immunabwehr eliminiert keine externen Pathogene, sondern zerstört körpereigene Zellen, in die ein Erreger eingedrungen ist oder die sich zu Tumorzellen gewandelt haben. Diese Zellen präsentieren selbst auf ihren Oberflächen Komplexe von Antigenfragmenten und MHC-Proteinen, diesmal aber der Klasse I. Für diese Kombination haben cytotoxische T-Zellen die passenden Rezeptoren. Sie werden durch die Bindung aktiviert und bilden Klone von cytotoxischen Zellen mit gleicher Spezifität, die nach weiteren befallenen Zellen suchen. Sobald sie sich an ihre Zielzelle angedockt haben, geben sie das Protein Perforin

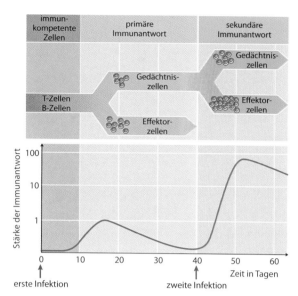

10.26 Bekommt das spezifische Immunsystem zum ersten Mal Kontakt mit einem Antigen, läuft die Verteidigung verzögert an und erreicht erst nach einigen Tagen ihre volle Stärke, wenn aus den immunkompetenten Zellen die passenden Effektorzellen hervorgegangen sind. Während dieser primären Immunantwort werden auch Gedächtniszellen gebildet, die sich die Merkmale des Antigens gemerkt haben und bei einer späteren zweiten Infektion deutlich schneller für neue Effektorzellen sorgen. Diese sekundäre Immunantwort verläuft außerdem viel stärker, sodass häufig nicht einmal Krankheitssymptome auftreten.

ab, das die Membran perforiert. Durch die Löcher dringt das Enzym Granzym ein, das den programmierten Zelltod auslöst. Beide Ereignisse zerstören die infizierte Zelle und mit ihr den eingedrungenen Erreger.

Mit der beschriebenen **primären Immunantwort** wehrt der Körper Infektionen in der Regel innerhalb weniger Tage ab. Für den Fall, dass er später ein weiteres Mal mit dem gleichen Erreger konfrontiert wird, merken sich **Gedächtniszellen** dessen Antigenstrukturen. Diese Varianten der B- und T-Zellen entstehen zusammen mit den Plasmazellen, cytotoxischen T-Zellen und T-Helferzellen, die als Effektorzellen das Pathogen bekämpfen, aber nur wenige Tage leben. Gedächtniszellen halten sich dagegen aus der akuten Abwehrreaktion heraus. Sie haben dafür eine viel größere Lebenserwartung und teilen sich gelegentlich, sodass sich der Körper über Jahre hinweg oder sogar bis an sein eigenes Lebensende an die Infektion erinnert. Steckt er sich erneut an, wandeln sich die Gedächtniszellen in Effektorzellen um und vermehren sich. Bei einer solchen sekundären Im-

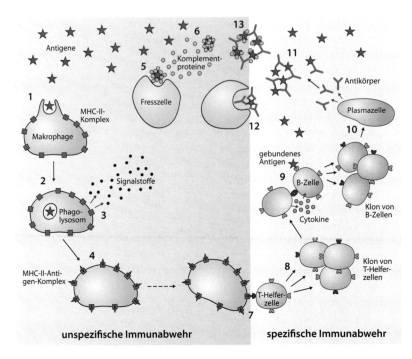

10.27 Krankheitserreger, die in den menschlichen Körper eingedrungen sind, werden von Makrophagen und dendritischen Zellen phagocytiert (1). Diese Zellen zerlegen das Antigen in Phagolysosomen in Bruchstücke (2) und senden gleichzeitig Signalstoffe aus. mit denen sie andere Zellen alarmieren (3). An ihren MHC-II-Molekülen präsentieren die Makrophagen und dendritischen Zellen Fragmente des Antigens (4). Daher werden sie auch als Antigen-präsentierende Zellen bezeichnet. Komplementproteine gelangen durch die entzündungsgeweiteten Wände der Blutgefäße und lagern sich an die Antigene (6). Durch diese Opsonierung werden die Fremdkörper für Makrophagen und andere Fresszellen besser erkennbar (5). Außerdem lysieren die Komplementkomponenten angreifende Zellen, indem sie in deren Membranen Poren bilden. Die Antigen-präsentierenden Zellen nehmen Kontakt zu T-Helferzellen mit dem passenden Rezeptor auf und aktivieren sie (7). Die T-Helferzellen vermehren sich daraufhin zu Klonen (8). Die Zellen aktivieren B-Zellen mit der gleichen Rezeptorspezifität, die außerdem ein Antigen gebunden haben (9). Aus den B-Zellen gehen nach einer Klonierungsphase Plasmazellen hervor, die Antikörper ausschütten (10). Die Antikörper lagern sich an die Antigene und bilden mit ihnen Komplexe. Durch Agglutination entstehen dabei Klümpchen (11), die von Fresszellen aufgenommen werden (12) oder das Komplementsystem aktivieren, welches die Zellen lysiert (13).

---

1 für alle

Immunsysteme bei wirbellosen Tieren

Praktisch jede Tierart sieht sich mit Krankheitserregern und Parasiten konfrontiert und muss sich gegen diese verteidigen. Deshalb sind viele Mechanismen der angeborenen Immunabwehr im gesamten Tierreich anzutreffen. Mechanische und chemische Barrieren sind ebenso zu finden wie phagocytierende Zellen und Abwehrmoleküle. Die Toll-like Receptors, mit denen einige grundlegende molekulare Muster von Pathogenen erkannt werden, sind sogar nach dem Toll-Protein in der **Taufliege *Drosophila melanogaster*** benannt. **Nachtfalter** verfügen mit Hämolin über ein Protein, das strukturell mit den Antikörpern verwandt ist und ebenfalls an die Oberflächen von Mikroorganismen bindet. Die gleiche Aufgabe übernehmen in vielen Wirbellosen Lectine – Proteine und Glykoproteine, die sich gezielt auf bestimmte Zuckerfolgen von Glykoproteinen heften. Außer-

dem gibt es bei **Insekten** und bei **Krebsen** das Phenoloxidase-System, bei dem es sich um eine Enzymkaskade handelt, die analog zum Komplementsystem abläuft. **Seesterne** besitzen Coelomocyten genannte Fresszellen, die wie Makrophagen nicht nur Fremdkörper aufnehmen, sondern auch Interleukin-1 produzieren. Der Signalstoff alarmiert weitere Coelomocyten, die sich amöboid zum Infektionsherd bewegen.

Ansätze für eine adaptive Immunabwehr sind bei Wirbellosen ungleich seltener. Anscheinend besitzt aber das Immunsystem des Regenwurms zumindest die Fähigkeit, sich an frühere Antigene zu erinnern. Jedenfalls greifen seine Coelomocyten Transplantate eines anderen Wurmindividuums im zweiten Versuch früher an als in der ersten Reihe des Experiments.

munantwort reagiert das spezifische Immunsystem schneller, stärker und gezielter (Abbildung 10.26).

Prinzip verstanden?

10.4 Wie wirkt eine Impfung?

Das Immunsystem kann außer Kontrolle geraten

Die Immunabwehr ist ein sehr effektives, aber auch gefährliches System zur Bekämpfung von Eindringlingen und Krankheitserregern. Gerät es aus der Balance, richtet sich seine Macht gegen den eigenen Körper – was unangenehm sein oder gar zum Tod führen kann.

Das Schlüsselmolekül bei **Allergien** ist das Immunglobulin E (IgE). Dessen natürliche Aufgabe ist die Abwehr von Parasiten wie beispielsweise Würmern. Beim ersten Kontakt mit einem Antigen, auf welches das Immunsystem überempfindlich reagiert, bilden Plasmazellen die IgE-Moleküle, die zu den Mastzellen wandern und sich dort mit ihrer konstanten Antikörperregion anlagern. Erst ab der zweiten Exposition erfolgt die allergische Reaktion. Das IgE an den Mastzellen bindet das Allergen, und die Mastzelle schüttet Histamin und andere entzündungsfördernde Stoffe aus. Dadurch erhöht sich die Gefäßdurchlässigkeit, die Atemwege ziehen sich zusammen, was zu Atemnot führt, und es findet eine Entzündungsreaktion statt. Bei Allergenen, die injiziert oder mit der Nahrung aufgenommen werden, kann es im schlimmsten Fall zu einem anaphylaktischen Schock kommen – die Durchlässigkeit der Blutgefäße erhöht sich schlagartig, und der Blutdruck sackt ab. Die Atemmuskulatur zieht sich weiter zusammen, der Kehldeckel schwillt an, und es droht der Erstickungstod. Hilfe bietet die sofortige Gabe von Adrenalin, Glucocorticoiden und Antihistaminika, welche die glatte Muskulatur entspannen, das Immunsystem unterdrücken und die Wirkung des Histamins blockieren.

Bei einer **Autoimmunerkrankung** wendet sich das Immunsystem gegen den eigenen Körper. Die Gründe für ein derartiges fehlgesteuertes Verhalten sind noch nicht aufgeklärt. Möglicherweise besteht ein Zusammenhang mit der Struktur von MHC-Komplexen, die zufällig den Antigenen von Krankheitserregern ähneln. Die Immunzellen identifizieren die betreffenden körpereigenen Zellen beim Kontakt irrtümlich als fremd und greifen sie an. Außerdem ist bekannt, dass nicht alle autoreaktiven Lymphocyten bei der klonalen Deletion ausgemerzt werden. Die übrig gebliebenen B- und T-Zellen könnten ebenfalls gegen den eigenen Organismus aggressiv werden, wenn die Regulationsmechanismen der peripheren Selbsttoleranz nicht mehr richtig greifen.

Bei **Diabetes mellitus vom Typ 1** attackiert das Immunsystem mehrere Proteine der Inselzellen der Bauchspeicheldrüse, wo das Hormon Insulin produziert wird. Den Ausfall der natürlichen Insulinquelle müssen Diabetiker durch tägliche Injektionen ausgleichen. Greifen Immunzellen die Myelinscheiden von Nervenzellen an, kann es zu neurologischen Störungen kommen, wie sie bei **Multipler Sklerose** auftreten. Auch die **rheumatoide Arthritis** ist eine Autoimmunerkrankung, bei der Substanzen der Gelenkknorpel das Ziel sind.

Pflanzen wehren sich mechanisch und chemisch

Ein spezielles Immunsystem, wie wir es bei Tieren kennengelernt haben, besitzen Pflanzen nicht. Ihre Zellen sind an festen Punkten im Organismus lokalisiert, und es fehlt an beweglichen Spezialisten, die zum Ort einer Infektion eilen können, um dort die Erreger zu bekämpfen. Stattdessen liegt es an jedem Abschnitt und häufig an jeder Zelle selbst, sich gegen angreifende Viren, Bakterien und Pilze zu verteidigen. Die **Abwehrstrategien der Pflanzen** (Abbildung 10.28) sind darum teilweise ähnlich wie bei Tieren, zum Teil nutzen sie aber auch die Besonderheiten einer weitgehend starren Lebensweise:

- Der **mechanische Schutz** ist bei Pflanzen mit ihren Zellwänden, Verholzungen und Wachsschichten schon im Normalzustand gut ausgeprägt. Sobald die Pflanze einen Krankheitserreger oder eine Verletzung erkennt, verstärkt sie ihre Rüstung sogar noch.
- **Chemische Abwehrstoffe** lassen sich gut auf Vorrat produzieren und speichern. Im Gegensatz zu den Zellen sind sie außerdem beweglich und können sich einigermaßen schnell durch Plasmodesmen und das Gefäßsystem im Pflanzenkörper ausbreiten. Bei einer Infektion synthetisieren die befallenen Zellen zusätzliche Substanzen für die Verteidigung.

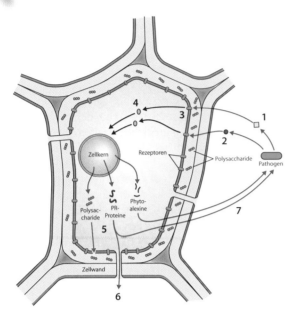

10.28 Pflanzen erkennen die Anwesenheit eines Pathogens an Molekülen vom Erreger selbst (1) sowie an Bruchstücken ihrer eigenen Zellwand, die entstehen, wenn Enzyme des Erregers die Zelle angreifen (2). In beiden Fällen binden diese sogenannten Elicitoren an Rezeptoren (3) und lösen damit eine Signalkaskade im Zellinneren aus (4). Als Antwort auf die Bedrohung produziert die Zelle Polysaccharide, mit denen sie ihre Zellwand verstärkt (5), PR-Proteine, die als Signalstoff andere Zellen alarmieren (6) und ebenso wie Phytoalexine den Erreger angreifen (7).

- Da es in Pflanzen keinen Blutkreislauf gibt, sind Infektionen anfangs lokal sehr begrenzte Ereignisse. Das nutzen Pflanzen, um die Erreger **einzuschließen und auszuhungern**. Dafür müssen sie jedoch eigene Zellen opfern.

Pflanzen begrenzen Infektionen

In eine intakte **Pflanze einzudringen,** ist für einen Krankheitserreger nicht leicht. Meist umgibt eine wachshaltige Cuticula die Epidermis. Sie ist wegen ihrer Hydrophobizität schwer zu durchqueren oder enzymatisch anzugreifen. Lücken tun sich vor allem dort auf, wo die Epidermis verletzt ist, oder in Bereichen zum Austausch von Gasen und Wasser wie an den Spaltöffnungen der Blätter. Aber auch dort bieten die Zellwände reichlich Widerstand gegen Eindringlinge. Allerdings sind die Fäden aus Cellulose und Hemicellulose sowie die Ligninnetze durchlässiger als die Wachsschicht, und sie bieten Enzymen Ansatzpunkte, um sie in Bruchstücke zu zerlegen.

Dabei entstehen unter anderem Oligosaccharine – Kohlenhydrate, die als **Signalmolekül** wirken können. Die Strukturen der Oligosaccharine sind überaus vielfältig. Bislang wurden 65 verschiedene Monosaccharide als Bausteine identifiziert, die in über 20 verschiedenen Varianten miteinander verbunden waren. Vermutlich setzen Pflanzen Oligosaccharine als Botenstoffe ein, ähnlich den Peptidhormonen bei Tieren. Bei einer Pilzinfektion wirken sie ebenso wie einige pathogeneigene Moleküle als sogenannte **Elicitoren**, indem sie an Rezeptoren in der pflanzlichen Plasmamembran binden und die Abwehrreaktion auslösen.

Eine derartige Verteidigungsfolge ist die **hypersensitive Reaktion**, wofür die Pflanze mechanische und chemische Mechanismen kombiniert. Die Bindung der Elicitoren löst in der Zelle mehrere Signalkaskaden aus. Sie beginnt mit der Synthese von chemisch unterschiedlichen Abwehrstoffen, die unter dem Begriff **Phytoalexine** zusammengefasst werden. Je nach Pflanzenart handelt es sich beispielsweise um Isoflavone bei Leguminosen, Phenanthrene oder Stilbene bei Orchideen bzw. Sesquiterpene bei Nachtschattengewächsen. Diese Verbindungen sind für viele Mikroorganismen toxisch, ohne für einzelne Gruppen von Pathogenen spezifisch zu sein. Innerhalb von Stunden sind sie im Bereich der Infektion nachweisbar und bekämpfen die Pathogene.

> **Phytoalexine** (*phytoalexins*)
> Unterschiedliche antimikrobielle chemische Verbindungen, die Pflanzen als Reaktion auf den Befall mit Pathogenen, auf Verletzungen oder anders verursachte Beschädigungen *de novo* bilden und die lokal auf den geschädigten Bereich begrenzt bleiben.

Noch früher wirken **konstitutive Abwehrstoffe**, welche die Pflanze bereits vorbeugend gebildet und in einem geeigneten Kompartiment wie etwa der Vakuole gespeichert hat. In diese Gruppe fallen die Saponine, die an Sterole in der Plasmamembran von Pilzen binden und dadurch deren Membran zerstören.

> **Konstitutive Abwehrstoffe**
> (*pre-infectional compounds*)
> Vorbeugend synthetisierte Abwehrstoffe, die in Drüsen, Sekretgängen, Vakuolen oder anderen Kompartimenten für den Fall eines Angriffs durch Pathogene oder Herbivoren gelagert werden.

Parallel zu diesen Giftattacken versucht die Pflanzenzelle, die Pathogene durch eine **Stärkung der Zellwand** mit zusätzlichem Lignin und dem Polysaccharid Callose zurückzuhalten. Indem sie Proteine quervernetzt, die relativ viele Seitenketten der Aminosäure Hydroxyprolin enthalten, verdichtet sie

┌─ Genauer betrachtet ─┐

Gen-für-Gen-Erkennung

Unbekannte Pathogene, gegen die eine Pflanze keine oder kaum spezifische Abwehrmechanismen besitzt, können ihr großen Schaden zufügen und werden als virulent bezeichnet. Zwischen den meisten Erregern und ihren Wirten hat sich aber ein Verhältnis entwickelt, das eine Art Kompromiss darstellt – das Pathogen ist avirulent, es befällt die Pflanze zwar, doch sie erkennt es an seinen spezifischen Merkmalen und reagiert, bevor sie großen Schaden nehmen kann.

Die Grundlage für diese Form der Resistenz ist die **Gen-für-Gen-Erkennung**. Danach gelingt die Verteidigung genau dann, wenn die Pflanze ein Resistenzgen (*R*) besitzt, das zu einem Avirulenzgen (*Avr*) des Krankheitserregers passt. Wie wir im Kapitel 11 „Leben speichert Wissen" erfahren werden, trägt ein Gen in der Regel den Bauplan eines Proteins. Das *Avr*-Gen des Erregers wird demnach vermutlich in ein Protein umgesetzt, das bei der Infektion eine wichtige Aufgabe erfüllt, sodass der Angreifer nicht darauf verzichten kann. Die Information des pflanzlichen *R*-Gens codiert wahrscheinlich für einen Rezeptor, der die Anwesenheit des Avr-Proteins feststellt, die drohende Gefahr bemerkt und geeignete Abwehrmaßnahmen einleitet.

Da Pflanzen einer enorm großen Zahl von Krankheitserregern ausgesetzt sind, besitzen sie häufig viele Hunderte oder gar Tausende *R*-Gene.

---

die Wände obendrein. Reichen diese Maßnahmen nicht aus, verschließt die Zelle mit Callose die Plasmodesmen, über die sie in Kontakt mit den Nachbarzellen steht (siehe Kapitel 4 „Leben tauscht aus"), damit sich die Erreger nicht auf diesem Weg ausbreiten können.

Einen direkten Angriff gegen die Krankheitserreger stellen die PR-Proteine (*pathogenesis-related proteins*) dar. Bei ihnen handelt es sich beispielsweise um Chitinasen und Glucanasen, die gezielt Bestandteile der Zellwände von Pilzen spalten. Andere PR-Proteine haben die Aufgabe, als Signalstoffe benachbarte Zellen, die noch nicht befallen sind, zu alarmieren.

Ihre ultimative chemische Attacke führt die Pflanzenzelle über aggressive Sauerstoffverbindungen. Mit der NADPH-Oxidase reduziert sie Luftsauerstoff (O_2) zu Superoxidanionen (O_2^-), die weiter reagieren zu Hydroxylradikalen ($OH\cdot$) und Wasserstoffperoxid (H_2O_2). Gleichzeitig wird Stickstoffmonoxid gebildet. Die Zelle leitet mit diesem **oxidativen Burst** ihren eigenen Untergang ein, denn die Verbindungen oxidieren Lipide, inaktivieren Enzyme und zerstören

┌─ Genauer betrachtet ─┐

Ausgeschaltete Virengene

Gegen Viren haben Pflanzen eine weitere Verteidigungsmethode, die direkt das Erbmaterial des Angreifers zerstört – das posttranskriptionale **Gen-Silencing**.

Die meisten Viren, die Pflanzen befallen, speichern ihre Erbinformation in Form eines Ribonucleinsäure(RNA)-Fadens (siehe Kapitel 11 „Leben speichert Wissen"). Im Laufe der Infektion fertigt ein Enzym einen dazu passenden zweiten Faden an, und beide liegen vorübergehend als doppelsträngige RNA (dsRNA) vor. Diese für Pflanzen völlig untypische Art von Molekül erkennen Dicer genannte Enzyme und zerlegen die dsRNA in kurze Bruchstücke, die als siRNA (*small interfering RNA*, etwa: „kleine Stör-RNA") bezeichnet werden.

Eine Hälfte der Bruchstücke dient in einem Komplex mit Proteinen (*RNA-induced silencing complex*, RISC) als Vorlage zur Erkennung der viralen RNA. Sie bindet hochspezifisch nur RNA-Fäden mit der richtigen Sequenz von Bausteinen.

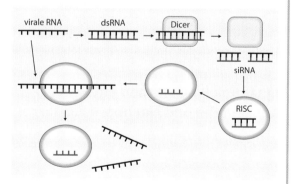

Hat ein RISC solch einen Faden gefunden, zerschneidet er ihn und zerstört damit das Erbmaterial und den Bauplan des Virus.

10.29 Der Befall mit Bakterien hat bei diesem Tabakblatt eine hypersensitive Reaktion hervorgerufen. Die nekrotischen Läsionen sind mit bloßem Auge als bräunlich gelbe Flecken zu erkennen.

Nucleinsäuren. Der absichtliche Tod der Pflanzenzelle bedeutet aber zugleich den Untergang vieler Erreger, deren Strukturen ebenfalls angegriffen werden. Da das Sterben einer einzelnen Zelle in den seltensten Fällen ausreicht, um eine Infektion zu stoppen, gehen Bereiche zugrunde, die oft schon mit dem bloßem Auge als **Nekrosen** sichtbar sind (Abbildung 10.29). Viren und Mikroorganismen, die den chemischen Gegenschlag überstanden haben, finden in diesen Zonen keine Wirte und nutzbaren Nährstoffe mehr. Sie werden „ausgehungert", und die Pflanze rettet mit diesem lokalen Opfer den Gesamtorganismus.

Signalmoleküle warnen entfernte Pflanzenteile und Nachbarn

Wird eine Pflanze an einer Stelle von Pathogenen befallen, herrscht auch in anderen Regionen ein erhöhtes Infektionsrisiko. Damit die übrigen Zellen sich auf einen möglichen Angriff vorbereiten können, senden die verteidigenden Zellen über die Leitbündel des Phloems chemische Signalstoffe aus, zu denen Jasmonsäure, Ethylen und Methylsalicylsäure – ein Derivat der Salicylsäure (Abbildung 10.30), dem

10.30 Salicylsäure wirkt an der Ausbildung der systemisch erworbenen Resistenz von Pflanzen mit.

Grundstoff für das als Aspirin® bekannte Schmerzmittel Acetylsalicylsäure – gehören. Sie bewirken über Signaltransduktionswege auch in weit entfernten Pflanzenteilen eine **systemisch erworbene Resistenz** (*systemic acquired resistance*, SAR), indem sie die Synthese von Phytoalexinen und PR-Proteinen auslösen. Da diese Substanzen nicht spezifisch sind, sondern ein breites Wirkungsspektrum haben, schützen sie vor einer weiteren Infektion durch Viren, Bakterien oder Pilze. Einige Tage hält die Resistenz an.

Außer eigene Pflanzenteile warnen die Signalstoffe möglicherweise auch benachbarte Pflanzen. Ethylen und Methylsalicylat sind leicht flüchtig und gelangen über die Umgebungsluft zu den entfernteren Bereichen der attackierten Pflanze. Ihre Nachbarn fangen das Signal ebenfalls auf, und es ist anzunehmen, dass sie als Reaktion ihre eigenen Abwehrmechanismen aktivieren.

[?]

Prinzip verstanden?

10.5 Welche Teile der pflanzlichen Abwehrreaktion gegen Pathogene sind spezifisch und welche unspezifisch?

Herbivoren werden mit den gleichen Prinzipien abgewehrt wie Pathogene

Die zweite große Gefahr, die Pflanzen neben einer Infektion droht, sind Fressfeinde. Obwohl die **Herbivoren** deutlich größer als die Pathogene sind, verläuft die Abwehr im Wesentlichen nach den gleichen Prinzipien. Es gibt sowohl konstitutive Verteidigungsmechanismen, die vorbeugend gebildet werden und immer vorhanden sind, als auch induzierte Systeme, die erst bei einem aktuellen Angriff errichtet werden. Zu beiden Gruppen gehören mechanische und chemische Einrichtungen.

Besonders auffällig sind die mechanischen Schutzvorrichtungen der Pflanzen. Gegen kleine Pflanzen-

10.31 Rosen haben aus botanischer Sicht keine Dornen, sondern Stacheln.

fresser helfen oft schon harte Außenhüllen, wohingegen größere Tiere mit spitzen Strukturen abgewehrt werden sollen. Dabei sprechen wir von einem **Stachel**, wenn der Vorsprung aus dem Rindengewebe hervorgeht und entsprechend leicht ablösbar ist (Abbildung 10.31). **Dornen** sind hingegen umgewandelte Sprosse, Blätter oder Wurzeln. Sie sind fest mit der übrigen Pflanze verbunden, und in ihnen verlaufen Leitbündel (Abbildung 10.32). Pflanzenhaare oder Trichome bestehen aus Zellen der Epidermis. Als **Brennhaare** sind sie an der Spitze durch Kieselsäure starr und spröde geworden. Bei Berührung zersplittern sie an einer Sollbruchstelle, und die scharfe Spitze ritzt die Haut des Tieres. Ein Gemisch aus reizenden Substanzen wie Serotonin, Histamin, Ameisensäure und Acetylcholin dringt in die Wunde ein, wo es einen heftigen Juckreiz hervorruft (Abbildung 10.33).

Die aggressiven Stoffe in den Brennhaaren sind bereits ein Beispiel für die chemische Verteidigung der Pflanzen. Die dafür eingesetzten Verbindungen gehören zu einem breiten Spektrum chemischer Klassen. Ihnen gemeinsam ist, dass sie zu den **sekundären Pflanzenstoffen** gezählt werden – Substanzen, die weder zum anabolen oder katabolen noch zum Energiestoffwechsel gehören (siehe Kapitel 6 „Leben wandelt um" und Kapitel 7 „Leben ist energiegeladen"). Sie werden in speziellen Zelltypen und mit einem besonderen Zweck synthetisiert, beispielsweise als Lockstoffe für bestäubende Insekten, als Schutz vor Verdunstung oder eben als Abwehrstoff.

Alkaloide sind eine heterogene Stoffgruppe, zu der über 10 000 Verbindungen zählen. Die meisten von ihnen sind giftig, einige nutzt der Mensch jedoch als Schmerz-, Rausch- oder Genussmittel, etwa Nikotin, Kokain und Morphin. Alkaloide wir-

10.32 Die „Stacheln" des Kaktus sind in Wirklichkeit umgewandelte Blätter – also Dornen.

ken an vielen Stellen auf den tierischen Organismus ein, darunter auf den Membrantransport, die Synthese von Proteinen, die Aktivität von Enzymen oder als Neurotransmitter auf die Kommunikation zwischen Neuronen. Die **Isoflavone** haben ein einheitli-

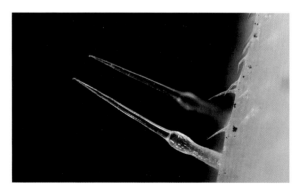

10.33 Musste die Brennnessel sich erst einmal mit ihren Brennhaaren verteidigen, erhöht sie bei neuen Blättern deren Dichte – eine induzierte Verteidigungsmaßnahme.

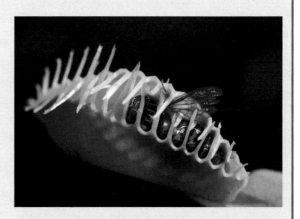

10.34 An diese Grundformel sind bei den einzelnen Isoflavonen unterschiedliche kleine chemische Gruppen gebunden.

10.35 Die Aminosäure Canavanin ähnelt stark dem Arginin, dessen Platz sie in Polypeptidketten einnehmen kann. Das zusätzliche Sauerstoffatom verhindert aber die korrekte Faltung des Proteins.

ches Grundgerüst mit drei Ringsystemen (Abbildung 10.34). Sie ähneln dadurch den Steroiden und können an deren Östrogenrezeptoren binden. Bei Schafen können Klee-Isoflavone auf diese Weise zu Unfruchtbarkeit führen. Die Aminosäure **Canavanin** ähnelt sehr dem proteinogenen Arginin (Abbildung 10.35). Lediglich an einer Stelle im Molekül ist ein Kohlenstoffatom durch ein Sauerstoffatom ersetzt. Die Proteinfabrik der Zelle bemerkt diesen Unterschied nicht und baut Canavanin anstelle von Arginin ein, wodurch sich das Polypeptid nicht richtig falten kann und ein funktionsuntüchtiges Protein

entsteht. Für viele Insekten ist Canavanin darum tödlich.

Manche Abwehrstoffe speichert die Pflanze in einer ungiftigen Vorstufe. Erst wenn das Gewebe und die Zellen durch eine Verletzung zerstört werden, gelangen diese Vorformen mit Enzymen zusammen,

---

1 für alle

Pflanzen als Angreifer

Pflanzen sind nicht nur Fraßopfer, sondern in manchen Fällen selbst Konsumenten. **Fleischfressende oder carnivore Pflanzen** versorgen sich durch den Fang von Kleintieren wie Insekten und Spinnen mit Nährstoffen, vor allem mit Stickstoff.

Da die Pflanzen ortsgebunden sind, spüren sie ihre Opfer nicht aktiv auf, sondern müssen abwarten, bis ihnen ein Kleintier in die Falle geht. Mit Lockstoffen versuchen sie, ihre Beutetiere zu ködern. Aber selbst wenn ihnen etwas in die Falle gegangen ist, können sie nur bedingt entscheiden, ob es sich tatsächlich um ein Tier handelt oder vielleicht eher ein unverdauliches Objekt. Für die **Erkennungsphase** sind Pflanzen also eher schlecht ausgestattet. Immerhin zeigt die Venusfliegenfalle Ansätze, zwischen Beute und Nicht-Beute wie Regentropfen zu unterscheiden, indem sie ihren Klappmechanismus nur dann auslöst, wenn mehrere Fühlhaare der Blatthälften kurz nacheinander oder eines mehrmals berührt wurden.

Für die **Überwältigung** ihrer Opfer haben die carnivoren Pflanzen eine Anzahl recht unterschiedlicher Mechanismen entwickelt. Einige Gattungen wie der Sonnentau locken Insekten mit einem Sekret an, das sehr klebrig ist und die Beute festhält. Venusfliegenfallen schnappen hingegen mit ihren Blättern zu, sobald ein Kleintier auf der Innenseite herumkrabbelt. Kannenpflanzen bilden Fallgruben mit glatten Wänden, aus denen sich die Beute nicht befreien kann. Bei

Reusenfallen verhindern Härchen, dass Beutetiere die Fangapparatur wieder verlassen. Und der Wasserschlauch saugt mit einem plötzlichen Unterdruck Wasserflöhe, Rädertierchen, Nematoden oder andere kleine Wasserbewohner ein.

Die **Verdauung** einer erfolgreich gefangenen Beute findet außerhalb des pflanzlichen Gewebes statt. Enzymhaltige Sekrete zersetzen die nutzbaren Bestandteile. Mitunter überlassen die Pflanzen diese Arbeit aber auch anderen Tieren wie Wanzen, deren Ausscheidungen die Carnivoren schließlich aufnehmen.

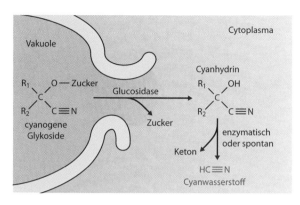

10.36 Cyanogene Glykoside aus den Vakuolen werden im Cytoplasma zu giftigem Cyanwasserstoff umgewandelt, wenn ein Fressfeind das Gewebe zerbeißt.

Die beschriebene Variante der Giftproduktion läuft nur dann bis zum Ende, wenn ein Pflanzenfresser das Gewebe zerbeißt. Dennoch handelt es sich um einen konstitutiven Abwehrprozess, da die Vorstufen des Toxins auf jeden Fall synthetisiert werden. Die **induzierte Abwehr** startet dagegen erst, wenn es wirklich zu einem Angriff kommt.

Eines der Schlüsselmoleküle dieser Verteidigungsmechanismen ist **Jasmonsäure**. Sie entsteht aus Linolensäure der Membranlipide, wenn sich Fettsäuren aus zerstörten Pflanzenmembranen und Speichelstoffe eines fressenden Insekts zu einem Elicitor verbinden und einen Rezeptor aktivieren. Die Jasmonsäure und ihre Derivate (Jasmonate) aktivieren im Zellkern Abwehrgene, die für die Produktion von Verdauungshemmstoffen sorgen. Bei der Tomate und anderen Nachtschattengewächsen entsteht auf diese

die sie in das wirksame Toxin umwandeln. So sammeln Pflanzen **cyanogene Glykoside** in den Vakuolen ihrer Epidermiszellen. Beißt ein Fressfeind in das Blatt, spalten Enzyme den Zuckerteil ab, und es entsteht Cyanhydrin, das in ein Keton und den hochgiftigen Cyanwasserstoff (Blausäure) zerfällt (Abbildung 10.36). Die Blausäure blockiert die Cytochrom-c-Oxidase der Atmungskette (siehe Kapitel 7 „Leben ist energiegeladen") und kann dadurch tödlich sein.

10.38 Wird eine wilde Tabakpflanze von den Larven des Tomatenschwärmers angefressen, sendet sie chemische Signalstoffe aus, die eine doppelte Wirkung haben: Sie locken räuberische Wanzen als natürliche Feinde der Larven an und halten außerdem weitere Tomatenschwärmer davon ab, ihre Eier auf die Pflanze zu legen.

10.37 Bei Raupenbefall senden manche Pflanzen „Hilferufe" in Form leicht flüchtiger chemischer Verbindungen aus.

Weise sogar eine **systemische Reaktion**, durch welche die ganze Pflanze inklusive der nicht attackierten Teile geschützt ist. Als Signalstoff fungiert hier das kleine Peptid **Systemin**, das bei Verletzungen von seiner Vorstufe, dem Prosystemin, abgespalten wird und die Jasmonsäuresynthese initiiert.

Einige Pflanzen verlassen sich bei der Verteidigung nicht nur auf ihre eigenen Kräfte, sondern rufen mit flüchtigen organischen Stoffen, den **Alarmonen**, tierische Hilfe herbei. Auch an diesem Prozess sind Jasmonate beteiligt, welche die Produktion der Signalstoffe anwerfen, die etwa als Reaktion auf Raupenfraß Schlupfwespen anlocken. Wie bei der Abwehr von Pathogenen fangen auch beim Kampf gegen Herbivoren die umliegenden Pflanzen die Signalstoffe in der Luft auf und bereiten sich auf die eigene Verteidigung vor. Bei der Limabohne werden dadurch die Nachbarn einer mit Spinnmilben befallenen Pflanze widerstandsfähiger gegen die Schädlinge, obwohl der eigentliche Empfänger der Nachricht die eigenen entlegenen Teile sowie Raubmilben sind, die sich von den Spinnmilben ernähren.

[?]

Prinzip verstanden?

10.6 Manche der Toxine, die Pflanzen produzieren, sind für diese selbst giftig. Wie können Pflanzen vermeiden, sich selbst zu schädigen?

Beutetiere kämpfen mit raffinierten Tricks ums Überleben

Tiere leben ausnahmslos auf Kosten anderer Organismen. Ihre Quelle für Energie und Baustoffe sind Mikroorganismen, Pilze, Pflanzen und andere Tiere, die sie erlegen und fressen. Wie sich Pflanzen dagegen wehren, verkonsumiert zu werden, haben wir im vorhergehenden Abschnitt gesehen. Potenzielle tierische Opfer nutzen ganz ähnliche Mechanismen und haben noch einige weitere Methoden entwickelt, das Duell zwischen Jäger und Beute ab und zu für sich zu entscheiden.

Sinne lassen sich täuschen

Eine **Beute aufzuspüren und zu erkennen**, gehört bei Tieren zu den Aufgaben ihrer Sinnesorgane, deren

10.39 Vieraugen können gleichzeitig über und unter Wasser scharf sehen.

Funktionsweise wir in Kapitel 8 „Leben sammelt Informationen" besprochen haben. Häufig sind sie speziell an die Erfordernisse der Jagd angepasst. So wie beim **Vierauge**, einer Zahnkarpfenart, die direkt unter der Oberfläche ihres Heimatgewässers schwimmt. Die oberen Hälften ihrer beiden Augen ragen dabei aus dem Wasser und halten nach kleinen Insekten Ausschau, während die unteren Hälften weiterhin die Vorgänge unter Wasser kontrollieren (Abbildung 10.39). Um mit den verschiedenen Brechungsindizes der beiden Medien zurechtzukommen, sind die Augen durch eine Scheidewand zweigeteilt. Der obere Teil der Linse ist wenig, der untere stark gekrümmt, und jede Hälfte hat eine eigene Pupille. Auf diese Weise vermag der Fisch gleichzeitig in der Luft und im Wasser scharf zu sehen.

Um **aufmerksame Augen zu überlisten**, gibt es mehrere Möglichkeiten. Eine besteht darin, schlichtweg (fast) unsichtbar zu werden. Wasserlebende Tiere erreichen dieses Ziel durch weitgehend **transparente**

10.40 Glaswelse sind teilweise durchsichtig und dadurch für Feinde schwerer zu erkennen.

10.41 Die Krabbenspinne gleicht ihre Farbe der jeweiligen Blüte an.

10.43 Das Wandelnde Blatt tarnt sich mit Phytomimese.

Körper, etwa Quallen oder Glaswelse (Abbildung 10.40). Besonders Jungtiere setzen bei vielen Arten auf diese Methode, übersehen zu werden. An Land bemühen sich Tiere eher, optisch mit dem Untergrund zu verschmelzen. Häufig reicht dafür die Färbung des Fells aus, wie bei Eisbären, Schneehasen und Polarfüchsen. Andere Tiere passen ihr Aussehen dem jeweiligen Untergrund an. Die Krabbenspinne nimmt beispielsweise innerhalb weniger Tage die Farbe der Blüten an, auf denen sie lebt (Abbildung 10.41). Kopffüßer brauchen für die gleiche Aufgabe nur wenige Sekunden (Abbildung 10.42). Dies sind Beispiele für eine reversible oder vorübergehende Farbänderung hin zu einer krypti-

> **Prädator** (*predator*)
> Tiere, die sich von lebenden Organismen oder Teilen von diesen ernähren. Prädatoren umfassen Herbivoren, Carnivoren und Parasiten. Im engeren Sinne auch auf Carnivoren beschränkt verwendet.

schen **Färbung**. Im Gegensatz dazu ist die **Mimese**, bei der ein anderes Tier, eine Pflanze oder ein Gegenstand nachgeahmt wird, eine dauerhafte Form- und Farbgebung. Gespenstschrecken wie das Wandelnde Blatt hoffen, dadurch ihren Fressfeinden zu entgehen (Abbildung 10.43). Bei der **Somatolyse** scheint sich der Körper des Tieres regelrecht aufzulösen – allerdings nur vor dem richtigen Hintergrund, ansonsten kommt er dem Betrachter eher auffällig vor. Der Fetzenfisch verschwindet in seiner Algenumgebung geradezu (Abbildung 10.44), und Tiger können sich im Wechselspiel von Licht und Schatten im Dschungel ungesehen anschleichen.

10.42 Eine Sepia ahmt exakt die Färbung des Untergrunds nach.

10.44 Ein Fetzenfisch, der leicht mit Algen zu verwechseln ist.

10.45 Rehkitze geben keinen Eigengeruch ab und sind dadurch chemisch gut getarnt.

Tierische Jäger verlassen sich jedoch nicht immer auf ihre Augen, sondern folgen häufig Duftstoffen, die ihre Beute aussendet. Dagegen hilft eine **chemische Tarnung**. Rehe lecken ihre Kitze gleich nach der Geburt sauber und entfernen dabei annähernd alle Gerüche. Da die Jungtiere keinen eigenen Geruch produzieren und bei Gefahr absolut still liegen bleiben, sind sie optisch und olfaktorisch zugleich kaum aufzuspüren (Abbildung 10.45). Für den Schutz der Anemonenfische sorgt ihr Lebensraum. Sie verstecken sich vor Fressfeinden zwischen den Tentakeln von Seeanemonen (Abbildung 10.46). Einige dieser Blumentiere verfügen über Nesselfäden, mit deren Gift sie kleine Beutetiere erlegen. Auch der Anemonenfisch wäre dafür empfindlich, doch er übernimmt von der Anemone eine schützende Schleimschicht. Aus chemischer Sicht ähnelt er damit den Tentakeln und löst keinen Nesselangriff mehr aus.

Eine Beute zu sehen, ist leichter, als sie zu erlegen

Hat ein Jäger seine Beute ausgemacht, beginnt die **Phase des Überwältigens**. Sie entscheidet über Erfolg oder Misserfolg der Jagd – und ist für das ausgewählte Opfer die letzte Möglichkeit zu entkommen. Entsprechend einfallsreich sind die Strategien der beiden Seiten.

Statt sich zu tarnen, wählen manche Arten genau die entgegengesetzte Taktik – sie zeigen durch **aposematische Färbungen** (Warnfärbung), wie gefährlich sie sind. Besonders beliebt sind Kombinationen von Schwarz und Gelb oder Schwarz und Rot. In diese Farben kleiden sich so unterschiedliche Tiergruppen wie Wespen, Korallenschlangen und Feuersalamander (Abbildung 10.47). Ein Prädator, der einmal eine Beute mit solch einer deutlich sichtbaren Warnung probiert hat, wird sich stets an die damit verbundene schmerzvolle Erfahrung erinnern und kein zweites Mal zuschnappen. Das machen sich manche harmlosen Arten zunutze, indem sie das Aussehen der giftigen oder wehrhaften Spezies nachahmen. In Europa schützen sich unter anderem einige Schwebfliegen, Käfer und Schmetterlinge mit dieser **Bates'schen Mimikry**, indem sie Wespen oder Hornissen imitieren (Abbildung 10.48). Die Schwebfliegen haben sogar die passende **akustische Mimikry** entwickelt. Sie schlagen beim Fliegen mit fast der gleichen Frequenz mit den Flügeln wie echte Wespen und erzeugen so ein sehr ähnliches Fluggeräusch. Giftige Schmetterlinge aus der Gruppe der Bärenspinner warnen Fledermäuse mit einem selbst erzeugten Ultraschallton, den auch ungiftige Arten abgeben und so verschont bleiben.

10.46 Seeanemonen und ihre Bewohner beschützen sich gegenseitig vor ihren Fressfeinden. Eine Schleimschicht bewahrt den Anemonenfisch vor den Nesseln seines Symbiosepartners.

10.47 Feuersalamander produzieren in ihren Ohrdrüsen ein Alkaloid-haltiges Sekret. Die schwarzgelbe Färbung warnt potenzielle Fressfeinde vor ihrer Giftigkeit.

10.48 Die schwarz-gelbe Warnfärbung der Wespe (links) schützt auch die harmlose Wespenschwebfliege (zweite von links) und den Echten Widderbock (dritter von links), der zu den Käfern gehört. Den Hornissen-Glasflügler (rechts) verwechseln Jäger leicht mit einer Hornisse, obwohl er zu den Schmetterlingen gehört.

Mimikry ist aber nicht nur auf die Beutetiere beschränkt, auch Jäger können sich als jemand anderes ausgeben, was als **Peckham'sche Mimikry** bezeichnet wird. Beim Anglerfisch ist der erste Strahl seiner vorderen Rückenflosse zu einer Art Angel mit einem wurmähnlichen Anhängsel umgestaltet (Abbildung 10.49). Der Fisch bewegt ihn hin und her und lockt damit kleinere Fische an, die so ihrerseits zu Beute werden. Der Totenkopfschwärmer sucht dagegen seine Opfer selber auf. Ausgerechnet wehrhafte Honigbienen hat er sich dafür ausgewählt. Er dringt in ihre Nester ein und saugt dort Honig und Nektar. Die Bienen erkennen ihn dabei nicht, da er einen Cocktail von Fettsäuren produziert, die ihm einen sehr bienenähnlichen Geruch verleihen.

Einen gewissen Schutz vor Jägern bietet auch das **Leben in einer Gruppe**. Zwar fallen ein Schwarm oder eine Herde mehr auf als ein Einzeltier, doch dafür ist die Wahrscheinlichkeit größer, dass der Prädator entdeckt wird, bevor er angreifen kann. Manche Gemeinschaften stellen sogar extra für diesen Zweck Wachposten ab (Abbildung 10.50) Attackiert

> **Mimikry** (*mimicry*)
> Ähnlichkeit einer Art mit einer zweiten Art, um Vertreter einer dritten Art zu täuschen. Am häufigsten ist die Bates'sche Mimikry. Dabei schützt sich eine harmlose Spezies, indem sie wie eine gefährliche oder ungenießbare Tierart aussieht, weshalb Jäger sie nicht angreifen.

---

1 für alle

Scheibentiere als Prädatoren

Das Prinzip, seine Nahrung in drei Stufen zu finden, zu überwältigen und anschließend zu verdauen, gilt anscheinend auch für das einfachste vielzellige Tier – das Scheibentierchen *Trichoplax adhaerens*. Gerade einmal rund tausend Zellen von vier unterschiedlichen Typen umfasst das flache und fast kreisrunde Wesen. Sie verteilen sich auf eine Unterseite mit dicht gedrängten begeißelten Zellen und Drüsenzellen, eine Oberseite mit flachen begeißelten Zellen, in welche teilweise Lipidtröpfchen eingeschlossen sind, sowie ein dazwischenliegendes Syncytium (eine Art Riesenzelle mit mehreren Zellkernen).

Zum Fressen wandert *Trichoplax* auf seiner begeißelten Kriechsohle oder durch amöboide Bewegungen über eine Algenzelle, die es ganz bedeckt und in eine Art Tasche einschließt. In diesem Hohlraum zwischen dem Untergrund und dem eigenen Körper sezernieren die Drüsenzellen Verdauungsenzyme. Die entstehende Nährstofflösung nehmen die Geißelzellen per Pinocytose auf (siehe Kapitel 4 „Leben tauscht aus").

Das aktuelle Wissen über *Trichoplax* ist sehr beschränkt. Vor allem sein Verhalten in der freien Wildbahn ist unbekannt, denn bislang stammen alle Beobachtungen von gefangenen Scheibentierchen.

10.49 Der Streifenanglerfisch trägt auf dem Rücken eine „Angel", mit der er Beutefische anlockt.

10.50 Bei den Erdmännchen hält immer jemand Ausguck. Selbst Jungtiere üben sich schon fleißig als Wachposten.

unterschlucken und in ihrem Verdauungstrakt mit Enzymen in nutzbare Bausteine zerlegen. Bei Spinnen und einigen Fliegenmaden erfolgt die Verdauung teilweise extrakorporal mit abgesonderten Enzymen.

Die Populationen von Räuber und Beute hängen voneinander ab

Wie viele Individuen einer Art in einem bestimmten Areal vorkommen, hängt von einer Vielzahl von Faktoren ab, angefangen beim Wetter bis hin zur Verfügbarkeit von geeigneten Schlafplätzen. Für den – wenig realistischen – Fall, dass alle Parameter konstant sind und sich nur die Beziehung von Räuber und Beute auf deren Populationsdichte auswirkt, haben die Mathematiker Alfred James Lotka und Vito Volterra ein Gleichungssystem aufgestellt, aus dem sich die drei **Lotka-Volterra-Regeln** ergeben:

1. **Regel:** Die Populationsdichte einer Art von Räuber und einer Art von Beute schwankt periodisch, wobei die Dichte des Räubers zeitverzögert der Beutekurve folgt (Abbildung 10.51). Ist zu einem Zeitpunkt die Zahl der Beutetiere hoch, fällt es den Räubern leicht, Nahrung zu finden und sich fortzupflanzen. Dadurch wächst die Räuberdichte, und es wird mehr Beute gefangen, deren Population deshalb abnimmt. Als Folge ist die Jagd schwerer, und es überleben weniger Räuber. Der abnehmende Druck lässt die Beutepopulation wieder wachsen, und es beginnt der nächste Zyklus.
2. **Regel:** Über längere Zeiträume betrachtet sind die Populationen von Räuber und Beute konstant. Dabei sind nicht die Anfangsgrößen ausschlaggebend, sondern die Raten, mit denen die Dichten ansteigen und abfallen.
3. **Regel:** Werden Räuber und Beute durch einen störenden Eingriff beide relativ gleich dezimiert, reagiert die Beute kurz darauf mit einem vorübergehenden Anstieg der mittleren Dichte, der Räuber mit einem Abfall des Mittelwerts. Die Beutetiere haben durch die verminderte innerartliche Konkurrenz nach der Störung verbesserte Lebensbedingungen, wohingegen die Räuberpopulation sich erst erholen kann, wenn die Beute wieder zahlreich ist und sie Zeit für die eigene Vermehrung hat.

ein Jäger schließlich doch einen Schwarm, ist das Risiko, gefangen zu werden, für jedes Schwarmmitglied geringer, als wenn es solitär leben würde.

Ist der Angriff gestartet, suchen viele Tiere ihr Glück zunächst in der **Flucht**. Tintenfische lenken ihre Verfolger dabei ab, indem sie Farbwolken ins Wasser ausstoßen, Eidechsen opfern ihren Schwanz, der zuckend im Maul oder Schnabel des Jägers zurückbleibt. Dank ihrer enormen Regenerationsfähigkeit wächst später ein neuer Schwanz (allerdings ohne Wirbel) nach. Manche wehrhafte Arten stellen sich auch zum Kampf, vor allem, wenn sie Jungtiere verteidigen. Gnus können dann sogar einem Löwen gefährlich werden. Andere setzen auf **mechanische Schutzmaßnahmen**, etwa Igel, die auf ihr Stachelkleid vertrauen, oder Schuppentiere, die sich zu einer nach außen gepanzerten Kugel zusammenrollen. Stinktiere und Bombardierkäfer wehren ihre Feinde **chemisch** mit einer übel riechenden Flüssigkeit ab.

Allen Verteidigungsmaßnahmen zum Trotz machen die Jäger letztlich doch immer wieder erfolgreich Beute, die sie dann ganz oder in Stücken her-

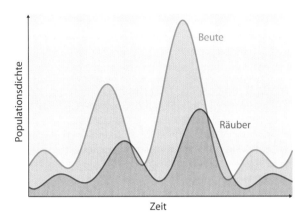

10.51 Nach der ersten Lotka-Volterra-Regel folgt die Populationsdichte der Räuber dem Verlauf der Beutedichte zeitversetzt.

Obwohl die Bedingungen, unter denen die Lotka-Volterra-Regeln gelten, in der Praxis niemals erfüllt sind, geben sie häufig brauchbare Orientierungshilfen. So beschreibt insbesondere die 3. Regel, warum nach einer Schädlingsbekämpfung in der Landwirtschaft mitunter die Schädlingszahl über das übliche Maß ansteigt, wenn das eingesetzte Mittel auch die natürlichen Fressfeinde abtötet.

Prinzipien des Lebens im Überblick

- Nach ihren Nahrungsquellen lassen sich Organismen in Primärproduzenten, Konsumenten, Parasiten und Destruenten unterteilen. Außer Primärproduzenten ernähren sich alle Gruppen von anderen Lebewesen.
- Konsumenten und Parasiten gelangen in drei Stufen an ihre Nahrung: Aufspüren und Erkennen der Beute bzw. des Wirts, Überwältigung und Fressen bzw. Ausnutzung.
- Gegen jeden dieser Schritte haben die Opfer unterschiedliche Verteidigungsmaßnahmen entwickelt. Diese reichen von der Tarnung bis hin zur aktiven Abwehr und Gegenangriff.
- Das Aufspüren und die Erkennung finden auf Zellebene über gelöste chemische Substanzen sowie Oberflächenmoleküle und Rezeptoren statt. Tiere nutzen für diesen Zweck ihre Sinne.
- Die Sinne der Prädatoren lassen sich täuschen, indem ihre Beute optisch, chemisch oder akustisch nicht auszumachen ist oder ein nicht interessantes Objekt imitiert (Mimese).
- Für die Überwältigung ist auf Zellebene der Kontakt bestimmter Oberflächenmoleküle notwendig.

Auf Organismenebene muss der Prädator ebenfalls den Kontakt herstellen.
- Potenzielle Opfer können sich mechanisch und chemisch wehren. Mechanische Barrieren (zum Beispiel Häute, Dornen) sind immer unspezifisch, chemische Abwehrstoffe können allgemein (etwa Phytoalexine) oder sehr speziell (wie Antikörper) wirken.
- Im Rahmen der Mimikry gibt eine Art vor, eine andere Art zu sein. Am verbreitetsten ist die Bates'sche Mimikry, bei der sich eine harmlose Spezies als gefährliche oder ungenießbare Art tarnt.
- In der Ausnutzungsphase zerlegt der Räuber seine Beute und verdaut sie innerhalb oder außerhalb seines Körpers mit Enzymen. Spezialisierte Zellen nehmen die Nährstoffe auf.
- Parasiten töten ihren Wirt in der Regel nicht, schwächen ihn aber. Viren nutzen die Zellen des Wirts, um sich selbst vermehren zu lassen.
- Die Populationsdichten von Räuber und Beute hängen voneinander ab. In der Realität wirken aber viele biotische und abiotische Faktoren zusammen.
- Zur Abwehr von Viren, Mikroorganismen und parasitischen Vielzellern haben Tiere ein Immunsystem entwickelt. Beim Menschen besteht es aus einer unspezifischen und einer spezifischen Abwehr.
- Die unspezifische Immunabwehr geht immer nach dem gleichen, angeborenen Muster vor. Sie umfasst mechanische Barrieren (zum Beispiel Haut, Magensäure, Schleime…), chemische Substanzen (wie das Komplementsystem) und Immunzellen (wie Fresszellen). Die Erkennung erfolgt über recht allgemein gehaltene essenzielle Oberflächenstrukturen der Pathogene.
- Ist ein Eindringling erkannt, alarmieren die Immunzellen mit Botenstoffen weitere Abwehrzellen sowie die umliegenden Körperzellen.
- Die spezifische Immunabwehr stellt vorbeugend eine umfangreiche Auswahl an Zellen mit hoch-

„Eigentlich war ich mir sicher, vor Angriffen aller Art geschützt zu sein. Doch dann kam mein Sohn mit dieser Virusinfektion aus der Schule nach Hause …"

spezifischen, aber zufälligen Erkennungsmustern bereit. Bei einer Infektion wird selektiv die passende Zellsorte durch Klonierung vermehrt.

- Die B-Zellen der spezifischen Immunantwort schütten spezifische Antikörper aus, die T-Zellen koordinieren die Verteidigung und zerstören infizierte körpereigene Zellen.
- Antikörper markieren und blockieren Fremdkörper.
- Gedächtniszellen merken sich die speziellen Oberflächenstrukturen eines Erregers und starten bei einer erneuten Infektion die spezielle Abwehr früher.
- Damit das spezifische Immunsystem nicht den eigenen Körper angreift, werden die Zellen streng selektioniert. Außerdem sind die meisten körpereigenen Zellen mit dem Haupthistokompatibilitätskomplex als „selbst" markiert. Trotzdem kann es zu Fehlreaktionen kommen, die sich als Allergien oder Autoimmunerkrankungen manifestieren.
- Pflanzen besitzen kein spezialisiertes Immunsystem. Stattdessen bekämpfen die betroffenen Zellen und Regionen Angreifer selbst und direkt vor Ort.
- Die pflanzlichen Verteidigungsprinzipien ähneln dennoch jenen der Tiere. Sie lassen sich unterteilen in mechanische und chemische Methoden. Zusätzlich schließen Pflanzen infizierte Teile mitsamt den Erregern ein und hungern diese aus. Eine spezifische Immunabwehr fehlt jedoch.
- Auch Pflanzen produzieren Botenstoffe, um weiter entfernte Teile von sich selbst zu warnen. Dazu geben sie die Substanzen an die Luft als schnelleren Übertragungsweg ab. Auch benachbarte Pflanzen fangen die Signale auf und bereiten sich auf den möglichen Angriff durch Pathogene oder Herbivoren vor.

📖 Bücher und Artikel

Kenneth M. Murphy et al.: *Janeway Immunologie.* 7. Aufl. (2010) Spektrum Akademischer Verlag
Das umfassende Lehrbuch zur Immunologie.

Richard Lucius und Susanne Hartmann: *Weshalb hemmen Würmer Allergien? Parasiten als Immunologen* in „Biologie in unserer Zeit" 39/2 (2009)
Der aktuelle Stand zur Frage, wie Wurminfektionen das Immunsystem beeinflussen.

Luke A. J. O'Neill: *Das immunologische Frühwarnsystem* in „Spektrum der Wissenschaft" 8 (2005)
Die Rolle des angeborenen Immunsystems und Ansätze für Therapien, die sich daraus ergeben.

Jürgen Neumann: *Immunbiologie – Eine Einführung.* (2008) Springer Verlag
Ein didaktisch ausgefeiltes Lehrbuch, das auch die Immunologie der Wirbellosen behandelt.

Frank Schröder: *Induzierte chemische Abwehr bei Pflanzen* in „Angewandte Chemie" 11/9 (1999)
Die Funktion von pflanzlichen Sekundärstoffen bei der Verteidigung gegen Infektionen und Insektenfraß.

Christine Schütt und Barbara Bröker: *Grundwissen Immunologie.* (2009) Spektrum Akademischer Verlag
Systematische Einführung mit umfangreichem Faktenteil im Anhang.

Internetseiten

www.p2.unibas.ch/Module/HIV/swf/Fusion.swf
Die Fusion des HI-Virus mit der Zellmembran der Wirtszelle in einer anschaulichen Animation.

www.embryology.ch/allemand/qblood/planmodblood.html
Lernmodul mit Kapiteln zum lymphatischen System und zur Immunantwort.

www.biologie.uni-hamburg.de/b-online/d33/33d.htm
Zusammenfassung einiger Untersuchungen zur Wirtsspezifität pflanzenpathogener Pilze.

www.leinweb.com/snackbar/wator/
Interaktives Java-Applet, das eine Räuber-Beute-Beziehung simuliert.

❗ Antworten auf die Fragen

10.1 Plasmodien im Merozoitenstadium erkennen die roten Blutkörperchen, die sie befallen wollen, an deren Oberflächenmolekülen. Die parasiteneigenen Proteine passen nur zu bestimmten Proteinen und Glykoproteinen, es kommt auf die Reihenfolge der Bausteine und deren räumliche Anordnung an. Da jede Plasmodienart nur eine begrenzte Zahl an Erkennungsproteinen mitbringt, findet sie nur in ihren spezifischen Wirten die Blutkörperchen für das nächste Entwicklungsstadium.

10.2 Die vermeintliche „Blutvergiftung" ist in Wirklichkeit eine Entzündung der Lymphgefäße, die dicht unter der Hautoberfläche verlaufen (Lymphangitis). Sie entsteht, wenn Streptokokken oder in seltenen Fällen Staphylokokken (beides Bakteriengruppen) durch eine kleine Wunde eindringen und in die Lymphbahn geraten. Der Körper reagiert mit einer Entzündung, wie sie im Text beschrieben ist. Durch die Erweiterung der Blutgefäße erscheint die befallene Region rötlich, und weil die Erreger sich mit dem Fluss der Lymphe ausbreiten, entsteht eine strichförmige Spur entlang der Lymphbahn. Erreicht die Infektion einen Lymphknoten, schwillt dieser an. Zu einer echten Blutvergiftung (Sepsis) kommt es, wenn die Pathogene mit der Lymphe den Blutkreislauf erreichen und sich über diesen Weg im gesamten Körper ausbreiten. Darum sollte eine Lymphangitis möglichst schnell von einem Arzt mit Antibiotika behandelt werden.

10.3 Die Makrophagen besitzen als Bestandteil des angeborenen Immunsystems Rezeptoren für typische Pathogenstrukturen. Die Bindung stellt den Erkennungsschritt dar und löst die Phase der Überwältigung aus, in der die Pseudopodien der Immunzelle den Erreger einfangen und in das Phagosom zwingen. Mit dem Abbau und der Präsentation der Bruchstücke ist schließlich die Ausbeutung erreicht.

10.4 Bei einer Impfung wird die natürliche Immunität, die der Körper erwirbt, wenn er eine Infektionskrankheit übersteht, durch die Gabe eines Impfstoffs künstlich hervorgerufen. Als Impfstoff eignen sich inaktivierte Pathogene, die nicht mehr krankheitsauslösend wirken, abgetötete oder abgeschwächte Bakterienzellen, isolierte Oberflächenstrukturen oder Bruchstücke von diesen. Das Immunsystem reagiert auf diese Antigene wie bei einer primären Immunantwort und bildet Gedächtniszellen. Bei einer tatsächlichen Attacke durch das voll funktionstüchtige Pathogen startet der Körper schnell die sekundäre Immunantwort und bekämpft die Erreger mit Antikörpern und Lymphocyten.

10.5 Unspezifische Vorgänge sind:
– Die mechanischen Barrieren gegen eine Infektion.
– Die Wirkung konstitutiver Abwehrstoffe.

– Die Abwehr durch Phytoalexine und PR-Proteine.
– Die Stärkung der Zellwand.
– Der oxidative Burst.
– Die Entstehung von Nekrosen.
– Die hypersensitive Reaktion.
– Die systemische Resistenz.

Spezifische Vorgänge sind:
– Die Erkennung des Pathogens und der Oligosaccharine durch Rezeptoren.
– Das Gen-Silencing gegen virale RNA.

10.6 Pflanzen haben verschiedene Wege gefunden, sicher mit ihren Giftstoffen umzugehen. Eine Methode besteht darin, die Toxine getrennt von empfindlichen Strukturen und Verbindungen zu lagern. Dies geschieht etwa in den Milchröhren der Wolfsmilchgewächse und der Mohngewächse. Es ist auch möglich, die eigenen Enzyme und Rezeptoren so zu modifizieren, dass sie nicht auf das Gift reagieren. Pflanzen, die Canavanin bilden, besitzen beispielsweise spezielle Synthetasen, die den Einbau der Aminosäure in Proteine verhindern. Auch die Produktion von Toxinvorstufen, die erst dann zum akuten Gift werden, wenn die Zellstrukturen durch Fraß verletzt werden, ist ein Schutzmechanismus vor den eigenen Abwehrmaßnahmen.

11 Leben speichert Wissen

Damit nicht jedes Individuum die vielen Fähigkeiten und Eigenschaften seiner Art von Grund auf neu zu erwerben braucht, sind die notwendigen Informationen in Erbmolekülen abgespeichert. Die Ansprüche an diesen Speicher sind hoch: Er muss dauerhaft und korrekt, aber zugleich flexibel sein und sich mit den Methoden der Zelle schnell vervielfältigen lassen.

In einer Zelle gibt es viel zu tun. Strukturen müssen aufgebaut und repariert, chemische Verbindungen zerlegt und synthetisiert, Energie muss gespeichert und weitergereicht werden. Einen Großteil dieser Aufgaben erledigen Proteine. Sie katalysieren auch die Reaktionen zur Produktion der anderen Molekülarten und nehmen darum im Arbeitsalltag eine zentrale Stelle ein. Im Prinzip könnte eine Zelle ihr Dasein bestreiten, indem sie stets ausreichend Exemplare von jedem Proteintyp bereithält. Doch diese Methode ist aus mehreren Gründen nicht praktikabel. So werden viele Proteine nur in bestimmten Lebensphasen benötigt, beispielsweise während des Wachstums oder bei der Abwehr eines Krankheitserregers. Außerhalb dieser Zeiten wären unnötigerweise wertvolle chemische Bausteine und Elemente in ihnen gebunden. Obendrein würden sie im ohnehin beengten Zelllumen Platz wegnehmen. Und weil die Moleküle mit der Zeit zwangsläufig beschädigt werden, würde der Proteinpool ohne Nachschub stetig kleiner werden. Darum ist es sinnvoller, nur die aktuell gebrauchten Typen von Proteinen in den jeweils sinnvollen Mengen vorzuhalten und bei einem gestiegenen oder veränderten Bedarf weitere beziehungsweise andere Proteine nachzusynthetisieren.

Die Produktion von Proteinen setzt allerdings voraus, dass deren Bauplan irgendwie in der Zelle gespeichert vorliegt und – wenn nötig – abgelesen werden kann. Wie wir bei der Synthese von Glucose im Rahmen der Gluconeogenese gesehen haben (siehe Kapitel 6 „Leben wandelt um"), ließe sich dies durch eine Reaktionskette mit spezialisierten Enzymen verwirklichen. Doch das Beispiel zeigt zugleich, dass bei jedem Durchlauf der Kaskade immer das gleiche Produkt entsteht, nämlich Glucose. Ein Protein nach dieser Methode herzustellen, würde genau eine Sorte von Protein ergeben – und dafür mehrere unterschiedliche Enzyme benötigen, die wiederum selbst synthetisiert werden müssten und so fort. Für jedes Protein einen individuellen Stoffwechselweg zu erstellen, würde deshalb mehr Probleme schaffen als lösen.

Sinnvoller erscheint die Methode, eine universelle Maschinerie mit spezifischen Informationen zu füttern. Es bräuchten dann nur die Baupläne für die Proteine codiert gespeichert zu werden – ähnlich wie Computerprogramme, die auf der Hardware des Rechners unterschiedliche Aufgaben erledigen. Als Speichermedium könnten abermals spezielle Proteine dienen, aber auch Polysaccharide wären denkbar. Beide Substanzgruppen sind aufgrund ihrer großen Auswahl an verschiedenen Monomeren entsprechend flexibel. Zu flexibel. Denn ihre Ketten würden sich je nach der Abfolge ihrer Bausteine für jedes Protein in einer anderen Art räumlich falten und wären entsprechend schwer zu entwirren, wenn der Plan abgelesen werden sollte. Besser geeignet wäre ein Molekültyp der ebenfalls modular aufgebaut ist, aber nur eine begrenzte Vielfalt zeigt und dafür einer weitgehend konstanten räumlichen Anordnung folgt. Von diesem Molekül könnten spezielle Proteine die Bauanleitungen ablesen und befolgen. Tatsächlich hat das Leben diese Variante gewählt. Das geeignete

11.1 Eltern vererben viele ihrer Eigenschaften und Fähigkeiten an ihre Nachkommen.

Speichermolekül dafür sind Nucleinsäuren, in den meisten Fällen die Desoxyribonucleinsäure, kurz DNA.

Nucleinsäuren bilden Ketten, Helices und Chromosomen

Der Aufbau von Nucleinsäuren folgt einem standardisierten Muster: An das C1-Atom eines Zuckermoleküls – bei Ribonucleinsäuren (RNA) ist es eine Ribose, bei Desoxyribonucleinsäure (DNA) eine Desoxyribose – ist eine sogenannte **Nucleobase** gebunden (Abbildung 11.2). Fünf verschiedene dieser Basen sind bei den Nucleinsäuren von Bedeutung

Pyrimidine

Grundgerüst

Cytosin   Thymin   Uracil

Purine

Grundgerüst

Adenin   Guanin

11.3 Durch die Nucleobasen unterscheiden sich die Nucleotidbausteine der Nucleinsäuren.

Zucker + Nucleobase = Nucleosid

11.2 Nucleoside bestehen aus einem Zucker und einer Nucleobase. Die Abbildung zeigt Adenosin, das sich aus Ribose und Adenin zusammensetzt.

(Abbildung 11.3). Drei von ihnen sind Pyrimidine mit einem Sechserring, der zwei Stickstoffatome enthält, als Grundgerüst. Es handelt sich um die Basen Cytosin (C), Thymin (T) und Uracil (U). Zwei Nucleobasen gehören zu den Purinen, die auf einem doppelten Ringsystem mit einem Fünfer- und einem Sechserring aufbauen, in die vier Stickstoffatome integriert sind. Eine davon, das Adenin (A) haben wir bereits als Bestandteil des Adenosintriphosphats (ATP) kennengelernt. Die zweite heißt Guanin (G) und ist im Guanosintriphosphat (GTP) bei bestimmten Reaktionen ebenfalls am Energietransport beteiligt.

Die Kombination aus dem Pentosezucker und einer Nucleobase bezeichnen wir als **Nucleosid**. Die Grundeinheit der Nucleinsäuren ist aber das **Nucleotid**. Es besteht aus einem Nucleosid, bei dem an das C5-Atom des Zuckers eine Phosphatgruppe gebunden ist (Abbildung 11.4).

In der **Kette einer Nucleinsäure** sind die einzelnen Bausteine über die Phosphatgruppe des einen und das C3-Atom des folgenden Nucleotids miteinander verknüpft (Abbildung 11.5). Dadurch ergibt sich ein Rückgrat aus einer Folge von Pentose-Phosphat-

11.4 Nucleotide wie dieses Adenosinmonophosphat sind phosphorylierte Nucleoside.

Pentose-Phosphat-…, von dem die Basen zur Seite abstehen. Die Bindungen werden als Phosphodiesterbindungen bezeichnet, da bei ihrer Bildung die Phosphatgruppe mit zwei OH-Gruppen reagiert hat. Durch den Aufbau aus Nucleotiden erhält die gesamte Kette eine Richtung, denn an ihrem einen Ende hört sie mit einem Phosphat auf, am anderen mit einer Hydroxylgruppe. Da das Phosphatende am C5-Atom des Zuckers hängt und die C-Atome der Pentose zur Unterscheidung von der Base mit einem hochgestellten Strich gekennzeichnet sind, wird es das 5'-Ende genannt. Entsprechend befindet sich auf der anderen Seite das 3'-Ende (Abbildung 11.5).

11.5 Am 5'-Ende tragen Nucleinsäureketten eine Phosphatgruppe, am 3'-Ende befindet sich eine Hydroxylgruppe. Die Ziffern beziehen sich auf die Nummerierung der Kohlenstoffatome im Zuckeranteil.

DNA ist ein doppelter Molekülstrang

Die meisten RNA-Moleküle liegen als einfache Nucleotidkette vor, und auch DNA ist gelegentlich als Einzelstrang (ssDNA für *single stranded DNA*) anzutreffen. Innerhalb solcher Stränge kommt es jedoch häufig zu nichtkovalenten Bindungen der Basen untereinander. Die wesentliche Rolle bei dieser **komplementären Basenpaarung** spielen die Stickstoffatome. Sie gehen mit Sauerstoffatomen und dem Stickstoff einer gegenüberliegenden Nucleotidbase

Wasserstoffbrückenbindungen ein (siehe Kapitel 2 „Leben ist konzentriert und verpackt"). Dabei passen nur bestimmte, einander ergänzende (komplementäre) Basen zueinander – Adenin (A) und Thymin (T), Adenin (A) und Uracil (U) sowie Guanin (G) und Cytosin (C) (Abbildung 11.6). Die Basen Thymin und Uracil sind äquivalent zueinander. In DNA-Molekülen ist Thymin verbaut, in RNA tritt Uracil an dessen Stelle.

Genauer betrachtet

Desoxyribose gegen Ribose

RNA und DNA unterscheiden sich in den Zuckerbausteinen, die sie verwenden – in RNA ist es Ribose, in DNA Desoxyribose, die am Kohlenstoffatom 2' keine Hydroxylgruppe, sondern nur ein Wasserstoffatom trägt.

Die OH-Gruppe macht Ribose reaktionsfreudiger und RNA dadurch weniger stabil. Vermutlich nutzen alle Zellen und viele Viren deshalb die stabilere DNA als Speichermolekül für ihre Erbinformation.

Ribose

Desoxyribose

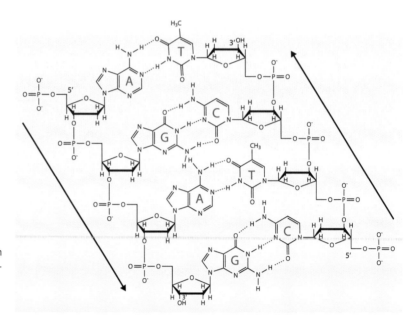

11.6 Die beiden Stränge der DNA verlaufen antiparallel zueinander. Zwischen ihren Basen bilden sich Wasserstoffbrückenbindungen aus, wobei nur Adenin (A) und Thymin (T) sowie Guanin (G) und Cytosin (C) zueinander passen.

Die Spezifität der Basenpaare stattet Nucleinsäuren mit mehreren **Vorteilen gegenüber Proteinen oder Polysacchariden** aus. Wie wir später noch sehen werden, ist es dadurch relativ einfach, eine Negativkopie eines Moleküls anzufertigen oder es zu duplizieren, weil zueinander passende Basen selbst ihren Partner finden.

Außerdem trägt die Basenpaarung zur räumlichen Struktur bei. **Einzelsträngige Nucleinsäuren** besitzen nämlich oft Abschnitte, die in der Kette entfernt voneinander liegen, aber eine komplementäre Basenfolge aufweisen. Nähern sich diese Bereiche durch zufällige Wärmebewegungen an, können die Wasserstoffbrückenbindungen sie nebeneinander fixieren. Es entsteht eine Schlaufe mit einem doppelsträngigen Abschnitt, in welchem die beiden Stränge antiparallel zueinander verlaufen, der eine also von 5' nach 3', der andere von 3' nach 5'. Vorausgesetzt, die Zahl der Wasserstoffbrücken ist ausreichend groß, um dem weiteren Wärmezittern zu widerstehen, erhält das Molekül eine charakteristische Form (Abbildung 11.7). Besonders RNA-Moleküle gewinnen auf diese Weise ihre Konformation.

Während RNA intramolekulare Wasserstoffbrücken bildet, sind bei der DNA meist zwei Stränge beteiligt, die über ihre ganze Länge komplementär zueinander und über Wasserstoffbrückenbindungen zwischen den Basen miteinander verbunden sind (Abbildung 11.6). Auch die Ketten dieser **doppelsträngigen DNA** (dsDNA für *double stranded DNA*) verlaufen antiparallel. Die dreidimensionale Anordnung der Atome und Bindungen verleiht dem Molekül einen gedrehte räumliche Struktur, die an eine verdrillte Strickleiter erinnert (Abbildung 11.8). Die beiden Zucker-Phosphat-Rückgrate entsprechen dabei den Schnüren, während die nach innen gerichteten Basen die Sprossen darstellen. Diese **Doppelhelix** ist rechtsgängig (sie windet sich also im Uhrzeigersinn) und braucht zehn Nucleotide für eine volle Umdrehung, was einem Abstand von 3,4 nm entspricht. Ihr Durchmesser beträgt 2 nm. Sie hat eine große und eine kleine Furche, die beide ebenfalls spiralig verlaufen.

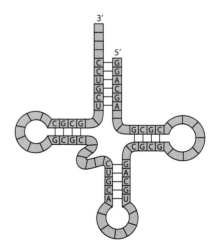

11.7 Durch intramolekulare Wasserstoffbrückenbindungen bilden RNA-Moleküle häufig Schleifen aus und nehmen eine typische Konformation ein.

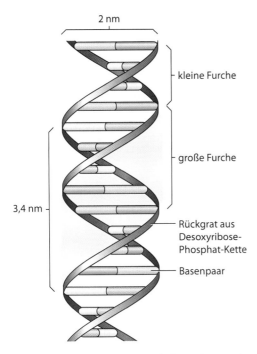

2 nm

kleine Furche

große Furche

3,4 nm

Rückgrat aus
Desoxyribose-
Phosphat-Kette

Basenpaar

11.8 Das typische DNA-Molekül ist ein Doppelstrang, der sich rechtsgängig um eine zentrale Achse windet. Im Inneren der Doppelhelix liegen die Basenpaare, während die Rückgrate aus Desoxyribose-Phosphat-Ketten nach außen weisen.

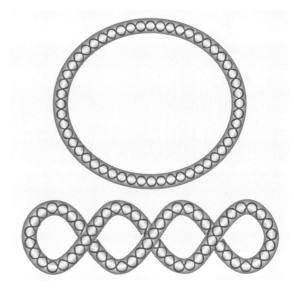

11.9 Wird zirkuläre DNA enzymatisch verdrillt, entsteht eine Superhelix.

Die DNA ist in der Zelle dicht gepackt

Der doppelte Faden einer DNA kann viele Millionen Basenpaare umfassen. Beim Darmbakterium *Escherichia coli* sind es beispielsweise 4,65 Millionen, beim Menschen bis zu 247 Millionen. Gerade ausgestreckt wären die entsprechenden Doppelhelices 1,58 mm bzw. 84 mm lang – weitaus größer als die nur einige Mikrometer messende Zelle bzw. der Zellkern, in denen sie anzutreffen sind. Die DNA-Stränge müssen deshalb zusammengestaucht und verpackt werden. Diese **Kondensation** geschieht bei Prokaryoten durch Superspiralisierung, auch Supercoiling ge-

nannt, bei Eukaryoten sind spezielle Proteine dafür verantwortlich.

Die DNA-Fäden der Bakterien sind in den meisten Fällen zu einem Ring geschlossen, indem sich die 3'-Enden und die 5'-Enden miteinander verbinden. Der größte Ring wird als **Bakterienchromosom** bezeichnet, eventuell vorhandene kleinere Ringe als Plasmide. Enzyme verdrillen den Ring, sodass sich dessen Helix um sich selbst windet (Abbildung 11.9). Die entstehende Superhelix ist um ein Vielfaches kürzer und passt in das Zellinnere. Sie nimmt dort einen Platz ein, der als Kernäquivalent oder Nucleoid bezeichnet wird und der DNA sowie den Enzymen, die an dem Molekül arbeiten, vorbehalten ist (Abbildung 11.10).

Die **DNA von Eukaryoten** ist komplexer organisiert. Sie ist nicht zu einem Ring geschlossen, sondern

Tabelle 11.1 **Unterschiede zwischen RNA und DNA**

	RNA	**DNA**
Zucker	Ribose	Desoxyribose
Basen	Adenin	Adenin
	Guanin	Guanin
	Cytosin	Cytosin
	Uracil	Thymin
Stränge	meist einzelsträngig	meist doppelsträngig

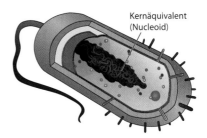

Kernäquivalent
(Nucleoid)

11.10 Bakterien besitzen keinen Zellkern. Ihr Chromosom beansprucht dennoch als Kernäquivalent oder Nucleoid einen besonderen Platz in der Zelle.

in mehrere, unterschiedlich lange lineare Stücke zerteilt – die **Chromosomen**. Die DNA-Doppelstränge winden sich um Histone genannte Proteine, deren positive Ladung die negativ geladenen Phosphatgruppen des DNA-Rückgrats anzieht. 146 Basenpaare kommen in 1,65 Windungen auf jedem Histonkern zu liegen und bilden mit ihm ein Nucleosom (Abbildung 11.11). Zwischen den etwa 10 nm großen Nucleosomen erstrecken sich kurze Abschnitte verbindender Linker-DNA, wodurch der Eindruck einer Perlenkette entsteht, bei der die Perlen mit dem Faden umwickelt sind. Mehrere Nucleosomen bilden zusammen ein Solenoid mit 30 nm Durchmesser. Auf dieser Ordnungsstufe befindet sich die Gesamtheit aus DNA und Proteinen – das Chromatin – während der Arbeits- oder Interphase der Zelle. Jedes Chromosom nimmt dann im Zellkern einen gewissen Raum ein, das Chromosomenterritorium (Abbildung 11.12).

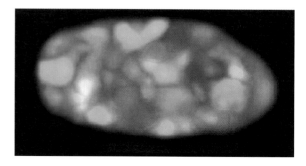

11.12 Innerhalb des Zellkerns beansprucht jedes Chromosom einen Platz für sich – das Chromosomenterritorium. Für diese Aufnahme wurden die Chromosomen einer menschlichen Zelle mit unterschiedlichen Fluoreszenzfarbstoffen markiert.

Wenn die Zelle sich für die Teilung vorbereitet, werden die Chromosomen noch weiter komprimiert. Durch Schleifen und Spiralen schrumpfen sie zu den bekannten x-förmigen Gebilden zusammen, die auch im Lichtmikroskop sichtbar sind (Abbildung 11.13). Die DNA wurde zuvor verdoppelt, sodass jedes Chromosom in dieser Phase aus zwei maximal kondensierten Doppelsträngen besteht, den **Chromatiden**. Am Centromer hängen die beiden Schwesterchromatiden zusammen (Abbildung 11.14). In diesem Zustand steht die DNA nicht für die Produktion neuer Proteine zur Verfügung, sondern wartet auf die Teilung der Zelle und des Zellkerns, um sich anschließend im neuen Kern wieder teilweise zu entwirren.

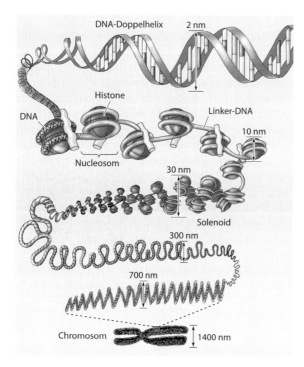

11.11 Die DNA-Doppelhelix von Eukaryoten wird eng gepackt, damit sie in den Zellkern passt. Im ersten Schritt wird sie um Histone aus Protein gewunden, wodurch Nucleosomen entstehen. Die Nucleosomen lagern sich zu Strukturen zusammen, die man als Solenoide bezeichnet. Bevor die Zelle sich teilt, folgen noch mehrere Schritte, in denen die DNA kompakter wird; diese Schritte sind aber noch nicht vollständig aufgeklärt. Am Ende des Prozesses steht das Chromosom, das dicht verpackt, aber dennoch größer als eine durchschnittliche Bakterienzelle ist.

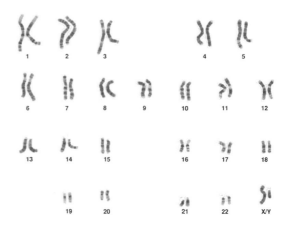

11.13 Der Chromosomensatz (Karyotyp) eines Mannes. Die Chromosomen sind gefärbt und sortiert. Die typische X-ähnliche Form haben sie nur während der Zellteilungsphase. Sie ist hier nicht optisch aufgelöst, da die jeweiligen Schwesterchromatiden zu eng beieinander liegen. Im Arbeitsmodus sind die Chromosomen so weit entwirrt, dass sie ohne Färbung gar nicht unter dem Lichtmikroskop zu erkennen sind.

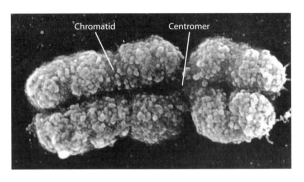

11.14 Vor der Zellteilung wird jeder DNA-Doppelstrang im Zellkern verdoppelt. Darum bestehen die Chromosomen dann aus zwei Fäden, die zu Chromatiden kondensiert und am Centromer miteinander verbunden sind.

Gene bestimmen den Bau von Proteinen

Die DNA ist mit diesen Maßnahmen sicher im Zellkern verstaut, doch ihre eigentliche Aufgabe besteht darin, die Bauanleitungen für Proteine zu speichern. Diese befindet sich in den **Genen** – Abschnitten der DNA, von denen Enzyme eine Negativkopie in Form von RNA erstellen. Bei einigen Genen ist die RNA bereits das fertige Produkt, beispielsweise bei der ribosomalen RNA (rRNA) und der Transfer-RNA (tRNA), die uns später in diesem Kapitel noch begegnen werden. Die

> **Genom** (*genome*)
> Gesamtheit der Erbinformation einer Zelle oder eines Virus in Form von DNA (bei einigen Viren RNA). Umfasst neben den Chromosomen bei Eukaryoten auch die DNA von Mitochondrien und Chloroplasten, bei Prokaryoten eventuell vorhandene zusätzliche DNA-Ringe, die man Plasmide nennt.

meisten Gene beinhalten jedoch den Plan für ein ganz bestimmtes Protein und zusätzlich ein paar regulatorische und eventuell weitere funktionelle Abschnitte.

Der Weg vom Gen zum Protein – die Genexpression – findet in zwei großen Etappen statt (Abbildung 11.15):

> **Proteom** (*proteome*)
> Gesamtheit aller Proteine einer Zelle zu einem bestimmten Zeitpunkt und unter bestimmten Bedingungen.

1. Im Rahmen der **Transkription** erstellen Enzyme die RNA-Negativkopie des betreffenden DNA-Abschnitts. Dies geschieht bei Bakterien im Kernäquivalent und bei Eukaryoten im Zellkern. Das RNA-Molekül wird als Boten-RNA oder Messenger-RNA (kurz mRNA) bezeichnet. Die mRNA wandert ins Cytoplasma der Zelle.
2. Dort lagern sich Ribosomen an die mRNA und verknüpfen in der **Translation** nach den Vorgaben der Nucleobasen Aminosäuren zu Polypeptidketten, die sich anschließend falten und selbst Proteine sind oder sich mit anderen Polypeptiden zu einem Protein aus mehreren Untereinheiten zusammenfinden.

Lange Zeit nahmen Biologen an, dass die Abfolge

DNA → RNA → Protein

eine Einbahnstraße sei und keiner der Schritte in die entgegengesetzte Richtung ablaufen könne. Doch dieses **zentrale Dogma der Molekularbiologie** wurde mit der Entdeckung der Retroviren hinfällig. Diese Viren, zu denen auch das HI-Virus gehört, speichern ihr Erbmaterial als RNA-Faden. Um es in die Chromosomen ihres Wirts einzubauen, muss die

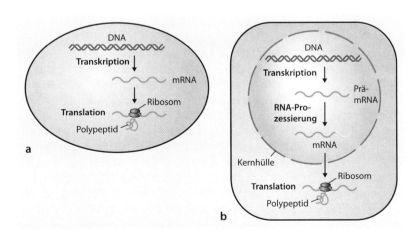

11.15 Die Genexpression beginnt mit der Transkription der DNA in eine mRNA. Bei Prokaryoten schließt sich, noch während der Vorgang läuft, an der wachsenden mRNA die Translation zum Polypeptid an (a). Eukaryoten modifizieren das Transkript zuerst im Zellkern, bevor die reife mRNA zu den Ribosomen ins Cytosol wandert (b).

Genauer betrachtet

RNA-Viren

Etwa vier Fünftel aller Viren haben ein Erbgut aus RNA. Die Nucleinsäure kann dabei einzelsträngig, aber auch doppelsträngig vorliegen. Bei manchen Viren mit einzelsträngiger RNA ist der Strang direkt als Vorlage für die Proteinsynthese geeignet (Plusstrang-RNA-Genom), bei anderen mit Minusstrang-RNA-Genom muss zunächst eine Negativkopie erstellt werden.

Für die Replikation, also die Verdopplung des Erbguts, haben RNA-Viren zwei unterschiedliche Strategien entwickelt:

- Das Enzym Replicase erstellt zunächst eine Negativkopie und von dieser anschließend ein neues Positiv.
- Das Enzym Reverse Transkriptase produziert eine DNA-Kopie, die dann über die gewöhnliche Transkription in neue RNA umgeschrieben wird.

Zu den RNA-Viren gehören unter anderem die Erreger von Denguefieber, FSME, Tollwut, Masern, Mumps, Ebola und Grippe.

RNA allerdings im Widerspruch zum Dogma in eine DNA umgewandelt werden. Diese Aufgabe übernimmt das Enzym **Reverse Transkriptase**. Der molekulare Informationsfluss ist damit zumindest auf Ebene der Nucleinsäuren durchaus umkehrbar:

$$DNA \rightleftarrows RNA \rightarrow Protein.$$

Die Zelle erstellt Arbeitskopien der Baupläne

Die Synthese neuer Proteine beginnt also mit der **Transkription**. Dieser Prozess verläuft bei allen Lebewesen nach dem grundsätzlich gleichen Prinzip, das wir uns zu Beginn dieses Abschnitts ansehen, bevor wir im Anschluss die zusätzlichen Besonderheiten bei Prokaryoten und Eukaryoten betrachten.

Drei Phasen lassen sich bei der Transkription unterscheiden (Abbildung 11.16):

1. Den Anfang macht die **Initiation**. Der Enzymkomplex für den Kopiervorgang muss zunächst den geeigneten Startpunkt auf der DNA finden und diese vorbereiten.
2. Während der **Elongation** fertigt der Komplex nach Vorgabe der DNA die mRNA an.
3. Mit der **Termination** endet die Arbeit, und der Enzymkomplex löst sich von der DNA.

Mehrere Millionen Basenpaare lang ist ein gewöhnlicher DNA-Doppelstrang und enthält einige Tausend Gene. Da nicht alle davon abgelesen werden sollen, sondern zu jedem Zeitpunkt nur ganz bestimmte Proteine synthetisiert werden müssen, sind besondere Markierungen notwendig, um die **Initiation** erfolgreich zu starten. Vor jedem Gen befindet sich darum eine spezielle Sequenz, die als **Promotor** bezeichnet wird. Die Basenfolge des Promotors ist so angelegt, dass die erforderlichen Proteine für die Initiation leicht an die DNA binden können. Neben der RNA-Polymerase sind dies vor allem **Transkriptionsfaktoren**. Zu ihnen gehören die allgemeinen Transkriptionsfaktoren, die den Kontakt zwischen Polymerase und DNA vermitteln, sowie spezifische Transkriptionsfaktoren, die als Startsignal fungieren und nur dann vorhanden sind, wenn das zugehörige Protein benötigt wird. Dabei kann es sich beispielsweise um ein Signalprotein handeln, das am Ende einer Signaltransduktionskette phosphoryliert wurde und in den Kern gewandert ist (siehe Kapitel 8 „Leben sammelt Informationen").

Die **RNA-Polymerase** ist ein großer Proteinkomplex aus mehreren Polypeptidketten. Sie gleitet sehr schnell über die DNA hinweg und bindet erst fester, wenn sie einen Promotor mitsamt Transkriptionsfaktoren erkennt. Dann entspiralisiert die Polymerase das DNA-Molekül abschnittsweise und trennt die beiden DNA-Stränge auf einer Länge von etwa 17 Basenpaaren, wodurch der geschlossene Promotorkomplex mit der DNA als Doppelhelix zum offenen Promotorkomplex wird, in dem eine Art „Blase" mit ungepaarten Basen zu finden ist. Einer der beiden Einzelstränge dient der RNA-Polymerase nun als **Matrizenstrang**, von dem sie eine RNA-Kopie anfertigt. Die Wahl fällt bereits bei der Bindung an den Promotor, denn die Polymerase liest die DNA-Vorlage stets in 3'→5'-Richtung. Der Promotor befindet

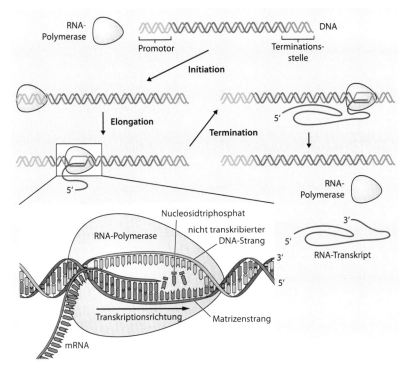

11.16 Für die Initiation der Transkription lagert sich die RNA-Polymerase mit einigen Hilfsproteinen (hier nicht gezeigt) an den Promotor der DNA. In der Elongationsphase erstellt das Enzym nach Vorlage des Matrizenstrangs aus Nucleosidtriphosphaten eine RNA-Negativkopie als Transkript. Sobald die RNA-Polymerase die Terminationsstelle erreicht, löst sie sich von der DNA und entlässt das Transkript.

sich darum bezogen auf diesen Matrizenstrang stets stromaufwärts (also in Richtung des 3'-Endes) vom codierenden Teil des Gens, das die Bauanleitung enthält.

An der Initiationsstelle lagert sich mithilfe der RNA-Polymerase das erste Ribonucleotid als Triphosphat an den Matrizenstrang. Häufig handelt es sich um ein ATP oder GTP, aber auch CTP und UTP sind je nach Vorgabe der Matrize möglich. Der Anfang der neuen Nucleotidkette wäre damit gemacht, und die Initiationsphase geht in die **Elongation** über. In deren Verlauf verschiebt die Polymerase die Transkriptionsblase langsam, indem sie die vor ihr liegende DNA entwindet, während sich die DNA-Doppelhelix hinter ihr wieder schließt und verdrillt. Innerhalb der Blase knüpft die Polymerase weitere Nucleotide an den bereits bestehenden Teil der RNA-Kette. Unter Abspaltung von Pyrophosphat (PP_i) hängt sie das zur DNA komplementäre Ribonucleotid mit seinem 5'-Ende an das 3'-Ende der RNA-Kette, die somit von 5' nach 3' wächst – antiparallel zum Matrizenstrang. Rund 50 Nucleotide pro Sekunde schafft der Komplex auf diese Weise. Da lediglich die Wasserstoffbrückenbindungen zwischen RNA und DNA darüber entscheiden, ob ein Nucleotid die passende Base hat, unterlaufen während der Elongation gelegentlich Fehler. Bei einer falschen

Paarung bremst die Polymerase jedoch ab, und das irrtümlich angelagerte Nucleotid löst sich oft wieder von der DNA. Dennoch ist in fertigen mRNAs etwa ein Fehler auf 10 000 Basen zu finden. Ein Wert, der deutlich höher liegt als bei der Verdopplung der DNA, wenn die Zelle sich teilt. Weil aber stets mehrere mRNAs hergestellt werden und jede einzelne nur eine kurze Zeit genutzt wird, haben die Fehler in den mRNA-Sequenzen kaum Auswirkungen auf die Zelle.

Das Ende der Elongation wird ähnlich wie die Initiation durch bestimmte Nucleotidsequenzen bestimmt. Für die **Termination** liegen die Sequenzen allerdings nicht auf der DNA, sondern auf der RNA. Beispielsweise können Palindromabschnitte (Basenfolgen, die vorwärts und rückwärts gleich sind) mit hohem Gehalt an G- und C-Nucleotiden Haarnadelstrukturen bilden, wenn die kurz aufeinander folgenden Sequenzen komplementär zueinander sind (Abbildung 11.17). Die RNA-Polymerase stoppt, sobald die Struktur entstanden ist, und das Transkript löst sich ab. Andere Sequenzen beenden mithilfe von Proteinen die Transkription, und weitere Mechanismen sind noch nicht hinreichend aufgeklärt oder noch gar nicht entdeckt. Das Ergebnis der Termination ist auf jeden Fall ein RNA-Molekül, das die Information für den Bau eines Proteins trägt.

11.17 Bei Bakterien endet die Transkription in manchen Fällen, wenn die Polymerase eine palindromische Sequenz in RNA umsetzt. Die zueinander komplementären Basen bilden untereinander Paare, statt den Kontakt zum Matrizenstrang aufrechtzuerhalten. Kurz nach dem Palindrom folgt eine Sequenz mit wiederholtem Adenin, das nur jeweils zwei Wasserstoffbrücken zum Uracil ausbildet, wodurch die Bindung der RNA weiter geschwächt ist.

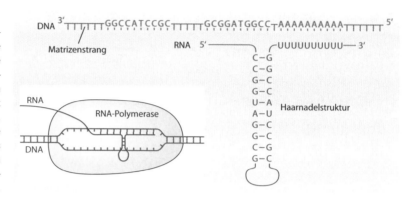

Der beschriebene Transkriptionsablauf gilt generell für alle bekannten Organismengruppen. Zusätzlich gibt es bei Bakterien und Eukaryoten einige spezielle Prozesse.

[?] Prinzip verstanden?

11.1 Welche Faktoren bestimmen, wo und wann die Transkription gestartet wird? Welche Komponente gibt vor, in welche Richtung die Transkription verläuft und welcher Strang abgelesen wird?

11.2 Warum werden zur Elongation Nucleotide als Triphosphate verwendet, wenn nur eine Phosphatgruppe Teil der RNA-Kette wird?

Bakterien achten bei der Transkription auf Effizienz

Für viele Bakterien ist das Leben von Mangel geprägt. Energie und Nährstoffe sind in den meisten Umgebungen eher knapp. Daher können es sich diese Bakterien nicht leisten, mit ihren Ressourcen verschwen-

derisch umzugehen, und haben ihre Transkription weitgehend auf eine effiziente Arbeitsweise optimiert.

So besitzen Bakterien nur eine Art von RNA-Polymerase, die für die Initiation ein **Sigma-Faktor** genanntes Zusatzprotein benötigt. Je nach Umweltbedingungen verwenden die Zellen unterschiedliche Sigma-Faktoren, die für verschiedene Promotoren und damit Gene spezifisch sind. Auf diese Weise passt sich das Bakterium bereits auf der Ebene der Transkription an Veränderungen in seinem Lebensraum an.

Ist die Transkription angelaufen, entsteht häufig eine mRNA, die gleich den Bauplan für mehrere Proteine trägt. Dabei handelt es sich um Proteine, die gemeinsam eine Funktion haben, beispielsweise werden sowohl die β-Galactosid-Permease und die β-Galactosidase als auch die β-Galactosid-Transacetylase benötigt, wenn das Bakterium *Escherichia coli* den Milchzucker Lactose aufnehmen und verwerten will. DNA-Abschnitte mit den Anleitungen für Proteine werden Strukturgene genannt. Sie bilden zusammen mit dem Promotor und einer Operatorsequenz die Funktionseinheit des **Operons**. In unserem Beispiel zum Lactoseabbau sind so alle notwendigen Basenfolgen im *lac*-Operon vereint (Abbildung

---

Genauer betrachtet

RNA als Transkriptionsprodukt

Nicht alle Gene tragen den Bauplan für ein Protein, und nicht jede gebildete RNA fungiert nur als vorübergehend benötigte Kopie. Einige Typen von RNA erfüllen nach ihrer Transkription selbst wichtige Aufgaben in der Zelle. Am bedeutendsten sind:

- **tRNA** (Transfer-RNA) sorgt bei der Translation als eine Art Adaptermolekül zwischen der mRNA und dem zu pro-

duzierenden Protein dafür, dass die Peptidkette mit den richtigen Aminosäuren verlängert wird.

- **rRNA** (ribosomale RNA) ist Teil der Ribosomen, deren Struktur sie mitbestimmt. Sie ist außerdem katalytisch an der Proteinsynthese beteiligt.

- **snRNA** (*small nuclear RNA*) wirkt beim Spleißen genannten Zurechtschneiden der Prä-mRNA von Eukaryoten im Zellkern mit.

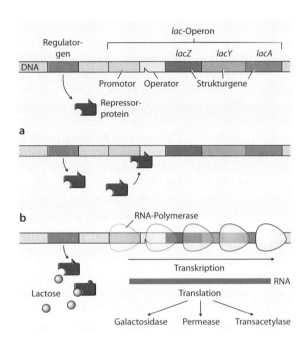

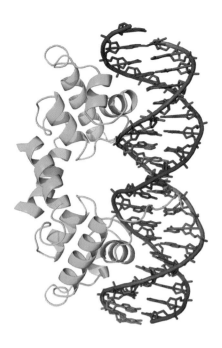

11.18 Das *lac*-Operon wird normalerweise nicht abgelesen, weil ein Repressorprotein an die Operatorsequenz bindet und der RNA-Polymerase den Zugang zum Promotor blockiert (a). Ist Lactose vorhanden, verändert der Zucker die Konformation des Proteins, und die Transkription kann ungestört ablaufen (b).

11.19 Repressoren sind Proteine, die an Operator genannte Sequenzen der DNA binden und dadurch die Transkription von Strukturgenen verhindern.

11.18). Die Aufgabe des Operators besteht darin, einen Repressor zu binden – ein Protein, das die RNA-Polymerase daran hindert, die Strukturgene abzulesen (Abbildung 11.19). Bindet aber ein Induktor – beim *lac*-Operon wäre dies ein Molekül Lactose – an den Repressor, verändert sich dessen Konformation, und er verliert den Kontakt zum Operator, womit die Transkription stattfinden kann. Ein derartiges **induzierbares System** finden wir häufig bei Genen für katabole Stoffwechselwege, die nur gelegentlich benötigt werden.

Reprimierbare Systeme nutzen den umgekehrten Regulationsmechanismus. Bei ihnen ist der Repressor normalerweise inaktiv und blockiert die Transkription nicht. Die entsprechenden Strukturgene werden deshalb abgelesen und zu Proteinen umgesetzt. Häufig katalysieren diese als Enzyme anabole Synthesewege des Stoffwechsels. Hat sich aber eine hinreichende Menge des Endprodukts dieser Synthese angesammelt, lagert es sich als Corepressor an den Repressor, und gemeinsam besetzen sie den Operator, womit die weitere Transkription gestoppt ist. Ein Beispiel für eine derartige Feedback-Hemmung ist die Synthese der Aminosäure Tryptophan, die ihren eigenen Produktionsweg als Corepressor reguliert.

Bakterien kontrollieren die Transkription ihrer Gene jedoch nicht nur durch Hemmung, sondern sie verfügen auch über eine **positive Kontrolle**. Das Botenmolekül zyklisches AMP (cAMP), das wir bereits aus Kapitel 8 „Leben sammelt Informationen" kennen, erhöht beispielsweise in Kombination mit dem Protein CRP (cAMP-Rezeptorprotein) die Effizienz der Polymerasebindung am *lac*-Operon, wenn Glucose als Nahrung fehlt. Das Ergebnis ist eine quantitativ verstärkte Transkription, die dafür sorgt, dass die Zelle sich schneller und konsequenter auf Lactose einstellt.

> **Transkriptom** (*transcriptome*) Gesamtheit aller nach der Vorgabe der DNA hergestellten RNA-Moleküle. Neben den mRNAs zählen hierzu auch noch nicht prozessierte mRNAs, rRNAs, tRNAs, sRNAs und RNA-Moleküle in Ribonucleoproteinen zu einem bestimmten Zeitpunkt.

Unterschiedliche Zelltypen und deren Entwicklung verlangen bei Eukaryoten eine genaue Kontrolle der Gene

Die **Transkriptionskontrolle** der Eukaryoten ist etwas komplizierter als bei den Bakterien. Hier sind Gene, deren Proteine zusammenarbeiten, nicht zu

Operons vereint, sondern liegen einzeln auf der DNA. Dennoch müssen sie gemeinsam reguliert werden. Außerdem trägt bei Vielzellern mit unterschiedlichen Zelltypen jede kernhaltige Körperzelle den gesamten Gensatz – das Genom –, obwohl sie für ihre eigene Funktion nur einen Teil der Gene benötigt. Besonders während der Entwicklung des Organismus von der befruchteten Eizelle zum ausgewachsenen Lebewesen mit unterschiedlichen Geweben und Organen ändert sich der genetische Bedarf ständig. Gleich mehrere Mechanismen gewährleisten, dass Gene nur dann abgelesen werden, wenn ihre Produkte tatsächlich gebraucht werden.

- Ganze Chromosomen oder Teile von ihnen können inaktiviert werden, indem sie eng verpackt bleiben, sodass die Enzyme für die Transkription nicht an die Gene gelangen (**Chromatinkondensation**). In menschlichen Zellen wird beispielsweise bei Frauen eines der X-Chromosomen stillgelegt.
- Bei der **Histonmodifikation** werden kleine chemische Gruppen wie Acetylgruppen an die Histonproteine gehängt, wodurch die Bindung zur DNA je nach Gruppe enger oder lockerer wird und die Gene für die Transkriptionsenzyme schlechter oder besser zugänglich sind.
- Durch **chemische Modifikationen** der DNA, beispielsweise mit angehängten Methylgruppen, werden Gene für längere Zeitabschnitte oder sogar dauerhaft ausgeschaltet.
- Auch nach der Transkription regulieren Eukaryoten noch über **RNA-Interferenz** die Genaktivität, indem sie mit passenden RNA-Stücken die frisch synthetisierte mRNA abfangen.

Keiner dieser Mechanismen verändert die DNA-Sequenz an sich, es handelt sich daher nicht um Mutationen, sondern lediglich um Eingriffe in die Aktivität der Gene. Ist deren Wirkung nur von kurzer Dauer, sprechen wir von **Genregulation**, hält sie länger an oder ist sie gar dauerhaft, gehört sie in den Bereich der **Epigenetik**.

Dichte Packungen schalten große Abschnitte von Chromosomen ab

Der extreme Fall, dass ein ganzes Chromosom ungenutzt bleibt, begegnet uns bei der **X-Inaktivierung**, mit der in Zellen von Weibchen höherer Säugetiere das zweite X-Chromosom kondensiert und als Barr-Körperchen im Zellkern an den Rand gedrängt wird.

Dafür verantwortlich ist ein Gen auf dem X-Chromosom selbst, das zwar zu einer RNA transkribiert, aber nicht in ein Protein translatiert wird. Diese *Xist*-RNA (*X inactive specific transcript*) deaktiviert bei weiblichen Embryonen eines der beiden X-Chromosomen und löst chemische Veränderungen an dessen Histonproteinen aus, die das Chromatin verdichten, wodurch schließlich das inaktive **Barr-Körperchen** entsteht. Welches X-Chromosom kondensiert wird und welches weiterhin aktiv bleibt, hängt vom Zufall ab und wird in jeder Zelle einzeln entschieden. In den Zellen männlicher Tiere, die sowieso nur ein einziges X-Chromosom besitzen, bleibt dieses dauerhaft aktiv.

Die zufällige Wahl, welches Chromosom abgeschaltet wird, ist bei **Katzen mit sogenanntem Schildpattmuster** gut sichtbar. Die Weibchen tragen auf einem X-Chromosomen die Erbanlagen für rotes Fell, auf dem anderen für schwarze Haare. Während der Embryonalentwicklung wird im Wenigzellstadium zufällig mal das eine, mal das andere X-Chromosom abgeschaltet, und die nachfolgenden Zellgenerationen bringen schließlich die Fellfarbe des aktiv gebliebenen Chromosoms hervor.

Nicht immer wird gleich das ganze Chromosom abgeschaltet. Häufig unterliegen nur einzelne Abschnitte einer so starken Chromatinkondensation, dass sie nicht abgelesen werden können. Solche Bereiche lassen sich gut anfärben und sind als **Heterochromatin** im Mikroskop oder Elektronenmikroskop sichtbar (Abbildung 11.20). Das viel lockerere **Euchromatin** ist hingegen gut für die Transkriptionskomplexe erreichbar, sodass fast die gesamte Genaktivität hier stattfindet.

Damit die Gene überhaupt für die RNA-Polymerase und ihre Hilfsmoleküle erreichbar sind, muss das Chromatin gewissermaßen geöffnet werden (Abbildung 11.21). Dieses **Chromatin-Remodeling** geschieht über mehrere Mechanismen:

- **Chromatin-Remodeling-Komplexe** aus mehreren Proteinen strukturieren unter Energieverbrauch in Form von ATP die Nucleosome um. Beispielsweise verschieben DNA-Translokasen das Histon, um welches die DNA gewickelt ist, bis die entscheidenden Gene freiliegen.
- Verschiedene **Varianten von Histonen** binden die DNA unterschiedlich fest und können von spezialisierten Enzymen gegeneinander ausgetauscht werden.
- Enzyme können kleine chemische Gruppen an die Histone hängen oder sie wieder ablösen. Am häufigsten werden bei dieser **Histonmodifikation** Acetyl- und Methylgruppen verwendet, die an

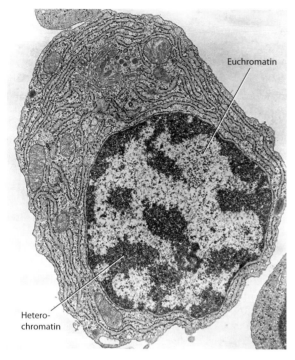

11.20 Unter dem Elektronenmikroskop erscheint das lockere Euchromatin hell und das kompaktere Heterochromatin dunkel.

Lysinreste gebunden werden und deren positive Ladung ersetzen. Weil dadurch die Anziehung zur negativ geladenen DNA schwächer wird, nimmt auch die Bindung zwischen den Molekülen ab. Methylgruppen können aber auch ebenso wie zusätzliche Phosphatgruppen – je nachdem, an welche Stelle im Histonprotein sie übertragen werden – fördernd oder hemmend auf die Transkription von Genen wirken. Nach der Histon-Code-Hypothese, die noch nicht hinreichend belegt ist, erkennen „lesende" Domänen von Proteinen das jeweilige Muster der Modifikation und richten ihre Aktivität danach.

Obwohl viele Details der Regulation auf Chromatin-ebene noch unerforscht sind, wird dennoch immer deutlicher, dass das Chromatin keineswegs starr und unveränderlich organisiert ist, sondern ein dynamisches System darstellt, das die DNA nicht nur schützt, sondern auch aktiv an der Regulation der Genaktivität beteiligt ist.

Methylierte DNA unterdrückt die Transkription

Nicht nur die Histone können chemisch verändert werden, auch die DNA selbst wird auf diese Weise

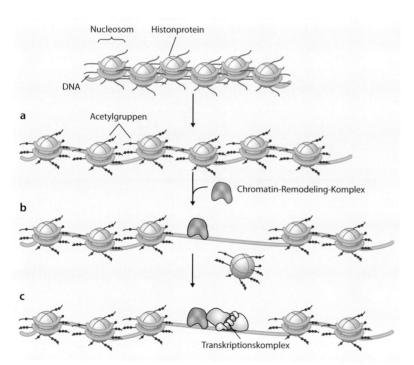

11.21 Ein eng gepackter Abschnitt Heterochromatin wird durch die Acetylierung der Histone aufgelockert (a) und durch einen Chromatin-Remodeling-Komplex so weit freigeräumt (b), dass der Transkriptionskomplex an die DNA im entstandenen Euchromatin binden und mit der Transkription der Gene beginnen kann (c).

modifiziert, um die Aktivität von Genen zu beeinflussen. Bei der **Methylierung der DNA** wandeln Enzyme die Base Cytosin in 5-Methylcytosin um. Weil auf das betreffende Cytosin häufig ein Guanin folgt, das wiederum mit einem zweiten, ebenfalls methylierten Cytosin auf dem gegenläufigen DNA-Strang gepaart ist, ergibt sich an diesen Stellen eine DNA mit diagonal gegenüberliegenden Methylgruppen. Proteine mit entsprechenden Bindestellen lagern sich an die methylierten CG-Paare an und dienen als Andockstelle für weitere Proteine. Der DNA-Strang wird dadurch regelrecht vor der RNA-Polymerase versteckt, und die Transkription kann nicht anlaufen.

Besonders stark ist der Effekt, wenn die CG-Dinucleotide in sogenannten **CpG-Inseln** methyliert sind. CpG steht für *Cytosin-phosphatidyl-Guanin* und bezeichnet die normale Abfolge von Cytosin, Phosphat und Guanin innerhalb eines DNA-Stranges im Unterschied zu CG-Basenpaaren bei Doppelsträngen. In CpG-Inseln treten sie gehäuft auf. Da diese Inseln beim Menschen bei fast der Hälfte aller Gene im Bereich der Promotoren liegen, ist ihre Methylierung ein besonders effektives Instrument zur epigenetischen Hemmung der Genexpression.

Die Methylierung von CpG-Inseln ist einer der Mechanismen der **genomischen Prägung**, das auch als **Imprinting** bezeichnet wird. Dabei wird in den Keimzellen eines Elternteils die CpG-Insel vor einem Gen methyliert und damit stillgelegt, beim anderen Elternteil bleibt sie hingegen frei von Methylgruppen, sodass dieses Exemplar des Gens aktiv ist. Obwohl in den Nachkommen die Gene von beiden Eltern vorhanden sind, wirkt sich nur das aktive Gen des einen Elternteils aus. Die zugehörigen Merkmale werden auf diese Weise rein maternal oder paternal weitergegeben. Außer bei Säugetieren wurde die genomische Prägung auch schon bei Pflanzen und Pilzen nachgewiesen.

Regulationssequenzen steuern die Aktivität der Gene aus der Ferne

Eine weitere Ebene der Regulation von Genen ist in die DNA-Sequenz selbst geschrieben. Von den drei **RNA-Polymerasen** der Eukaryoten transkribiert nur die RNA-Polymerase II Gene, die den Bauplan von Proteinen tragen. Die RNA-Polymerase I ist auf rRNA-Gene spezialisiert, und die RNA-Polymerase III ist für Gene von tRNAs, snRNAs und einigen kleineren RNAs zuständig. Bevor eine RNA-Polymerase an die DNA binden kann, müssen dort jedoch mehrere Transkriptionsfaktoren einen **Transkriptionskomplex** bilden. Alleine kann die Polymerase den Kontakt zum Promotor nicht herstellen. Was auch daran liegt, dass die eukaryotischen Promotoren in ihrer Sequenz recht variabel sind und nur von speziellen Transkriptionsfaktoren erkannt werden.

Neben den Promotoren gibt es auf der eukaryotischen Membran noch eine Reihe weiterer **Regulationssequenzen** (Abbildung 11.22). Einige liegen direkt stromaufwärts auf der DNA neben den Bindestellen des Transkriptionskomplexes und bieten

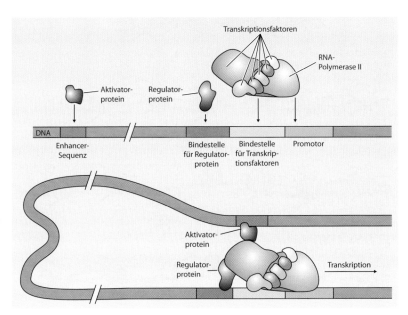

11.22 Enhancer- und Silencer-Sequenzen zur Regulation der Transkription liegen manchmal weit entfernt von ihren Genen auf der DNA. Durch die räumliche Faltung gelangen sie jedoch in die Nähe der übrigen regulatorischen Bindungsstellen.

eine Andockstelle für aktivierende Regulatorproteine. Andere befinden sich in großer Distanz, mitunter mehrere Tausend Basenpaare von ihren Genen entfernt. Vermutlich kommen sie durch die superspiralisierte Struktur der DNA und die Anordnung in Nucleosomen dennoch in die unmittelbare Nähe des Genanfangs, auf dessen Transkription sie wirken. Binden Aktivatorproteine an diese Regulationssequenzen, sprechen wir von **Enhancer-Sequenzen**, bei Repressorproteinen von **Silencer-Sequenzen**.

Durch die **Kombination aller genannter Mechanismen** kann die Zelle die Expression der Gene und damit deren Aktivität sehr gezielt und fein regulieren. Gene, deren Proteine gemeinsam benötigt werden, haben die gleichen regulatorischen Sequenzen und reagieren darum auch gleich, selbst wenn sie auf verschiedenen Chromosomen lokalisiert sein sollten.

RNA-Interferenz schaltet Gene nach der Transkription ab

Auch nach beendeter Transkription haben Eukaryoten noch die Möglichkeit, die weitere Expression von Genen zu hemmen oder ganz zu stoppen. Ein weit verbreiteter Mechanismus dieses **posttranskriptionellen Gen-Silencing** ist die RNA-Interferenz. Dabei lagert sich ein Komplex aus Proteinen und einer kurzen RNA selektiv an eine bestimmte mRNA und hemmt deren weitere Umsetzung oder zerlegt sie sogar in kleine Stücke, die anschließend abgebaut werden.

Für die Auswahl der Ziel-mRNA sind kleine RNA-Moleküle zuständig, die zur Gruppe der microRNA (miRNA) oder der *small interfering RNA* (siRNA) gehören. Es handelt sich jeweils um einsträngige RNA-Fragmente von etwa 20 bis 30 Nucleotiden Länge, die zusammen mit Proteinen den *RNA-induced silencing complex* (RISC) bilden. Stößt der **RISC-Komplex** auf eine mRNA, prüft er über Paarung der Basen, wie gut sie zu seiner kurzen RNA passt. Sind die beiden nur teilweise komplementär zueinander und fungiert eine miRNA als Selektionsmolekül, hemmt der Komplex die Translation lediglich. Bei voller Kompatibilität, oder wenn eine siRNA als Tester dient, spaltet eines der Enzyme aus der Gruppe der Argonautenproteine im Komplex die mRNA in kleine Bruchstücke, die dann vollständig abgebaut werden.

Genauer betrachtet

Springende Gene

Für die Kontrolle eines Gens ist es wichtig, den genauen Genort zu kennen, an dem die Sequenz zu finden ist. Sogenannte **springende Gene** oder **Transposons** haben hingegen keinen festen Platz im DNA-Strang. Sie kommen sowohl bei Prokaryoten als auch bei Eukaryoten vor und sind einige Hundert bis mehrere Tausend Basenpaare lang. Nach ihren Methoden, im Genom zu springen, werden zwei Gruppen unterschieden:

- **Retrotransposons** (Klasse-I-Transposons) werden zu einer RNA transkribiert, wobei das Original an seinem Platz verbleibt. Eine Reverse Transkriptase erstellt anhand der RNA eine DNA, die an einer neuen Stelle in das Chromosom integriert wird. Das Enzym kann dabei vom Transposon selbst oder einem anderen Transposon stammen, das gerade springt. Das Verfahren ist ein *copy-and-paste*-Mechanismus, durch den das Genom größer wird.
- **DNA-Transposons** (Klasse-II-Transposons) springen meistens nach der *cut-and-paste*-Methode. Am Beginn und Ende ihrer Sequenz haben sie eine repetitive Basenfolge mit umgekehrter Reihenfolge. Das Enzym Transposase, dessen Gen diese Transposons tragen, bringt diese

Sequenzen zueinander, indem es mit der DNA eine Schleife formt, und schneidet das Transposon heraus. Am neuen Platz fügt es das springende Gen wieder in den DNA-Doppelstrang ein.

Obwohl Transposons etwa 45 Prozent des menschlichen Erbmaterials ausmachen, ist ihre **Funktion** unklar. Möglicherweise handelt es sich um Sequenzen von Retroviren oder intrazellulären Parasiten, die gewissermaßen als Ballast weitergegeben werden. Manche Wissenschaftler vertreten die Ansicht, dass Transposons einen wichtigen Beitrag zur genetischen Variabilität leisten. Indem sie beim Springen andere Gene mitnehmen oder replizieren, verändern sie das Genom und schaffen der Zelle bei einer Genverdopplung sogar die Möglichkeit, gefahrlos eine Kopie zu verändern und die Auswirkungen auszuprobieren. Hat die Mutation das Protein funktionslos gemacht, kann immer noch die zweite Version die Aufgabe erfüllen.

Es besteht aber auch die Gefahr, dass ein Transposon mitten in ein anderes Gen hineinspringt und es so unbrauchbar macht oder seine Kontrollsequenzen außer Kraft setzt. In solchen Fällen können schwere Krankheiten auftreten wie die Bluterkrankheit, Muskeldystrophien oder Krebs.

Die genetische Maschinerie der Archaea: Vorläufer und ein Modell für die Regulation der Genexpression in höheren Zellen

Von Michael Thomm

Archaea sind vor allem als Extremisten bekannt geworden, die unter ungewöhnlichen Lebensbedingungen existieren. Besonders spektakuläre Lebensräume sind die vulkanischen heißen Quellen und Schwarzen Raucher in der Tiefsee. Sie beherbergen die die sogenannten hyperthermophilen Mikroorganismen, die bei Temperaturen über 80°C optimal wachsen. Aber auch in extrem anaeroben Teilen der Erde mit moderaten Temperaturen wie etwa in Flusssedimenten oder

Reisfeldern kommen die methanogenen Archaeen vor, die man sich bei der Herstellung von Biogas aus nachwachsenden Rohstoffen zunutze macht.

Die Analyse der genetischen Maschinerie der Archaea, die mit den normalen Bakterien phylogenetisch weniger verwandt sind als Pflanzen mit Tieren, erbrachte eine große Überraschung: Das Enzym, das den Anfang der Gene auf der DNA erkennt und in RNA umschreibt, sowie die dazu not-

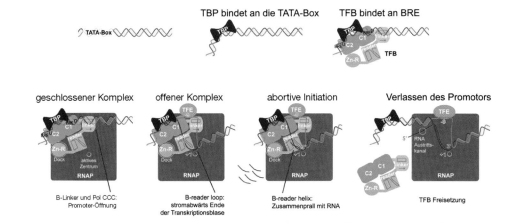

Mechanismus der Transkriptionsinitiation bei Archaea und eukaryotischen RNA–Polymerase-II-Promotoren. Der grundsätzliche Ablauf der Promotorerkennung und Initiation läuft in diesen beiden Domänen des Lebens sehr ähnlich ab. Die Hauptunterschiede beim eukaryotischen System liegen darin, dass noch zwei weitere Faktoren, TFIIF und TFIIH, benötigt werden, wobei TFIIH die Bildung des offenen Komplexes unter ATP-Hydrolyse katalysiert. Bei Bakterien wie *Escherichia coli* erfolgt die Erkennung des Promotors durch den Komplex der RNA-Polymerase mit einem Sigma-Faktor nach einem gänzlich anderen Mechanismus.

Schätzungen zufolge kontrollieren **miRNAs** bis zu 30 Prozent aller Gene im menschlichen Genom. Darunter befinden sich viele Gene, die während der Entwicklung nur zu einem bestimmten Zeitpunkt gebraucht werden und später nicht mehr aktiv werden dürfen. Die miRNAs sind selbst im Genom der Zelle codiert.

siRNAs können dagegen endogen sein, also aus der Zelle selbst stammen, oder sie sind von außen in die Zelle eingedrungen und damit exogen. Vor allem Pflanzen, aber auch andere Organismen wie Fadenwürmer, Insekten und Pilze, wehren mit ihrer Hilfe Infektionen durch RNA-Viren ab. Bei der Replikation

der Viren fallen lange Stücke doppelsträngiger RNA an, die von zelleigenen Enzymen wie Dicer gespalten und in kurze, einzelsträngige siRNAs zerlegt werden. Eingebaut in den RISC-Komplex binden diese siRNAs gezielt an das Erbgut der neu entstehenden Viren und geben es damit zum Abbau frei.

In der Grundlagenforschung wird die **RNA-Interferenz** häufig genutzt, um Gene gezielt stillzulegen und über dieses Gen-Knockdown deren Funktion zu ermitteln. Darüber hinaus laufen medizinische Projekte, um RNA-Viren wie die Filoviren, zu denen das Marburg-Virus und das Ebola-Virus zählen, mit siRNA zu bekämpfen.

wendigen Transkriptionsfaktoren weisen eine sehr ähnliche Struktur und Funktion auf wie die generellen Transkriptionsfaktoren der RNA-Polymerase II, die die Synthese aller Proteine in höheren Zellen auf genetischer Ebene steuert.

In meinem Labor bearbeiten wir seit etwa 15 Jahren das hyperthermophile Archaeon *Pyrococcus furiosus* als Modell zur Erforschung des Mechanismus und der Regulation der Transkription. Bei diesem Organismus gelang es, die RNA-Polymerase, die aus elf Untereinheiten besteht, *in vitro* aus einzelnen Untereinheiten zu assemblieren, die vorher separat in *Escherichia coli* kloniert und exprimiert wurden. Mithilfe dieses rekonstituierten Systems war es möglich, gezielt Veränderungen in die RNA-Polymerase einzuführen und ein neues Modell des Vorgangs der Genexpression zu entwerfen. Eine Schlüsselrolle spielt dabei der Faktor TFB (bei Eukaryoten TFIIB), bei dem in dem proteinkristallografischen Labor von Patrick Cramer neuartige Strukturen entdeckt wurden, denen mithilfe des rekonstituierten archaeellen Systems bisher unbekannte Funktionen zugeordnet werden konnten. Der erste archaeelle Faktor, TBP, bindet an ein AT-reiches Element in der DNA, die sogenannte TATA-Box, was zu einer Verbiegung der DNA führt (siehe Abbildung). Die TATA-Box liegt bei vielen eukaryotischen Polymerase-II-Promotoren und bei fast allen archaeellen Promotoren vor. Der zweite Faktor, TFB, dessen Struktur ebenfalls zwischen Archaeen und Eukaryoten stark konserviert ist, besteht aus einer C-terminalen Domäne, die zwei direkte Wiederholungselemente (*cyclin-like domains*, C1 und C2) enthält. Dieser Teil des Moleküls ist vor allem für die Bindung von TFB an TBP und den Promotor über das B-Erkennungselement (BRE) verantwortlich. Der N-terminale Teil von TFB ist aus einem Zinc-ribbon (Zn-R), einem B-reader-Element sowie einem B-Linker aufgebaut, der die N-und C-terminale Domäne des TFB-Moleküls verbindet (siehe Abbildung). Das Zinc-ribbon ist vor allem für die Bindung von TFB an die Dock-Domäne der RNA-Polymerase verantwortlich. Der B-Linker-Bereich von TFB und ein als CCC-Domäne bezeichneter Teil der RNA-Polymerase wirken beim ersten Schritt der Transkription,

dem Aufschmelzen der DNA am Promotor, zusammen. Es entsteht dadurch der offene Komplex, der durch TFE, einen ebenfalls teilweise zwischen Eukaryoten und Archaeen konservierten Transkriptionsfaktor, stabilisiert wird (siehe Abbildung). Das B-reader-Element hilft bei der Erkennung des Transkriptionsstarts und kollidiert bei einer Länge von etwa acht Nucleotiden mit der wachsenden RNA-Kette. Wenn die Polymerase die abortive Phase beendet, in der nur kurze RNA-Moleküle synthetisiert werden, muss TFB zur weiteren Polymerisierung der RNA freigesetzt werden. Damit kann die RNA über den RNA-Austrittskanal weiter wachsen, und die Polymerase verlässt den Promotor. Anschließend kann sie mit der prozessiven Phase der Transkription, der Elongation, beginnen.

Weitere funktionelle Studien in unserem Labor haben nachgewiesen, das TBP und sogar Untereinheiten der RNA-Polymerase zwischen Hefe und Archaeen funktionell austauschbar sind. Die Untersuchung molekularer Mechanismen bei Archaeen haben zu der Erkenntnis geführt, dass die Archaeen nicht nur Extremisten am Ende des Spektrums der Lebensmöglichkeiten sind, sondern auf genetischer Ebene weit mehr mit uns zu tun haben, als man bei der Entdeckung dieser zunächst sonderbar anmutenden Organismen je erwartet hätte.

Prof. Michael Thomm studierte Biologie an den Universitäten Konstanz und München und promovierte bei Prof. K. Stetter in Regensburg über RNA-Polymerasen von Archaeen. Von 1991 bis 2002 hatte er einen Lehrstuhl für Mikrobiologie an der CAU Kiel inne. Seit 2002 lehrt er Mikrobiologie in Regensburg und ist Leiter des Archaeenzentrums Regensburg.

Eukaryoten gestalten die RNA nach der Transkription um

Das Ergebnis der eukaryotischen Transkription ist keine fertige mRNA, die sogleich aus dem Zellkern in das Cytoplasma transportiert und abgelesen werden kann. Wir erhalten vielmehr eine Prä-mRNA, die durch eine **RNA-Prozessierung** in mehreren Schritten verändert wird (Abbildung 11.23).

Noch während der Transkription versehen Enzyme das 5'-Ende der wachsenden RNA-Kette mit einer sogenannten **Cap-Gruppe** aus Methylguanosin.

1 für alle

Gestohlene Sicherheit

Viren wie das Influenza-Virus, deren RNA im Cytoplasma vervielfältigt und transkribiert wird, verfügen über keinen eigenen Schutz durch eine Cap-Gruppe. Sie stehlen sich daher mit einer speziellen Polymerase bei einer mRNA der Wirtszelle das 5'-Ende mitsamt der Cap-Gruppe und setzen es an den Anfang ihrer eigenen RNA. Durch dieses *cap snatching* werden nicht nur die Endonucleasen getäuscht, auch die zellulären Ribosomen produzieren danach fleißig die viralen Proteine.

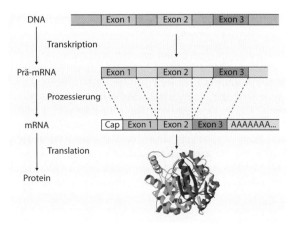

11.23 Bei Eukaryoten wird die Prä-mRNA noch im Zellkern am 5'-Ende mit einer Cap-Gruppe und am 3'-Ende mit einem Poly(A)-Schwanz versehen und durch Spleißen von den Introns befreit.

Das modifizierte Guanosin wird dabei nicht wie üblich mit seinem 3'-Ende an die RNA gehängt, sondern es gibt eine seltene 5'-5'-Bindung. Dadurch schützt es das Molekül vor dem Abbau durch Exonucleasen im Cytoplasma, die ansonsten sehr schnell RNA-Stränge in ihre Nucleotidmonomere zerlegen. Außerdem bindet der Cap-Binding-Komplex sich an die Cap-Gruppe. Er stabilisiert die RNA weiter und ist daran beteiligt, sie aus dem Zellkern zu führen. Zu Beginn der Translation stellt er den Kontakt zum Ribosom her.

An das 3'-Ende des Transkripts hängt das Enzym Poly(A)-Polymerase eine Kette von bis zu mehreren Hundert Adeninresten – den **Poly(A)-Schwanz**. Als Signal für diese Modifikation gilt die Nucleotidsequenz 5'–…AAUAAA…–3', die hinter dem letzten codierenden DNA-Stück zu finden ist. Wie die Cap-Gruppe schützt auch der Poly(A)-Schwanz die RNA vor dem Abbau. Zudem ist er ebenfalls an der Translation beteiligt.

Aus noch unbekannten Gründen enthalten viele eukaryotische Gene neben Sequenzen, die den Bauplan für Proteine codieren – den Exons –, auch nichtcodierende Abschnitte – die Introns genannt werden. Die Transkripte solcher Mosaikgene müssen von diesen Introns befreit werden, bevor sie weitergereicht werden (Abbildung 11.24). Das sogenannte **RNA-Spleißen** übernehmen in den meisten Fällen

> **RNA-Spleißen** (*rna splicing*)
> Modifikation des Transkripts bei Eukaryoten. Während des Spleißens entfernen Enzyme die Introns aus dem Transkript und verbinden die Exons miteinander und bilden so aus der Prä-mRNA die reife mRNA.

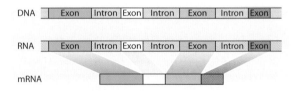

11.24 Eukaryotische Transkripte sind aufgrund der Introns deutlich länger als die reife mRNA.

Komplexe aus RNA und Proteinen, die Spleißosomen (Abbildung 11.25). Zuerst lagert sich das snRNP U1 (von *small nuclear ribonucleoprotein particle*) an das 5'-Ende eines Introns, das snRNP U2 nahe an das 3'-Ende. Unter Mithilfe weiterer snRNPs und Proteine nähern sich die Stellen einander an, und der RNA-Strang wird am 5'-Ende des Introns zwischen Exon und Intron geschnitten. Das Intron bildet eine lassoähnliche Struktur, während die Exonabschnitte einander näher kommen und schließlich miteinander verbunden („gespleißt") werden. Nach und nach entfernt das Spleißosom so die Introns, die im Zellkern abgebaut werden. Übrig bleibt eine reife mRNA, die neben der Cap-Gruppe und dem Poly(A)-Schwanz

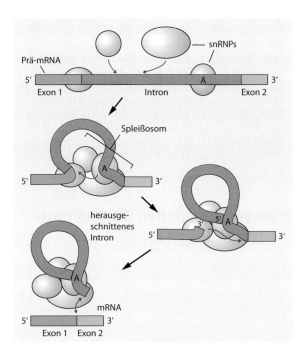

11.25 Mehrere snRNPs – RNA-haltige Proteine – binden an die Prä-mRNA und bilden ein Spleißosom. Darin bildet das eingeschlossene Intron eine Schleife, die herausgeschnitten wird. Die Exons verbinden sich zur reifen mRNA.

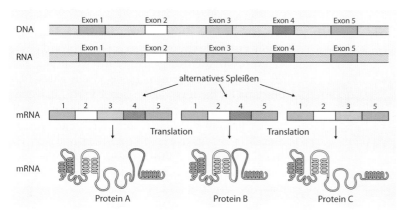

11.26 Durch alternatives Spleißen, bei dem verschiedene DNA-Abschnitte als Introns behandelt werden, können aus einem Transkript unterschiedliche Proteine hervorgehen.

einen zusammenhängenden offenen Leserahmen – dabei handelt es sich um die mRNA-Sequenz mit dem eigentlichen Proteinbauplan – umfasst.

Der Aufbau der Prä-mRNA aus Introns und Exons ermöglicht der Zelle, aus einem Transkript mehr als eine Art von Protein zu gewinnen. Dazu schneidet sie beim **alternativen Spleißen** aus der RNA zusammen mit den Introns Sequenzen heraus, die eigentlich als Exons dienen könnten (Abbildung 11.26). Dadurch entstehen unterschiedliche mRNAs, die unterschiedliche Proteine codieren. Beim Menschen reichen darum 20 000 bis 25 000 Gene aus, um die Anleitungen für mehrere Hunderttausend Proteine zu speichern.

Proteine wachsen genau nach Plan

Auf die Transkription eines Gens in eine mRNA folgt die **Translation**, bei der das zugehörige Protein zusammengesetzt wird. Da sich die einzelnen mRNAs lediglich in der Abfolge ihrer Nucleotidbasen unterscheiden, kann die Information zum Bau eines Proteins nur in deren Sequenz stecken. Aus Kapitel 3 „Leben ist geformt und geschützt" wissen wir, dass Proteine aus langen Ketten von Aminosäuren bestehen. Beide Moleküle sind also sozusagen linear, und die Zelle braucht eigentlich nur eine Nucleotidsequenz in eine Aminosäurefolge zu übersetzen. Das Problem dabei ist: Den vier Basen der RNA stehen 20 (in manchen Fällen sogar bis zu 22) proteinogene Aminosäuren gegenüber. Ein Austausch im Verhältnis 1:1 ist somit nicht möglich.

Der genetische Code hat vier Buchstaben

Wegen der ungleichen Anzahl unterschiedlicher Basen und Aminosäuren muss die Zelle mehrere Nucleotidbasen zusammenfassen, um eine Aminosäure eindeutig zu identifizieren. Auch zwei Basen würden nur für $4^2 = 16$ verschiedene Anweisungen reichen. Erst drei Basen liegen mit $4^3 = 64$ möglichen Kombinationen über der geforderten Marke von 20. Darum bilden im **genetischen Code** jeweils drei Nucleotidbasen (ein Basentriplett) als Buchstaben ein als **Codon** bezeichnetes „Wort", das für eine genau festgelegte Aminosäure steht. So weist das Codon AAA die Ribosomen als zelluläre Proteinfabriken an, als Nächstes die Aminosäure Lysin zu verwenden. CGU verlangt hingegen ein Arginin. Der gesamte genetische Code ist in Abbildung 11.27 zu sehen.

Einige Codons haben **spezielle Aufgaben.** Das Triplett AUG steht nicht nur für die Aminosäure Methionin, sondern gibt bei der Translation auch das Kommando, mit der Polypeptidkette zu beginnen. Umgekehrt signalisieren UAA, UAG und UGA den Stopp der Synthese.

Bei 20 klassischen proteinogenen Aminosäuren, einem **Startcodon** (das aber zugleich für Methionin steht) und drei **Stoppcodons** würde es reichen, wenn 24 der 64 möglichen Tripletts eine Bedeutung hätten. Tatsächlich sind auch die restlichen 40 Kombinationen verteilt, sodass manche Aminosäuren gleich von mehreren Codons codiert werden. Diese **Degeneration des genetischen Codes** betrifft vor allem die dritte Base, von der häufig zwei, drei oder alle vier Versionen letztlich zur gleichen Aminosäure führen, wenn die ersten beiden Basen feststehen. Codieren Tripletts, die sich nur in der dritten Stelle unterscheiden, für verschiedene Aminosäuren, haben diese

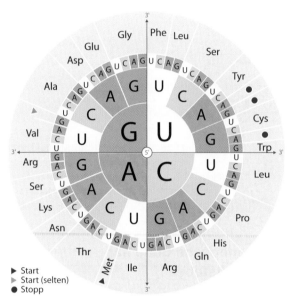

▸ Start
▸ Start (selten)
● Stopp

11.27 Der genetische Code gibt an, für welche Aminosäuren die Tripletts der mRNA (Codons) stehen. Leserichtung ist von innen (5') nach außen (3').

meistens ähnliche Eigenschaften bezüglich Ladung und Hydrophobizität. Dadurch bleibt das produzierte Protein häufig auch dann noch funktionstüchtig, wenn bei der Translation an der dritten Codonstelle ein Fehler unterläuft.

Erstaunlicherweise haben die Untersuchungen an Tausenden von Organismen aus allen Reichen ergeben, dass der **genetische Code annähernd universell** ist. Masernviren, Archaeen aus heißen Quellen, erdölfressende Bakterien, Gänseblümchen und Pottwale benutzen alle die gleiche Verschlüsselung. Nur eine Handvoll Abweichungen ist bislang bekannt:

- Mitochondrien haben noch ein paar eigene Gene und interpretieren bei den verschiedenen Organismengruppen insgesamt sieben Codons anders als die Zelle.
- Einige *Candida*-Pilze verstehen CUG als Codon für Serin statt Leucin.
- Ciliaten und manche Grünalgen codieren Glutamin zusätzlich mit UAG oder UAA.
- Archaeen und Bakterien, die Proteine mit Selenocystein und Pyrrolysin besitzen, verwenden für diese Aminosäuren die Codons UGA beziehungsweise UAG. Auch Eukaryoten, darunter der Mensch, verwenden in einigen Proteinen Selenocystein.
- In manchen Fällen wird ein weiteres Codon als Startsignal gelesen, so etwa GUG bei Bakterien und gelegentlich auch in Eukaryoten.

Die Universalität des Codes lässt vermuten, dass er bereits sehr früh in der Geschichte des Lebens entstanden ist und seitdem kaum verändert wurde – ein starkes Indiz für den gemeinsamen Ursprung aller bekannten Lebensformen. Zugleich ein glücklicher Umstand für die angewandte Genetik. Weil Bakterien den Code genauso verstehen wie Humanzellen, können Gentechniker die Gene für interessante Proteine einfach in die Mikroben einschleusen und dort die Transkription und Translation in viel kürzerer Zeit ablaufen lassen, als es mit eukaryotischen Zellkulturen machbar wäre.

Transfer-RNAs sind das Bindeglied zwischen Nucleotiden und Aminosäuren

Der genetische Code ordnet jedem Codon auf der mRNA eindeutig eine Aminosäure zu. Für die Umsetzung dieser Vorschrift fehlt aber noch ein Adaptermolekül, das die jeweiligen Tripletts der Nucleinsäure erkennt und die zugehörige Aminosäure bereithält. Diese Dolmetscherfunktion übernehmen die **Transfer-RNAs** oder kurz **tRNAs**. Es handelt sich um relativ kurze RNA-Stränge von 73 bis 95 Nucleotiden Länge, deren Basen teilweise intramolekulare Paare bilden und dem Molekül eine charakteristische L-Form verleihen (Abbildung 11.28).

Die beiden entscheidenden Bereiche der tRNA liegen auf den entgegengesetzten Enden des Moleküls. In der Mitte der Nucleotidkette, die bei grafischen Darstellungen meistens nach unten weist, finden wir das **Anticodon** – ein Basentriplett, das den Kontakt zum Codon auf der mRNA herstellt und jeweils komplementär ist. Lautet die Sequenz des Codons beispielsweise 5'–GCC–3', ist sie beim Anticodon der passenden tRNA 3'–CGG–5'. Nach den Vorgaben des genetischen Codes entspricht das mRNA-Triplett GCC der Aminosäure Alanin. Genau diese Aminosäure trägt die tRNA an ihrem 3'-Ende. Spezifische **Aminoacyl-tRNA-Synthetasen** beladen die verschiedenen tRNAs mit ihren Aminosäuren.

Da es im genetischen Code 61 unterschiedliche Codons gibt, die für Aminosäuren codieren, sollten wir annehmen, dass in der Zelle die gleiche Zahl verschiedener tRNAs vorkommt. Stattdessen sind es deutlich weniger, je nach Organismus bis zu 41, beim Menschen sogar nur 31. Nach der **Wobble-Hypothese** ist dies eine Folge der Degeneration des genetischen Codes. Für viele Codons ist es gar nicht nötig, auch die dritte Nucleotidbase genau abzulesen, um

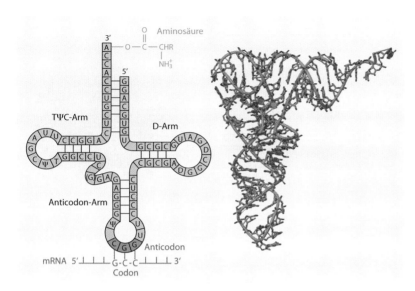

11.28 In zweidimensionaler Darstellung hat die tRNA eine Kleeblattform (links), in drei Dimensionen erinnert sie an den Buchstaben L (rechts). Das Anticodon ist in beiden Fällen unten zu finden, die Aminosäure ist am gegenüberliegenden Ende gebunden.

die korrekte Aminosäure zu finden. Schneller geht es, wenn nur die ersten beiden Codon-Basen tatsächlich alle Wasserstoffbrücken zu ihren Anticodon-Gegenstücken ausbilden. Die dritte Verbindung darf ruhig „wackeln" (*to wobble*). Während dies für Codons nach dem Muster 5'–GC?–3' keinen Unterschied in der Aminosäuresequenz macht, da alle vier Varianten für Alanin stehen, kann eine Verwechslung der dritten Base im Codon 5'–GA?–3' zum Einbau der falschen Aminosäure führen, nämlich eines Aspartats anstelle eines Glutamats oder umgekehrt. Die Zelle nimmt diese Fehlerquelle jedoch anscheinend in Kauf, zumal meistens Aminosäuren mit ähnlichen Eigenschaften in das Protein wandern.

[?]
Prinzip verstanden?

11.3 Auf einem Gen ist die Sequenz 3'–ATG-GAACGTGGGTATAGC–5' zu finden. Wie lautet die Reihenfolge der zugehörigen mRNA-Nucleotide? Welche Anticodons binden an diese mRNA? Wie sieht die zugehörige Aminosäurefolge aus?

Ribosomen sind universelle Proteinfabriken

Mit der mRNA haben wir die Arbeitskopie eines Gens parat, und die tRNAs übersetzen die Nucleotidsequenz nach dem genetischen Code in eine Folge von Aminosäuren. Dieser Prozess findet in gewaltigen Komplexen aus Proteinen und Nucleinsäuren statt – den **Ribosomen** (Abbildung 11.29). Obwohl

sich die Ribosomen von Pro- und Eukaryoten in der Größe und in der Anzahl ihrer Teilmoleküle unterscheiden (Tabelle 11.2), sind sie doch im Wesentlichen gleich aufgebaut:

- Die **kleine Untereinheit** enthält ein Molekül ribosomaler RNA (rRNA), mit dem sie Kontakt zur mRNA aufnimmt.
- Die **große Untereinheit** verfügt über zwei beziehungsweise drei rRNAs, die für die katalytischen Aufgaben während der Proteinsynthese verantwortlich sind.

Tabelle 11.2 Ribosomen von Prokaryoten und Eukaryoten im Vergleich.
(S steht für *Svedberg* und ist die Maßeinheit für die Sedimentationsgeschwindigkeit in einer Zentrifuge.)

	Prokaryoten	Eukaryoten
Bezeichnung	70 S	80 S
Durchmesser	23 nm	25 nm
große Untereinheit	50 S	60 S
Proteine	34	49
rRNAs	23 S 5 S	28 S 5,8 S 5 S
kleine Untereinheit	30 S	40 S
Proteine	21	33
rRNA	16 S	18 S

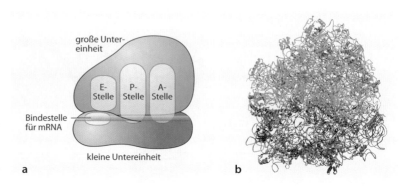

11.29 Das Ribosom als Schema (a) und Computermodell nach den atomgenauen Daten der Strukturanalyse (b). Die A-, P- und E-Stelle werden bei der Translation von den tRNA-Molekülen besetzt.

Die große Anzahl der **Proteine** in den beiden Untereinheiten dient anscheinend vor allem dem Zusammenhalt das Komplexes und richtet die Nucleinsäuren zueinander aus. Sie schaffen mehrere funktionale Stellen im Ribosom, die wir im Zuge der Besprechung der Translation im folgenden Abschnitt genauer betrachten werden. Anders als bei den enzymatischen Reaktionen, die wir bislang kennengelernt haben, sind die ribosomalen Proteine aber nicht an der chemischen Verknüpfung der Aminosäuren beteiligt. Das übernimmt die jeweils längste rRNA der großen Untereinheit, die damit zu den **Ribozymen** gehört – so nennt man RNA-Moleküle mit enzymatischen Eigenschaften.

Im Gegensatz zu den Aminoacyl-tRNA-Synthetasen zum Beladen der tRNAs mit Aminosäuren sind Ribosomen **unspezifische Komplexe**, die alle Typen von mRNA und tRNA aufnehmen und nach den Vorgaben Proteine synthetisieren. Es sind universelle Proteinfabriken, die frei im Cytoplasma arbeiten, wenn sie Polypeptide herstellen, welche ebenfalls im Cytosol verbleiben, oder die an das endoplasmatische Reticulum gebunden sind, wo sie Proteine produzieren, die erst noch an ihren Einsatzort transportiert werden müssen.

Proteine wachsen schrittweise heran

Noch während die Transkription läuft, lagern sich bei Prokaryoten bereits Ribosomen an die wachsende mRNA und beginnen mit der als **Translation** bezeichneten RNA-abhängigen Polypeptidsynthese. Bei Eukaryoten startet der Vorgang hingegen erst, nachdem das Transkript prozessiert wurde und die reife mRNA durch die Kernporen in das Cytosol gelangt ist.

Wie die Transkription können wir auch die Translation in **drei Phasen** unterteilen:

1. In der **Initiationsphase** finden die einzelnen Moleküle zum Initiationskomplex zusammen.
2. Im Laufe der **Elongation** wächst die Peptidkette am Ribosom Stück für Stück heran.
3. Die **Termination** beendet die Synthese, und das Polypeptid wird freigesetzt.

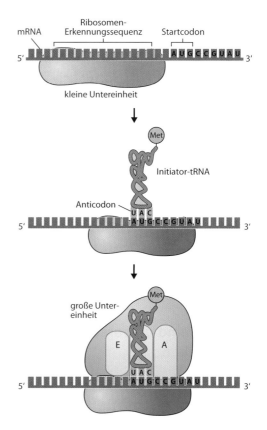

11.30 Zu Beginn der Translation bilden die mRNA, die Initiator-tRNA und die beiden Untereinheiten des Ribosoms den Initiationskomplex.

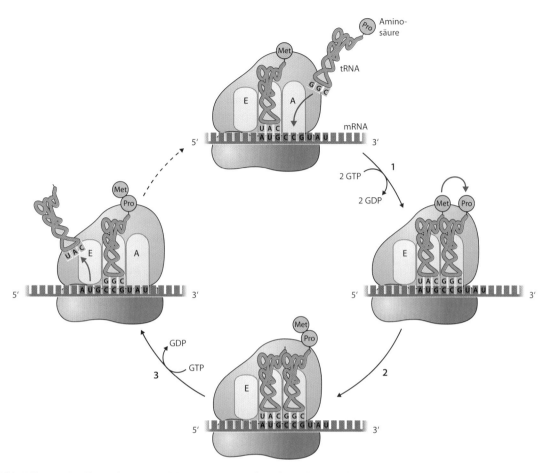

11.31 Während der Elongation lagert sich neue tRNA an die A-Stelle (1), das bisher gebildete Peptid wird auf deren Aminosäure übertragen (2), und die Kette rutscht um eine Position weiter im Ribosom (3).

Außerhalb der Synthese liegen die kleinen und großen Untereinheiten der Ribosomen getrennt vor. Sie müssen daher in der **Initiation** zunächst zusammengebracht werden (Abbildung 11.30). Dies geschieht mithilfe von speziellen Proteinen, den Initiationsfaktoren, und unter Einsatz von GTP als Energielieferant. Zu Beginn lagert sich die kleine Untereinheit an die mRNA, indem sie bei Prokaryoten an eine Erkennungssequenz am 5'-Ende bindet beziehungsweise bei Eukaryoten durch die Cap-Gruppe vermittelt andockt. Stromabwärts, also in Richtung 3'-Ende, befindet sich das Startcodon mit der Sequenz AUG. Eine tRNA mit der Aminosäure Methionin nimmt über ihr Anticodon den Kontakt auf. Später wird das Methionin häufig wieder von der Peptidkette abgespalten, während der Frühphase der Translation ist es jedoch zunächst die erste Aminosäure des neuen Peptids. Als letzte Komponente tritt die große ribosomale Untereinheit hinzu. Sie umschließt die Initia-

tor-tRNA so, dass diese auf der sogenannten P-Stelle sitzt – eine Ausnahme, denn alle anderen tRNAs gelangen über die momentan noch leere A-Stelle in das Ribosom. Mit dem Zusammenschluss der Untereinheiten ist der Initiationskomplex komplett, und die Synthese kann beginnen.

Die **Elongation** wird ebenfalls durch Hilfsproteine, die Elongationsfaktoren, unterstützt und verbraucht Energie, die aus der Hydrolyse von GTP stammt. Sie läuft zyklisch in drei Teilschritten ab (Abbildung 11.31):

1 Verschiedene beladene tRNAs probieren ihre Anticodons an der mRNA aus. Nur wenn die **Codonerkennung** positiv ausfällt und die Sequenzen zueinander passen, bindet die tRNA an der A-Stelle des Ribosoms. Das „A" steht darin für „Aminoacyl-" und deutet an, dass hier der Platz für die jeweils nächste Aminosäure mit ihrer tRNA ist.

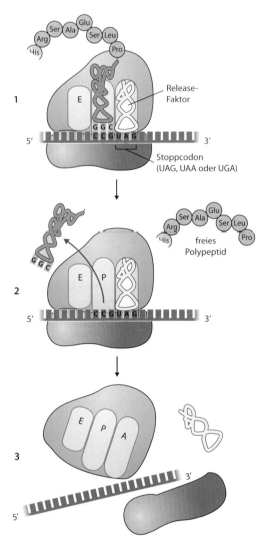

11.32 Die Bindung des Release-Faktors an das Stoppcodon (1) leitet die Termination ein. Die fertige Peptidkette wird freigesetzt (2), und die Komponenten des aktiven Ribosoms fallen voneinander ab (3).

2. Die rRNA der großen Untereinheit kappt nun als Ribozym die Bindung zwischen der tRNA in der P-Stelle („P" für „Peptidyl-") und ihrer Aminosäure. Im ersten Durchgang handelt es sich dabei lediglich um das Start-Methionin. Ab der zweiten Runde hängt hingegen die gesamte bislang produzierte Peptidkette an der P-Stellen-tRNA. Das Ribozym überträgt das Peptid auf die Aminosäure an der A-Stellen-tRNA und **bildet die Peptidbindung** aus. Damit ist die Kette an ihrem C-Terminus um einen Aminosäurerest gewachsen.

3. In einem **Translokationsschritt** schiebt sich das Ribosom um drei Nucleotidbasen weiter in 5'→3'-Richtung auf der mRNA. Die tRNA mit dem Peptid gelangt dadurch von der A- auf die P-Stelle. Die nun entladene tRNA rutscht von der P- auf die E-Stelle („E" für „Exit"). Sie löst sich vom Ribosom ab und kann durch ihre Aminoacyl-tRNA-Synthetase neu beladen werden.

Mit der nächsten beladenen tRNA kann der Zyklus erneut beginnen. Ein Durchgang dauert bei Prokaryoten weniger als eine Zehntelsekunde, bei Eukaryoten etwa eine halbe Sekunde. Trotz der Geschwindigkeit unterläuft dem Ribosom nur bei einer von 1000 Aminosäuren ein Fehler.

Sobald ein Stoppcodon auf die A-Stelle rückt, setzt die **Termination** der Translation ein (Abbildung 11.32). Für die Codons UAA, UAG und UGA gibt es keine passenden tRNAs. Stattdessen bindet ein Release-Faktor genanntes Protein, das die Peptidkette durch eine Hydrolyse ablöst. Anschließend trennen sich auch die beiden Untereinheiten des Ribosoms voneinander.

Ribosomen sind in aktiven Zellen sehr häufig – in Bakterien sind etwa 15 000 dieser Komplexe zu finden, in eukaryotischen Zellen bis zu mehreren Millionen. Häufig docken gleich mehrere Ribosomen nacheinander an dasselbe Molekül mRNA. Es entstehen **Polyribosomen** oder **Polysomen**, die unter dem Elektronenmikroskop wie Perlenketten aussehen (Abbildung 11.33).

Offene Fragen

Was tun die Kleinen?

Neben den Bauplänen für Proteine in Form von mRNA entstehen bei der Transkription auch lange nichtcodierende RNA-Moleküle (*long non-coding RNA* oder lncRNA), die häufig Bereiche enthalten, welche zwar alle notwendigen Merkmale für eine Translation besitzen, aber zu klein sind, um ein Protein zu bilden. Erst spät haben Wissenschaftler festgestellt, dass auch diese *small open reading frames* (smORFs) tatsächlich in Peptide von zehn bis 100 Aminosäurebausteinen Länge umgesetzt werden. Alleine in Hefezellen wurden bereits über 1000 smORF-codierte Peptide gefunden. Viele der Sequenzen sind bei so verschiedenen Arten wie Zebrafischen und Menschen identisch oder zumindest sehr ähnlich – was dafür spricht, dass sie äußerst wichtige Aufgaben erfüllen. Trotzdem sind die Funktionen der meisten smORF-Peptide noch unbekannt.

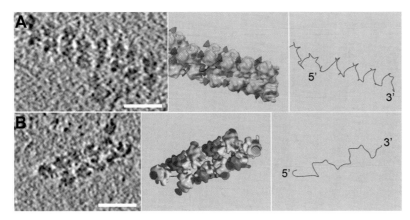

11.33 In Polysomen lagern sich viele Ribosomen dicht an dicht an die mRNA. Die linken Abbildungen zeigen kryoelektronenmikroskopische Aufnahmen. In der Mitte sind entsprechende Modelle der zugehörigen räumlichen Anordnung zu sehen. Die kleinen Untereinheiten sind gelb wiedergegeben, die großen blau, das wachsende Polypeptid rot. Die mRNA ist, wie rechts zu sehen, entweder schraubenförmig gewunden (oben) oder flächig gefaltet (unten).

Trägt die wachsende Peptidkette eine Signalsequenz an ihrem N-Terminus, die anzeigt, dass das Protein an einen Bestimmungsort gehört, für den es eine Membran überwinden muss (siehe Kapitel 5 „Leben transportiert"), stoppt meist ein Signalerkennungspartikel die Translation vorübergehend. Erst wenn sich das Ribosom über ein Rezeptorprotein an das **raue endoplasmatische Reticulum** geheftet hat, setzt die Synthese wieder ein. Das Peptid wächst nun durch einen Kanal in das ER-Lumen hinein. Ist es fertig, wird es mit einem Vesikel zu seinem Bestimmungsort transportiert.

Auch manche Proteine, die in das Cytosol freigesetzt werden, tragen Signalsequenzen, die ihr eigentliches Ziel angeben. Histone müssen beispielsweise nach ihrer Fertigstellung in den Zellkern gelangen, wo sie einen Komplex mit der DNA bilden. Spezifische **Dockingproteine** in der jeweiligen Organellenmembran beziehungsweise Kernmembran erkennen die Sequenzen und schleusen das Protein hinein.

Nach der Translation erhalten Proteine den Feinschliff

Nachdem die Polypeptidkette das Ribosom verlassen hat, wird sie häufig noch mit einigen **posttranslationalen Modifikationen** verändert. Im Zuge der Proteolyse spalten Enzyme das Signalpeptid ab und zerschneiden Ketten, die mehrere Proteine enthalten, in einzelne Polypeptide. Durch die Glykosylierung erhält das Protein Zuckerreste und Zuckerketten, wodurch es zum Glykoprotein wird. Proteinkinasen versehen mitunter in einer Phosphorylierung das Polypeptid mit Phosphatgruppen. Und andere Enzyme wandeln einzelne Aminosäurereste um, sodass beispielsweise aus einem Prolin ein Hydroxyprolin wird, Serin zu O-Phosphoserin und Glutamat zu Carboxyglutamat.

Prinzip verstanden?

11.4 Welche Vorteile hat es, wenn die Translation nicht direkt an der DNA abläuft?

Offene Fragen

DNA ohne Aufgabe?

Etwa 95 Prozent des menschlichen Genoms codieren nicht für ein Protein oder funktionelle RNA. Bei einem Teil dieser Sequenzen handelt es sich vermutlich um Überreste von inaktiven Viren oder früheren Genen, die nicht mehr benutzt werden. Andere Abschnitte der nichtcodierenden DNA sind an der Regulation der Genexpression oder DNA-Replikation beteiligt. Manche werden nur während bestimmter Entwicklungsphasen des Organismus gebraucht und schlummern die übrige Zeit ungenutzt im Genom. Eventuell benötigen die Enzyme der Transkription und Replikation auch einfach räumliche Abstandhaltersequenzen zwischen den Genen, um besser an die DNA binden zu können. Trotz dieser Erklärungsversuche ist aber weiterhin offen, warum das Genom einen so großen Anteil nichtcodierender Abschnitte umfasst, deren Sequenzen sich im Laufe der Evolution teilweise kaum verändert haben. Erfüllt diese DNA eine Aufgabe, von der wir bislang nichts ahnen?

Genauer betrachtet

Antibiotika greifen die Proteinsynthese an

Einige Bakterien und einzellige Pilze wehren sich mit niedermolekularen chemischen Substanzen – den **Antibiotika** – gegen mikrobielle Feinde und Konkurrenten. Höhere Organismen bleiben von deren Wirkung unbeeinträchtigt. Als Angriffspunkt zielen Antibiotika neben der Zellwandsynthese und der DNA-Replikation auch auf die Produktion der Proteine.

Rifampicin hemmt die bakterielle RNA-Polymerase und damit die Transkription. Es wird meistens in einem Antibiotika-Cocktail eingesetzt.

Tetracycline verhindern, dass sich beladene tRNA an die mRNA und die kleine Untereinheit bakterieller Ribosomen (30 S) lagern kann. Mit eukaryotischen Ribosomen interagiert diese Antibiotikagruppe nicht.

Auch **Aminoglycosid-Antibiotika**, zu denen Streptomycin gehört, greifen die 30 S-Untereinheit prokaryotischer Ribosomen an. Sie verleiten die Ribosomen dazu, falsche Aminosäuren in die Polypeptidkette einzubauen und so funktionslose Proteine zu synthetisieren. Streptomycin stoppt die Translation ganz, indem es die Bindung beladener tRNAs an die A-Stelle verhindert.

Chloramphenicol blockiert an der großen Untereinheit die Übertragung des Peptids. Da es in seltenen Fällen zu lebensbedrohlichen Nebenwirkungen kommen kann, wird es nur noch selten als Reserveantibiotikum verwendet.

Makrolide wie Erythromycin hemmen den Translokationsschritt der Translation. Sie sind sehr gut verträglich, allerdings nur gegen ein enges Spektrum von Krankheitserregern wirksam.

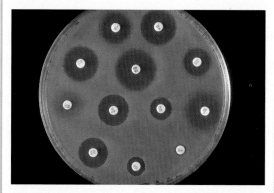

Um Filterpapierstückchen mit einem wirksamen Antibiotikum entsteht ein Hemmhof, in dem keine Bakterien wachsen.

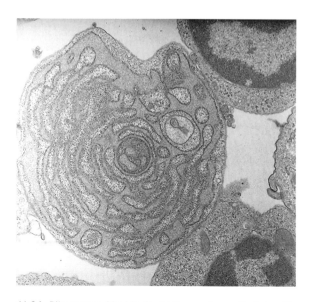

11.34 Ribosomen (dunkle Punkte), an denen Proteine für andere Kompartimente und den Export synthetisiert werden, lagern sich an das endoplasmatische Reticulum und machen es dadurch in elektronenmikroskopischen Aufnahmen „rau".

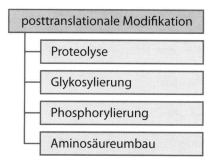

11.35 Proteine werden nach der Translation häufig chemisch verändert.

Der Genotyp bestimmt weitgehend den Phänotyp

Die fertigen Proteine erfüllen im Organismus zahlreiche Aufgaben, die häufig auch das äußere Erscheinungsbild beeinflussen. Die Gesamtheit aller Merkmale eines Individuums bezeichnen wir als **Phänotyp**. Darin ist nicht nur das Aussehen enthalten, sondern auch alle inneren physiologischen Eigenschaften wie etwa die Fähigkeit, Alkohol abzubauen, sowie beim Menschen die psychologischen Eigenheiten. Der Phänotyp geht zum Teil auf die Umwelteinflüsse zurück, zum Teil aber auf die gene-

11.36 Die Wunderblume trägt gleich starke Gene für rote und weiße Blüten.

tische Ausstattung. Deren Gesamtheit wird **Genotyp** genannt. Häufig werden die Begriffe „Phänotyp" und „Genotyp" aber auch für isoliert betrachtete Einzelmerkmale verwendet, wie beispielsweise die Blutgruppe.

Da wir bei der Befruchtung sowohl von der Mutter als auch vom Vater einen vollständigen Gensatz mitbekommen, haben wir von jedem Gen mindestens zwei Exemplare, die sich in ihrer Sequenz unterscheiden können. Solche verschiedenen Ausprägungen des gleichen Gens heißen **Allele** und sind dafür verantwortlich, dass Menschen beispielsweise unterschiedliche Blutgruppen und Augenfarben haben und Pflanzen derselben Art in verschiedenen Farben blühen. Sind die Allele in einer Zelle gleich, ist sie in Bezug auf das betreffende Gen homozygot, unterscheiden sich die Allele, liegt eine Heterozygotie vor.

Während homozygote Gene in die gleiche Richtung wirken, stehen **heterozygote Allele** manchmal in Konkurrenz zueinander. Betrachten wir als Beispiel das Blutgruppensystem AB0. Es wird durch unterschiedliche Zuckergruppen auf den Oberflächen von roten Blutkörperchen hervorgerufen, die wiederum durch bestimmte Enzyme synthetisiert und an ihre Trägerproteine gebunden werden. Das Allel für die Blutgruppe A bewirkt, dass die Zuckerkette mit α-N-Acetylgalactose endet. Ist jemand homozygot A, tragen seine Erythrocyten folglich eine „A-Markierung", und er hat Blutgruppe A als Phänotyp. Anders beim Allel für die Blutgruppe 0. Es produziert keine endständige Zuckergruppe. Wer homozygot 0 ist, hat deshalb etwas verkürzte Glykogruppen. Interessant wird es bei einer heterozygoten Mischung wie A0. Das 0-Allel sorgt auch hier für die Kurzversion, aber gleichzeitig stellt das A-Allel über sein Produkt Glykoproteine mit einer A-typischen Endung her. Damit tragen die roten Blutkörperchen

das Merkmal der Blutgruppe A an ihrer Oberfläche, was dem Immunsystem von Menschen mit anderen Blutgruppen als Angriffspunkt für Antikörper ausreicht. Ein Träger mit A0 im Genotyp hat darum im Phänotyp ebenfalls die Blutgruppe A. Das A-Allel setzt sich also durch – es ist **dominant** gegenüber dem **rezessiven** 0-Allel, dessen Beitrag zur Erythrocytenoberfläche unbeachtet bleibt. Einen anderen Ausgang erhalten wir, wenn die Allele für A und B aufeinanderstoßen. Das B-Allel steht für ein α-Galactose-Ende und wird parallel zum A-Allel ausgeprägt. Die beiden Allele sind also **kodominant**, und heterozygote Zellen tragen beide Typen von Glykoproteinen, an die jeweils passende Antikörper binden können. Im Phänotyp sind sie deshalb sowohl Blutgruppe A als auch B, was kurz als Blutgruppe AB bezeichnet wird.

Die Eigenschaften gleich starker Allele können nicht nur gleichwertig nebeneinander stehen, sondern auch zusammen einen mittleren Phänotyp bewirken. Die Blütenfarbe der Wunderblume (*Mirabilis jalapa*) zeigt einen solchen **intermediären Erbgang**. Für sie gibt es Allele, die eine rote Färbung bewirken, und solche für weiße Blüten. Im homozygoten Zustand prägen sich diese Farben auch rein aus. Heterozygote Blüten mischen daraus hingegen ein Rosa (Abbildung 11.36).

Prinzip verstanden?

11.5 Wir kreuzen eine Wunderblume, die homozygot für weiße Blüten ist (WW), und eine mit zwei Alleln für rote Blüten (RR). Die Nachkommen erben von den Eltern jeweils eines der beiden Allele. Wie sehen die Blüten der ersten Tochtergeneration (F_1) aus? Welche Blütenfarbe haben die Nachkommen der zweiten Generation (F_2), wenn wir zwei Pflanzen der F_1-Gruppe kreuzen?

Genauer betrachtet

Einfache, doppelte und vielfache Erbsätze

Körperzellen von Menschen und vielen Tieren enthalten zwei vollständige Chromosomensätze – sie sind **diploid**. Einer der Sätze geht auf die Chromosomen der Eizelle zurück, der andere auf das befruchtende Spermium. Beide Typen von Keimzellen (Gameten) sind **haploid**, verfügen also nur über einen Chromosomensatz.

Bei einigen Tierarten, die sich zusätzlich über unbefruchtete Eier vermehren, ist eines der Geschlechter auch in den Körperzellen haploid. Etwa die Männchen bei Ameisen und die Drohnen der Bienen. Manche Pflanzen, wie Moose und Farne, durchlaufen einen Generationenwechsel, in dem sich haploide und diploide Formen abwechseln.

Mit dem doppelten Chromosomensatz ist noch nicht das Maximum erreicht. Bei der **Polyploidie** beinhalten die Zellen drei oder mehr Sätze. Teichfrösche sind beispielsweise triploid, Forellen tetraploid. Selbst Säugetiere können polyploid sein, wie die tetraploide Viscacharatte. Häufiger ist das Phänomen jedoch bei höheren Pflanzen. So ist Saatweizen hexaploid, und Erdbeeren haben den zehnfachen Chromosomensatz (dekaploid). Polyploide Pflanzen sind häufig kräftiger und widerstandsfähiger, möglicherweise, weil mehrere Kopien eines Gens gleichzeitig abgelesen werden können und die Proteinsynthese dadurch schneller läuft.

Den Rekord in Polyploidie hält allerdings ein Bakterium. *Epulopiscium fishelsoni* lebt im Darm von Doktorfischen und ist nicht nur mit 600 µm Länge und 80 µm Durchmesser ein wahrer Riese unter den Prokaryoten, sondern nennt auch bis zu 200 000 Kopien seines Chromosoms sein eigen.

Die DNA wird in der Replikation verdoppelt

Mit der Genexpression kann die Zelle abschnittsweise auf alle Informationen zugreifen, die in ihrer DNA gespeichert sind. Will die Zelle sich teilen, muss sie die DNA aber in deren voller Länge duplizieren, um aus dem Doppelstrang tatsächlich ein Erbmolekül zu machen, von dem sie an jede Tochterzelle ein Exemplar weitergeben kann. Diese **DNA-Replikation** verläuft recht ähnlich wie die Transkription. In beiden Prozessen trennen Enzyme die komplementären DNA-Stränge voneinander und erstellen mit Nucleosidtriphosphaten eine Negativkopie. Bei der Replikation werden jedoch beide Stränge nachgebaut, und das neue Molekül bleibt mit seiner Vorlage verbunden. Der Vorgang ist somit semikonservativ, denn jede neue DNA-Doppelhelix besteht aus einem alten und einem frischen Strang (Abbildung 11.37).

DNA-Polymerasen verdoppeln beide DNA-Stränge

Die Verdopplung des gesamten Chromosomensatzes ist ein „teurer" Vorgang, der viel Energie und Nucleotidbausteine verbraucht. Die Zelle leitet ihn darum nur ein, wenn sie zuvor genügend Rücklagen bilden konnte. Der Prozess sollte deshalb möglichst schnell ablaufen, um die normalen Lebensvorgänge nicht zu

lange zu unterbrechen. Gleichzeitig muss die Replikation annähernd fehlerfrei erfolgen, weil jede Abweichung von der bewährten DNA-Sequenz fatale Folgen für die Tochterzellen haben kann, wie wir im folgenden Abschnitt über Mutationen sehen werden. Die Zelle sorgt für eine **effiziente Replikation**, indem sie die dafür notwendigen Enzyme in einem Replikationskomplex oder Replisom zusammenfasst. Auf diese Weise werden alle Teilaufgaben unmittelbar nacheinander erledigt, und es kommt zu keinen Verzögerungen, weil gerade ein Protein für den nächsten Schritt fehlt. Während der **Initiation** setzt das Replisom bei kleinen ringförmigen Chromosomen, wie Bakterien sie haben, an einem einzigen Replikationsursprung an. Für die langen linearen DNA-Stränge der eukaryotischen Chromosomen würde ein einzelnes Replisom hingegen zu lange benötigen. Auf ihnen gibt es deshalb Hunderte Replikationsursprünge, an denen die Verdopplung gleichzeitig startet. In beiden Fällen verläuft sie nicht nur in eine Richtung, son-

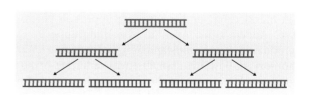

11.37 Bei der semikonservativen Replikation werden die DNA-Doppelstränge in jedem Verdopplungsschritt getrennt, und der komplementäre Strang wird nachsynthetisiert.

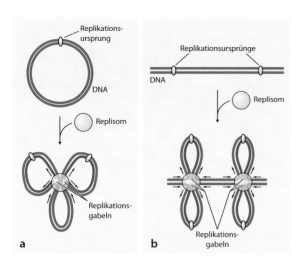

11.38 Die Replikation startet bei ringförmigen Chromosomen an einem einzigen Replikationsursprung (a), bei linearen Chromosomen an mehreren Replikationsursprüngen (b). In beiden Fällen zieht das Replisom den DNA-Doppelstrang an beiden Seiten in sich hinein, trennt in den Replikationsgabeln die Stränge und ergänzt den jeweils komplementären Strang. Die neuen DNA-Moleküle schiebt es in Schleifen aus dem Komplex hinaus.

dern bidirektional, indem die Replisomen den DNA-Faden aus beiden Richtungen durch sich hindurchziehen (Abbildung 11.38).

Die erste Aufgabe des Replisoms liegt darin, die beiden DNA-Stränge ein Stück weit zu entspiralisieren und zu öffnen, um Zugang zu den Nucleotidbasen zu erhalten. Das Enzym Helicase schafft dadurch eine Replikationsblase, an deren beiden Enden sich die Y-förmigen **Replikationsgabeln** befinden (Abbildung 11.39). Jede Replikationsgabel wird von der

Helicase weiter vorangetrieben, und direkt hinter dem Enzym lagern sich Einzelstrang-bindende Proteine (*single-strand-binding proteins*, SSB) an die DNA, um zu verhindern, dass die Basen sich sofort wieder paaren und die Blase schließen. Vor der Replikationsgabel läuft eine Topoisomerase den Doppelstrang entlang. Sie entspannt die übermäßige Verdrillung der DNA, die außerhalb der Replikationsblase durch die Wirkung der Helicase entsteht. Dazu zerschneidet die Topoisomerase vorübergehend das Rückgrat der DNA, lässt die Stränge in die entgegengesetzte Richtung rotieren und schließt die Lücke wieder.

Die eigentliche Verdopplung der DNA nehmen verschiedene DNA-Polymerasen vor. Allerdings sind diese Enzyme nicht in der Lage, die Neusynthese des zweiten DNA-Strangs alleine anhand des Matrizenstrangs zu beginnen. Sie benötigen dafür ein kurzes doppelsträngiges Stück, an dessen 3'-Ende sie ansetzen. Diesen sogenannten **Primer** von rund zehn Basenpaaren Länge bildet die Primase, die zu den RNA-Polymerasen zählt. Der Primer besteht somit aus einem Stück RNA, das später gegen die entsprechende DNA-Folge ausgetauscht werden muss.

Eine weitere hinderliche Eigenheit der DNA-Polymerase macht sich bei der **Elongation** bemerkbar. Zunächst bindet die zuständige DNA-Polymerase – beim Bakterium *Escherichia coli* ist dies die DNA-Polymerase III – an den DNA-Abschnitt mit Primer. Von hier aus kann sie den einen DNA-Strang in 3'→5'-Richtung ablesen und dazu einen komplementären neuen DNA-Strang in 5'→3'-Richtung synthetisieren. Die Polymerase folgt dabei der fortschreitenden Replikationsgabel, sodass ein durchgehender **Leitstrang** entsteht, der kontinuierlich weiterwächst (Abbildung 11.40).

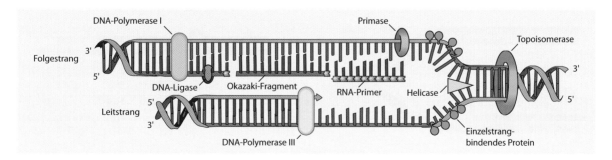

11.39 Vor jeder Replikationsgabel entspannt die Topoisomerase die verdrillte DNA. Die Helicase trennt die beiden Stränge, die von Einzelstrang-bindenden Proteinen stabilisiert werden. Den Leitstrang kann die DNA-Polymerase III in einem Stück synthetisieren. Für den Folgestrang muss die Primase immer wieder RNA-Primer als Ansatzpunkt für die DNA-Polymerase produzieren. Die entstehenden Okazaki-Fragmente (hier mit stark verkürztem RNA-Primer dargestellt) verbindet die DNA-Ligase, nachdem die DNA-Polymerase I die RNA-Nucleotide durch DNA-Bausteine ersetzt hat.

Die Verdopplung des anderen DNA-Fadens, der antiparallel zur Matrize des Leitstrangs verläuft, geht

Leitstrang (*leading strand*)
Bei der Replikation der neue DNA-Strang, der kontinuierlich in 5'→3'-Richtung synthetisiert wird.

weniger reibungslos vonstatten. Zwar setzt die Primase auch hier einen Primer auf die DNA, aber die DNA-Polymerase ist nicht in der Lage, den Primer an seinem 5'-Ende zu verlängern. Sie kann also nicht der Replikationsgabel folgen und dabei in 3'→5'-Richtung synthetisieren. Stattdessen beginnt sie am Primer und arbeitet von der Gabel weg. Der so entstehende **Folgestrang** wächst darum entgegen der fortschreitenden Replikation und erfasst nicht jene DNA-Abschnitte, die von der Helicase frisch freigelegt werden. Dafür muss die Primase ständig weitere Primer bereitstellen, und die DNA-Polymerase erneut beginnen. Sie produziert so hintereinanderliegende doppelsträngige DNA-Stücke, die nach ihrem Entdecker **Okazaki-Fragmente** genannt werden und bei Eukaryoten 100 bis 200

Nucleotidpaare lang sind, bei Prokaryoten etwa zehnmal länger. Die diskontinuierliche Vorgehensweise bringt es mit sich, dass jedes Fragment an seinem 5'-Ende einen RNA-Primer trägt und zunächst keine Verbindung zu den Nachbarfragmenten hat. Zwei neue Enzyme beheben diese Mängel (Abbildung 11.41). Eine weitere DNA-Polymerase – bei *E. coli* die

Folgestrang (*lagging strand*)
Bei der Replikation der neue DNA-Strang, der in Okazaki-Fragmenten in 3'→5'-Richtung synthetisiert und schließlich von der Ligase zu einem durchgehenden Strang verknüpft wird.

11.40 Den Leitstrang synthetisiert die DNA-Polymerase durchgehend in der fortschreitenden Replikationsgabel. Da sie nur an ein bestehendes 3'-Ende Nucleotide anhängen kann, muss sie den Folgestrang in Stücken erstellen, die Okazaki-Fragmente genannt werden und einen RNA-Primer am 5'-Ende tragen.

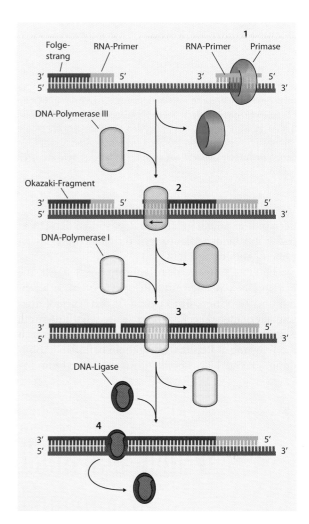

11.41 Den ersten Schritt bei der Bildung des Folgestrangs macht die Primase, indem sie einen RNA-Primer aufbaut (1). Daran kann die DNA-Polymerase III ansetzen und einen zum Matrizenstrang komplementären DNA-Strang erstellen, bis sie an den vorhergehenden Primer stößt (2). Die DNA-Polymerase I ersetzt später den RNA-Primer durch DNA-Nucleotide (3). Schließlich verbindet die DNA-Ligase die Fragmente zu einem durchgehenden Strang (4).

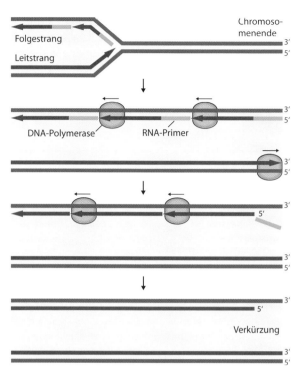

11.42 Die Chromosomenenden verkürzen sich bei jeder Replikation am 5'-Ende, weil die DNA-Polymerase kein 3'-Ende zum Ansetzen findet, um den RNA-Primer zu ersetzen.

DNA-Polymerase I – entfernt zuerst die RNA-Primer und füllt die Lücke mit passenden DNA-Bausteinen auf. Anschließend verbindet die DNA-Ligase die Fragmente, indem sie die Phosphodiesterbindungen zwischen den offenen 3'- und 5'-Enden knüpft. Als Ergebnis ist auch der Folgestrang eine durchgehende Kopie seines Matrizenstrangs.

Die **Termination** der Replikation erfolgt einfach, wenn zwei Replikationsgabeln aufeinanderstoßen und die Replisomen sich von der DNA lösen. Prokaryoten mit zirkulärem Chromosom haben zusätzlich eine Terminationssequenz, die sich gegenüber dem Replikationsursprung befindet. An dieser Stelle wartet die schnellere Replikationsgabel auf ihren langsameren Gegenpart. Da die beiden neuen Chromosomen nach ihrer Synthese noch miteinander verschränkt sind, müssen sie mit einer Topoisomerase voneinander freigeschnitten und wieder geschlossen werden.

An den Enden der linearen DNA-Fäden von Eukaryoten ergibt sich zum Replikationsschluss eine besondere Schwierigkeit (Abbildung 11.42). Das letzte Okazaki-Fragment auf dem Folgestrang trägt an seinem 5'-Ende den unvermeidlichen RNA-Primer. Wird dieser Primer abgebaut, kann die zustän-

dige DNA-Polymerase die freien Stellen nicht wie in der Strangmitte mit DNA-Nucleotiden auffüllen, weil ihr dafür das notwendige 3'-Ende fehlt, an welches sie ansetzen könnte. Das 5'-Ende des neuen Strangs ist also kürzer als das 3'-Ende des Mutterstrangs, das in diesem Bereich einzelsträngig bleibt. Damit verliert das Chromosom durch dieses sogenannte **End-Replikations-Problem** bei jeder Verdopplung etwa 50 bis 200 Basenpaare.

Würde der Verlust wichtige Gene betreffen, wäre die Lebensform nach wenigen Zellteilungen lebensunfähig. Sie benötigt darum einen Mechanismus, um die Kürzungen unschädlich oder gar rückgängig zu machen. Tatsächlich verfolgen Eukaryoten beide Strategien. Die Chromosomen gewöhnlicher Körperzellen schützen sie mit langen Wiederholungssequenzen an den Enden, die nicht für Proteine codieren und **Telomere** genannt werden. Beim Menschen lautet die Grundsequenz TTAGGG. Sie reiht sich bis zu mehreren Tausend Male aneinander. Die Zellen junger Organismen können es darum ohne Weiteres verkraften, wenn die Telomere bei der DNA-Replikation kürzer werden. Deren zweite Aufgabe besteht allerdings darin, zusammen mit speziellen Proteinen die Chromosomen zu schützen und zu stabilisieren. Nach etwa 20 bis 30 Verdopplungen werden die Telomere dafür zu kurz, und die Zelle stirbt schließlich oder geht zumindest in eine Ruhephase über. Die Länge der Telomere ist somit eine Art Maß für das biologische Alter der Zelle.

Es gibt jedoch Zellen, in denen kein Countdown ticken darf. Dazu gehören beispielsweise Stammzellen und Immunzellen, die sich sehr häufig teilen müssen, um ihren Aufgaben nachzukommen. Noch wichtiger ist es für Keimzellen, ewig jung zu bleiben, damit nicht Spermien und Eizellen miteinander verschmelzen, die bereits im biologischen Greisenalter sind. Der Jungbrunnen für solche Fälle ist das Enzym **Telomerase**. Es besteht im Wesentlichen aus Protein, beinhaltet aber auch eine RNA, die als Matrize für die Neusynthese der verlorenen Telomerstücke fungiert. Als Reverse Transkriptase verlängert die Telomerase den Mutterstrang der DNA so weit, dass der neue Strang mit der üblichen Primase und DNA-Polymerase auf seine korrekte Länge gebracht werden kann (Abbildung 11.43). Obwohl jede kernhaltige Zelle das Gen für die Telomerase enthält, ist es nur in wenigen Zelltypen aktiv. Denn ein ungehemmtes Wachstum und unaufhörliche Teilung ohne strenge Kontrolle sind Merkmale für einen überaus gefährlichen Zustand – für Krebs. Schätzungsweise 80 bis 90 Prozent der Krebszellen bei Menschen weisen eine Überproduktion von Telomerase auf.

Die Zelle korrigiert Fehler

Die DNA-Replikation verläuft sehr schnell – das Bakterium *Escherichia coli* benötigt zur Verdopplung seines Chromosoms unter günstigen Voraussetzungen lediglich 20 Minuten, menschliche Zellen brauchen dagegen rund acht Stunden für alle Chromosomen. Gleichzeitig ist der Prozess sehr genau. Im Schnitt ist im neuen DNA-Strang nur eine von etwa einer Milliarde Nucleotidbasen falsch. Die Zelle erreicht diese Quote mithilfe zahlreicher **Reparaturenzyme**, die während und nach der Replikation

---

Genauer betrachtet

Die Polymerase-Kettenreaktion (PCR)

Für genetische und biochemische Experimente sind häufig viele Kopien des gleichen DNA-Abschnitts notwendig. Mit der **Polymerase-Kettenreaktion** (*polymerase chain reaction*, PCR) lassen sich Sequenzen bis zu mehreren Tausend Basenpaaren Länge im Labor vervielfältigen. Dabei wird die natürliche Replikation in einer modifizierten Form nachgeahmt.

Das Verfahren verläuft in Zyklen, die drei Schritte umfassen:

1. Die DNA mit der Zielsequenz liegt zunächst als Doppelstrang vor, der durch **Denaturierung** in zwei Einzelstränge aufgeteilt werden muss. Dies geschieht durch vorsichtiges Erhitzen auf eine Temperatur von mehr als 90 °C.
2. Anschließend wird die Temperatur für die **Primerhybridisierung** (*primer annealing*) auf etwa 55 bis 65 °C abgesenkt. Dadurch können sich zwei vorbereitete DNA-Primer an die DNA-Stränge lagern. Um diese Primer herzustellen, muss die Sequenz des DNA-Abschnitts, der kopiert werden soll, bekannt sein. An jeden Einzelstrang bindet nur ein Primer am jeweiligen 3'-Ende der Zielsequenz.

3. Die **Elongation** erfolgt durch eine hitzestabile DNA-Polymerase, die mit Desoxynucleosidtriphosphaten (dATP, dGTP, dCTP und dTTP) komplementäre DNA-Stränge zu den Matrizensträngen synthetisiert. Der DNA-Primer wird nicht entfernt, sondern bleibt Teil des neuen Strangs.

Ein Durchgang dauert wenige Minuten. Da an jeden DNA-Faden nur ein Primer bindet, es aber keine Markierung für einen Stopp der Polymerase gibt, entsteht an den ursprünglichen DNA-Strängen stets eine Kopie mit einem Überschuss am 3'-Ende. Wenn diese Kopien selbst als Matrize dienen, setzen die Primer jedoch vor dem Beginn des Überschusses auf, und das 5'-Ende der Matrize stoppt die Produktion der Kopie der Kopie, die dann nur noch die Zielsequenz umfasst. Weil die Kopienzahl annähernd exponentiell wächst, können die überlangen DNA-Stränge im Endergebnis vernachlässigt werden.

Die PCR wird immer dann angewandt, wenn auf anderem Weg nicht ausreichend DNA-Material zur Verfügung steht. Beispielsweise zur Klonierung von Genen, zur Genomanalyse auf Erbkrankheiten, für Analysen des genetischen Fingerabdrucks, für Verwandtschaftstests und die Vervielfältigung alter DNA aus Fossilien.

Die DNA-Stränge werden abwechselnd voneinander getrennt (1) und ausgehend vom Primer repliziert (2). Die Kopien der Ausgangs-DNA sind dabei stets am 3'-Ende zu lang. Die Kopien der Kopien haben aber die richtige Länge und enthalten nur die Zielsequenz.

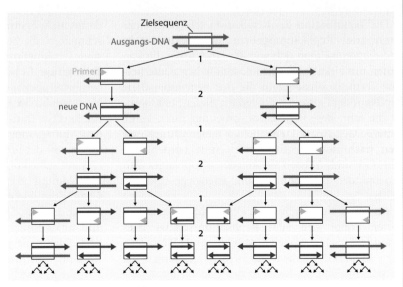

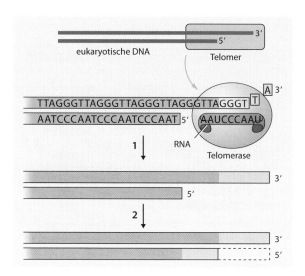

11.43 Die Telomerase verlängert das 3'-Ende des DNA-Strangs (1) und schafft so Platz für die Primase und DNA-Polymerase, die das 5'-Ende ergänzen (2). Das 5'-Ende hat dadurch die frühere Länge, das 3'-Ende einen Überhang.

die Basenpaarungen überprüfen und Fehler korrigieren.

Die erste Kontrolle führen manche DNA-Polymerasen selbst aus. Beispielsweise ist die bakterielle DNA-Polymerase III fähig zum **DNA-Korrekturlesen**. Stellt sie fest, dass sie ein falsches Nucleotid in den wachsenden DNA-Strang eingebaut hat, schneidet sie es wieder heraus und fügt die richtige Base ein, bevor sie die Replikation fortsetzt.

Ist die Polymerase weitergewandert oder die Replikation bereits abgeschlossen, überprüfen weitere Enzyme die Basenpaarungen. Im Falle eines unpassenden Pärchens nehmen sie eine **Mismatch- oder Fehlpaarungsreparatur** vor, indem sie die verkehrte Base mitsamt einiger Nachbarn auf demselben Strang entfernen und die DNA-Polymerase die entstandene Lücke schließt. Welcher Strang dabei die richtige Sequenz besitzt, erkennen die Enzyme bei *E. coli* an den chemischen Modifikationen wie Methylierungen, die ein älterer DNA-Faden bereits trägt und ein jüngerer Strang erst nach einiger Zeit erhält.

Auch später, wenn die Replikation bereits weit zurückliegt, verändern sich DNA-Basen gelegentlich spontan oder durch Umwelteinwirkungen wie chemische Substanzen oder energiereiche Strahlung. Enzyme für die **Excisionsreparatur** schneiden die beschädigten Basen heraus, bevor sie von der DNA-Polymerase ersetzt werden.

Auf diese Weise werden fast alle Fehler in der DNA-Sequenz gefunden, bevor sie sich im Genom festsetzen können. Fast alle.

Mutationen verändern Gene und Proteine

Veränderungen des Erbguts, die im Genom einer Zelle so weit etabliert sind, dass sie bei einer Teilung an die Tochterzellen weitergegeben werden könnten, nennen wir **Mutationen**. Treten sie bei einem vielzelligen Organismus in einer Körperzelle auf, die nicht an der Fortpflanzung beteiligt ist, sprechen wir von einer **somatischen Mutation**. Teilt sich die Zelle, erben zwar ihre Tochterzellen die Veränderung, nicht aber die Nachkommen des Organismus. Eine somatische Mutation bleibt damit stets auf das Individuum beschränkt, in dem sie entstanden ist. Im Gegensatz dazu werden **Keimbahnmutationen**, die in den Zellen auftreten, aus welchen Spermien und Eizellen hervorgehen, an alle Kinder weitergegeben und können sich bei geschlechtlicher Fortpflanzung sogar in der Population ausbreiten.

Am häufigsten sind Mutationen, die nur einzelne Basen betreffen und als **Gen- oder Punktmutationen** bezeichnet werden (Abbildung 11.45). So kann eine Base durch eine andere ersetzt worden sein (Substitution), etwa ein G durch ein A. Liest die RNA-Polymerase bei der Transkription dieses mutierte Gen ab, erstellt sie eine veränderte mRNA, die zur Translation zum Ribosom wandert. Welche Auswirkungen der Basenaustausch hat, hängt von dem Triplett ab, das ursprünglich an der betreffenden Stelle stand, und von dem mutierten Codon. Häufig verändert sich gar nichts, weil der genetische Code auch bei unterschiedlichen Tripletts zur gleichen Aminosäure führen kann. Eine DNA-Sequenz von GAG (mRNA: CUC) steht ebenso für die Aminosäure Leucin wie GAT (mRNA: CUA). Die Abfolge im Protein bleibt dadurch unberührt. Derartige Veränderungen werden darum **stille Mutationen** genannt.

Bei einer **Missense-Mutation** codiert das mutierte DNA-Triplett für eine andere Aminosäure. Diese ähnelt in manchen Fällen so sehr dem Original, dass sie dessen Aufgabe ebenso gut erfüllt. Das kann beispielsweise beim Austausch von Glutamat (DNA: CTC) durch Aspartat (DNA: CTG) vorkommen. Oder die Veränderung geschieht an einer unwichtigen Stelle des Proteins und beeinträchtigt es nicht. Dann entsteht zwar ein neues Allel des Gens, aber es

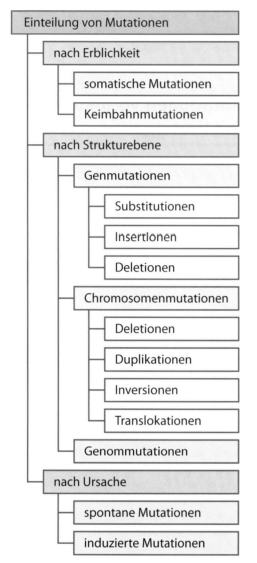

11.44 Wir können Mutationen nach unterschiedlichen Kriterien gruppieren.

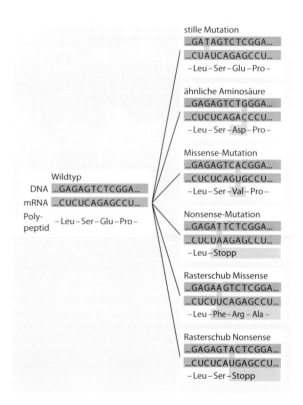

11.45 Genmutationen können sehr unterschiedliche Auswirkungen auf die Synthese des Polypeptids haben.

ergeben sich keine erkennbaren Auswirkungen auf die Zelle. Hat die neue Aminosäure aber einen anderen Charakter als das Original und befindet sich in einem funktionell bedeutenden Bereich wie etwa dem aktiven Zentrum, ändert sich die Qualität des Proteins. Meistens arbeitet es schlechter oder wird vollständig unbrauchbar. Nur sehr selten verbessert sich die Effizienz des Proteins.

Ergibt sich durch den Basenaustausch in der DNA auf der mRNA ein Stoppcodon, bricht die Translation verfrüht ab. Solche **Nonsense-Mutationen** führen in der Regel zu funktionslosen Proteinfragmenten. Allenfalls, wenn der Terminationsbefehl fast

schon am Ende der mRNA auftaucht, kann das bis dahin gebildete Protein eventuell seine Aufgabe erfüllen.

Während die Substitution einer Base durchaus unbemerkt erfolgen kann, sind die Folgen einer **Leserasterverschiebung** durch eine **Frameshift-** oder **Rasterschub-Mutation** fast immer gravierend. Das Leseraster ist die Triplettschrittweite, in welcher die Codons abgelesen werden. Den Anfang legt das Startcodon fest, und von ihm aus werden die Basen der mRNA in Dreiergrüppchen interpretiert wie die Wörter eines Satzes. Fällt nun eine Base weg (Deletion) oder kommt eine hinzu (Insertion), verschiebt sich das Leseraster, und es ergeben sich hinter der betreffenden Stelle unsinnige Codons. Häufig ist darunter ein Stopp-Codon, sodass die Synthese der Polypeptidkette abgebrochen wird. Da das Gen durch eine derartige Mutation keinen korrekten Proteinbauplan mehr trägt, ist es für die Zelle nutzlos geworden.

Chromosomenmutationen treten auf, wenn große Stücke des DNA-Strangs aus einem Chromosom herausbrechen und nicht wieder korrekt eingebaut werden (Abbildung 11.46). Bei einer **Deletion**

Sichelzellenanämie

Ein gut untersuchtes Beispiel für eine Punktmutation ist die Sichelzellenanämie, die zugleich demonstriert, dass selbst eine Mutation mit negativen Auswirkungen für den Träger unter Umständen auch Überlebensvorteile mit sich bringen kann.

Sichelzellenanämie entsteht, wenn durch eine **Missense-Mutation im Gen für die β-Untereinheit des Hämoglobins** als sechste Aminosäure anstelle eines Glutamats ein Valin eingebaut wird. Unter normalen Umständen kann das Hämoglobin auch mit dieser Variation seiner Aufgabe nachkommen und in den Erythrocyten ausreichend Sauerstoff binden. Bei Sauerstoffmangel, wie er etwa in einem arbeitenden Muskel auftritt, tendiert das Hämoglobin zum Auskristallisieren und Verklumpen, wodurch die roten Blutkörperchen die charakteristische Sichelform annehmen und kleine Blutgefäße verstopfen. Homozygote Träger, die zwei mutierte Gene besitzen, erleiden durch häufige Durchblutungsstörungen schwere Organschäden und haben eine verringerte Lebenserwartung. Bei heterozygoten Trägern reicht der Anteil des gesunden Hämoglobins aus, damit ausreichend Erythrocyten ihren Aufgaben weiter nachkommen können.

Die offensichtlichen Nachteile der Mutation werden in Gebieten, in denen Malaria verbreitet ist, durch eine Resistenz gegen diese Infektionskrankheit teilweise aufgewogen. Menschen mit einem normalen und einem Sichelzellallel können die Sporozoiten des Erregers (siehe Kapitel 10 „Leben greift an und verteidigt sich") besser abwehren als homozygote Träger des normalen Allels. Der Mechanismus dieser **Malariaresistenz** ist noch nicht aufgeklärt. Mögli-

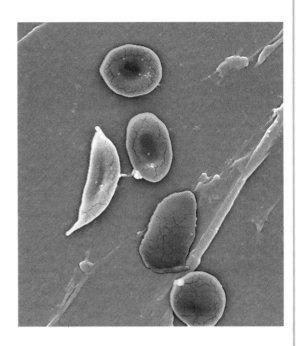

cherweise wandeln sich befallene Blutzellen auch ohne Sauerstoffmangel in Sichelzellen um und werden mitsamt der Erreger abgebaut, was deren Zahl auf einem niedrigen Niveau hält. Denkbar ist auch, dass die erhöhte Konzentration an Sauerstoffradikalen in den Sichelzellen die Parasiten direkt abtötet.

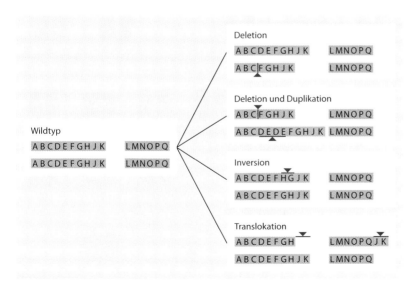

11.46 Verschiedene Chromosomenmutationen am Beispiel eines Satzes mit zwei unterschiedlichen Chromosomen.

geht ein Teil des Chromosoms verloren und mit ihm meistens wichtige Gene. Der Verlust ist deshalb schnell letal. Lagert sich der abgetrennte DNA-Abschnitt fest an ein anderes Chromosom, handelt es sich um eine **Translokation**. Diese Mutationsvariante kann zunächst ohne Folgen für die Zelle bleiben. Allerdings führen Translokationen zu Problemen, wenn sie in der Keimbahn auftreten und die Chromosomen sich während der Meioseteilung (siehe Kapitel 12 „Leben pflanzt sich fort") nicht mehr paarweise aneinanderlagern können. Es bilden sich dann keine Keimzellen, und der Organismus ist unfruchtbar. Wenn das DNA-Stück nach einem doppelten Chromosomenbruch mit der verkehrten Orientierung wieder eingefügt wird, liegt eine **Inversion** vor. Auch sie kann unbemerkt bleiben, solange alle Gene intakt sind. Brechen gleich zwei homologe Chromosomen – also die einander entsprechenden Chromosome von der Mutter und vom Vater – an verschiedenen Stellen und wachsen die Abschnitte vertauscht wieder an, haben wir nicht nur eine Deletion bei einem der Chromosomen, sondern zugleich eine **Duplikation** bei dem anderen. Dort liegen einige Gene doppelt vor.

Chromosomenmutationen sind bei geschickter Färbung unter dem Lichtmikroskop zu erkennen (Abbildung 11.47). Sie sind manchmal die Ursache für Krebserkrankungen, beispielsweise wenn Gene für die Kontrolle des Zellwachstums durch eine Translokation in den Bereich fremder Regulationssequenzen geraten.

Stimmt in einer Zelle die Anzahl der Chromosomen nicht, handelt es sich um eine **Genommutation**. Der Fehler entsteht, wenn die Teilung einer Zelle nicht richtig verläuft und sich homologe Chromosomen nicht voneinander trennen. Bei Aneuploidien kommen dadurch in den Tochterzellen ein oder mehrere Chromosomen zu viel oder zu wenig vor (Abbildung 11.48). Bei Polyploidien liegt der gesamte Satz in zu vielen Exemplaren vor.

Chromosomenmutationen und Genommutationen werden als **Chromosomenaberrationen** zusammengefasst. Erstere werden dann auch als strukturelle Chromosomenaberrationen bezeichnet, die Genommutationen als numerische Chromosomenaberrationen.

Die **Ursache einer Mutation** kann einfach in einem Fehler während der Replikation oder der Zellteilung liegen. Solche spontanen Mutationen kommen trotz aller Korrekturmechanismen der Zelle gelegentlich vor. Aber auch manche äußeren Einflüsse können das Erbgut verändern. Diese Mutagene rufen induzierte Mutationen hervor. Chemikalien können beispielsweise die Nucleotidbasen der DNA verändern, sodass die Polymerase sie falsch oder gar nicht mehr abliest. Basenanaloga sind den DNA-Bausteinen so ähnlich, dass sie bei der Replikation an deren Stelle eingebaut werden. Andere Substanzen wie polyzyklische aromatische Kohlenwasserstoffe lagern sich zwischen die Basen und verursachen dadurch eine Leserasterverschiebung. Auch physikalische Größen können mutagen wirken. Vor allem

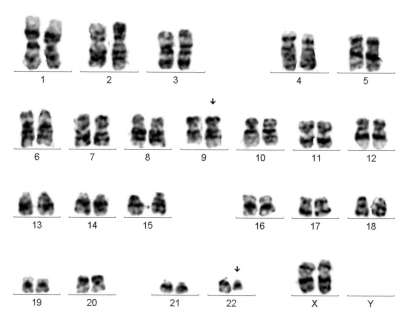

11.47 Dieses Karyogramm einer Frau zeigt die Translokation eines Stücks vom Chromosom 22 auf das Chromosom 9. Das verkürzte Chromosom 22 wird als Philadelphia-Chromosom bezeichnet. Es steht mit mehreren Formen von Leukämie in Zusammenhang.

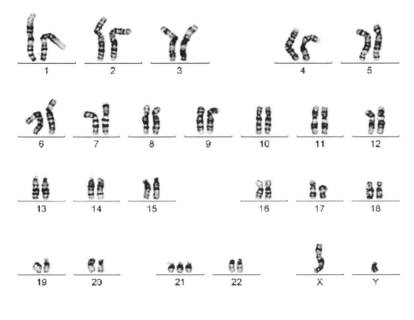

11.48 Das Karyogramm dieses Mannes weist drei Chromosomen 21 auf. Die Trisomie 21 ist Ursache des Down-Syndroms.

energiereiche Strahlung wie ultraviolettes Licht greift die DNA an und verursacht in den Hautzellen zahlreiche Schäden, die von Reparaturenzymen wieder behoben werden. Röntgenstrahlung kann nicht nur einzelne Basen verändern, sondern sogar Chromosomenaberrationen auslösen.

Die meisten Mutationen haben keine oder negative Auswirkungen auf den Organismus. Dennoch sind Mutationen ein wichtiger Mechanismus für das Überdauern einer Art in einer sich wandelnden Umwelt. Wie wir in Kapitel 14 „Leben breitet sich aus" sehen werden, liefern die zufälligen Veränderungen des Erbmaterials die Grundlage für eine genetische Diversität, aus der unterschiedliche Phänotypen hervorgehen, die mitunter besser an die Anforderungen des Lebens angepasst sind und damit die Evolution vorantreiben.

Gentechnik greift gezielt ins Erbgut ein

Die Erforschung der Methoden, mit denen Zellen Informationen speichern und abrufen, hat nicht nur unser Wissen vermehrt, sondern zugleich die Möglichkeit geschaffen, diese Informationen in Form von Genen zu isolieren, zu verändern und von einem Organismus in einen anderen zu verpflanzen. Auf diese Weise versieht die **Gentechnik** Lebensformen mit neuen Eigenschaften, die sie in ihrer ursprünglichen Form nicht besitzen (Abbildung 11.49).

Die **Vorgehensweise**, mit der ein oder mehrere Gene übertragen werden, lässt sich dabei in folgende große Schritte gliedern:

1. Das Gen für die gewünschte Eigenschaft muss gefunden und isoliert werden.
2. Anschließend wird es in die Zelle eingeschleust.
3. Leicht nachweisbare genetische Marker verraten, ob der Einbau geklappt hat und das Gen aktiviert werden kann.

Die notwendigen Werkzeuge für diese Aufgaben entstammen dem Enzymrepertoire der Zellen, mit dem

11.49 Bunt fluoreszierende Zebrabärblinge sind die ersten gentechnisch veränderten Tiere, die in den USA frei gehandelt werden. Die Wildform ist schlicht blauschwarz und weiß gestreift.

sie ihr eigenes Erbmaterial vermehren, reparieren und ablesen.

Zielsequenzen werden aus dem DNA-Strang geschnitten

Die Suche nach einem bestimmten Gen kann heutzutage ganz bequem am Computer beginnen. Immer mehr Genome unterschiedlicher Arten sind vollständig sequenziert und liegen als lange Folgen der vier Buchstaben, die für die verschiedenen Nucleotidbasen stehen, in **Datenbanken** vor. Per Software lassen sich darin offene Leseraster ausfindig machen – Sequenzen zwischen einem Start und einem Stoppsignal. Häufig ist die Funktion des Produkts eines solchen Leserasters bereits bekannt, in anderen Fällen hilft ein Vergleich mit den Sequenzen besser untersuchter Organismen. Ähnliche Basenfolgen deuten oft auf gleiche Aufgaben hin.

Ist die Wahl gefallen, muss die DNA aus der betreffenden Ausgangszelle präpariert und das Gen aus dem DNA-Strang des Chromosoms herausgeschnitten werden. Letzteres geschieht mithilfe von **Restriktionsenzymen**, die als Endonucleasen sehr spezifisch an einer Erkennungssequenz der Nucleinsäure binden und dort oder an einer anderen Stelle den Doppelstrang zerschneiden. Unter natürlichen Bedingungen wehren sich manche Bakterien mit diesen Enzymen gegen das Ausschleusen viraler DNA, indem sie diese einfach in kleine Stücke zerlegen. Ein häufig verwendetes Restriktionsenzym ist *Eco*RI aus dem Bakterium *Escherichia coli*. Es trennt die DNA innerhalb der über Kreuz palindromischen Erkennungssequenz

5'...GAATTC...3'   5'...G   AATTC...3'

$\Longrightarrow$

3'...CTTAAG...5'   3'...CTTAA   G...5'

Da das Enzym die beiden Stränge versetzt schneidet, entstehen sogenannte **klebrige Enden** (*sticky ends*). Sie sind später hilfreich, das isolierte DNA-Stück in eine Transport-DNA einzubauen.

Die Liste der verfügbaren Restriktionsenzyme ist lang und vielfältig. Jedes hat seine spezielle Erkennungssequenz, sodass praktisch jeder DNA-Abschnitt annähernd passgenau ausgeschnitten werden kann.

Für gewöhnlich hat die Ausgangs-DNA mehrere Schnittstellen für das benutzte Restriktionsenzym. Dementsprechend liegt nach dem Schneiden ein Gemisch unterschiedlich langer Fragmente vor. Mit einer **Gelelektrophorese** können diese nach ihrer

Genauer betrachtet

Genbibliotheken

Genbibliotheken oder Genbanken halten das gesamte Genom eines Organismus in Fragmenten vorrätig. Dazu wird die DNA mit Restriktionsenzymen an bekannten Stellen geschnitten, und die Bruchstücke werden in Vektoren eingebaut, meist künstliche Chromosomen von Hefe oder Bakterien, seltener in Viren. Während die Trägerorganismen in kontrollierten Reinkulturen heranwachsen, vermehren sie die DNA-Abschnitte. Bei Bedarf kann der Vektor isoliert und das DNA-Fragment wieder herausgeschnitten werden. Auf diese Weise stehen in kurzer Zeit große Mengen der gewünschten DNA-Sequenzen zur Verfügung.

Ladung und Größe aufgetrennt werden (Abbildung 11.50). Dazu wird die Mischung in ein Gel gegeben und eine elektrische Spannung angelegt. Das Feld beschleunigt die geladenen DNA-Stücke, die unterschiedlich schnell durch das siebartige Gel wandern. Es entsteht ein Muster von mehreren Banden. Die Bande mit der Zielsequenz lässt sich mithilfe einer DNA-Sonde ermitteln; diese besteht aus einer kurzen einzelsträngigen DNA, die komplementär zu dem gesuchten Fragment ist und eine Markierung trägt. Nun kann die Zielsequenz ausgeschnitten und die DNA herausgelöst werden.

Damit wäre das Gen mit der gewünschten Sequenz isoliert und bereit für die nächste Phase – den Einbau in einen Träger.

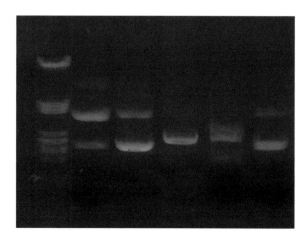

11.50 Bei der Gelelektrophorese wandern DNA-Fragmente in einem elektrischen Feld ihrer jeweiligen Länge entsprechend unterschiedlich schnell. Mit einem fluoreszierenden Farbstoff werden die entstehenden Banden im UV-Licht sichtbar.

Vektoren bringen Fremd-DNA in die Zelle

Üblicherweise wird die isolierte DNA nicht direkt in eine Wirtszelle geschleust, sondern in einen sogenannten **Vektor** eingebunden. Vektoren sind DNA-Strukturen, die von Natur aus dafür vorgesehen sind, Erbmaterial in Zellen zu transportieren und dafür zu sorgen, dass es dort vervielfältigt wird. Im Labor sind unter anderem folgende Vektoren beliebt:

- **Plasmide** sind kleine DNA-Ringe, die Platz für einige Gene bieten und einen Replikationsursprung besitzen, sodass sie unabhängig vom restlichen Genom vermehrt werden. Sie lassen sich gut in Bakterien einbringen, da sie auch unter natürlichen Bedingungen bei Prokaryoten eine gängige Variante darstellen, zusätzliche Eigenschaften zu erwerben.
- **Viren** können einige Tausend Basenpaare in ihr Genom aufnehmen, wenn man zuvor die gefährlichen Gene entfernt. Sie werden häufig verwendet, um Genmaterial in eukaryotische Zellen einzuschleusen.
- Für Hefe, die Wissenschaftler gerne als einzelligen Eukaryoten verwenden, gibt es ein **künstliches Chromosom**, das komplett mit allen Sequenzen ausgestattet ist, die für eine erfolgreiche Weitergabe notwendig sind. Darüber hinaus bietet es Platz für über eine Million Basenpaare.
- Das **tumorbildende Plasmid** des Bakteriums *Agrobacterium tumefaciens* kann so verändert werden, dass es keine Tumoren mehr auslöst, dafür aber DNA-Stücke in das pflanzliche Chromosom einbaut.

Um den jeweiligen Vektor mit dem neuen Gen zu beladen, wird er mit demselben Restriktionsenzym wie das Gen geschnitten. So kann sich das Gen in die entstandene Lücke lagern, und das Enzym **DNA-Ligase** verknüpft wie in der Replikation die Zucker-Phosphat-Rückgrate miteinander (Abbildung 11.51). Das so neu zusammengesetzte Molekül wird als **rekombinante DNA** bezeichnet.

Der fertige Vektor wird nun mit der Wirtszelle zusammengebracht und kann die DNA an ihren Bestimmungsort lotsen. Allerdings gelingt dies nur bei einem geringen Anteil der Zellen. Sie werden im nächsten Schritt identifiziert und anschließend gezielt vermehrt.

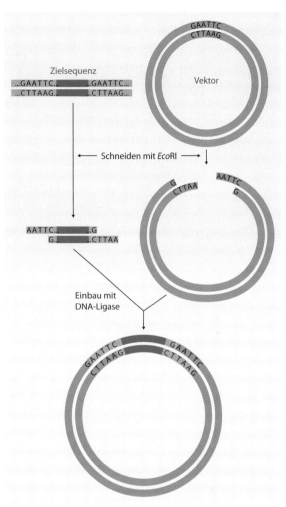

11.51 Die DNA mit der Zielsequenz und der Vektor werden mit dem gleichen Restriktionsenzym geschnitten und haben deshalb zueinander passende klebrige Enden.

Marker verraten den Erfolg

Ob ein Gen erfolgreich in eine Wirtszelle geschleust wurde, ist meistens nicht so leicht direkt zu erkennen, beispielsweise wenn es eine Eigenschaft ausprägt, die sich nicht unmittelbar bemerkbar macht. Deshalb tragen viele Vektoren **Reportergene** als Marker, deren Anwesenheit schnell überprüft werden kann. Beliebt sind unter anderem:

- Gene, die eine **Resistenz gegen ein bestimmtes Antibiotikum** vermitteln. Nur Zellen, die den Vektor aufgenommen haben, können auf einem Medium wachsen, in dem das Antibiotikum enthalten ist.

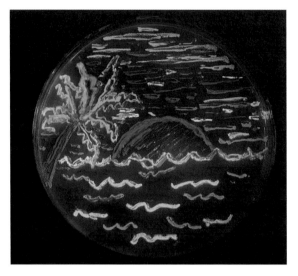

11.53 Das grün fluoreszierende Protein lässt sogar Säugetiere wie diese Mäuse unter UV-Licht leuchten. Tiere ohne das zusätzliche Gen sehen weiterhin bräunlich aus.

11.52 Die Produkte der Reportergene von heute fluoreszieren nicht nur grün, sondern in einer breiten Palette von Farben, wie diese Aufnahme beweist. Forscher haben die Strandszene mit gentechnisch veränderten Bakterien auf einen Nährboden gemalt.

- Gene, die für **Enzyme eines Stoffwechselwegs** codieren, den die Zelle sonst nicht besitzt. Kann sie das betreffende Substrat verwenden und damit leben, muss sie den Vektor enthalten.
- Besonders effektvoll ist das Gen für das **grün fluoreszierende Protein** (*green fluorescent protein*, GFP) aus der Qualle *Aequorea victoria*. Es leuchtet bei Bestrahlung mit ultraviolettem Licht grün. Inzwischen gibt es eine Reihe weiterer Fluoreszenzproteine unterschiedlicher Färbung (Abbildung 11.52), und Wissenschaftler haben sie auch in mehrere höhere Tierarten eingebracht wie Salamander, Katzen und Schweine – die dann ebenfalls im Schwarzlicht leuchten (Abbildung 11.53).

11.54 Spinnenseide ist so fest und dehnbar, dass Ingenieure sie gerne als Material für technische Produkte wie Flugzeuge nutzen würden. Weil Spinnen sich aber nicht im großen Maßstab in Farmen halten lassen, schleusen Wissenschaftler deren Gene in verschiedene Organismen ein, die leichter zu züchten sind.

Gentechnik ist in vielen Bereichen zu finden

Längst werden die Methoden der Gentechnik nicht mehr nur zu Forschungszwecken genutzt. Die Industrie setzt gentechnisch veränderte Organismen ein, um Substanzen zu produzieren, die mit anderen Verfahren kaum herzustellen sind. Pflanzen sollen sich mithilfe fremder Gene selbst gegen Schädlinge schüt-

zen oder unter extremen Bedingungen wachsen können. Und Gentherapien sollen Krankheiten des Menschen heilen.

Grundlage aller Ansätze bleibt jedoch die Tatsache, dass die Erbinformation aller Lebensformen nach den gleichen Prinzipien gespeichert und abgelesen wird. Nur deshalb ist es beispielsweise möglich, das Protein der Spinnenseide in so unterschiedlichen Organismen synthetisieren zu lassen wie Bakterien, Kartoffeln und Ziegen.

Ein Baukasten für neues Leben

Die **Synthetische Biologie** ist ein Teilgebiet der Biologie, in dem die Prinzipien der Ingenieurwissenschaften auf lebende Systeme angewandt werden, um neue Organismen zu schaffen, die es so in der Natur nicht gibt. Im Gegensatz zur Gentechnik begnügt sich die Synthetische Biologie nicht damit, einzelne Gene von einer Art auf eine andere zu übertragen, wobei die Empfängerart erhalten bleibt und nur eine neue Eigenschaft erwirbt. Stattdessen soll ein komplett neues biologisches System entstehen, das einen zuvor aufgestellten Anforderungskatalog erfüllt.

Die Synthetische Biologie versucht, dieses Ziel auf zwei grundsätzlich verschiedenen Wegen zu erreichen:

- Beim *top-down*-**Verfahren** gehen die Wissenschaftler von einer natürlichen Zelle aus, die sie so stark verändern, dass eine „künstliche" Zelle entsteht.
- Im *bottom-up*-**Verfahren** starten die Forscher mit isolierten Einzelkomponenten des Lebens (künstliche Vesikel, Erbmaterial, Enzyme, ...), die sie zur gewünschten Zelle kombinieren.

Unabhängig von der Vorgehensweise soll am Ende der Entwicklung ein Prozess stehen, der drei **wesentliche Kriterien des Ingenieurwesens** erfüllt:

1. Berechenbarkeit. Vor der Arbeit mit Zellen und Molekülen werden die Eigenschaften eines neuen Organismus als Zielvorgaben festgesetzt, und seine dafür zweckmäßige genetische Zusammensetzung wird am Reißbrett entworfen.
2. Reduzierung. Als Grundlage für die praktische Umsetzung dient eine Minimalzelle. Dabei handelt es sich um eine lebende Zelle, deren genetische Ausstattung auf ein Minimum reduziert ist.
3. Standardisierung. Die gewünschten Eigenschaften werden als normierte genetische Bausteine – sogenannte Biobricks – in die Zelle gebracht.

Die **Schwierigkeiten der Synthetischen Biologie** liegen in der Komplexität und Eigendynamik des Lebens. Beispielsweise hängt die Funktion mancher Gene von der jeweiligen Umgebung ab, sodass sie in verschiedenen Zellen unterschiedliche Aufgaben übernehmen oder andere Prozesse auslösen als erwartet. Außerdem werden fremde Gene, die nicht dem Überleben dienen, leicht durch Mutationen verändert oder ganz aus dem Genom entfernt, womit der Organismus seine gewünschte Eigenschaft verliert.

Der Gefahr einer Weitergabe von Genen an andere Organismen, wodurch die künstlichen Eigenschaften „auswildern" könnten, versuchen die Wissenschaftler durch verschiedene eingrenzende Maßnahmen vorzubeugen. Unter anderem experimentieren sie dafür mit einem **veränderten oder erweiterten genetischen Code**, der neue Aminosäuren verwendet bzw. auf Codons mit vier statt drei Nucleotidbasen pro Aminosäure setzt.

Eine Besonderheit der Synthetischen Biologie ist der Anteil, den Studierende an ihrer Entwicklung haben. Beim internationalen Wettbewerb **iGEM** (*international Genetically Engineered Machine competition*), dessen Endrunde stets am Massachusetts Institute of Technology (MIT) ausgetragen wird, treten jedes Jahr Teams von Teilnehmern ohne Abschluss mit ihren selbst konstruierten Organismen an.

Prinzipien des Lebens im Überblick

- Die Gesamtheit aller Merkmale eines Organismus bezeichnen wir als Phänotyp. Er wird im Wesentlichen durch die Aktivitäten von Proteinen bestimmt.
- Die Information für den Aufbau und den richtigen Einsatz der Proteine ist in Form chemischer Moleküle gespeichert und vererbbar.
- Als Informationsspeicher dienen Nucleinsäuren.
- Alle bekannten Zelltypen nutzen Desoxyribonucleinsäure (DNA) als Speichermolekül, Viren verwenden DNA oder Ribonucleinsäure (RNA).

- Nucleinsäuren bestehen aus Ketten von vier unterschiedlichen Bausteinen, den Nucleotiden, die sich in ihrem Basenanteil unterscheiden.
- Die Basen der Nucleotide können zu komplementären Basen Wasserstoffbrückenbindungen eingehen. Dadurch bilden sich antiparallel verlaufende Doppelstränge, in denen jeder Strang das Negativ seines Partners darstellt.
- Das Prinzip der Basenpaarung legt für jeden Einzelstrang genau die Sequenz des passenden komplementären Strangs fest. Enzyme können deshalb mithilfe eines Matrizenstrangs Negativkopien erstellen und so die gespeicherte Information vervielfältigen.

„Er glaubt tatsächlich, dass seinem System zur Speicherung von Informationen die Zukunft gehört."

- Die Information für die Aminosäuresequenz eines Proteins ist in der Abfolge der Nucleotidbausteine der DNA enthalten.
- Der informationstragende Abschnitt einer DNA inklusive regulatorischer Sequenzen und eventuell eingestreuter informationsfreier Folgen wird Gen genannt. Die Gesamtheit aller Gene heißt Genom.
- Im Rahmen der Transkription erstellen Enzyme eine RNA-Negativkopie eines Gens – das Transkript.
- Bei Eukaryoten wird das Transkript für den Transport chemisch modifiziert und häufig zerschnitten und neu zusammengestellt (Spleißen). Durch das Spleißen tragen einige Gene die Information für mehrere unterschiedliche Proteine. Das fertige Transkript ist die mRNA.
- In der Translation wird nach Anleitung der mRNA an den Ribosomen ein Polypeptid erstellt.
- Die Zuordnung der Aminosäuren für das Polypeptid zu den Nucleotiden der mRNA ist im genetischen Code festgelegt.
- Nach der Translation können die Polypeptidketten noch chemisch modifiziert und transportiert werden. Schließlich bilden sie alleine oder in Gruppen die fertigen Proteine.
- Außer Proteinen haben auch manche RNAs wichtige Funktionen in der Zelle. Sie werden ebenfalls nach den Vorgaben eines Gens hergestellt, allerdings endet ihre Synthese nach der Transkription und Modifikation.
- Die Genexpression von Proteinen und RNAs ist streng reguliert. Die Aktivität eines Gens hängt dabei von der jeweiligen Situation der Zelle und ihren Lebensbedingungen ab.
- Spontan oder durch chemische bzw. physikalische Einflüsse induziert treten in der DNA Veränderun-

gen auf. Die meisten werden von Reparaturenzymen korrigiert. Veränderungen, die bestehen bleiben, heißen Mutationen. Die verschiedenen Varianten eines Gens, die so entstehen, werden Allele genannt.
- Die meisten Mutationen bleiben ohne Auswirkungen auf den Phänotyp, viele bringen dem Organismus Nachteile, nur sehr wenige sind nützlich. Der Nutzen einer Mutation hängt jedoch von den aktuellen Lebensbedingungen ab und kann sich mit diesen ändern.
- Durch Mutationen entsteht eine genetische Vielfalt, die Grundlage der Weiterentwicklung des Lebens ist.
- Der genetische Code ist bei allen Lebensformen und Viren annähernd gleich. Diese Übereinstimmung lässt vermuten, dass der Code sehr früh in der Entwicklung des Lebens entstanden ist. Zudem ermöglicht sie die moderne Gentechnik, in der Wissenschaftler fremde Gene in Zellen einschleusen.

📖 Bücher und Artikel

Christian Biémont und Cristina Vieira: *Schrott-DNA – Mitspieler der Evolution* in „Spektrum der Wissenschaft" 5 (2007)
    Die Rolle der „springenden Gene" für die Zelle und die Entwicklung der Organismen.
Stephen J. Freeland und Laurence D. Hurst: *Der raffinierte Code des Lebens* in „Spektrum der Wissenschaft" 7 (2004)
    Eine Analyse des genetischen Codes und seiner Eigenschaften.
Olaf Fritsche: *Die neue Schöpfung – Wie Gen-Ingenieure unser Leben revolutionieren.* (2013) Rowohlt Verlag
    Ein Sachbuch mit einem Überblick über die aktuellen Trends in der Biologie.
Mark Gerstein und Deyou Zheng: *Das heimliche Wirken der Pseudogene* in „Spektrum der Wissenschaft" 4 (2007)
    Scheinbar nutzlose Pseudogene übernehmen wichtige Funktionen in der Zelle.
Benjamin Lewin: *Molekularbiologie der Gene.* (2002) Spektrum Akademischer Verlag
    Ein Standardwerk zur Genetik, das auch komplexe Zusammenhänge leicht verständlich macht.
Reinhard Renneberg: *Biotechnologie für Einsteiger.* (2009) Spektrum Akademischer Verlag
    Die Grundlagen und Anwendungen klassischer Biotechnologie und moderner Gentechnik.

Internetseiten

www.nature.com/scitable/topicpage/Gene-Expression-and-Regulation-Topic-Room-28455

Eine Sammlung von Übersichtsartikeln zu allen Aspekten der Genexpression.

e-learning.studmed.unibe.ch/Gen_Kurs/START.HTM

Ausführlicher Online-Kurs zur Molekularbiologie von der DNA bis zur Gentechnologie.

www.conncoll.edu/ccacad/zimmer/GFP-ww/

Ausführliche Informationen zum grün fluoreszierenden Protein mit eindrucksvollen Bildern.

http://igem.org

Homepage des Studierenden-Wettbewerbs zur Synthetischen Biologie

dem wird die wertvolle DNA mit den Originalen der Gene geschont, wenn sie nur einmal abgelesen werden muss und trotzdem eine größere Anzahl von Proteinen synthetisiert werden kann, weil die Translation an der mRNA stattfindet. Die Proteinproduktion verläuft auch schneller, wenn einmal mehrere mRNAs transkribiert werden, die dann noch Kernmolekül von Polysomen werden. Schließlich ist fraglich, ob der riesige Translationsapparat überhaupt räumlich an die dicht gepackte DNA heranreichen würde.

11.5 Die Blütenfarbe der Wunderblume folgt einem intermediären Erbgang, in dem die Allele für beide Farben kodominant sind. Die Pflanzen der F1-Generation haben alle ein R- und ein W-Allel und somit rosa Blüten. Die Kreuzung zweier RW-tragenden Blumen ergibt zur Hälfte wieder rosa Blüten (RW), zu einem Viertel weiße Blüten (WW), und das restliche Viertel hat rote Blüten (RR).

! Antworten auf die Fragen

11.1 Das Wo? bestimmt der Promotor, der festlegt, an welcher Stelle die RNA-Polymerase fester an die DNA bindet und deren Stränge auftrennt. Wann eine Transkription beginnt, hängt in vielen Fällen davon ab, wann die Transkriptionsfaktoren vorhanden sind und mit der DNA und der Polymerase einen Komplex bilden. Die RNA-Polymerase bestimmt, welcher Strang abgelesen wird und in welche Richtung sie arbeitet.

11.2 Die Verknüpfung der Nucleotide zu einer Kette kostet Energie. Die RNA-Polymerase koppelt die Reaktion darum mit der Abspaltung des Pyrophosphats vom Nucleotidtriphosphatbaustein und nutzt die dabei frei werdende Energie, um die neue Bindung auszubilden.

11.3 Folgende Sequenzen ergeben sich:

DNA: 3'–ATGGAACGTGGGTATAGC–5'
mRNA: 5'–UACCUUGCACCCAUAUCG–3'
tRNA: 3'–AUGGAACGUGGGUAUAGC–5'
Aminosäuren: Tyr – Leu – Ala – Pro – Ile – Ser

11.4 Der Umweg über die Transkription bietet der Zelle eine weitere Gelegenheit, die Genexpression zu regulieren. Außer-

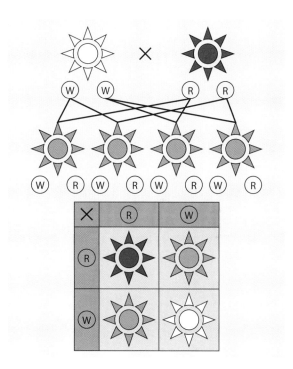

12 Leben pflanzt sich fort

Eine Lebensform, die Nachkommen zeugt, verteilt die Risiken des Lebens auf mehrere Individuen. Und durch den Austausch von Erbinformation breiten sich neue Entwicklungen in der Population aus.

Leben ist ein sehr komplexer und äußerst labiler Zustand. Das Risiko zu sterben reicht vom einfachen Verhungern, wenn der Nachschub an Nährstoffen versiegt, bis zum globalen Weltuntergangsszenario, bei dem ein Großteil der Arten komplett verschwindet. Selbst unter optimalen Bedingungen währt Leben nicht beliebig lange. Eine Gefahr in den Zellen selbst sind Mutationen, die sich im Genom ansammeln und wichtige Gene inaktivieren, bis ein lebenswichtiges Organ versagt und der Organismus seine Lebensprozesse nicht mehr aufrechterhalten kann. Für Tiere liegt das Höchstalter darum etwa bei 200 Jahren, wie das Beispiel der Galapagos-Riesenschildkröte „Harriet" zeigt, die im Jahr 2006 im Alter von geschätzten 175 Jahren an Herzversagen gestorben ist (Abbildung 12.1). Pflanzen wie die Langlebige Kiefer (*Pinus longaeva*) können sogar mehrere Tausend Jahre alt werden, belegt sind 4950 Jahre bei einem Baum, der 1964 gefällt wurde – er war damit schon über 250 Jahre alt, als in Ägypten die ersten Pyramiden errichtet wurden.

Bestünde eine Art lediglich aus einem einzelnen Exemplar, würde sie mit dessen Tod ebenfalls verschwinden. Dauerhafter sind Lebensformen, die sich fortpflanzen. Je höher die Individuenzahl einer Art ist und je weiter sich die Art ausgebreitet hat, umso unwahrscheinlicher ist es, dass alle Exemplare zugleich sterben.

Um das reine Überleben zu sichern, reicht es aus, wenn im Schnitt jedes Individuum mindestens einen Nachkommen hat, der hinreichend lange lebt, um einen eigenen Nachfolger zu bekommen. Weil die Gefahr, vorzeitig zu sterben, recht groß ist, liegt die Nachkommenrate in der Realität allerdings höher. Bei manchen Arten wie dem Menschen nur geringfügig, bei anderen wie Bakterien kann eine einzige Zelle im Prinzip Milliarden und noch mehr Abkömmlinge haben.

Alle bekannten Lebensformen pflanzen sich aus diesen Gründen fort. Sie haben dafür drei verschiedene Methoden entwickelt:

- Die ursprünglichste Form ist die **ungeschlechtliche oder asexuelle Fortpflanzung**, bei der die Nachkommen durch einfache Zellteilung entstehen. Auf diese Weise vermehren sich beispielsweise Einzeller, aber auch die Ableger höherer Pflanzen sind eine Variante der asexuellen Vermehrung. Da sich die einzelnen Zellen aller Vielzeller durch Zellteilung bilden, ist der Mechanismus auch heute noch im gesamten Organismenreich verbreitet.

- Die **zweigeschlechtliche oder bisexuelle Fortpflanzung** geht von speziellen Keimzellen aus, von denen es eine männliche und eine weibliche Form gibt. Je eine Keimzelle pro Typ verschmelzen miteinander und bilden die Ausgangzelle für das neue Individuum.

- Die **eingeschlechtliche oder unisexuelle Fortpflanzung** wird auch als Parthenogenese oder Jungfernzeugung bezeichnet. Die betreffenden Organismen bilden ebenfalls spezialisierte Eizellen aus, die aber nicht befruchtet werden und trotzdem zu Nachkommen heranwachsen.

In diesem Kapitel erarbeiten wir die Prinzipien der verschiedenen Varianten der Fortpflanzung und ergründen dabei, warum die Natur sich die Mühe gemacht hat, den Sex zu erfinden.

12.1 Die Schildkröte Harriet war schon ein Zeitgenosse von Charles Darwin.

Aus eins werden zwei

Geht es bei der Fortpflanzung darum, möglichst schnell eine große Anzahl genetisch identischer Kopien zu erstellen, ist die **asexuelle Vermehrung** nach wie vor die effizienteste Methode (Abbildung 12.2). Sie hat den **Vorteil**, dass jedes Individuum für sich allein und mit vergleichsweise geringem Aufwand Nachkommen zeugen kann. Im Gegensatz dazu wenden Vertreter der bisexuellen Fortpflanzung, die erst vor etwa 800 Millionen Jahren aufgekommen ist, viel Zeit und Energie für die Suche nach einem geeigneten Partner auf und stecken teilweise beträchtliche Ressourcen in die Ausbildung der Geschlechtszellen und -organe. Der größte **Nachteil** einer ungeschlechtlichen Fortpflanzung liegt in den Klonen, die aus ihr hervorgehen: Sie sind Abbilder ihrer Ursprungszelle – mit allen positiven, aber auch negativen Eigenschaften. Neue Gene werden bei dieser Methode nicht in die Zelllinie eingemischt.

Teilungsbereite Zellen durchlaufen einen Zyklus

Auch Zellen, die sich asexuell vermehren, eilen nicht einfach von Teilung zu Teilung. Zwischendurch müs-

---

Genauer betrachtet

Unterschiedliche Fortpflanzungsstrategien

Die nutzbaren Ressourcen in den verschiedenen Lebensräumen sind begrenzt, weshalb ein intra- und interspezifischer Konkurrenzkampf stattfindet, der auch über die Methode der Fortpflanzung ausgefochten wird. Je nachdem, ob eine Art mehr auf die Quantität oder die Qualität ihrer Nachkommen vertraut, verfolgt sie eine von zwei Fortpflanzungsstrategien:

- Die **r-Strategie** setzt auf hohe Reproduktionsrate (daher „r"). Meistens starten die Nachkommen mit einem geringen Vorrat an Ressourcen ins Leben und sind früh auf sich allein gestellt. Dementsprechend kurz ist die Entwicklungsphase bis zum ausgewachsenen und selbst fortpflanzungsfähigen Individuum. Unter günstigen Bedingungen – beispielsweise bei der Erschließung eines neuen Lebensraums oder bei stark schwankenden Umweltparametern – kann die Population dadurch schnell ansteigen. Sie bricht aber auch ebenso rasch wieder zusammen, wenn sich die Lage verschlechtert. Für gewöhnlich verfolgen kleine Lebensformen wie Mikroor-

ganismen, Insekten und Milben die r-Strategie, aber auch Wirbeltiere wie manche Fische, Frösche und Mäuse.
- Die **K-Strategie** ist erfolgreich, wenn die Kapazitätsgrenze (daher „K") eines Lebensraums erreicht ist und es weniger auf das Wachstum der Population, dafür verstärkt auf die optimale Nutzung der Ressourcen ankommt. K-Strategen haben weniger Nachwuchs, den sie jedoch aufwendig aufziehen. Sie entwickeln sich langsamer, werden im Schnitt größer und leben länger als r-Strategen. Ihre Vorteile können sie am besten unter relativ konstanten Lebensbedingungen ausspielen. Viele Vögel und Säugetiere verfolgen die K-Strategie.

Die Einordnung von Arten in eine der beiden Kategorien erfolgt nicht über die absolute Anzahl von Nachkommen oder die absolute Reproduktionsrate, sondern im Vergleich der Spezies im jeweiligen Lebensraum beziehungsweise der Konkurrenten um eine Ressource. Außerdem sind die Übergänge fließend, sodass sich eine Art durchaus im Mittelfeld zwischen den Extremen bewegen kann.

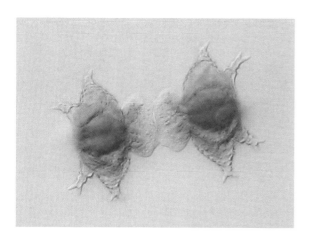

12.2 Bei der asexuellen Vermehrung entstehen Klone – Nachkommen mit identischer genetischer Ausstattung wie bei der Zieralge *Xanthidium*.

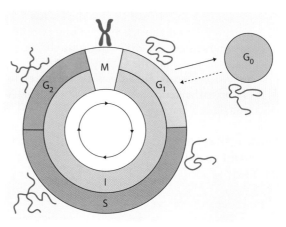

12.3 Im Zellzyklus von Eukaryoten folgt auf die Mitosephase (M), in welcher die Teilung stattfindet, eine deutlich längere Interphase (I), die sich in die Unterphasen G_1, S und G_2 gliedern lässt. Zellen, die sich nicht mehr vermehren, gehen in den Arbeitszustand G_0 über, aus dem sie durch bestimmte Signale zurückgeholt werden können. Der Zustand der DNA ist am Beispiel eines einzelnen Chromosoms gezeigt. Bis zu Beginn der S-Phase besteht es nur aus einem Chromatid, an deren Ende aus zwei Schwesterchromatiden, die am Centromer zusammenhängen. In der M-Phase kondensiert die DNA sehr stark und nimmt zwischenzeitlich die typische Chromosomengestalt an, die bei geschickter Färbung im Lichtmikroskop zu erkennen ist.

sen sie ihren Alltag bewältigen, indem sie Nahrung aufnehmen, verstoffwechseln und wachsen. Gehören sie einem vielzelligen Organismus an, haben sie Aufgaben zu erfüllen, die der Gesamtheit nützen. Und

> **Zellzyklus** (*cell cycle*)
> Sich wiederholende Folge von Phasen unterschiedlicher Aktivität einer Zelle. Beschreibt den Wechsel von Zellteilung (Mitose) und Zwischenphase (Interphase).

bevor es Zeit ist, sich selbst zu teilen, muss eine Zelle ihr Erbgut sowie die wichtigsten Moleküle und Organellen vervielfältigen, damit die Tochterzellen jeweils mit einem vollständigen Satz in ihr neues Leben starten können. Diese Abwechslung von Teilung und Zwischenphase ist am besten für eukaryotische Zellen untersucht und wird als **Zellzyklus** bezeichnet (Abbildung 12.3).

Ganz grob betrachtet durchläuft eine Zelle demnach mehrere Phasen:

- In der **Mitosephase** (M) teilen sich der Zellkern und die Zelle. Alle anderen Aktivitäten ruhen währenddessen. Mit einer Dauer von einer halben bis ganzen Stunde ist die M-Phase vergleichsweise kurz.
- Zwischen zwei M-Phasen befindet sich die Zelle in der deutlich längeren **Interphase** (I). Diese ist nochmals in Unterphasen gegliedert:
  - In der **G_1-Phase** (von *gap* für „Lücke") beginnt die Zelle wieder zu wachsen. Sie synthetisiert Organellen und andere Zellbestandteile und kommt ihrer Funktion im Gesamtorganismus nach. Zellen, die sich nicht mehr teilen, können aus der G_1- in die G_0-Phase wechseln und damit den Zellzyklus verlassen. Dies trifft beispielsweise auf Nerven- und Muskelzellen zu. Durch

entsprechende Signale können einige Zelltypen wieder in den G_1-Zustand zurückgeholt werden, etwa Lymphocyten, die für eine Immunantwort aktiviert werden (siehe Kapitel 10 „Leben greift an und verteidigt sich"). In der G_1-Phase bereitet die Zelle schon die folgende Replikation der DNA vor, indem sie DNA-Bausteine bereitstellt und die Enzyme produziert. Noch liegt jedes Chromosom jedoch als ein einzelner DNA-Strang (Chromatid) vor.

- Mit dem Übergang von der G_1-Phase zur S-Phase fällt die Entscheidung, dass die Zelle einen neuen Zyklus durchläuft. Während der **S-Phase** (für „Synthese") repliziert sie ihren Chromosomensatz im Zellkern (siehe Kapitel 11 „Leben speichert Wissen"). Die Anzahl der Chromosomen bleibt dabei gleich. Allerdings besteht am Ende dieser Phase jedes Chromosom aus zwei Schwesterchromatiden und damit zwei DNA-Doppelsträngen, die an einer Centromer genannten Stelle zusammenhängen. Da die DNA nur mäßig kompakt kondensiert ist, sind die einzelnen Chromosomen im Chromatin unter dem Lichtmikroskop weiterhin nicht voneinander zu unterscheiden.

– Im Laufe der **G₂-Phase** werden die letzten Vorkehrungen für die anstehende Teilung getroffen. So synthetisiert die Zelle Mikrotubuli, die sie später braucht, um die Chromosomen voneinander zu trennen. Außerdem löst sie das endoplasmatische Reticulum auf und kappt die Zellkontakte zu den Nachbarzellen.

Mit dem Abschluss der Interphase beginnt erneut die **M-Phase** und damit die nächste Teilung der Zelle. Auch sie läuft zweistufig ab.

1. Im ersten Schritt, der Mitose, löst die Zelle ihren Kern auf und trennt die Schwesterchromatiden voneinander.
2. Anschließend teilt sie während der Cytokinese das Cytoplasma und umschließt die Tochterzellen mit Plasmamembranen sowie bei Pflanzen und Pilzen mit Zellwänden.

Beide Vorgänge schauen wir uns in den folgenden Abschnitten genauer an.

In der Mitose werden die Chromatiden voneinander getrennt

Ausgangspunkt der Mitose ist ein einzelner Zellkern mit einem vollen Satz von Chromosomen, die schon während der Interphase repliziert wurden und nun aus jeweils zwei identischen Schwesterchromatiden bestehen. Das **Ziel** sind zwei Zellkerne mit ebenfalls kompletten Chromosomensätzen, die dann allerdings nur je ein Chromatid umfassen. Der Prozess ist damit im Wesentlichen eine Art Umzug.

- Das Umzugsgut sind die Chromatiden. Sie werden gleich zu Anfang in eine extrem kompakte Transportform gebracht. In diesem Zustand lassen sich die Gene nicht mehr ablesen, weshalb die Zelle während der Mitose mit den vorhandenen Proteinen auskommen muss.
- Ein wichtiger Teil der Transportmaschinerie sind die faserigen Mikrotubuli, die wir schon als Komponente des Cytoskeletts (siehe Kapitel 3 „Leben ist geformt und geschützt"), als System für zellinterne Transporte (siehe Kapitel 5 „Leben transportiert") und als Bestandteil der Cilien (siehe Kapitel 9 „Leben schreitet voran") kennengelernt haben. Die Mikrotubuli gehen von sogenannten Mikrotubuli-Organisationzentren (MTOC) aus. In tierischen Zellen handelt es sich dabei um zwei Centrosomen, die jeweils aus einem Centriolenpaar

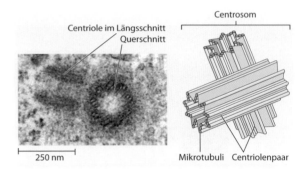

12.4 Die Centrosomen tierischer Zellen sind während der Mitose der Ausgangspunkt für Mikrotubuli. Sie enthalten ein Paar zylinderförmiger Centriolen aus Mikrotubuli.

aus Mikrotubulitripletts bestehen, welches in eine Proteinmatrix gebettet ist (siehe Abbildung 12.4). Höhere Pflanzen besitzen dagegen kein Centrosom, verfügen aber dennoch ebenfalls über zwei MTOC.

Obwohl die Mitose ein kontinuierlicher Prozess ist, können wir auch sie in mehrere Phasen gliedern, in denen wichtige Zwischenergebnisse erreicht werden (Abbildung 12.5).

Den Anfang macht die **Prophase**. Im Zellkern kondensieren die Chromosomen zu ihrer sichtbaren X-Form. Ihre Schwesterchromatiden sind an den Centromeren miteinander verbunden. Auf deren Außenseite entwickeln sich aus Proteinen und Abschnitten der DNA als Kinetochore bezeichnete Strukturen, die später als Ansatzpunkt für Mikrotubuli dienen. Währenddessen wandern im Cytoplasma die Centrosomen zu entgegengesetzten Seiten der Kernhülle, wo sie als Pole für die restliche Mitose die räumliche Orientierung vorgeben. Als treibende Struktur wirken vermutlich die Pol-Mikrotubuli, die sich von jedem Centrosom bis leicht über die Zellmitte erstrecken und immer länger wachsen. Sie bilden das Grundgerüst der Mitosespindel. Außerdem entstehen kurze Astral-Mikrotubuli, die für die Positionierung der Zelle sorgen und in alle Richtungen weisen. Sie geben den Centrosomen ein blumenähnliches Aussehen, weshalb diese gelegentlich als „Aster" bezeichnet werden. Das Material für das Mikrotubuliwachstum, die Tubulineinheiten, stammt vom Cytoskelett der Zelle, das deswegen teilweise abgebaut wird. Ohne innere Stützstruktur nimmt die Zelle darum annähernd Kugelform an.

In der **Prometaphase** zerfällt die Hülle des Zellkerns. Dadurch können die Mikrotubuli der Centrosomen Kontakt zu den Kinetochoren der Chromoso-

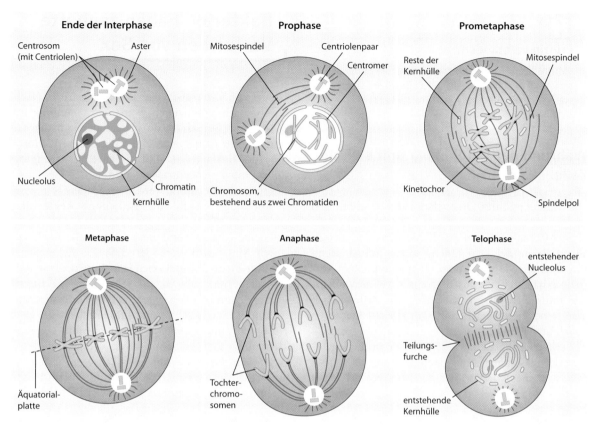

12.5 Jede Phase der Mitose hat ein typisches Stadium, in der ein wichtiger Abschnitt des Gesamtprozesses erreicht ist. Am Ende stehen zwei eigenständige identische Zellen.

men aufnehmen. Die Bindung stabilisiert diese sogenannten Kinetochor-Mikrotubuli. Die Chromosomen sind nun maximal kondensiert, sind aber zunächst noch ungeordnet im früheren Kernbereich verteilt. Durch die andockenden Fasern und deren Zug aus beiden Polrichtungen bewegen sie sich auf eine Ebene zu, die genau in der Mitte zwischen den Centrosomen liegt.

In der **Metaphase** haben die Centromere aller Chromosomen diese Äquatorialplatte erreicht. Die Mitosespindel ist damit vollständig. Das zentrale Ereignis der Metaphase ist aber die Trennung der Schwesterchromatiden voneinander. Diese werden von dem Protein Cohäsin zusammengehalten. Die Protease Separase hydrolysiert das Cohäsin und löst damit die Verbindung.

Die **Anaphase** beginnt mit der Wanderung der Chromatiden, die jetzt als Tochterchromosomen bezeichnet werden, zu den Spindelpolen. Die Bewegung wird von Motorproteinen angetrieben, die in den Kinetochoren lokalisiert sind. Die Motorproteine wandern unter Energieverbrauch in Form von ATP

auf den Mikrotubuli entlang in Richtung Centrosom und ziehen die Chromosomen mit sich mit (siehe Kapitel 5 „Leben transportiert"). Unterstützend werden die Kinetochorfasern an den Polen abgebaut und verkürzt. Die Polfasern werden hingegen durch die Anlagerung von Tubulineinheiten verlängert. Die Mikrotubuli der beiden Centrosomen überlappen sich dadurch und richten sich parallel zueinander aus. Auch sie tragen Motorproteine und gleiten damit aneinander entlang, sodass sich die Spindel verlängert und mit ihr die Zelle – eine Vorbereitung für die bald anstehende Cytokinese.

Wenn die Chromosomen den Endpunkt ihrer Wanderung erreicht haben, beginnt die **Telophase**. Der Spindelapparat wird aufgelöst, es bilden sich neue Kernhüllen um die DNA, die sich entspiralisiert. Am Ende der Mitose liegen zwei komplette Zellkerne mit identischen Chromosomensätzen vor.

Noch während die Telophase anhält, manchmal schon in der Anaphase, beginnt die Zelle in der Regel damit, auch das Cytoplasma zu teilen und sich damit selbst zu spalten.

[?]

Prinzip verstanden?

12.1 Die Mitose verteilt die Chromatiden der Chromosomen auf zwei Tochterzellen. Wie müsste der Vorgang organisiert sein, um eine hypothetische Dreiteilung vorzunehmen?

Während der Cytokinese teilt sich die Zelle

Die Aufteilung ihrer Organellen wie Mitochondrien und bei Pflanzen Chloroplasten überlässt die Zelle bei der Cytokinese dem Zufall. Meistens sind ausreichend Exemplare vorhanden, und es reicht, wenn jede Tochterzelle von jedem Organelltyp einen Vertreter erhält, der sich anschließend selbst vervielfältigen kann. Dementsprechend zieht die Zelle einfach eine neue Trennschicht ein, um die Tochterzellen voneinander zu separieren.

Bei **tierischen Zellen** legt sie dazu an die Innenseite der Plasmamembran einen Ring aus Actin- und Myosinfilamenten. Wie bei der Muskelkontraktion (siehe Kapitel 9 „Leben schreitet voran") gleiten die Proteine aneinander entlang und verengen dabei den Ring. Die daran angeheftete Membran wird mitgezogen und eingeschnürt, bis sie sich in der Mitte schließt. Von außen betrachtet ist der Vorgang als zunehmend tiefere Furchung zu verfolgen.

Pflanzen haben wegen ihrer Zellwände eine andere Methode. Vom Golgi-Apparat wandern Vesikel in die Zellmitte und fusionieren dort miteinander zu einer membranumgebenen Zellplatte. Darin enthalten ist das Material zum Bau einer neuen Zellwand. Die Platte wächst von innen nach außen, bis ihre Membran mit der Plasmamembran verschmilzt und die neue Wand mit den angrenzenden Wänden verbunden ist.

---

1 für alle

Ungleiche Teilung bei der Knospung

Sowohl einige mehrzellige Tiere als auch Pflanzen vermehren sich ungeschlechtlich durch Knospung. Am Mutterorganismus wachsen dabei durch Mitoseteilungen Zellkomplexe, die sich schließlich lösen und ein eigenes Individuum bilden. Auch die Teilung von Bakterien und Pilzen wird als Knospung bezeichnet, wenn die entstehenden Zellen deutlich ungleich groß sind.

Bakterien haben zaghafte Vorformen von Sex

Ginge es bei der Fortpflanzung nur darum, Nachkommen zu produzieren, wäre die Zellteilung mit Mitose und Cytokinese die ideale Lösung. Jeder einzelne Schritt ist notwendig, um die sichere Verdopplung des Erbmaterials und die faire Verteilung des Zellapparats sicherzustellen, und weder Zeit noch Energie oder Rohstoffe werden vergeudet.

Allerdings erlaubt die Zellteilung **keine allzu große Flexibilität** der Organismen, da jede Tochterzelle eine genaue Kopie ihrer Mutterzelle ist. Einzig durch Mutationen verändert sich das Erbmaterial. Weil die meisten Mutationen jedoch neutral oder gar schädlich sind, gibt es nur selten Verbesserungen. Und weil ohne Austausch jede Zelllinie informationstechnisch eine geschlossene Einheit darstellt, gerät ein Organismus schnell in Nachteil, wenn ein Konkurrent das Glück einer positiven Mutation hatte.

Diesem Risiko begegnen Prokaryoten, indem sie **einfache Mechanismen zur Aufnahme und zum Austausch von Genmaterial** entwickelt haben. Da diese Prozesse nicht mit der Fortpflanzung gekoppelt sind, sondern von ausgewachsenen Zellen schlicht bei passenden Gelegenheiten ausgeführt werden, handelt es sich nicht um eine Form der geschlechtlichen Vermehrung. Dennoch bieten sie den Mikroorganismen eine Möglichkeit, genetisches Material aus verschiedenen Individuen zu einem neuen Genom zusammenzustellen – ein Vorgang, den wir als **genetische Rekombination** bezeichnen.

Gleich drei Wege zur Rekombination haben Bakterien entwickelt:

- Bei der **Transformation** nehmen sie DNA auf, die frei im umgebenden Medium vorliegt.
- Für die **Transduktion** übertragen Viren bakterielle Gene von einer Zelle zu einer anderen.
- In einer **Konjugation** gehen zwei Bakterienzellen eine vorübergehende Verbindung miteinander ein.

Was Arten mit sexueller Fortpflanzung in einem gemeinsamen Schritt durchführen – sich zu vermehren und ihr Genom durch genetische Rekombination aufzufrischen –, setzen Prokaryoten also in separaten Aktionen um.

Der Genaustausch versorgt Bakterien nicht nur mit neuen Eigenschaften, sondern er befreit die Zellen auch von der Notwendigkeit, alle Gene, die nur unter besonderen Bedingungen benötigt werden, ständig im eigenen Genom zu halten. Es reicht statt-

---

1 für alle

Bakterien teilen sich ähnlich wie Eukaryoten

Die Teilungsprozesse der Prokaryoten sind noch nicht so weit erforscht wie bei den Eukaryoten. Es zeichnet sich jedoch ab, dass Bakterien ganz ähnliche Mechanismen verwenden, an denen auch die Komponenten ihres Cytoskeletts beteiligt sind.

Den Anfang macht die **Replikation des ringförmigen Chromosoms** (siehe Kapitel 11 „Leben speichert Wissen"). Es befindet sich im Bereich des sogenannten Kernäquivalents oder Nucleoids in der Mitte der Zelle. Das Protein DnaA bindet an den Replikationsursprung und gibt damit das Signal für den Replisomkomplex mit der DNA-Polymerase.

Die beiden wachsenden DNA-Ringe wandern in entgegengesetzte Richtungen in die beiden Zellhälften, was wir als **Chromosomensegregation** bezeichnen. Vermutlich wirken Actin-ähnliche Proteine an diesem Transport mit. Die Chromosomen nehmen schließlich mithilfe weiterer Proteine eine definierte Tertiärstruktur ein und werden kondensiert.

Das Bakterium ist damit bereit für die **Zellteilung**, die bei den meisten Typen symmetrisch in der Zellmitte erfolgt. Den richtigen Bereich und Zeitpunkt erkennt die Zelle durch zwei Systeme: Die Proteine MinC und MinD bilden an den Zellpolen Komplexe und verhindern dort alle Teilungsvorgänge. Gleichzeitig ist das Noc-Protein (*nucleoid occlusion*) mit der DNA assoziiert und hemmt in Chromosomennähe.

Sobald die Chromosomen voneinander getrennt sind, entfallen die Hemmungen, und Proteinfilamente bilden einen Z-Ring in der Zellmitte. Enzyme für die Synthese der Zellhülle nehmen dort ihre Arbeit auf, und die Zelle schnürt sich in zwei Hälften, die sich schließlich voneinander trennen.

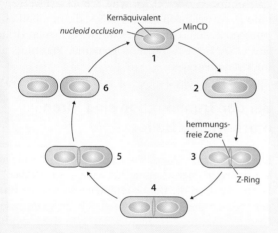

Der Z-Ring als Markierung für die Teilungsebene kann sich erst ausbilden, wenn die neuen Chromosomen voneinander getrennt sind und die Hemmung durch das Min-System und die *nucleoid occlusion* in der Zellmitte aufgehoben ist.

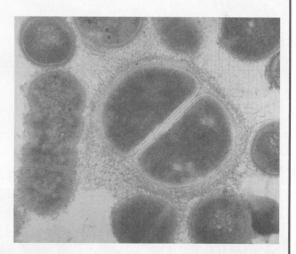

Diese Kokken sind noch von einer gemeinsamen Zellwand umgeben.

---

dessen aus, wenn wenige Individuen einer Population seltener benötigte Gene tragen und sie beim Eintreten der besonderen Umstände an die anderen Zellen weiterreichen. Auf diese Weise haben die Zellen Zugriff auf einen großen Teil des **Genpools**, also die Gesamtheit der Gene einer Population.

Transformation ist eine Art von zellulärer Leichenfledderei

Wie alle Lebewesen tauschen auch Bakterien ständig Stoffe mit ihrer Umgebung aus (siehe Kapitel 4 „Leben tauscht aus"). Manche Arten, sogenannte **kompetente Bakterien**, haben aber ein ganz besonderes Aufnahmesystem in ihren Zellhüllen – sie erkennen damit nackte, also nicht mit Proteinen assoziierte, DNA-Moleküle und nehmen sie aktiv in ihre Zelle auf (Abbildung 12.6).

Die externe DNA bindet dabei zunächst an einen Rezeptor. Die Transformationsmaschinerie trennt dann die beiden Stränge der DNA und zerschneidet den einen enzymatisch. Den anderen Strang schleust sie durch die Plasmamembran in das Zellinnere. Dort lagert er sich an den zu ihm passenden Abschnitt des bakteriellen Chromosoms und ersetzt ihn schließlich.

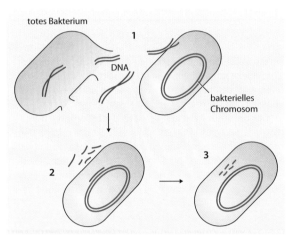

12.6 Tote Zellen verlieren DNA, die andere Bakterien bei einer Transformation aufnehmen (1) und durch Rekombination in ihr eigenes Chromosom einbauen können (2 und 3).

In diesem Austausch besteht die eigentliche **Rekombination** der Transformation. Bestanden Unterschiede zwischen der alten und der neuen DNA, hat das Bakterium sein Genom verändert.

Längst nicht alle Prokaryoten sind in der Lage, eine Transformation durchzuführen. Auch die kompetenten Bakterien investieren nur dann Energie und Ressourcen in den Aufnahmeapparat, wenn die **Lebensbedingungen nicht optimal** sind. Unter die-

sen Umständen sterben viele Zellen, und Stücke ihrer zerfallenden DNA treiben in das Medium. Die Überreste könnten aber noch wertvolle Informationen enthalten, etwa für Proteine, die einen neuen Stoffwechselweg ermöglichen oder die Resistenz gegen ein Antibiotikum vermitteln. Die Transformation bietet die Chance, mit einem Glückstreffer eine solche nützliche Eigenschaft zu ererben.

Nicht nur Bakterien in Not haben ein Interesse daran, die Fähigkeiten von Zellen zu verändern, sondern auch **Gentechniker** (Abbildung 12.7). Mit einer künstlichen Transformation bringen sie von Natur aus nichtkompetente Zellen wie *Escherichia coli* dazu, dennoch nackte DNA aufzunehmen und nach deren Genen Proteine zu synthetisieren. Die fehlenden Transportsysteme ersetzten sie durch recht harsche chemische und physikalische Behandlungen wie Kühlung und schnelles Erhitzen in Gegenwart von Calciumionen oder elektrische Schocks (Elektroporation). Anstelle von linearer DNA, die in nichtkompetenten Zellen schnell abgebaut wird, dienen zirkuläre DNA-Doppelstränge, sogenannte Plasmide, als Informationsträger.

Bei der Transduktion sind Viren unfreiwillige Helfer

Eigentlich geht es Viren ausschließlich um die eigene Vermehrung (siehe Kapitel 1 „Leben – was ist das?"). Dazu injizieren die **Bakteriophagen** (oder kurz **Phagen**) genannten Bakterienviren ihr Erbmaterial in eine Wirtszelle. Im aggressiven **lytischen Zyklus** übernimmt das Virengenom sofort die Kontrolle über die Zelle. Es zwingt sie, die virale DNA zu replizieren und nach Anleitung der darauf vorhandenen Gene Phagenproteine zu bilden. Gemäßigte Viren legen vor dieser Phase einige unauffälligere Runden im **lysogenen Zyklus** ein, in welchem ihr Erbgut an einer bestimmten Stelle in ein Wirtschromosom eingebaut und mit diesem bei jeder Zellteilung vervielfältigt wird. Dieser Prophage wird aber eines Tages ebenfalls aktiv und leitet den beschriebenen lytischen Zyklus ein. Dann zerschneiden Enzyme die Wirts-DNA, die frisch synthetisierte virale DNA wird in eine Capsid genannte Hülle verpackt, und die neuen Viren verlassen die zerstörte Wirtszelle.

In manchen Fällen läuft dieser Prozess schief und verhilft dann über **Transduktion** einem anderen Bakterium zu neuer bakterieller DNA. Je nachdem, welchen Zyklus das Virus ursprünglich gewählt hat, kann dabei mehr oder weniger DNA übertragen werden.

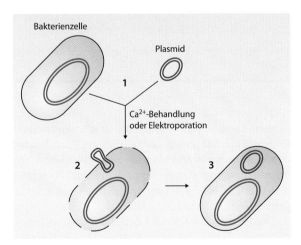

12.7 Fremde DNA lässt sich in Form von Plasmiden in Bakterien einschleusen (1), indem die Zellen durch eine Behandlung mit Calciumsalzen oder elektrischen Feldern aufnahmekompetent gemacht werden (2). Die Plasmide liegen danach neben den Chromosomen in der Zelle (3).

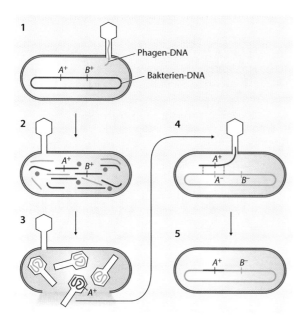

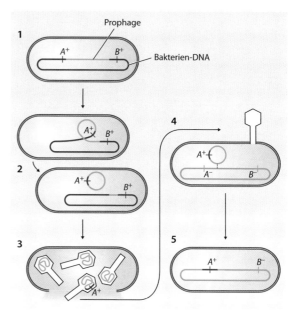

12.8 Bei der allgemeinen Transduktion injiziert ein Phage seine DNA in ein Bakterium (1), zerschneidet dessen eigenes Chromosom und bringt die Zelle dazu, neues Phagenmaterial zu synthetisieren (2). Beim Verpacken der Phagen-DNA in die Capsidhüllen kann ein Fragment der Bakterien-DNA in ein Capsid gelangen (3). Schleust solch ein defekter Phage diese DNA in eine andere Zelle ein (4), kann das Bakterium sie in sein Chromosom einbauen (5).

12.9 Die spezielle Transduktion geht von einem Prophagen aus (1), der nicht korrekt aus der Bakterien-DNA geschnitten wird, sondern ein Stück des bakteriellen Erbguts mitnimmt (2). In ein Capsid verpackt (3) kann auch solch eine Hybrid-DNA in eine neue Bakterienzelle gelangen (4) und duch Rekombination in das Chromosom eingebaut werden (5).

- Die **unspezifische oder allgemeine Transduktion** tritt bei einem lytischen Zyklus auf (Abbildung 12.8). Bei der Beladung der Capside gelangt in seltenen Fällen anstelle der Phagen-DNA ein Fragment des bakteriellen Chromosoms in die Hülle. Um welchen DNA-Abschnitt es sich dabei handelt, ist rein zufällig. Das defekte Virus kann diese DNA zwar in ein anderes Bakterium injizieren, die Zelle aber nicht mehr infizieren. Stattdessen wird die DNA über eine Rekombination in das Genom des Empfängerbakteriums aufgenommen.
- Schneidet sich ein Prophage am Ende eines lysogenen Zyklus fehlerhaft aus dem Chromosom heraus, nimmt er dabei gelegentlich ein kurzes Stück bakterieller DNA mit. Weil Prophagen stets an bestimmten Stellen in das Wirtsgenom integriert sind, handelt es sich dabei immer um einen benachbarten DNA-Abschnitt, weshalb wir von der **spezifischen oder speziellen Transduktion** sprechen (Abbildung 12.9). Die Ladung des Capsids besteht in solchen Fällen aus einer Misch-DNA mit viralen und bakteriellen Anteilen. Beides kann zusammen in das Genom eines anderen Bakteriums rekombiniert werden.

Nur Viren, die selbst DNA als Erbmolekül verwenden, können eine Transduktion vermitteln. **RNA-Viren** verpacken keine DNA in ihre Capside und transportieren darum nicht versehentlich bakterielle Gene.

Die Konjugation kennt fast schon bakterielle Geschlechter

Neben ihrem Hauptchromosom besitzen viele Bakterien zusätzliche **Plasmide**. Diese ringförmigen DNA-Moleküle tragen in der Regel Gene für Eigenschaften, die unter normalen Umständen nicht überlebenswichtig sind, wie etwa Resistenzen gegen Antibiotika.

Ein anderes Beispiel ist das **F-Plasmid**, das dem Bakterium *Escherichia coli* den Genaustausch mit anderen Zellen ermöglicht (das F steht für „Fertilität"). Es trägt unter anderem den F-Faktor – eine Gruppe von Genen für die Ausbildung des **F-Pilus** oder **Sexpilus**. Dabei handelt es sich um ein vergleichsweise dickes, hohles Proteinröhrchen, das bis zum Vierfachen der Bakterienlänge aufweisen kann. Mit dem F-Pilus nimmt die sogenannte F⁺-Zelle (auch nicht ganz passend als „männliche" Zelle bezeichnet) Kontakt zu einer F⁻-Zelle (einer „weib-

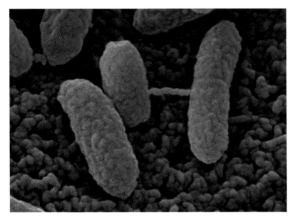

12.10 Mit dem F-Pilus nehmen „männliche" Bakterien Kontakt zu „weiblichen" Zellen auf. Die Bezeichnungen sind irreführend, denn in Wirklichkeit gibt es bei Bakterien keine Geschlechter.

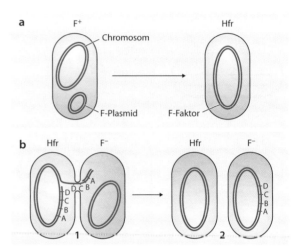

12.12 Das F-Plasmid kann in das bakterielle Chromosom integriert werden (a). Die entstehende Hfr-Zelle leitet häufig Konjugationen ein. In deren Verlauf überträgt das Bakterium auch Teile seines eigenen Chromosoms auf die Empfängerzelle (1). Diese bleibt jedoch F⁻, weil der Transfer in der Regel abgebrochen wird, bevor der gesamte F-Faktor kopiert wurde (2).

lichen" Zelle) auf, die keinen F-Faktor trägt (Abbildung 12.10). Anschließend zieht die F⁺-Zelle den eingefangenen Partner an sich heran, indem sie den Pilus abbaut und dadurch verkürzt. Ist der Abstand ausreichend klein, bildet sich an einer anderen Stelle eine Plasmabrücke zwischen den Zellen aus, über die eine Kopie des F-Plasmids zur F⁻-Zelle wandert, die dadurch zur F⁺-Zelle wird (Abbildung 12.11).

Der eben beschriebene Vorgang dient lediglich der Verbreitung des F-Plasmids selbst. Einen größeren Vorteil hat die Zelle vom F-Faktor, wenn er sich in das Chromosom integriert. Die betreffende Zelle wird dann mit dem Kürzel Hfr für *high frequency of recombination* bezeichnet, da sie sich häufig mit F⁻-Zellen verbindet. Die Kontaktaufnahme erfolgt ebenfalls über den F-Pilus. **Hfr-Zellen** übertragen dann aber über die Plasmabrücke auch Teile ihres Chromosoms (Abbildung 12.12). Dazu startet die Replikation an einer bestimmten Stelle des F-Faktors und läuft im restlichen Chromosom weiter. Im Prinzip könnte so

eine Kopie des gesamten Chromosoms an die Empfängerzelle gehen, doch durch Bewegungen der Bakterien bricht die Übertragung in der Realität vorzeitig ab. Dennoch reicht die Zeit aus, damit mehrere Gene übergehen und in einer genetischen Rekombination in das Genom integriert werden können. Die „überschüssige" DNA wird von Enzymen abgebaut.

Die Mechanismen der bakteriellen Rekombination ermöglichen ein bescheidenes Maß an Gentransfer von einem Individuum zu einem anderen. Es reicht aus, um wichtige Eigenschaften wie Resistenzen gegen Antibiotika aus dem gemeinsamen Genpool der Population aufzunehmen. Damit sind die Zelllinien nicht vollkommen genetisch isoliert voneinander und die einzelnen Zellen nicht ausschließ-

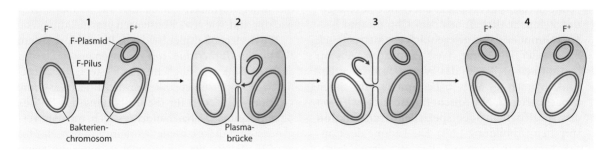

12.11 Nachdem ein F⁺-Bakterium über den F-Pilus eine F⁻-Zelle an sich herangezogen hat (1), überträgt es in einer Konjugation durch eine Plasmabrücke eine einzelsträngige Kopie seines F-Plasmids (2). Die Empfängerzelle ergänzt das Plasmid (3) und ist fortan selbst F⁺ (4).

lich auf ihre eigenen Mutationen als Motor für Neuentwicklungen und Anpassungen an veränderte Umweltbedingungen angewiesen.

Geschlechtliche Fortpflanzung bringt doppelte Erbschaft

Das Prinzip, das Erbmaterial von zwei Individuen zu mischen und damit einen neuen Organismus zu begründen, wird bei der **zweigeschlechtlichen Fortpflanzung** konsequent umgesetzt. Allerdings dürfen wir dafür nicht einfach die Chromosomen zweier Eltern in der Tochterzelle zusammenführen, weil sich die Chromosomenzahl dadurch in jeder Generation verdoppeln würde. Es muss einen Prozess geben, in dem das Erbgut auf eine feste Menge reduziert wird. Dies ist eine Aufgabe der **Meiose**, die deshalb auch als Reduktionsteilung bezeichnet wird. Im Gegensatz zur Mitose, bei der im Verbund mit einer Cytokinese zwei Körperzellen entstehen, ist die Meiose auf die Produktion von **Keimzellen** oder **Gameten** spezialisiert.

12.13 Die geschlechtliche Fortpflanzung ist trotz der damit verbundenen Mühen im Tierreich weit verbreitet.

Die Meiose mischt und halbiert das Erbgut

Die meisten Organismen, die sich geschlechtlich fortpflanzen, haben diploide Zellen, tragen also zwei vollständige Chromosomensätze in ihren Zellkernen. In der Meiose müssen daraus Gameten hervorgehen, die haploid sind und somit nur jeweils einen Chromosomensatz tragen. Außerdem soll das **Erbgut durchmischt** werden, damit die Nachkommen genetisch einzigartig sind und die Population möglichst divers zusammengesetzt ist. Diese Variabilität erhöht die Wahrscheinlichkeit, dass stets einige Individuen bereits die passenden Gene in sich tragen, wenn sich die Lebensbedingungen ändern. In Kapitel 14 „Leben breitet sich aus" werden wir sehen, dass diese genetische Variabilität eine wesentliche Grundlage für das Überleben und die Entwicklung einer Art ist.

Wie bei der Mitose hat sich die chromosomale DNA im Zellkern auch vor einer Meiose verdoppelt. Zu Beginn liegen folglich zwei vollständige Chromosomensätze (einer vom Vater, einer von der Mutter) vor, mit Chromosomen aus jeweils zwei Chromatiden (Abbildung 12.14). Das Ziel sind Gameten, die jeder einen einfachen Satz mit Chromosomen aus

einem Chromatid enthalten. Eine einzige Teilung reicht deshalb nicht aus, die Zelle muss stattdessen zwei Teilungen vollziehen, die als **Meiose I und Meiose II** oder erste und zweite meiotische Teilung bezeichnet werden.

- In der **Meiose I** oder **Reduktionsteilung** ordnen sich gleichartige – homologe – Chromosomen nebeneinander an und tauschen längere DNA-Abschnitte miteinander aus, bevor sie voneinander getrennt werden. Am Ende dieser Phase stehen zwei haploide Zellen mit Chromosomen, die alle zwei Chromatiden besitzen. Die Meiose I halbiert also die Zahl der Chromosomen pro Zelle.
- Der Endzustand der Meiose I entspricht weitgehend dem Ausgangszustand bei einer Mitose. Dementsprechend verläuft die anschließende **Meiose II** oder **Äquationsteilung** wie eine Mitose mitsamt Cytokinese. Das Ergebnis sind zwei haploide Keimzellen, deren Chromosomen aus je einem einzelnen Chromatid bestehen. Aufgabe der Meiose II ist somit die Trennung der Schwesterchromatiden.

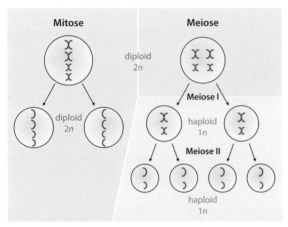

12.14 Bei der Mitose bleiben die Tochterzellen diploid, allerdings bestehen ihre Chromosomen aus nur einem Chromatid. In der Meiose ordnen sich die homologen Chromosomen nebeneinander an. Die erste Teilung trennt sie voneinander und reduziert den diploiden Satz zu einer haploiden Ausstattung. Die Schwesterchromatiden werden in der zweiten Teilung separiert.

Die wesentlichen Prozesse der **Meiose I** (Abbildung 12.15) finden in deren **Prophase I** statt. Der Organismus nimmt sich viel Zeit dafür – die Prophase I dauert bei der Spermienproduktion im menschlichen Hoden etwa eine Woche, für die Eizelle sind es sogar Jahrzehnte, wovon der größte Teil jedoch eine Ruhephase ist.

Die Entwicklung beginnt mit der langsamen **Kondensation der Chromosomen**, die sich über die gesamte Prophase fortsetzt. Die homologen Chromosomen bilden eng miteinander verbundene Paare, sogenannte Bivalente (weil je zwei Chromosomen beteiligt sind) oder Tetraden (weil je vier Chromatiden beteiligt sind). Diese Synapsis wird vom synaptonemalen Komplex – einem Verbund aus Proteinen, RNA und DNA – vermittelt. Er bringt DNA-Abschnitte zusammen, die einander entsprechen, aber nicht wirklich identisch sind, da die beiden homologen Chromosomen von den verschiedenen Eltern stammen. Die direkt aneinanderliegenden Chromatiden können sich in einem **Crossing-over**

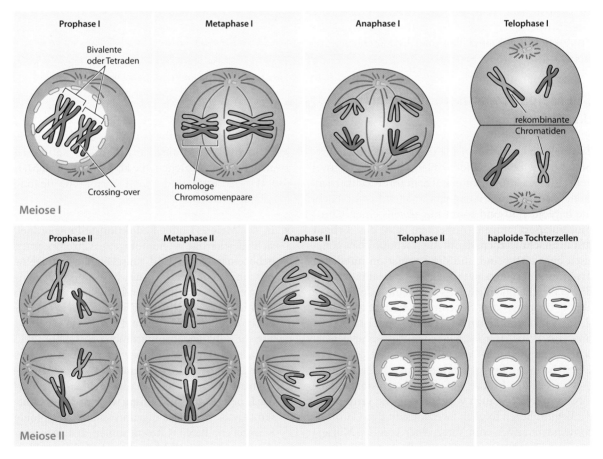

12.15 Während die Meiose I die homologen Chromosomen voneinander trennt, verläuft die Meiose II fast wie eine Mitose mit einem haploiden Chromosomensatz.

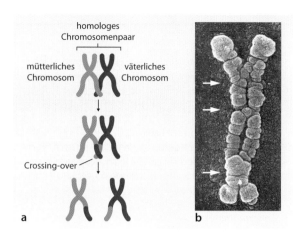

12.16 Wenn sich die homologen Chromosomen während der Prophase I zu einer Tetrade anordnen, können sich die inneren Chromatiden überlagern und beim Crossing-over Teile austauschen (a). Die elektronenmikroskopische Aufnahme zeigt, dass es bei einem Chromosom auch zu mehrfachem Crossing-over (Pfeile) kommen kann (b).

überlappen, aufbrechen und mit vertauschten Abschnitten wieder verschmelzen (Abbildung 12.16). Durch diesen Austausch von DNA zwischen den Chromatiden entstehen Mosaikchromatiden, die Gene von der Mutter und vom Vater tragen und in dieser Kombination völlig neu sind. Zunächst bleibt diese interchromosomale Rekombination unsichtbar, doch sobald der Spindelapparat die homologen Chromosomen ein wenig auseinanderzieht, sind die Überlappungsstellen als Chiasmata (vom griechischen Buchstaben Chi: χ) im Mikroskop zu erkennen. Die Mutterzelle der menschlichen Eizelle geht von hier aus in ein Ruhestadium über, das bis zu 50 Jahre andauern kann.

Neben den Vorgängen an den DNA-Strängen trifft die Zelle während der **Prometaphase I** Vorbereitungen für den Transport der Chromosomen. Die Kernhülle löst sich auf, und ein Spindelapparat mit Mikrotubuli nimmt Kontakt zu den Kinetochoren an der Verbindungsstelle der Schwesterchromatiden auf. Die Chromosomen ordnen sich paarweise in der Äquatorialplatte an, womit die **Metaphase I** erreicht ist. In der **Anaphase I** trennen die Mikrotubuli der Spindel die homologen Chromosomen voneinander und ziehen sie zu den entgegengesetzten Polen. Welches Chromosom – mütterlich oder väterlich – zu welchem Pol wandert, bestimmt der Zufall. Dadurch gibt es eine zweite Neukombination des Erbguts, diesmal betrifft sie die Zusammenstellung der Chromosomen in den Tochterzellen. Anders als in der Mitose bestehen die Chromosomen aber weiterhin

aus zwei Schwesterchromatiden, die nach der nun folgenden **Telophase I** und Cytokinese im Verlauf der Meiose II voneinander getrennt werden.

Zuvor durchlaufen die beiden Tochterzellen der ersten Teilung eine kurze **Interphase**. In dieser wird die DNA aber nicht erneut repliziert, und viele Arten bauen nicht einmal einen neuen Zellkern auf oder dekondensieren die Chromosomen.

Die **Meiose II** (Abbildung 12.15) verläuft wie eine Mitose. In der Prophase II geht ein neuer Spindelapparat in Position und ordnet die Chromosomen in der Prophase II für die Metaphase II in der Äquatorialplatte an. Die Schwesterchromatiden sind wegen des Crossing-over in der Meiose I diesmal nicht identisch zueinander. Die Anaphase I trennt sie und befördert sie als eigenständige Chromosomen zu den Polen. Dort bilden sich in der Telophase neue Zellkerne aus, und die Zellen teilen sich.

Im **Ergebnis** gehen bei jeder kompletten Meiose aus einer diploiden Ursprungszelle vier haploide Enkelzellen hervor, deren Erbgut durch Crossing-over und die Verteilung der Chromosomen und Chromatiden unterschiedlich zusammengestellt ist. Wahrscheinlich gleicht kein Gamet dem anderen (siehe Kasten „Billiardenfache Einzigartigkeit" auf Seite 325). Die Zahl der möglichen Kombinationen von Genen und damit Merkmalen bei einer Paarung ist damit unvorstellbar hoch. Allerdings betrifft sie nur jene Allele, die in der jeweiligen Population vorhanden sind. Außerdem kommt es nur im Rahmen der Fortpflanzung zu einer genetischen Rekombination. Die Variabilität bezieht sich somit auf Unterschiede zwischen den Generationen, wohingegen das einzelne Individuum in seinen Körperzellen auf die bewahrende Kopiermethode der Mitose setzt.

Begattung und Befruchtung spiegeln sich im Verhalten wider

Die Gameten, die in der Meiose entstanden sind, reifen bei Tieren zu männlichen Spermien und weiblichen Eizellen heran, bei Blütenpflanzen entwickeln sich die Gametophyten innerhalb der Blüte zum weiblichen Embryosack mit der Eizelle und zum männlichen Pollenkorn. Damit die Gameten unterschiedlichen Geschlechts miteinander zur Zygote verschmelzen können, **müssen die Keimzellen zunächst zueinander finden**. Je nach Lebensraum und Fähigkeiten der Lebensform kann diese Aufgabe ein komplexes Verhaltensmuster erfordern.

Am einfachsten haben es Arten, die ihre Gameten lediglich freisetzen und es **dem umgebenden Me-**

---

1 für alle

Verschobene Entwicklungszyklen

Bei allen Lebensformen, die sich sexuell fortpflanzen, finden wir meiotische Teilungen und Befruchtung. Allerdings unterscheiden sich die Gruppen darin, wann der Wechsel zwischen haploiden und diploiden Formen stattfindet. Es gibt drei Arten von geschlechtlichen Entwicklungszyklen:

- Bei **Diplonten** teilt sich die befruchtete Eizelle – die Zygote – mitotisch, und es entsteht ein Organismus mit diploiden Zellen. Lediglich die Gameten gehen aus der Meiose hervor und sind haploid. In diese Kategorie fallen die meisten Tiere und manche niedere Pflanzen und Protisten.
- **Haplonten** stellen das andere Extrem dar. Die Zygote ist die einzige diploide Zelle, die sofort durch eine Meiose in den haploiden Zustand übergeht. Die haploiden Zellen teilen sich mitotisch und bauen den vielzelligen Orga-

nismus auf. Auch die Gameten entstehen durch Mitose. Zu den Haplonten zählen viele Pilze und niedere Pflanzen, aber auch der Malariaerreger, dessen Zyklus wir in Kapitel 10 „Leben greift an und wehrt sich" kennengelernt haben.

- Sowohl diploide als auch haploide vielzellige Organismen bilden die **Diplo-Haplonten**, zu denen die meisten Pflanzen gehören. Aus der Meiose gehen haploide Sporen hervor, die durch Mitose den vielzelligen Gametophyten bilden. Der Gametophyt erzeugt dann durch Mitose die Gameten. Deren Verschmelzung zur Zygote leitet den **Generationswechsel** zur diploiden Version ein. Durch Mitosen wächst der Sporophyt. Bei den Gefäßpflanzen wie Bäumen, Sträuchern und Kräutern nehmen wir ihn als „eigentliche Pflanze" wahr. Bei Moosen bildet hingegen der Gametophyt das auffällige Grün, während der Sporophyt meist nur eine kleine, gestielte braune Kapsel ist.

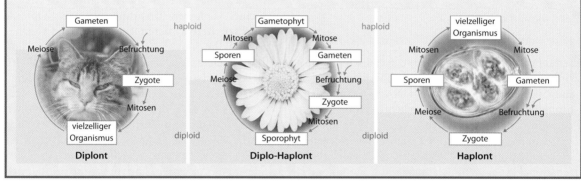

Diplont   **Diplo-Haplont**   **Haplont**

---

dium überlassen, diese zusammenzuführen. Tiere, die **im Wasser** leben, laichen häufig auf diese bequeme Weise (Abbildung 12.17). Allerdings ist die Chance, dass tatsächlich solch eine äußere Befruchtung stattfindet, ziemlich gering. Darum produzieren einige Arten extrem große Mengen an Keimzellen. Austern setzen beispielsweise jedes Jahr 100 Millionen Eier frei, und die Spermienzahl liegt weit höher. Manche Tiere bemühen sich um eine zeitliche Synchronisation. Die Korallen des Great Barrier Reef vor Australien richten sich nach der Wassertemperatur, der Tageslänge sowie der Mondphase und laichen alle in der gleichen Nacht im November, wenn auf der Südhalbkugel Frühling ist. Viele Fische und Amphibien steigern die Effizienz noch, indem sie sich paarweise oder in Gruppen zusammenfinden und das Sperma sogleich über die abgesetzten Eier geben. Die Effizienz dieser Methode ist jedoch mit einer aufwendigen und teilweise gefährlichen Partnersuche verbunden, die etwa beim Lachs den Höhepunkt und das Ende des Lebens darstellt.

Auch einige Wasserpflanzen überlassen ihre Pollen dem Wasser zur Bestäubung (Hydrophilie). Ihre landlebenden Verwandten setzen hingegen teilweise auf **Windbestäubung** (Anemophilie) (Abbildung 12.18). Die Narben dieser Arten haben eine recht

12.17 Frösche geben ihre Eier und Spermien beim Laichen in das Wasser ab und überlassen die Befruchtung dem Medium.

12.18 Bei manchen Landpflanzen überträgt der Wind die Pollenkörner.

große klebrige Oberfläche, um eines der vielen Pollenkörner, die in der Luft umherfliegen, aufzufangen. Die Wahrscheinlichkeit dafür ist so niedrig, dass auch hier gewaltige Mengen männlicher Gameten eingesetzt werden. Bei Kiefern kommen auf eine Samenanlage etwa eine Million Pollen, bei der Gemeinen Hasel sind es sogar 2,5 Millionen.

Bessere Quoten erreichen Pflanzen, die sich bei **der Bestäubung durch Tiere** helfen lassen (Zoophilie). Neben Insekten nutzen sie auch Vögel, Reptilien und Säugetiere. Sie locken die Tiere mit einer attraktiven Ressource wie Nektar oder einer auffälligen Blüte als Wegweiser an und heften ihnen Pollen an, die die Bestäuber beim Besuch einer anderen Blüte auf deren Narbe übertragen (Abbildungen 12.19 und 12.20).

Der Übergang vom Leben im Wasser zum Dasein an Land stellte die Tiere auch bei der Fortpflanzung vor neue Schwierigkeiten. Zum einen waren ihre Spermien auf eine Fortbewegung in flüssigen Medien ausgelegt, die sich nicht einfach in einen fliegenden oder schwebenden Transport umwandeln ließ (siehe Kapitel 9 „Leben schreitet voran"). Zum anderen

---

Genauer betrachtet

Billiardenfache Einzigartigkeit

Die Meiose und die geschlechtliche Fortpflanzung erzeugen in vier Stufen genetische Vielfalt:

- Durch Crossing-over in der Prophase I entstehen Mosaikchromatiden mit Abschnitten des väterlichen und des mütterlichen Chromosoms.
- In der Anaphase I werden die mütterlichen und väterlichen homologen Chromosomen zufällig aufgeteilt.
- Während der Anaphase II erfolgt die Zuordnung der unveränderten Chromatiden und der Chromatiden, die durch Crossing-over rekombiniert wurden, ebenfalls zufällig.
- Für die Befruchtung trifft ein Spermium von vielen auf die Eizelle.

Beim Menschen mit seinen 23 Chromosomenpaaren ergibt schon eine grobe Überschlagsrechnung, dass mit extrem hoher Wahrscheinlichkeit selbst Geschwister, die aus zwei getrennten Befruchtungen hervorgehen, genetisch ziemlich unterschiedlich sind.

Dazu nennen wir die Anzahl der Chromosomen eines haploiden Chromosomensatzes n. Beim Menschen ist $n = 23$. Am leichtesten ist die Anzahl der Kombinationen für die Anaphase I abzuschätzen. Da für jedes Chromosomenpaar zwei Zuordnungen zu den Polen infrage kommen, gibt es $2^{23} = 8\,388\,608$ Variationen.

Die gleiche Zahl erhalten wir für die Aufteilung der Schwesterchromatiden in Anaphase II. Zusammen haben wir dann $2^{46} = 7{,}04 \times 10^{13}$ (über 70 Billionen) denkbare Versionen. Rund 10 000-mal mehr als gegenwärtig Menschen auf der Erde leben.

Durch das Crossing-over wächst die Zahl noch unbekannt weiter. Jedes Chromatid könnte an einer Vielzahl von Stellen ein oder mehrere Austausche erfahren. Anhand von Rekombinationskarten haben Forscher 60 000 bis 80 000 sogenannte aktive hotspots postuliert, an denen Chromatide für ein Crossing-over brechen können. Die Anzahl der möglichen Kombinationen müssten wir mit den 70 Billionen multiplizieren … und hätten das Ergebnis für *einen* diploiden Chromosomensatz. Für die sexuelle Fortpflanzung kommt aber noch ein zweiter Satz hinzu, der die gleiche Variabilität aufweist.

Wie viele unterschiedliche Genome sich so mischen lassen, ist nicht mehr zu berechnen. Fest steht nur: Die Zahl ist so groß, dass wir eher in der Wuppertaler Schwebebahn von einem Krokodil gefressen werden, als einem genetischen Ebenbild zu begegnen. Es sei denn, wir haben eineiige Zwillinge oder Mehrlinge. Denn die trennen sich erst nach dem genetischen Mixen.

12.19 Die Titanenwurz (*Amorphophallus titanum*) ist mit einem Blütenstand von bis zu drei Metern Höhe und anderthalb Metern Umfang die größte Blume der Welt. Zur Bestäubung ist sie allerdings auf die Hilfe von Insekten wie Aaskäfer angewiesen, die sie mit einem intensiven Aasgeruch anlockt.

12.21 Diese Dickschwanzskorpione vollziehen einen „Paarungstanz", bei dem das Männchen das Weibchen an den Scheren nimmt und es über das abgelegte Samenpaket führt.

drohte den Gameten ebenso wie dem restlichen Körper die Austrocknung. Weil die Keimzellen aber miteinander verschmelzen müssen, dürfen sie im Gegen-

12.20 Auch höhere Tiere wie Kolibris und Fledermäuse übernehmen für einige Pflanzen den Pollentransport.

satz zum übrigen Organismus keine zu undurchlässige Außenhülle entwickeln. Der Ausweg aus dem Dilemma bestand darin, Spermien und Eizellen möglichst wenig mit der Luft in Kontakt zu bringen und stattdessen ein eigenes Milieu für sie zu schaffen. Der Ort dieser speziellen Umgebung sind die Geschlechtsorgane, und bei der **inneren Befruchtung** sorgt die Kopulation dafür, dass die Spermien die geschützte Zone nicht verlassen müssen.

Eine Ausnahme stellen Tiere dar, die **Spermatophoren** genannte Samenpakete übertragen. Zu ihnen zählen viele Würmer, Milben, Skorpione und einige Amphibien wie Molche. Die Spermien sind hierbei kurzzeitig im Freien, während sich das Männchen bemüht, das Weibchen so zu dirigieren, dass es das Paket aufnimmt (Abbildung 12.21).

Offene Fragen

Abhängig von technischen Geburtshelfern

Den womöglich seltsamsten Vermehrungsmechanismus in der Tierwelt finden wir beim **Gemeinen Kopierdot** – zugleich die einzige Art, die sich nicht nur in einer künstlichen Umgebung entwickelt hat, sondern auch vollkommen von der Technik abhängig ist (Technophilie). In dieser Hinsicht übertrifft der Kopierdot sogar den Menschen, der trotz aller Zivilisationserscheinungen zumindest theoretisch in der Lage ist, ohne elektrischen Strom und Halbleiter zu existieren.

Kopierdots sind **nahezu zweidimensionale Lebensformen** von annähernd kreisrunder Form. Ihr Durchmesser kann bis zu einem Millimeter betragen, sodass sie mit bloßem Auge zu erkennen sind, obwohl ihre Höhe im Bereich weniger Mikrometer bleibt. Die Ursache dafür ist in der tiefschwarzen Färbung der Tiere zu sehen, die auf ihre einseitige Ernährung zurückzuführen ist. Als Lieferant für ihr Zellmaterial nutzen Kopierdots den Tonerstaub aus Fotokopierern und Laserdruckern, während sie als Energiequelle die elektrischen Felder dieser Geräte beim Druckvorgang anzapfen. Die genauen Einzelheiten ihres Stoffwechsels sind noch weitgehend unbekannt. Vereinzelt spekulieren Systematiker über eine entfernte Verwandtschaft mit den Tintenfischen, allerdings widersprechen Spektralanalysen der Farbpigmente dieser Hypothese.

In ihrem natürlichen Lebensraum sind Kopierdots nur äußerst schwer zu beobachten, da sie sich kaum von den

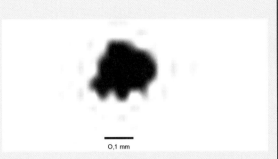

0,1 mm

Selbst unter dem Mikroskop sind wegen der hohen Pigmentdichte beim Kopierdot keine internen Strukturen zu erkennen.

abiotischen Tonerpartikeln unterscheiden. Vor allem die **Fortpflanzung** der Tiere stellt die Wissenschaft vor immer neue Rätsel. Selbst nach intensiver Sterilisation des Kopierers oder Druckers mit Isopropanol oder speziellen Detergenzien tauchen auf den ausgedruckten Blättern verstreut junge Kopierdots zwischen den Buchstaben auf. Diese scheinen sofort fortpflanzungsfähig zu sein, denn beim iterativen Kopieren von frischen Kopien vergrößert sich die Zahl der Kopierdots nahezu exponentiell. Außerhalb des Geräts fallen die Organismen jedoch in eine Ruhephase, in der sich keinerlei Aktivität nachweisen lässt. Daher vermuten Biologen, dass der Kopierdot in freier Natur nicht lebensfähig ist.

Mit der Befruchtung beginnt das Individuum

Die Fusion von Spermium und Eizelle bezeichnen wir als Besamung. Die eigentliche Befruchtung ist die Vereinigung der beiden Zellkerne. Durch beide Prozesse zusammen entsteht die **Zygote**, die einen diploiden Satz von Chromosomen in einer einzigartigen Zusammensetzung besitzt und aus der sich ein Embryo entwickelt (siehe Kapitel 13 „Leben entwickelt sich").

Während der **Besamung** kommt es zu einem komplexen Wechselspiel zwischen den anschwimmenden Spermien und der Eizelle. Jetzt entscheidet

Genauer betrachtet

Vererbung außerhalb des Zellkerns

Der weitaus größte Teil des Genoms befindet sich in den Chromosomen des Zellkerns. Allerdings verfügen auch die Mitochondrien und Chloroplasten über ein kleines Erbgut, das sie selbst an ihre Tochterorganellen weitergeben, wenn sie sich teilen. Obwohl das Mitochondrium des Menschen nur 37 Gene trägt, sind diese **extrachromosomalen Gene** für die Funktion des Organells und damit der gesamten Zelle äußerst wichtig.

Für die geschlechtliche Fortpflanzung tragen die Spermien zwar sehr viele Mitochondrien mit sich, um über ausreichend Energie für den anstrengenden Weg zur Eizelle zu verfügen. Diese Mitochondrien werden jedoch bei der Besamung nicht in die Eizelle aufgenommen. Die Zygote verfügt daher ausschließlich über mütterliche Mitochondrien. Deren Gene werden folglich über eine **maternale Vererbung** weitergereicht.

1 für alle

Blütenpflanzen vollziehen eine doppelte Befruchtung

Auch bei den Blütenpflanzen (Angiospermen) erfolgt die **Befruchtung intern**. Im Vergleich zum Ablauf bei Tieren erscheint sie jedoch ziemlich komplex, was mit dem Generationswechsel zwischen diploiden Sporophyten und haploiden Gametophyten zusammenhängt.

Die Gametophyten entwickeln sich innerhalb der Blüten. Im Falle des **weiblichen Megagametophyten** erwachsen aus einer Megasporenmutterzelle durch Meiose vier haploide Megasporen (Makrosporen), von denen drei absterben. Aus der vierten Megaspore gehen durch drei mitotische Teilungen acht Kerne hervor, die nach der Cytogenese die sieben Zellen des Megagametophyten (Embryosack) bilden:

- Die Eizelle und zwei Synergiden genannte Hilfszellen befinden sich an einem Ende der ovalen Struktur.
- In der Mitte ist eine große Zelle mit zwei Zellkernen, den Polkernen, anzutreffen.
- Gegenüber von der Eizelle sitzen die drei Antipodenzellen.

Die **Pollen** oder **Mikrosporen** entstehen in den Staubbeuteln (Antheren) durch Meiose aus einer Mikrosporenmutterzelle. Jede Tochterzelle teilt sich mitotisch in eine größere vegetative Zelle oder Pollenschlauchzelle und eine kleinere generative Zelle. Zusammen bilden sie ein Pollenkorn, dessen Entwicklung pausiert, bis es auf eine passende Narbe gelangt.

Nach der **Bestäubung** keimt der Pollen aus. Geleitet durch chemische Signale von den Synergiden wächst aus der vegetativen Zelle ein Pollenschlauch, der bis zum Embryosack reicht und die generative Zelle mit sich führt (1). Die generative Zelle teilt sich in einer Mitose und Cytokinese zu zwei haploiden Spermazellen (2). Beide Spermazellen schleusen sich in eine Synergide ein (3), die daraufhin degeneriert und die Zellen freisetzt. Eine von ihnen fusioniert mit der Eizelle zur Zygote, die durch Mitosen zum Embryo wird. Die andere Spermazelle bildet mit der zentralen Zelle und ihren Kernen eine triploide Zelle, aus der sich das Nährgewebe des Endosperms entwickelt (4). Beide Verschmelzungen gelten als Befruchtungen und sind ein typisches Merkmal der Blütenpflanzen.

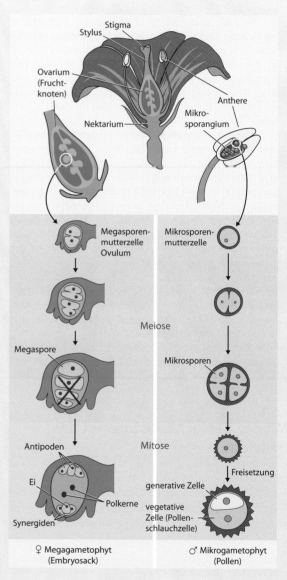

Die Entwicklung der Gametophyten.

sich, welches Spermium das Rennen gewinnt und die Eizelle befruchten darf. Den Weg weisen chemische Lockstoffe, die von der Eizelle abgegeben werden und an spezifische Rezeptoren der Spermien binden (siehe Kapitel 8 „Leben sammelt Informationen"). Daraufhin schwimmen die Spermien gezielt auf die Quelle zu. Beim Menschen erreichen nur etwa 300 von rund 300 Millionen Spermien, die bei einer Ejakulation ausgestoßen werden, das Ziel. Sie treffen auf eine Zona pellucida genannte Schutzzone um die Eizelle herum. Das darin befindliche Protein ZP3 bindet an das Spermium und löst die **Akrosomreaktion** aus, die nach dem speziellen Spermienorganell im vordersten Kopfteil benannt ist (Abbildung

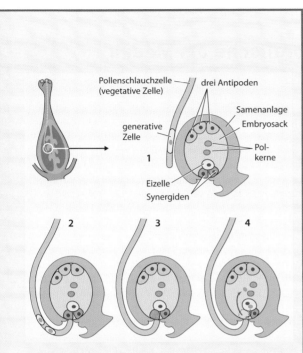

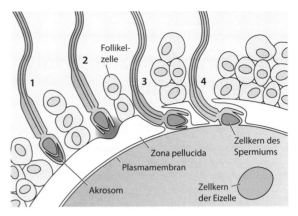

12.22 Beim Kontakt mit den Proteinen der Zona pellucida (1) schüttet das Spermium die Enzyme des Akrosoms aus (2), die einen Weg durch die Schutzhülle schaffen (3). Der Zellkern des ersten Spermiums dringt in die Eizelle ein (4) und fusioniert bald darauf mit deren Zellkern.

Nach der Bestäubung teilt sich die generative Zelle und ihre erste Tochterzelle befruchtet die Eizelle. Als zweite Befruchtung gilt die Bildung einer triploiden Zelle mit dem Kern der zweiten Tochterzelle und den beiden Polkernen.

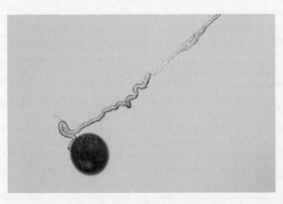

Der Pollenschlauch dieses Mais-Pollens wächst entlang einer präparierten Spur.

12.22). Die Membran des Akrosoms verschmilzt mit der Plasmamembran der Zelle, wodurch seine hydrolysierenden Enzyme freigesetzt werden. Diese lösen die Zona pellucida lokal auf und machen den Weg für das Spermium frei. Das Protein ZP2 bindet nun und ermöglicht die Fusion mit der Plasmamembran der Eizelle. Gleichzeitig ändert sich die Struktur der

Schutzhülle, und die ZP2-Proteine werden enzymatisch gespalten, sodass kein zweites Spermium nachfolgen kann.

Bei der **Befruchtung** verschmelzen die beiden haploiden Gametenkerne zum diploiden Zygotenkern. Kurz darauf setzen die mitotischen Teilungen ein, aus denen schließlich der vielzellige Organismus hervorgeht.

Prinzip verstanden?

12.2 Manche artverschiedenen Tierarten können Hybride zeugen, die lebensfähig, aber selbst unfruchtbar sind. Was könnten die Gründe dafür sein?

Es geht auch ohne Partner

Die bisexuelle Fortpflanzung sorgt für eine gesunde Durchmischung der Gene. Unter gewissen Umständen hat sie aber einen entscheidenden Nachteil – zur Vermehrung auf diese Weise sind zwei Partner unterschiedlichen Geschlechts nötig. Mitunter ist aber kein Männchen vorhanden, obwohl die Lebensverhältnisse ansonsten gerade sehr günstig sind, um Nachwuchs heranzuziehen. Manche Tierarten können sich unter diesen Bedingungen dennoch fortpflanzen, indem sich auch aus unbefruchteten Eizellen Nachkommen entwickeln. Bei dieser **Parthenoge-**

Köpfe und Ideen

Mit Durchsicht zum Erfolg: Zebrafische als Modell in der Forschung

Von Gerrit Begemann

Kleine Zebrabärblinge, im Labor einfach Zebrafische oder *Danio rerio* genannt, wimmeln in meiner Petrischale. Sie sind Nachkommen von Eltern mit einem vererbten Gendefekt, den ich 1997 im Labor eines Londoner Forschungsinstituts entdeckt hatte. Ihre großen Augen, der muskulöse Schwanz und die beiden Brustflossen lassen sie schon als Fische erkennen, obwohl sie gerade einmal vier Tage alt und nicht größer als ein Buchstabe in diesem Text sind.

Damals entdeckte ich Jungfische mit einem genetischen Defekt, durch den die Entwicklung der Brustflossen so früh unterbrochen war, dass sie praktisch flossenlos waren. Diese Mutanten waren das Ergebnis eines genetischen Screenings, also einer gezielten Suche nach Mutanten, bei denen Gene nach dem Zufallsprinzip durch chemische Mutagenese verändert wurden. Die flossenlosen Mutanten taufte ich *neckless*, da bei ihnen außerdem der Übergang zwischen Kopf und Rumpf verkürzt war – was, wie ich später feststellen sollte, an einer erblichen Verkleinerung des Hinterhirns liegt.

Zebrafische eignen sich außergewöhnlich gut als Modell für die Erforschung der Genetik und Entwicklung von Wirbeltieren. Ihre Organe, wie Kreislauf- und Nervensystem, aber auch Augen, Leber oder Niere, sind prinzipiell ähnlich aufgebaut wie die von Säugetieren. Ein Weibchen kann täglich bis zu 300 Eier ablaichen, die sich komplett außerhalb der Mutter entwickeln. Durch das Mikroskop, bei 50-facher Vergrößerung betrachtet, eröffnet sich ein weiterer Grund, warum Zebrafische ein Erfolgsmodell für Entwicklungsbiologen sind: Junge Zebrafische sind wunderbar durchsichtig. Nicht nur ihr schlagendes Herz ist deutlich zu erkennen, auch einzelne Blutkörperchen lassen sich auf ihrem Weg durch die transparenten inneren Organe leicht verfolgen. Im Vergleich zu Säugern läuft die Entwicklung wie im Zeitraffer ab: Bereits fünf bis sechs Tage nach der Befruchtung ist ein junger Zebrafisch fast fertig ausdifferenziert und zeigt schon viele Verhaltensmuster des erwachsenen Fischs.

Genetische Screenings sind deshalb so attraktiv, weil sie Mutanten hervorbringen, von denen Biologen oft Überraschendes über die normale Entwicklung lernen können. Die betroffenen Gene sind dabei zunächst noch unbekannt, sodass in den meisten Fällen erst die chromosomale Region bestimmt werden muss, auf der sich der Gendefekt befindet. Glücklicherweise wurde das Genom des Zebrafischs schon vor einigen Jahren komplett sequenziert, sodass sich Mutationen heutzutage mithilfe bekannter genetischer Marker relativ schnell aufspüren lassen.

Manchmal hilft einem aber auch das Glück auf die Sprünge. Als meine Kollegen und ich versuchten, den Gendefekt der *neckless*-Mutanten zu identifizieren, fiel uns etwas auf: Ihre Entwicklungsdefekte hatten Ähnlichkeiten mit den bekannten Fehlbildungen, die entstehen, wenn Embryonen in den frühen Stadien der Entwicklung nur ungenügend mit Vitamin A versorgt werden. Die Folgen sind verkürzte Extremitäten sowie Missbildungen des Herzens, der Augen und Ohren.

Embryonen benötigen Vitamin A, um es in Retinsäure umzuwandeln. Das Enzym, das diese Reaktion ermöglicht, funktioniert in *neckless*-Mutanten aufgrund des Gendefekts nicht mehr. Retinsäuremoleküle werden als Schalter benötigt, die überall im Körper die Aktivität einzelner Gene „anknipsen". Dazu binden sie an eine spezielle Klasse von Transkriptionsfaktoren, die Retinsäurerezeptoren, die dadurch aktiviert werden und als Konsequenz eine ganze Reihe von Zielgenen anschalten. Bleibt die Aktivierung aus, weil Retinsäure fehlt, kommt es folglich zu Missbildungen in ganz verschiedenen Bereichen des mutanten Embryos.

Eine Mutation in einem Gen, die die beobachteten Missbildungen erklären könnte, hatten wir gefunden. Doch wie sollte man testen, ob sein Genprodukt, das Retinsäure-synthetisierende Enzym, tatsächlich inaktiv und für die Hirn- und Flossendefekte der *neckless*-Mutanten verantwortlich ist? Wir beschlossen, einen Rettungsversuch für unsere Mutanten zu probieren, indem wir Retinsäure zum Aquarienwasser der *neckless*-Embryonen hinzugaben. Ein nicht zu unterschätzender Vorteil von Zebrafischeiern ist, dass sie durchlässig für niedermolekulare Wirkstoffe sind. Im Gegensatz zu Kleinsäugern müssen solche Stoffe also nicht erst in die Blutbahn injiziert werden. Unser Experiment war erfolgreich: Den so behandelten Mutanten wuchsen kleine Brustflossen, und auch das Hinterhirn bildete unter dem Einfluss von Retinsäure die fehlenden Nervenareale aus. In meinem Labor nutzen wir viele solcher Agonisten oder Antagonisten, mit deren Hilfe einzelne Signalwege gezielt gehemmt oder überaktiviert werden können. Setzt man Embryonen zu definierten Zeitpunkten oder für eine bestimmte Dauer solchen Wirkstoffen aus, lässt sich mit großer Genauigkeit das Entwicklungsstadium einzelner Organe bestimmen, in dem sie von bestimmten molekularen Signalwegen abhängig sind oder prinzipiell von ihnen beeinflusst werden können.

Auch die Pharmaforschung setzt große Hoffnungen auf den Zebrafisch. Die Wirkung auf den lebenden Organismus oder auch die Toxizität neuer Wirkstoffe lassen sich an jun-

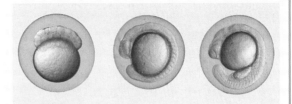

Zebrafische sind nicht nur als Zierfische und in der Grundlagenforschung verbreitet. Als Modelle für Erkrankungen des Menschen erlangen sie zunehmende Bedeutung, weil ihre Organe denen der Säugetiere sehr ähneln und sie sich genetisch gezielt verändern lassen.

Zebrafischembryonen sind transparent und entwickeln sich außerhalb der Mutter. Zwei Stunden nach der Befruchtung haben sich 64 Zellen gebildet (links), die auf einer großen, sie ernährenden Dotterzelle sitzen. Nach 16 Stunden (Mitte) bilden sich Kopf, Augen und segmentierte Muskeln, etwas später bildet sich der Schwanz (rechts). Eine schützende Hülle umgibt den Embryo, aus der er am 3. Tag schlüpft.

gen Larven testen, zumal sie klein und preiswert genug sind, um vollautomatisch und im großen Maßstab analysiert werden zu können. Anders als Zell- oder Gewebekulturen reagiert ein komplexer Organismus viel umfassender auf Eingriffe in einzelne Stoffwechselwege, wodurch die gewonnen Daten besondere Vorhersagekraft für die Auswirkungen auf die Organsysteme von Säugern haben. Der erfolgreiche Einsatz des Zebrafischmodells hat auch in der Krebsforschung längst begonnen. Menschliche Krebstypen werden in durchsichtigen Zebrabärblingen simuliert, bei denen sich die Metastasierung von Tumorzellen und das Wachstum von Blutgefäßen in Echtzeit am lebenden Organismus beobachten lassen. Dazu wurden Krebszellen und Blutgefäße genetisch markiert, sodass sie unter UV-Licht fluoreszent leuchten. Die Labormaus verdankt ihre Erfolgsgeschichte als genetisches Modell dem Umstand, dass man Gene über den Mechanismus der homologen Rekombination gezielt inaktivieren kann, eine Methode, die als Gen-Knockout bekannt ist. Mittlerweile wurden neue Technologien entwickelt, die es ermöglichen werden, auch in Organismen wie dem Zebrafisch, in denen homologe Rekombination bisher nicht möglich war, ein gewünschtes Gen gezielt auszuknocken.

Unsere Forschung mit der *neckless*-Mutante hat zu einer Vielzahl neuer Erkenntnisse geführt, die sich auf den Menschen übertragen lassen. Wir wissen nun besser über die molekularen Mechanismen Bescheid, die für die schwerwiegenden Fehlbildungen der Extremitäten und des Nervensystems eines Fetus verantwortlich sind, der in der frühen Schwangerschaft einem Mangel an Vitamin A ausgesetzt war.

Ein weiteres und vielleicht mit das spannendste Rätsel in der Biomedizin ist die Antwort auf die Frage, warum der Mensch amputierte Gliedmaßen oder Herzmuskeln nach einem Infarkt nicht regenerieren kann. Zebrafische dagegen sind wahre Regenerationskünstler. Innerhalb kurzer Zeit wächst bei ihnen von den Flossen über das Nervensystem bis hin zum Herzmuskel nahezu jedes Gewebe nach, das experimentell amputiert wurde. Erste Experimente mit regenerierenden Schwanzflossen und Herzmuskeln im Zebrafisch lassen darauf schließen, dass Retinsäure auch für diese regenerativen Mechanismen absolut notwendig ist. Das muss natürlich genauer untersucht werden, und somit sind wir hoffnungsvoll, dass unsere Forschung mit den Zebrafischen eines Tages vielleicht dazu beitragen wird, auch menschliche Organe wieder nachwachsen zu lassen.

Dr. Gerrit Begemann studierte und promovierte an der Universität Heidelberg und ist heute Professor für Entwicklungsbiologie an der Universität Bayreuth. Seine Arbeitsgruppe interessiert sich für die genetischen Mechanismen, die die Entwicklung und Regeneration von Flossen und anderen Organen im Zebrafisch steuern. Außerdem hat er sich mit der Frage beschäftigt, wie Veränderungen auf der Ebene von Genen im Laufe der Evolution zu neuen Merkmalen im Körperbau von Fischen geführt haben.

12.23 Wenn es sein muss, können sich Truthühner auch ohne Männchen fortpflanzen. Ihre Nachkommen sind dann jedoch allesamt Hähne.

12.24 Bei den Sechsstreifen-Rennechsen (*Cnemidophorus uniparens*) gibt es nur Weibchen. Zur Entwicklung ihrer Eier müssen sie aber sexuell aktiv sein, weshalb sich die Tiere abwechselnd als männlicher Geschlechtspartner verhalten.

nese oder Jungfernzeugung täuschen Hormone eine Befruchtung vor und setzen die weitere Entwicklung in Gang.

Je nach **Typ der Parthenogenese** bleiben die Zellen haploid, sodass auch im späteren ausgewachsenen Organismus alle Zellen nur einen einfachen Chromosomensatz besitzen. Ein Beispiel für diesen Fall sind die Drohnen der Honigbiene. Bei einer anderen Variante verschmelzen die Zellkerne nach der ersten meiotischen Teilung wieder, und die Zellen bleiben diploid. So geschieht es etwa bei den Schmetterlingsmücken. Oder die Meiose I fällt komplett aus wie bei den Gallwespen und Blattläusen, deren Nachkommen dadurch Klone ihrer Mutter sind.

Mit Ausnahme der Säugetiere ist die **Jungfernzeugung im Tierreich weit verbreitet**. Sie kommt bei Insekten und Spinnentieren ebenso vor wie bei einigen Echsen, Haien und sogar Vögeln wie dem Truthuhn (Abbildung 12.23)

Die **Vorteile einer eingeschlechtlichen Fortpflanzung** liegen in der Möglichkeit, dass jedes weibliche Tier Nachkommen haben kann. Dadurch nutzen beispielsweise Blattläuse günstige Wetterlagen, um sich massenhaft zu vermehren. Im Prinzip reicht ein einziges Weibchen aus, um eine neue Population zu gründen, besonders wenn es sich bei den Nachkommen um Männchen handelt. **Nachteilig** ist jedoch der fehlende genetische Austausch. Zwar wird bei den Typen, bei denen eine Meiose stattfindet, das Erbmaterial neu kombiniert, aber es kommen keine neuen Allele hinzu. Darum kombinieren Tierarten, die sich sowohl ein- als auch zweigeschlechtlich fortpflanzen können, die Vorteile beider Methoden, wohingegen rein parthenogenetische Tiere mangelnde genetische Variabilität mit dem hohen Aufwand verbinden, der sonst nur bei einer geschlechtlichen Vermehrung nötig ist.

Dass selbst Tiere, bei denen es gar keine Männchen mehr gibt, ein aufwendiges Paarungsverhalten betreiben, um die Entwicklung der Eier zu fördern, ist an den nordamerikanischen **Rennechsen** zu beobachten (Abbildung 12.24). Die Weibchen übernehmen während der Brutsaison abwechselnd die Aufgaben des Männchens und vollziehen das gesamte Werbungs- und Balzritual. Wer welche Rolle spielt, hängt vom jeweiligen Östrogenspiegel ab – liegt er hoch, agiert das Tier als Weibchen, ist er niedrig, handelt es wie ein Männchen. Obwohl durch die Prozedur weder Spermien erzeugt noch übertragen werden, legen die sexuell aktiven Tiere mehr Eier als isoliert gehaltene Echsen.

Noch etwas komplizierter gehen die Amazonenkärpflinge vor. Auch diese Art hat keine Männchen und benötigt dennoch zur Entwicklung der Eier sexuelle Stimulation. Dafür sorgen beim Kärpfling aber nicht die Weibchen untereinander, sondern die Männchen verwandter Arten. Breitflossenkärpflinge und Mexikanerkärpflinge geben bereitwillig ihre Spermien zu den Eiern, die allerdings nichts von deren Erbgut aufnehmen, weil sie bereits über einen diploiden Chromosomensatz verfügen. Dennoch starten die Teilungen erst nach der vollzogenen Scheinbesamung. Die hereingelegten Männchen haben ebenfalls einen Vorteil von ihrem Einsatz. Die Weibchen der eigenen Art sehen dem Vorgang nämlich zu und bevorzugen als Partner die einsatzfreudigen Fremdgänger.

Gene oder Umwelt legen das Geschlecht fest

In unserer Betrachtung der geschlechtlichen Fortpflanzung fehlt noch die Antwort auf die Frage, woher ein Organismus überhaupt weiß, ob er männlich oder weiblich werden soll. Zwei grundsätzliche Systeme haben sich hierfür entwickelt: Entweder legen bestimmte Gene beziehungsweise Chromosomen das Geschlecht fest, oder es hängt von den Umweltbedingungen ab.

Oft haben die Chromosomen das Sagen

Viele Tiere, aber auch höhere Pflanzen besitzen neben den gewöhnlichen Chromosomen, den Autosomen, auch spezielle geschlechtsbestimmende Chromosomen, die **Gonosomen** oder Heterosomen. Diese tragen nur zum Teil die gleichen Gene, in vielen Bereichen unterscheidet sich ihr Erbgut.

Beim Menschen sind die beiden Geschlechtschromosomen zudem verschieden groß. Wegen ihrer buchstabenähnlichen Form werden sie als X- und Y-Chromosom bezeichnet (Abbildung 12.25). Sie sind damit namensgebend für das **XY/XX-System**, das bei Säugetieren, manchen Reptilien, Amphibien und Fischen, aber auch bei der Taufliege und einigen Pflanzen verbreitet ist.

Demnach haben Weibchen meistens zwei X-Chromosomen und sind in Bezug auf das Gonosom homozygot. Männchen erhalten dagegen von ihren Eltern ein X- und ein Y-Chromosom und sind hemizygot. Die Entscheidung fällt somit über das Spermium des Vaters, denn nur er besitzt ein **Y-Chromosom**, das er weitergeben kann. Auf dem Y-Chromosom befindet sich das SRY-Gen, das für einen Transkriptionsfaktor (siehe Kapitel 11 „Leben speichert Wissen") codiert. Zusammen mit anderen Genen sorgt das SRY-Gen für die Entwicklung des männlichen Genitaltrakts und damit des männlichen Geschlechts.

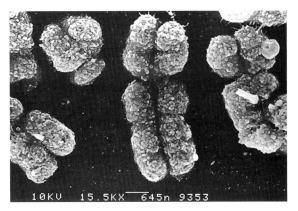

12.25 Das kleine Y-Chromosom (links oben) ist mehr als ein verkümmertes X-Chromosom (Bildmitte). Es trägt beim Menschen ein entscheidendes Gen für die Entwicklung der männlichen Geschlechtsmerkmale.

Bei der **Taufliege** *Drosophila melanogaster* hat das Y-Chromosom zwar die Funktion, männliche Fliegen fruchtbar zu machen – das Geschlecht bestimmt es jedoch nicht. Dies ist vom Zahlenverhältnis von X-Chromosomen und Autosomen abhängig. Kommt auf ein X-Chromosom ein Satz Autosomen, ist die Taufliege weiblich, sind es hingegen zwei Autosomensätze, ist sie männlich. Fehlt dabei das Y-Chromosom, bleiben die Männchen allerdings steril.

Ähnlich wie das Wechselspiel von X- und Y-Chromosom funktioniert auch das **ZW/ZZ-System**, das bei Vögeln, vielen Reptilien, Fischen und Amphibien sowie einigen Insekten und Pflanzen vorkommt. Diesmal sind jedoch die Weibchen hemizygot, weil sie ein Z- und ein W-Chromosom tragen, während die Männchen homozygot ZZ sind. Dadurch bestimmt das Ei das Geschlecht eines Nachkommen (Abbildung 12.26).

Nicht jedes Tier bekommt einen doppelten Chromosomensatz mitgegeben. Bei Arten, die Parthenogenese betreiben, entscheidet sich das Geschlecht an

> ### Offene Fragen
>
> **Männliche Ribosomen?**
>
> Beim Menschen liegen einige Gene nur auf dem Y-Chromosom, nicht aber auf dem X-Gegenstück. Eines davon codiert für ein ribosomales Protein, das demzufolge nur in männlichen Zellen produziert wird. Ob es dadurch „weibliche" und „männliche" Ribosomen gibt und der kleine Unterschied tatsächlich eine Folge für die Translation in der Proteinsynthese hat, ist noch unbekannt.

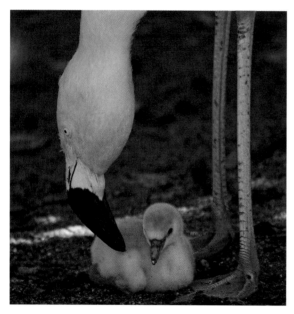

12.26 Ob ein Küken männlich oder weiblich ist, hängt davon ab, ob es vom Muttertier ein W-Chromosom mitbekommen hat.

12.27 Nur der größte Anemonenfisch darf ein Weibchen sein. Die Männchen müssen warten, bis sie die dominante Rolle übernehmen und ihr Geschlecht wechseln dürfen.

der Frage, ob ein Individuum haploid oder diploid ist. In den meisten Fällen solcher **Haplodiploidie** schlüpfen die Männchen aus unbefruchteten Eiern und sind deshalb nur mit einem Chromosomensatz ausgestattet. Viele Insekten, aber auch Milben und einige Fadenwürmer folgen diesem Prinzip.

Manchmal entscheiden die Umstände

Nicht immer sind die Chromosomen ausschlaggebend für das Geschlecht. Bei den verschiedenen Formen der **modifikatorischen Geschlechtsdetermination** kommt es vielmehr auf die Bedingungen an, unter denen sich ein Organismus entwickelt oder unter denen er lebt.

Das Geschlecht von manchen Reptilien ist beispielsweise von der Temperatur der Eier abhängig. Krokodile, die bei weniger als 30 °C heranreifen, werden dadurch zu Weibchen, wohingegen ab 34 °C nur noch Männchen entstehen. Mittlere Gradzahlen lassen beide Geschlechter entstehen. Doch Hitze führt nicht bei allen Arten automatisch zu männlichen Nachkommen. Bei einigen Schildkröten mögen die Weibchen die Wärme. Diese **temperaturabhängige Geschlechtsbestimmung** nutzen Projekte zur Anzucht gefährdeter Arten, indem sie je nach Bedarf mehr Weibchen oder Männchen heranziehen. Der entscheidende Faktor in der Entwicklung ist das

Enzym Aromatase, das abhängig von der Temperatur das männliche Geschlechtshormon Testosteron in das weibliche Pendant Östrogen umwandelt.

Deutlich flexibler als die meisten anderen Tiere sind die **Anemonenfische** bei der Festlegung ihres Geschlechts (Abbildung 12.27). Nach Erreichen der Geschlechtsreife sind sie zunächst immer männlich und schließen sich dem Harem eines Weibchens in einer Anemone an. Stirbt dieses Weibchen, wandelt sich das größte und stärkste Männchen zum Weibchen um und übernimmt die Gruppe. Auf diese Weise braucht kein Fisch auf der Suche nach einem neuen Partner die schützende Anemone zu verlassen.

Ein extremes Beispiel für den Einfluss eines Umweltparameters auf das Geschlecht finden wir bei Insekten. Viele Arten können sich mit den parasitischen Bakterien der Gattung *Wolbachia* infizieren (Abbildung 12.28). Die Mikroorganismen befallen

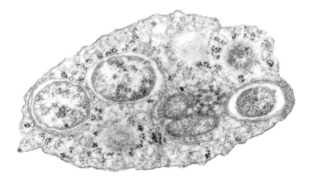

12.28 Mehrere Zellen des Bakteriums *Wolbachia* haben sich in dieser Insektenzelle eingenistet.

die Zellen der Geschlechtsorgane und manipulieren ihre Wirte, sodass diese nur noch weiblichen Nachwuchs bekommen. Dadurch stellen die Bakterien sicher, dass sie innerhalb der Eizelle gleich an die Nachkommen weitergereicht werden. In den Spermien wäre nicht ausreichend Platz für den Parasiten als Mitreisenden. In manchen Fällen löst *Wolbachia* sogar eine Parthenogenese aus, um für mehr infizierte weibliche Wirte zu sorgen. In anderen töten die Parasiten Männchen, die sie befallen, oder zwingen sie gegen die chromosomale Bestimmung, einen weiblichen Phänotyp zu entwickeln. Manche Insektenarten sind durch die Manipulationen derart abhängig von *Wolbachia* geworden, dass sie sich ohne die Hilfe des Bakteriums nicht mehr selbst fortpflanzen können. Schätzungen zufolge sind 20 bis 75 Prozent aller Insekten infiziert, dazu einige Arten von Spinnen und Fadenwürmern. Wissenschaftler suchen darum nach Wegen, *Wolbachia* für die Bekämpfung von Humankrankheiten wie Malaria einzusetzen.

[?!] Prinzip verstanden?

12.3 Entenmuscheln sind eigentlich sesshafte Rankenfußkrebse. Sie tragen die Gene für beide Geschlechter in sich und können wählen, ob sie weiblich oder männlich werden wollen. Nach welchen Kriterien könnte sich ein Tier dabei entscheiden?

Prinzipien des Lebens im Überblick

- Lebensformen, die sich vermehren, haben bessere Chancen zu überleben.
- Die ungeschlechtliche oder asexuelle Fortpflanzung steht bei den entsprechenden Arten jedem Individuum offen, geht am schnellsten und verbraucht am wenigsten Ressourcen. Dabei entstehen Klone des Ursprungsorganismus.
- Die Zellen von Vielzellern entstehen durch ungeschlechtliche Vermehrung. Damit kommt diese Variante in allen Organismen vor.
- Bei der zweigeschlechtlichen oder bisexuellen Fortpflanzung erhalten die Nachkommen von zwei Elternteilen Erbgut, das zuvor neu kombiniert wurde. Die Partnersuche und Paarung verbraucht jedoch unter Umständen viel Zeit und Energie.
- Zur Ausführung der zweigeschlechtlichen Vermehrung entwickeln die Organismen spezielle Keimzellen.

Offene Fragen

Wieso kommt es auf die Größe an?

Der geschlechtsbestimmende Parameter bei den karibischen Bahama-Anolis (*Anolis sagrei*) ist die Größe des Vaters – je größer er ist, umso mehr männlichen Nachwuchs gibt es. Die Wahl mag sinnvoll sein, denn ein stattliches Echsenmännchen dieser Art hat bessere Überlebenschancen und mehr Erfolg bei den Weibchen. Vollkommen unbekannt ist jedoch, durch welchen Mechanismus sich die Körpergröße in die Wahl des Geschlechts einbringt. Ob die Weibchen den Prozess steuern können?

1 für alle

Zwei Geschlechter in einem Körper

Die meisten Tierarten entwickeln männliche und weibliche Individuen. Einige Wirbellose verfügen hingegen über die Organe beider Geschlechter. Sie sind Zwitter oder **Hermaphroditen**. Simultanzwitter wie Regenwürmer und Weinbergschnecken sind gleichzeitig Männchen und Weibchen und können sich dadurch mit jedem Artgenossen paaren, wodurch die Chancen zur geschlechtlichen Fortpflanzung auf das Doppelte steigen. Sich selbst können allerdings nur wenige Hermaphroditen befruchten, etwa der Bandwurm, der meistens allein im Darm seines Wirts lebt. Konsekutivzwitter wie der Anemonenfisch ändern im Laufe ihres Lebens das Geschlecht. In den meisten Fällen sind alle Jungtiere einer solchen Art zunächst männlich (Protandrie oder Proterandrie), manchmal dagegen weiblich (Protogynie oder Proterogynie). Durch die Gleichgeschlechtlichkeit wird verhindert, dass die Geschwister sich miteinander paaren.

Bei Pflanzen sind sehr viele Arten zwittrig. Einhäusige Formen besitzen männliche und weibliche Blüten, echte Zwitter vereinen beide Geschlechter in einer Blüte. Auch sie können sich meistens nicht selbst befruchten.

„Natürliche Todesursache! Er war der letzte seiner Art und ist dreimal bei der Parthenogeneseprüfung durchgefallen. Es war nur eine Frage der Zeit, wann er aussterben würde."

- Die eingeschlechtliche oder unisexuelle Fortpflanzung, auch Parthenogenese oder Jungfernzeugung genannt, kombiniert die Vorteile der beiden anderen Methoden, wenn sie abwechselnd mit der bisexuellen Vermehrung eingesetzt werden kann. Ist das nicht möglich, vereint sie die Nachteile miteinander.
- Die asexuelle Vermehrung verläuft als Folge einer Mitose genannten Zellkernteilung und einer als Cytokinese bezeichneten Zellteilung.
- Vor der Teilung wird die DNA der Chromosomen im Zellkern verdoppelt, sodass jedes Chromosom aus zwei Chromatiden besteht.
- In der Mitose werden diese Chromatiden voneinander getrennt und auf die Tochterzellen aufgeteilt. Haploide Zellen (mit nur einem Chromosomensatz) zeugen haploide Nachkommen, diploide Zellen (mit zwei Chromosomensätzen) bekommen diploide Tochterzellen.
- Bakterien haben Mechanismen entwickelt, mit denen sie unabhängig von der Vermehrung DNA aufnehmen und übertragen können.
- Die Meiose ist die Grundlage der sexuellen Fortpflanzung. Sie erfolgt in zwei Schritten. Bei der ersten Teilung (Reduktionsteilung) werden die homologen Chromosomen (jeweils vom Vater und von der Mutter stammend) voneinander getrennt. Der diploide Chromosomensatz wird dadurch in den Tochterzellen haploid. In der zweiten Teilung (Äquationsteilung) werden die Chromatiden voneinander separiert.
- Während der Meiose wird das Erbmaterial neu gemischt (rekombiniert). Zunächst erfolgt ein Austausch zwischen einigen homologen Chromatiden durch Crossing-over. Dann werden die homologen Chromosomen in der Reduktionsteilung zufällig den Tochterzellen zugeordnet. Während der Äquationsteilung werden die Schwesterchromatiden, von denen jeweils nur eine ein Crossing-over mitgemacht hat, zufällig verteilt.
- Das Ergebnis der Meiose sind pro Ausgangszelle vier haploide Keimzellen (Gameten) mit einzigartigen Genkombinationen.
- Durch Verschmelzung zweier kompatibler Gameten entsteht eine diploide Zygote, aus der durch Mitosen ein vielzelliger Organismus erwachsen kann.
- Um die Gameten zusammenzubringen, haben Tiere und Pflanzen verschiedene Mechanismen entwickelt, die in Zusammenhang mit dem Lebensraum und der Lebensweise stehen.
- Das Geschlecht vieler Tier- und Pflanzenarten wird durch die Chromosomen festgelegt. In einigen Fällen sind dagegen die Umwelteinflüsse bestimmend.

 Bücher und Artikel

David Crews: *Geschlechtsausprägung bei Wirbeltieren* in „Spektrum der Wissenschaft" 3 (1994)
Nicht immer bestimmen die Erbanlagen, welches Geschlecht ein Tier hat.

Gerhard Czihak: *Das Centrosom – wenig beachtet und rätselhaft* in „Biologie in unserer Zeit" 23/1 (2005)
Ausführliche Betrachtung der Centrosomen für die Mitose.

Karin Jegalian und Bruce T. Lahn: *Das kleine Chromosom der Männlichkeit* in „Spektrum der Wissenschaft" 6 (2001)
Die Geschichte des Y-Chromosoms, und welche Funktionen es bei der Ausprägung des Geschlechts hat.

Tobias Niemann: *Kamasutra Kopfüber – Die 77 originellsten Formen der Fortpflanzung*. (2010) C. H. Beck
Skurrile Praktiken aus dem Tierreich – authentisch, aber nicht zur Nachahmung empfohlen ;-)

 Internetseiten

www.cells.de/cellsger/1medienarchiv/Zellfunktionen/Fortpfl_u_Genetik_/index.jsp
Online-Archiv mit kurzen Videosequenzen zu Fortpflanzung und Genetik.

www.biokurs.de/skripten/13/bs13-2.htm
Mitose und Vermehrung mitsamt Regulationsmechanismen.

www.bio.vobs.at/cytologie/c-meiose-i.htm
Ausführliche Darstellung der Meiose inklusive der Unterphasen der Prophase I.

www.starfish.ch/Korallenriff/Fortpflanzung.html
Bebilderter Überblick zur Fortpflanzung mit Schwerpunkt auf Riffbewohner.
www.3sat.de/dynamic/sitegen/bin/sitegen.php?tab=2&source=/nano/news/50778/index.html
Sammlung kurzer Berichte und Nachrichten rund um das Thema Sex und Fortpflanzung bei Tieren.

! Antworten auf die Fragen

12.1 Für eine gerechte Dreiteilung des Erbmaterials müssten die Chromosomen aus drei Chromatiden bestehen. Die DNA müsste daher zweimal repliziert werden, und alle drei entstehenden Chromatiden müssten am Centromer miteinander verbunden bleiben. Für die Mitose selbst sind mindestens zwei Varianten denkbar:
1. Statt zwei Pole könnte der Spindelapparat drei Pole aufweisen, die in den Ecken eines gleichseitigen Dreiecks sitzen. Die Chromosomen würden sich in der Metaphase in eine Linie senkrecht zur Dreiecksebene anordnen. Dann könnten die Mikrotubuli wie gewohnt an den Kinetochoren ansetzen und die Chromatiden auseinanderziehen.
2. Alternativ dazu könnten weiterhin zwei Pole bestehen und die Chromosomen in der Äquatorialebene in Stellung gehen.

Die Chromatiden müssten dann so an den Centromeren verknüpft sein, dass sie in Reihe liegen und nur die beiden äußeren jeweils ein Kinetochor haben, an das Mikrotubuli binden können. Nach der Auflösung der verbindenden Proteine würden die äußeren Chromatiden zu den Polen gezogen, die inneren blieben in der Zellmitte zurück.

12.2 Viele Gründe sind denkbar, weshalb manche Arthybride nicht zeugungsfähig sind. So gibt es womöglich keine homologen Chromosomen, weil die Gene bei den Ursprungsarten unterschiedlich aufgeteilt sind. In den Hybridzellen sind alle Gene zusammen, sodass alle notwendigen Proteine gebildet werden. Die Tochterzellen erhalten aber in der Meiose ein Chromosomengemisch, dem lebenswichtige Gene fehlen. Oder die Meiose bricht ab, weil es bei einer ungeraden Anzahl von Chromosomen zu keinen Paaren kommt.

12.3 Die Entenmuschel macht ihr Geschlecht von der artgleichen Nachbarschaft abhängig. Da die Tiere am Untergrund festsitzen, sind sie bei der Partnersuche nicht beweglich. Die Männchen verfügen aber über einen Penis, der fünfmal so lang wie der übrige Körper ist. Eine Entenmuschel prüft darum zunächst, ob sich in ihrer Nähe weibliche oder männliche Artgenossen befinden, und wählt dann das entgegengesetzte Geschlecht.

13 Leben entwickelt sich

Selbst die komplexeste Lebensform startet als einzelne Eizelle in ihr Dasein. Eine fein abgestimmte Folge genetischer und biochemischer Entwicklungsschritte lässt sie zum ausgewachsenen Individuum heranreifen. Wobei manchmal nur der Tod das Überleben sichern kann.

In Kapitel 12 „Leben pflanzt sich fort" haben wir erfahren, wie und warum sich Lebewesen geschlechtlich vermehren. Als Ergebnis einer erfolgreichen Paarung verschmelzen die Keimzellen während der Besamung und Befruchtung zu einer Zygote. Aus dieser einzelnen Zelle entwickelt sich der gesamte vielzellige Organismus mit so unterschiedlichen Geweben und Organen wie Haut, Blut, Drüsen, Immunzellen und einem Gehirn bei Tieren oder Blättern, Sprossen und Wurzeln bei Pflanzen. In diesem Kapitel lernen wir die grundlegenden Mechanismen kennen, durch die aus einer Allround-Zelle viele unterschiedliche spezialisierte Zellen werden und jede einzelne Zelle weiß, was ihre eigene Aufgabe ist.

Drei Prozesse bestimmen die Entwicklung:

- **Wachstum** durch Zellteilungen und Volumenzunahme der Zellen.
- **Differenzierung** zu Zellen mit besonderen Strukturen und Funktionen.
- Bildung von größeren Einheiten aus differenzierten Zellen im Rahmen der **Morphogenese**.

Diese Abläufe stellen alle vielzelligen Organismen mit Entwicklung vor die gleichen Herausforderungen. Einige lösen Tiere und Pflanzen nach den gleichen Prinzipien, bei anderen wählen sie unterschiedliche Methoden. Wir betrachten zunächst diese allgemeinen Abläufe und gehen anschließend auf einige Besonderheiten der Embryonalentwicklung von Tieren und Pflanzen ein.

Entwicklung ist ein zeitlich abgestimmtes Aktivieren von Genen

Fast alle somatischen Zellen eines ausgewachsenen Organismus enthalten einen Kern mit dem gesamten Chromosomensatz, den die Zygote von den Gameten der Eltern erhalten hat. Es gilt die sogenannte **Äquivalenz der Kerne** oder genomische Äquivalenz, nach der im Laufe der Entwicklung keine Gene verloren gehen. Doch obwohl beispielsweise jede Zelle der Mundschleimhaut in sich alle Informationen trägt, wie ein Muskel aufgebaut wird, ruft sie dieses Wissen nicht ab. Ebenso wenig wie eine Wurzelspitze Blüten hervorbringt, ungeachtet der Gene, die sich dafür in ihrem Zellkern befinden. Dennoch ist mitunter schon früh festgelegt, in welche Richtung sich einzelne Zellen entwickeln.

Zellen vermehren sich durch Mitosen

Bevor sich die Zellen spezialisieren und Gewebe sowie Organe bilden, müssen sie sich zuerst vermehren. Dies geschieht durch **Mitose**, bei der sich die Mutterzelle in zwei genetisch identische Tochterzellen teilt (siehe Kapitel 12 „Leben pflanzt sich fort"). Aus der Zygote entsteht so ein Embryo, der zunächst aus wenigen Zellen besteht. Bei Tieren ist dieser Embryo anfangs nicht größer als die befruchtete Eizelle, da die Zellen nicht wachsen, sondern sich nach jeder Teilung mit dem verringerten Volumen begnügen. Den Embryo von Säugetieren umgibt eine Hülle aus Glykoproteinen, die **Zona pellucida**, die nicht nur schützt, sondern auch jedes Wachstum unterdrückt

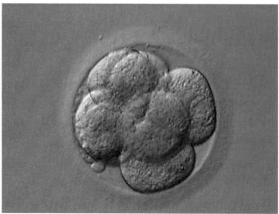
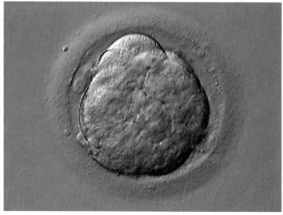

13.1 Weil die Zellen zwischen den Teilungen nicht wachsen, nimmt der tierische Embryo in der ersten Phase seiner Entwicklung zunächst nicht mehr Raum ein als die befruchtete Eizelle, deren Schutzhülle ihn weiterhin umgibt.

(Abbildung 13.1). Bei Pflanzen vergrößern sich die Zellen des Embryos hingegen von Anfang an (Abbildung 13.2).

Darüber hinaus unterscheiden sich die beiden Tochterzellen aus der ersten Teilung voneinander – eine kleinere Apikalzelle, aus der sich der Embryo entwickelt, sitzt auf einer größeren Basalzelle, die den Embryo mit Nährstoffen versorgt (Abbildung 13.2). Auch bei manchen Tieren gibt es schon früh solch eine **Polarität**, die allerdings selbst unter dem Mikroskop nicht sichtbar ist. Dennoch benötigt beispielsweise ein Seeigel-Ei aus dem Achtzellstadium sowohl Zellen von animalen als auch vom vegetativen Pol des Zellhaufens, um eine normale Larve zu bilden (Abbildung 13.3). Trennt man die beiden Schichten voneinander, entstehen abnorme Formen. Trotz der genetischen und bei Tieren auch optischen Äquiva-

lenz besteht offenbar in einigen Fällen bereits ein Unterschied zwischen den Polen der Embryonen.

Für die Differenzierung schalten chemische Signalstoffe Gene an und ab

Da die Funktion einer Zelle von ihren Genen bestimmt wird, die einzelnen Zellen eines Embryos aber alle die gleiche genetische Ausstattung besitzen, liegt der Grund für die Unterschiede zwischen den Zellen in ihrem jeweiligen Muster von aktiven und inaktiven Genen. Durch diese **differenzielle Genexpression** sind die Zellen für verschiedene Aufgaben vorbereitet.

In der ersten Phase – der **Determination** – ist die Festlegung auf einen bestimmten Entwicklungsweg noch nicht sichtbar. In frühdeterminierten Keimen wie den Embryonen von Fadenwürmern und Insekten sind die Zellen auf diese Weise schon kurz nach

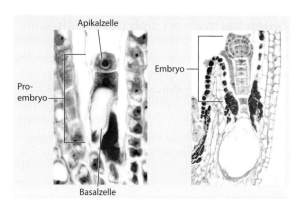

13.2 Der Vergleich mit den benachbarten Zellen zeigt, dass der pflanzliche Embryo schon im Verlauf der ersten Teilungen größer wird.

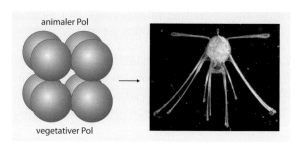

13.3 Die Eier von Seeigeln weisen eine unsichtbare Polarität auf. Nur wenn Zellen aus jeder funktionellen Ebene zusammenarbeiten, kann sich eine normale Larve entwickeln.

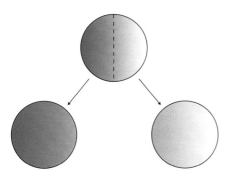

13.4 Eine chemische Substanz, die ungleich im Cytoplasma verteilt ist, liegt nach einer Teilung in der richtigen Ebene in unterschiedlichen Konzentrationen in den Tochterzellen vor. Diese cytoplasmatische Segregation bewirkt eine Polarität des Embryos.

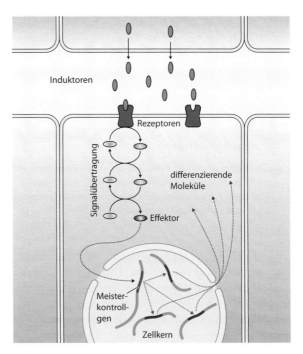

13.5 Manche Zellen produzieren aktiv Induktoren, mit denen sie über Signaltransduktionsketten Veränderungen in ihren Nachbarzellen hervorrufen. Die Zielzellen nehmen das Signal mit Rezeptoren auf, die es nach innen weiterleiten. Dort wird die Information an einen Effektor gereicht, der ein Meisterkontrollgen aktiviert. Dessen Produkt sorgt als Transkriptionsfaktor für die Expression weiterer Gene, die für differenzierende Proteine codieren.

der Befruchtung einem bestimmten Schicksal zugeordnet, bei spätdeterminierten Arten wie den Wirbeltieren geschieht dies erst in einem fortgeschrittenen Stadium.

Welche **Signale die Determination auslösen** und steuern, ist noch nicht vollständig aufgeklärt. Die bisher entdeckten Mechanismen lassen sich aber in zwei Gruppen teilen:

- Die **cytoplasmatische Segregation** entsteht durch chemische Substanzen – sogenannte cytoplasmatische Determinanten –, die ungleichmäßig im Cytoplasma verteilt sind und bei einer Mitose dementsprechend ungleich auf die Tochterzellen aufgeteilt werden (Abbildung 13.4). Da die chemischen Faktoren innerhalb der Zelle vorkommen, handelt es sich um ein internes Signal.
- Die **Induktion** erfolgt hingegen durch Substanzen von außen. Benachbarte Zellen geben dabei Induktoren wie etwa Wachstumsfaktoren ab, die über Signaltransduktionskaskaden (Kapitel 8

„Leben sammelt Informationen") auf die Genaktivität der Empfängerzelle wirken (Abbildung 13.5).

Die Signale können selbst oder über andere Moleküle wie Enhancer dafür sorgen, dass Gene neu oder vermehrt abgelesen werden (siehe Kapitel 11 „Leben speichert Wissen"). Besonders weitreichende Wir-

---

Offene Fragen

Mit Spannung zum richtigen Zelltyp?

Das Membranpotenzial (siehe „Kanäle bieten Schlupflöcher für passende Teilchen" in Kapitel 4) einer Zelle hängt davon ab, zu welchem Zelltyp sie gehört. Während es bei Stammzellen mit –30 mV vergleichsweise positiv ausfällt, nimmt es bei stark ausdifferenzierten Zellen wesentlich negativere Werte bis zu –100 mV an. Michael Levin von der Tufts University in Boston spekulierte daher, dass sich die Differenzierung durch eine Veränderung der Spannung rückgängig machen ließe. Tatsächlich gelang es ihm, mithilfe von Hemmstoffen für Ionenkanäle Zellen von Knochen- und Fett-

gewebe ineinander umzuwandeln. Außerdem stellte er fest, dass sich entstehende Krebszellen zuallererst durch ein positiveres Membranpotenzial verraten, und durch Manipulation der Spannung bei Kaulquappen konnte der Forscher an beliebigen Stellen zusätzliche Augen wachsen lassen. Diese Ergebnisse sprechen dafür, dass das Membranpotenzial bei der Differenzierung von Zellen eine wichtige Rolle spielt. Auf welchen Signalwegen es in die Entwicklung eingreift und welchen Anteil es an der Zukunft einer Zelle oder eines Körperteils hat, ist aber noch unbekannt.

kung haben sie, wenn sie sogenannte Meisterkontrollgene aktivieren, die für **Transkriptionsfaktoren** codieren. Diese Proteine regeln die Expression vieler weiterer Gene, sodass eine Vielzahl von Einzelentwicklungen gleichzeitig angestoßen werden.

[?]

Prinzip verstanden?

13.1 Manche tierische Zellen, denen durch Determination eine Aufgabe zugeteilt wurde, reagieren danach nicht mehr auf neue Signale von außen. Welche Veränderungen könnten dafür verantwortlich sein?

Sobald sich die veränderten Genaktivitäten bemerkbar machen, beginnt mit der **Differenzierung** der Zellen die zweite Phase ihrer Spezialisierung. Sie macht bei Tieren aus den totipotenten embryonalen **Stammzellen**, aus denen alle Typen von Zellen und Geweben und sogar ein eigenständiger Embryo hervorgehen können, pluripotente Stammzellen, die kein extraembryonales Gewebe wie Teile der Nabelschnur und der Placenta mehr bilden können. Später differenzieren sich die Zellen weiter zu den adulten Stammzellen, aus denen nur noch einige bestimmte Zelltypen hervorgehen können, sowie zu voll spezialisierten Zellen.

> **Stammzelle** (*stem cell*)
> Nicht oder wenig differenzierte Körperzelle, aus der verschiedene Zelltypen hervorgehen können.

Allerdings kann die Differenzierung im Prinzip durch geeignete Bedingungen wieder rückgängig gemacht werden, wie die Klonierung des Schafs **Dolly** der Rasse Finn Dorset gezeigt hat (Abbildung 13.6). Dolly wuchs aus einer differenzierten Euterzelle, die mit einer kernlosen Eizelle eines Schafs der Rasse Scottish Blackface fusioniert wurde, zu einem lebensfähigen Schaf heran, das sogar auf natürliche Weise selbst Mutter wurde. Das Cytoplasma der Eizelle programmierte die Gene des differenzierten Kerns also erneut auf die Ausgangssituation einer Zygote. Die Erfolgsquote bei der Erschaffung von Dolly war jedoch gering – nur eine von 277 fusionierten Eizellen überlebte bis zum fertigen Schaf. Und auch Dolly litt früh an Alterserscheinungen wie Arthritis. Als mögliche Ursache dafür kommen DNA-Schäden in Betracht, die sich in der Euterzelle angesammelt hatten, sowie die verkürzten Telomere (siehe Kapitel 11 „Leben speichert Wissen") ihrer Chromosomen.

Im Gegensatz zu tierischen Zellen sind **differenzierte Pflanzenzellen ein Leben lang totipotent** und lassen sich ohne großen Aufwand in das Embryonal

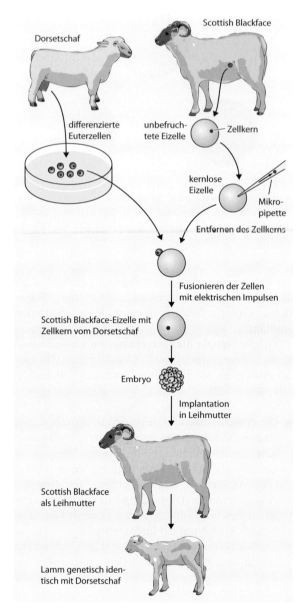

13.6 Das Schaf Dolly entstand aus einer Euterzelle, die mit einer entkernten Eizelle fusioniert wurde. Das Cytoplasma der Eizelle hob die Differenzierung des Zellkerns offenbar wieder auf. Dolly wurde als erwachsenes Schaf sogar selbst Mutter, litt aber schon früh an Alterserscheinungen.

stadium versetzen (Abbildung 13.7). In Kultur lösen sich einzelne Zellen einer Probe ausgewachsener und spezialisierter Zellen und bilden einen **Kallus** genannten Zellklumpen. Aus dem Kallus kann sich eine vollständige neue Pflanze entwickeln.

In der Natur ist die Aufgabe, neue Zellen zu bilden, bei Pflanzen auf die Wachstumszonen beschränkt. In den Bildungsgeweben der Spross- und Wurzelspit

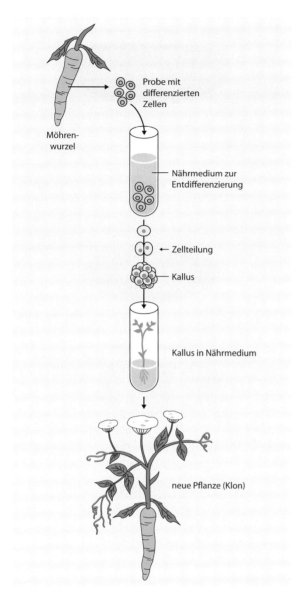

Probe mit
differenzierten
Zellen

Möhren-
wurzel

Nährmedium zur
Entdifferenzierung

← Zellteilung

Kallus

Kallus in Nährmedium

neue Pflanze (Klon)

13.7 In einem Nährmedium mit den richtigen chemischen Inhaltsstoffen entdifferenzieren sich Pflanzenzellen und bilden einen Kallus, aus dem neue Pflanzen wachsen.

zen, den **Apikalmeristemen**, liegen einige Stammzellen wie in einer Art Nest. Die benachbarten Zellen geben ständig Signalstoffe an sie ab, die eine Differenzierung der Stammzellen verhindern. Zumindest in diesen Fällen sind also Faktoren nötig, um die Totipotenz zu erhalten. Ohne diese Substanzen würden sich die Stammzellen ebenfalls differenzieren. Dies wird deutlich, wenn nach einer Teilung eine der Tochterzellen durch das Zellwachstum aus dem Nest herausgeschoben wird. Sie erhält dann keine Signalstoffe mehr und beginnt, sich zu spezialisieren.

Genauer betrachtet

Induzierte pluripotente Stammzellen

Differenzierte menschliche Körperzellen lassen sich mit den richtigen Transkriptionsfaktoren in **induzierte pluripotente Stammzellen** (iPS) umwandeln, die sich erneut zu beliebigen somatischen Zellen entwickeln können. Dadurch wäre es grundsätzlich möglich, für Patienten mit Erkrankungen, bei denen Zellen in ihrer Funktion versagen, die passenden Ersatzzellen mit den personenspezifischen Oberflächenmerkmalen zu züchten und so eine Immunabstoßung zu vermeiden.

Um die notwendigen Transkriptionsfaktoren c-Myc, Oct4, Sox2 und Klf4 in die Zellen einzuschleusen, gibt es mehrere Wege:

- Die Gene für die Transkriptionsfaktoren werden mit Viren eingebracht (**Transduktion**). Bei diesem Verfahren treten jedoch zwei Probleme auf: Erstens integrieren die häufig verwandten Retroviren die DNA-Sequenzen in das Genom. Dadurch können wichtige Gene auf den Chromosomen unterbrochen oder Regulationsmechanismen gestört werden, was in Tierversuchen häufig Krebs hervorgerufen hat. Zweitens sind zwei der benutzten Gene (*c-Myc* und *Klf4*) selbst krebsfördernd (Protoonkogene). In neueren Versuchen werden deshalb Adenoviren benutzt, die das Genom nicht verändern, oder Plasmide, die unabhängig von den Chromosomen bleiben. Außerdem werden die gefährlichen Protoonkogene nach Möglichkeit nicht eingesetzt. Allerdings sind die Ausbeuten umprogrammierter Zellen dadurch geringer geworden.
- Es ist aber auch gelungen, die Transkriptionsfaktoren als fertige Proteine in die Zellen zu schleusen (**Proteininduzierte pluripotente Stammzellen**, piPS). Sie werden in Bakterienzellen synthetisiert und sind mit einem Peptidanteil verbunden, mit dessen Hilfe sie in die Zielzelle gelangen. Diese Methode hat den Vorteil, dass sie keinen Krebs auslöst. Allerdings werden die Transkriptionsfaktoren nach kurzer Zeit abgebaut und müssen wegen der kurzen Wirkdauer mehrmals eingebracht werden. Auch bei diesem Verfahren wurden nur wenige Zellen umgewandelt.

Die Abläufe in der Zelle bei einer Umprogrammierung sind noch nicht bekannt. Es ist anzunehmen, dass die Promotoren der Gene, die für die Pluripotenz verantwortlich sind, durch Methylierung abgeschaltet sind, und diese chemischen Modifikationen rückgängig gemacht werden müssen. Zusätzlich müssen von den Histonen, mit denen die DNA assoziiert ist, Acetylgruppen entfernt werden. Womöglich sind noch weitere Prozesse notwendig, die wir bislang nicht kennen.

Bei der Morphogenese werden mit Signalgradienten Positionen und Achsen festgelegt

Die differenzierten Zellen des Embryos beginnen schließlich, sich zu organisieren und Muster zu bilden, aus denen später Gewebe und Organe werden. Dazu benötigen die Zellen Informationen über ihre **räumliche Lage** im heranwachsenden Körper. Erneut sind bei tierischen Embryonen Konzentrationsgradienten chemischer Substanzen, die als **Morphogene** bezeichnet werden, an der Lösung des Problems beteiligt.

Besonders gut untersucht ist die Festlegung der anterior-posterioren Achse bei der Taufliege *Drosophila melanogaster*. In dieser Phase entscheidet sich, an welchem Ende der Kopf und an welchem der Hinterleib wachsen soll. Gleich zwei Gradienten sind hierfür zuständig – die der Proteine Bicoid und Nanos (Abbildung 13.8). Beide stellt das Fliegenei nicht nach der Anleitung seiner eigenen Kern-DNA her, sondern bekommt sie in Form von mRNA-Vorstufen und fertigen Proteinen von den umgebenden Ovarialzellen des Muttertiers. Dementsprechend werden die Gene auch **Maternaleffektgene** genannt. Bicoid und seine mRNA deponieren die Zellen an einem Ende des Eies, Nanos am entgegengesetzten Ende. Von ihren Startpunkten aus diffundieren die Proteine über die gesamte Länge des Eies und bauen die Gradienten auf. Eine hohe Konzentration von Bicoid signalisiert einem Kern dabei, dass er sich nahe am zukünftigen Kopfende befindet, Nanos weist auf eine Position am hinteren Ende hin.

Bicoid und Nanos veranlassen die Expression mehrerer **Segmentierungsgene**, deren Proteine nacheinander wirksam werden (Abbildung 13.8). Die Lückengene oder Gap-Gene teilen den Embryo in wenige breite Abschnitte. Anschließend gliedern die Paarregelgene ihn in Einheiten von jeweils zwei Segmenten. Die Segmentpolaritätsgene legen danach die Grenzen der Segmente fest. Schließlich bewirken die regulatorischen Proteine, die von den homöotischen Genen codiert werden, die unterschiedlichen Entwicklungen der Segmente, passend zu ihrer Position im Embryo.

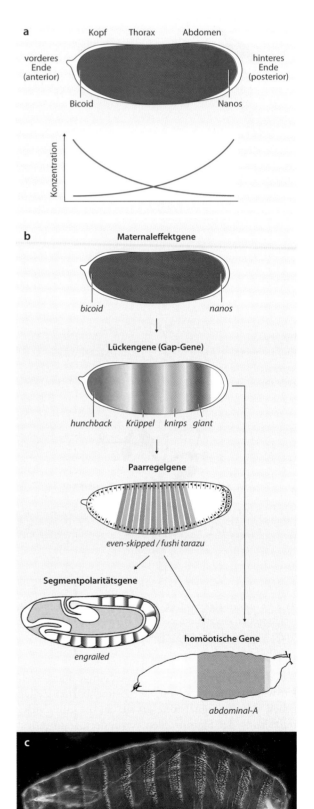

13.8 Die Polarität eines Eies der Taufliege entsteht durch Konzentrationsgradienten der Proteine Bicoid und Nanos (a). Nach der Achsenfestlegung durch deren Maternaleffektgene unterteilen Proteine, die von Segmentierungsgenen codiert werden, die einzelnen Abschnitte in Segmente (b). Die Unterteilungen zeigen sich auch in der Chitinhülle des Embryos (c).

Die Musterbildung verlangt von den Zellen nicht nur, dass sie sich korrekt spezialisieren, sondern sie fordert manchmal ein größeres Opfer – den programmierten Selbstmord oder **Apoptose**. Die Zelle führt ihn auf ein inneres oder äußeres Signal hin selbst aus, indem sie zu schrumpfen beginnt und in Vesikel zerfällt, die von Makrophagen (siehe Kapitel 10 „Leben greift an und verteidigt sich") gefressen werden. Ein komplexes Netz von Enzymen und Faktoren ist an dem Zelltod beteiligt, darunter Caspasen, die als Initiator wirken, selbst Proteine spalten und eine Nuclease aktivieren, welche die DNA zerlegt.

In der Entwicklung sorgen Apoptosen beispielsweise für die korrekte Verschaltung von Neuronen im Gehirn, indem überflüssige Nervenzellen entfernt werden. Auch die Linse und der Glaskörper des Auges werden erst durch den Tod von Zellen durchsichtig. Beim Übergang von der Kaulquappe zum Frosch verschwinden Zellen durch Apoptose ebenso wie beim Menschen im Bereich zwischen den Fingern und Zehen (Abbildung 13.9).

Bei Pflanzen bestimmen einige Meisterkontrollgene als **Organidentitätsgene**, welcher Organtyp sich aus Zellen entwickelt. Die Gene haben eine als MADS-Box (die Buchstaben stammen von den Namen der Gene, in denen die Box zuerst entdeckt wurde) bezeichnete Sequenz gemeinsam; sie codiert innerhalb ihrer Proteine eine Folge von 200 Aminosäuren, mit denen diese an DNA-Doppelstränge binden können, ähnlich der Homöobox von homöotischen Genen. Darum werden die Organidentitätsgene auch als pflanzliche homöotische Gene bezeichnet.

---

1 für alle

Homöotische Gene als universelle Regler

Homöotische Gene und funktionell verwandte Gene regeln bei Tieren, Pflanzen, Pilzen und Bakterien als Meisterkontrollgene die Entwicklung. Ihnen gemeinsam ist ein Homöobox genannter Bereich, der eine Proteindomäne von rund 60 Aminosäuren Länge codiert. Diese Homöodomäne kann an beliebige DNA-Abschnitte binden und vermittelt so den Kontakt des Proteins zur DNA. Für die Spezifität sorgen andere Domänen. Als Transkriptionsfaktoren regulieren die Proteine die Aktivität ganzer Gengruppen. Mutationen in den homöotischen Genen haben darum weitreichende Folgen. Bei der Taufliege *Drosophila melanogaster* (oder neuer: *Saphophora melanogaster*) führt beispielsweise ein Fehler im Kopfbereich zu einem weiteren Beinpaar anstelle der Fühler.

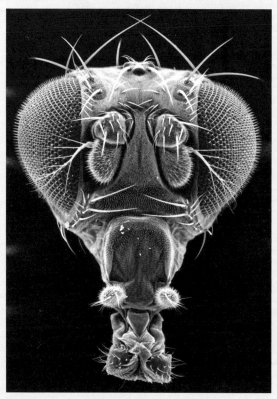

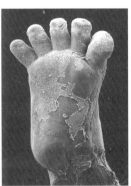
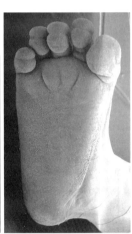

13.9 Zu Beginn der Entwicklung von Händen und Füßen haben Menschen noch „Schwimmhäute" zwischen Fingern und Zehen. Sie verschwinden im zweiten Schwangerschaftsmonat durch Apoptose der überschüssigen Zellen.

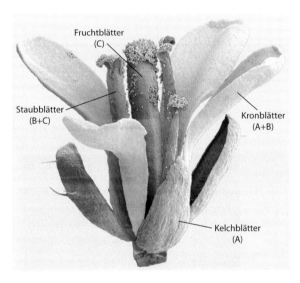
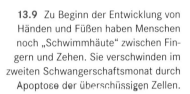

Fruchtblätter (C)

Staubblätter (B+C)

Kronblätter (A+B)

Kelchblätter (A)

13.10 Die Aktivität dreier Organidentitätsgene (A, B und C) entscheidet, zu welchem Blatttyp sich die Zellen eines Blütenmeristems entwickeln.

Ihre Wirkung entfalten sie einzeln oder gemeinsam. Bei der **Blütenbildung** der Ackerschmalwand (*Arabidopsis thaliana*) entscheidet beispielsweise die Kombination von drei Genklassen als Organidentitätsgene, welcher Typ von Blütenblättern entsteht. Ist nur Genklasse A aktiv, formen sich Kelchblätter, A und B gemeinsam induzieren Kronblätter, B und C Staubblätter; C allein Fruchtblätter (Abbildung 13.10).

Tiere bilden Haufen mit wandernden Zellen

Mit dem Wissen über die Mechanismen können wir nun die Entwicklung eines tierischen Embryos verfolgen. Die Abläufe und Strukturen sind allerdings nicht immer gleich, sondern spiegeln die Lebensumstände der jeweiligen Art wider. So gibt es Unterschiede zwischen Tieren, die Eier legen, und solchen,

---

Genauer betrachtet

Gene mit Boxen

Als **Boxen** werden DNA-Sequenzen bezeichnet, die in mehreren verschiedenen Genen vorkommen, wo sie stets die gleiche Aufgabe erfüllen. Vermutlich geht jede Box auf einen gemeinsamen Ursprung zurück, und die Basenfolge ist über lange Zeit erhalten (konserviert) geblieben, weil schon geringe Variationen die Funktion beeinträchtigen. Manche

Boxen befinden sich im codierenden Teil eines Gens, wie etwa die MADS-Box und die Homöobox, die DNA-bindende Proteindomänen festlegen. Andere, wie die TATA-Box und die Pribnow-Box, bieten regulatorischen Proteinen eine Bindestelle.

Offene Fragen

Keine Gleichberechtigung bei den Genen

Ob ein Gen in der Embryonalentwicklung abgelesen wird oder nicht, hängt manchmal auch davon ab, von welchem Elternteil das Gen stammt. Durch die sogenannte genomische Prägung oder genomisches Imprinting werden die betroffenen Gene im Laufe der Keimzellentwicklung geschlechtsspezifisch ausgeschaltet. Dazu hängen Enzyme Methylgruppen an bestimmte Cytosine, wodurch die Gene stillgelegt werden (Gen-Silencing). Bei der Meiose werden diese Markierungen zunächst entfernt und anschließend je nach Geschlecht wieder angebracht. Obwohl Imprinting für mehrere Gene beim Menschen sowie für verschiedene Tier- und Pflanzenarten nachgewiesen ist, wissen wir nur wenig über die Gründe, und es ist nicht bekannt, ob bei allen Spezies die gleichen Mechanismen wirken.

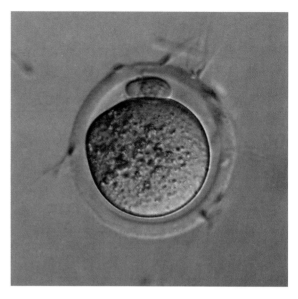

13.11 Nur eines der vielen Spermien, die eine Eizelle bestürmen, ist auserwählt, sich tatsächlich mit ihr zu vereinen. Die DNA ist blau hervorgehoben.

die lebend gebären; Arten, die im Wasser leben, und Landbewohnern; Insekten, Wirbellosen und Wirbeltieren usw. Einige grundlegende Prozesse kommen aber anscheinend bei allen Tieren vor und grenzen sie von den Pflanzen ab, etwa die Wanderung der Zellen im frühen Embryo. Auch die groben **Phasen der Embryogenese** sind stets gleich:

1. Mit der **Befruchtung** der Eizelle beginnt die Entwicklung.
2. Durch **Furchung** genannte Teilungen wächst der Embryo zu einem Zellhaufen heran, der als Blastula beziehungsweise bei Säugetieren als Blastocyste bezeichnet wird.
3. In der **Gastrulation** organisieren sich die Zellen zu Keimblättern, die später zu unterschiedlichen Geweben werden.
4. Während der **Organogenese** bilden sich die Anlagen für die Organe.

Die Eizelle bringt fast alles für den Start mit

Der Beitrag des Spermiums zur **Zygote** ist nicht groß (Abbildung 13.11). Lediglich seinen haploiden Chromosomensatz und ein Centriol als Startpunkt für die Teilungsspindel trägt es zum neuen Lebewesen bei. Alles andere beinhaltet die Eizelle. Neben den Organellen und wichtigen Molekülen für die alltäglichen Lebensprozesse sind darunter einige Strukturen, die der Embryo in den ersten Stunden und Tagen nach der Befruchtung für seine Entwicklung braucht:

Nährstoffe, Ribosomen und mRNA für die Synthese der nun benötigten Enzyme. Den schnellen Start ins eigene Leben vollzieht der tierische Embryo also mit den Mitteln, die ihm seine Mutter mitgegeben hat. Eine Ausnahme machen die Säugetiere. Ihre Eizelle teilt sich so langsam, dass sie durchaus Zeit hat, ihre eigenen Gene abzulesen und sich mit ihren persönlichen Proteinen zu versehen.

Bei vielen Zygoten – wiederum sind die Säuger ausgenommen – ist aber die Richtung durch die **Polarität der Eizelle** schon vorgegeben. Das Konzentrationsgefälle einiger cytoplasmatischer Komponenten legt einen **animalen Pol** fest, der sich häufig zum Vorderteil des Tieres entwickelt, und einen **vegetativen Pol**, in dem oft der Großteil des nährenden Dotters liegt. Bei Amphibien wie etwa Fröschen ist auch das Spermium beteiligt. Vermutlich manipuliert sein Centromer, das auch bei der Mitose als Organisationszentrum für die Mikrotubuli fungiert (siehe Kapitel 12 „Leben pflanzt sich fort"), das Cytoskelett der Eizelle (siehe Kapitel 3 „Leben ist geformt und geschützt"), sodass die äußere Schicht des Cytoplasmas, sein Cortex, insgesamt rotiert und den animalen Pol damit auf den Ort des Spermieneintritts zu verschiebt. Diese Seite wird später zum Bauch des Frosches, während am gegenüberliegenden Ende ein grauer Halbmond erscheint, der sich zum Rücken entwickelt (Abbildung 13.12). Damit sind sowohl die anterior-posteriore Achse (vorne-hinten) als auch die

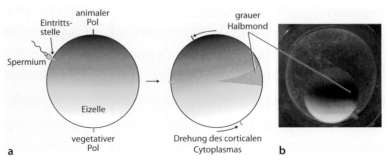

13.12 Bei Amphibieneizellen verschiebt sich die äußere Schicht des Cytoplasmas, wodurch ein grauer Halbmond entsteht. Dadurch sind die Bauch- und Rückenseite des Embryos festgelegt.

ventrale (bauchseitige) und die dorsale (rückenseitige) Region festgelegt.

Furchungen machen aus der Eizelle kugelige Zellhaufen

Aus der Zygote wird durch rasche Zellteilungen, die wegen der gut sichtbaren Einschnitte zwischen den Tochterzellen als **Furchungen** bezeichnet werden, ein kleiner Zellhaufen, die **Morula**. Die entstehenden Tochterzellen heißen **Blastomeren**. Abgesehen von den Säugetieren folgen die Mitosen so dicht aufeinander, dass der Zellzyklus (siehe Kapitel 12 „Leben pflanzt sich fort") nur noch aus der S-Phase mit der Verdopplung der DNA und der M-Phase der Teilung besteht. Die dazwischen liegenden G-Phasen lassen die Blastomeren einfach aus. Dadurch vermehren sich die Zellen bei manchen Arten innerhalb von Minuten.

Wie die Furchungen verlaufen, hängt erneut von der Verteilung cytoplasmatischer Determinanten ab sowie vom Dotter, der die Furchung behindert (Abbildung 13.14). Läuft die Cytokinese vollständig ab, handelt es sich um eine **holoblastische Furchung**. Diesen Typ treffen wir beispielsweise bei Eiern mit wenig oder mäßig viel Dotter wie dem Froschlaich an. Dotterreiche Eier, wie etwa Vögel sie haben,

erfahren häufig nur eine **partielle oder meroblastische Furchung**, bei der die Teilung unvollständig ist und sich auf eine „Keimscheibe" am animalen Pol beschränkt. Eine dritte Form finden wir bei Insekten. Sie betreiben eine **superfizielle Furchung**, bei der sich die Kerne durch Mitosen vermehren, aber keine Teilung der Zelle durch Cytokinese stattfindet. Erst nachdem die Kerne an den Rand des Eies gewandert sind und noch weitere Mitosen stattgefunden haben, entstehen Plasmamembranen. Die Zellen umgeben schließlich als einlagige Schicht eine zentrale Dottermasse.

Nach einigen Furchungen bildet sich in der Morula eine flüssigkeitsgefüllte primäre Leibeshöhle, das **Blastocoel**. Sie liegt zentral, wenn die Teilungen stets gleich große Zellen hervorgebracht haben. Andernfalls ist sie zum animalen Pol versetzt. Der Zellhaufen wird von nun an als **Blastula** bezeichnet (Abbildung 13.15). Bei einigen Arten sind die Blastomeren inzwischen determiniert und können sich nur noch in vorbestimmte Zelltypen weiterentwickeln. Jede Zelle ist darum ein wichtiges Element für das Ganze, weshalb wir von einer Mosaikentwicklung sprechen. Sind die Zellen dagegen noch nicht determiniert, wie es bei Wirbeltieren der Fall ist, handelt es sich um eine regulative Entwicklung. Die Blastomeren können den Verlust einiger Zellen ausgleichen und sogar bei einer Teilung des Embryos aus den resultierenden Gruppen vollständige Embryonen bilden, die dann als eineiige Zwillinge weiterwachsen (Abbildung 13.16).

Ein leicht abgewandelter Furchungsverlauf begegnet uns bei den **Säugetieren**. Während des Achtzellstadiums verdichten sie ihre Blastomeren und bilden eine kompakte Masse, weshalb der Vorgang Kompaktion genannt wird. Die Zellen sind von nun an durch Tight Junctions (siehe Kapitel 4 „Leben tauscht aus") eng miteinander verbunden. Sie bilden bei den nachfolgenden Teilungen zwei Gruppen (Abbildung 13.17): Der Trophoblast formt eine äußere Hülle. Er wird später zum embryonalen Teil der Placenta. In

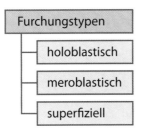

13.13 Die Furchungen lassen sich nach der Vollständigkeit unterteilen.

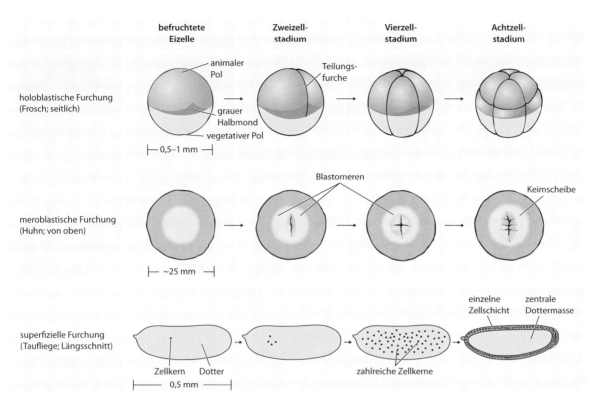

holoblastische Furchung
(Frosch; seitlich)

befruchtete
Eizelle

Zweizell-
stadium

Vierzell-
stadium

Achtzell-
stadium

animaler
Pol

grauer
Halbmond

vegetativer Pol

├─ 0,5–1 mm ─┤

Teilungs-
furche

meroblastische Furchung
(Huhn; von oben)

├─ ~25 mm ─┤

Blastomeren

Keimscheibe

superfizielle Furchung
(Taufliege; Längsschnitt)

Zellkern Dotter

├─── 0,5 mm ───┤

zahlreiche Zellkerne

einzelne
Zellschicht

zentrale
Dottermasse

13.14 Eier mit wenig Dotter durchlaufen meist eine vollständige, holoblastische Furchung wie beim Frosch. Vogeleier beschränken wegen des vielen Dotters die Teilungen auf eine Keimscheibe und vollziehen eine meroblastische Furchung. Insekten verzichten anfangs bei den Teilungen auf die Cytokinese und zeigen eine superfizielle Furchung.

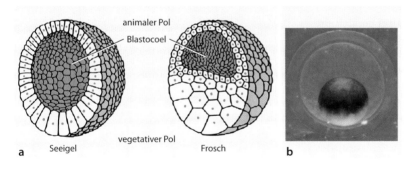

animaler Pol

Blastocoel

vegetativer Pol

a Seeigel   Frosch   **b**

13.15 Durch Furchungen entsteht ein Blastula genannter Zellhaufen mit einem flüssigkeitsgefüllten Blastocoel, das mittig oder zum animalen Pol verschoben liegen kann (a). Unter dem Mikroskop erscheint die Oberfläche relativ glatt wie bei dieser Axolotl-Blastula (b).

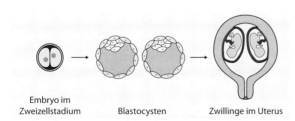

Embryo im
Zweizellstadium

Blastocysten

Zwillinge im Uterus

13.16 Bei einer regulativen Entwicklung entstehen aus einer zerteilten Blastula beziehungsweise bei Säugetieren einer Blastocyste zwei genetisch identische, aber sonst vollständig unabhängige Embryonen.

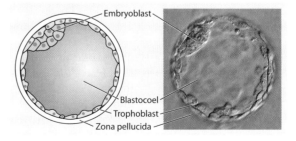

Embryoblast

Blastocoel

Trophoblast

Zona pellucida

13.17 Säugetiere entwickeln eine Blastocyste mit einem inneren Embryoblasten als Ursprung des Embryos und einem Trophoblasten, der Teil der Placenta wird.

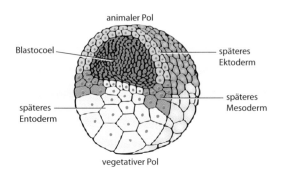

13.18 Der Anlagenplan einer Froschblastula zeigt die zukünftige Zuordnung der Zellen zu den drei Keimblättern Ektoderm, Mesoderm und Entoderm am Ende der Gastrulation.

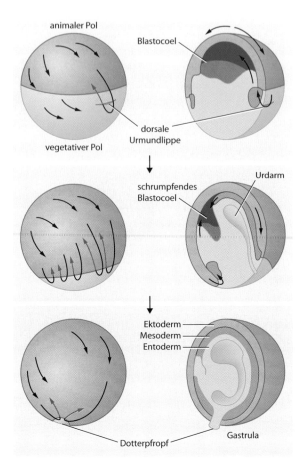

13.19 Im Verlauf der Gastrulation wandern die Zellen des zukünftigen Entoderms (gelb) am Urmund in die Zellkugel hinein und bilden dort den Urdarm. Das spätere Ektoderm (blau) umschließt währenddessen die Kugel vom animalen Pol aus. Das entstehende Mesoderm (rot) schiebt sich zwischen die beiden anderen Schichten. In der fertigen Gastrula sind alle drei Keimblätter ausgebildet. (Links die Außenansicht, rechts ein Schnitt durch den Embryo).

seinem Inneren liegt der Embryoblast, aus dem später der eigentliche Embryo hervorgeht. Beide zusammen bilden die **Blastocyste**. Sie ist anfangs noch von der Zona pellucida umgeben, die verhindert, dass der Embryo sich bereits im Eileiter festsetzen kann. Erst in der Gebärmutter verliert die Blastocyste diese Hülle und nistet sich mit dem Trophoblasten in der Gebärmutterschleimhaut ein.

Drei Keimblätter sind Ursprung aller Gewebe

In der folgenden Phase der **Gastrulation** geraten die Zellen in Bewegung. Die Blastula stülpt sich ein, es entsteht ein Urmund, aus dem später der wirkliche Mund oder der After hervorgehen, und drei Keimblätter bilden sich heraus – Zellschichten, aus denen sich bestimmte Gewebe und Organe entwickeln.

Die genauen Abläufe sind bei den verschiedenen Tiergruppen teilweise ziemlich unterschiedlich. Wir betrachten darum als Beispiel die Gastrulation des Frosches, an der sich alle Prinzipien der Entwicklung verfolgen lassen. Der Anlagenplan der Froschblastula zeigt bereits, welche Zellen am Ende des Prozesses zu welchem **Keimblatt** gehören werden (Abbildung 13.18). Letztlich wird das **Ektoderm** (äußeres Keimblatt) die epidermalen Hautschichten und das Nervengewebe bilden. Das **Mesoderm** (mittleres Keimblatt) wird die Muskeln, Knochen, Nieren, Blut und das Bindegewebe stellen. Und aus dem **Entoderm** (inneres Keimblatt) entstehen die Auskleidungen des Darms und der Lunge sowie das Grundgewebe der Leber.

> **Keimblatt** (*germ layer*)
> Zellschicht des Embryos, aus welcher bestimmte Gewebetypen hervorgehen.

Die **Gastrulation der Amphibien** (Abbildung 13.19) beginnt am grauen Halbmond, wo sich Zellen in das Blastocoel hineinstrecken (Invagination). Auf der Oberfläche wird dadurch eine Delle sichtbar, die dorsale Urmundlippe. Ausgehend vom animalen Pol breiten sich Zellen über die Oberfläche aus, während andere am Urmund in das Innere streben. Die Zellkugel erhält durch diese Umwachsung (Epibolie) einen neuen Überzug von zukünftigen Ektodermzellen und füllt sich in der gleichzeitig stattfindenden Einrollung (Involution) mit Zellen. Dort verdrängen die zukünftigen Entodermzellen das Blastocoel und formen einen Urdarm. Die Urmundlippe erweitert

sich und umgibt schließlich den Dotterpfropf genannten, von außen sichtbaren Rest der Entodermzellen. Zwischen Ektoderm und Entoderm hat sich
das Mesoderm ausgebreitet. Die Zellkugel ist nun als
Gastrula bereit für die Organbildung.

Die Organe separieren sich von ihrer Umgebung

Die verschiedenen Schritte der **Organogenese** können wir drei Kategorien zuordnen:

- Durch Kondensation ziehen sich Zellen aus einem
  Bereich zu einem neuen Gebilde zusammen.
- Abschnitte von Zellschichten falten sich und
  schließen sich an den Rändern, die einander näher
  kommen, eventuell zusammen.
- Zellgruppen spalten sich ab und werden damit zu
  einer eigenständigen Struktur.

Bei der **Entwicklung des Neuralrohrs** – dem Vorläufer von Gehirn und Rückenmark – und der **Chorda
dorsalis** – einem stützenden Element, das später von
der Wirbelsäule ersetzt wird – können wir alle drei
Prozesstypen verfolgen (Abbildung 13.20). Zuerst
bildet sich die Chorda, indem einige Zellen des Meso-
derms oberhalb des Urdarms kondensieren. Die Zellen induzieren anschließend im darüberliegenden
Ektoderm eine Faltung nach innen. Es entsteht eine
Neuralplatte, deren Ränder aufeinander zu wachsen
und miteinander fusionieren. Schließlich spaltet sich
dieses Neuralrohr vom restlichen Ektoderm ab.

Mit den oben besprochenen Mechanismen der
Musterbildung und Morphogenese formen sich nach
und nach die verschiedenen Organe aus den Keimblättern (Abbildung 13.21). Nachdem die inneren
Organe gebildet sind, sprechen wir von einem **Fetus
oder Fötus**, der bereits wie eine verkleinerte Ausgabe
der erwachsenen Tiere aussieht (Abbildung 13.22).
Die Entwicklung läuft jedoch noch weiter bis zum
Tod des Organismus. Neben der Bildung neuer Zellen, etwa für das Immunsystem, ist auch die Apoptose – der programmierte Zelltod – überlebenswichtig für das Individuum, um beispielsweise entartete
Zellen auszuschalten, bevor sie eine Krebserkrankung
verursachen können.

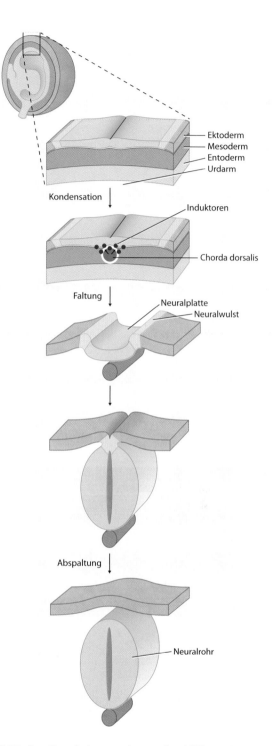

13.20 Das Neuralrohr entsteht aus einer Wölbung des Ekto-
derms nach innen.

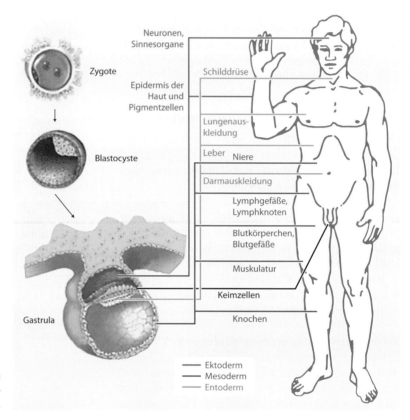

13.21 Alle Gewebe und Organe gehen auf die drei Keimblätter und die Vorläufer der Keimzellen zurück.

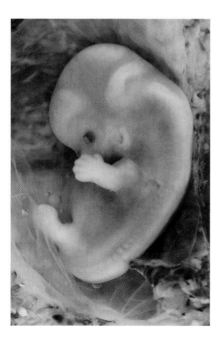

13.22 Mit dem Ende der Organogenese wird der Embryo zum Fetus. Beim Menschen geschieht dies am 61. Tag der Schwangerschaft.

Bei Pflanzen müssen die Zellwände mitwachsen

Die für Tiere typische Zellwanderung in der Embryonalentwicklung ist bei Pflanzen nicht möglich. Die Zellwände fixieren jede Zelle an dem Ort, wo sie gebildet wurde. Darum kann sie nur dort wachsen und muss jene Aufgabe übernehmen, die an dieser Stelle gefordert wird. Eine starre Determination wäre unter solchen Bedingungen nur hinderlich. Stattdessen gleichen die Zellen ihre räumliche Unbeweglichkeit durch eine weitgehende zellbiologische Flexibilität aus. Die **drei grundlegenden Prozesse** ihrer Entwicklung sind Zellteilung, Zellstreckung und eine Zelldifferenzierung.

Die **Zellteilungen** erfolgen durch Mitosen (siehe Kapitel 12 „Leben pflanzt sich fort"). Mit der ersten Spaltung trennt die Zygote die kleinere Zelle des zukünftigen Embryos und die größere Vorgängerzelle des Suspensors oder Embryoträgers voneinander (Abbildung 13.24). Der Suspensor versorgt den Embryo während der Entwicklung mit Nährstoffen und bildet sich kurz vor Beendigung der Samenbildung

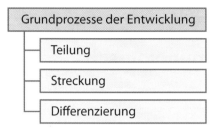

Grundprozesse der Entwicklung
Teilung
Streckung
Differenzierung

13.23 Pflanzen setzen in der Embryonalentwicklung auf Wachstum.

zurück. Bis zum Achtzellstadium wächst der Keimling als Proembryo heran, ohne eine weitere Spezialisierung der Zellen.

Im Gegensatz zum tierischen Embryo werden die Pflanzenzellen nicht bei jeder Teilung kleiner, sondern nehmen zwischen den Mitosen durch **Zellstreckung** an Größe zu. Der entsprechende Druck stammt von der Vakuole, die Wasser aufnimmt und sich ausdehnt (siehe Kapitel 3 „Leben ist geformt und geschützt"). Die Zelle übt damit eine Kraft auf ihre Zellwand aus, die sich vorsichtig dehnen muss, um einerseits weiterhin schützend und stabilisierend zu wirken, andererseits aber die Volumenzunahme zu ermöglichen. Beim Streckungswachstum ausgekeimter Pflanzen wird dies durch die Aktivität von Expansinen vermittelt, die als Enzyme die Wasserstoffbrücken zwischen den Fasern lösen. Da die

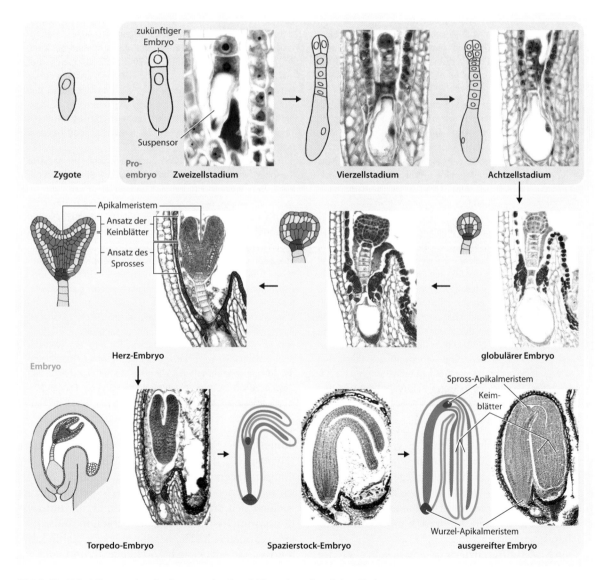

13.24 Die Keimblätter stehen im Zentrum der Entwicklung des pflanzlichen Embryos.

Leben schafft besondere Orte: Immunologisch privilegierte Regionen

Von Andrea Kruse

In Kapitel 10 „Leben greift an und verteidigt sich" haben wir erfahren, dass der größte Teil unserer Feinde unsichtbar ist: Bakterien, Viren, Pilze, Protozoen oder Helminthen befallen unseren Körper und nutzen ihn für ihre Vermehrung. Gemessen an der großen Zahl infektiöser Erreger erkrankt der Mensch außerordentlich selten. Dies verdanken wir unserem Immunsystem, dessen Zellen und lösliche Komponenten Krankheitserregern und ihren Toxinen, aber auch spontan entstehenden Tumorzellen immer neuen Widerstand entgegensetzen. Doch es gibt im Körper auch Bereiche, die eine immunologische Sonderstellung einnehmen. In diesen sogenannten immunologisch privilegierten Regionen lösen selbst Transplantate von genetisch unterschiedlichen Spendern derselben Spezies (allogene Transplantate) keine aggressiven Immunreaktionen und somit auch keine Abstoßungsreaktion aus.

Doch was ist daran so ungewöhnlich? Transplantationen von allogenen Organen sind normalerweise nur erfolgreich, wenn Spender und Empfänger eine möglichst große Übereinstimmung in ihren MHC-Molekülen aufweisen und mit Medikamenten behandelt werden, die die Immunantwort unterdrücken. Ansonsten kommt es vor allem durch die T-Zellen des Empfängers, die gegen die hochpolymorphen MHC-Moleküle des Spenders gerichtet sind, zu einer Abstoßung des Transplantats.

Die immunprivilegierten Regionen dagegen tolerieren eher ein Fremdantigen, als dessen Bekämpfung zu riskieren. Zu diesen außergewöhnlichen Bereichen gehören das Auge, das Gehirn, die Hoden (Testes), die Eierstöcke (Ovarien), die Haarfollikel und der schwangere Uterus mit Placenta und Fetus, beim Hamster auch die Backentasche. Aber warum dürfen hier keine Immunreaktionen im klassischen Sinn ablaufen? Die Antwort des Körpers auf Krankheitserreger beinhaltet drastische Maßnahmen, in deren Verlauf es notgedrungen zu Entzündung und Verletzung des beteiligten Gewebes kommt. Komplementkomponenten stanzen Löcher in Bakterien, Phagocyten fressen den Erreger oder schütten

toxische Granula auf ihn, Chemokine und Cytokine heizen das Immunsystem an, cytotoxische Killerzellen töten virusinfizierte Zellen und Tumorzellen. Antikörper markieren Mikroorganismen und Parasiten, um ihre Vernichtung zu erleichtern, oder führen nach Bindung des Antigens zur Degranulation von Mastzellen.

Die meisten Gewebe des Körpers können das verkraften, ohne bleibende Schäden davonzutragen. Die immunologisch privilegierten Regionen dagegen nicht. Sie enthalten äußerst empfindliche Gewebe, die nicht erneuerbar sind, deren Zellen sich nicht mehr teilen können oder hochgradig differenziert sind. Denken Sie an die Netzhaut des Auges, Gehirnzellen, die Geschlechtszellen und das ungeborene Kind. Zellverluste in diesen Bereichen sind nicht kompensierbar und hätten fatale Folgen nicht nur für die Funktion dieser Bereiche, sondern langfristig auch für das Überleben des Organismus oder der Art. In diesen Regionen sind deshalb die Immunreaktionen sehr stark limitiert oder im Vergleich zu anderen Organen so verändert, dass sie das Gewebe nicht schädigen.

Doch wie schützen sich immunologisch privilegierte Regionen vor dem eigenen Immunsystem? Sie sind in der Regel von Barrieren umgeben, den sogenannten Blut-Gewebe-Schranken, die sie vom Rest des Körpers trennen. So wird zum Beispiel das Gehirn durch die Blut-Gehirn-Schranke und das Auge durch die Blut-Okular-Schranke geschützt. Dendritische Zellen, die Antigene aus den immunologisch privilegierten Regionen in das periphere lymphatische Gewebe transportieren, induzieren Toleranz. Dies geschieht möglicherweise über die Generierung von regulatorischen T-Zellen. Zudem ist die Expression von klassischen MHC-Molekülen an diesen privilegierten Orten verringert. Auch hohe Konzentrationen an immunsuppressiven Cytokinen limitieren aggressive Immunreaktionen. Ein weiterer Schutzmechanismus ist die Ausprägung eines Todesliganden, des sogenannten Fas-Liganden, auf der Oberfläche von Gewebezellen an strategisch günstigen Stellen. Dieses Mo-

---

Mikrofibrillen parallel zueinander verlaufen, kann sich die Zelle dann nur quer zu dieser Richtung ausdehnen, womit eine Richtung vorgegeben ist. Damit die Zellwand nicht ausdünnt, werden auf ihrer Innenseite neue Bündel von Cellulose aufgelagert. Beim Proembryo und Embryo könnten ähnliche Mechanismen wirken.

Durch **Zelldifferenzierung** entwickeln sich im Embryo die verschiedenen Gewebstypen und in der Morphogenese die Anlagen der Keimblätter (**Kotyle-**

donen), des Sprossteils bis zu den Keimblättern (Hypokotyl), der Wurzel (Radicula) und der Bildungsmeristeme (Apikalmeristeme) an der Sprossspitze und der Wurzelspitze. Durch die Keimblätter wandelt sich die Geometrie des Embryos vom rotationssymmetrischen globulären Stadium in das bilateralsymmetrische Herzstadium. Die bis dahin kurze Sprossachse streckt sich anschließend, und auch die Keimblätter nehmen an Größe zu. Beim ausgereiften Embryo können bis zu neun Zehntel der Masse auf

lekül treibt aktivierte Lymphocyten, die in das Gewebe eindringen, in den Tod. Man spricht dabei von einem sogenannten programmierten Tod oder Apoptose. Nicht alle diese Mechanismen haben in allen immunologisch privilegierten Regionen den gleichen Stellenwert, manche fehlen in bestimmten Bereichen, und einige Funktionen werden wissenschaftlich noch diskutiert.

Wie eingangs erwähnt, ist das langfristige Überleben von allogenen Transplantaten ein Kennzeichen von immunologisch privilegierten Orten. Doch Transplantate sind künstliche Produkte der Medizin. Das einzige „natürliche Transplantat", das wir kennen, bilden der Fetus und die Placenta. Denn im mütterlichen Uterus ist das kindliche Gewebe fremd, hat es doch 50 Prozent seiner genetischen Anlagen vom Vater geerbt. Während der Fetus selbst durch die Placentaschranke vor den Immunzellen der Mutter abgeschirmt wird, erklärt das nicht das Ausbleiben einer Abstoßungsreaktion gegen die fetalen Plazentazellen. Diese müssen, um ein funktionierendes Versorgungsorgan aufbauen zu können, tief in das Gewebe und die Blutgefäße der mütterlichen Gebärmutter eindringen. Dabei kommen sie in direkten Kontakt mit zellulären und löslichen Komponenten der mütterlichen Immunabwehr. Wie Placenta und mütterliches Immunsystem sich gegenseitig zum Wohl des Kindes beeinflussen, beschäftigt die Forschung seit den 1950er-Jahren. Die damals durchgeführten Forschungen des britischen Transplantationspioniers Sir Peter Medawar bilden den Grundstein, auf den alle neueren Forschungen zu diesem Thema aufbauen.

Man geht heute aber davon aus, dass viele verschiedene Faktoren für das Gelingen der Schwangerschaft zusammenarbeiten. Auf Seiten der Mutter unterliegt beispielsweise die Einwanderung der Immunzellen in den schwangeren Uterus einer strengen Kontrolle. Es sind grundsätzlich nur solche Leukocyten erwünscht, die durch die Produktion von Wachstumsfaktoren und Cytokinen eine Placentabildung fördern und kontrollieren und das mütterliche Gewebe auf die Invasion der kindlichen Zellen vorbereiten. Sogenannte uterine NK-Zellen spielen dabei eine Schlüsselrolle. Auch Leukocyten, die Immunreaktionen unterdrücken, sind unerlässlich bei der Induktion der Toleranz gegenüber dem fetalen

Gewebe. Obwohl noch viele Fragen offen sind, scheinen dendritische Zellen und regulatorische T-Zellen zumindest während der kritischen Phase der beginnenden Placentaentwicklung maßgeblich daran beteiligt zu sein.

Aber auch die vorrückenden kindlichen Placentazellen greifen in den Prozess ein, ja, sie unterstützen die mütterlichen Immunzellen sogar. So tragen die Placentazellen keine klassischen MHC-Moleküle. Dadurch machen sie sich unsichtbar für die mütterlichen T-Zellen. Stattdessen exprimieren sie nicht polymorphe MHC-Klasse-I-Moleküle, die uterine NK-Zellen in ihrer Cytotoxizität hemmen, aber keine spezifischen Immunreaktionen auslösen. Außerdem tragen die fetalen Placentazellen zahlreiche Moleküle zur Selbstverteidigung wie den Todesliganden Fas-Ligand. Sie produzieren Enzyme, die die Vermehrung von T-Zellen hemmen, und exprimieren Komplement-regulatorische Proteine, die eine Aktivierung des mütterlichen Komplementsystems verhindern. Nur das genau abgestimmte Zusammenspiel von Mutter und Kind garantiert eine erfolgreiche Schwangerschaft. Die Mechanismen, die der mütterlich/fetalen Toleranz zugrunde liegen, werden intensiv erforscht. Ein besseres Verständnis dieser komplexen Prozesse könnte nicht nur klinisch wichtige Einblicke in die Reproduktionsimmunologie geben, sondern auch in die Bereiche der Transplantation, Autoimmunität und Tumorimmunologie.

Dr. Andrea Kruse studierte Biologie an der Universität Hannover und promovierte an der Universität Hamburg, den praktischen Teil ihrer Doktorarbeit führte sie am Institut für Immunologie und Transfusionsmedizin der Universität Lübeck durch. Nach einem Postdoc-Aufenthalt an der Stanford University habilitierte sie in Lübeck. Sie ist Dozentin am Institut für Systemische Entzündungsforschung des Universitätsklinikums Schleswig-Holstein und freiberufliche Autorin wissenschaftlicher Sach- und Fachbücher.

sie entfallen. Häufig dienen sie selbst als Speicherorgane, wie bei Bohnen und Erbsen, die wir wegen ihrer Kotyledonen essen (Abbildung 13.25).

Pflanzen legen eine Pause ein

In mittleren Breiten stehen viele Pflanzen vor dem Problem, dass die beste Zeit der Vegetationsperiode fast vorbei ist, wenn ihre Samen fertig entwickelt

sind. In Wüstenregionen ist es hingegen sinnvoll, mit der weiteren Entwicklung zu warten, bis es erneut ausreichend geregnet hat. Und auf keinen Fall soll ein Samen keimen, solange er noch an der Mutterpflanze sitzt. Darum fallen viele Samen nach dem Reifen zunächst in eine **Keimruhe** oder Dormanz, in welcher sie ihren Stoffwechsel herunterfahren und nicht weiter wachsen. Sie erreichen das durch unterschiedliche Methoden, die auch kombiniert auftreten:

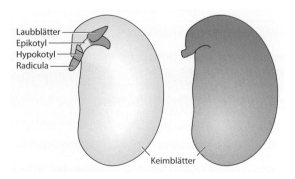

Laubblätter
Epikotyl
Hypokotyl
Radicula

Keimblätter

13.25 Im Samen der Bohne sind bereits die ersten Laubblätter angelegt. Die Keimblätter legen sich schützend um sie herum. Das Epikotyl ist der Sprossabschnitt zwischen ihnen.

---

1 für alle

Auch Tiere halten Keimruhe

Für Tiere ist es ebenso wie für Pflanzen günstig, ihre Nachkommen im Frühjahr zu bekommen, wenn noch genug Zeit ist, sich auf den Winter vorzubereiten. Einige Arten können dafür die Entwicklung ihrer Eizellen anhalten. Die Zygote nistet sich zwar noch in der Gebärmutter ein, verfällt dann aber in eine Ruhephase, bevor sie Monate später mit den Zellteilungen weiterwächst. Das europäische Reh paart sich beispielsweise Ende Juli, doch der Embryo startet seine Entwicklung erst vier Monate später, sodass die Kitze durch die verlängerte Tragzeit etwa im Mai geboren werden. Auch Marder halten eine Keimruhe ein.

- Dem Keimling wird weitgehend das Wasser entzogen.
- Eine undurchlässige Samenschale schließt ihn von Wasser und Sauerstoff von außen ab.
- Die Samenschale ist so hart, dass der Keimling sie nicht selbst aufbrechen kann.
- Chemische Hemmstoffe wie das Phyothormon Abscisinsäure unterdrücken alle weiteren Entwicklungsschritte.

Je nach Art kann die Keimruhe wenige Tage, einige Wochen und Monate oder einfach so lange dauern, bis bestimmte **Ansprüche an die äußeren Bedingungen** erfüllt sind. Apfelkerne keimen beispielsweise erst, nachdem die Temperaturen fast auf 0 °C gefallen sind, um nach dem Winter eine möglichst lange Vegetationsperiode ausnutzen zu können. Feuerkeimer wie Korkeichen und Kiefern warten ab, bis sie durch einen Brand erhitzt werden. Nach dem Feuer ist die Konkurrenz durch andere und ältere Pflanzen geringer. Die Samen in manchen Früchten müssen den Verdauungstrakt eines Tieres durchlaufen, bevor sie aus der Dormanz erwachen. Lichtkeimer haben nur wenige Reservestoffe, sodass sie für einen erfolgreichen Start direkt an der Oberfläche liegen müssen, wo sie das Tageslicht erreicht. Dunkelkeimer haben dagegen große Samen mit vielen Nährstoffen, die nur unter der Erde aufbrechen.

Keimung bricht die Samenruhe

Haben ein Feuer, das Auswaschen mit Wasser, die Verdauungsenzyme eines Tieres, die richtige Temperatur oder die Lichtverhältnisse die hemmenden Mechanismen aufgehoben, kann die Entwicklung der Pflanze mit der Samenkeimung weitergehen. In den meisten Fällen nimmt der Samen zunächst durch **Quellung** viel Wasser auf. Dabei dehnt er sich aus und sprengt die Samenschale.

Gleichzeitig werden in der feuchteren Umgebung **Enzyme aktiv** und neue Proteine synthetisiert. Die Enzyme bauen die gespeicherten Polysaccharide, Fette und Proteine in den Keimblättern oder dem Endosperm genannten Nährgewebe zu Glucose, Glycerin und Fettsäuren beziehungsweise Aminosäuren ab, die zu den Wachstumszonen transportiert werden.

Häufig wächst der Keimling anfangs aber alleine durch Volumenzunahme. Erst wenn die Radicula oder Keimwurzel die Samenschale durchbricht – und damit die Keimphase beendet – beginnen die Mitosen wieder, und die Zellen treten in den **Zellzyklus** von Wachstum und Teilung ein (siehe Kapitel 12 „Leben pflanzt sich fort").

13.26 Die Nüsse der Seychellenpalme (*Lodoicea maldivica*) können einen halben Meter im Durchmesser und bis zu 22 kg Gewicht erreichen. Damit sind sie die größten Samen im Pflanzenreich.

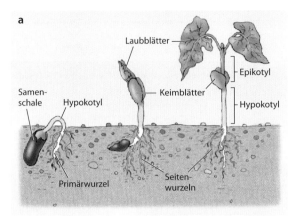

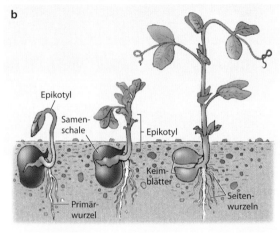

13.27 Obwohl Bohnen und Erbsen beide zu den Hülsenfrüchten gehören, keimen beide unterschiedlich: Bohnen epigäisch (a) und Erbsen hypogäisch (b).

Bei den einkeimblättrigen Pflanzen (Monokotyle), zu denen die Gräser und damit alle Getreidesorten gehören, schiebt sich die Primärwurzel des **Keimlings** direkt nach unten, und der Spross wächst in eine röhrenförmige Zellscheide gehüllt gerade nach oben. Zweikeimblättrige Pflanzen (Dikotyle) durchbrechen dagegen die aufliegende Erdschicht mit einem gebogenen Spross, bevor sie die Blätter nachziehen (Abbildung 13.27). Dabei lassen sich zwei Varianten unterscheiden:

- Bei der **epigäischen** („oberirdischen") Samenkeimung bildet das Hypokotyl den Sprossbogen, und die Keimblätter schützen die Laubblätter, bis sie die Oberfläche erreicht haben.
- Bei der **hypogäischen** („unterirdischen") Samenkeimung verbleiben die Keimblätter und das Hypokotyl im Boden. Das Epikotyl bahnt den Weg ans Licht.

Tabelle 13.1 Die Wirkungen der wichtigsten Phytohormone

Abscisinsäure	bewirkt Keimruhe und Winterruhe; veranlasst die Schließung der Stomata bei Wassermangel; unterdrückt die Wirkung anderer Phytohormone
Auxine	fördern Streckenwachstum der Sprossachse und Wurzelbildung; sorgen für Apikaldominanz; hemmen Blattfall
Cytokinine	fördern Zellteilung und Austrieb von Seitenknospen; fördern Dickenwachstum von Sprossachse und Wurzel; hemmen Streckenwachstum der Sprossachse
Ethylen	fördert Fruchtreifung; hemmt Streckungswachstum der Sprossachse
Gibberelline	fördern Samenkeimung, Streckungswachstum der Sprossachse und Zellteilung; heben Winterruhe auf

Phytohormone steuern das Wachstum der Pflanze

Damit die oben beschriebenen Prozesse bei der Embryonalentwicklung und der Keimung sowie das gesamte weitere Wachstum der Pflanze reibungslos ablaufen, müssen die Zellen durch entsprechende Signale gesteuert werden. Sogenannte **Phytohormone** sind die vorherrschenden Botenstoffe zwischen den Zellen, Geweben und Organen (Tabelle 13.1). Sie gehören keiner einheitlichen chemischen Klasse an, doch es handelt sich mit Ausnahme des Peptids Systemin um kleine bis mittelgroße Kohlenwasserstoffmoleküle, die häufig ein oder mehrere Ringe enthalten.

Bezogen auf das Wachstum können wir die wichtigsten Phytohormone in zwei Gruppen teilen:

- Auxine, Brassinosteroide, Cytokinine und Gibberelline wirken generell wachstumsfördernd.
- Abscisinsäure und Ethylen hemmen das Wachstum.

Allerdings ist diese Zuordnung nicht immer ganz zutreffend. So fördern **Auxine** zwar die Zellstreckung, indem sie die Protonenpumpen in der Plasmamembran anregen, die Zellwand anzusäuern, und damit die Expansine dazu bringen, die Verbindungen zwischen den Cellulosemikrofibrillen zu lockern. Andererseits unterdrücken Auxine aber die Seitentriebe eines Sprosses, die dadurch nur als Ansätze in

13.28 Indol-3-Essigsäure ist das wichtigste Auxin.

den Blattachseln ruhen. Diese **Apikaldominanz** entsteht durch den gerichteten (polaren) Transport der Auxine von der Sprossspitze zur Basis. Mit speziellen Carrierproteinen (siehe Kapitel 4 „Leben tauscht aus") wird das Hormon aktiv in eine Richtung befördert. Welche Wirkung es hat, hängt wahrscheinlich von seiner Konzentration und dem jeweiligen Empfänger ab.

[?] Prinzip verstanden?

13.2 Welchen Vorteil bietet die Apikaldominanz einer Pflanze?

In Kombination mit anderen Phytohormonen wie Cytokinen sorgen Auxine auch für die **Differenzierung der Pflanzenzellen**. Die Auxine regen die Bildung von Wurzelzellen an, wohingegen Cytokine Knospen und Triebe fördern. Die Effekte sind jedoch dann in Anwesenheit von beiden Hormonen am stärksten – offenbar beeinflussen sich die Substanzen gegenseitig und modifizieren womöglich gar ihre Wirkungen.

Offene Fragen

Unbekannte Zusammenarbeit mit Folgen

Phytohormone regeln nahezu alle wichtigen Abläufe in Pflanzen. Dennoch kennen wir bislang nur wenige Prozesse mit molekularer Genauigkeit. Der Einsatz von Phytohormonen in der Landwirtschaft (beispielsweise Auxine als Wachstumsregulatoren, bei der Stecklingsbewurzelung und als Herbizid) und bei Transport und Lagerung von Früchten (etwa Ethylen als Reifungsbeschleuniger) zeigt, welche Bedeutung ihnen bei der Ernährung zukommt. Neues Wissen könnte hier schnell zu neuen Verfahren führen.

13.29 Der Haken im Hypokotyl des Bohnenkeimlings entsteht, weil die Zellstreckung der unteren Zellen durch Ethylen gehemmt wird. Sobald Licht auf die Zellen fällt, stellen sie ihre Ethylensynthese ein, und der Keimling streckt sich.

Prinzipien des Lebens im Überblick

- Im Laufe der Entwicklung von der Zygote zum ausgewachsenen Organismus gehen in den verschiedenen Geweben keine genetischen Informationen verloren. Die Zellkerne der Körperzellen haben die gleiche genetische Ausstattung und sind äquivalent.
- Die Unterschiede zwischen verschiedenen Zell- und Gewebstypen resultieren aus einer differenziellen Genexpression, durch die unterschiedliche Proteine synthetisiert werden.
- Die differenzielle Genexpression kann bereits unsichtbar eine Zelle durch Determination auf eine bestimmte Aufgabe festlegen. Sie prägt sich aber erst mit der Differenzierung der Zelle aus.
- Durch die Differenzierung werden die Entwicklungsmöglichkeiten einer Zelle immer weiter eingeschränkt. Als totipotente embryonale Stammzelle kann sie noch alle Zelltypen hervorbringen, adulte Stammzellen und bei Pflanzen Meristeme sind bereits auf wenige Typen spezialisiert. Ausdif-

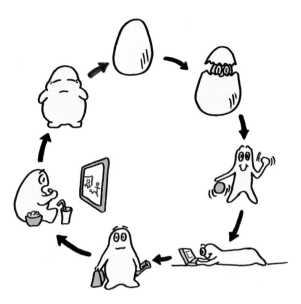

In seltenen Fällen verläuft die Entwicklung eines Individuums in geschlossenen Zyklen.

 Bücher und Artikel

Hans Meinhardt: *Die Simulation der Embryonalentwicklung* in „Spektrum der Wissenschaft 3 (2010)
Die Simulation am Computer überprüft, ob die biologischen Konzepte für eine geordnete Entwicklung ausreichen.
Werner A. Müller und Monika Hassel: *Entwicklungsbiologie und Reproduktionsbiologie von Mensch und Tieren.* (2005) Springer Verlag
Ausführliches Lehrbuch, das auf alle wichtigen Tiergruppen sowie aktuelle Fragen eingeht.
Christiane Nüsslein-Volhard: *Gradienten als Organisatoren der Embryonalentwicklung* in „Spektrum der Wissenschaft" 10 (1996)
Die Bedeutung der Konzentrationsgradienten von der Nobelpreisträgerin selbst beschrieben.
Lewis Wolpert et al.: *Principles of Development – Das Original mit Übersetzungshilfen.* (2008) Spektrum Akademischer Verlag
Die SAV-Reihe bietet einen erleichterten Einstieg in die englische Fachsprache, mit der spätestens im Hauptstudium alle Studierenden konfrontiert werden.

ferenzierte Körperzellen können bei Teilungen nur noch ihresgleichen erzeugen.

- Die Differenzierung lässt sich durch geeignete Umweltbedingungen wieder rückgängig machen.
- Die Körperachsen eines Embryos sind manchmal bereits in der Polarität der Eizelle begründet. Bei Teilungen entstehen durch chemische Konzentrationsgradienten Tochterzellen mit unterschiedlichen Signalstoffkompositionen (cytoplasmatische Segregation).
- Durch Induktion mit chemischen Substanzen von außen setzen benachbarte Zellen eines wachsenden Embryos Signaltransduktionskaskaden in Gang und lösen so bestimmte Differenzierungen aus.
- Die Signalstoffe aktivieren häufig Meisterkontrollgene, die für Transkriptionsfaktoren codieren und so viele weitere Gene kontrollieren.
- Die Differenzierung der Zellen zieht eine Musterbildung und die Entstehung von Organen nach sich.
- Als Anpassung an jahreszeitliche Veränderungen können die Embryonen mancher Arten eine Keimruhe einlegen und bessere Umweltbedingungen abwarten.
- Einige Zellen müssen durch programmierten Zelltod sterben, um eine korrekte Entwicklung des Gesamtorganismus zu ermöglichen.

 Internetseiten

www.embryology.ch/genericpages/moduleembryode.html
Lernmodule mit der Entwicklung von der Gametogenese bis zur Bildung der Organe.
www.uni-tuebingen.de/genetiere/lernmodul/splash2.htm
Multimedialer Kurs zur Entwicklung der Taufliege.
www.uni-mainz.de/FB/Medizin/Anatomie/workshop/Embryology/Tage.htm
Die menschliche Entwicklung von der Befruchtung bis zur Geburt.
www2.biologie.unihalle.de/genet/plant/staff/boch/lectures/plantgenetic2005/VL05.pdf
Präsentation zur Embryogenese und Entwicklung bei Pflanzen
www.mpg.de/instituteProjekteEinrichtungen/institutsauswahl/entwicklungsbiologie/index.html
Homepage des Max-Planck-Instituts für Entwicklungsbiologie mit Forschungsberichten zu verschiedenen Themen.

 Antworten auf die Fragen

13.1 Es sind verschiedene Ereignisse denkbar, die bewirken könnten, dass determinierte Zellen keine äußeren Signale mehr beachten. Beispielsweise könnten die Rezeptoren auf der Zelloberfläche verschwunden sein. Da die Zelle sie unter natürlichen Bedingungen nur benötigt, bis sie ihren Auftrag erhalten hat, könnte sie die Proteine danach abbauen und die Bausteine anderweitig verwerten. Die Signalkette im Cytoplasma könnte auch so verändert sein, dass sie nicht mehr zu den Genschaltern führt, die vor der Determination angesprochen wurden. Für eine fortgeschrittene Zelle mag das gleiche Signal eine andere Bedeutung haben, weshalb die Kaskade im Inneren einen neuen Weg einschlägt. Die Veränderung könnte ebenso auf der DNA zu finden sein. Durch chemische Modifikationen wie angelagerte Methylgruppen können Gene dauerhaft inaktiviert werden. Besonders Abschnitte, die nach der Determination nicht mehr gebraucht werden, können so schonend stillgelegt werden.

13.2 Junge Pflanzen konkurrieren untereinander und mit der umgebenden Vegetation um ausreichend Licht für die Photosynthese. Da das Licht im Wesentlichen von oben kommt, ist es von Vorteil, möglichst hoch liegende Blätter zu besitzen. Durch die Apikaldominanz stellt die Pflanze sicher, dass ihre Energie und Baustoffe zunächst diesem Ziel zugute kommen. Das Breiten- und Dickenwachstum muss dagegen zurückstehen, bis die Pflanze eine hinreichende Höhe erreicht hat.

14 Leben breitet sich aus

Leben hat sich erfolgreich an unterschiedliche Umgebungen angepasst. Doch die Bedingungen, mit denen es zurechtkommen muss, ändern sich mit der Zeit oder durch die Besiedlung neuer Lebensräume. Ein Wechselspiel aus Variabilität der Organismen und Anforderungen der Umwelt modifiziert bestehende Arten und bringt neue hervor.

Mit den Mechanismen und Strukturen, die wir in den vorangehenden Kapiteln kennengelernt haben, bewältigen Lebewesen die unterschiedlichen Herausforderungen, mit denen sie konfrontiert werden. Dazu gehören ebenso der Umgang mit den physikalischen und chemischen Gegebenheiten der unbelebten Umwelt wie die Interaktion mit weiteren Individuen der eigenen Art oder anderer Arten. Das Wechselspiel mit der Umwelt verändert sich zudem mit der Zeit. So bringen beispielsweise die Jahreszeiten unter anderem periodische Schwankungen der Temperatur, Feuchtigkeit und Tageslänge mit sich, an die sich die einzelnen Individuen anpassen müssen. Andere Ereignisse wie etwa ein Klimawandel modifizieren die Lebensbedingungen hingegen nachhaltiger und üben damit einen starken Druck auf die Lebensform aus, auf den weniger das Individuum reagiert als vielmehr die Population, also die Gruppe von Individuen einer Art, die zum jeweiligen Zeitpunkt das gleiche Gebiet besiedeln und sich miteinander fortpflanzen. Wir werden in diesem Kapitel sehen, wie die veränderten ökologischen Anforderungen die Evolution einer Population beeinflussen und sogar eine neue Art entstehen lassen können.

> **Art** (*species*)
> Gruppe von Populationen, deren Individuen sich unter natürlichen Bedingungen miteinander kreuzen und fortpflanzungsfähige Nachkommen hervorbringen können.

Lebewesen passen sich an

So unterschiedlich die Regionen der Erde auch sein mögen, sind sie doch nahezu alle besiedelt. Auf dem ewigen Eis der Antarktis brüten ebenso selbstverständlich Kaiserpinguine, wie Bakterien an den über 100 °C heißen Tiefseequellen der Schwarzen Raucher gedeihen und um sich herum ganze Lebensgemeinschaften weiterer Arten scharen. Die riesigen Wasserkörper der Meere sind gleichermaßen besiedelt wie die trockensten Wüsten. Selbst im Inneren des Erdgesteins haben Wissenschaftler Bakterien gefunden, die zwar sehr langsam, aber eindeutig nachweisbar leben und sich vermehren. Alle diese **Lebensräume** oder **Habitate** bieten bestimmte Bedingungen, an die eine Art angepasst sein muss, um sie erfolgreich zu besiedeln.

Die ökologischen Potenzen bestimmen die Größe der Nische

Den Anforderungen des Habitats entsprechend ist jede Art mit spezialisierten Molekülen, Zellstrukturen, Stoffwechselwegen, anatomischen und morphologischen Besonderheiten ausgestattet und weist ein spezifisches Verhaltensrepertoire auf, das ihr hilft, in der jeweiligen Umgebung zu überleben und sich fortzupflanzen. Eine optimale Ausstattung für alle Lebenslagen gibt es dabei nicht. Enzyme, die bei gemäßigten Temperaturen hervorragend funktionieren, würden beispielsweise in heißen Quellen zu nutzlosen Klümpchen denaturieren. Erst zusätzliche Salzbrücken, besonders hydrophobe Kernbereiche und Hilfsproteine, die für eine korrekte Faltung sorgen, verleihen den Enzymen extrem thermophiler Organismen die notwendige Stabilität. Gleichzeitig machen sie die Moleküle aber so starr, dass sie unter herkömmlichen Bedingungen nicht arbeitsfähig wären. Die Anpassungen an einen Lebensraum schränken einen Organismus also zugleich ein, indem sie ihm für jeden Umweltfaktor einen minima-

14.1 Elefanten, Steppenzebras, Impalas und Springböcke haben sich auf ihre eigene artspezifische Weise an den gemeinsamen Lebensraum angepasst und können daher friedlich miteinander leben.

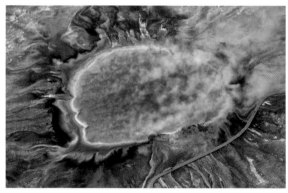

14.3 Das tiefblaue Wasser der Grand Prismatic Spring im Yellowstone-Nationalpark ist heiß und steril. Am Rand der Quelle haben sich aber hitzeresistente Algen und Bakterien angesiedelt, deren Pigmente die orangene Färbung hervorrufen.

len und einen maximalen Wert vorgeben, die den **Toleranzbereich** oder die ökologische Potenz für den jeweiligen Parameter eingrenzen (Abbildung 14.2). Er ist weit für eurypotente Arten, aber eng für stenopotente Spezies (Tabelle 14.1). Die Anwesenheit einer stenopotenten Art lässt darum recht gut auf den Wert eines bestimmten Umweltparameters schließen, weshalb diese auch als Indikatorarten bezeichnet werden.

Arten sind für verschiedene Umweltparameter unterschiedlich tolerant. Karpfen stellen etwa an die Temperatur ihres Wassers keine großen Ansprüche, sind also eurytherm. Gegenüber Salz sind sie jedoch

empfindlich und damit stenohalin. Koalas (*Phascolarctos cinereus*) sind extrem stenophag, da sie sich beinahe nur von Eukalyptusblättern ernähren (Abbildung 14.4). Hat ein Organismus die Möglichkeit, wählt er sein Habitat so, dass alle Faktoren im Präferenzbereich sind. Tiere unternehmen hierfür teilweise enorme Wanderungen, wie das Beispiel der Zugvögel zeigt, die im Sommer das Futterangebot und die geringere Konkurrenz im Norden nutzen, im Winter aber den niedrigen Temperaturen nach Süden ausweichen. Hieran wird auch deutlich, dass stets mehrere Faktoren zusammenwirken und eine Entscheidung herbeiführen. Den größten Einfluss hat nach dem **Minimumgesetz** dabei der Faktor, dessen Wert am ungünstigsten liegt. Bei Pflanzen, die ihren

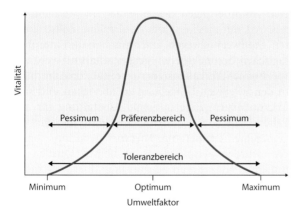

14.2 Die Toleranzkurve zeigt den Toleranzbereich einer Art für einen bestimmten Umweltfaktor. Unterhalb des Minimums sowie oberhalb des Maximums ist die Art nicht lebensfähig. An diese Grenzpunkte schließen sich innerhalb des Toleranzbereichs die Pessima an, in denen die Organismen zwar knapp überleben, sich aber nicht fortpflanzen können. Dies ist im Präferenzbereich möglich, in den auch das Optimum fällt.

Tabelle 14.1 Wortteile als Bezeichnungen von Umweltparametern

Wortteil	Bedeutung
steno	enger Toleranzbereich
eury	breiter Toleranzbereich
	in Bezug auf
–bar	Druck
–batisch	Wassertiefe
–halin	Salzgehalt
–hygr	Luftfeuchtigkeit
–oxygen	Sauerstoff
–phag	Nahrung
–therm	Temperatur

14.4 Koalas fressen fast ausschließlich Eukalyptusblätter und haben damit einen extrem engen Toleranzbereich hinsichtlich der Nahrung.

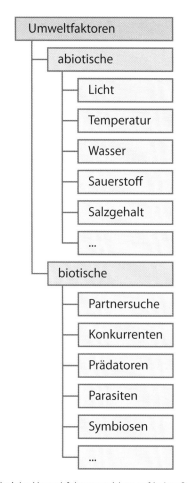

14.5 Zahlreiche Umweltfaktoren wirken auf jeden Organismus ein.

Standort in der Regel nicht wechseln können, ist dies häufig ein Nährstoff wie Eisen oder Phosphat, dessen Konzentration zu niedrig liegt, um stärker zu wachsen. Er fungiert als limitierender Faktor, der die Entfaltung der Art begrenzt.

Betrachten wir die Toleranzbereiche einer Art für alle Umweltfaktoren gleichzeitig – gewissermaßen den Katalog der Anforderungen dieser Spezies an ihre Umwelt –, erhalten wir die **ökologische Nische** der Art. Sie gibt trotz des missverständlichen Namens keinen Ort an, sondern die Rolle der Art im Lebensraum. Unter Idealbedingungen, wie sie sich im Labor schaffen lassen, kann die Spezies ihre volle ökologische Potenz entfalten und damit die Fundamentalnische festlegen. In der Natur stößt sie hingegen auf zusätzliche Beschränkungen und auf Konkurrenz von der eigenen und fremden Arten. Sie muss sich dann mit der kleineren Realnische begnügen, die nur eine Teilmenge der Fundamentalnische ist.

Umweltfaktoren gestalten sehr unterschiedliche Lebensräume

Von den vielen Größen, die auf eine Art einwirken, sehen wir uns im Folgenden einige der wichtigsten Parameter an. Die Aufzählung ist keineswegs vollständig. Vermeintliche Kleinigkeiten, die uns kaum auffallen, können ein Biotop – den Lebensraum für eine Lebensgemeinschaft verschiedener Spezies – für eine Art wertlos machen. So gehen die Populationen des Haussperlings (*Passer domesticus*) an vielen Orten auch deshalb zurück, weil die modernen Hausdächer keine Hohlräume für Nistmöglichkeiten mehr bieten (Abbildung 14.6).

Die Umweltfaktoren lassen sich unterteilen in

- **abiotische Faktoren**. Sie umfassen die physiko-chemischen Parameter der unbelebten Umgebung.
- **biotische Faktoren**. In diese Kategorie fallen alle Einflüsse durch andere Arten und Individuen der eigenen Art.

An die **abiotischen Faktoren** passen sich die Organismen entweder an, indem sie die Werte und Schwankungen der Parameter übernehmen und auf ihre eigenen Körper übertragen (Konformer) – thermokonforme Arten werden beispielsweise ebenfalls wärmer, wenn die Umgebungstemperatur ansteigt. Oder die Spezies verfügen über stabilisierende Mechanismen, die das innere Milieu konstant halten (Regulierer), wie es Säugetiere und Vögel in der Regel mit der eigenen Körpertemperatur handhaben.

14.6 Noch ist der Haussperling weit verbreitet, doch seine Population geht zurück, weil moderne Gebäude kaum noch Hohlräume zum Nestbau bieten und eine effizientere Landwirtschaft sowie überordentliche Grünflächen in Städten das Angebot an Insekten als Futter für die Jungtiere verknappt haben.

Einer der grundlegenden Parameter ist die Versorgung mit **Sonnenlicht**. Mit Ausnahme einiger weniger Lebensgemeinschaften verschiedener Spezies – sogenannter Biozönosen – von Biotopen in der Tiefsee und im Tiefengestein sind alle Lebensformen direkt oder indirekt auf den Energiefluss von der Sonne angewiesen (siehe Kapitel 7 „Leben ist energiegeladen"). Die Intensität des Lichts und seine spektrale Zusammensetzung variieren jedoch in Abhängigkeit vom jeweiligen Standort. Die Unterschiede können dabei innerhalb des gleichen geografischen Gebiets, wie etwa in einem Wald, auftreten. Die hoch gelegenen Teile der Bäume sind dort einer weit intensiveren Bestrahlung ausgesetzt als die niedrigen Pflanzen der unteren Stockwerke. Der Unterschied schlägt sich im Aufbau der Blätter nieder (Abbildung 14.7). So müssen **Schattenpflanzen** versuchen, durch dünne, großflächige Blätter möglichst viel Licht einzufangen. **Lichtpflanzen** bauen hingegen auf mehrere Schichten Palisadenzellen, denn die Einstrahlung

ist so stark, dass eine einzelne Lage sehr viel nutzbares Licht durchließe. Dementsprechend spät erreichen Lichtpflanzen bei steigender Intensität den Sättigungsbereich der Photosynthese. Schattenpflanzen stoßen viel früher auf ihre maximale Leistungsfähigkeit. Dafür liegt ihr Lichtkompensationspunkt – diejenige Lichtintensität, bei welcher sich der Verbrauch an Sauerstoff durch Atmung und dessen Produktion durch Photosynthese die Waage halten – weiter im dunklen Bereich. Dadurch profitieren Schattenpflanzen bereits von sehr geringen Einstrahlungen, während Lichtpflanzen die kräftige Sonne weitgehend ausnutzen.

Andere spezielle Anpassungen an das Sonnenlicht werden notwendig, wenn der photosynthetische Organismus nicht an Land lebt, sondern im Wasser. Mit zunehmender Tiefe gehen die langwelligen Anteile des Spektrums immer weiter verloren, sodass bald nur noch blaugrünes Licht zur Verfügung steht. Algen der tieferen Schichten brauchen darum besondere Pigmente, um diese Reste aufzufangen und ihre Photosynthese damit anzutreiben. Daraus ergibt sich eine **vertikale Zonierung** an den Küsten (Abbildung 14.8).

Das Sonnenlicht erfüllt noch zahlreiche weitere Aufgaben für die Organismen. Pflanzen gibt es eine Wuchsrichtung vor und löst die Keimung aus (siehe Kapitel 13 „Leben entwickelt sich"), Tieren ermöglicht es mit dem Sehprozess die optische sinnliche Wahrnehmung (siehe Kapitel 8 „Leben sammelt Informationen"), und beim Menschen ist es an der Synthese des Vitamins D beteiligt. Bei vielen Arten synchronisiert es die innere Uhr mit dem Tagesrhythmus des Planeten. Und nicht zuletzt wärmt es die Atmosphäre, sodass die Erde keine Eiswüste ist.

Eine hinreichend hohe **Temperatur** ist wichtig, damit die biochemischen Reaktionen in einer Zelle überhaupt ablaufen können (siehe Kapitel 6 „Leben

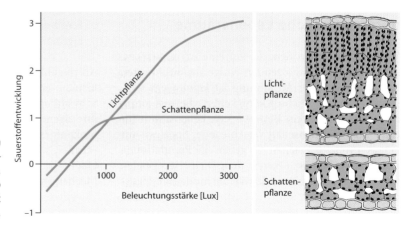

14.7 Die Blätter von Schattenpflanzen sind dafür konstruiert, auch mit schwachem Licht Photosynthese zu betreiben. Bei Lichtpflanzen sind sie hingegen so gebaut, dass sie intensives Sonnenlicht möglichst vollständig nutzen.

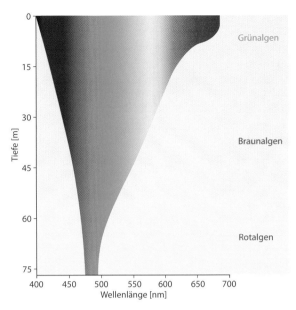

14.9 Bei den Honigbienen halten die Arbeiterinnen, die hier ihre Königin in der Bildmitte umgeben, während der Entwicklung der Brut die Temperatur im Stock konstant.

14.8 Algen sind durch ihre Pigmentierung an das Licht in verschiedenen Wassertiefen angepasst. Eine so klare vertikale Zonierung wie in diesem Schema ist in der Natur allerdings selten anzutreffen, da noch weitere Faktoren die Verteilung beeinflussen.

wandelt um"). Während in manchen Lebensräumen wie den Weltmeeren und vor allem in der Tiefsee das ganze Jahr über konstante Temperaturen herrschen, gibt es in anderen mehr oder minder große Schwankungen. So variieren die Werte in Mitteleuropa etwa von −20 °C im Winter bis +40 °C im Sommer, in Wüsten tritt die gleiche Spanne bei noch höheren Temperaturen innerhalb eines Tages auf.

Bakterien, Pilze, die meisten Pflanzen und viele Tiere folgen als **Thermokonformer** den vorgegebenen Außentemperaturen. Sie sind poikilotherm oder wechselwarm, da ihre Körpertemperatur schwankt, und ektotherm, weil nicht der eigene Stoffwechsel, sondern eine äußere Quelle die Temperatur vorgibt. Obwohl auf den ersten Blick kein großer Unterschied zwischen diesen beiden Eigenschaften zu bestehen scheint, sind sie dennoch nicht gleichwertig. So haben beispielsweise Tiefseefische stets die gleiche Körpertemperatur (homoiotherm), die auch das umgebende Wasser hat (ektotherm). Gleichwarme oder homoiotherme **Thermoregulierer** sind vor allem Säugetiere und Vögel, die ihre Eigentemperatur mit dem Stoffwechsel endotherm regulieren. Der Vorgang kostet allerdings viel Energie, sodass manche Arten bei tiefen Temperaturen vorübergehend poikilotherm werden, wenn sie in Winterschlaf fallen wie Igel und Siebenschläfer oder in Höhenlagen kalte

Nächte überstehen müssen wie Kolibris. Auch den umgekehrten Fall gibt es – dass hauptsächlich ektotherme Tiere in bestimmten Situationen gezielt ihre Temperatur steigern. Manche Insekten wärmen sich am Morgen durch Muskelzittern auf, damit sie losfliegen können. Honigbienen halten in ihrem Stock eine konstante Temperatur von 35 °C, während die Brut heranwächst (Abbildung 14.9).

Sogar einige **Pflanzen sind endotherm**. Der Stinkkohl *Symplocarpus foetidus* generiert durch die kurzgeschlossene Atmungskette in seinen Mitochondrien (siehe Kapitel 7 „Leben ist energiegeladen") so viel Energie, dass seine Temperatur 15 bis 35 °C über der Lufttemperatur liegt. Auf diese Weise kann er früh im Jahr den gefrorenen Boden auftauen und eventuell mit der Wärme auch Insekten anlocken, die für ihn die Bestäubung übernehmen.

Prinzip verstanden?

14.1 Wie könnte sich ein Organismus an besonders niedrige Temperaturen anpassen?

Die generelle Bedeutung von **Wasser** für Leben haben wir bereits in Kapitel 2 „Leben ist konzentriert und verpackt" besprochen. Von den verschiedenen Aggregatzuständen, in denen Wasser auftritt, ist nur die flüssige Form nutzbar. Darum gelten neben den „typischen" Sand- und Felswüsten auch die Polarregionen und Hochgebirge als trocken, obwohl sie von Eis bedeckt sind.

14.10 Flechten wie diese Strauch- und Krustenflechten können nur über ihre Oberfläche Wasser aufnehmen. In Trocken
zeiten fallen sie in einen weitgehend reduzierten Überdaue-
rungszustand.

14.11 Eissturmvögel (*Fulmarus glacialis*) scheiden über die
röhrenförmigen Nasenlöcher überschüssiges Salz aus, das in
diesem Bild als konzentrierter Tropfen an der Schnabelspitze
zu sehen ist.

Hydrokonformer, die auch als poikilohydre Organismen bezeichnet werden, schrumpfen bei Wasser-
mangel zusammen. Neben Bakterien, Algen, Pilzen,
Flechten (Abbildung 14.10) und Moosen zählen auch
einige Farne und einzelne Arten von Blütenpflanzen
zu dieser Gruppe. Manche von ihnen können durch
besondere Schutzvorrichtungen wie wasserundurch-
lässige Wände oder die haltbare Lagerung von Proteinen als Sporen oder Cysten lange Durststrecken
überstehen.

Um einen Wasserverlust zu verhindern, haben
Hydroregulierer (homoiohydre Arten) spezielle Vorrichtungen entwickelt. Landpflanzen schützen sich
mit einer wachshaltigen Cuticula und gesteuerten
Spaltöffnungen (siehe Kapitel 4 „Leben tauscht aus").
Außerdem besitzen sie mit ihrem Vakuolensystem
einen inneren Wasserspeicher. Landlebende Tiere
verfügen ebenfalls über eine weitgehend undurchlässige Hülle. Die Wasserabgabe beim Atmen reduzieren
sie durch innen liegende Atmungsorgane, wodurch
die Oberfläche zur trockenen Umgebung minimiert
wird.

Sauerstoff ist wegen seiner extremen chemischen
Reaktivität eigentlich eher ein lebensfeindliches Element. Doch viele Organismen haben gelernt, ihn für
die oxidative Phosphorylierung zu nutzen, mit der sie
deutlich mehr Energie gewinnen können als mit
Gärungen (siehe Kapitel 7 „Leben ist energiegeladen"). Obligate Aerobier wie Säugetiere und Vögel
sind dabei vollständig von der Anwesenheit des Gases
abhängig. Fakultative Anaerobier wie Hefen können
hingegen sowohl mit als auch ohne Sauerstoff leben.
Für obligate Anaerobier ist der Sauerstoff ein Gift.

Ihre Lebensräume sind Sümpfe, die Schichten unter
dem Meeresboden oder der Darm.

Salze binden Wasser und erschweren es in hohen
Konzentrationen den Lebewesen, ihre Zellen damit
zu versorgen (siehe Kapitel 3 „Leben ist geformt und
geschützt"). Osmokonforme, poikiloosmotische Arten wie viele Meerestiere folgen einfach dem Salzge-
halt der Umgebung. Homoioosmotische Osmoregu-
lierer halten entweder in ihren Zellen eine höhere
Konzentration aufrecht (Hypertonie) und scheiden
eindringendes Wasser über pulsierende Vakuolen
(etwa wie Protozoen) oder über die Nieren und Kiemen aus, wie es süßwasserbewohnende Insektenlar-
ven und Knochenfische machen. Meeresfische sind
hingegen eher hypoton, haben also eine geringere
interne Salzkonzentration als das umgebende Medium. Sie scheiden Salze aktiv über die Kiemen oder
Drüsen aus und ergänzen Wasser durch Trinken bzw.
über die Haut.

Unter den **biotischen Faktoren** übt zumindest bei
vielen zweigeschlechtlichen Tierarten die **Partnerwahl** einen erheblichen Druck auf das Individuum
aus. Ein Großteil ihres Verhaltensrepertoires dreht
sich darum, den geeigneten Partner zu finden und für
sich zu gewinnen. Häufig übernimmt bei dieser Balz
das Männchen den aktiven Teil und versucht das
Weibchen mit auffälligen Körperteilen, mit Ritualen,
mit Geschenken, seinem Revier, einem Nest oder
Ähnlichem zu beeindrucken. Es demonstriert dadurch entweder direkt seine Vorteile als Vater für
gemeinsame Nachkommen, indem es etwa einen
relativ geschützten Platz inmitten der Gruppe sein
Eigen nennt, oder weist indirekt auf sein Potenzial

1 für alle

Leben unter extremen Bedingungen

Die absoluten Rekordhalter in der Besiedlung unwirtlicher Lebensräume gehören in der Regel zu den Archaeen. Aber auch manche Eukaryoten sind in der Lage, sich an extreme Bedingungen anzupassen, wie diese Auflistung zeigt.

Spitzenreiter der Thermophilen ist die Tiefsee-Archaee „Strain 121", die bei 121 °C bestens gedeiht, aber auch Temperaturen bis zu 130 °C überlebt. Auch der Pompeji-wurm (*Alvinella pompejana*) lebt an den hydrothermalen Quellen der Tiefsee. Dort bewohnt er dünne Röhren, in denen immer noch rund 80 °C herrschen.

Das andere Ende der Temperaturskala besetzt das Bakterium *Colwellia psychrerythraea*, das vorzugsweise bei moderaten 8 °C wächst, aber im Laborversuch noch bei −196 °C Proteine bildete. Psychrophile Eukaryoten sind vor allem in den Polarregionen und auf Gletschern zu finden. Manche von ihnen wie die Ciliaten der Gattung *Holostichia* sind so sehr auf niedrige Temperaturen angewiesen, dass sie sich schon bei −2 °C nicht mehr teilen können, weil es ihnen zu warm wird.

Wenn es richtig sauer wird, fühlt sich das acidophile Bakterium *Acidithiobacillus ferrooxidans* erst wohl. Es lebt in den säurehaltigen Abwässern von Bergbauhalden bei pH-Werten um 1. Noch extremer mögen es aber die Vertreter der Archaeen-Gruppe *Picrophilus*, die sogar bei einem pH von −0,06 wachsen. Fast ebenso sauer darf die Umgebung der Rotalge *Cyanidium caldarium* sein, die noch einen pH von 0,05 verträgt.

Zu den Bakterien, die hohe pH-Werte bevorzugen, gehören die Bewohner alkalischer Seen. Cyanobakterien der Gattung *Spirulina* vermehren sich darin bei pH-Werten zwischen 9 und 11 und bilden die Nahrungsgrundlage von Flamingopopulationen, deren Individuenzahlen in die Millionen gehen.

Chemisch neutral, aber ebenso lebensfeindlich sind Salzseen und Salzgewinnungsanlagen. Sie sind die Heimat von Halobakterien, die zu den Archaeen zählen, sowie der halophilen einzelligen Alge *Dunaliella salina*. Sie alle kommen selbst mit gesättigten Salzlösungen zurecht.

14.12 Das Männchen des Blauen Pfaus (*Pavo cristatus*) will mit seinem Rad nicht nur die Weibchen beeindrucken, sondern die Augen sollen auch Prädatoren erschrecken.

den andere Gruppen, die mehrere Zigtausend Individuen umfassen können. **Prädatoren** können so im Rudel größere Beute machen als ein Einzeltier. Potenzielle Beutetiere sind im Schwarm besser geschützt, weil die Wahrscheinlichkeit größer ist, dass ein Jäger rechtzeitig erkannt wird, und das Risiko des Individuums sinkt, als Beute ausgesucht zu werden (Abbildung 14.13). Allerdings haben es **Parasiten** durch die enge Nachbarschaft artgleicher Tiere leichter, passende Wirte zu erreichen.

Eine besondere Form der interspezifischen Anpassung finden wir bei **Symbiosen**. Zwei unterschiedliche Arten treten dabei in eine Beziehung zueinander, die beiden Vorteile bringt. In den vorhergehenden Kapiteln sind uns bereits mehrere Beispiele begegnet, darunter die Bestäubung von Blütenpflanzen durch Insekten und der gegenseitige Schutz, den Anemonen

14.13 Die Schwärme von Blutschnabelwebern (*Quelea quelea*) erreichen mitunter Millionenstärke. Die Menge bietet Schutz vor Prädatoren, begünstigt aber die Ausbreitung von Parasiten.

hin, wenn es sich beispielsweise bunte Federn leisten kann, die außerhalb der Balz eher ein nutzloser und sogar riskanter Schmuck sind (Abbildung 14.12).

Ein Problem stellen dabei die **innerartlichen (intraspezifischen) Konkurrenten** dar. Manche Tiere belassen es darum nicht alleine beim friedlichen Wettstreit, sondern tragen mehr oder minder heftige Kämpfe aus. In den Duellen geht es nicht immer um Weibchen, sondern häufig auch um andere Ressourcen wie Nistplätze, Nahrung, Jagdreviere, Zufluchtsorte usw. Während einige Arten außerhalb der Fortpflanzungszeit solitär leben, bil-

Offene Fragen

Eine heiße Symbiose für drei

Üblicherweise betreffen Symbiosen zwei Partner. In mindestens einem Fall haben sich aber drei Arten zusammengetan – wobei eine als Virus eigentlich keine echte Lebensform ist.

Das Gras *Dichanthelium lanuginosum* wächst in den geothermalen Zonen des Yellowstone-Nationalparks, wo die Bodentemperaturen bei bis zu 65 °C liegen. Diese Hitze erträgt es allerdings nur mit der Hilfe seiner Symbionten. Der Pilz *Curvularia protuberata* besiedelt alle Teile der Pflanze. Dennoch reicht seine Anwesenheit nicht aus. Der Pilz muss unbedingt von dem Virus CthTV (*Curvularia thermal tolerance virus*) befallen sein, um die Hitzetoleranz zu bewirken. Ohne das Virus halten weder Pilz noch Gras Temperaturen oberhalb von 40 °C aus. Mit Virus vermag der Pilz aber auch Tomatenpflanzen gegen zu viel Wärme zu schützen, wenngleich nicht so gut wie seinen natürlichen Wirt.

Auf welche Weise das Virus die Temperaturtoleranz der Pflanze erhöht, ist bislang nicht bekannt. Zwei seiner Gene codieren jedenfalls für neuartige Proteine. Neben der Frage, wie dieser spezielle Hitzeschutz wirkt, sind mit der Entdeckung der Dreiersymbiose auch Überlegungen aufgetaucht, dass Viren an weiteren engen Beziehungen beteiligt sein könnten, bislang aber übersehen wurden.

fig besiedelt der eine Symbiont daher den anderen, wie beispielsweise die Darmbakterien den Menschen oder stickstofffixierende Wurzelbakterien höhere Pflanzen.

Die enge Verbundenheit von Eusymbionten wird dann besonders deutlich, wenn der Körperbau und die Verhaltensweisen der unterschiedlichen Arten einander angepasst sind. So besitzen manche Blumen, die von Kolibris bestäubt werden, eine Blütenform, die ausschließlich für Vögel mit dem passenden Schnabel Nektar bereithält und nur von ihnen bestäubt werden kann. In einem langen Prozess der gemeinsamen Entwicklung – einer Coevolution – haben Schnabel und Blüte ihre Formen verändert. Allerdings nicht gezielt, sondern durch ein Wechselspiel von Variation und Selektion, wie wir im folgenden Abschnitt sehen werden.

Neue Umgebungen fordern neue Lösungen

Die Anpassung oder Adaptation an die verschiedenen Umweltfaktoren gewährleistet, dass die Organismen in ihrer Umgebung leben und sich erfolgreich fortpflanzen können. Allerdings verändern sich biotische und abiotische Parameter mit der Zeit. Manchmal verlaufen diese **Änderungen sehr langsam** wie beispielsweise die Stärke und Richtung des Erdmagnetfelds, das sich im Durchschnitt alle 250 000 Jahre umkehrt. Möglicherweise steht eine solche 4000 bis 10 000 Jahre dauernde Umkehr in 1000 bis 2000 Jahren wieder bevor. Ein solcher Polsprung würde nicht nur Organismen verwirren, die sich mit magnetischen Sinnen orientieren (siehe Kapitel 8 „Leben sammelt Informationen"), sondern durch die erhöhte Einstrahlung des ionisierenden Sonnenwinds die Mutationsrate erhöhen (siehe Kapitel 11 „Leben speichert Wissen") und so alle oberflächennahen Erdbewohner betreffen. In der Vergangenheit haben sich in Polsprungphasen die kleinen Arten stark verändert.

Andere **Modifikationen finden schnell statt**. Von großer Bedeutung sind hier die Eingriffe des Menschen, der durch Rodung ganze Landstriche entwaldet, mit seinen Städten eine neue Form von Lebensraum geschaffen hat und sogar das globale Klima beeinflusst. Indem der Mensch bei seinen Reisen über den Globus absichtlich oder unbewusst Arten in fremde Lebensräume einschleppt, stellt er diese Tiere und Pflanzen vor die Herausforderung, sich in der

und Anemonenfische einander bieten. Von einer Allianz sprechen wir, wenn die Bindung der Arten eher locker ist, etwa bei Kuhreihern und den großen Huftieren, die sie von Ungeziefer befreien. Mutualismus tritt bei häufigem Kontakt auf, ohne dass die beteiligten Arten unbedingt aufeinander angewiesen sind. Ameisen und ihre Blattlauskolonien leben in einer derartigen Wechselbeziehung. Erst bei einer Eusymbiose sind die Partner alleine nicht lebensfähig. Häu-

neuen Umgebung zurechtzufinden – und das Ökosystem vor die Aufgabe, den Neuankömmling zu integrieren.

Einige **Veränderungen erfolgen sehr schnell.** Naturereignisse wie Erdbeben und Vulkanausbrüche verwandeln einen Lebensraum innerhalb von Tagen, Stunden oder gar Minuten. Brände versetzen ein Biotop in einen neuen Zustand, der gänzlich andere Voraussetzungen bietet. Manche dieser Vorgänge wiederholen sich regelmäßig, sodass die Organismen häufig sogar auf sie angewiesen sind, wie beispielsweise Pflanzenarten, deren Samen erst nach einem Feuer keimen können (siehe Kapitel 13 „Leben entwickelt sich"). Andere Ereignisse sind unvorhersehbar und auch in einem langen Zeitfenster einmalig, sodass sie nicht nur für den Menschen, sondern auch für andere Tiere und Pflanzen als Katastrophe wirken, etwa der Ausbruch eines Vulkans, bei dem weite Gebiete von Lava und Asche bedeckt werden. Diese Regionen stellen aber schon bald darauf einen neuen Lebensraum dar, den als erste Pionierarten besiedeln, gefolgt von allen weiteren Organismen, denen sich eine Nische bietet.

Variabilität bietet Auswahl für neue Herausforderungen

Von den Veränderungen betroffen sind jeweils die Individuen einer Art, die in der speziellen Region leben. Wären die einzelnen Mitglieder dieser Population alle identisch, hätte die Gruppe nur geringe Chancen sich anzupassen. Wie wir aber in Kapitel 11 „Leben speichert Wissen" erfahren haben, sammeln sich selbst unter gleichbleibenden Bedingungen zufällige Mutationen im Erbmaterial an, die für eine gewisse **genetische Variabilität** sorgen. Die unterschiedlichen Varianten von Genen bezeichnen wir dabei als Allele, die Gesamtheit aller Allele in einer Population als Genpool.

Die verschiedenen Allele verhalten sich meist unauffällig und sind im Phänotyp, also der Erscheinungsform des Organismus mit all seinen Merkmalen und Eigenschaften, nicht voneinander zu unterscheiden. Manche Allele sorgen hingegen für **phänotypische Abweichungen** vom Mittelmaß, indem sie beispielsweise einen Schritt der Embryonalentwicklung beeinflussen. Die Variabilität im Genotyp und Phänotyp ermöglicht es den Lebensformen, sich in einer **Evolution** zu wandeln und an neue Bedingungen anzupassen.

Wir betrachten den Effekt genauer am Beispiel einer fiktiven Kolibriart, die sich vom Nektar aus

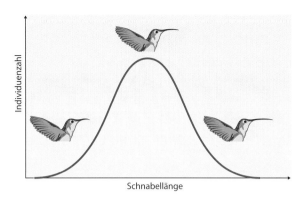

14.14 Je länger das Schnabelwachstum bei dieser fiktiven Kolibriart anhält, umso länger wird der gekrümmte Schnabel, mit dem der Vogel den Nektar aus einer bestimmten Blüte saugt.

einer speziellen Blüte ernährt. Die Formen des Schnabels und der Blüte sind eng aufeinander abgestimmt. Bei einigen Kolibris lassen minimale Mutationen in einem Meisterkontrollgen die gebogenen Schnäbel ein wenig länger oder kürzer wachsen (Abbildung 14.14). Kleine Schwankungen wirken sich dabei kaum aus. Sie werden – wie andere Merkmale auch – bei der Fortpflanzung von den Eltern an die Nachkommen weitergegeben und breiten sich in der Population aus. Gerät der Schnabel allerdings zu kurz, erreicht der Kolibri nicht mehr den nahrhaften Nektar am Grund der Blüte, auf die seine Art spezialisiert ist, und verhungert, bevor er sich fortpflanzen kann. Ein zu langer Schnabel passt mit seiner Krümmung nicht mehr genau in die Blüte und ernährt seinen Träger ebenfalls nicht. Im Vergleich zu ihren Artgenossen zeugen Vögel mit extremen Schnäbeln darum deutlich weniger Nachkommen. Der relative Erfolg beim Fortpflanzen stellt jedoch als sogenannte **biologische Fitness** die entscheidende Größe dar, wenn es um das Überleben eines Individuums und die Weitergabe eines Merkmals an dessen potenzielle Nachkommen geht. Je stärker sich eine Eigenschaft in die nächsten Generationen einbringen kann, umso besser sind ihre Zukunftsaussichten.

Die Umweltfaktoren wählen auf diese Weise gewissermaßen aus, welche Ausprägung eines Merkmals sich durchsetzt. Diese **natürliche Selektion** setzt der zufälligen Variabilität Grenzen und gibt ihr eine Richtung vor. Unter konstanten Bedingungen bevorzugt sie häufig durchschnittliche Werte wie mittelgroße Schnäbel. Zu weit gehende Abweichungen sind gleichbedeutend mit einer geringen Fitness und verschwinden schnell wieder aus der Population, etwa weil die betreffenden Kolibris verhungern oder keine

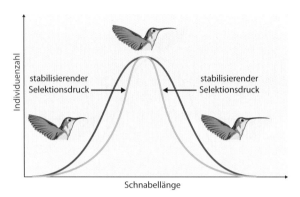

14.15 Die stabilisierende Selektion schränkt die Variabilität ein und betont durchschnittlich ausgeprägte Merkmale.

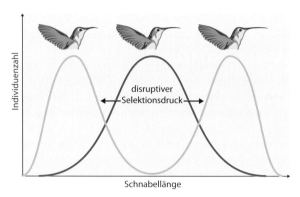

14.17 Die disruptive Selektion bevorzugt gegensätzliche Ausprägungen und bildet dadurch Verteilungen mit zwei Maxima.

Partner finden. Solch eine **stabilisierende Selektion** bevorzugt das Mittelmaß und verringert die Variabilität der Population (Abbildung 14.15).

Die Verteilung der Chancen ändert sich, wenn ein wichtiger Umweltfaktor einen neuen Wert annimmt. In unserem Beispiel könnte etwa die Durchschnittsgröße der Blüten anwachsen, weil längere Blüten weniger leicht von angewehten Sandkörnern verstopft werden. Unter den neuen Bedingungen haben auf einmal Kolibris mit langen Schnäbeln einen Vorteil, da sie bereits zufällig die passende Schnabelgröße vorweisen können. Ihre Fitness ist entsprechend größer als die der durchschnittlichen Artgenossen, und mit dem Fortpflanzungserfolg steigt auch die Häufigkeit langer Schnäbel. Die Verteilungskurve verschiebt sich bei einer derartigen **gerichteten Selektion** in die bevorzugte Richtung und bildet um den neuen Bestwert ein Maximum aus (Abbildung 14.16). Im Mittel haben darum nach einiger Zeit die meisten Kolibris der Population längere Schnäbel als ihre Vorfahren.

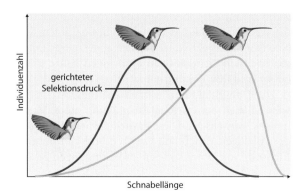

14.16 Die gerichtete Selektion fördert eine Merkmalsausprägung, die abseits vom Durchschnitt liegt, und verschiebt dadurch die gesamte Merkmalskurve in diese Richtung.

Eigentlich wäre zu erwarten, dass Kolibris mit besonders kurzen Schnäbeln nun erst recht aus der Population verschwinden. Es könnte aber sein, dass ein kurzschnäbeliger Vogel entdeckt, wie er mit seinem spitzen Instrument die Blüte von der Seite anstechen und den Nektar aufnehmen kann. Dann verleihen neben den langen Schnäbeln auch die kurzen Exemplare einen Selektionsvorteil und eine erhöhte Fitness. Die einsetzende **disruptive Selektion** begünstigt beide Extreme, und es entsteht eine Merkmalsverteilung mit zwei Maxima (Abbildung 14.17). Kolibris mit ziemlich langen und solche mit kurzen Schnäbeln kommen nebeneinander vor, wohingegen der früher vorherrschende Typ mit mittlerer Schnabellänge kaum noch auftritt. Unter Umständen kann sich die Art durch eine derartige Entwicklung sogar in zwei neue Spezies aufspalten, wie wir im folgenden Abschnitt sehen werden.

Das Wechselspiel von Variabilität und Selektion kann durch die genannten Mechanismen das Aussehen einer Art verändern. Drei wesentliche Punkte sind dabei zu beachten:

- Die neuen Merkmalsausprägungen sind nicht erst durch die veränderten Umweltfaktoren entstanden, sondern waren schon vorher im Rahmen der genetischen und phänotypischen Variabilität vorhanden. Geändert hat sich lediglich ihre Bewertung durch die vermittelte biologische Fitness.
- Selbst wenn die Variabilität häufig auf genetische Unterschiede und damit den Genotyp zurückgeht, ist es stets der Phänotyp, der sich innerhalb seiner Umwelt bewähren muss.
- Trotzdem verändern sich nicht die einzelnen Individuen unter den neuen Voraussetzungen. Die Anpassung an neue Bedingungen erfolgt auf Ebene der Population. Sie wird umgestaltet, indem be-

stimmte Merkmalsträger bessere Fortpflanzungs-
chancen haben und damit ihre Allele für die Ausprägung weitergeben.

Mit der Population verändert sich der Genpool

Die höhere Fitness von kurz- und langschnäbeligen
Kolibris bedeutet, dass sich Vögel mit diesem Merkmal erfolgreicher fortpflanzen als ihre Artgenossen
mit mittleren Schnäbeln. Als Folge werden auch die
Allele für extreme Schnäbel häufiger an die nachfolgenden Generationen weitergegeben. Damit nimmt
deren relativer Anteil zu, was sich in einem Anstieg
der **Allelfrequenz** ausdrückt. Ein Wert von 1 würde
bedeuten, dass sämtliche Gene für ein bestimmtes
Merkmal diesem Allel entsprechen, bei 0 gäbe es kein
einziges Exemplar des Allels im Genpool. Die dazwi-
schenliegenden Werte lassen sich einfach in Prozent
umrechnen, indem sie mit 100 multipliziert werden.

Die Zusammenstellung des Genpools verändert
sich außerdem, wenn Individuen aus einer anderen
artgleichen Population zu der Gruppe hinzustoßen.
Sie tragen die Allele häufig mit anderen Frequenzen
als die Ursprungspopulation und bringen eventuell
sogar neue Allele mit. Zwischen den Populationen
herrscht dann ein **Genfluss**.

Auch der Verlust von Individuen und den Allelen,
die sie tragen, macht sich im Genpool bemerkbar.
Besonders bei kleinen Populationen, in denen man-

che Allele nur in wenigen Kopien vorkommen, verschieben sich die Frequenzen leicht. Diese **Gendrift**
verläuft im Gegensatz zur Selektion rein zufällig und
kann deshalb durchaus auch weniger Fitness ver-
mittelnde Allele bevorzugen. Zwei Szenarien sind
dabei von besonderer Bedeutung:

- Selbst eine große Population kann durch eine Katastrophe wie beispielsweise einen Vulkanaus-
bruch auf eine kleine Zahl von Individuen herab-
sinken und eventuell sogar am Rand des Ausster-
bens stehen. Aus der großen Menge der Allele
übersteht nur jene Auswahl diesen **Flaschenhals-
effekt**, deren Trägerindividuen zufällig überleben.
Es kommt zu einer extremen Gendrift mit einer
stark verminderten genetischen Variabilität. Er-
holt sich die Population später wieder, ist ihr Genpool ganz anders zusammengesetzt als vor dem
Flaschenhals. Womöglich hat auch die Menschheit
vor 70 000 bis 80 000 Jahren solch eine Entwicklung durchgemacht. Zumindest ließe sich mit dieser Annahme erklären, warum die DNA in unseren Mitochondrien eine so geringe genetische
Variabilität aufweist.

- Wird ein Teil einer Population abgespalten und
bleibt er von der übrigen Gruppe isoliert, tritt der
Gründereffekt auf. Die Teilpopulation verfügt nur
über eine zufällig zusammengesetzte Untermenge
des ursprünglichen Genpools und damit über eine
geringere genetische Variabilität. Auf sich allein
gestellt entwickelt sie ein eigenes Gemisch von

Genauer betrachtet

Egoistische Gene

Die Evolution der Lebewesen lässt sich nicht nur aus der Per-
spektive der Organismen oder Populationen betrachten,
sondern auch mit einem Focus auf die Gene. Gibt es mehrere Allele, so konkurrieren diese bei Arten mit zweige-
schlechtlicher Fortpflanzung miteinander darum, in die
nächste Generation weitergetragen zu werden. Um erfolgreich zu sein, muss sich ein Allel überspitzt ausgedrückt
„egoistisch" verhalten. Praktisch bedeutet dies, dass es seinen Träger – den Organismus – dazu bringen muss, sich
möglichst viel fortzupflanzen und dafür zu sorgen, dass
seine Abkömmlinge selbst Nachkommen produzieren. Die
Zellen und Körper sind so gesehen nichts anderes als Über-
lebensmaschinen mit begrenzter Haltbarkeit im Dienste der
Allele als die eigentlichen Akteure der Entwicklung.

Der Ausdruck vom „egoistischen Gen" ist nicht wirklich
zutreffend, da Gene natürlich weder Ziele oder Ehrgeiz ken-

nen, noch bewusst oder gar nach irgendwelchen Moral-
grundsätzen handeln. Er wurde von dem Evolutionsbiologen
Richard Dawkins geprägt, dessen bekanntestes Sachbuch
den Titel *Das egoistische Gen* (im Original: *The Selfish Gene*)
trägt. Dennoch liefert das Modell interessante Erklärungen
für Verhaltensweisen, die mit Blick auf das Individuum oder
die Population nur schwer zu verstehen sind. So ist altruisti-
sches Verhalten unter Verwandten für den Organismus per
Definition ohne einen Vorteil und kostet ihn gewöhnlich
zumindest Energie. Die Gene können aber durchaus vom
selbstlosen Handeln profitieren, da Eltern, Kinder und
Geschwister statistisch zur Hälfte das gleiche Genmaterial
besitzen. Haben diese engen Verwandten einen Vorteil, steigert das die Chancen der Gene, weitergetragen zu werden –
was den Einsatz durchaus rechtfertigen kann.

Allelen. Derartige Szenarien finden wir beispielsweise bei der Besiedlung von Inseln, wenn vereinzelte Tiere oder kleine Gruppen durch Zufall in den neuen Lebensraum gelangen.

Prinzip verstanden?

14.2 Moderne Zoos versuchen häufig, gefährdete Arten durch Zuchtprogramme zu erhalten. Vor welchem Problem stehen derartige Projekte?

Die Mutationen im Genom, die Rekombination des Erbmaterials bei der Ausbildung der Keimzellen (siehe Kapitel 12 „Leben pflanzt sich fort"), die Selektion der geeignetsten Modifikationen sowie die Veränderung der Allelkomposition durch Genfluss und Gendrift stellen die wichtigsten **Evolutionsfaktoren** dar, mit denen die Zusammenstellung des Genpools verändert wird oder die Allele auf den Chromosomen neu kombiniert werden. Sie treiben die Veränderung einer Art an – und lassen unter geeigneten Bedingungen neue Arten entstehen.

Prinzip verstanden?

14.3 Welche Evolutionsfaktoren wirken zufällig auf die Gestaltung eines Genpools und welche geben eine Richtung vor?

Trennung schafft neue Arten

Wird eine Population durch eine Barriere in zwei Subpopulationen geteilt, entwickeln sich beide unabhängig voneinander fort. Dauert die Trennung hinreichend lange an, verändern sich die Organismen dabei so weit, dass sie selbst dann keine fortpflanzungsfähigen Nachkommen zeugen können, wenn sie irgendwann einmal Kontakt zueinander haben. Diese **Artbildung** oder Speziation verläuft damit grob betrachtet in drei Phasen:

1. Den Anfang macht eine Trennung, die den genetischen Austausch unterbindet.
2. Die Isolation bedingt die unterschiedliche Entwicklung der Genotypen und Phänotypen, vor allem bei verschiedenen Selektionsdrücken durch andere Umgebungsbedingungen.
3. Schließlich sind die Differenzen so groß, dass eine reproduktive Isolation vorliegt, die beiden neuen

Arten sich also nicht mehr vermischen können, selbst wenn die Trennung aufgehoben ist.

Die Veränderungen durch Mutation und Selektion, die in der zweiten Phase wirken, haben wir bereits in den beiden vorhergehenden Abschnitten betrachtet. Darum werfen wir nun einen Blick auf die Separationsmechanismen der ersten Stufe sowie auf die reproduktiven Isolationsmechanismen der dritten Phase.

Meistens ist der Grund für die **Trennung** eine physikalische Barriere, die für die Individuen der Population praktisch kaum zu überwinden ist. Dabei kann es sich beispielsweise um den angestiegenen Meeresspiegel, einen Gletscher, einen ausgetrockneten Landstrich, einen neu entstandenen Gebirgszug oder einfach eine gerodete Schneise, eine breite Straße oder einen umgeleiteten Fluss handeln. Entscheidend ist nicht die absolute Größe der Barriere, sie muss nur ausreichen, um die jeweilige Lebensform daran zu hindern, zwischen den Teilen hin und her zu wechseln. Die geografische Separation trennt das Verbreitungsgebiet und damit die Populationen voneinander, sodass eine **allopatrische Artbildung** einsetzen kann.

In machen Fällen entwickelt sich aber eine Population auch innerhalb eines gemeinsamen Lebensraums in zwei verschiedene Richtungen. Eine solche **sympatrische Artbildung** wäre etwa bei den Kolibris mit ihren unterschiedlichen Schnabellängen aus unserem Beispiel von oben denkbar. Die kurzen bzw. langen Schnäbel könnten durch ihre optische Erscheinung und durch den unterschiedlichen Gesang, den sie zulassen, bei der Partnerwahl jeweils Männchen und Weibchen mit der gleichen Schnabelform zueinander führen. Tatsächlich steht der Mittelgrundfink (*Geospiza fortis*) von den Galapagos-Inseln womöglich aus diesem Grund vor der Aufspaltung in zwei Arten (Abbildung 14.18). Obwohl sie die gleichen Inseln bevölkern und zur selben Art gehören, paaren sich Finken mit kleinen und solche mit großen Schnäbeln nur selten miteinander, wodurch der genetische Austausch zwischen ihnen reduziert ist.

Ein anderer Mechanismus zur sympatrischen Artbildung kommt vor allem bei Pflanzen vor. Auf zwei Wegen können deren Zellen eine **Polyploidie** entwickeln, also einen mehrfachen Chromosomensatz (siehe Kapitel 11 „Leben speichert Wissen"). Bei der Autopolyploidie verdoppelt die Zelle selbst spontan ihren Chromosomensatz. Aus beispielsweise zwei Sätzen einer diploiden Zelle werden vier, womit die Zelle tetraploid ist. Verschmelzen die Keimzellen einer diploiden Ursprungspflanze und eines neu ent-

14.18 Beim Mittelgrundfink gibt es Vögel mit kleinerem und mit größerem Schnabel, die unterschiedlich singen und sich bevorzugt untereinander paaren.

standenen tetraploiden Individuums, entstehen entweder gar keine oder aber sterile triploide Nachkommen. Die tetraploide Pflanze ist deshalb innerhalb einer einzigen Generation zu einer neuen Art geworden. Um sich fortzupflanzen, muss sie sich entweder mit einem anderen tetraploiden Exemplar kreuzen oder sich selbst befruchten, was bei vielen Pflanzen durchaus möglich ist.

Häufiger als die Autopolyploidie ist die **Allopolyploidie**, bei der zwei nahe verwandte, aber eigentlich unterschiedene Arten ihr Erbgut miteinander mischen. Die entstehenden Hybride sind fruchtbar, wenn die Chromosomen ihrer Eltern einander so weit gleichen, dass sie sich in der Meiose zusammenlagern können (siehe Kapitel 12 „Leben pflanzt sich fort"). Schätzungen zufolge haben sich etwa zwei

Drittel der heutigen Blütenpflanzen durch Polyploidie entwickelt, und bei den Farnen liegt der Anteil noch höher.

Prinzip verstanden?

14.4 Warum sind die Nachkommen von diploiden und tetraploiden Eltern in der Regel steril?

Die Bildung neuer Arten ist erst mit der **reproduktiven Isolation** vollendet. Sie beschreibt den Umstand, dass die Individuen der verschiedenen Gruppen auch nach dem Fall der trennenden Barriere keine fruchtbaren Nachkommen miteinander zeugen können. Dafür können mehrere Gründe verantwortlich sein:

- Bei der räumlichen Isolation haben sich die Arten an unterschiedliche Lebensräume angepasst, sodass sie sich schlicht nicht mehr begegnen.
- Bewohnen sie den gleichen Lebensraum, kann eine gegeneinander verschobene Paarungszeit eine zeitliche Isolation bewirken.
- Bei Tieren, die sich ihre Partner gezielt aussuchen, spielen Merkmale oder Balzrituale eine wichtige Rolle, die nur die eigene Art ausreichend entwickelt hat. Bei der Partnerwahl verhindert diese Verhaltensisolation die Vermischung der Arten.
- Die Morphologie und Anatomie der Fortpflanzungsorgane kann sich unterscheiden und als mechanische Isolation eine Befruchtung unmöglich machen.

Genauer betrachtet

Gene fischen statt Arten zählen

Um die Artenvielfalt in einem Lebensraum zu ermitteln, sammeln Biologen traditionellerweise Exemplare von Tieren, Pflanzen, Pilzen und Mikroorganismen, die sie anschließend bestimmen. Die Techniken zur schnellen Genomanalyse bieten eine neue Methode, mit der sich Organismen nachweisen lassen, ohne dass die Forscher sie überhaupt zu Gesicht bekommen.

Dazu sammeln sie Proben ein und lassen die darin enthaltene DNA von Automaten sequenzieren. Die Abfolgen der DNA-Buchstaben vergleichen sie mit dem Inhalt von Datenbanken und erhalten eine Liste der Arten, die am Ort der Probennahme ein wenig ihrer DNA hinterlassen haben.

Unter anderem hat der Biochemiker und Unternehmer Craig Venter auf diese Weise bei einer Segeltour um die Welt Millionen von Genen eingesammelt, von denen viele der Wissenschaft noch gar nicht bekannt waren und die häufig zu neuen Arten an Bakterien und Mikroorganismen gehörten.

Grundsätzlich sollte sich die Methode auch an Land und für höhere Organismen anwenden lassen. Mit ihrem Speichel, Urin, Haaren oder Schuppen verteilen Tiere ständig DNA-Proben, die wie genetische Fingerabdrücke verraten, welche Arten einen Lebensraum bevölkern.

- Die Schwierigkeiten können ebenso auf der Ebene der Keimzellen liegen, wenn die Eizellen und Spermien inkompatibel zueinander sind und nicht miteinander verschmelzen, was als gametische Isolation bezeichnet wird.

Die Entscheidung, ob zwei Populationen unterschiedliche Arten sind, ist nicht immer leicht zu fällen. Manchmal ist die **reproduktive Isolation unvollständig**, und es bildet sich nach dem Fortfall der Barriere eine Überlappungszone, in der sich die Organismen miteinander kreuzen. Haben die daraus hervorgehenden Hybriden eine ebenso hohe Fitness wie ihre Eltern, vermischen sich die Populationen häufig wieder, und die Artbildung ist damit abgebrochen. Sind die Hybriden weniger lebens- und fortpflanzungsfähig, können sie sich entweder in der Überlappungszone halten, oder sie werden von den neuen Arten verdrängt.

Besonders ausgeprägt ist die Situation bei den sogenannten **Ringspezies**. Dabei handelt es sich um mehrere Populationen, die sich teilweise deutlich voneinander unterscheiden und manchmal sogar als eigene Arten klassifiziert sind. Ihre Verbreitungsgebiete liegen hintereinander und erstrecken sich zusammengenommen über Tausende Kilometer und häufig mehrere Kontinente. Die jeweils benachbarten Populationen können sich miteinander paaren und fruchtbare Nachkommen zeugen. Die Gruppen an den „Enden" des Rings können sich hingegen nicht miteinander kreuzen, obwohl sie das gleiche Habitat bevölkern. Ein Beispiel hierfür sind die europäische Silbermöwe (*Larus argentatus*) und Heringsmöwe (*Larus fuscus*), die sich nicht paaren (Abbildung 14.19). Allerdings kann sich die Heringsmöwe mit der Sibirischen Heringsmöwe kreuzen, diese mit der Tundramöwe, die ihrerseits Nachkommen mit der Birula-Möwe haben kann. Die Birula-Möwe mischt sich mit der Ostsibirienmöwe, und über die Kanadamöwe ist der Bogen zur Silbermöwe geschlagen. Da die biologische Definition einer Art hier nicht greift, werden solche Populationsgruppen als Ringspezies bezeichnet.

Die besten Chancen auf eine erfolgreiche Artbildung hat eine wenig spezialisierte Art, wenn sie einen neuen Lebensraum erschließt, in dem zahlreiche Nischen noch unbesetzt sind. In einem rasanten evolutiven Prozess, den wir als **adaptive Radiation** bezeichnen, passt sie sich den verschiedenen Bedingungen an und fächert sich dabei gleich in mehrere neue Arten mit unterschiedlichen Spezialisierungen auf. Auf diese Weise haben sich aus den geschätzten 400 Insektenarten, die einst mit dem Wind auf die

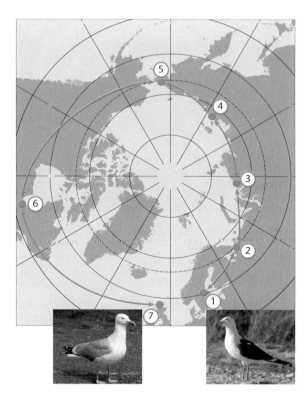

14.19 Rund um die Arktis erstreckt sich das Verbreitungsgebiet der Möwen, die eine Ringspezies bilden. Während sich Heringsmöwe (1) und Silbermöwe (7) nicht miteinander paaren können, ist dies bei den jeweils benachbarten Sibirischen Heringsmöwen (2), Tundramöwen (3), Birula-Möwen (4), Ostsibirienmöwen (5) und Kanadamöwen (6) möglich.

Hawaii-Inseln getrieben wurden, die heute dort vorkommenden rund 10 000 Arten entwickelt. Ebenso gehen vermutlich alle etwa 100 Vogelarten der Inselgruppe auf nur sieben Urspezies zurück. Amphibien und landlebende Reptilien gibt es dagegen auf Hawaii nicht – für diese Tiergruppen waren die Entfernungen von 1600 Kilometern von der nächstgelegenen Inselgruppe oder gar die 4000 Kilometer vom Festland offenbar zu weit.

Stammbäume zeigen Verwandtschaftsverhältnisse an

Wir haben gesehen, dass sich Arten verändern und unter bestimmten Bedingungen in zwei oder mehr neue Arten aufspalten können. Im Laufe der Evolution haben sich so die heute lebenden (rezenten) Arten aus Vorgängerspezies entwickelt. Ein **phylogenetischer Baum oder Stammbaum** zeigt die daraus

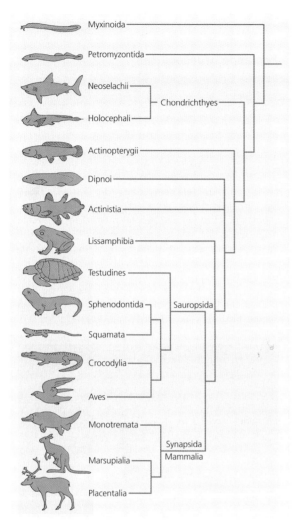

Myxinoida

Petromyzontida

Neoselachii ┐
             ├ Chondrichthyes
Holocephali ┘

Actinopterygii

Dipnoi

Actinistia

Lissamphibia

Testudines

Sphenodontida ┐
               │ Sauropsida
Squamata

Crocodylia

Aves

Monotremata

Marsupialia ┐ Synapsida
             │ Mammalia
Placentalia

14.20 Die Phylogenie oder Stammesgeschichte ist der Versuch, die Verwandtschaftsverhältnisse und Evolution von Arten oder Organismengruppen zu beschreiben. Stammbäume stellen die Modelle übersichtlich dar.

resultierende Verwandtschaftsbeziehung zwischen den Arten an (Abbildung 14.20). Jede Verzweigung symbolisiert darin die Spaltung einer Stammart (Dichotomie), aus der zwei Schwestergruppen hervorgegangen sind. Die Länge der Striche gibt grob die Zeit an, die eine Art existiert hat. Je kürzer die Verbindung zwischen zwei Arten ist und je weniger Verzweigungen zwischen ihnen liegen, umso enger sind die beiden folglich miteinander verwandt.

Um einen Stammbaum aufzustellen, stehen allerdings lediglich die aktuellen Arten und einige Fossilfunde ausgestorbener Spezies zur Verfügung. Die Entwicklung lässt sich jedoch rekonstruieren, wenn

wir davon ausgehen, dass die Zahl gemeinsamer Merkmale ein brauchbarer Maßstab für den Grad der Verwandtschaft ist. Dabei gelten nur sogenannte **homologe Merkmale**, die tatsächlich von einer gemeinsamen Grundform ererbt wurden, nicht aber analoge Merkmale, die unabhängig voneinander entstanden sind, weil die Träger dem gleichen Selektionsdruck ausgesetzt waren. So sind die Hand- und Armknochen von Vögeln und Säugetieren homolog, die Flügel von Vögeln und Fledermäusen dagegen analoge Anpassungen an die gleiche Herausforderung – das Fliegen.

Neben den morphologischen, physiologischen, entwicklungsbiologischen und verhaltensbiologischen Merkmalen werden in zunehmenden Maße auch **DNA-Vergleiche** für Stammbäume herangezogen. Besonders die Erbmasse von Chloroplasten (cpDNA) und Mitochondrien (mtDNA) sind dafür geeignet, weil sie sich nur langsam verändern. Ein Nachteil der Methode ist, dass fast nur Proben von rezenten Arten ausreichend DNA für eine Analyse liefern. Fossilien enthalten in der Regel nicht genügend molekulares Material, um sie in den Stammbaum einordnen zu können.

Neben den Verwandtschaftsbeziehungen gibt ein idealer Stammbaum auch die Zeitpunkte an, wann die Organismengruppen entstanden sind. Die **Datierung der Artaufspaltung** ist jedoch weiterhin sehr schwierig. Sie stützt sich auf zwei Indizien:

- **Fossilfunde**, die heutigen Arten entsprechen, liefern ein Mindestalter für die jeweilige Spezies. Handelt es sich um die Überreste einer Vorform rezenter Arten, lässt sich mit dem Fossil eine Obergrenze festlegen. Allerdings ist es mitunter schwierig nachzuweisen, dass die Fossilform tatsächlich ein Vorfahre der aktuellen Arten ist und nicht ein ausgestorbener Seitenarm. So ist noch immer unklar, ob der „Urvogel" *Archaeopteryx* tatsächlich Urahn der modernen Vögel oder eine evolutionäre Sackgasse war (Abbildung 14.21).
- Bei DNA-Vergleichen könnte die sogenannte **molekulare Uhr** als Maßstab dienen. Dieses Modell geht davon aus, dass sich die allermeisten Mutationen in Bezug auf die Fitness des Organismus neutral verhalten und sich darum mit einer gleichbleibenden mittleren Rate im Genom ansammeln. Die Zahl der Sequenzunterschiede zwischen zwei Spezies wäre somit proportional zur Zeitspanne seit der Trennung der Arten. Im Vergleich mit Artspaltungen, die über Fossilbelege gut datiert sind, ließe sich die molekulare Uhr kalibrieren. Allerdings hat sich gezeigt, dass nicht

14.21 Die fossilisierten Überreste des *Archaeopteryx* weisen sowohl Merkmale von Vögeln auf (darunter Federn und eine nach hinten weisende Zehe) als auch von Reptilien (beispielsweise Zähne und eine lange Schwanzwirbelsäule).

alle molekularen Uhren gleich schnell laufen. Bei Organismen mit einer kurzen Generationsdauer treten wegen der vielen Replikationszyklen im gleichen Zeitraum mehr Mutationen auf als bei Arten mit langen Generationsfolgen. Für das Überleben wichtige Moleküle unterliegen zudem einem stärkeren stabilisierenden Selektionsdruck als Gene und Proteine, die ihre Funktion noch mit stark unterschiedlichen Sequenzen erfüllen können. Auch die Umweltbedingungen wirken sich aus, indem etwa harte Umgebungen eine strenge Spezialisierung erzwingen, wohingegen reichhaltige Lebensräume eine breite genetische Vielfalt zulassen.

Trotz der Schwierigkeiten, die das Aufstellen eines Stammbaums mit sich bringt, lässt sich doch jede bekannte Art in das Netz der Verwandtschaften einordnen. Daher ist anzunehmen, dass das Leben auf der Erde möglicherweise mehrfach entstanden ist, sich aber nur ein einziges Mal bis in unsere Zeit behaupten konnte.

Offene Fragen

Fehlende Brückenarten

Fossilien sind ein wichtiger Beweis für die Evolution der Arten und die Entwicklung neuer Spezies. Es haben jedoch längst nicht Exemplare von allen Arten die Jahrmillionen überdauert, und viele fossilierte Formen wurden noch nicht entdeckt. Die fehlenden Übergangsformen, die im Stammbaum eine Lücke schließen würden, werden als Missing Links bezeichnet. Arten, die Merkmale zweier unterschiedlicher Gruppen in sich vereinen, nennen wir Mosaikformen. Neben dem Problem, die gesuchten Fossilien aufzuspüren, ist es auch nicht einfach, sie richtig einzuordnen. Selbst bei den „lebenden Fossilien" – rezente Arten, die urtümliche Merkmale aufweisen – kommt es zu Fehleinschätzungen. So wurde der heute lebende Quastenflosser (*Latimeria*) lange Zeit als Brückenart zwischen den Fischen und den Landwirbeltieren angesehen. Diese Einschätzung stützte sich allerdings zu sehr auf die morphologische Ähnlichkeit zu den fossilen Urahnen und konnte durch genetische Analysen nicht bestätigt werden.

Prinzipien des Lebens im Überblick

- Ihre Umgebung konfrontiert Organismen mit abiotischen und biotischen Umweltfaktoren.
- Leben passt sich durch geeignete biochemische, zellbiologische, morphologische und verhaltensbiologische Mechanismen an verschiedene Umweltbedingungen an.
- Für jeden Umweltfaktor gilt ein artspezifischer Toleranzbereich, in dem die Organismen überleben können. Damit sie sich fortpflanzen können, müssen die Parameter im Präferenzbereich liegen, der sich innerhalb des Toleranzbereichs befindet.
- Gebiete, in denen die Bedingungen innerhalb des Präferenzbereichs eines Organismus liegen, sind als Lebensraum oder Habitat geeignet.

Eines Morgens erwachte K und stellte fest, dass die Evolution ihn trotz gegenteiliger Beteuerungen doch an seinen Arbeitsplatz im Büro angepasst hatte.

- Der Faktor mit dem ungünstigsten Wert limitiert die Entfaltung des Organismus.
- Die Kombination der Umweltfaktoren, unter denen eine Art in einem Habitat lebt, definiert ihre ökologische Nische. Es handelt sich dabei um die Rolle der Art in dem Lebensraum. Zwei Arten können nicht exakt die gleiche ökologische Nische belegen.
- Grundlage der Anpassungen sind die genetische Variabilität, die durch zufällige Mutationen entsteht, und die Selektion, durch welche die Veränderungen eine Richtung erfahren.
- Vor den jeweiligen Umweltparametern muss sich der Phänotyp der einzelnen Individuen bewähren. Als erfolgreich gelten Anpassungen, durch die sich die biologische Fitness erhöht – die Fähigkeit, zu überleben und fortpflanzungsfähige Nachkommen hervorzubringen. Die Evolution der Art verläuft jedoch durch die Verschiebung der genetischen Variabilität der Population. Als verschiebende Kraft wirkt der Selektionsdruck.
- Der genetische Pool einer Population ändert sich nicht nur durch die internen Prozesse von Mutation und Selektion, sondern auch durch Zuwanderung arteigener Individuen und anteilsmäßig großer Verluste an Individuen.
- Wird eine Population vom Rest der Art isoliert, verläuft ihre Entwicklung unabhängig und in Anpassung an die jeweils vorherrschenden Umweltfaktoren.
- Die Unterschiede können so groß werden, dass sie eine reproduktive Isolation bewirken und damit die Spaltung der Art.

Bücher und Artikel

Richard Dawkins: *Das egoistische Gen.* (2006) Spektrum Akademischer Verlag
Ein Modell der Evolution, das die Konkurrenz zwischen den Allelen in den Vordergrund stellt.

Suat Özbek und Sebastian Meier: *Proteine als Brückenbauer der Evolution* in „Spektrum der Wissenschaft" 5 (2008)
Im Labor lassen sich an Proteinen die Mechanismen der Evolution nachvollziehen.

Katherine S. Pollard: *Der feine Unterschied* in „Spektrum der Wissenschaft" 7 (2009)
Wie nur 0,5 Prozent des Genoms den Menschen vom Schimpansen unterscheiden.

Thomas M. Smith und Robert L. Smith: *Ökologie* (2009) Pearson Studium
Ein ausführliches Lehrbuch, das auch aktuelle Themen wie den Klimawandel bespricht.

Jan Zrzavý, David Storch und Stanislav Mihulka: *Evolution – Ein Lese-Lehrbuch* (2009) Spektrum Akademischer Verlag
Locker geschriebenes Lehrbuch, das dennoch kompetent und umfassend ist.

Internetseiten

www.scinexx.de/dossier-202-1.html
Eine Sammlung von Beiträgen zu „lebenden Fossilien", die einen Blick in frühere Epochen der Evolution ermöglichen.

sciencewatch.com/dr/nhp/2008/08julnhp/08julnhpEdFIG.pdf
Ein Stammbaum mit über 4500 rezenten Arten von Säugetieren. Um die einzelnen Spezies zu erkennen, muss man weit in die Datei hineinzoomen.

www.wissenschaft-online.de/artikel/776873
Ein Dossier mit aktuellen Artikeln zur Evolution des Menschen.

www.umweltdatenbank.de/lexikon/index.htm
Umfangreiches Lexikon mit kurzen Erklärungen zahlreicher Begriffe aus dem Umweltbereich.

www.univerlag.uni-goettingen.de/ring07-08/
Ausschnitte aus einer öffentlichen Ringvorlesung an der Universität Göttingen als mp3-Dateien.

! Antworten auf die Fragen

14.1 Die Anpassungen an Kälte können auf mehreren Ebenen stattfinden. Homoiotherme Organismen müssen versuchen, möglichst wenig Körperwärme an die Umgebung zu verlieren. Sie vermindern dazu ihre Oberfläche, indem sie eher kleine Ohren und kurze Extremitäten entwickeln. Allerdings dürfen wir nicht vergessen, dass die Temperatur nicht der einzige Umweltfaktor ist, der Forderungen stellt. Schneehasen haben deshalb trotzdem relativ große Ohren, um ihre Fressfeinde rechtzeitig aufzuspüren. Die weniger gefährdeten Moschusochsen sind dagegen wirklich kompakt gebaut. Eine weniger kritische Anpassung sind ein isolierendes Fell und eine wenig durchblutete Fettschicht. Poikilotherme Arten müssen darauf achten, dass ihre Zellen nicht einfrieren. Sie besitzen dafür sogenannte chaotrope Substanzen in ihrem Cytoplasma – chemische Frostschutzmittel. Der Zucker Fructose gehört zu diesen Substanzen, die Wasser daran hindern, Kristalle zu bilden und dadurch die zelleigenen Strukturen zu zerstören.

14.2 Bei gefährdeten Arten ist häufig die Gesamtzahl der Tiere in den Zoos relativ niedrig und damit die genetische Variabilität gering. Bei neu auftretenden Herausforderungen, wie etwa einer Krankheit oder einem Parasiten, von der die betreffende Art bislang nicht befallen worden ist, fehlt häufig ein Allel für eine geeignete Immunabwehr. Außerdem können in der Zoopopulation durch Zufall gehäuft Allele mit negativen Auswirkungen auftreten. Um den genetischen Flaschenhals möglichst weit zu halten, tauschen die Tiergärten für die Zucht paarungs-bereite Tiere untereinander aus. Zuchtbücher sollen dabei helfen, eine Inzucht zu vermeiden.

14.3 Zufällig wirkende Evolutionsfaktoren sind: Mutation, Rekombination, Genfluss und Gendrift. Als Richtungsgeber fungiert die Selektion.

14.4 Die Keimzellen eines diploiden Individuums enthalten einen einfachen Chromosomensatz, bei tetraploiden Eltern einen doppelten Chromosomensatz. Nach der Verschmelzung zur Zygote verfügt die Zelle somit über drei Sätze und ist triploid. Ist die Tochterpflanze ausgewachsen, kann sie nur wenige lebensfähige Keimzellen bilden, da sich bei der Meiose einander entsprechende Chromosomen zur ersten meiotischen Teilung paarweise aneinander lagern. In triploiden Zellen liegen aber von jedem Chromosom drei Exemplare vor, sodass deren Aufteilung gestört ist und nur selten Tochterzellen mit der korrekten Chromosomenzahl entstehen, aus denen gesunde Keimzellen hervorgehen.

Abbildungsnachweis

Cartoons Olaf Fritsche

Vorsatz Tier- und Pflanzenzelle: © Sadava et al: *Life – The Science of Biology*, Ninth Edition, Figure 5.7

Nachsatz Taschenrechner: Texas Instruments

Einleitung Kapitelbild: NATURBILDPORTAL/Andreas Held

Kapitel 1 Kapitelbild: © Andreas Held, www.naturfoto-held. de; 1.1a: Image courtesy Indigo® Instruments; 1.1b und d: NA-TURBILDPORTAL/Andreas Held; 1.1 c: © Andreas Held, www. naturfoto-held.de; 1.3: blickwinkel/Hecker/Sauer; Stromatolithen: © Prof. Burkhard Büdel, TU Kaiserslautern; Schwarzer Raucher: © P. Rona, OAR/National Undersea Research Programm (NURP), NOAA/public domain; J. Craig Venter: aus Gross, L.: A New Human Genome Sequence Paves the Way for Individualized Genomics. *PLoS Biology* 5(10): e266, doi: 10.1371/journal.pbio.0050266/Wikimedia Commons/CC-BY-SA 2.5; 1.6: © Andreas Held, www.naturfoto-held.de; 1.7: © Jon Zander (Digon3)/Wikimedia Commons/GFDL & CC-BY-SA 3.0; 1.8a und b: © Andreas Held, www.naturfoto-held.de; 1.8 c: © Heide Schulz-Vogt, Max-Planck-Institut für Marine Mikrobiologie, Bremen; 1.11a: © Wadsworth Center, New York State Department of Health, www.wadsworth.org; 1.11b: Spike Walker (Microworld Services), © Dorling Kindersley; 1.11 c: © Lynn M. Hodgson, University Hawai'i; 1.14: © S. Hengherr, R. Schill & K.-H. Hellmer; 1.15: © Bernhard Möller, Lebensmittel-Mikrobiologie, Fachhochschule Trier; 1.17: © Beagle 2, http://www.beagle2.com/resources/photo-album.htm; 1.19: © Bernard La Scola; Prion: © Fred Cohen Laboratory, UCSF

Kapitel 2 2.2: NATURBILDPORTAL/Andreas Held; 2.5: NATURBILDPORTAL/Andreas Held; 2.6a: NATURBILDPOR-TAL/Andreas Held; 2.6b: © NASA/public domain; 2.11: © Andreas Held, www.naturfoto-held.de; 2.16: © Andreas Held, www.naturfoto-held.de; 2.19: Mit freundlicher Genehmigung aus Bloom & Fawcett, *A Textbook of Histology*, Chapman and Hall, N.Y., 12th edition, 1994, Figure 1-2; 2.20: © Mussi, M. A., Limansky A. S., Viale A. M., IBR-CONICET, Suipacha 531,

2000-Rosario, Argentina; 2.21: blickwinkel/NaturimBild/A. Wellmann; 2.23: © Kristian Peters (Fabelfroh)/Wikimedia Commons/GFDL & CC-BY-SA 3.0; 2.24: © Louisa Howard, Dartmouth College

Kapitel 3 Kapitelbild: © Peter Höbel; 3.1: © NASA/public domain; 3.9: © Dr. Mark J. P. Kerrigan (Faculty of Health, Social Care & Education, Anglia Ruskin University, Cambridge) & Dr. Andrew C. Hall (School of Biomedical Sciences, University of Edinburgh); 3.10 und 3.11: © Hans-Werner Mühle; 3.12: © Armin Jagel, Bochum; 3.18a und b: © Eckart Hillenkamp, www. mikroskopieren.de; 3.21: © Jan Homann/Wikimedia Commons/public domain; 3.22: © Eckart Hillenkamp, www.mikroskopieren.de; 3.28: © Janice Carr, CDC/public domain

Kapitel 4 Kapitelbild: © Timothy Nugent; 4.1a: © NASA, ESA, and The Hubble Heritage Team STScI/AURA/public domain; 4.1b: © NASA/public domain; 4.1 c: NATURBILD-PORTAL/Andreas Held; 4.20: © Michael Linnenbach/Wikimedia Commons/GFDL & CC-BY-SA 3.0; 4.23a: © Phoebus87/ Wikimedia Commons/GFDL & CC-BY-SA 3.0; 4.23b: © Andreas Held, www.naturfoto-held.de; 4.25: dia/mediacolors; 4.32: © Eckart Hillenkamp, www.mikroskopieren.de;

Kapitel 5 Kapitelbild: Aus „Inner Life of the Cell", Harvard University, © 2006 The President and Fellows of Harvard College, erstellt von Robert Lue und Alain Viel, Harvard University, in Zusammenarbeit mit XVIVO, LCC; 5.1: © Max-Planck-Institut für Biochemie, Abteilung Molekulare Strukturbiologie; 5.2: © Image J; http://rsb.info.nih.gov/ij/ Wikimedia Commons/public domain; 5.7: Nachdruck aus Cell 112/4, Vale RD, The Molecular Motor Toolbox for Intracellular Transport (2003) mit freundlicher Genehmigung von Elsevier und von Ron Vale, University of California, San Francisco; 5.9: Nachdruck mit freundlicher Genehmigung aus I. Lister, R. Roberts, S. Schmitz, M. Walker, J. Trinick, C. Veigel, F. Buss und J. Kendrick-Jones (2004) Biochemical Society Transactions 32(5), 685–688; © the Biochemical Society, www.biochemsoctrans.org; 5.10: Aus „Inner Life of the Cell", Harvard University, © 2006 The President and Fellows of Harvard College, erstellt von

Robert Lue and Alain Viel, Harvard University, in Zusammenarbeit mit XVIVO, LCC; 5.15b: © Andreas Held, www.naturfoto-held.de; 5.16: © Alison Roberts, University of Rhode Island; Guttation: © Andreas Held, www.naturfoto-held.de; 5.17: © Helmut Reichenauer

Kapitel 6 Kapitelbild: © Swiss Institute of Bioinformatics, Switzerland; © der Druckversion: Roche Applied Science; 6.1: blickwinkel/W. Layer; 6.2: © Swiss Institute of Bioinformatics, Switzerland; © der Druckversion: Roche Applied Science; 6.3: © Andreas Held, www.naturfoto-held.de; 6.9: © Prof. James Stoops, University of Texas-Houston Medical School; 6.14a: NATURBILDPORTAL/Andreas Held; 6.14b: © Heribert Cypionka, www.mikrobiologischer-garten.de

Kapitel 7 Kapitelbild: © STEREO Project, NASA/Wikimedia Commons/public domain; 7.4b: © Andreas Held, www.naturfoto-held.de; 7.5: © Kristian Peters (Fabelfroh)/Wikimedia Commons/GFDL & CC-BY-SA 3.0; 7.22: © Louisa Howard/ http://remf.dartmouth.edu / public domain

Kapitel 8 Kapitelbild: © Andreas Held, www.naturfoto-held.de; 8.1: blickwinkel/S. Meyers; 8.5: © Scott W. Ramsey & Julius Adler, aus *Botanica Acta* (1988) 101:93–100; 8.6: © Danton H. O'Day, University of Toronto Missisauga, Kanada; 8.17 und 8.18: © Andreas Held, www.naturfoto-held.de; 8.20: © Olaf Fritsche; Duftuhr a: Aziz1005/Wikimedia Commons/public domain; b: Orchi/Wikimedia Commons/GFDL & CC-BY-SA 3.0; c: Photo courtesy of USDA Natural Resources Conservation Service/Wikimedia Commons/public domain; d: KENPEI/Wikimedia Commons/GFDL & CC-BY-SA 3.0; e: Michael Apel (MichaD)/Wikimedia Commons/CC-BY-SA 2.5; f: Americo Docha Neto (Dalton Holland Baptista)/Wikimedia Commons/GFDL & CC-BY-SA 3.0; g: Cary Bass (Bastique)/Wikimedia Commons/GFDL & CC-BY-SA 3.0; h: Scott Zona/Wikimedia Commons/CC-BY-SA 2.0; i: Grezty/Wikimedia Commons/public domain; j: © Birgit Piechulla; k: Fastson/Wikimedia Commons/public domain; l: Tau'olunga/Wikimedia Commons/GFDL & CC-BY-SA 3.0; m: Larsen Twins Orchids/Wikimedia Commons/public domain; 8.24: © Ske/ Wikimedia Commons/GFDL & CC-BY-SA 3.0; 8.29: © Max-Planck-Institut für Biochemie, Martinsried; 8.37: © ER Lewis, YY Zeevi & TE Everhart; Augentypen a: blickwinkel/Naturim-Bild/A. Wellmann; b: blickwinkel/Hecker/Sauer; c: © Hans Hillewaert (Lycaon)/Wikimedia Commons/GFDL & CC-BY-SA 3.0; d: © Dr. Anders Garm, Department of Zoology, University of Copenhagen; e: © Dartmouth College/Wikimedia Commons/public domain; 8.40: © Andreas Held, www.naturfoto-held.de; 8.42: © Hans Hillewaert (Lycaon)/Wikimedia Commons/CC-BY-SA 2.5; 8.44: blickwinkel/W. Layer; Arabidopsis: © ESA; 8.45: © Albert Kok/Wikimedia Commons/GFDL & CC-BY-SA 3.0; 8.46: © Garry Enright, Katherine, NT, Australia; 8.47: © Marianne Hanzlik

Kapitel 9 Kapitelbild: © Andreas Held, www.naturfoto-held.de; 9.1a: blickwinkel/S. Zankl; 9.1b: NATURBILDPORTAL/Andreas Held; 9.1 c: blickwinkel/R. Dirscherl; 9.3: Image

courtesy Indigo® Instruments; 9.7–9.9: © Dartmouth Electron Microscope Facility, Dartmouth College/Wikimedia Commons/public domain; 9.10: © Eckart Hillenkamp, www.mikro-skopieren.de; 9.11: Zoonar/Martin Kreutz; 9.12: © Perihan Nalbant, Universität Duisburg-Essen; 9.17: blickwinkel/McPhoto; 9.18: NATURBILDPORTAL/Andreas Held; 9.20: © Martin Lay; 9.21: © Hans Hillewaert (Lycaon)/Wikimedia Commons/ GFDL & CC-BY-SA 3.0; Roboterhände: © Helge Ritter; 9.22: blickwinkel/fotototo; 9.23: © Andreas Held, www.naturfoto-held.de; 9.24: NATURBILDPORTAL/Andreas Held; 9.25: Photoshot/VISUM; 9.26: © Solvin Zankl; 9.28: blickwinkel/H. Schmidbauer; 9.29: © Otto Lilienthal (aus „Der Vogelflug als Grundlage der Fliegekunst", Berlin 1889)/Wikimedia Commons/public domain (alt); Fliegender Fisch: © US National Oceanic and Atmospheric Administration/Wikimedia Commons/public domain; Beilbauchsalmler: blickwinkel/A. Hartl; 9.30: © Leonard Low/Wikimedia Commons/CC-BY-SA 2.0

Kapitel 10 Kapitelbild: blickwinkel/McPhoto; 10.3a: © Carsten Braun, www.braun-naturfoto.de; 10.3b: blickwinkel/M. Lohmann; 10.3 c: blickwinkel/B. Trapp; 10.4: Image courtesy Indigo® Instruments; 10.7: Image courtesy Indigo® Instruments; 10.8: © Dr. Mae Melvin, CDC/public domain, PD-USGov-HHS-CDC; 10.10: © Dr. Alan L. Jones, Department of Plant Pathology, Michigan State University, East Lansing, Microarray 48824; 10.11: © Richard Kik IV; 10.12: © CDC/ Wikimedia Commons/public domain; 10.21: © Dr. Heinrich Lünsdorf, Helmholtz-Zentrum für Infektionsforschung; Mycobacterium: © CDC, Dr. Ray Butler/public domain; 10.22: © Volker Brinkmann/Wikimedia Commons/CC-BY-SA 2.5; 10.25: © Dr. Triche, National Cancer Institute/public domain; 10.29: © Dissertation I. P. Budde, Fachbereich Chemie der Philipps-Universität Marburg/Lahn 1999; 10.31: blickwinkel/ McPhoto; 10.32: © Andreas Held, www.naturfoto-held.de; 10.33: blickwinkel/S. Zankl; Karnivore: blickwinkel/H. Schmidbauer; 10.37: NATURBILDPORTAL/Andreas Held; 10.38: © André Keßler & Ian Baldwin, Max-Planck-Institut für chemische Ökologie, Jena; 10.39: © Andreas Held, www.naturfoto-held.de; 10.40: blickwinkel/A. Hartl; 10.41: © Andreas Held, www.naturfoto-held.de; 10.42: © Nanosanchez/Wikimedia Commons/public domain; 10.43: blickwinkel/R. Koenig; 10.44: © EyeKarma/Wikimedia Commons/GPL, public domain; 10.45: blickwinkel/McPhoto; 10.46: © Andreas Held, www.naturfoto-held.de; 10.47: NATURBILDPORTAL/Andreas Held; 10.48a und b: © Richard Bartz (Makro Freak)/Wikimedia Commons/CC-BY-SA 2.5; 10.48 c: © Kurt Kulac/Wikimedia Commons/GFDL & CC-BY-SA 3.0; 10.48d: © J. Brandstetter/Wikimedia Commons/CC-BY-SA 2.0; 10.49: blickwinkel/S. Zankl; 10.50: © Andreas Held, www.naturfoto-held.de

Kapitel 11 Kapitelbild: © Yikrazuul/Wikimedia Commons/public domain; 11.1: NATURBILDPORTAL/Andreas Held; 11.12: © Andreas Bolzer, Gregor Kreth, Irina Solovei, Daniela Koehler, Kaan Saracoglu, Christine Fauth, Stefan Müller, Roland Eils, Christoph Cremer, Michael R. Speicher, Thomas Cremer/Wikimedia Commons/CC-BY 2.5; 11.13: © National Human Genome Research Institute/Wikimedia Commons/

public domain; 11.14: Image courtesy Indigo® Instruments; 11.19: © Richard Wheeler (Zephyris)/Wikimedia Commons/ GFDL & CC-BY-SA 3.0; 11.20: Mit freundlicher Genehmigung von D. L. Schmucker, Dept. of Anatomy, University of California in San Francisco; 11.33: © Florian Brandt, Max-Planck-Institut für Biochemie; 11.34: Image courtesy Indigo® Instruments; Antibiotikum: © CDC/Dr. J. J. Farmer (PHIL #3031), 1978/Wikimedia Commons/public domain, PD-USGOV-HHS-CDC; 11.36a und b: © Wildfeuer/Wikimedia Commons/GFDL & CC-BY-SA 3.0; Sichelzellen: © Janice Haney Carr, CDC/public domain; 11.47 und 11.48: © Zentrum für Humangenetik und Laboratoriumsmedizin Dr. Klein und Dr. Rost, www.medizinische-genetik.de; 11.49a: © www.glofish. com; 11.49b: © Azul/Wikimedia Commons/public domain; 11.50: © Markus Nolf (mnolf)/Wikimedia Commons/GFDL & CC-BY-SA 3.0; 11.52: © AndrewHires/Wikimedia Commons/ GFDL & CC-BY-SA 3.0; 11.53: © (2004) National Academy of Sciences, USA; Foto: H. Kubota & R. L. Brinster, School of Veterinary Medicine, University of Pennsylvania; aus: Hiroshi Kubota, Mary R. Avarbock & Ralph L. Brinster, Growth factors essential for self-renewal and expansion of mouse spermatogonial stem cells, *Proc. Natl. Acad. Sci. USA* 101 (47):16489–16494, 2004; 11.54: NATURBILDPORTAL/Andreas Held

Kapitel 12 Kapitelbild: blickwinkel/K. Wothe; 12.1: © Cory Doctorow, www.craphound.com / some rights reserved, CC-BY-SA 2.0; 12.2: blickwinkel/NaturimBild/A. Wellmann; 12.4: Image courtesy Indigo® Instruments; Teilung: Image courtesy Indigo® Instruments; 12.10: © David Scharf/P. Arnold, Inc./ OKAPIA; 12.13: © Hans Hillewaert/Wikimedia Commons/CC-BY-SA 2.5; 12.16: © Pitopia, Klaus W. Wolf, JAHR; 12.17: blickwinkel/S. Zankl; 12.18: blickwinkel/F. Kottmann; 12.19: © Lothar Grünz/Wikimedia Commons/public domain; 12.20: © mdf, edited by Laitche/Wikimedia Commons/GFDL & CC-BY-SA 3.0; 12.21: blickwinkel/H. Schmidbauer; Pollenschlauch: © Dr. Erhard Kranz; Zebrafische, Zebrafischlarven: © Gerrit

Begemann; 12.23: © Kevin Cole/Wikimedia Commons/CC-BY 2.0; 12.24: © Tanya Dewey, Animal Diversity Web, University of Michigan Museum of Zoology; 12.25: Image courtesy Indigo® Instruments; 12.26: NATURBILDPORTAL/Andreas Held; 12.27: © Zoonaar/Poelzer Wolfgang; 12.28: © Scott O'Neill/Wikimedia Commons/CC-BY 2.5; Anolis: blickwinkel/ W. Layer

Kapitel 13 Kapitelbild: © Mayer, Richard/Wikimedia Commons/GFDL & CC-BY-SA 3.0; 13.1: © Dr. Alfred Senn; 13.2: © Dr. Judy Jernstedt, BSA; 13.3: © Otto Larink, TU Braunschweig; 13.8 c: © Nina/Wikimedia Commons/GFDL & CC-BY-SA 3.0; 13.9: © Dr. K. K. Sulik, UNC School of Medicine; Homöotische Gene Drosophila: © F. Rudolf Turner; 13.10: © Jürgen Berger, Max-Planck-Institut für Entwicklungsbiologie; 13.11: © Jens-Erik Dietrich & Nami Motosugi, Max-Planck-Institut für Immunbiologie; 13.12b und 13.15b: © Daniel Weiner, www.ambystoma.de; 13.17: © Dr. Alfred Senn; 13.22: © Ed Uthman, MD/Wikimedia Commons/CC-BY-SA 2.0; 13.24 Fotos: © Dr. Judy Jernstedt, BSA; 13.26: blickwinkel/fotototo; 13.27: aus Purves et al: *Biologie*, 7. Auflage; 13.29: © Syngenta

Kapitel 14 Kapitelbild: blickwinkel/A. Rose; 14.1: NATUR-BILDPORTAL/Andreas Held; 14.3: © Jim Peaco, National Park Service/Wikimedia Commons/public domain; 14.4: blickwinkel/S. Sailer/A. Sailer; 14.6: © L. B. Tettenborn (Loz)/Wikimedia Commons/CC-BY-SA 2.5; 14.9: © Waugsberg/Wikimedia Commons/GFDL & CC-BY-SA 3.0; 14.10–14.12: NATUR-BILDPORTAL/Andreas Held; 14.13: © Alastair Rae/Wikimedia Commons/CC-BY-SA 2.0; Dreiersymbiose: © Rusty Rodriguez, U. S. Geological Survey; 14.18: © Putney Mark/Wikimedia Commons/CC-BY-SA 2.0; 14.19a: © Peter Voeth/Wikipedia/ GFDL & CC-BY-SA 3.0; 14.19b: © Andreas Trepte, www.photonatur.de/Wikimedia Commons/CC-BY-SA 2.5; 14.21: blickwinkel/McPhoto; Quastenflosser: Archiv Fricke

Index

Springer Spektrum

springer-spektrum.de

Kompakter Überblick zur Zell- und Molekularbiologie

Daniel Boujard et al.

Zell- und Molekularbiologie im Überblick

2014. XI, 487 S. mit 411 Abb. Br.
ISBN 978-3-642-41760-3
€ (D) 39,99 | € (A) 41,11 | *sFr 50,00

Dieses Buch gibt einen Überblick über die Gebiete der Zellbiologie und der Molekularbiologie (Genexpression, Kompartimentierung, Bioenergetik, Immunsystem etc.) sowie die entsprechenden experimentellen Methoden (Elektrophorese, Immunopräzipitation, Fluoreszenz u.a.). Die Darstellung (mit biomedizinischem Fokus) ist an die Bedürfnisse der Studierenden angepasst, die sich auf eine Prüfung vorbereiten: 200 Themen der Zell- und Molekularbiologie in leicht zu erlernenden Zusammenfassungen ermöglichen ein effizientes Erlernen des Stoffs, der anhand von ca. 160 Multiple-Choice-Fragen und den korrekten Antworten überprüft werden kann.

€ (D) sind gebundene Ladenpreise in Deutschland und enthalten 7% MwSt. € (A) sind gebundene Ladenpreise in Österreich und enthalten 10% MwSt. Die mit * gekennzeichneten Preise sind unverbindliche Preisempfehlungen und enthalten die landesübliche MwSt. Preisänderungen und Irrtümer vorbehalten.

Mehr Infos unter springer-spektrum.de

Printing and Binding: PHOENIX PRINT GmbH, Würzburg

Einheiten, Konstanten und Umrechnungen

SI-Basiseinheiten sind rot gedruckt.

Vorsilben

Atto- (a)	Femto- (f)	Piko- (p)	Nano- (n)	Mikro- (µ)	Milli- (m)
10^{-18}	10^{-15}	10^{-12}	10^{-9}	10^{-6}	10^{-3}

Kilo- (k)	Mega- (M)	Giga- (G)	Tera- (T)	Peta- (P)	Exa- (E)
10^{3}	10^{6}	10^{9}	10^{12}	10^{15}	10^{18}

Längen

1 Å	(Ångström)	$= 10^{-10}$ m	$\approx$ Durchmesser eines Atoms
1 nm	(Nanometer)	$= 10^{-9}$ m	$\approx$ Durchmesser eines kleinen Proteins
1 µm	(Mikrometer)	$= 10^{-6}$ m	$\approx$ Durchmesser eines Bakteriums
1 mm	(Millimeter)	$= 10^{-3}$ m	$\approx$ Länge des Fadenwurms *Caenorhabditis elegans*
1 m			Definition: Die Strecke, die Licht im Vakuum in 1/299 792 458 Sekunde zurücklegt.
1 km	(Kilometer)	$= 10^{3}$ m	$\approx$ Durchmesser eines mittleren Reviers des Steinmarders
1 Mm	(Megameter)	$= 10^{6}$ m	$\approx$ Nord-Süd-Ausdehnung von Mitteleuropa
1 Gm	(Gigameter)	$= 10^{9}$ m	$\approx$ Durchmesser der Sonne

---

Geschwindigkeit

Umrechnung:
m/s $\rightarrow$ · 3,6 $\rightarrow$ km/h
km/h $\rightarrow$ · 0,278 $\rightarrow$ m/s

Temperatur

Umrechnung:
K (Kelvin) $\rightarrow$ − 273,15 $\rightarrow$ °C (Grad Celsius)
°C $\qquad \rightarrow$ + 273,15 $\rightarrow$ K
K $\qquad \rightarrow$ · 1,8 − 459,67 $\rightarrow$ °F (Fahrenheit)
°F $\qquad \rightarrow$ + 459,67; Summe · 5/9 $\rightarrow$ K
°C $\qquad \rightarrow$ · 1,8 +32 $\rightarrow$ °F
°F $\qquad \rightarrow$ − 32; Differenz · 5/9 $\rightarrow$ °C

1 Da	(Dalton)	$= 1{,}66 \cdot 10^{-27}$ kg	Definition: 1/12 der Masse eines Atoms des Isotops ^{12}C.
1 pg	(Pikogramm)	$= 10^{-12}$ g	≈ Masse eines Bakteriums
1 µg	(Mikrogramm)	$= 10^{-6}$ g	≈ Masse einer menschlichen Eizelle
1 mg	(Milligramm)	$= 10^{-3}$ g	≈ Masse einer Ameise
1 g			≈ Masse des kleinsten Vogels (Bienenelfe) und des kleinsten Säugetiers (Schweinsnasenfledermaus)
1 kg	(Kilogramm)	$= 10^3$ g	Definition: Die Masse des Internationalen Kilogrammprototyps („Urkilogramm") im Internationalen Büro für Maß und Gewicht in Paris.
1 t	(Tonne)	$= 10^3$ kg $= 10^6$ g	≈ Masse eines wilden Wasserbüffels

Molare Masse (Molmasse) [M]: die Masse eines Mols (siehe „Mengen und Konzentrationen") eines Stoffes

$M = m/n$ Einheit: g/mol

(m: Masse; n: Stoffmenge)

Die **Einheit für die Energie** ist das Joule (J). In älteren Büchern und im alltäglichen Gebrauch wird häufig die Einheit Kalorie (cal) verwendet.

$1 \, J = 1 \, (kg \cdot m^2)/s^2 = 0{,}239$ cal

Umrechnung:

J → $\cdot \, 0{,}239$ → cal

cal → $\cdot \, 4{,}187$ → J

Die **Energie von Photonen** E_{Photon} berechnet sich aus dem Planck'schen Wirkungsquantum h und der Frequenz der Strahlung v bzw. deren Wellenlänge λ und der Lichtgeschwindigkeit c:

$E_{Photon} = h \cdot v = h \cdot c/\lambda$

mit $h = 6{,}626 \cdot 10^{-34} \, J\,s$

           $c = 299\,792\,458$ m/s